中国科学院发展规划局战略研究专项资助

中国科学院自然科学史研究所"十三五"重大突破项目成果

中华人民共和国科学技术史纲

白春礼◎主编

上卷

科学出版社

龙门书局

北京

内 容 简 介

中华人民共和国的成立,开启了中国科技事业的新时代。在实现科技强国的征程中,探讨中国科技的发展历程与所取得的成就,总结历史经验,有助于更好地理解目前正在迅速发展和变化的中国科技、掌握其发展的内在机制。

全书分为上下两卷,以科技事业发展历程与重大科技成就专题的形式,全面梳理新中国科技发展的脉络,总结 70 多年来重大科技成就的形成历史与重大意义,展现国际环境下科技、教育与社会经济文化的互动关系,反映国家科技体制与战略布局的演进,探求科技发展的规律性特征。

回溯检视历史是为了总结经验得失,以映照现实、远观未来。本书可为科技管理者、科技工作者和高校师生了解新中国科技发展的脉络提供参考。

图书在版编目(CIP)数据

中华人民共和国科学技术史纲:全 2 卷 / 白春礼主编. —北京:龙门书局,2023.12
国家出版基金项目
ISBN 978-7-5088-6347-4

Ⅰ. ①中⋯　Ⅱ. ①白⋯　Ⅲ. ①自然科学史-中国　Ⅳ. ①N092

中国国家版本馆 CIP 数据核字(2023)第 178272 号

责任编辑:侯俊琳　邹　聪　刘巧巧 / 责任校对:贾娜娜
责任印制:师艳茹 / 封面设计:有道文化

科学出版社
龙门书局 出版
北京东黄城根北街 16 号
邮政编码:100717
http://www.sciencep.com
北京中科印刷有限公司 印刷
科学出版社发行　各地新华书店经销

*

2023 年 12 月第 一 版　开本:787×1092　1/16
2023 年 12 月第一次印刷　印张:65
字数:1 465 000
定价:498.00 元(全 2 卷)
(如有印装质量问题,我社负责调换)

编辑委员会

主　　编：白春礼（中国科学院）

副　主　编：关晓武（中国科学院自然科学史研究所）

郭金海（中国科学院自然科学史研究所）

方一兵（中国科学院自然科学史研究所）

王大洲（中国科学院大学）

张九辰（中国科学院自然科学史研究所）

编委会成员：（按姓氏拼音排序）

陈　悦（中国科学院自然科学史研究所）

邓　亮（清华大学）

丁兆君（中国科学技术大学）

樊小龙（中国科学院自然科学史研究所）

韩晋芳（中国科协创新战略研究院）

胡大年（南方科技大学）

胡化凯（中国科学技术大学）

黄庆桥（上海交通大学）

李成智（北京航空航天大学）

刘　亮（中国科学院自然科学史研究所）

刘金岩（中国科学院自然科学史研究所）

王　斌（中国科学院自然科学史研究所）

王　公（中国科学院自然科学史研究所）

王安轶（中国科学技术大学）

王思明（南京农业大学）

肖运鸿（赣南师范大学）

徐丁丁（深圳大学）

颜宜葳（中国科学院自然科学史研究所）

杨　舰（清华大学）

杨丽娟（浙江大学）

尹晓冬（首都师范大学）

张志会（中国科学院自然科学史研究所）

Preface

序　言 ■ ■ ■ ■ ■

　　自科学革命与工业革命以来，科技发展日新月异。迄今，人类社会已经历了两次科学革命、三次技术革命和三次工业革命，科技领域飞速进步，世界科技强国相继产生。20世纪90年代以来，形成了美国科技整体领先、多强并立的"一超多强"格局。以美国为代表的西方发达国家，掌握着世界科技发展的话语权，主导着全球科技发展的权力结构。

　　作为后发国家，中国科技与世界科技前沿呈错位发展之势。16世纪至19世纪末，面对欧美发生的科学革命和技术革命，在交流碰撞中，中国没有搭上科技革命与工业化的"新车"，没能变成工业化社会，知识体系也没有发生根本变化。1949年，中华人民共和国成立，在中国共产党的领导下，国家高度重视发展科技事业，开始构建比较完整的工业体系、科技体系与教育体系，追踪前沿，抓住20世纪科技革命和工业革命的机遇，才走上了建设现代化强国之路，翻开了历史的新篇章。从新中国成立初期吹响"向科学进军"的号角，到改革开放以后提出"科学技术是第一生产力"的论断；从进入21世纪深入实施知识创新工程、科教兴国战略、人才强国战略，不断完善国家创新体系、建设创新型国家，到中国共产党第十八次全国代表大会提出创新是第一动力、全面实施创新驱动发展战略、建设世界科技强国，中国共产党第二十次全国代表大会提出到2035年实现高水平科技自立自强，进入创新型国家前列的战略目标……科技事业在党和人民的事业中始终具有十分重要的战略地位，发挥着重要的战略作用。70多年来，中国科技事业在发展中虽曾遭遇过起伏曲折，但总体上完成了从"传统"向"现代"的转型，部分领域实现了从"跟踪"向"跟跑""并跑""领跑"的转变，正迈向高水平自立自强，向世界展现了一幅不断创造奇迹、持续走向辉煌的历史画卷。

　　2020年9月11日，习近平总书记在京主持召开科学家座谈会，就"十四五"时期以及更长一段时期推动创新驱动发展、加快科技创新步伐听取意见和建议。他在讲话中强调："我国经济社会发展和民生改善比过去任何时候都更加需要科学技术解决方案，都更加需要增强创新这个第一动力。"[①]当下，我国科技发展面临诸多机遇与挑战，在新形势之下，坚持创新驱动发展、科技自立自强，是抓住战略机遇期、应对挑战、突破"卡脖子"问题、解决心腹之患的关键路径，对全面建设社会主义现代化国家具有重大而深远的影响。科技的进步和创新能力的提升，一方面需要建立在不断向前探索和反复实践的基础之上，另一方面也需深刻回溯检视历史，从中认真总结经验得失，以映照现实、

---

① 习近平.在科学家座谈会上的讲话.解放军报，2020-09-12（2）.

远观未来。

70 多年来,中国科技事业究竟取得了哪些成就?是如何取得的?受到哪些因素的影响?现今我国科技与世界科技强国的差距是怎样的?如何突破解决关键核心技术领域的"卡脖子"问题?新中国成立以来的科技事业发展史应有许多值得总结之处。本书以科学技术史研究为基础,全面梳理中华人民共和国科学技术 70 多年的发展历程,分为上、下两卷,分别探讨新中国的科技事业发展历程,以及历史上较有代表性的重大科技成就。上卷梳理中国(不包括港澳台地区)科教事业的历史,分析在大的国际环境中,中国科技与教育事业的政策、体制与学科布局特点,探讨科学传播与科学发现、技术转移与技术创新,以及科学、技术、教育、经济、政治、社会、文化等的互动关系,揭示国家科技体制与战略布局的演进,并探求科学技术发展的规律性特征。下卷从基础科学研究、应用科学研究和工程技术研究等众多的科学技术与工程领域,选取具有时代特色的重大科技创新成果,进行深入的案例分析。

新中国开启了中国科技事业的新时代,科技事业一直紧密围绕着国家的重大需求,具有鲜明的时代特色。在"向科学进军"的过程中,科研体系基本形成、重大科研成果不断涌现,为科技事业奠定了坚实的基础。"文化大革命"期间,科技事业遭受挫折和破坏。"文化大革命"结束后,中国开始实行改革开放,科学技术成为"第一生产力",科技事业才进入了新的发展时期。本书上卷的时段划分以"文化大革命"结束作为分界点,将 70 多年中国的科技发展历程分为两个时段,并按照历史脉络分为两部分。第一部分重点叙述新中国成立至"文化大革命"结束 20 多年中国科技的发展过程,第二部分梳理"文化大革命"结束以后 40 多年中国科技的发展脉络。

本书内容既包括系统记述科技政策与体制、机制的发展历程,也有重大科技成就的专题研究,史论结合,从以下五个方面展现新中国科技事业的历史脉络和取得的重大成就。

一、科技方针与政策的出台和科技规划的制定

推动科学技术进步,利用科技为经济发展和社会进步服务,一直是社会主义建设理论的重要指导原则。新中国成立后的目标是尽快赶上世界科技水平,凭借科技力量实现中国的现代化。1954 年,在第一届全国人民代表大会上,毛泽东等国家领导人提出了"四个现代化"的目标。1964 年,在第三届全国人民代表大会上,周恩来提出,要在不太长的历史时期内,把我国建设成具有现代农业、现代工业、现代国防和现代科学技术的强国。1975 年,在社会主义建设遭受了"文化大革命"的严重破坏后,第四届全国人民代表大会仍然重申了"四个现代化"的目标。1978 年,邓小平在全国科学大会开幕式上的报告指出:"四个现代化,关键是科学技术的现代化。没有现代科学技术,就不可能建设现代农业、现代工业、现代国防。没有科学技术的高速度发展,也就不可能有国民经济的高速度发展。"

改革开放以后,中央政府重提"四个现代化"的目标。改革开放初期,党和国家的工作重心转移到了社会主义现代化建设上来,发展生产力,改善人民的生活水平成为第

一要务。从最初提出"四个现代化"，到"四个现代化"在 20 世纪 80 年代成为一个全国性的纲领，再到目前提出全面建设社会主义现代化国家……科学技术的现代化，从来都是我国实现现代化的重要内容。

为了强调科技发展在国家经济发展中的重要战略地位，"科学技术是生产力"的提法开始出现在 1975 年的科技文献当中。在 1978 年召开的全国科学大会上，邓小平以第二次世界大战以后科技领域的深刻变革和一系列新兴科技产业的发展为例，重申了"科学技术是生产力"的观点。为了营造尊重知识、尊重人才的社会氛围，推动科学技术的发展，他在 20 世纪 80 年代末期，多次强调了科学技术的重要作用。在重申"科学技术是生产力"的论点 10 年之后，邓小平根据当时科学技术发展的新趋势和新经验，从 20 世纪 80 年代末期到 90 年代初期，多次提出了"科学技术是第一生产力"的论断。1992 年邓小平视察南方，再一次重申"科学技术是第一生产力"，并以世界和中国高科技领域的进步所带动的产业发展为例，强调了科技在经济建设中的重要性。1995 年 5 月，中共中央、国务院在北京召开全国科学技术大会。江泽民在讲话中号召全面落实邓小平"科学技术是第一生产力"的思想，实施科教兴国战略。

中国共产党高度重视科技事业的发展，不断探索推动科技进步的规律和措施，在不同的历史时期制定了符合中国国情的科技政策。新中国成立不久，中央政府即着手制定科技发展规划，并大力推进科技规划项目的实施。从"规划科学"时代到改革开放时期，每一次科技重大决策，都在实现"两个一百年"奋斗目标、实现中华民族伟大复兴的过程中发挥着重要的作用。经过 70 多年的不懈努力，我国科技事业从以跟踪为主，迈向实现整体创新能力的历史性跃升，取得了举世瞩目的历史性成就。

从"科学的春天"到"科学技术是第一生产力"；从实施科教兴国、人才强国战略，到提高自主创新能力、建设创新型国家，我国科技事业持续蓬勃发展，创新能力稳步提升。本书从早期国家科技发展规划的制定，到科技规划-计划体系的形成，再到国家重大科技计划的实施等方面，进行了框架性的梳理。在阐述不同历史时期国家科技政策与规划的内容与作用的同时，深入探讨了历史经验与教训，归纳了历史给予的有益启示。

二、科技体制的建设与改革

1949 年，全国仅有 30 多个专门的科研机构，而且分散在中央研究院、北平研究院、学术团体、政府部门等不同的系统之中。创建新的科技体制，成为新中国成立初期的重点工作之一。从中华全国自然科学工作者代表会议到中国科学院的成立，新中国的科技体制与科研系统逐步形成，并最终在 20 世纪 50 年代中后期初步形成了由中国科学院、高等院校、产业部门和地方政府科技系统等四类民口科研机构，以及国防系统的科研机构共同组成的科研体系，俗称"五路大军"。

"规划科学"时代建立起来的科技体制，曾经在特定的历史时期为科技基础的建立、国家经济的发展和国防建设，以及社会进步做出了突出的贡献。改革开放以后，随着我国经济体制改革和科技事业的发展，以高度集中管理和单一计划调节为特色的科技体制无法适应新的社会需求。于是从科教事业的恢复与整顿，到科教体制改革，再到围绕提升国家创新体系整体效能的科技体制改革，中国的科技体制从运行机制、组织结构、人事管理到拨款制度等方方面面进行了改革。

一系列的改革逐步优化了科技力量的结构和布局，完善了科技运行机制，提升了科技水平和实力，增强了科技创新的能力。本书从高等学校院系的调整、中国科学院的建立与职能调整、科技体制与科研系统的形成、科教体制的改革、市场经济与科教兴国战略的确立、面向市场经济的科技体制改革、面向市场经济的高等教育改革、企业创新主体地位的确立等方面，梳理了中国科技体制改革的历程。

三、科技人才的培养

人才培养始终是新中国科技事业的重中之重。新中国成立时，全国科技人员不超过5万人，其中专门从事科研工作的人员仅600余人。国家通过高等学校院系调整与学科建设、吸引海外科学家与留学生回国、派遣人员出国深造、落实知识分子政策、为知识分子"脱帽加冕"等措施，培养人才，调动科技人员的积极性。与此同时，也采取一系列政策措施提高知识分子的政治待遇，保障科研人员的工作条件。

改革开放以后，中央在开展科技工作者状况普查的基础上，先后出台了一系列人才与教育政策，合理安排和使用科技工作者、培养新生力量。进入20世纪90年代，国家组织实施了多项科技人才计划，主要包括中国共产主义青年团中央委员会的"中国青年科学家奖"、中国科学院的"百人计划"、国家自然科学基金委员会的"国家杰出青年科学基金"、中共中央组织部等的"中国青年科技奖"、中国科学技术协会的"中国青年女科学家奖"、人力资源和社会保障部的"百千万人才工程"、教育部的"长江学者奖励计划"等。这些高层次科技人才计划是推进科技人才工作的具体举措和重要抓手，在我国科技人才培养、引进、激励等方面发挥了重要作用，为国家的科技发展奠定了雄厚的人才基础。

伴随着科教兴国战略的实施，"211工程"与"985工程"相继出台，人才强国战略的实施，激发了各类人才的创新活力。这些机制创新、平台建设、条件保障等措施，为科技人才提供了优越的研究条件和配套保障条件。同时，国家面向国内外招聘具有国际先进水平的学术带头人、优秀学术骨干，重视有潜力的中青年骨干的培养和深造，通过提高水平、营造氛围、严格培养等多种途径培养并吸引优秀青年人才。本书梳理了不同历史时期人才政策及措施的出台过程，展现了国家由引进、培养，到建设全球人才高地的基本过程。

四、国际科技交流与合作

国际科技交流与合作，在我国科技发展的历史上与对外开放的基本国策密切相关。作为中国整体外交战略的重要组成部分，国际科技交流与合作在推进区域科技与经济发展、维护国家利益、促进大国关系的发展和"南南合作"、促进国家整体外交战略的顺利实施等方面发挥着重要的作用。同时，国际科技交流与合作也为我国的科技发展做出了重大的贡献。

1949 年前后，中苏关系在世界冷战格局中开始向积极的方向转变，中国科教界开始了与苏联大规模的科技交流与合作。主要包括中国学生留学苏联、中国专家到苏联进行科技交流活动、苏联派遣专家到中国开展科技活动、苏联援建"156 项工程"等。虽然这些活动并非一帆风顺，但还是有效地促进了苏联科学技术向中国的转移，在一定程度上促进了中国科技水平的提升，构成这一时期中华人民共和国科技史的重要篇章。

改革开放以后，面对中国科技水平与发达国家的巨大差距，邓小平提出要利用世界上一切先进技术、先进成果的方针。20 世纪 70 年代末到 80 年代初，经济全球化已经成为不可阻挡的潮流。随着改革开放的不断深入，国际科技交流全方位展开，既有民间交流，更有政府间的国际合作。20 世纪 90 年代以后，多方位的国际合作成为中国科技事业的重要组成部分。中国政府积极推动并建设有利于国际学术交流与合作研究所需的环境，聘请世界知名学者来高校讲学、合作研究，与世界一流水平的大学或学术机构开展实质性合作，建立高层次人才联合培养和研究基地，开展高水平国际合作科研项目，加大吸引外国留学生来华留学的力度，推动我国高等教育国际化的进程。这些内容在本书上卷中都有系统的阐述。

五、重大科技成就专题

本书上卷展示了新中国科技事业发展的全貌，下卷选取了基础科学研究与工程领域中的 50 项重大科技成就专题进行深入的案例分析。

50 项专题涵盖了自然科学类、农业科学类、医药科学类和工程与技术科学类等四大学科门类：从高能加速器到量子通信、从籼型杂交水稻到黄淮海平原中低产田综合治理、从人工合成牛胰岛素到人类基因组计划、从"两弹一星"到载人航天工程、从"天眼"探空到"神舟"飞天、从北斗导航系统到 5G 通信……这些成果或是获得过国家级科技奖励，或是具有重大社会显示度，或是对国计民生有重大影响，或是具有鲜明的时代特色，或是具有国际一流的学术水平……

通过深入分析 50 项专题产生的科技与社会背景、研究过程、学术价值和应用价值、重大影响，本书下卷以专题研究的形式，总结了新中国科技成就的形成过程，学术与社会的影响因素，工作中的经验、方法与问题，及其学术与社会价值。

在中华人民共和国科学技术 70 多年的发展历程中，针对不同历史时期社会和经济的发展水平，中央政府制定了不同的目标任务和科技发展政策。从"任务带学科"，到"科学的春天"，再到"科教兴国"；从"实现四个现代化"，到"科学技术是第一生产力"，再到"创新是引领发展的第一动力"。中国科学技术在艰难曲折中蓬勃发展。中国共产党第十八次全国代表大会以来，创新成为国家发展全局的核心，并因此做出了深入实施创新驱动发展战略、建设世界科技强国的重大战略部署，科技自立自强成为国家发展的战略支撑。当今世界正在经历新一轮大发展、大变革、大调整。我国科技创新正在加速实现历史性跨越，成为引领发展的第一动力，成为重塑全球创新格局的强大正能量。2018 年，习近平总书记在两院院士大会报告中强调："科学技术从来没有像今天这样深刻影响着国家前途命运，从来没有像今天这样深刻影响着人民生活福祉。"

　　新中国科技史是一部自立自强的历史。总结 70 多年来中国科技发展的历程、重大科技成就的形成历史与重大意义、科技事业发展的经验与教训，有助于更好地理解目前正在迅速发展和变化的中国科技，掌握科技发展的内在机制，有利于在这百年未有之大变局中抓住机遇，在复杂局势下立于不败之地。在今天迈向科技强国的征程中，探讨中国科学技术的发展历程与所取得的成就，总结历史经验，揭示发展趋势，可为今后科技政策的制定和科学活动的组织管理提供借鉴，为新时代中国科学技术的快速腾飞提供启示。

　　本书由我主编，系中国科学院自然科学史研究所"十三五"重大突破项目的成果，中国科学院自然科学史研究所在主持承担项目的过程中，发挥了中国科学院多学科、综合性研究的优势，与中国科学技术大学、清华大学、北京航空航天大学、南京农业大学等多家高等院校的有关机构共同合作，组织了 30 余名学者参与项目的研究和书稿的撰写。科技史领域的资深专家学者对本书初稿进行了严格的评审，中国科学院、中国农业科学院、中国水利水电科学研究院和部分高等院校的各前沿学科领域的资深科学家也参与了审稿工作，从而提升了本书内容的科学性和学术规范性。

白春礼

2022 年 12 月

Contents

上卷目录 ■■■■■■

上卷　科技事业发展历程

上篇

奠基与发展（1949—1976 年）

第一章　中华全国自然科学工作者代表会议的筹备与召开[*]

　　中华全国自然科学工作者代表会议（简称"科代会"）自1949年5月筹备，至1950年8月举行，是中华人民共和国一次重要的全国性科学会议[①]。科代会自筹备起就重视加强自然科学工作者的团结工作，注重贯彻中国共产党倡行的理论联系实际、科学为人民服务的科技方针。科代会筹备期间，其筹备委员会向新政治协商会议推选了科代会代表，通过了准备向新政治协商会议提出的关于"科学院组织"等提案。在科代会上，中华全国自然科学专门学会联合会（简称"科联"）和中华全国科学技术普及协会（简称"科普"）成立。这两个学会是中国科学技术协会（简称"中国科协"）的前身，分别领导全国科学提高和普及工作。随着科代会的筹备与召开，中华人民共和国的科技事业拉开了帷幕。

第一节　从提出举行科代会到成立筹备委员会

　　1946年解放战争全面爆发后，国民党虽然起初在战场上占上风，但至1947年渐落下风，由强者变成弱者。反过来，1947年中国共产党从防御转变为进攻，由弱者变成强者[②]。这一历史性的转折发生后，中国共产党取得全面胜利已露出曙光。在此有利形势下，建立民主联合政府问题迅速提上中共中央的议事日程。1948年4月30日，中共中央发布纪念"五一"劳动节口号，号召"各民主党派、各人民团体、各社会贤达迅速召开政治协商会议，讨论并实现召集人民代表大会，成立民主联合政府！"[③]辽沈、淮海、平津三大战役过后，至1949年1月，中国共产党取得解放战争全面胜利几成定局，建立新政权已指日可待。在这样的背景下，举行科代会的倡议被提出。

　　据1949年7月11日"中华全国第一次科学会议筹备委员会"发行的《科学通讯》所刊李祥《筹委会成立大会纪事》一文，举行科代会的倡议由中国科学工作者协会香港分会提出。该文相关内容如下：

　　　　中国科学技术界人士个别地交换意见之中，首先就形成了中国科学工作者协会香港分会向总会提出的举行全国性的科学会议的建议。这个建议经过了中国科学工作者协会理事会多数在平的理事的和中国化学会北平分会的支持，得到了中共中央

---

* 　作者：郭金海。

① 　从筹备到召开，这次会议的全称有不同叫法。除"中华全国自然科学工作者代表会议"外，还相继有"中华全国第一次科学会议""中华全国第一次自然科学工作者代表大会""中华全国自然科学工作者代表大会"等。

② 　金冲及. 转折年代——中国·1947. 北京：生活·读书·新知三联书店，2017：1.

③ 　中共中央发布纪念"五一"劳动节口号. 人民日报，1948-05-02（1）.

统一战线部的同意和北平一般科学技术界的共鸣，于是在五月十四日下午由陆志韦、严济慈、曾昭抡、胡经甫、潘菽、袁复礼、黄国璋、薛愚、夏康农、钱伟长、周建人、袁翰青、马大猷、齐燕铭、沈其益、祁开智、涂长望十七位共同集议讨论如何推进这么一个有历史意义的盛会。①

其中，"全国性的科学会议"即后来召开的科代会。中国科学工作者协会于 1945 年 7 月 1 日在重庆由中国共产党领导成立②。它是一个职业科学团体，被称为"科学工作者的工会"，设总会和若干分会。至 1948 年，其规模已较大，有十余个团体会员，会员达 1200 人左右③。它的领导机构是理事会和监事会。首届理事长是浙江大学校长竺可桢，首届常务监事是中央研究院地质研究所所长李四光④。中国科学工作者协会总会于 1946 年秋由重庆迁至南京，后于 1949 年春迁至北平⑤。

1949 年 5 月 13 日，中国科学工作者协会在北平召开理事会，决定成立临时常务理事会。会议推举梁希、涂长望、卢于道、严济慈、袁翰青、丁瓒、潘菽为常务理事，梁希为理事长，涂长望为总干事。据 1949 年 5 月 15 日《人民日报》对这次会议的报道，中国科学工作者协会"今后的中心会务，将为发动全国科学工作者加强团结，加紧调查研究与自我教育为实现毛主席的增加生产号召与建设新中国而尽最大的努力"⑥。

1949 年 5 月 14 日下午，全国科学会议筹备会第一次预备会议在北京饭店举行。出席者有涂长望、严济慈、马大猷、曾昭抡、袁翰青、陆志韦、薛愚、袁复礼、夏康农、潘菽、周建人、胡经甫、齐燕铭、钱伟长、祁开智、沈其益（鲁宝重代）、黄国璋，共 17 人。会议由时任中国科学工作者协会北平分会理事长严济慈主持⑦，主要讨论如何推进这次全国性科学会议的举行⑧。夏康农提出"预备会"应改称为"促进会"，获得通过⑨。因此，这次会议亦称"全国科学会议筹备委员会促进会第一次会议"。会议决定由中国科学社、中华自然科学社、中国科学工作者协会和东北自然科学研究会发起，邀请国内工、农、医各界知名人士，各地区机关、各团体代表人士共同组织这个全国性的科学会议的筹备委员会。正式成立筹备委员会之前，"由发起者及在北平各方面科学技术界代表性人士，共同组织全国会议筹备会之促进会，以便促进筹备会之成立"⑩。严济慈、袁翰青、潘菽、夏康农、沈其益、卢于道、涂长望被公推为促进会临时常务干事，以便

---

① 李祥. 筹委会成立大会纪事. 科学通讯，1949，（1）：8.
② 谢立惠. 中国科学工作者协会的成立和发展. 中国科技史料，1982，（2）：74.
③ 涂长望. 中国科学工作者协会. 科学大众，1948，4（6）：256.
④ 中国科学工作者协会近讯//何志平，尹恭成，张小梅. 中国科学技术团体. 上海：上海科学普及出版社，1990：206.
⑤ 谢立惠. 中国科学工作者协会的成立和发展. 中国科技史料，1982，（2）：74-76.
⑥ 中国科学工作者协会开理事会. 人民日报，1949-05-15（1）.
⑦ 何仁甫. 严济慈//中国科学技术协会. 中国科学技术专家传略·理学编·物理学卷 1. 石家庄：河北教育出版社，1996：209.
⑧ 李祥. 筹委会成立大会纪事. 科学通讯，1949，（1）：8；全国科学会议筹备会第一次预备会议记录//何志平，尹恭成，张小梅. 中国科学技术团体. 上海：上海科学普及出版社，1990：445-446.
⑨ 全国科学会议筹备会第一次预备会议记录//何志平，尹恭成，张小梅. 中国科学技术团体. 上海：上海科学普及出版社，1990：445.
⑩ 李祥. 筹委会成立大会纪事. 科学通讯，1949，（1）：8.

执行促进会所决议的各项事务。后又加推孟少农、计苏华为临时干事。严济慈为干事会召集人，涂长望为总干事。①

这次会议之后，促进会便紧锣密鼓地展开工作。1949 年 5 月 18 日下午，严济慈在北京饭店主持召开促进会临时常务干事会议②。会议决定全国科学会议"筹备委员以在平津或到达平津者为限，在其他各地者均为通讯筹备委员"，筹备委员人数以 50 人左右为限，通讯筹备委员人数不限；筹备委员会设常务委员会，由常务委员 9 人组成，其中 1 人为主席，1 人为总干事，1 人为秘书，其他 6 人各负责一个委员会；筹备委员会下设议程方案委员会，科学发展计划委员会，科学与生产配合委员会，医药卫生委员会，资源、人才调查委员会，编辑委员会。同时，会议通过《中华全国第一次科学会议筹备委员会简章草案》，通过《中华全国第一次科学会议之基本任务拟议》，但决定"再加字句上的考虑与修正"③。由此初步确定全国科学会议筹备委员会的组织机构，委员人选范围、规模，常务委员会所设职位及其人数，以及筹备委员会规章和全国科学会议基本任务。

1949 年 5 月 21 日下午，促进会第二次会议在欧美同学会召开。出席者有袁翰青、钱伟长、陆志韦、祁开智、黄国璋、胡经甫、刘鼎、薛愚、沈其益、乐天宇、沈鸿、孟少农、齐燕铭、涂长望、严济慈、潘菽、夏康农等。会议由严济慈主持，讨论了筹备会经费概算应如何决定案、全国科学会议基本任务应如何确定案、筹备会简章草案修正案，以及筹备委员会成立正式日期案。关于筹备委员会成立正式日期案，会议决定在 1949 年6 月 5 日④。后来正式成立日期延至 1949 年 6 月 19 日⑤。

在讨论全国科学会议基本任务应如何确定案时，钱伟长报告了西郊区交换意见的结果，认为方案应尽早提交至各地，以便展开讨论。祁开智表示以临时常务干事会议拟定者为原则，而以钱伟长所报告的纲要为补充。刘鼎说：过去各方面工作之经验都感觉到科学的需要，此后对于科学之要求将更增加，以期解决各种生产问题，以帮助农、工、青年的科学知识的学习。他还希望能介绍欧美的科学知识，能获得知识交流的机会。⑥经讨论，这次会议通过《中华全国第一次科学会议的基本任务拟议》⑦，共有如下 4 项基本任务：①"团结并发动全国科学工作者从事新中国的建设而服务于人民"；②"检讨中国以往的科学工作以供今后改进的参考"；③"确定中国科学工作的总方向并制订纲领"；④"计议成立全国科学界的联合组织"⑧。

---

① 李祥. 筹委会成立大会纪事. 科学通讯, 1949, (1): 8, 14; 全国科学会议筹备会第一次预备会议记录//何志平, 尹恭成, 张小梅. 中国科学技术团体. 上海: 上海科学普及出版社, 1990: 445-446.
② 除严济慈外，与会者还有袁翰青、潘菽、夏康农、沈其益、涂长望。参见全国科学会议筹备会促进会临时常务干事会议记录//何志平, 尹恭成, 张小梅. 中国科学技术团体. 上海: 上海科学普及出版社, 1990: 446.
③ 全国科学会议筹备会促进会临时常务干事会议记录//何志平, 尹恭成, 张小梅. 中国科学技术团体. 上海: 上海科学普及出版社, 1990: 446.
④ 中华全国第一次科学会议筹备委员会促进会第二次会议记录//何志平, 尹恭成, 张小梅. 中国科学技术团体. 上海: 上海科学普及出版社, 1990: 446-447.
⑤ 李祥. 筹委会成立大会纪事. 科学通讯, 1949, (1): 8.
⑥ 中华全国第一次科学会议筹备委员会促进会第二次会议记录//何志平, 尹恭成, 张小梅. 中国科学技术团体. 上海: 上海科学普及出版社, 1990: 446-447.
⑦ 这是上述《中华全国第一次科学会议之基本任务拟议》的修订本。
⑧ 中华全国第一次科学会议的基本任务拟议. 科学通讯, 1949, (1): 11.

据促进会通过的《中华全国第一次科学会议筹备委员会简章草案》①，筹备委员会的任务包括 7 项：①"拟定全国科学会议的基本任务"；②"决定会议的日期及地址"；③"决定出席会议之人数及分配原则"；④"审查并决定出席会议的人选并加敦聘"；⑤"订定会议的程序"；⑥"草拟并征求各项有关科学发展的方案以供大会参考"；⑦"担任其他一切筹备事宜"。同时，该草案规定筹备委员会委员 250 人；委员会设大会程序委员会、纲领起草委员会、宣传委员会、"联合组织"计划委员会；委员会设常务委员 35 人，由筹备委员互选产生；常务委员会设主任委员 1 人、副主任委员 3 人、秘书长 1 人、副秘书长 3 人。②筹备委员均实行"无给制"③，即无薪水。其中，筹备委员会委员人数、常务委员会所设职位及其人数，均与 5 月 18 日下午促进会临时常务干事会议的相关决定不同。

1949 年 6 月 10 日，中国科学工作者协会与中华自然科学社、中国科学社、东北自然科学研究会共同出面发起举行"中华全国第一次科学会议"的倡议。其发起书写道："人民解放革命迅将全面完成，新中国的无限光明前途在望，生产建设种种有关科学事业百端待举。敝会社等鉴于时代要求并接受平津宁沪港等地科学界的督促，发起于本年八九月间在北平召开'中华全国第一次科学会议'，以期团结全中国的科学工作者，交换意见，共策进行。兹特敦邀台端为筹备委员，务希惠允担任，不胜感荷。"④其中，明确指出举行这次会议有团结全国科学工作者的目的。

经过上述工作，中华全国第一次科学会议筹备委员会的成立基本水到渠成。1949 年 6 月 19 日上午，筹备委员会借北平灯市口中国工程师学会会址举行成立大会。与会筹委共 127 人。会议开始后，首先筹备委员会促进会临时常务干事卢于道报告逾一个月的促进筹备的经过，并宣告促进会结束，筹备委员会正式成立。随后，大会选出叶企孙、刘鼎、严济慈、李宗恩、乐天宇、曾昭抡、陈郁 7 位委员组成主席团。旋又选出曾昭抡、刘鼎相继主持上午和下午的会议。接着由曾昭抡致辞。他指出即将举行的科代会是中国历史上规模最大、代表性最强的一个科学会议。其致辞后，中国人民解放军总司令朱德、中共中央委员陈云和林伯渠相继讲话。⑤朱德的讲话题为《科学转向人民》，强调：

> 以往的科学是给封建官僚服务，今后的科学是给人民大众服务。如果在这个条件下来发展科学一定很快的就可以有成绩。最近即将召开新政协会议，产生新的联合政府。科学家当然也有代表参加，所以将来的新政府一定能够领导全中国的人民，大家团结起来，建设新中国。中国现在科学仍是落伍，科学工作的人数不多，同时在战争以后各地都很破烂，所以我们必须首先要用科学的方法将生产恢复起来，短期虽还谈不到发展，但我们必须求得发展。……今天成立这样伟大盛会，团结全国

---

① 该草案仅注明"全国科学会议促进会通过"。由其内容推测，该草案应为 1949 年 5 月 21 日下午召开的促进会第二次会议通过的筹备会简章草案修正案。

② 中华全国第一次科学会议筹备委员会简章草案. 科学通讯，1949，（1）：11.

③ 中华全国第一次科学会议筹备委员会简章草案. 科学通讯，1949，（1）：11.

④ 召开"中华全国第一次科学会议"发起书//何志平，尹恭成，张小梅. 中国科学技术团体. 上海：上海科学普及出版社，1990：448.

⑤ 李祥. 筹委会成立大会纪事. 科学通讯，1949，（1）：8，14.

科学家，政府将依赖这大会把所有天才，有能力的科学家组织起来，建成新中国。①

朱德的讲话不仅说明日后科学服务对象将转向人民，而且表明新政府将依靠科学家建设新中国之意，颇具鼓舞性。林伯渠的讲话题为《真理战胜一切》，指出"中国科学工作者，过去埋头苦干，坚持真理，是有显著成绩的。今后，曾使大家分散隔阂的障碍肃清了，曾使大家侵染错误思想的环境改变了，这样，在把中国由落后国变为先进国，由农业国变为工业国的过程中，尽管在一些问题的见解上，还有不一致的地方，但科学家是相信真理的，真理战胜一切，真理使我们团结一致"②。

最后，与会者一致同意筹备委员会休会期间由主席团负责领导筹备工作，而且选出卢于道、袁翰青、沈其益、夏康农、丁瓒、涂长望、钱三强、孟少农、李志中、陈康伯、郭栋材 11 位干事组织临时干事会。③

第二节　科代会筹备委员会全体会议

科代会筹备委员会成立大会后，计划稍后即举行"第一次筹备会正式会议"，即筹备委员会全体会议。由于解放区的迅速扩大，"各地区筹委赶来的时间不够"④，上海筹委代表团因临时受交通所阻不能于开会前赶到等因素影响，这次全体会议延期至 1949 年 7 月 13—18 日举行。

一、开幕前的座谈会与关于基本任务的意见

会议举行前，已到北平的各地筹委与"北平一般科学技术界代表性人士"协同组织了学科组、筹备会工作组座谈会⑤。学科组座谈会包括理、工、农、医 4 个小组。筹备会工作组座谈会包括纲领、联合组织、大会代表产生原则、政协提案 4 个小组。⑥理科组第一次座谈会于 1949 年 6 月 30 日下午召开，出席 45 人，由严济慈、贝时璋、孙云铸召集，由严济慈主持。这次座谈会涉及"关于科学工作之精神、意义及目标""关于科学工作之总方面""关于科学与生产之配合""关于目前之科学工作计划""关于科学研究之推进""关于科学教育""关于经费及其支配问题"等议题，并达成一些共识。例如，"关于科学工作之精神、意义及目标"这一议题，综合陆志韦、袁翰青、夏康农、钱三强、曾昭抡的意见后，与会者达成共识："团结全国实际从事科学工作者，切实发扬有条件的有方向的努力精神。科学工作须配合社会潮流，轻看个人得失，重视大众利益，应以群策群力，集体建设国家而服务于人民。"⑦"关于目前之科学工作计划"这一议题，综合袁翰青、钱伟长、曾昭安、刘洪发的意见后，与会者亦达成共识："此次会

① 朱德. 科学转向人民. 科学通讯, 1949, (1): 2.
② 林伯渠. 真理战胜一切. 科学通讯, 1949, (1): 3.
③ 李祥. 筹委会成立大会纪事. 科学通讯, 1949, (1): 14.
④ 李祥. 全国科代筹委会全体会议纪事. 科学通讯, 1949, (2): 15.
⑤ 李祥. 全国科代筹委会全体会议纪事. 科学通讯, 1949, (2): 15.
⑥ 李祥. 全国科代筹委会全体会议纪事. 科学通讯, 1949, (2): 15.
⑦ 理科组第一次座谈会记录摘要. 科学通讯, 1949, (1): 12.

议，并非希望得到百年大计，而是就今后之一二年中，拟定急需实行的初步计划，故宜缩小目标，就目前环境所能允许，兴革科学工作。"①

农科组座谈会相继于 1949 年 6 月 21 日、6 月 24 日、6 月 29 日召开。6 月 21 日，由与会农学院负责人或专家报告该院近况与工作。6 月 24 日上午，由卢于道演讲"米邱（丘）林问题"，下午先讨论农业科学工作方向、观点以及做法等问题，"以期配合建国需要"，再由科代会筹备委员会沈其益报告科代会筹备经过，"并提出如何达成科学会议之任务问题"。这两天的座谈会有 40 余人参加，讨论热烈，各方面对于议及的农业问题，有达成一致的趋势。如一般认为要"打破派系观念，加紧团结，为人民服务"，要有组织、有计划地解决问题，要向苏联学习，向米丘林学习，农业学要设生物系等。②6 月 29 日的座谈会有 32 人参加，由蔡邦华主持，主要讨论"农业科学理论与实际如何结合发展"问题。③

医科组座谈会至少相继于 1949 年 6 月 30 日、7 月 5 日召开两次。6 月 30 日的座谈会有 33 人参加，对于医学卫生事业方面的问题，广泛地交换了意见。其中，涉及"过去妨碍医学卫生工作发展的不团结的问题"、在医学教育方面"理论与应用脱节，教学与实践隔离"，以及教科书一直沿用外文书的问题等。7 月 5 日的座谈会有 19 人参加，主要就医学界的联合组织、科代会会员产生方法，以及出席新政协会议的科学界代表的产生等问题交换了意见。关于科代会会员产生方法，这次座谈会推定苏井观、姚克方、裘祖源、丁瓒、李志中 5 位筹委负责研究，交下次座谈会讨论。关于出席新政协会议的代表资格，提出了具体意见，供科代会筹备委员会全体会议参考。④

1949 年 6 月 24—29 日，南京、杭州、武汉等地区到北平的部分筹委召开 5 次座谈会，提出"关于中华全国第一次科学会议的基本任务的意见"⑤。参加的筹委包括王淦昌、王琎⑥、尹赞勋、任美锷、贝时璋、周立三、姚克方、高尚荫、曾昭安、曾省、杨钟健、蔡邦华、刘伊农、冯泽芳、卢鋆、苏步青、朱光煌。他们以《中华全国第一次科学会议的基本任务拟议》规定的 4 项基本任务为基础，提出不少意见。

关于第 1 项基本任务"团结并发动全国科学工作者从事新中国的建设而服务于人民"，提出"科学组织必须与大众人民取得密切的联系与配合，目标既完全相同，自无零星组织之必要""建议将已有之全国性综合性的科学组织合并改组，使变成一全国统一的科学组织，且各种全国性的专门科学组织，在每门中如有重复的，亦应加以合并改组"等意见。

关于第 2 项基本任务"检讨中国以往的科学工作，以供今后改进的参考"，提出 6 点必须立即实行的意见：①"消除门户宗派"。②"科学研究须有计划的，机构的组织必须系统化，且研究工作须有计划的分工"。③"各部门须注意理论与实践，并密切保持各部间相互的联系而与人民大众作切实的解答"。④"科学教学及研究一概采用中文。

① 理科组第一次座谈会记录摘要. 科学通讯, 1949,（1）：12.
② 徐硕俊综合记录. 创建人民的农业科学. 科学通讯, 1949,（1）：9-10.
③ 徐硕俊综合记录. 创建人民的农业科学问题第二次报告. 科学通讯, 1949,（2）：21.
④ 胡德. 医科组座谈会志要. 科学通讯, 1949,（1）：15.
⑤ 关于中华全国第一次科学会议的基本任务的意见. 科学通讯, 1949,（1）：7.
⑥ 《关于中华全国第一次科学会议的基本任务的意见》所载为"王进"，应为"王琎"。

大学教本及外国专门著述应予大量有计划的编译。审定划一中文名词。论文发表除国际交换上必要外，一律采用中文"。⑤"科学工作者应虚心学习，客观地批判消除过去自私的个人主义，提倡集体性的合作"。⑥"留学政策应按实际需要，改为有计划的办法"。①

关于第 3 项基本任务"确定中国科学工作的总方向并制订纲领"，参加的筹委提出"科学应建立在人民大众的基础上，与人民大众结合，纯以服务为目的；务求普及科学知识及提高生活水准之成效，且由人民大众实践取作经验，借以改善增补理论上的内容而收理论与实践互相帮助的优点。科学教育尤应着重地方性的实际情形，以实事求是的活教育配合生产上的需要。"

关于第 4 项基本任务"计议成立全国科学界的联合组织"，参加的筹委提出"为加强联合组织的工作效率起见，凡具全国性的科学组织应在总会下设立分支会于各地区"②。

此外，尹赞勋、周立三、涂长望、杨钟健、卢鋈从将近十次的各处科学座谈会上反映的意见中取材，经过讨论、整理和征求若干筹委的意见，试拟了关于中华全国第一次科学会议的基本任务可以提出的问题。这些问题相当细致、具体。例如，关于团结全国科学工作者问题，他们试拟了如下问题：全国科学工作者是否需要团结？无基本原则的结合是否算团结？是否能持久？全国科学工作者应该在哪一种基本原则下团结一致？③这些问题的试拟无疑有助于筹备委员会全体会议和科代会上讨论意见的集中。

这些活动和工作对促进各科专家之间的交流和对一些问题达成共识与完成这次全体会议开幕前的筹备工作起到了积极作用。

二、会议的经过与成果

1949 年 7 月 13 日上午九时半，科代会筹备委员会全体会议在北平中法大学礼堂开幕。上海筹委恰在开幕前赶到。当天与会各地筹委共 205 人。筹委分布范围较为广泛，东北、华北、华中、华东等地新解放区，陕甘宁边区和晋察冀边区等老解放区，以及国统区的广州，均有筹委与会④。来宾有周恩来、徐特立、李济深、郭沫若、叶剑英、沈雁冰（茅盾）、谭平山、史良、蔡廷锴、陈其尤，多为中国共产党或民主党派重要人士。⑤

会议开幕后，先由刘鼎报告大会筹备经过，随即推出吴玉章、梁希、竺可桢、吴有训、乐天宇、贺诚、刘鼎、曾昭抡、叶企孙等41人组成大会主席团。主席团是会议的领导机构，任务主要是决定大会的会程和主持会议。当时的报道说，"主席团组成筹委具有各地区、各学科代表性的意义，而又象征着新旧解放区的团结合作"⑥。主席团成立后，提出由丁瓒、李志中、孟少农、夏康农、袁翰青、郭栋材、卢于道、钱三强组成

① 关于中华全国第一次科学会议的基本任务的意见. 科学通讯，1949，（1）：7.
② 关于中华全国第一次科学会议的基本任务的意见. 科学通讯，1949，（1）：7.
③ 试拟关于中华全国第一次科学会议的基本任务可以提出的问题. 科学通讯，1949，（1）：4-6.
④ 梁希. 科代筹备会全体会议闭幕词（一）. 科学通讯，1949，（2）：7.
⑤ 李祥. 全国科代筹委会全体会议纪事. 科学通讯，1949，（2）：15.
⑥ 李祥. 全国科代筹委会全体会议纪事. 科学通讯，1949，（2）：15.

干事会。干事会分为秘书、会计、庶务、新闻、招待5组，处理会议期间的具体工作。①

在正式会程方面，当日主席团成立后，由吴玉章致开幕词。他时任华北大学校长，在开幕词中指出人民解放军即将在全国获得胜利，"把半封建、半殖民地的中国从重重压迫下解放出来，这就为我们科学工作者开辟了一个新环境，同时也为我们科学工作者提出了新任务"②。他强调这个新任务就是经济建设，科学工作者最迫切要做的是要团结起来、组织起来，科学工作者的共同目标是要建立一个新民主主义的人民共和国。他还号召科学工作者要加紧工作，进行经济建设从调查统计、培养人才着手。③接着由徐特立讲演。他时为中共中央委员，在讲演中"着重指出中国政治革命胜利后，产业革命的任务的重要性"④。

然后，叶剑英、李济深、郭沫若相继致辞。叶剑英时任北平市军事管制委员会主任，其致辞题为《世界上没有孤立的科学》。他说科学工作者"要把自己改造成为真正的人民科学家，真正的为人民服务"，提出科学工作者要"有坚定的人民立场""老实的科学态度""真诚的团结""积极的工作"。他强调"真诚团结，对于我们今天，是极端重要的"。同时，他还指出"老年科学家与青年科学家，这一门科学家与那一门科学家，乃至本国科学家与世界科学家，都在实际工作中，互相联系着，互相作用着的，世界上没有孤立的科学，也没有孤立的科学家"。他希望"在座的年老的、年青的科学家们，要真诚团结，互相尊重，互相学习，使传统的继承，与创造的发展，很好的结合，使我们这样落后国家的科学，能够迅速的向前发展"⑤。

李济深是中国国民党革命委员会中央委员会主席。他在致辞中说这次会议是全国科学家大团结的开始，"感到新中国建设前途必有非常的发展"。他认为过去几十年国家建设"甚少发展"，政治问题是重要阻碍因素。他进而指出，"现在新时代来临，诸位本怀有极大之抱负，过去既不能充分发挥，目前正可尽量的贡献自己所长，为建设新中国前途而努力"⑥。郭沫若为中华全国文学艺术工作者代表大会总主席，在致辞中强调建立自然科学工作的精神基础。他将自然科学工作者、社会科学工作者、教育工作者、文化艺术工作者、新闻工作者比作"文化阵线上的五大野战军"，希望这五大野战军"在纵的方面，加强学习，改造自己；在横的方面，加强这五个兄弟部队之间的团结，向军事阵线看齐"。他还指出，"今后，在新中国的建设工作上，一切优良条件都已具备"⑦。

1949年7月13日下午，大会先通过向中共中央主席毛泽东暨中共中央致敬电稿。电稿写道："从前的科学工作是那么散漫、狭隘，甚至流入空虚。今天我们面前却呈现了团结和一切有利的工作条件。英勇智慧的广大人民要求着科学，科学从此才能在中国的土地里生根。这是中国人民和中国共产党在毛主席正确领导之下所创造出来的辉煌成

① 李祥. 全国科代筹委会全体会议纪事. 科学通讯, 1949, （2）: 15.
② 吴玉章. "科代" 筹备会全体会议开幕词. 科学通讯, 1949, （2）: 2.
③ 吴玉章. "科代" 筹备会全体会议开幕词. 科学通讯, 1949, （2）: 2-3.
④ 李祥. 全国科代筹委会全体会议纪事. 科学通讯, 1949, （2）: 15.
⑤ 叶剑英. 世界上没有孤立的科学. 科学通讯, 1949, （2）: 5-6.
⑥ 李济深. 祝自然科学工作者会议成功. 科学通讯, 1949, （2）: 5.
⑦ 何求笔记. 建立自然科学工作的精神基础——郭沫若先生在科代筹备会全体会议上讲话. 科学通讯, 1949,
（2）: 4.

就。我们面对着旷古未有的崭新的人民时代,如何加强团结,加强对新时代的认识,检讨旧有的工作缺点,使科学转向人民,这些将是我们这次会议的重要内容。在这会议开始举行的时候,特先奉陈我们的感谢和敬意。"①电稿内容表明了科代会筹备委员会对新政权的拥护和对科学转向人民的支持态度。

随后,由中央人民政府人民革命军事委员会副主席周恩来讲话。周恩来在讲话中阐述了科学与政治的关系,指出科学不能超越政治,强调"共产党是最尊重科学,拥护科学、真理的革命党"。他谈到自然科学工作者的任务问题,强调自然科学工作者应当担负起发展工业的实际责任,要善于把现代自然科学理论和中国的实际情况、实际需要结合起来,与中国的生产任务、建设任务结合起来。他还论及科学普及与提高问题,认为两者相辅相成,指出应重视科学研究与实践,使研究在实践基础上提高,实践在研究指导下普及。同时,他还提出,"不久的将来,我们必须成立为人民所有的科学院,希望大家参加筹划"②。据当时的报道,周恩来的讲话历时4小时,讲者与听者均精神贯注,毫无倦意③。

1949年7月14日的会程是理、工、农、医各学科小组讨论。各学科小组共同讨论的议题是审查和修正筹备委员会简章草案,决定参加新政治协商会议代表的人选标准并协商具体人选,讨论将来更大的会议的名称和性质,以及科代会的代表产生原则、全部工作总纲领、全国性自然科学工作者联合组织等问题。此外,各学科小组对这次筹备委员会全体会议之前各次座谈会的经过进行了汇集、整理和总结。该日上午的各学科小组讨论在中法大学分组进行,下午扩展到向原有的全国性各科的专门学会,如中国物理学会、中国化学会等,征求意见。7月15日上午,各学科小组召集人各以15分钟报告各组讨论经过。除各组一致主张将全国大会名称由原拟的"科学会议"改为"中华全国第一次自然科学工作者代表大会"外,其余议案多未得出结论。于是,各学科小组继续开会讨论。④

在1949年7月14—15日上午的学科小组讨论中,理科小组由严济慈、许杰、贝时璋召集,55人出席讨论。关于新政治协商会议代表的人选标准,该组讨论时原则上同意事先座谈会所拟之三条和五项注意事项。这三条分别是:①对自然科学工作有贡献者;②在中国自然科学界有全国代表性地位者;③对政治有相当认识者。五项注意事项是:①青年;②妇女;③学科;④地区;⑤老解放区。仅是对第1条标准略有修正,改为"对自然科学工作及事业有贡献者"。关于新政治协商会议代表产生办法,小组讨论后决定采用协商方式,先由各小组(指学科)推出人选,由各小组召集人进行会商,决定候选人人数;经理科组大会正式通过,再由理科组与其他三组取得联系,将候选人名单汇集提交主席团或筹备大会,决定正式和候补代表。⑤

工科小组由刘鼎、鲍国宝、石志仁召集,36人出席讨论。关于科代会代表名额、产

① 科代筹备会全体会议向毛主席暨中共中央致敬电. 科学通讯, 1949, (2): 4.
② 吴迟笔记. 周副主席恩来在科代筹备会上讲话摘要. 科学通讯, 1949, (2): 3.
③ 李祥. 全国科代筹委会全体会议纪事. 科学通讯, 1949, (2): 15.
④ 李祥. 全国科代筹委会全体会议纪事. 科学通讯, 1949, (2): 15-16.
⑤ 筹委会学科小组讨论摘要. 科学通讯, 1949, (2): 17.

生办法和资格问题，该小组讨论后认为名额不必固定限于 800 名，对专门学会的代表似可减少，人民解放军内从事自然科学工作者亦要顾得到；代表由各地区即行组织筹备分会，登记自然科学工作者进行选举，其细则由筹备委员会常务会议决定；资格共 3 条：①凡从事自然科学工作者；②在其工作范围内卓有成绩者；③具有为人民服务热忱者。关于新政治协商会议代表的人选标准，该小组提出注意如下三点：①其本身对学术上有显著贡献者；②对民主解放事业上曾有相当之认识者；③对其有确实之认识，更应注重其政治性。①

农科小组由梁希召集，40 人出席讨论。关于科代会代表产生方法，该小组讨论极为热烈。讨论后，该小组主张分科推选办法，多推选青年，并主张普选。对于农业纲领，该小组也进行了讨论，对总方向、总原则、建设纲领提出了明确的意见。如关于总方向，该小组提出如下三点：①充分应用科学知识征服自然，掌握自然规律，促进生产；②科学活动为经济活动之一部分，首须提高国家经济，改善人民生活，作有计划性的发展；③研究宇宙真理，摧毁封建思想，提高人类文化水平。②

医科小组由李宗恩召集，23 人出席讨论。该小组主要讨论了对新医药教育的主要方针、培养医药有用人才、改造"中医"、科代会代表产生方式、新政治协商会议代表产生和资格等问题。关于科代会代表产生方式，该小组主张按各地区普选，事先应详细调查，登记自然科学工作者的人数。关于新政治协商会议代表产生和资格问题，该小组决定先以协商方式经该组通过候选人后，再与其他各学科小组联系，提交筹备大会决定。关于代表资格，该小组提出四条：①对自然科学工作有所贡献者；②在科学界具有代表性地位者；③对新民主主义的政治有相当认识者；④为人民服务素有功绩者。③

1949 年 7 月 15 日下午，先由华北人民政府主席董必武作报告。他报告了华北区人民在抗日战争和解放战争中的"人力、物力牺牲实况"，"人民政权历年在政治及恢复生产上面努力之成就"。④然后，会议主席提出修改大会名称问题，获一致通过。接着，由东北人民政府卫生部部长贺诚作题为《在中国人民解放战争中的自然科学工作者》的报告。在报告中，他讲述了解放区自然科学工作者的工作、活动和成就，以及他们获得成就的原因。他认为原因有四个：①他们在中国共产党领导下有明确的方针。方针是要全心全意为人民服务，在战争时期则是一切为了前线的胜利。②自然科学家间、自然科学家与劳动者间在为人民服务的政治任务下团结在一起。③理论与实际相结合。④克服困难，努力前进的精神。他在报告最后指出："战争胜利在整个中国革命进程中，还只是走过了第一个阶段，还必须以最大的努力，完成革命的第二阶段的任务——经济建设。只有经济建设任务完成之后，才能使革命胜利巩固起来，发展下去。因此必须吸收过去的经验教训，和已有的成果做基础，加以发扬光大起来，并不断的充实以新的因素，则经建⑤胜利，就不难成功的。"⑥

---

① 筹委会学科小组讨论摘要. 科学通讯，1949，(2)：17.
② 筹委会学科小组讨论摘要. 科学通讯，1949，(2)：18.
③ 筹委会学科小组讨论摘要. 科学通讯，1949，(2)：18.
④ 李祥. 全国科代筹委会全体会议纪事. 科学通讯，1949，(2)：16.
⑤ "经建"指经济建设。
⑥ 贺诚. 在中国人民解放战争中的自然科学工作者. 科学通讯，1949，(2)：10-13.

1949 年 7 月 16 日上午，先由各学科小组召集人严济慈、鲍国宝、乐天宇、丁瓒分别报告两日来讨论的结果[①]。当时参加新政治协商会议的科代会代表已由各学科小组推出，共 17 人[②]：刘鼎、程孝刚、侯德榜、梁希、严济慈、曾昭抡、贺诚、李四光、李宗恩、乐天宇、姚克方、靳树梁、丁瓒、恽子强、沈其益、蔡邦华、涂长望。程孝刚此后辞去代表职务，经科代会筹备委员会常务委员会议决，由茅以升代替。[③]这 17 位代表包括两方面人选。一方面是原国民党统治区科学家代表，即茅以升、侯德榜、梁希、严济慈、曾昭抡、李四光、李宗恩、姚克方、丁瓒、沈其益、蔡邦华、涂长望。其中，茅以升、侯德榜、严济慈、曾昭抡、李四光、李宗恩是中央研究院首届院士，为各自所在学科杰出科学家[④]。另一方面是解放区自然科学工作者代表，即刘鼎、贺诚、乐天宇、靳树梁、恽子强。国民党统治区科学家代表人数较多，学术成就大都明显高于解放区自然科学工作者代表。在国民党统治区科学家中，丁瓒、沈其益等学术成就不高，但丁瓒是中共党员，沈其益曾受其兄、中共党员沈其震委托，到上海、南京动员专家、教授赴东北解放区工作[⑤]。这说明代表人选标准侧重学术成就，但也兼顾解放区的自然科学工作者、政治倾向等。

其余的议案由全体筹委分工作小组讨论，由各小组召集人分别召集。所分小组有纲领组，由乐天宇、陈康白召集；大会代表产生原则组，由恽子强、梁希召集；新政协提案组，由吴有训、曾昭抡召集；联合组织组，由竺可桢、蔡邦华召集。[⑥]纲领组讨论会出席 43 人，由乐天宇主持。先由卢于道报告会前由临时干事会推定的乐天宇、夏康农、嵇铨、陈康白、卢于道会商的关于自然科学工作者工作纲领的 12 项内容：①为人民服务之科学运动；②群众路线；③理论与实践统一；④普及与提高并重；⑤批判地吸收国外进步的自然科学知识；⑥自然科学界本身、彼此之间，本身与一般文化界及其他民主力量之统一战线；⑦集体精神；⑧自然科学工作者之积极态度与学习态度；⑨辩证唯物论的宇宙观；⑩计划科学；⑪爱国主义与国际主义；⑫发展本国之自然科学、语文。与会者讨论后，该组从总方向、思想解放、工作态度、具体工作 4 个方面提出建议。在总方向方面，建议"沿着新民主主义这条政治路线，配合着生产建设的需要，积极地切实地为国内四亿多人民服务"；在思想解放方面，建议"必须从封建式的门户思想与买办式的依赖思想中解放出来，而代以独立自主的爱国主义与国际主义"等；在工作态度方面，建议"必须避免孤立、高蹈主义，共同和工人、农民、学生、病人等群众结合，使理论与实践步调一致，逐渐从普遍应用中提高理论研究的水准"；在具体工作方面，建议"调查国内富源，训练科学技术人才，发展本国自然科学、语文，实现农业化等"。[⑦]

---

① 乐天宇、丁瓒应该是分别代替农科小组梁希、医科小组李宗恩作报告。

② 李祥. 全国科代筹委会全体会议纪事. 科学通讯, 1949, (2): 16.

③ 中华全国自然科学工作者代表大会筹备会常务委员会议决事项摘要. 科学通讯, 1949, (4): 19; 本会出席人民政协全体代表的书面谈话. 科学通讯, 1949, (5): 6.

④ 郭金海. 院士制度在中国的创立与重建. 上海: 上海交通大学出版社, 2014: 216-246.

⑤ 沈其益. 科教耕耘七十年——沈其益回忆录. 北京: 中国农业大学出版社, 1998: 2: 35-37.

⑥ 李祥. 全国科代筹委会全体会议纪事. 科学通讯, 1949, (2): 16; 筹委会工作小组报告. 科学通讯, 1949, (2): 20.

⑦ 筹委会工作小组报告. 科学通讯, 1949, (2): 19.

大会代表产生原则组讨论会出席 58 人，由恽子强主持。讨论后，该组通过《中华全国第一次自然科学工作者代表大会代表产生条例》的 4 项内容。1949 年 7 月 18 日，由这次筹备委员会全体会议通过。[①]根据通过的条例，第 1 项内容为"代表及选举人资格"，包括两条，即"在自然科学的任一部门内有学理的素养者"和"现在从事自然科学的工作者，或过去曾从事自然科学工作五年以上者"。第 2 项内容为"代表名额"，暂定 700 名，分配办法如下：①各地区代表 500 名；②人民解放军代表 100 名；③团体代表 20 名，由中华全国青年联合会、中华全国妇女联合会、中华全国总工会，以及农会根据代表资格各推 5 名；④其他代表 80 名，由筹备委员会常务委员会协商推举或聘请。[②]第 3 项内容为"代表产生办法"，对"地区代表产生办法"有较为详细、严密的规定：①由筹备委员会常务委员会将全国划分为若干地区，在各地区组织筹备分会；②筹备分会根据代表资格的规定和筹备委员会常务委员会制定的实施细则，负责调查、登记和审核各个地区的自然科学工作者，于 1949 年 10 月底前完成；③筹备分会根据登记结果和当地实际情况，拟定各个地区代表选举办法和名额分配比例，与登记结果一并汇报给筹备委员会常务委员会；④筹备委员会常务委员会根据汇报加以复核，决定各地区应产生的代表人数及其分配比例；⑤各地区筹备分会接到筹备委员会常务委员会关于人数比例办法的通知后即依照进行选举，产生出席大会代表，将选举结果交筹备委员会常务委员会复核，此后统一公布；⑥如因当地特殊情形，选举进行困难，各筹备分会得经筹备委员会常务委员会核准，"以协商提名方式产生代表之一部或全部"。关于人民解放军代表和团体代表，"代表产生办法"规定由各单位自订产生办法。第 4 项内容为"实施细则"，规定由筹备委员会常务委员会另行制定。[③]

新政协提案组讨论会出席 46 人，由曾昭抡主持。经讨论，该组通过关于科学院组织、全国资源调查机构，以及复员军人进修教育 3 项提案。这些提案 1949 年 7 月 18 日由这次筹备委员会全体会议通过。[④]后来科代会筹备委员会准备向新政治协商会议提交的关于"科学院组织"的提案如下：

> 设立国家科学院，统筹及领导全国自然科学、社会科学的研究事业，使与生产及科学教育密切配合，科学院并负责审议及奖励全国科学创作、著作及发明，科学院为适应特种需要得设立各种研究机构，此种研究机构发展至相当阶段时，为与生产取得进一步之配合，得成立独立机构。[⑤]

联合组织组讨论会出席 36 人，由竺可桢主持。该组先由蔡邦华报告这次筹备委员会全体会议开幕前，由临时干事会就到北平的筹委组成的讨论小组关于联合组织讨论所得综合意见。讨论后，关于联合组织为学术性团体或职工性团体问题，该组认为系后者的性质；关于"自然科学工作者"的定义问题，一般认为指的是实际从事自然科学工作的人；关于组织系统问题，该组主张拟以总会为中央机构，领导地方组织；关于这项组

---

① 筹委会工作小组报告. 科学通讯，1949，(2)：19-20.
② "科代"筹委会章则三件. 科学通讯，1949，(2)：14.
③ "科代"筹委会章则三件. 科学通讯，1949，(2)：14.
④ 筹委会工作小组报告. 科学通讯，1949，(2)：20；李祥. 全国科代筹委会全体会议纪事. 科学通讯，1949，(2)：16.
⑤ 建立人民科学院草案. 建立中科院有关文件材料. 北京：中国科学院档案馆，1950-02-001.

织的任务，该组拟订 5 项，包括"自然科学工作者的福利""业务计划的拟定与推动""计划各项专门人才的培养与训练""有关科学刊物的刊行""计划并执行科学普及事项"。此外，竺可桢提出"自然科学工作者"的资格问题，该小组讨论后规定两条，即"曾作科学工作五年以上者"和"现在科学教育、研究、生产机关工作，并有学理素养者"。①

1949 年 7 月 16 日下午，这次筹备委员会全体会议由各小组召集人报告讨论结果。报告后，会议决定由各召集人整理成为书面报告，于该日 5 时前汇交秘书组作为下次大会的参考。次日，全体会议休会。7 月 18 日上午，会议通过《中华全国第一次自然科学工作者代表大会代表产生条例》《中华全国第一次自然科学工作者代表大会筹备委员会简章》，以及政协提案。下午，全体筹委投票选举科代会筹备委员会常务委员，结果选出 36 人和 10 位候补常务委员。②当选的常务委员有吴玉章、刘鼎、袁翰青、严济慈、曾昭抡、丁瓒、乐天宇、沈其益、钱三强、陈康白、贺诚、竺可桢、吴有训、梁希、涂长望、夏康农、沈其震、叶企孙、李宗恩、侯德榜、茅以升、陈郁、钱伟长、孟少农、童第周、蔡邦华、汤佩松、恽子强、苏步青、沈霁春、陆志韦、沈鸿、谢家荣、刘再生、鲍国宝，以及 1 位常委名单中未具名者③。当选的候补常务委员有陆达、李志中、曾昭安、苏井观、卢于道、王斌、齐仲桓、张克忠、张昌绍、徐硕俊。④

在科代会筹备委员会常务委员会中，吴玉章任主任委员，梁希、李四光、侯德榜、贺诚、曾昭抡任副主任委员，严济慈任秘书长。常务委员会下设总务部、组织部、宣传部、计划委员会。其中，总务部由袁翰青任部长，由涂长望、沈其益任副部长；组织部由刘鼎任部长，丁瓒、孟少农任副部长；宣传部由恽子强任部长，由夏康农、卢于道任副部长；计划委员会由叶企孙任主任委员，由钱三强、钱伟长、乐天宇、沈鸿、苏井观、李宗恩、蔡邦华、薛公绰任委员。⑤

1949 年 7 月 18 日下午的会议还通过"对帝国主义战争贩子、战争的阴谋谴责""呼吁全世界爱和平、爱真理的正义人士团结"的通电。最后，由梁希和吴玉章致闭幕词。⑥梁希总结了这次科代会筹备委员会全体会议的特点，指出"团结，是我们自然科学工作者在现代潮流中的最重要的基本任务"。⑦为了使自然科学工作者更加团结，吴玉章围绕"站稳立场，加强团结""自力更生，克服困难""爱国主义与国际主义"，讲了"科学工作者今天应该清楚认识的几个问题"。他号召自然科学工作者"组织起来，团结起来，更好的把我们的智慧供献给人民，造福于人民，全心全意为人民服务"，指出"这就是我们的志愿，这就是我们今后工作的出发点"。⑧至此，科代会筹备委员会全体会议闭幕。

① 筹委会工作小组报告. 科学通讯，1949，（2）：20.
② 李祥. 全国科代筹委会全体会议纪事. 科学通讯，1949，（2）：16.
③ 此人应为时在英国的李四光。这可由李四光后以科代会筹备委员会常委身份入选科代会主席团名单推断。参见中华全国自然科学工作者代表会议筹备委员会. 中华全国自然科学工作者代表会议纪念集. 北京：人民出版社，1951：175.
④ 附"科代"筹备会常委会常委名单. 科学通讯，1949，（2）：16.
⑤ 中华全国自然科学工作者代表大会筹备会常务委员会会议决事项摘要. 科学通讯，1949，（3）：21.
⑥ 李祥. 全国科代筹委会全体会议纪事. 科学通讯，1949，（2）：16.
⑦ 梁希. 科代筹备全体会议闭幕词（一）. 科学通讯，1949，（2）：7.
⑧ 吴玉章. 科代筹备会全体会议闭幕词（二）. 科学通讯，1949，（2）：9-10.

第三节　筹备委员会的筹备工作与活动

一、成立筹备分会与制定代表产生条例实施细则及其补充办法

这次全体会议之后，关于科代会的筹备工作继续展开。重要工作之一是成立各地区科代会筹备分会。1949 年 7 月 19 日，即这次全体会议闭幕的次日，科代会筹备委员会常务委员会即召开会议指定 10 处筹备分会及其召集人（表 1-1）。

表 1-1　科代会筹备委员会常务委员会首次指定的各地区筹备分会及其召集人

序号	筹备分会名称	召集人
1	上海市分会	吴有训、黄宗甄、汪季琦、支秉渊、张昌绍、吴觉农、茅以升
2	南京分会①	梁希、姚克方、齐仲桓、谢家荣、潘菽、涂长望
3	杭州分会②	苏步青、王琎、王淦昌、蔡邦华、贝时璋
4	东北分会	陈康白、王斌、江泽民、张克威、沈其震
5	武汉分会	曾昭安、高尚荫、曾省
6	山东分会③	计苏华、沈霁春、童第周、曾呈奎
7	山西分会	陆达、韦斌
8	石家庄分会	李世俊、林心贤
9	天津分会	吴大任、张国藩、刘再生、张克忠
10	北平分会	刘鼎、丁瓒、孟少农、陆志韦、汤佩松

资料来源：中华全国自然科学工作者代表大会筹备会常务委员会议决事项摘要. 科学通讯, 1949, (3): 21.

1949 年 7 月 28 日，科代会筹备委员会常务委员会加推侯德榜、卢于道为上海市分会召集人，并推定各地区筹备分会第一召集人。其中，上海市分会为吴有训，南京分会为梁希，杭州分会为苏步青，东北分会为陈康白，武汉分会为曾昭安，山东分会为沈霁春，山西分会为陆达，石家庄分会为李世俊，天津分会为刘再生，北平分会为刘鼎。④其后陆续指定或当地发起后经科代会筹备委员会常务委员会认可的有西安、郑州、长沙三区。至 1949 年 11 月，上述各筹备分会，除北京分会⑤、南京分会外，均已成立。这些筹备分会成立后开展了自然科学工作者的调查和登记工作，并举行座谈会、讲演会、展览会，或办理副刊和科学讲座、广播等⑥。这为这些筹备分会所在地区参加科代会的代表推选做了必要的准备，丰富了当地的科学活动。

鉴于我国幅员辽阔，各地经济、文化各方面发展程度不同，各地解放时间不一，科代会筹备委员会常务委员会逐渐认识到科学工作者的组织工作不可能在形式和时间上强求一致。又鉴于各地工作的推行，要更多地依靠当地人民政府文教机关，便调整了筹

---

① 包括江苏、安徽两省。

② 包括浙江省。

③ 包括青岛市。

④ 中华全国自然科学工作者代表大会筹备会常务委员会议决事项摘要. 科学通讯, 1949, (3): 21.

⑤ 即指北平分会。当时北平已改称北京。

⑥ 严济慈. 本会常委会一年来总结报告. 科学通讯, 1950, (10): 6.

备分会的地区划分。在东北、西北、西南各大行政区只成立一个总的筹备分会，由分会在适当地点设立支会。如东北区在沈阳设筹备分会，并在本溪、鞍山、抚顺、长春、沈阳、大连、锦州、安东、齐齐哈尔、哈尔滨、吉林、承德分设 12 个支会。①

筹备委员会常务委员会还根据《中华全国第一次自然科学工作者代表大会代表产生条例》的规定，制定了该条例的实施细则。该实施细则于 1949 年 8 月 17 日由该常务委员会通过，主要包括"关于代表及选举人资格规定各条的解释""关于各地区筹备分会的组织事宜""选举人登记办法"等内容。②如上文所述，1949 年 7 月 18 日，科代会筹备委员会全体会议通过的《中华全国第一次自然科学工作者代表大会代表产生条例》规定"代表及选举人资格"，包括两条，即"在自然科学的任一部门内有学理的素养者"和"现在从事自然科学的工作者，或过去曾从事自然科学工作五年以上者"。③该实施细则中"关于代表及选举人资格规定各条的解释"，对这两条资格做了具体的解释。其中，包括自然科学部门的具体范围、学理素养、从事自然科学的工作者的具体所指。按照解释，自然科学部门包括理科、工科、农科、医科。理科含物理、化学、数学、生物科学、地质、地理、天文、气象及其他关于自然现象基本学理之科学；工科含土木、机械、电机、矿冶、化工、航空、纺织、水利、建筑及其他关于工业生产建设之科学；农科含农林、园艺、畜牧、兽医、水产及其他关于农业生产建设之科学；医科含医、药、牙、护、产、卫生及其他关于保健之科学。学理素养指对任一专门科学的基本学理有超出普通经验水平的了解，并能负责应用或继续研究。从事自然科学的工作者指实地从事自然科学的研究、应用、普及或教育工作者，或直接领导及组织这些工作者。④这些解释使"代表及选举人资格"得到进一步明确，有助于代表和选举人的遴选。该实施细则中"选举人登记办法"的规定也较具体⑤，对选举人登记工作不无裨益。

此后由于科代会任务的改变，需要强调学术性的缘故⑥，并结合各地区筹备分会进行情况，科代会筹备委员会制定《中华全国第一次自然科学工作者代表大会代表产生条例》实施细则补充部分。该部分规定代表人数由原定的 700 名减至 450 名。其中，各地区代表 300 名，人民解放军和军委直属机关代表 70 名，中央直属有关科学工作机构代表 35 名，科代会筹备委员会总会筹委若干名。该部分还规定了已设分会地区的大会代表产生办法、未设分会地区的代表产生办法等。⑦不过，科代会代表名额并未就此确定，最终定为 529 名，其中分配给各地区代表 327 名、人民解放军和军委直属机关代表 57 名、中央直属机关科学工作机构代表 40 名、科代会筹备委员会总会常委代表 46 名、特邀代表 59 名⑧。

---

① 严济慈. 本会常委会一年来总结报告. 科学通讯，1950，(10)：6.
② 中华全国第一次自然科学工作者代表大会代表产生条例实施细则. 科学通讯，1949，(3)：11-12.
③ "科代"筹委会章则三件. 科学通讯，1949，(2)：14.
④ 中华全国第一次自然科学工作者代表大会代表产生条例实施细则. 科学通讯，1949，(3)：11.
⑤ 中华全国第一次自然科学工作者代表大会代表产生条例实施细则. 科学通讯，1949，(3)：12.
⑥ 严济慈. 本会常委会一年来总结报告. 科学通讯，1950，(10)：7.
⑦ 中华全国第一次自然科学工作者代表大会代表产生条例实施细则补充部分. 科学通讯，1950，(10)：3.
⑧ 中华全国自然科学工作者代表会议筹备委员会. 中华全国自然科学工作者代表会议纪念集. 北京：人民出版社，1951：171.

二、关于成立联合组织的进一步酝酿和准备

关于全国性自然科学工作者联合组织问题，尽管科代会筹备委员会全体会议已有所讨论，但并未具体确定建立何种联合组织。同时，这次全体会议亦未确定科代会组织路线的基本方向。由于这个基本方向问题没有解决，而它支配着科代会组织的方法和形式，自 1949 年冬至 1950 年春科代会的筹备组织工作几乎处于停顿状态。1950 年 4 月 15 日，科代会筹备委员会常务委员会主任吴玉章于第 10 次常委会议作了发言，使人们对这个基本方向问题有了比较明确的认识①。具体而言，有如下 4 个要点：

第一，科学团体以后的主要任务，在于配合国家的经济和文化建设工作，其组织形式及与各方的关系应该由这个任务来决定。第二，由于政府已经不是过去少数统治者的政府而是人民自己的政府，科学团体就应该放弃过去与政府对立的作风，而向政府有关部门靠拢，成为其有力的辅助。第三，因此，今后科学团体的主要组织形式，将是与政府有关部门密切结合的专门性学术研究团体。第四，要从旧社会遗留下来的目前科学团体的组织形式，转变成上述的新的组织形式，需要在全国科学工作者中酝酿宣传这个新的方向，使大家从旧的观点前进到新的观点，就是科代会在目前阶段的历史任务；同时，在各种专门性的科学团体之上有一个联合组织，也有其需要的。②

基于此，常委会讨论后基本明确了联合组织的类型、名称和宗旨，计划向科代会提议组织"科联"，同时建议发起一个中国科学技术普及协会。前者"以团结、号召全国自然科学工作者从事自然科学学术研究，以促进新民主主义的经济建设与文化建设为宗旨，而以经政府准予立案的自然科学专门学会为会员"。后者"以普及自然科学知识，提高人民科学技术水平为宗旨，而以科学技术工作者个人为会员"。③

此外，科代会筹备委员会与全国专门学会早有一些联系。如筹备委员会支持 1950 年 2 月 11—12 日北京区十二科学学会联合年会的举行。参加的学会均为全国性专门学会，包括中国数学会、中国物理学会、中国化学会、中国地质学会、中国地学会、中国动物学会、中国植物学会、中国生理学会、中国药学会、中国昆虫学会、中国海洋湖沼学会，以及中国心理学会。联合年会举行前，科代会筹备委员会于 2 月 4 日上午在北京干面胡同会所举行欢迎性质的座谈会。吴玉章、科代会筹备委员会各部门负责人与这 12 个学会负责人出席座谈会。吴玉章在发言中指出科代会筹备委员会的成立，"主要的目的是在团结与组织自然科学工作者，来进行建设新中国的工作，这是非常重要的"，强调"团结只是'科代会'的第一步工作，第二步工作是如何从事研究，这是要依靠各专门学会的同志们来分头并进的"④。作为联合年会名誉主席，吴玉章出席了联合年会活动并发表讲话⑤。

---

① 严济慈. 本会常委会一年来总结报告. 科学通讯，1950，（10）：7.
② 严济慈. 本会常委会一年来总结报告. 科学通讯，1950，（10）：7.
③ 严济慈. 本会常委会一年来总结报告. 科学通讯，1950，（10）：7.
④ 苏峙鑫记录. 本会招待十二科学学会联合年会筹备人纪实. 科学通讯，1950，（9）：3.
⑤ 北京区十二科学学会联合年会经过. 科学通讯，1950，（9）：6-9.

通过这些工作与活动,科代会筹备委员会为联合组织(即"科联"和"科普")的成立做了进一步的准备。

三、组织参观团赴东北考察

东北是中国物产丰富、工业基础雄厚的地区。科代会筹备委员会全体会议举行之际,东北正处于战争结束后恢复工业建设时期,需要专家帮助解决存在的各种问题。1949 年 7 月 2 日,即这次会议前,东北人民政府财政经济委员会处长陈康白在北平座谈"东北工业"会上作了发言。他提出东北工业方面存在的问题,希望全国科学工作者共同努力解决。[1]科代会筹备委员会于 1949 年 7 月 18 日全体会议闭幕后,组织了东北参观团,有 44 位筹委参加[2]。其中有支秉渊、王成组、王学书、伍献文、李旭旦、李承干、李世俊、沈其益、吴学周、吴襄、林宗扬、周仁、周慧明、竺可桢、孟广喆、孟目的、胡祥璧、施嘉炀、金善宝、俞大绂、徐克勤、高尚荫、梁治明、曾昭安、黄瑞采、黄宗甄、汤飞凡、张孟闻、张孝骞、张鋆、张昌绍、杨树勋、杨国亮、杨济时、裘祖源、刘慎谔、刘伊农、叶在馥、邓叔群、郑万钧、鲁宝重、谢家荣、韩德章等。竺可桢任团长,李承干、谢家荣任副团长,李旭旦、施嘉炀为干事,沈其益为会计,张孟闻为总联络。陈康白为东北区招待主任,常青松任秘书。[3]

参观团分理工、农、医三个组。各组在东北开始参观时间为 1949 年 7 月 23—25 日至 8 月 27 日或 28 日结束,历时五个星期[4]。理工组团员参观的地区主要是鞍山、本溪、抚顺三个煤铁工业中心。农组学科包括农艺、森林、畜牧、兽医、园艺、土壤、地理、农业化学、植物分类、植物病理、农业经济、农场管理等。农组团员参观的地区以沈阳为中心,北方达到哈尔滨、通北、萨尔图、带岭、铁岭、公主岭,南方达到安东、本溪、熊岳等地。农组参观的对象,在沈阳有沈阳医学院、农业机械制造厂、病虫药械制造厂等;在哈尔滨有东北农学院及其附属农场、林场,还有家畜防疫所、拖拉机学校、兴东制油公司、哈尔滨胶合板工厂、新阳锯材厂、啤酒制造厂等;在萨尔图有种畜场、秋林公司牧场等;在带岭有林场、锯木厂;在铁岭有种畜场;在公主岭有农事试验场;在安东有柞蚕丝织厂、东北第一纺织厂、造纸厂、丹华火柴工厂等;在熊岳有农事试验场等。医组学科包括基础医学、临床医学、公共卫生学和药物学。医组团员参观了沈阳、长春、哈尔滨、本溪和安东五个城市。参观的对象有东北政委会卫生部、医科大学和医院、工厂卫生设施和药厂、药校。[5]

参观两个星期左右之后,这三个组分别发表了观感,对东北多方面建设工作提出了

① 陈康白. 东北工业建设需要全国科学工作者来共同努力. 科学通讯,1949,(3):13-17.
② 严济慈. 本会常委会一年来总结报告. 科学通讯,1950,(10):6.
③ 参观团筹委名单. 科学通讯,1949,(3):8.
④ 周仁. 东北的钢铁工业——一个参观者的报导//中国科学社编,竺可桢,谢家荣,陈康白等著. 我们的东北. 北京:生活·读书·新知三联书店,1950:72;吴学周. 东北化工参观记略//中国科学社编,竺可桢,谢家荣,陈康白等著. 我们的东北. 北京:生活·读书·新知三联书店,1950:81;竺可桢. 竺可桢全集. 第 11 卷. 上海:上海科技教育出版社,2006:485,511-512;严济慈. 本会常委会一年来总结报告. 科学通讯,1950,(10):6.
⑤ 中华全国第一次自然科学工作者代表大会筹备委员东北参观团的观感. 科学通讯,1949,(3):2-8.

建议。理工组对东北解放前遭到严重破坏的鞍山、本溪、抚顺三个煤铁工业中心，半年多即差不多都已恢复生产，十分钦佩。但是，理工组认为，过去日本人的东北工业计划是根据殖民统治政策发展的，已不能适用，进而对如何发展东北工业提出建议。例如，"现在必须确定一个东北工业政策来配合新民主主义的建设计划""东北有丰富资源和过去的工业基础，现在必须在短期间内把这基础恢复、巩固和发展起来，使他能够扶助我国其他各地工业的建立""各厂的生产须有重点"等。此外，理工组对东北在地质采矿、冶炼、机械、化学工业方面如何发展和如何补充工业技术人才，提出具体意见。[①]

农组在观感中对东北农业行政人员所拟订的详尽的农业计划、认真执行任务的负责精神、各机关全体职工高度的工作效率，以及热烈的政治学习、业务学习，表示深切的敬佩。同时，农组对农艺、林业、畜牧兽医、土地利用、渔业、农业经济六个部门如何发展提出中肯的建议。例如，关于农艺部门，农组建议在农作物方面，"在'北满'[②]，先注重春小麦、马铃薯、大豆、麻、燕麦和甜菜的育种。其中以春小麦为最重要。选择一个春小麦区内的中心地点，设立春小麦研究的机构。特别要注重防除杆黑病、腥黑穗病和赤霉病。在对于防除这些病害没有绝对的把握以前，不宜过于提倡种麦。北满最适宜于栽培马铃薯，宜予以提倡。马铃薯产量极高。除供食粮和工业原料外，还要给供南满和关内的子种，因为种在北满的马铃薯，比较不会感染有各种严重的退化病"。又如，关于畜牧兽医部门，农组分析东北畜牧概况后认为，"为增进农家作业收入，提高国民营养，维持城市运输交通和充分利用草原计，畜牧事业实应积极发展"，进而对发展东北畜牧事业的方向提出增产和改良的具体建议。在增产方面，农组建议"针对地方环境和实际的需要，宜着重马、猪、绵羊三种"，并提出两种增产方法。一是"充分发挥每一母畜的最高繁殖效能"，二是"注重全面防疫工作，集中指挥，分区执行"。[③]

医组的观感和建议涉及东北的医药卫生行政机构、医学教育设施、公共卫生设施、制药和药学教育等方面。关于医药卫生行政机构，医组认为"过去的机构系统是多元化的"，而现今已改为"卫生行政的一元化"，这是"一个极大的改进"。关于医学教育设施，医组认为"亟需培养大量的医务人员，以推进科学的医药，来满足广大人民的迫切需要"，提出"现在唯一待解决的问题是如何在可能的最短时间内培植大量的品质优良的医师"。针对这一问题，医组从"学制与课程""教材和教学法""师资""行政与管理"四个方面，对东北的正规医科教育提出具体建议。例如，关于"学制与课程"，医组认为在预科课程中"拉丁文似属不必要"，建议"预科中理、化、生物三课的时间应予加多""可添设心理学一课"。对于基础医学，医组建议不必分科等。关于公共卫生设施，医组建议"重视个人和团体的清洁""门诊工作能单独成立""极需注意工人健康的保持和意外的避免"等。关于制药和药学教育，医组从生产、技术、教育三个方面提出建议。在生产方面，医组建议"东北制药工作能配合全国各地既有的条件，作更合理的计划，

---

① 中华全国第一次自然科学工作者代表大会筹备委员东北参观团的观感. 科学通讯, 1949, (3): 2-4.

② "北满"和下文所提的"南满"是 1904 年日俄战争后，俄国和日本分别在我国东北划分的势力范围，分界点在哈尔滨附近的宽城子。参见：唐戈. 俄罗斯文化在中国——人类学与历史学的研究. 哈尔滨：北方文艺出版社, 2010: 15.

③ 中华全国第一次自然科学工作者代表大会筹备委员东北参观团的观感. 科学通讯, 1949, (3): 4-5.

以集中力量，扩大某若干种药品的生产，以供全国之需"。在技术方面，医组认为"有些部门的技术人员尚感缺乏，似可设法向南方延揽"，建议"这里各厂之间，以及本地和其他地区的药厂，取得更密切联系，以免重复摸索，事倍功半"。在教育方面，医组认为亟待解决的问题有两个。一是师资问题。医组建议"除延揽专家外，可招收大量化学系毕业生，予以分科训练，使转入制药工作"。二是图书仪器亟待充实。医组提出"为求学生实习更能配合实际应用，除予以普通实验训练外，还可设计制造几套小型的制药单元操作的装置，把制药工业的步骤，在这单元操作中表演出来"，强调"这对于学习和研究都有用处"。①

1949 年 9 月 3 日，东北参观团团长竺可桢在北京新华广播电台作了题为《参观东北后我个人的感想》的演讲。他的感想有三方面内容。一是东北天然资源的丰富；二是东北工、矿、农、医各方对于复兴工作的努力，"东北当局计划的确当"；三是东北技术人员的缺乏。他希望"关内各地有大量高级技术人员去东北，庶几在不久的将来，能建立起来中国第一个重工业的据点"。②副团长谢家荣参观后对东北地质、矿产情况作了介绍，并提出了意见。他提出"为了建设新中国，为了使东北成为新中国建设过程中的出发点和示范区，我们在东北要迅速地发动一个有计划的和大规模的矿产勘测工作"③。东北参观团干事李旭旦，团员周仁、吴学周、俞大绂、邓叔群、伍献文等都发表了关于这次参观的文章④。

科代会筹备委员会重视东北参观团的参观活动。1949 年 8 月 31 日，其在北平灯市口中国工程师学会召开了欢迎东北参观团返平座谈会，有 124 人参加。其常务委员会主任委员吴玉章、副主任委员贺诚为座谈会主席。竺可桢、施嘉炀、周仁、吴学周、俞大绂、邓叔群、张孝骞等分别谈了各自的观感。最后，贺诚在总结发言中指出，"东北过去受军阀和伪满的统治，使我们不明真相，由各位参观后的正确的报导，不但使我们科工者知道一些真实情况，尤加重了本身的责任。东北现在感到人员的缺乏，我们须帮助东北动员关内专家去从事建设事业"⑤。

四、组织中美关系白皮书座谈会与学习苏联

1949 年 8 月 5 日，美国国务院发表中美关系白皮书。白皮书正式名称为《美国与中

① 中华全国第一次自然科学工作者代表大会筹备委员东北参观团医组的观感//中国科学社编，竺可桢，谢家荣，陈康白等著. 我们的东北. 北京：生活·读书·新知三联书店，1950：32-45.
② 竺可桢. 参观东北后我个人的感想//中国科学社编，竺可桢，谢家荣，陈康白等著. 我们的东北. 北京：生活·读书·新知三联书店，1950：1-4.
③ 谢家荣. 东北地质矿产概况和若干意见//中国科学社编，竺可桢，谢家荣，陈康白等著. 我们的东北. 北京：生活·读书·新知三联书店，1950：61-71.
④ 李旭旦. 东北之农业区域及农产分布//中国科学社编，竺可桢，谢家荣，陈康白等著. 我们的东北. 北京：生活·读书·新知三联书店，1950：97-102；周仁. 东北的钢铁工业——一个参观者的报导//中国科学社编，竺可桢，谢家荣，陈康白等著. 我们的东北. 北京：生活·读书·新知三联书店，1950：72-80；吴学周. 东北化工参观记略//中国科学社编，竺可桢，谢家荣，陈康白等著. 我们的东北. 北京：生活·读书·新知三联书店，1950：81-88；俞大绂. 参观东北农业后观感//中国科学社编，竺可桢，谢家荣，陈康白等著. 我们的东北. 北京：生活·读书·新知三联书店，1950：103-108；邓叔群. 东北农林问题//中国科学社编，竺可桢，谢家荣，陈康白等著. 我们的东北. 北京：生活·读书·新知三联书店，1950：109-113；伍献文. 东北之渔业//中国科学社编，竺可桢，谢家荣，陈康白等著. 我们的东北. 北京：生活·读书·新知三联书店，1950：122-127.
⑤ "科代"大会筹委会欢迎东北参观团返平座谈记录. 科学通讯，1949，（3）：18-20.

国的关系：特别着重于 1944—1949 年的阶段》（United States Relations with China：With Special Reference to the Period 1944—1949）①，由美国国务卿艾奇逊（Dean Gooderham Acheson，1893—1971）决定发表②。该白皮书主要叙述 1944—1949 年，特别是抗日战争末至 1949 年的中美关系，美国实施扶蒋反共政策，干涉中国内政遭到失败的经过。白皮书中附有艾奇逊给美国总统杜鲁门的信，说明编撰该白皮书的缘由与主要结论；还有若干文件和中美关系大事年表等。白皮书中宣称将继续利用中国所谓"民主个人主义者"，组织美国第五纵队，推翻中国共产党领导的人民政府。③白皮书发表后，至 1949 年 9 月 16 日，毛泽东针对白皮书和艾奇逊的信相继撰写《无可奈何的供状——评美国关于中国问题的白皮书》④《丢掉幻想，准备斗争》⑤《别了，司徒雷登》⑥《为什么要讨论白皮书？》《"友谊"，还是侵略？》《唯心历史观的破产》⑦等文章，对美国的对华政策和国内一部分知识分子对美国抱有幻想进行了批评。

　　毛泽东的上述前 3 篇文章于 1949 年 8 月 13—19 日先后在《人民日报》发表，随即在国内各界引起了强烈反响。当时科代会筹备委员会将讨论中美关系白皮书作为一项重要活动。8 月 24 日下午，科代会筹备委员会邀请在北平的科学工作者举行座谈会，讨论白皮书，对艾奇逊和白皮书进行了声讨。与会者除科代会筹备委员会外，还有各生产机关的科技工作者，各大学理、工、农、医学科的教授、讲师、助教，新近从美国回国的科学工作者，共 86 人。为了使讨论更深入与普遍，科代会筹备委员会又将全北平市分为 12 个区，分区进行讨论，参加者共 700 余人。不仅如此，科代会筹备委员会发函各地筹备分会，号召组织白皮书座谈会。⑧随后，上海市分会、南京分会、东北分会、天津分会等都举行了座谈会⑨。这些活动对削弱一些科学工作者的"超阶级""超政治"倾向起到了作用⑩，是中华人民共和国成立前夕对科学工作者的一次有规模的思想政治教育。

　　中华人民共和国成立前，中共中央在以美国为首的资本主义阵营和以苏联为首的社会主义阵营之间，主张完全倒向后者，实行"一边倒"的外交方针。1949 年 6 月 30 日毛泽东在《论人民民主专政》一文中对这点就有鲜明的阐述。他在文中指出："一边倒，是孙中山的四十年经验和共产党的二十八年经验教给我们的，深知欲达到胜利和巩固胜利，必须一边倒。积四十年和二十八年的经验，中国人不是倒向帝国主义一边，就是倒向社会主义一边，绝无例外。骑墙是不行的，第三条道路是没有的。我们反对倒向帝国

---

① Department of State. United States Relations with China：With Special Reference to the Period 1944—1949. Washington，D. C.：Division of Publications，Office of Public Affairs，1949.

② 陈之迈. 艾奇逊与中美关系白皮书//陈之迈. 患难中的美国友人. 台北：传记文学出版社，1979：162.

③ Department of State. United States Relations with China：With Special Reference to the Period 1944—1949. Washington，D. C.：Division of Publications，Office of Public Affairs，1949：III.

④ 无可奈何的供状——评美国关于中国问题的白皮书. 人民日报，1949-08-13（1）.

⑤ 丢掉幻想，准备斗争. 人民日报，1949-08-15（1）.

⑥ 别了，司徒雷登. 人民日报，1949-08-19（1）.

⑦ 后 5 篇文章均收入《毛泽东选集》. 详见毛泽东. 毛泽东选集. 第 4 卷. 北京：人民出版社，2008：1483-1517.

⑧ 北京科学工作者座谈美帝侵华供状（艾奇逊"白皮书"）的报导. 科学通讯，1949，（4）：2-19.

⑨ 本会各地区分会座谈美帝侵华供状（艾奇逊"白皮书"）的报导. 科学通讯，1949，（5）：18-23.

⑩ 中国科工脱出"超政治"的开端. 科学通讯，1949，（4）：1.

主义一边的蒋介石反动派，我们也反对第三条道路的幻想。"①

在此政治背景下，科代会筹备委员会开展了学习苏联的活动。活动之一是于 1949 年 9 月 26 日与中苏友好协会总会筹备委员会联合举行了苏联伟大科学家巴甫洛夫诞生一百周年纪念会。与会者共 106 人，其中包括科代会筹备委员会常务委员会主任委员吴玉章，副主任委员梁希、侯德榜、贺诚、曾昭抡。吴玉章在讲话中指出，巴甫洛夫服从真理，不迷信旧学说的伟大，号召广大科学工作者参加国家建设工作，学习巴甫洛夫，"为新国家工作，把科学贡献给国家"。②科代会筹备委员会还于 1949 年 10 月 28 日召开座谈会，欢迎新从苏联回国，出席苏联纪念巴甫洛夫百年诞辰活动的代表冯德培、潘菽、季钟朴。吴玉章致欢迎词。③科代会筹备委员会发行的《科学通讯》发表了冯德培、潘菽在这次座谈会上的讲话摘要④。而且 1949 年 12 月 1 日《科学通讯》发表编者按，强调只有苏联才有科学，"今天，在政治上经济上，我们固然只有倒向苏联一边，才有出路，就是在科学上，我们要建设新中国，发展中国的科学，除了倒向苏联一边，也是无路可走的"⑤。

五、参加首届人民政协会议

1949 年 9 月 21—30 日，中国人民政治协商会议第一届全体会议在北平召开。参会代表名单上共 662 人⑥，其中科代会代表 17 人。这次会议开幕当天，科代会筹备委员会发了贺电，祝贺会议成功，表达了全心全意发展自然科学，服务于国家建设的决心。贺信中写道："我们——自然科学工作者，今天从反动的压制下解放出来了，科学为人民服务，已具备了十足可能实现的条件，将更坚强地更广大地团结起来，为祖国、为人民，遵循着大会所指示的纲领和决议，在中央人民政府的领导之下，全心全意地工作，去发展自然科学，以服务于工业、农业、保健事业和国防的建设。"⑦此外，科代会的 17 位代表共同发表书面谈话，表示"感到作为自然科学工作者今后参加祖国新建设责任的重大"，要"努力学习新事物以正确地认识祖国的新时代，以便贡献自己所学于人民作有计划的发展，建设这新国家"⑧。

这次会议于 1949 年 9 月 27 日通过《中华人民共和国中央人民政府组织法》。其中规定政务院设"科学院"，由政务院文化教育委员会指导科学院的工作⑨。科学院的设立

---

① 论人民民主专政//毛泽东. 毛泽东选集. 第 4 卷. 北京：人民出版社，2008：1472-1473.
② 中苏友好协会总会筹备委员会自然科学工作者代表会筹委会纪念巴夫洛夫诞生百周年. 人民日报，1949-09-27（1）.
③ 赴苏纪念巴夫洛夫百年诞辰冯德培等代表返京自然科学工作者代表大会筹委会开会欢迎. 人民日报，1949-10-30（4）.
④ 冯德培，潘菽讲，苏峙鑫记录. 苏联怎样纪念巴夫洛夫. 科学通讯，1949，（6）：6-7.
⑤ 编者. 只有苏联才有科学. 科学通讯，1949，（6）：1.
⑥ 关于"中国人民政治协商会议第一届全体会议代表名单"的决定的经过. 科学通讯，1949，（5）：15.
⑦ 本会贺电. 科学通讯，1949，（5）：6.
⑧ 本会出席人民政协全体代表的书面谈话. 科学通讯，1949，（5）：6.
⑨ 中华人民共和国中央人民政府组织法（一九四九年九月二十七日中国人民政治协商会议第一届全体会议通过）//中国人民政治协商会议第一届全体会议秘书处. 中国人民政治协商会议第一届全体会议纪念刊. 北京：新华书店，1950：343-344.

与科代会筹备委员会所提关于"科学院组织"的提案有关。这次会议后又于 9 月 29 日通过《中国人民政治协商会议共同纲领》。其中的文化教育政策，规定"中华人民共和国的文化教育为新民主主义的，即民族的、科学的、大众的文化教育"，"人民政府的文化教育工作，应以提高人民文化水平、培养国家建设人才、肃清封建的、买办的、法西斯主义的思想、发展为人民服务的思想为主要任务"，"努力发展自然科学，以服务于工业、农业和国防的建设"，"奖励科学的发现和发明，普及科学知识"，将提倡"爱科学"和提倡爱祖国、爱人民、爱劳动、爱护公共财物作为全体国民的公德。①这些规定对科代会筹备委员会进一步明确工作方向提供了方针上的指示。

第四节　科代会的召开

经过逾一年的筹备，科代会于 1950 年 8 月 17—24 日在清华大学礼堂召开。会前科代会筹备委员会发布召开代表大会的通告，说明由于"人民解放战争的迅速发展，全国获得解放""全国科学工作者获得了思想的迅速觉悟和工作热忱的普遍提高"等原因，科代会的任务"不应该再以单纯的团结自限，而要求进一步的提高"。根据通告，科代会新的任务就是"要注重于专门学术的研究，要深入地发掘我们具体工作中应该具体解决的问题，要从学术的角度上，重订我们的工作方向"，"要从各个科学部门里扫除为科学而科学的虚幻思想，使科学能担负完成生产发展的任务"。②这是科代会筹备委员会对新的政治形势和科学界情况的反应，折射了其对科代会的学术诉求，也体现了其力图贯彻中国共产党倡行的理论联系实际的科技方针之意（图 1-1）。

图 1-1　1950 年 8 月科代会合影（局部）
资料来源：中华全国自然科学工作者代表会议筹备委员会. 中华全国自然科学工作者代表会议纪念集.
北京：人民出版社，1951

1950 年 8 月 17 日下午，科代会举行预备会议。预备会议推举科代会筹备委员会常委 14 人组成临时主席团，已任中国科学院副院长的竺可桢为执行主席。随后，预备会议修正通过大会会场规则、大会议事规程、会程、提案审查办法、主席团名单、大会工作人员名单，以及提案审查委员会名单。大会副秘书长卢于道报告收到提案、问题件数

① 中国人民政治协商会议共同纲领（一九四九年九月二十九日中国人民政治协商会议第一届全体会议通过）//中共中央文献研究室. 建国以来重要文献选编. 第 1 册. 北京：中央文献出版社，2011：9.

② 本会为召开代表大会的通告. 科学通讯，1950，（10）：2.

和整理分类结果。①主席团名单上共74人，包括科代会筹备委员会总会常委14人，即吴玉章、梁希、李四光、侯德榜、贺诚、曾昭抡、刘鼎、叶企孙、乐天宇、李宗恩、竺可桢、茅以升、陈康白、陆志韦；中央机关5人，即朱仙舫、石志仁、须恺、丁西林、周建人；军委5人，即刘述文、陆亘一、王荣瑸、王弼、殷希彭；各地区42人，即周培源、张景钺、刘仙洲、戴芳澜、钟惠澜、杨石先、李烛尘、严开元、张克威、白希清、段玉明、魏曦、冯仲云、钦巴图、任鸿隽、吴学周、秉志、支秉渊、程绪珂、颜福庆、高济宇、陈嵘、许杰、徐眉生、程孝刚、洪式闾、叶果、陶述曾、周焕章、吴士恩、林兆倧、姜立夫、丁颖、侯过、郑建宣、许德、钱信忠、谭锡畴、李赋都、买树桐、马典别克、尼札美鼎；特邀8人，即陈桢、李范一、薛愚、聂毓禅、陈世璋、费鸿年、尹赞勋、魏正明②。

1950年8月18日上午，科代会开幕，第一次大会召开。报到的代表共469人，其中各地区代表291名、人民解放军和军委直属机关代表50名、中央直属机关科学工作机构代表37名、科代会筹备委员会总会常委代表40名、特邀代表51名③。吴玉章、侯德榜、刘仙洲、石志仁、秉志为主席，侯德榜为执行主席。会议开始后，先由吴玉章致开幕词。他说："中国革命伟大的胜利，为中国科学开辟了一个新时代。在这个新时代中科学工作者义不容辞地要努力参加巩固胜利和建设新国家的工作。"他指出："我们须要一个全面性的、适合人民需要的国家经济建设计划，就必须要有计划性的科学。这个计划性的科学，它和国家经济建设有着密切的联系，它要负责来解决政府与生产部门所提出的问题。这样它就要把理论与实际联系起来。"他还说"科学要提高，还要普及，还要向各地方扩展，使科学研究机关和实用场所遍于全国"。而且，他还强调，"现在国家的建设工作刚刚开始，真是'百废待举'，而人力、财力是有限的，发展科学必须有计划、有步骤、有重点地稳步前进，才是从实际出发而不是空谈"。他还指出，"过去中国科学界还存在着严重的不团结的现象"，"解放后整个社会变了，科学界在消除隔膜、团结合作方面有了显著的表现和成就，今后必须要更加团结"。最后，他谈了科学界的组织问题。他说"今天科学界需要有组织，有组织才能更好地推进工作"。他强调"今天主要是怎样一种组织能使科学工作者更有效地做好科学研究工作，更重要的是怎样把科学研究与实际结合，怎样把科学知识深入传播给广大人民，首先是工农群众"④。

吴玉章致辞后，科代会筹备委员会秘书长严济慈作了筹备工作总结报告。随后的会程是宣读祝词贺电。接着由朱德、李济深、黄炎培、马叙伦、章伯钧、吴晗等政府首长相继致辞。朱德时任中央人民政府副主席、中国人民解放军总司令。他说："大家今天在这里开这样的一个会，这是中国自然科学工作者从来没有过的盛大的集会。诸位来自

---

① 会议日记//中华全国自然科学工作者代表会议筹备委员会. 中华全国自然科学工作者代表会议纪念集. 北京：人民出版社，1951：162.

② 主席团名单//中华全国自然科学工作者代表会议筹备委员会. 中华全国自然科学工作者代表会议纪念集. 北京：人民出版社，1951：175.

③ 代表统计//中华全国自然科学工作者代表会议筹备委员会. 中华全国自然科学工作者代表会议纪念集. 北京：人民出版社，1951：172-173.

④ 吴玉章. 开幕词//中华全国自然科学工作者代表会议筹备委员会. 中华全国自然科学工作者代表会议纪念集. 北京：人民出版社，1951：11-14.

各个不同的地区，来自各个不同的工作岗位，而且第一次在中国自然科学工作者的集会中出现了兄弟民族的代表，因此这个会是有着前所未有的广泛的代表性的。"他还指出："对于中国的自然科学工作来说，客观的社会条件今天既是空前未有的顺利，中国自然科学工作的开展就应该是科学工作者本身应该负责的了。因此在今天来开这个会，我想诸位应该讨论如何在全国范围内有目的地、有计划地、有组织地进行自然科学工作的工作。"最后，他强调：

> 诸位代表先生们：像你们在这里集合了从各个不同的地区，从各个不同的工作岗位上来的科学工作者的大会是不多的。这个会议应该是使新中国的科学工作逐步具有明确的目的，具有周详的计划，具有严密的组织的一个很好的开始。全中国的自然科学工作者，将因为诸位在这个会上的努力而能更好地为人民服务。全中国的人民，也将因此而能更早更好地掌握现代的科学与技术，从而在全国范围内，激底消灭掉一切落后的因素的根源。①

作为中央人民政府副主席，李济深在致辞中指出，科学研究"必须以国防和民生两者为对象"，"科学家必须面对现实，使新中国走上富强之路"。他进而要求"我们的科学工作者必须吸收苏联科学界的宝贵经验"：一是"苏联科学界能够把理论与实际密切的配合起来"，二是"苏联的科学家经常利用集体工作的方法来研究问题，解决问题"。②黄炎培时任政务院副总理，在致辞中就自然科学如何为人民服务的问题，提出"把科学公开""扩大科学的应用""发挥科学最高度人道主义"等意见。③马叙伦为政务院文化教育委员会副主任，指出"数百优秀的自然科学工作者，代表着全国各地区各科别的自然科学工作者们，集中于此开会，共同商议今后的工作，这在中国的学术史上的确算得起是一件空前的大事，值得庆贺，值得大书特书的"。在致辞中，他还讲述了1949年7月科代会筹备委员会全体会议举行后国内形势的变化，开展科学工作的条件已经具备，强调"所剩下的就是我们科学工作者们的主观努力"。④作为交通部部长，章伯钧在致辞中说："在今天的交通建设上乃至各种的建设工作上，在苏联专家的指导帮助下，是解决了一些技术上的困难问题，但是建国工作，是长远的任务，我们需要吸取先进友邦科学的成就与经验，更需要主观的来发挥积极性和创造性，以争取我们技术上的成功。"⑤吴晗时任北京市副市长、清华大学校务委员会副主任委员。他在致辞中代表北京市人民政府向与会的自然科学工作者致敬，代表清华大学校务委员会对出席大会的代表表示欢迎

① 朱德副主席兼总司令讲话//中华全国自然科学工作者代表会议筹备委员会. 中华全国自然科学工作者代表会议纪念集. 北京：人民出版社，1951：23-25.
② 李济深副主席讲话//中华全国自然科学工作者代表会议筹备委员会. 中华全国自然科学工作者代表会议纪念集. 北京：人民出版社，1951：26-28.
③ 黄炎培副总理讲话//中华全国自然科学工作者代表会议筹备委员会. 中华全国自然科学工作者代表会议纪念集. 北京：人民出版社，1951：29-30.
④ 马叙伦副主任讲话//中华全国自然科学工作者代表会议筹备委员会. 中华全国自然科学工作者代表会议纪念集. 北京：人民出版社，1951：31-34.
⑤ 章伯钧部长讲话//中华全国自然科学工作者代表会议筹备委员会. 中华全国自然科学工作者代表会议纪念集. 北京：人民出版社，1951：35-36.

并致敬意。①

　　1950 年 8 月 18 日下午，科代会第二次大会召开。梁希、曾昭抡、殷希彭、杨石先、程绪珂为主席，梁希为执行主席。首先，由科代会筹备委员会常务委员会计划委员会主任委员叶企孙作关于组织问题的报告。然后，由中国科学院副院长李四光作关于该院的报告。在报告中，李四光介绍了中国科学院的基本任务与成立后所做的工作。关于该院工作，他分为四类：一是关于专门委员的聘任和任务；二是该院联络局的主要工作；三是关于该院和实际工作部门的联系工作；四是编译局的工作。最后，李四光指出中国科学院"长期最大的企望"是："不能脱离实际社会的状况——也就是生产的方式——让那些专业科学工作者就各个人工作的领域，在适当的配合之下，紧密的联系起来工作。"②接着，由中央农业部部长李书城作关于农业部门的报告。在报告中，李书城介绍了当时全国农业生产的情况，谈了农业生产的 3 年计划问题。③

　　1950 年 8 月 19 日相继召开科代会第三次大会、分组会议。李四光、叶企孙、张克威、冯仲云、尹赞勋为主席，叶企孙为执行主席。该日上午，第三次大会的会程是由中央卫生部副部长贺诚作关于卫生部门的报告。贺诚的报告分三部分：一是"卫生工作方针问题"，二是"卫生科学研究工作"，三是"对全国自然科学工作者的希望"。在第一部分，他主要介绍了中央卫生部针对当时我国在卫生方面存在的严重问题规定的"今后卫生工作的基本方针"：一是面向工农兵，二是中西医合作，三是以预防为主。在第二部分，他强调中央卫生部很重视卫生科学的研究工作，介绍了该部成立后的相关工作和初步确定的 1950 年全国卫生研究计划大纲。在第三部分，他提出"卫生科学是一种综合性的科学，它的基础是物理学、化学和生物学等，因此要搞好卫生科学的研究工作必需动员全国自然科学工作者共同参加才能解决问题"④。贺诚报告后，大会休会。休会后，分组会议召开，分 12 组，每组 44 人左右，讨论一般性的提案，即讨论"科普"和"科联"两个暂行组织的方案要点草案。⑤。该日下午，分组会议继续召开，讨论有关组织问题的提案。⑥

　　1950 年 8 月 20 日上午，会程亦是分组会议。会议分理、工、农、医 8 组，展开提案和问题的讨论⑦。该日下午，全体代表赴中南海怀仁堂，与西北少数民族访问团和全国卫生会议代表共同谒见中央人民政府主席毛泽东，由梁希代表科代会全体代表向毛泽

① 吴晗副市长讲话//中华全国自然科学工作者代表会议筹备委员会. 中华全国自然科学工作者代表会议纪念集. 北京：人民出版社，1951：37.

② 李四光. 科学院的报告//中华全国自然科学工作者代表会议筹备委员会. 中华全国自然科学工作者代表会议纪念集. 北京：人民出版社，1951：39-50.

③ 李书城. 农业部门的报告//中华全国自然科学工作者代表会议筹备委员会. 中华全国自然科学工作者代表会议纪念集. 北京：人民出版社，1951：55-62.

④ 贺诚. 卫生部门的报告//中华全国自然科学工作者代表会议筹备委员会. 中华全国自然科学工作者代表会议纪念集. 北京：人民出版社，1951：63-69.

⑤ 关于提案及问题处理的报告//中华全国自然科学工作者代表会议筹备委员会. 中华全国自然科学工作者代表会议纪念集. 北京：人民出版社，1951：106.

⑥ 会议日记//中华全国自然科学工作者代表会议筹备委员会. 中华全国自然科学工作者代表会议纪念集. 北京：人民出版社，1951：163.

⑦ 关于提案及问题处理的报告//中华全国自然科学工作者代表会议筹备委员会. 中华全国自然科学工作者代表会议纪念集. 北京：人民出版社，1951：107.

东致敬。8 月 21 日，科代会休会一日。①

1950 年 8 月 22 日上午，科代会第四次大会召开。任鸿隽、茅以升、颜福庆、尼札美鼎、丁西林为主席，执行主席由前三者依次担任。先由中央重工业部副部长刘鼎作关于工业部门的报告。刘鼎介绍了随着解放战争的胜利，中国共产党接收和恢复我国工业的情况，谈了"中国工业必须调整"的问题，指出了调整之后我国工业建设的远景。他还就"理论与实际结合的问题""专门学会和工业生产部门的关系"发表意见，提出"纯粹科学和科学组织工作是发展生产建设过程不可缺少的部分"。②刘鼎报告后，大会会程委员会副召集人丁瓒作各组讨论问题的总结报告。随后，大会通过关于成立"科联"和"科普"两组织问题的决议。接着，大会通过"科联"和"科普"全国委员会选举办法。8 月 22 日下午又召开分组会议。鉴于 8 月 20 日上午的分组不够细密，重新分为 13 组，分别讨论各专门性问题。③

1950 年 8 月 23 日，科代会第五次大会召开。主席为陆志韦、程孝刚、李宗恩、刘鼎，执行主席前半程是陆志韦，后半程是刘鼎。先由大会副秘书长卢于道作关于提案及问题分组讨论结果的报告。其报告后，大会通过如下关于提案及问题处理的决议："关于分组讨论之提案及问题，决依照讨论所得之意见交中华全国自然科学专门学会联合会及中华全国科学技术普及协会之全国委员会，参酌具体情况，协同政府有关部门，分别予以处理。"④

据已掌握的资料，全国各方面向科代会提出提案 551 件，其中 155 件因收到时间过晚，未在科代会上讨论，留交"科联""科普"全国委员会处理。在科代会上处理的提案共 356 件，另有问题 195 件。关于 356 件提案，讨论的结果是送政府部门的有 290 件，交"科联"或"科普"全国委员会的有 33 件，送各专门学会的有 6 件，保留的有 27 件。关于 195 件问题，经讨论当时提出解决办法的有 73 件，指出研究者或研究处所予以研究答复的有 84 件，留交"科联"全国委员会处理的有 38 件。⑤

在这些提案中，以学会和科代会各地区筹备分会提出的较多，占 70% 以上，其内容以向政府提出建议的为多。其中包括中国科学社提出的"建议中央教育部充实综合性大学之理学院研究设备，以培养科学研究工作人员并建立理学院和科学院之联系案"、科代会天津区筹备分会提出的"为使科学理论能与实际结合起见，请中央（科代）组织各地方专家及大学教授有计划、有重点协助各工厂解决技术上之困难案"、科代会

① 会议日记//中华全国自然科学工作者代表会议筹备委员会. 中华全国自然科学工作者代表会议纪念集. 北京：人民出版社，1951：163.

② 刘鼎. 工业部门的报告//中华全国自然科学工作者代表会议筹备委员会. 中华全国自然科学工作者代表会议纪念集. 北京：人民出版社，1951：70-80.

③ 关于提案及问题处理的报告//中华全国自然科学工作者代表会议筹备委员会. 中华全国自然科学工作者代表会议纪念集. 北京：人民出版社，1951：107；会议日记//中华全国自然科学工作者代表会议筹备委员会. 中华全国自然科学工作者代表会议纪念集. 北京：人民出版社，1951：164.

④ 关于提案及问题处理的决议//中华全国自然科学工作者代表会议筹备委员会. 中华全国自然科学工作者代表会议纪念集. 北京：人民出版社，1951：93；会议日记//中华全国自然科学工作者代表会议筹备委员会. 中华全国自然科学工作者代表会议纪念集. 北京：人民出版社，1951：164.

⑤ 关于提案及问题处理的报告//中华全国自然科学工作者代表会议筹备委员会. 中华全国自然科学工作者代表会议纪念集. 北京：人民出版社，1951：105-110.

南京区筹备分会提出的"中央农业部应组织改进畜业计划委员会案"、科代会西北区筹备分会提出的"拟请政府于西北设立水工、卫生、工程及土壤等试验机构,以便进行研究案"等。[①]这些表明学会和科代会分会对中央人民政府发展科学事业寄予很高的期望。

1950年8月23日另一项重要会程是进行"科联""科普"各自全国委员会委员的选举。结果各有50人膺选。"科联"全国委员会委员有李四光、严济慈、钱三强、吴有训、程孝刚、丁颖、钱伟长、虞叔毅、戴芳澜、陶述曾、侯德榜、梁希、华罗庚、秉志、乐天宇、涂长望、苏井观、陈一得、钱信忠、白虹然、茅以升、竺可桢、任鸿隽、李赋都、苏步青、张含英、谢立惠、潘菽、钱崇澍、张克威、刘鼎、叶企孙、李宗恩、吴学周、姜立夫、陈康白、吴觉农、魏曦、马大猷、汤佩松、丁瓒、曾昭抡、陆志韦、尼札美鼎、颜福庆、萨福均、张克忠、曾昭安、王家楫、赵祖康。[②]人选多为在学术研究或学术领导方面饶有成就的科学家,且包括1950年3月刚旅美归国的著名数学家华罗庚。有18人即逾三分之一人选为科代会筹备委员会常委。

"科普"全国委员会委员有丁西林、袁翰青、卢于道、李四光、竺可桢、周焕章、马典别克、梁希、宋名适、高士其、温济泽、沈其益、钦巴图、周建人、彭庆昭、佟城、董纯才、张孟闻、涂长望、朱兆祥、王峻岑、买树桐、刘仙洲、才巷台、沈其震、罗登义、蒋一苇、盛彤笙、夏康农、裴文中、朱弘复、李本周、秦元勋、魏兆麟、曲正、陈凤桐、杨肇燫、王永焱、茅以升、鲁方安、任康才、高济宇、陆志韦、徐眉生、曹日昌、于铎、周同庆、何成钧、尹赞勋、蔡邦华。[③]李四光、竺可桢、梁希、茅以升、陆志韦等当选的"科联"全国委员会委员亦在其中。

1950年8月24日上午,科代会第六次大会召开。陈康白为执行主席。先由参会代表自由发言,继由程孝刚报告"科联""科普"全国委员会委员选举结果。随后全体代表一致通过推举科代会筹备委员会常务委员会主任委员吴玉章为"科联""科普"两会名誉主席[④]。接着,由曾昭抡作大会总结报告。他在报告中主要总结了科代会的成就。这包括会议巩固了自然科学界的大团结,充分体现了民主集中制的优点,使科学团体的方针、任务明确起来,产生了"统一的、团结的、实际工作的机构",即"科联"和"科普",讨论了各企业部门提出的195件专门问题,使"'理论与实际相结合'得到了具体的内容",以及讨论了356件提案等。他还指出"科联"和"科普"在组织形式上的不同:"科联"纯粹由团体会员(即各专门学会)组成,而"科普"完全由个人会员组成。而且,他还阐明了"科联"和"科普"的关系问题,强调它们"不是分离而是分工,不是对立而是合作"。最后,他说科代会是"一次划时代的自然科学界代表

① 关于提案及问题处理的报告//中华全国自然科学工作者代表会议筹备委员会. 中华全国自然科学工作者代表会议纪念集. 北京:人民出版社,1951:105-139.
② 中华全国自然科学专门学会联合会第一届全国委员会委员名单//中华全国自然科学工作者代表会议筹备委员会. 中华全国自然科学工作者代表会议纪念集. 北京:人民出版社,1951:88.
③ 中华全国科学技术普及协会第一届全国委员会委员名单//中华全国自然科学工作者代表会议筹备委员会. 中华全国自然科学工作者代表会议纪念集. 北京:人民出版社,1951:90.
④ 推举吴玉章同志为"科联"及"科普"两会名誉主席的决议//中华全国自然科学工作者代表会议筹备委员会. 中华全国自然科学工作者代表会议纪念集. 北京:人民出版社,1951:92.

会议"，指出如何切实执行科代会的议决案，如何因地制宜地从旧组织过渡到新组织，一方面依赖"科联"和"科普"两个全国委员会的领导，一方面则"有赖于各位代表辩证地去掌握"。①

1950年8月24日下午，科代会第七次大会召开。梁希为执行主席。政务院总理周恩来作大会报告，题为《建设与团结》，指出"在国家建设计划中，站在科学家的岗位上，我们开始做些什么呢？不可能百废俱兴，要先从几件基本工作入手"。随后周恩来明确提出农业、林业、工业、医疗卫生、国防工业等方面的基本工作，并强调"各种建设从恢复、整顿和调查开始，已经看出现有的专家是不够的。我去年说过，只要整理工作有了头绪，就会感到我国的科学家不是太多而是太少。现在愈接触各种事实，愈使我们感到这个问题的严重性。……现在对科学家人数的统计很不完备。我很高兴这次会议成立了自然科学工作者的全国性组织。有了组织，就有力量，就给我们以机会，从调查统计全国科学家人数着手开始工作。我正式提议中华全国自然科学专门学会联合会首先进行这个工作，政府愿给以一切物质上的帮助"。周恩来还讲了团结问题，指出"为了有效地工作，科学家必须团结"，"凡是为新中国努力服务的科学家都是朋友，都应该团结。为了实现和巩固这个团结，我们必须破除门户之见"。②

然后，梁希致闭幕词。他总结了科代会的成果，指出"我们可能而且应该巩固'科代会议'这些成果，并进一步发展这些成果"，提出"目前摆在我们面前的，是严重的经济建设任务"，"我们可能，而且应该接受这些任务，并进一步协助政府，完成这些任务"。③

科代会结束后，《人民日报》于1950年8月27日关于科代会发表题为《有组织有计划地开展人民科学工作》的社论。这篇社论指出：

> 第一次中华全国自然科学工作者代表会议于本月十八日正式开幕，二十四日闭幕。这个会议表现了全国自然科学工作者的空前大团结，表现了自然科学工作者有计划地结合实际，适应人民需要，为工业、农业和国防建设服务的良好开端。……今天，我们的国家逐步走上了恢复建设的道路，科学家们的责任是更重大了。各项建设工作都迫切需要他们的积极参加。工业、农业、卫生等建设部门，都向这次自然科学工作者代表会议提出了许多急待解决的问题，要求全国自然科学工作者大力帮助。……在人民政府和人民科学工作者经常密切联系的情况下，科学工作者便可以针对国家和人民的需要，在政府的协助下，有组织、有计划地分工合作，进行各方面的研究工作，把全部智慧和精力，都用在伟大的人民建设事业上。④

这不仅对科代会做出了肯定的评价，而且发出了人民政府希望有组织、有计划地开展科学工作的信号，对在中国推行起源于苏联的"计划科学"有着积极意义。

---

① 曾昭抡. 大会总结报告//中华全国自然科学工作者代表会议筹备委员会. 中华全国自然科学工作者代表会议纪念集. 北京：人民出版社，1951：140-146.

② 建设与团结//中共中央文献研究室. 周恩来经济文选. 北京：中央文献出版社，1993：40-51.

③ 梁希. 闭幕词//中华全国自然科学工作者代表会议筹备委员会. 中华全国自然科学工作者代表会议纪念集. 北京：人民出版社，1951：147-150.

④ 有组织有计划地开展人民科学工作. 人民日报，1950-08-27（1）.

　　总之，科代会的筹备与召开，拉开了中华人民共和国科技事业的帷幕。科代会的成果有两个重要方面。一方面是它的筹备与召开对加强科学界的团结起到了积极作用，为贯彻中国共产党倡行的理论联系实际、科学为人民服务等科技方针，促进自然科学工作者配合国家进行工业、农业和文化等方面的建设，推行"计划科学"等做了一定的铺垫。另一方面是"科联"和"科普"的成立和它们的全国委员会委员的产生。这使中国科学界分别有了致力于"推动学术研究"[①]和"普及自然科学知识"[②]的全国性联合组织[③]。"科联"和"科普"成立后，中国科学工作者协会、中华自然科学社都宣告结束，融入"科联"和"科普"的组织之中[④]。由此，中国的科技学会在运行模式上开始从独立走向联合。

---

① 中华全国自然科学专门学会联合会暂行组织方案要点//中华全国自然科学工作者代表会议筹备委员会. 中华全国自然科学工作者代表会议纪念集. 北京：人民出版社，1951：84.
② 中华全国科学技术普及协会暂行组织方案要点//中华全国自然科学工作者代表会议筹备委员会. 中华全国自然科学工作者代表会议纪念集. 北京：人民出版社，1951：86.
③ 1958 年，"科联"和"科普"合并为中国科协。
④ 曾昭抡. 大会总结报告//中华全国自然科学工作者代表会议筹备委员会. 中华全国自然科学工作者代表会议纪念集. 北京：人民出版社，1951：145.

第二章 海外科学家与留学生的归国和贡献[*]

　　为了进行战后建设，中国共产党在解放战争期间开始重视动员在海外的科学家与留学生归国。1949 年中华人民共和国成立后，中共中央将恢复和发展国民经济作为首要任务，大力进行国家工业、农业和国防等的建设，急需大量科技人才。面对国内科技人才尤其高级科技人才严重短缺的局面，中共中央积极争取海外科学家与留学生归国服务于国家建设工作，并采取措施应对美、英等国对中国科学家与留学生归国的限制、阻挠。为了争取留学生归国，留美中国科学工作者协会（简称留美科协）等海外中国留学生团体与我国部分留学生做出相应的努力。1949 年后海外归国的科学家与留学生为中华人民共和国科技事业的奠基和发展做出了重要贡献。

第一节　1949 年后两波归国热潮的形成

　　从抗日战争末期至 1949 年夏，是中国留学史上的一个重要阶段。当时以"留学""讲学""实习""考察""参观"等名义出国的高级知识分子，数目很大，形成一波留学潮。据估计，1950 年夏，在美、英、法、日等国高等学校的包括教授和专门人才在内的中国留学生达 5000 余人。其中，在美国者最多，有 3500 人；在日本者人数次之，有 1200 人；在英国者人数再次，有 443 人；在法国者人数居第 4 位，有 197 人；在其他国家人数依次为德国 50 人、菲律宾 35 人、丹麦 20 人、加拿大 20 人、瑞士 16 人、比利时 15 人、奥地利 14 人、印度 10 人、意大利 7 人、澳大利亚 5 人、瑞典 5 人、荷兰 3 人、南非 1 人。[①]中华人民共和国成立前后的几年，正是这一大批留学生毕业决定是否归国之际。

　　解放战争全面爆发期间，中国共产党为进行战后建设，即开始重视动员海外科学家与留学生归国。当时将"团结留学人员，结成反对国民党反动统治的统一战线，在条件成熟时动员他们回国参加新中国的建设"作为在欧美国家的一项重要工作。[②]因此，中共中央南方局及其各级党组织批准一些党员和党领导的积极分子赴美国留学，一边学习一边做留学人员的工作，其中有涂光炽、计苏华、丁瓒、蓝毓钟、罗沛霖、葛春霖等。[③]1949 年夏，中共中央南方局安排赴美留学的中共党员徐鸣专程归国，向中共中央汇报在美国开展动员中国知识分子归国工作的情况。周恩来指出："你们的中心任务是动员在美的

* 作者：郭金海。

① 李滔. 中华留学教育史录：1949 年以后. 北京：高等教育出版社，2000：3.

② 彭亚新主编，中共四川省委党史研究室编. 中共中央南方局的文化工作. 北京：中共党史出版社，2009：316.

③ 彭亚新主编，中共四川省委党史研究室编. 中共中央南方局的文化工作. 北京：中共党史出版社，2009：316.

中国知识分子，特别是高级技术专家回来建设新中国。"①

中国共产党还委派中共党员曹日昌秘密联络并争取在海外的中国科学家和留学生归国参加新中国的建设。曹日昌 1945 年留学英国剑桥大学，1948 年获博士学位。同年到香港，任香港大学心理学系教授。②他是中国科学工作者协会香港分会负责人，为海外中国科学家和留学生归国做了大量联络、接待工作，其中包括对航空火箭专家钱学森的联络。1949 年 5 月 14 日，他致函正在美国麻省理工学院任教的钱学森，传达了中国共产党迫切敦请他早日归国，主持建设航空工业的意愿：

> 近来国内的情形想您在美也知道得很清楚：全国解放在即，东北、华北早已安定下来，正在积极恢复建立各种工业，航空工业也在着手。北方工业主管人久仰您的大名，只因通讯不便，不能写信问候，特命我代为致意。如果您在美国的工作能够离开，很希望您能很快回到国内来，在东北或华北领导航空工业的建立。尊意如何，盼赐一函。一切旅程交通问题，我都可以尽力襄助解决。③

这封信通过留美科协中部分会（简称美中科协）负责人、在美国芝加哥大学金属研究所工作的葛庭燧转给了钱学森。葛庭燧转寄此信时，还附上 1949 年 5 月 20 日所写的一封亲笔信，其信写道：

> 据弟悉，北方当局对于一切技术的建设极为虚心从事，在为人民大众服务的大前提下，一切是有绝对自由的。以吾兄在学术上造诣之深及在国际上的声誉，如肯毅然回国，则将影响一切中国留美人士，造成早日返国致力建设之风气，其造福新中国者诚无限量。弟虽不敏，甚愿追随吾兄之后，返国服务。弟深感个人之造诣及学术地位较之整个民族国家之争生存运动，实属无限渺小，思及吾人久滞国外，对于国内之伟大争生存运动犹如隔岸观火，辄觉凄然而自惭！尊见如何，尚祈教我。④

这封信言辞恳切，表达出葛庭燧对钱学森归国的深切期望，也表明葛庭燧的拳拳报国之心。曹日昌和葛庭燧的信对引导钱学森归国起到了重要作用。1993 年葛庭燧 80 岁寿辰时，钱学森在写给他的一封信中说："我永远也不能忘记是你引导我回到祖国的怀抱。"⑤

中华人民共和国成立后，经济形势极为严峻，不仅存在通货膨胀、物价飞涨、大批工厂和企业倒闭、失业众多、生产萎缩、市场混乱的问题，而且工业产量较历史上最高值明显下降。⑥在这种形势下，中共中央将恢复和发展国民经济作为首要任务，大力进行工业、农业和国防的建设，急需大量科技人才。而当时我国的科技人才，无论在数量方面，还是在业务水平方面，都不足以满足国家建设的需要。面对这种局面，国内陆续

① 于杰. 海外赤子：建国初期留学生回国热潮兴起. 长春：吉林出版集团有限责任公司，2010：5.

② 周川. 中国近现代高等教育人物辞典. 福州：福建教育出版社，2018：583.

③ 40 年前留学界人士的几封珍贵信函//单文钧. 金属内耗研究大师：著名爱国物理学家葛庭燧. 合肥：中国科学技术大学出版社，2007：127.

④ "我们该赶快回去了！"——几封珍贵历史信函摘登. 神州学人，1999，（10）：17-18.

⑤ 科学无国界，但科学家有祖国——中国科学院资深院士葛庭燧自述//单文钧. 金属内耗研究大师：著名爱国物理学家葛庭燧. 合肥：中国科学技术大学出版社，2007：121.

⑥ 徐行. 新中国行政体制的初创——周恩来与中央政府筹建管理述论. 北京：当代中国出版社，2013：48.

发出号召，希望留学国外的学生立即归国参加新中国的建设工作。1949 年 12 月 18 日，周恩来通过北京人民广播电台，代表中国共产党和中央人民政府向海外留学生郑重发出归国参加新中国建设工作的邀请①。

1950 年 1 月 27 日，中国科学工作者协会从北京致函留美中国科学工作者协会，希望其会员火速归国参加工作，并团结和争取周围的留学生朋友归国，说明："现在政府很重视留学生，特设办理留学生回国事务委员会，并在北京设有招待所，供给归国留学生的临时食宿，负责介绍工作。留学生到北京教育部登记后，即可解决问题。"②

留美中国科学工作者协会成立于 1949 年 6 月，是由部分留美中国人员在美国成立的公开的进步团体③，由中国共产党领导④。在其首届干事中，中共党员侯祥麟为常务干事，孙绍谦为副常务干事。留美中国科学工作者协会的成员多是分散在美国各地的中国留学生，其中一部分毕业后在那里实习或工作，另外有少数的访问学者和华侨。⑤

留美中国科学工作者协会的总目标是为争取团结更多的留学生回国，为发展中国科学技术而努力。1949 年 6 月 18 日，其代表大会通过题为《我们的信念和行动》的宣言，郑重地向留美中国学生发出号召：

> 我们认为中国人民的革命战争接近彻底的胜利，新中国的全面建设即将开始。因此，每个科学工作者都有了更迫切的使命和真正为人民大众服务的机会；这是我们千载难逢的良机，也是我们这一代科学技术工作者无可旁卸的责任。我们应该努力加紧学习，提早回国，参加建设新中国的行列！⑥

留美中国科学工作者协会成立后，积极发展会员，建立区会、学术小组。至 1949 年 8 月有区会 19 个，会员 400 余人。到 1950 年 3 月时，区会增至 32 个，会员达到 700 余人。各区会都开展了各种学术讨论会、时事学习和联谊活动。留美中国科学工作者协会的工作中心是集体学习科学技术，为归国参加建设工作做准备。围绕这个工作中心，留美中国科学工作者协会也积极建立按学科划分的各种学术小组。至 1950 年春，已建立水利、金属、油脂、动力工程、科学方法、陶瓷、药物化学、农业经济、土木、电工、医药、工具、燃料、地质、造纸、石油、制糖、物理化学、数学、物理等 20 个学术小组。⑦

同时，留美中国科学工作者协会创办了《留美科协通讯》，大体每月一期，每期八

---

① 于杰. 海外赤子：建国初期留学生回国热潮兴起. 长春：吉林出版集团有限责任公司，2010：7.

② 丁儆，傅君诏. 回忆"留美科协" // 全国政协暨北京、上海、天津、福建政协文史资料委员会. 建国初期留学生归国纪事. 北京：中国文史出版社，1999：10.

③ 丁儆，傅君诏. 回忆"留美科协" // 全国政协暨北京、上海、天津、福建政协文史资料委员会. 建国初期留学生归国纪事. 北京：中国文史出版社，1999：3.

④ 郑哲敏：加州理工学院的中国留学生 // 熊卫民. 对于历史，科学家有话说：20 世纪中国科学界的人与事. 北京：东方出版社，2016：15.

⑤ 丁儆，傅君诏. 回忆"留美科协" // 全国政协暨北京、上海、天津、福建政协文史资料委员会. 建国初期留学生归国纪事. 北京：中国文史出版社，1999：3-8.

⑥ 丁儆，傅君诏. 回忆"留美科协" // 全国政协暨北京、上海、天津、福建政协文史资料委员会. 建国初期留学生归国纪事. 北京：中国文史出版社，1999：7.

⑦ 丁儆，傅君诏. 回忆"留美科协" // 全国政协暨北京、上海、天津、福建政协文史资料委员会. 建国初期留学生归国纪事. 北京：中国文史出版社，1999：8-9.

九百份，除寄发美国各地分会和会员外，还寄往欧洲，并通过中国香港的曹日昌转内地。内容有各地分会活动报道、各学术组活动、总会信息等，重点报道国内情况，转载解放区或香港进步报刊的文章。《留美科协通讯》的内容生动活泼，在联络各地会员、号召会员归国方面发挥了很好的宣传作用。①

留美中国科学工作者协会将开展回国活动作为最重要的一项工作。收到上述 1950 年 1 月 27 日中国科学工作者协会的函件后，留美中国科学工作者协会于 1950 年 3 月 18—19 日举行的第二次理监事联席会议决定"本会会员应该立即响应国内政府、人民、科学工作者的号召，在最近日期内回国，投身于新中国的建设工作"。对此，留美中国科学工作者协会各区会热烈响应。旧金山海湾区会金荫昌、夏煦、冯世章等与加州大学中国学生会联合组织了"中国留学生回国服务社"。服务社出色地完成大量留学生回国服务工作。1950 年 6 月，留美中国科学工作者协会常务理事丁儆在芝加哥附近主持召开年会（图 2-1）。会议的中心内容是"进一步推动高级科技专家回国运动"。这次年会进一步推动了中国留美学生的归国运动。②在这些工作进行之际，1949 年中华人民共和国成立前夕至 1951 年出现了一波海外科学家与留学生归国的热潮③。其间，归国总人数超过 1144 人。在这波热潮中，从美国归国的科学家和留学生最多，逾 821 人（图 2-2）。④这不仅是中国共产党和留美中国科学工作者协会等所做工作的结果，也与 1950 年 6 月朝鲜战争爆发前，美国政府一度鼓励中国科学家和留学生归国，随着麦卡锡主义的影响日益加深，美国政府又下令驱逐一部分中国留学生归国密切相关⑤。

图 2-1　1950 年留美中国科学工作者协会召开年会时的集体合影
资料来源：全国政协暨北京、上海、天津、福建政协文史资料委员会. 建国初期留学生归国纪事.
北京：中国文史出版社，1999

---

① 丁儆，傅君诏. 回忆"留美科协"//全国政协暨北京、上海、天津、福建政协文史资料委员会. 建国初期留学生归国纪事. 北京：中国文史出版社，1999：9.
② 丁儆，傅君诏. 回忆"留美科协"//全国政协暨北京、上海、天津、福建政协文史资料委员会. 建国初期留学生归国纪事. 北京：中国文史出版社，1999：9-11.
③ 办理留学生回国事务委员会工作概要//李滔. 中华留学教育史录：1949 年以后. 北京：高等教育出版社，2000：14-15.
④ 归国总人数和从美国归国人数是根据《1949—1954 年回国服务的留学生情况统计表》《1949—1954 年回国留学生人数及就业情况》推断的。此两表载于李滔. 中华留学教育史录：1949 年以后. 北京：高等教育出版社，2000：59-60.
⑤ 王德禄，刘志光. 1950 年代归国留美科学家的归程及命运. 科学文化评论，2012，9（1）：68-71.

图 2-2　1950 年 8 月 31 日，乘美国总统轮船公司的"威尔逊总统号"
邮轮归国的留美科学家和留学生合影
资料来源：全国政协暨北京、上海、天津、福建政协文史资料委员会. 建国初期留学生归国纪事.
北京：中国文史出版社，1999

　　朝鲜战争爆发后，中美关系由紧张走向恶化，麦卡锡主义更是甚嚣尘上。在这种形势下，美国政府没有对中国留学生再下驱逐令，而是逐渐采取措施和行动，限制、阻挠中国科学家和留学生归国。1950 年 8 月已转任加州理工学院古根海姆喷气推进中心主任的钱学森准备偕家人归国，被明令禁止离开美国，并一度被关押[①]。1950 年 9 月 12 日毕业于加州理工学院的沈善炯、罗时钧和在该校从事研究工作的赵忠尧归途中在日本被美军扣押，至该年 11 月被释放[②]。1951 年七八月留学芝加哥伊利诺伊理工学院的汪闻韶决定归国，受到美国政府阻挠[③]。1951 年 9 月有 9 名中国学生乘"克利夫兰总统号"邮轮由美国归国，但邮轮到达夏威夷时，他们被美国政府扣下，要他们在檀香山待命，过后不久被押返到美国本土[④]。

　　1951 年 10 月 9 日，美国司法部移民归化局发布法令，明确规定："任何外国人离开或进入美国或企图离开或进入美国都是非法的，除非是总统指定的范围和例外，和认可的规定和命令。"[⑤]亲历其事的留美学生李恒德于 1951 年 10 月 22 日在美国司法部移民归化局收到一份正式的司法部通知——禁止他离开美国的命令。通知上说："根据 1918 年通过的法律第 225 款和总统颁布的 2523 号通告，你离开美国是不符合美国利益的。因此我们命令你，不得离开或企图逃离美国。否则将处你以不超过五年监禁或不超过 5000 元的罚款，或二者兼施。"据李恒德回忆，那时在美国申请归国的理、工、医三科

---

①　张现民. 钱学森年谱. 上册. 北京：中央文献出版社，2015：75-83.

②　沈善炯述，熊卫民整理. 沈善炯自述. 长沙：湖南教育出版社，2009：50-78.

③　汪闻韶. 留学回忆//全国政协暨北京、上海、天津、福建政协文史资料委员会. 建国初期留学生归国纪事. 北京：中国文史出版社，1999：208-217.

④　李恒德. 不屈的斗争自豪的胜利//全国政协暨北京、上海、天津、福建政协文史资料委员会. 建国初期留学生归国纪事. 北京：中国文史出版社，1999：42.

⑤　李恒德. 不屈的斗争自豪的胜利//全国政协暨北京、上海、天津、福建政协文史资料委员会. 建国初期留学生归国纪事. 北京：中国文史出版社，1999：47.

中国留学生都被禁止归国，"得有几千人"①。这终结了这波归国热潮。

针对美国扣押钱学森、赵忠尧等的行为，中国共产党和人民政府领导的"科联"主席李四光很快分别致电联合国大会主席安迪让（Nasrollah Entezam，1900—1980）和世界科学工作者协会书记克劳瑟（J. G. Crowther，1899—1983），控诉美国的行为，并致电美国总统杜鲁门（Harry S. Truman，1884—1972），提出严重抗议，要求立即释放被捕科学家，并保证以后不再有类似事情发生②，但这些并未起到实质性的作用。

1953 年 7 月朝鲜战争结束后，美国对中国留学生的政治压力逐渐减小，被禁止归国的留学生开始活跃起来③。1953 年 12 月 21 日，张兴钤、李恒德、林正仙、师昌绪、汪闻韶、范新弼、周寿宪、蒋士骁、张慎四、王祖耆、许顺生、周坚、沈学汶、陈荣耀、何国柱 15 位留美学生，联名给兼任外交部部长的政务院总理周恩来写信，汇报他们在美国的活动和可以采取的措施等。1954 年 2 月，周恩来收到此信。④1954 年 4 月，在巴黎访问的留美学生梅祖彦到瑞士访问，向中国驻瑞士大使馆的人员详细讲了美国留学生的情况。返回巴黎后，他应参加日内瓦会议的中国代表团的要求，与同学柴俊吉赴瑞士日内瓦，向代表团提供了他们所知道的关于中国留美学生的一切情况。⑤

日内瓦会议是第二次世界大战后国际外交史上的重要会议之一。会议于 1954 年 4 月 26 日开幕，7 月 21 日闭幕。周恩来任中国代表团首席代表。会议期间，美国通过英国代表团成员杜维廉向中国代表团成员宦乡转达，要求同中国代表团讨论有关遣返两国在对方的人员的问题。周恩来在请示中央取得同意后，安排双方代表团人员就两国侨民和留学生问题在会议期间进行了五次接触。双方还达成协议：会议结束后，两国在日内瓦继续进行领事级会谈。一年后，又升格为大使级谈判。⑥1955 年 6 月 15 日，钱学森致函陈叔通，寻求祖国援助，以使其归国⑦。8 月，周恩来指示在日内瓦参加中美大使级会谈的王炳南，通知美方说中国将提前释放 11 名美国战俘（飞行员），要求美国政府取消对钱学森归国的无理限制⑧。同年 10 月，钱学森回到中国。⑨

日内瓦会议后，1954 年 7 月末至 8 月初，数十名中国留学生决定给美国总统艾森豪威尔（Dwight David Eisenhower，1890—1969）写公开信，向他强烈呼吁尽可

① 李恒德. 不屈的斗争自豪的胜利//全国政协暨北京、上海、天津、福建政协文史资料委员会. 建国初期留学生归国纪事. 北京：中国文史出版社，1999：42-47.
② 美帝非法拘捕我科学家钱学森等中华全国自然科学专门学会发表宣言提出严重抗议. 人民日报，1950-09-26（3）；中华全国自然科学专门学会联合会常务委员会第一次会议记录//何志平，尹恭成，张小梅. 中国科学技术团体. 上海：上海科学普及出版社，1990：511.
③ 王德禄，刘志光. 1950 年代归国留美科学家的归程及命运. 科学文化评论，2012，9（1）：77.
④ 李恒德. 不屈的斗争自豪的胜利//全国政协暨北京、上海、天津、福建政协文史资料委员会. 建国初期留学生归国纪事. 北京：中国文史出版社，1999：55-56.
⑤ 梅祖彦. 由美国回国经历记实//全国政协暨北京、上海、天津、福建政协文史资料委员会. 建国初期留学生归国纪事. 北京：中国文史出版社，1999：196-197.
⑥ 金冲及主编，中共中央文献研究室编. 周恩来传. 第 3 册. 北京：中央文献出版社，2008：1003-1031.
⑦ 张现民. 钱学森年谱. 上册. 北京：中央文献出版社，2015：103.
⑧ 金冲及主编，中共中央文献研究室编. 周恩来传. 第 3 册. 北京：中央文献出版社，2015：1078.
⑨ 张现民. 钱学森年谱. 上册. 北京：中央文献出版社，2015：105-114.

能同意中国留学生（主要是理、工、医科）离境，废除禁止中国留学生离开美国的命令。

8月5日，26位中国留学生，即汪闻韶、张家骅、张兴钤、张斌、陈荣耀、蒋士骁、周坚、周同惠、徐璋本、徐雄、黄维垣、高鼎三、顾汉英、李恒德、林正仙、沙逸仙、邵士斌、沈学汶、师昌绪、蔡强康、王仁、王振通、王恭业、汪遵华、虞俊、王明贞在该信上签名①。《波士顿环球日报》（*Boston Daily Globe*）于8月13日、20日和26日刊登了有关评论和读者投书。当时美国其他报纸亦有这方面的报道。②而且9月2日，美国中西部的9位科技领域的中国留学生（鲍承志、程世祜、郝日英、徐水月、许顺生、高联佩、李盘生、卢皎洪、王祖耆）也联合给艾森豪威尔写了一封公开信，呼吁美国政府允许他们离开美国③。

1954年10月，梁晓天、宋振玉、范新弼3位中国留学生乘坐由美国驶往中国香港九龙的海轮回到国内，由此又一波海外科学家与留学生归国热潮拉开帷幕。④12月16日，张兴钤、张斌、陈荣耀、周坚、周同惠、徐璋本、徐雄、黄维垣、高鼎三、沙逸仙、师昌绪、蔡强康、王仁、王振通、虞俊等29名中国留学生给联合国秘书长哈马舍尔德（瑞典语：Dag Hammarskjöld，1905—1961）发出公开信，希望他注意到美国政府阻止理、工、医科的中国留学生离开美国的事实，要求他把他们提供的讯息转给联合国人权委员会和不同成员国的代表团。⑤这使美国阻挠、扣留中国留学生之事的知晓范围扩大到联合国层面。

1955年4月4日，美国政府正式宣布撤销禁止中国留学生离开美国的命令。由此，美国政府对中国留学生离境的申请从零星地准许转变为全面放开。⑥这是上述各方努力综合作用的结果。而日内瓦会议期间，中国代表团与美国代表团就两国侨民和留学生问题的接触，应该是重要的促成因素。禁令撤销后，中国留学生可以自由离开美国国境。这使这一波海外科学家与留学生的归国热潮得到升温。但遗憾的是，这波热潮至1957年反右派运动开始后不久便终止了。

---

① 李恒德. 不屈的斗争自豪的胜利//全国政协暨北京、上海、天津、福建政协文史资料委员会. 建国初期留学生归国纪事. 北京：中国文史出版社，1999：59-60；中国留学生1954年致美国总统艾森豪威尔的两封公开信//全国政协暨北京、上海、天津、福建政协文史资料委员会. 建国初期留学生归国纪事. 北京：中国文史出版社，1999：479-481.

② 汪闻韶. 留学回忆//全国政协暨北京、上海、天津、福建政协文史资料委员会. 建国初期留学生归国纪事. 北京：中国文史出版社，1999：213-214.

③ 李恒德. 不屈的斗争自豪的胜利//全国政协暨北京、上海、天津、福建政协文史资料委员会. 建国初期留学生归国纪事. 北京：中国文史出版社，1999：62；中国留学生1954年致美国总统艾森豪威尔的两封公开信//全国政协暨北京、上海、天津、福建政协文史资料委员会. 建国初期留学生归国纪事. 北京：中国文史出版社，1999：481-483.

④ 王德禄，刘志光. 1950年代归国留美科学家的归程及命运. 科学文化评论，2012，9（1）：79-80.

⑤ 中国留学生1954年致联合国秘书长哈马舍尔德的公开信//全国政协暨北京、上海、天津、福建政协文史资料委员会. 建国初期留学生归国纪事. 北京：中国文史出版社，1999：484-487.

⑥ 王德禄，刘志光. 1950年代归国留美科学家的归程及命运. 科学文化评论，2012，9（1）：79；陈荣耀. 凤愿初酬戮翮奋飞//全国政协暨北京、上海、天津、福建政协文史资料委员会. 建国初期留学生归国纪事. 北京：中国文史出版社，1999：250.

第二节　海外科学家与留学生的归国

在这两波归国热潮中，有些科学家和留学生并非心甘情愿归国，但许多人是自愿的，且有不少人下定归国决心，并号召在海外的科学家和留学生归国。1950 年 2 月，朱光亚牵头起草了共有 52 位留美学生署名的《给留美同学的一封公开信》，在信中满腔热情地号召留美同学归国参加祖国的建设。

> 是我们回国参加祖国建设工作的时候了。祖国的建设急迫地需要我们！人民政府已经一而再再而三地大声召唤我们，北京电台也发出了号召同学回国的呼声。人民政府在欢迎和招待回国的留学生。同学们，祖国的父老们对我们寄予了无限的希望，我们还有什么犹豫的呢？还有什么可以迟疑的呢？我们还在这里彷徨做什么？同学们，我们都是中国长大的，我们受了 20 多年的教育，自己不曾种过一粒米，不曾挖过一块煤。我们都是靠千千万万终日劳动的中国工农大众的血汗供养长大的。现在他们渴望我们，我们还不该赶快回去，把自己的一技之长，献给祖国的人民吗？是的，我们该赶快回去了。……我们中国是要出头的，我们的民族再也不是一个被人侮辱的民族了！我们已经站起来了，回去吧，赶快回去吧！祖国在迫切地等待我们！[①]

这封信激情四射，体现了这 52 位留学生对祖国的赤诚之心，反映了中华人民共和国成立之初在美部分中国留学生对归国的心理状态。1950 年 2 月 27 日，朱光亚将这封公开信寄往纽约留美学生通讯社。次日，他即登上开往中国香港的"克利夫兰总统号"邮轮，踏上了归国的旅程。[②]

华罗庚的归国历程也具有代表性。他于 1946 年由南京国民政府派遣赴美，1950 年返国前任教于伊利诺伊大学。伊利诺伊大学给他的待遇很好，年薪约 1 万美金，并有 4 位助教。但经过思想斗争以后，他于 1949 年决定归国。1949 年 10 月 29 日，即中华人民共和国成立不久，他在致徐利治的信中说："我回去之意已决。"[③]1950 年 2 月，他在归国途中写下了《致中国全体留美学生的公开信》，表明了归国的决心，诚挚地号召中国全体留学生归国服务。他在信中写道：

> 我先诸位而回去了。我有千言万语，但愧无生花之笔来一一地表达出来。但我敢说，这信中充满着真挚的感情，一字一句都是由衷心吐出来的。
> ……
> 谁给我们的特殊学习机会，而使得我们大学毕业？谁给我们所必需的外汇，因之可以出国学习。还不是我们胼手胝足的同胞吗？还不是我们千辛万苦的父母吗？受了同胞们的血汗栽培，成为人材之后，不为他们服务，这如何可以谓之公平？如何可以谓之合理？朋友们，我们不能过河拆桥，我们应当认清：我们既然得到了优

---

① 给留美同学的一封公开信. 留美学生通讯, 1950, 3 (8): 1, 10.

② 奚启新. 朱光亚传. 北京: 中国青年出版社, 2017: 67-72.

③ 徐利治口述, 袁向东, 郭金海访问整理. 徐利治访谈录. 长沙: 湖南教育出版社, 2017: 232.

越的权利，我们就应当尽我们应尽的义务，尤其是聪明能干的朋友们，我们应当负担起中华人民共和国空前巨大的人民的任务！

……

朋友们！"梁园虽好，非久居之乡"，归去来兮！

……

总之，为了抉择真理，我们应当回去；为了国家民族，我们应当回去；为了为人民服务，我们也应当回去；就是为了个人出路，也应当早日回去，建立我们工作的基础，为我们伟大祖国的建设和发展而奋斗！[①]

华罗庚的爱国热忱和报效祖国之心跃然于信上。1950 年 3 月 11 日，新华社向全世界播送了这封公开信[②]。

至于 1949—1955 年中国科学家和留学生归国的人数，目前没有确切的数据，但 1955 年 12 月 27 日中央知识分子工作安排小组的《关于从资本主义国家回国留学生工作分配情况的报告》显示，1949 年 8 月至 1955 年 11 月，由西方国家归国的高级知识分子有 1536 人，其中从美国回来的有 1041 人[③]。其间，从 1949 年 8 月至 1954 年，归国服务的留学生至少有 1400 人，如表 2-1 所示。

表 2-1　1949 年 8 月至 1954 年归国服务的留学生情况统计表

国别	1949 年 8 月至 1950 年 6 月[④]	1950 年 7 月至 12 月[⑤]	1951 年	1952 年	1953 年	1954 年	总计
美国	310	221	290	35	37	44	937
日本	14	13	39	36	16	1	119
英国	50	28	71	24	13	7	193
法国	17	13	29	13	11	2	85
德国	0	0	2	2	0	2	6
瑞士	6	1	4	2	2	0	15
奥地利	0	3	1	2	0	0	6
丹麦	0	1	4	0	0	0	5
加拿大	3	2	7	7	4	3	26
荷兰	0	1	1	1	1	2	6
印度	1	0	0	3	0	0	4
瑞典	3	0	2	1	0	0	6
意大利	1	0	0	0	0	0	1
比利时	1	0	0	1	1	0	3
新西兰	0	0	2	0	0	0	2

---

① 致中国全体留美学生的公开信//中国民主同盟中央委员会宣传部. 华罗庚诗文选. 北京：中国文史出版社，1986：92-95.

② 王元. 华罗庚. 修订版. 南昌：江西教育出版社，1999：175.

③ 金冲及主编，中共中央文献研究室编. 周恩来传. 第 3 册. 北京：中央文献出版社，2015：1077.

④ 该栏人数为归国留学生的登记人数。

⑤ 该栏人数亦为归国留学生的登记人数。

续表

国别	1949 年 8 月至 1950 年 6 月	1950 年 7 月至 12 月	1951 年	1952 年	1953 年	1954 年	总计
菲律宾	3	0	0	1	3	0	7
马来西亚	0	0	0	0	0	1	1
澳大利亚	0	0	0	0	1	1	2
总计	409	283	452	128	89	63	1424

资料来源：李滔. 中华留学教育史录：1949 年以后. 北京：高等教育出版社，2000：59-60.

表 2-1 中所列国家共 18 个。从这些国家归国服务人数看，由美国归国人数最多，远高于从其他国家归国人数；其次相继是英国、日本、法国；再次相继是加拿大、瑞士、菲律宾；接着是德国、奥地利、荷兰、瑞典，均是 6 人；然后是丹麦、印度、比利时、新西兰和澳大利亚、意大利和马来西亚。这一排序在很大程度上与当时各国的中国留学生人数有关，大体可反映当时这些国家为中国培养留学生做出贡献的大小。

当时中共中央重视海外中国科学家和留学生的归国服务工作，1949 年 6 月即开始由科代会筹备委员会代办相关招待和接洽工作。但因力量单薄，科代会筹备委员会约华北人民政府财政部、高等教育委员会、华北大学、社会科学工作者代表大会筹委会共同办理这项工作。总务方面，由科代会筹备委员会总务部承办。[1]中央人民政府成立后，这项工作于 1949 年 12 月 10 日正式由教育部接办[2]。又因这项工作与各方面关联甚多，由政务院文化教育委员会召集有关政府部门和群众群体共 15 个单位，于 1949 年 12 月 6 日召开联席会议。会议决定成立"办理留学生回国事务委员会"（简称办委会），统一领导有关留学生回国事宜。[3]

1949 年 12 月 13 日办委会首次会议召开，推出马叙伦为主任委员，张宗麟、邵荃麟为副主任委员[4]，黄新民为秘书，拟订办委会简则草案。其中，马叙伦、张宗麟均是教育部高层领导，分别任部长、高等教育司副司长。邵荃麟是政务院文化教育委员会委员。黄新民任职于教育部。办委会的具体任务有四项：①调查尚在国外的留学生，动员其早日回国；②对留学生回国前后的宣传、了解及教育；③留学生回国后的招待；④统筹解决回国留学生的工作。按工作需要，办委会设调查组、招待组、工作分配组。[5]1950 年 3 月 22 日，办委会第二次会议决定"国内外专科以上学校毕业为进修目的的出国者，为本会工作的主要对象"，"华侨回国大学毕业生有专门技能者暂由本会处理"，"大学毕业在国外工作的知识分子由本会处理"。[6]

办委会成立后，向国内外有关团体和归国留学生收集了名单、同学录等，通过新华

① 本会代办招待回国留学生经过情形述略. 科学通讯，1950，（7）：16.
② 办理留学生回国事务委员会工作概要//李滔. 中华留学教育史录：1949 年以后. 北京：高等教育出版社，2000：10.
③ 办理留学生回国事务委员会呈请批准、办理留学生回国事务委员会简则//李滔. 中华留学教育史录：1949 年以后. 北京：高等教育出版社，2000：5.
④ 邵荃麟嗣后辞职，其职位由中央文化教育委员会冯乃超继任. 参见政务院文教委员会办理留学生回国事务委员会第二次会议（会议记录）//李滔. 中华留学教育史录：1949 年以后. 北京：高等教育出版社，2000：6-9.
⑤ 办理留学生回国事务委员会呈请批准、办理留学生回国事务委员会简则//李滔. 中华留学教育史录：1949 年以后. 北京：高等教育出版社，2000：5-6.
⑥ 政务院文教委员会办理留学生回国事务委员会第二次会议（会议记录）//李滔. 中华留学教育史录：1949 年以后. 北京：高等教育出版社，2000：8.

社、国际新闻局等发出一些消息给国内外报纸刊物。至 1950 年 6 月底，还通过文化部对外文化事务联络局等寄出书籍 45 种共 600 余册，并将《人民中国》等寄给国外十余个留学生团体。1950 年 3 月以后，英国对中国留学生过香港归中国内地予以种种阻挠，借口要留学生持有"中国入境许可证"方予过港签证。美国轮船公司要求中国留学生有"入境证"才卖票。针对这种情况，办委会和我国外交部商定，拟就了一个简单的欢迎所有中国留学生回国的英文证件，以作为他们交涉购票或签证的依据。1949 年 12 月至 1950 年 6 月，约 50 位中国留学生向办委会申请接济旅费。为解决他们的实际困难，"争取技术人才回国为人民服务"，办委会向政务院文化教育委员会申请了 4 万美金作为接济之用。[①]

在招待工作方面，1949 年 12 月至 1950 年 6 月随着国内交通迅速恢复，归国留学生有不少由香港入广州，转往上海或南方各地，办委会与上海、广州等市政府联系，请就近予以照顾。办委会还与东北人民政府洽谈在沈阳设招待所，以便动员留学生到东北工作。[②]1950 年 8 月后，广州、上海、武汉等地都开始招待新归国的留学生，这项工作开始扩展为全国规模。在广州的招待工作由广东省文教厅主办。为了工作便利，1950 年 11 月由广东省人民政府文教厅、广州市人民政府文教局、广东省政府交际处、广东省侨委会、广州市军事管制委员会外事处、广州市学生联合会、广州海关处、广东省公安厅、广州市公安局组成的"广州市招待回国留学生委员会"成立。上海方面则由华东教育部主持，于 1950 年 9 月成立"回国留学生招待工作组"，开始招待过境留学生[③]，并对愿留当地者，协助解决其工作或学习问题。武汉方面由中南交际处主办，为中继站性质。[④]

第三节 归国科学家与留学生的贡献

据已掌握的统计资料，1949—1954 年归国的留学生在机关、厂矿工作的较多，在学校工作的次之，如表 2-2 所示。

表 2-2 1949—1954 年归国留学生就业情况表

就业情况	理	工	农	医	文教	政法	财经	未详	总计 人数/人	总计 占比/%
机关、厂矿	64	148	40	43	85	40	50	—	470	45.2[⑤]
学校	76	78	20	33	80	9	30	—	326	31.3[⑥]
学习[⑦]	2	7	2	2	54	54	49	—	170	16.3

[①] 办理留学生回国事务委员会工作概要//李滔. 中华留学教育史录：1949 年以后. 北京：高等教育出版社，2000：11-12.

[②] 办理留学生回国事务委员会工作概要//李滔. 中华留学教育史录：1949 年以后. 北京：高等教育出版社，2000：5, 11.

[③] 过境留学生指路过当地的归国中国留学生。

[④] 办理留学生回国事务委员会工作概要//李滔. 中华留学教育史录：1949 年以后. 北京：高等教育出版社，2000：14-15.

[⑤] 引自李滔主编的《中华留学教育史录：1949 年以后》，原表该数字误为 45.3%。

[⑥] 引自李滔主编的《中华留学教育史录：1949 年以后》，原表该数字误为 31.4%。

[⑦] "学习"当指出国的中国留学生在学习期间中途归国后，在国内高校继续完成学业。

续表

就业情况	理	工	农	医	文教	政法	财经	未详	总计 人数/人	总计 占比/%
其他	15	14	—	4	21	4	14	2	74	7.1[1]
总计	157	247	62	82	240	107	143	2	1040	100[2]
占比/%	15.1	23.8	6.0	7.9	23.1[3]	10.3[4]	13.8	0.2	100[5]	—

资料来源：李滔. 中华留学教育史录：1949 年以后. 北京：高等教育出版社，2000：60.

表 2-2 所说的留学生包括有海外留学经历的科学家；机关指机构，包括学术研究机构、办理事务的部门、团体等工作单位。表 2-2 中共计有 1040 位归国留学生，由表 2-1 可知，这较 1949—1954 年实际归国留学生总数要少。这 1040 人中，理、工、农、医学科领域的较多，有 548 人；文教、政法、财经学科领域的有 490 人。在机关、厂矿工作的 470 位归国留学生中，理、工、农、医学科领域的较多，有 295 人，占 62.8%。在学校工作的 326 位归国留学生中，理、工、农、医学科领域的亦较多，有 207 人，占 63.5%。这表明，无论是在机关、厂矿工作，还是在学校工作，1949—1954 年理、工、农、医学科领域归国留学生的人数均多于文教、政法、财经学科领域归国留学生。

同时由表 2-2 可见，在机关、厂矿工作的归国留学生中，工科的人数最多，且较其他学科的人数占压倒性优势；在学校工作的归国留学生中，工科的人数排在第二位，仅较排在首位的文教学科领域的人数少 2 人。这反映出 1949—1954 年工科归国留学生就业人数首屈一指。

1955—1966 年"文化大革命"爆发前，也有中国的科学家和留学生从海外归国，但数量不是很多。他们与 1949—1955 年从海外归国的科学家和留学生大都在各自的学科领域及工作岗位做出了出色的成绩，在新中国的科学教育、科学研究方面发挥了重要作用。许多人还卓有成就，为国家科技事业的奠基和发展做出了突出贡献。他们之中有华罗庚、吴文俊、钱学森、赵忠尧、黄昆、吴仲华、程开甲、王希季、邓稼先、朱光亚、任新民、吴自良、陈芳允、陈能宽、朱洪元、庄逢甘、汪闻韶、王守武、李恒德、疏松桂、虞福春、谢希德、汤定元、葛庭燧、钱保功、侯祥麟、张存浩、蒲蛰龙、叶笃正、柯俊、彭司勋、宋振玉、吴几康等，不胜枚举。

华罗庚和吴文俊都是归国数学家的代表。华罗庚 1950 年从美国归国，次年出任中国科学院数学研究所所长[6]。出任所长后，他提出"创造自主的数学研究"的目标，确定该所的三大发展方向："基础数学"、"应用数学"和"计算数学"。[7]1957 年反右派运动开始前，他为推动数学研究所这三个方向的发展做出了重要贡献[8]。他还倡导研究电

---

① 引自李滔主编的《中华留学教育史录：1949 年以后》，原表该数字误为 7%。

② 为约数。

③ 引自李滔主编的《中华留学教育史录：1949 年以后》，原表该数字误为 23.2%。

④ 引自李滔主编的《中华留学教育史录：1949 年以后》，原表该数字误为 10.1%。

⑤ 为约数。

⑥ 关于政务院任命华罗庚为中科院数学所所长的批示. 北京：中国科学院档案馆，1951-02-034；中央人民政府政务院政务会议文件汇编. 第 4 册. 北京：中央人民政府政务院秘书厅，1953：39-40.

⑦ 数学所成立后发展方向的意见. 北京：中国科学院档案馆，Z370-8.

⑧ 王元. 华罗庚. 修订版. 南昌：江西教育出版社，1999：189-194；数学所成立后发展方向的意见. 北京：中国科学院档案馆，Z370-8.

子计算机，对 20 世纪 50 年代我国计算机事业发展起到了不可替代的作用，在中国计算机早期发展史上具有独特的地位①。不仅如此，华罗庚归国后在多元复变函数论方面取得了重要的成就。1957 年 1 月，他以关于"典型域上的多元复变函数论"的 7 篇论文，获 1956 年度中国科学院科学奖金一等奖②。他与其助手陆启铿、龚昇对发展中国的分析学做出了突出贡献③。

吴文俊 1940 年毕业于上海交通大学数学系。1947 年他赴法国留学，专攻拓扑学，1949 年获法国国家科学博士学位，后在法国国家科学研究中心工作。1951 年归国，任北京大学数学系教授。1952 年全国高等学校院系调整后，至中国科学院数学研究所任研究员。④归国后，他在拓扑学的"示性类及示嵌类的研究"方面成就卓著，并以在该方面的 8 篇论文获得 1956 年度中国科学院科学奖金一等奖⑤。他对数学机械化、中国数学史的研究也做出了重要贡献⑥。主要由于对拓扑学的基本贡献和开创了数学机械化研究领域，2000 年他荣获国家首届最高科学技术奖⑦。

钱学森是应用力学和喷气技术专家。1934 年毕业于交通大学机械工程学院，次年入美国麻省理工学院航空系学习，1936 年转入加州理工学院航空系，1939 年获博士学位。随后相继任教于加州理工学院航空系、麻省理工学院航空系。1948 年出任加州理工学院古根海姆喷气推进中心主任。⑧1955 年他归国后，和钱伟长合作筹建了中国科学院力学研究所，于 1956 年出任所长⑨。1956 年 2 月在国务院总理周恩来的委托下，他起草了《建立我国国防航空工业的意见书》，向中共中央提出了创建中国导弹研制体系的计划⑩。1957 年钱学森出任国防部第五研究院院长。从此在周恩来、聂荣臻的直接领导下，钱学森开始了作为新中国火箭、导弹和航天事业技术领导人的经历。在随后 10 余年中，他为我国"两弹一星"的研制成功⑪，我国火箭、导弹和航天事业的创建和发展做出了卓越的贡献。⑫

---

① 郭金海. 1945 年华罗庚对中国发展计算机的建议及其流变. 内蒙古师范大学学报（自然科学汉文版），2019，48（6）：479-490.

② 华罗庚获数学一等奖材料（一）. 北京：中国科学院档案馆，1956-02-049；中国科学院颁发 1956 年度科学奖金（自然科学部分）通告. 科学通报，1957，（3）：65.

③ 王元. 华罗庚. 修订版. 南昌：江西教育出版社，1999：217-219.

④ 致联络局关于呈送吴文俊教授自传及访问波兰的简单讲学计划的函//吴文俊参加德数学家年会及中科院推荐竺可桢、钱崇澍为罗马尼亚科学院荣誉院士等有关文件. 北京：中国科学院档案馆，1959-04-053.

⑤ 鉴定小组对吴文俊论文的评定意见//吴文俊获数学一等奖材料. 北京：中国科学院档案馆，1956-02-052；中国科学院颁发 1956 年度科学奖金（自然科学部分）通告. 科学通报，1957，（3）：65.

⑥ 胡作玄. 吴文俊——从拓扑学到数学机械化. 自然辩证法通讯，2003，25（1）：81-89；李文林. 论吴文俊院士的数学史遗产. 上海交通大学学报（哲学社会科学版），2019，27（1）：63-70.

⑦ 吴文俊口述，邓若鸿，吴天骄访问整理. 走自己的路——吴文俊口述自传. 长沙：湖南教育出版社，2015：310-313.

⑧ 张现民. 钱学森年谱. 上册. 北京：中央文献出版社，2015：23-64.

⑨ 王寿云，等. 钱学森//中国科学技术协会. 中国科学技术专家传略·工程技术编·力学卷 1. 北京：中国科学技术出版社，1993：130.

⑩ 姜玉平. 中国导弹研制体系的初步建立（1956—1965 年）. 当代中国史研究，2019，26（4）：40-41.

⑪ 中共中央国务院中央军委在京举行大会隆重表彰为研制"两弹一星"作出突出贡献科技专家. 人民日报，1999-09-19（1）.

⑫ 王寿云，等. 钱学森//中国科学技术协会. 中国科学技术专家传略·工程技术编·力学卷 1. 北京：中国科学技术出版社，1993：122-145.

除钱学森外，在我国"两弹一星"研制历程中，王希季、邓稼先、朱光亚、任新民、吴自良、陈芳允、陈能宽、程开甲等 1949—1955 年归国科学家与留学生亦做出突出贡献。1999 年 9 月 18 日，中共中央、国务院和中央军委隆重表彰了 23 位为研制"两弹一星"做出突出贡献的科技专家，并授予或追授"两弹一星功勋奖章"。钱学森和这 8 位专家都受到表彰。同时受到表彰的还有于敏、王大珩、王淦昌、孙家栋、杨嘉墀、周光召、赵九章、姚桐斌、钱骥、钱三强、郭永怀、屠守锷、黄纬禄、彭桓武。[1]这些专家大都也是从海外归来的科学家或留学生[2]。

相继于 1950 年和 1957 年从美国归国的留学生王守武、林兰英在中国科学院应用物理研究所、半导体研究所与王守觉等专家通过研制用于我国原子弹设计计算、导弹专用的计算机的硅晶体管、锗晶体管等器件，为我国"两弹一星"的研制做出了贡献[3]。此外，20 世纪 50 年代的归国留学生胡济民、虞福春、朱光亚在北京大学[4]，李恒德在清华大学[5]，何国柱在南开大学[6]培养了一大批原子能人才。

赵忠尧是核物理学家，美国加州理工学院博士，曾任教于清华大学物理系、中央大学物理系。1946 年由中央研究院推荐到美国参观原子弹试验，后旅居美国。1950 年归国途中在日本被美军扣押。该年 11 月他被释放，回到祖国，任职于中国科学院近代物理研究所[7]。1955 年他装配完成我国第一台 700keV 质子静电加速器，并主持研制了一台 2.5MeV 的高气压型质子静电加速器。1956 年出任中国科学院物理研究所副所长。1958 年起兼任中国科学技术大学近代物理系主任，培养出一批理论与实验并重的核物理研究人才。[8]

黄昆是固体物理、半导体物理学家，1947 年获英国布里斯托尔大学博士学位。1951年归国后在北京大学物理系任教授，和虞福春、褚圣麟等一起，钻研教学内容，讲究教学法，革新了普通物理课程的教学。1953—1955 年，他给其研究生和中国科学院应用物理研究所的科研人员系统讲授了现在固体物理的基本理论和各分支的基础知识，开创了我国高等学校的固体物理专业教育。1977 年他调任中国科学院半导体研究所所长，对提升该所学术水平做出了贡献。在学术研究方面，他在关于多声子跃迁理论、晶格动力学

① 中共中央国务院中央军委在京举行大会隆重表彰为研制"两弹一星"作出突出贡献科技专家. 人民日报，1999-09-19（1）.

② 李迅. 共和国的脊梁："两弹一星"功勋谱. 哈尔滨：黑龙江教育出版社，2000：16-307.

③ 张劲夫. 请历史记住他们——关于中国科学院与"两弹一星"的回忆. 人民日报，1999-05-06（1）；李艳平，康静，尹晓冬. 硅芯筑梦：王守武传. 北京：中国科学技术出版社，2015：93-97.

④ 赵渭江. 虞福春//中国科学技术协会. 中国科学技术专家传略·理学编·物理学卷 2. 北京：中国科学技术出版社，2001：139；虞福春，田曰灵口述. 留学俄亥俄州立大学的夫妻//侯祥麟，罗沛霖，师昌绪等口述. 1950 年代归国留美科学家访谈录. 长沙：湖南教育出版社，2013：124-125.

⑤ 李恒德口述. 负责编辑《留美科协通讯》//侯祥麟，罗沛霖，师昌绪等口述. 1950 年代归国留美科学家访谈录. 长沙：湖南教育出版社，2013：216；崔福斋. 李恒德//中国科学技术协会. 中国科学技术专家传略·理学编·物理学卷 2. 北京：中国科学技术出版社，2001：450-451.

⑥ 何国柱口述. 给联合国秘书长写公开信//侯祥麟，罗沛霖，师昌绪等口述. 1950 年代归国留美科学家访谈录. 长沙：湖南教育出版社，2013：301-307.

⑦ 中国科学院近代物理研究所于 1953 年改名为中国科学院物理研究所，1958 年又改名为中国科学院原子能研究所。

⑧ 中国科学院学部联合办公室. 中国科学院院士自述. 上海：上海教育出版社，1996：136-139.

等的研究方面取得了具有国际水平的成果。他归国前和李爱扶提出了在晶格弛豫基础上的多声子光跃迁与无辐射跃迁理论。这个理论被称为"黄-里斯理论"，是固体杂质缺陷上的束缚电子跃迁理论的奠基石。他还提出了晶体中的电磁波与晶格震动的格波会互相耦合，形成声子极化激元，并在理论处理声子极化激元时引入了著名的"黄方程"。他与玻恩（M. Born）合著有《晶格动力学理论》（*Dynamical Theory of Crystal Lattices*）一书，该书于 1954 年在英国出版[①]，是该学科的第一本权威著作。[②]1957 年 1 月，他以关于"晶格的理论"的研究成果，获 1956 年度中国科学院科学奖金三等奖[③]。2001 年他荣获国家第二届最高科学技术奖。

吴仲华是工程热物理学家，美国麻省理工学院博士，1954 年归国。归国前，他创立了国际公认的叶轮机械三元流动理论。归国后，他继续该领域的研究，为世界叶轮机械的发展做出了重大贡献。1957 年 1 月，他以关于"燃气轮的研究"成果，获 1956 年度中国科学院科学奖金二等奖[④]。20 世纪 50 年代，他在清华大学建立了燃气轮机专业和热物理专业；在中国科学院创建了动力研究室，出任室主任。1958 年起兼任中国科学技术大学物理热工系主任。1980 年出任中国科学院工程热物理研究所所长。他为国家培养了一批工程热物理专家，为我国工程热物理学科的创立和发展做出了贡献。[⑤]

还值得指出的是，1949 年后从海外归国的科学家与留学生对《1956—1967 年科学技术发展远景规划》（简称"十二年科技规划"）的制定，发挥了重要作用。例如，华罗庚主持制定其中的数学规划和计算技术规划[⑥]；钱学森担任综合组组长，负责整个规划项目的评价、裁决、选择和推荐工作，综合各方面的建议，为中央领导提供决策依据[⑦]；黄昆和王守武参加制定半导体科学技术发展规划，任副组长[⑧]；罗沛霖参加制定电子学规划，任副组长[⑨]；疏松桂参加制定自动化学科的规划[⑩]。十二年科技规划实施后对我国科技事业的发展产生了深远的影响。

总而言之，1949 年后我国出现了两波海外科学家与留学生归国的热潮。中国共产党从中起到了关键的作用。为了动员在海外的科学家和留学生归国，中国共产党在解放战争全面爆发期间即未雨绸缪，采用各种办法做了大量工作。周恩来等中共中央高层亲自做了主动动员、邀请的工作。同时，留美中国科学工作者协会对第一波海外科学家与留

① Born M，Huang K. Dynamical Theory of Crystal Lattices. Oxford：Clarendon Press，1954.
② 朱邦芬. 黄昆//中国科学技术协会. 中国科学技术专家传略·理学编·物理学卷 2. 北京：中国科学技术出版社，2001：332-349.
③ 中国科学院颁发 1956 年度科学奖金（自然科学部分）通告. 科学通报，1957，（3）：65.
④ 中国科学院颁发 1956 年度科学奖金（自然科学部分）通告. 科学通报，1957，（3）：66.
⑤ 吴文权. 吴仲华//《科学家传记大辞典》编辑组. 中国现代科学家传记. 第 6 集. 北京：科学出版社，1994：931-944.
⑥ 夏培肃. 我国第一个电子计算机科研组. 中国科技史料，1985，6（1）：17.
⑦ 张现民. 钱学森年谱. 上册. 北京：中央文献出版社，2015：127-128.
⑧ 李艳平，康静，尹晓冬. 硅芯筑梦：王守武传. 北京：中国科学技术出版社，2015：75.
⑨ 罗沛霖口述. 党组织资助我留美//侯祥麟，罗沛霖，师昌绪等口述. 1950 年代归国留美科学家访谈录. 长沙：湖南教育出版社，2013：31；刘九如，唐静. 行有则　知无涯：罗沛霖传. 上海：上海交通大学出版社，2013：150.
⑩ 疏松桂口述. 研制核武器自动引爆装置获特等奖//侯祥麟，罗沛霖，师昌绪等口述. 1950 年代归国留美科学家访谈录. 长沙：湖南教育出版社，2013：284.

学生归国热潮的形成起到了重要作用。它在 1949 年 6 月成立至 1950 年 9 月解散期间，发展会员，建立区会、学术小组，编印《留美科协通讯》，开展回国活动，为动员在海外的科学家和留学生归国和创造归国条件，做了大量舆论宣传和组织工作。朝鲜战争爆发前，美国对中国科学家和留学生归国持鼓励政策，麦卡锡主义兴起后又下令驱逐一部分中国留学生归国，与第一波热潮形成也密切相关。

朝鲜战争爆发后，面对美国政府限制、阻挠中国科学家和留学生归国的做法，中共中央做出积极的回应和努力。1954 年日内瓦会议上，中国代表团与美国代表团的接触和达成的协议是第二波归国热潮形成的重要因素。留美中国学生向美国总统艾森豪威尔、联合国秘书长哈马舍尔德发出公开信对第二波归国热潮的形成产生了积极影响。

在这两波归国热潮中，许多科学家和留学生自愿归国，且有不少人号召在海外的科学家和留学生归国。中共中央也重视海外科学家和留学生的归国服务工作，成立了从北京扩展到全国规模的办理归国留学生事务的委员会来接待和办理归国留学生事务。1949 年后从海外归国的科学家和留学生大都成为科学教育、科研机构的骨干，服务于国家的工业、农业和国防等建设，为中华人民共和国科技事业的发展发挥了重要作用。其中一些杰出科学家取得了高水平的研究成果，为中华人民共和国"两弹一星"的研制、核物理和工程热物理等新兴学科的创建、十二年科技规划的制定做出了不可磨灭的贡献。

第三章　高等学校院系调整与学科建设[*]

20 世纪 50 年代高等学校的院系调整是中国高等教育的重大改革，对中华人民共和国高等教育和科技事业发展产生了重要影响。在院系调整下，全国高等学校或其学院、系科经历并入其他院校、重组或被撤销的过程；其间亦有高等学校尤其是专门学院的新设；按照苏联培养建设干部的经验，全国各高等学校都设置了专业^①，并在教学中全面学习苏联。通过这一时期的院系调整，全国原有高等学校分别成为综合大学、专门学院或专科学校，高等学校学科建设走上模仿苏联教育模式的道路，新的高等教育体系在中国建立。

第一节　调整的背景与酝酿

一、背景

院系调整计划的提出和实施具有深刻的社会、教育、政治背景。1949 年中华人民共和国成立后，中共中央的首要任务是恢复和发展国民经济，大力进行国家工业、农业和国防等的建设。1949 年 9 月 29 日中国人民政治协商会议第一届全体会议通过了《中国人民政治协商会议共同纲领》。该纲领在文化教育政策方面明确规定："努力发展自然科学，以服务于工业、农业和国防的建设。"^②进行这些建设，需要大批高级科技人才。而全国高等学校作为培养高级科技人才的主要机构，所培养的人才数量远不能满足国家建设的需要，重文轻理、重文轻工问题较为严重，师范院校较少。

经统计^③，中华人民共和国成立的当年，全国高等学校共 205 所，其中综合大学 49 所，占总数的 23.9%；工业院校 28 所，占总数的 13.7%；农业院校 18 所，占总数的 8.78%；无林业院校；医药院校 22 所，占总数的 10.7%；文科院校（包括语文、财经、政法院校）29 所，占总数的 14.1%；师范院校 12 所，占总数的 5.85%。^④1949 年，全国高等学校在校学生共 116 504 人，其中文科（含财经、政法专业）学生 38 529 人，占总数的 33.1%；工科学生 30 320 人，占总数的 26.02%；理科学生 6984 人，仅占总数的 5.99%；农科学生 9820 人，占总数的 8.43%；林科学生 541 人，仅占总数的 0.46%；医药科学生 15 234 人，占总数的 13.1%。^⑤可见，在 1949 年，文科院校在数量上都多于工业院校、

---

* 作者：郭金海。

① 全国高等学校招生委员会. 一九五三年暑期高等学校招生升学指导. 北京：中国青年出版社，1953：8.

② 中国人民政治协商会议共同纲领（一九四九年九月二十九日中国人民政治协商会议第一届全体会议通过）//中共中央文献研究室. 建国以来重要文献选编. 第 1 册. 北京：中央文献出版社，2011：9.

③ 以下关于 1949 年和 1950 年全国各类高等学校、分科学生数所占比例数，由郭金海计算。

④ 《中国教育年鉴》编辑部. 中国教育年鉴（1949～1981）. 北京：中国大百科全书出版社，1984：965.

⑤ 《中国教育年鉴》编辑部. 中国教育年鉴（1949～1981）. 北京：中国大百科全书出版社，1984：966.

农业院校、医药院校；文科院校学生多于工科学生，远超过理科、农科、林科、医药科学生的人数；在各类高校中，师范院校数量最少。

1950 年，全国高等学校共 193 所，其中综合大学 50 所，占总数的 25.9%；工业院校 27 所，占总数的 13.99%；农业院校 17 所，占总数的 8.8%；无林业院校；医药院校 26 所，占总数的 13.5%；文科院校（包括语文、财经、政法院校）21 所，占总数的 10.88%；师范院校 12 所，占总数的 6.22%。[①]1950 年，全国高校在校学生共 137 470 人，其中文科（含财经、政法专业）学生 41 215 人，占总数的 29.98%；工科学生 38 462 人，占总数的 27.98%；理科学生 9845 人，占总数的 7.16%；农科学生 11 435 人，占总数的 8.32%；林科学生 1833 人，占总数的 1.33%；医药科学生 17 414 人，占总数的 12.67%；师范科学生 13 312 人，占总数的 9.68%。[②]这表明，在文科院校数量上，1950 年较 1949 年减少 8 所；1950 年，文科院校已较工业院校少 6 所，较医药院校少 5 所，但文科院校学生人数明显多于工科、医药科学生，并远超理科、农科、林科、师范科学生人数；1950 年，较之其他类型高等学校，师范院校数量仍最少。

当时全国高等学校的分布也不均衡，过于集中于少数大城市尤其是沿海大城市。1950 年 6 月 1 日教育部部长马叙伦在第一次全国高等教育会议上就指出"目前全国高等学校的分布是极不均衡的"，"单单上海一地就有四十三所，几占全国高等学校总数的五分之一"[③]。这造成全国各地高等教育资源、高级人才培养数量差距较大等问题。

除上述情况外，中共中央高层对国民党时期的教育存在批评的声音，认为其教学方法存在理论与实践脱节的缺点[④]。为了克服这种缺点，中国人民政治协商会议第一届全体会议通过的《中国人民政治协商会议共同纲领》规定："中华人民共和国的教育方法为理论与实际一致。人民政府应有计划、有步骤地改革旧的教育制度、教育内容和教学法。"[⑤]1950 年 6 月，毛泽东在中国共产党第七届中央委员会第三次全体会议上提出要"有步骤地、谨慎地进行旧有学校教育事业和旧有社会文化事业的改革工作，争取一切爱国的知识分子为人民服务"[⑥]。周恩来希望中国的大学能够将理论与实际结合起来，培养适应国家建设需要的专门人才。1950 年 6 月 8 日，他在第一次全国高等教育会议上说：

> 现在我们国家的经济正处在恢复阶段，需要人"急"，需要才"专"，这是事实。为了便于联系实际，适应建设的需要，由企业部门举办短期训练班或专科学校是必要的、合理的。但这绝不是说要将现有各大学分归企业部门领导，教育部就不管了。为了适应需要，可以创办中等技术学校，也可以考虑在大学中缩短一部分专业的修业年限，但不能取消大学教育培养高级建设人才的方针。为了培养具有较高理

① 《中国教育年鉴》编辑部. 中国教育年鉴（1949～1981）. 北京：中国大百科全书出版社，1984：965.
② 《中国教育年鉴》编辑部. 中国教育年鉴（1949～1981）. 北京：中国大百科全书出版社，1984：966.
③ 教育部马叙伦部长在全国高等教育会议上的开幕词. 人民日报，1950-06-14（1）.
④ 教育部马叙伦部长在全国高等教育会议上的开幕词. 人民日报，1950-06-14（1）.
⑤ 中国人民政治协商会议共同纲领（一九四九年九月二十九日中国人民政治协商会议第一届全体会议通过）//中共中央文献研究室. 建国以来重要文献选编. 第 1 册. 北京：中央文献出版社，2011：10.
⑥ 《中国共产党历届代表大会全纪录——"一大"到"十七大"》编委会. 中国共产党历届代表大会全纪录——"一大"到"十七大". 第 2 卷. 北京：中共党史出版社，2007：567.

论水平、能更好地解决实际问题、符合长远需要的专门人才,有必要将现有的大学整顿得更好一点。①

在这种情况下,高等学校改革势所必然。

不仅如此,中华人民共和国成立前的国际形势是,经过第二次世界大战后几年的演变,以美国为首的资本主义阵营和以苏联为首的社会主义阵营相互对峙,大体形成美苏冷战的国际政治格局②。而美国支持国民党,中国共产党与美国的关系紧张。到1949年中国共产党即将取得解放战争胜利的时候,原本有意与蒋介石合作的苏联调整了对华方针,开始对中国共产党采取积极的立场,毛泽东愈来愈寻求莫斯科的支持和帮助。③随之,中苏关系发生重要转变。在这一国际和国内形势下,中共中央提出"另起炉灶""打扫干净屋子再请客""一边倒"的外交方针④。"打扫干净屋子再请客"的方针,是1949年2月毛泽东接见斯大林的特使米高扬时提出的⑤。3月5日,毛泽东在中国共产党第七届中央委员会第二次全体会议的报告中做了具体阐释。概括地说,该方针针对的是在中国有控制权的"帝国主义者",旨在"有步骤地彻底地摧毁帝国主义在中国的控制权"。这种控制权表现在政治、经济和文化等方面。⑥文化方面主要指"帝国主义者"在中国的文化事业,包括当时中国几乎所有大城市都有的外国教会开办的教会学校。由于"美帝国主义政府,是帮助国民党反动政府反对中国人民解放事业的"⑦,美国教会开办的教会学校自然成为被"摧毁"的重点。

1950年朝鲜战争爆发后,中美关系由紧张走向恶化。1950年12月29日中央人民政府政务院第65次政务会议通过《关于处理接受美国津贴的文化教育救济机关及宗教团体的方针的决定》。该决定规定:"接受美国津贴之文化教育医疗机关,应分别情况,或由政府予以接办,改为国家事业,或由私人团体继续经营,改为中国人民完全自办之事业,其改为中国人民完全自办而在经费上确有困难者,得由政府予以适当的补助。"⑧12月30日,《人民日报》发表社论《肃清美帝在中国的经济和文化侵略势力》,号召"把美帝国主义在我国经济上文化上的侵略势力加以彻底清除"⑨。当时美国等资本主义国家教会在中国开办的教会学校,被视为"是对中国文化侵略的主要据点"。这种政治形

---

① 周恩来. 在全国高等教育会议上的讲话//中共中央文献研究室. 建国以来重要文献选编. 第1册. 北京:中央文献出版社, 2011:237-238.

② 郑谦主编, 庞松著. 中华人民共和国史 1949—1956. 北京:人民出版社, 2010:4.

③ 沈志华. 苏联专家在中国(1948—1960). 北京:新华出版社, 2009:6-13;沈志华. 序言:中苏关系史研究与俄罗斯档案利用//沈志华. 俄罗斯解密档案选编:中苏关系. 第1卷. 上海:东方出版中心, 2014:8.

④ 张静如, 梁志祥, 镡德山. 中国共产党通志. 第2卷. 北京:中央文献出版社, 2001:670;张塞, 黄达强, 徐理明, 等. 中国国情大辞典. 北京:中国国际广播出版社, 1991:278-280;郑谦主编, 庞松著. 中华人民共和国史 1949—1956. 北京:人民出版社, 2010:4-5.

⑤ 师哲口述, 李海文著. 在历史巨人身边——师哲回忆录. 北京:九州出版社, 2015:275-276.

⑥ 在中国共产党第七届中央委员会第二次全体会议上的报告//毛泽东. 毛泽东选集. 第4卷. 北京:人民出版社, 1991:1434-1435.

⑦ 中共中央关于外交工作的指示//中共中央文献研究室, 中央档案馆. 建党以来重要文献选编(一九二一——一九四九). 第26册. 北京:中央文献出版社, 2011:55.

⑧ 政务院关于处理接受美国津贴的文化教育救济机关及宗教团体的方针的决定//何东昌. 中华人民共和国重要教育文献(1949—1975). 海口:海南出版社, 1998:71-72.

⑨ 肃清美帝在中国的经济和文化侵略势力. 人民日报, 1950-12-30(1).

势注定教会学校会在新中国教育体系中被调整。

"一边倒"的外交方针是指在以美国为首的资本主义阵营和以苏联为首的社会主义阵营之间完全倒向后者。1949 年 6 月 30 日，毛泽东在《论人民民主专政》一文中就观点鲜明地指出："一边倒，是孙中山的四十年经验和共产党的二十八年经验教给我们的，深知欲达到胜利和巩固胜利，必须一边倒。积四十年和二十八年的经验，中国人不是倒向帝国主义一边，就是倒向社会主义一边，绝无例外。骑墙是不行的，第三条道路是没有的。我们反对倒向帝国主义一边的蒋介石反动派，我们也反对第三条道路的幻想。"①在该文中，毛泽东还强调，"苏联共产党就是我们的最好的先生，我们必须向他们学习"②。

中华人民共和国成立后，随着"一边倒"外交方针的实施和推进，全国上下展开向苏联的全面学习。在这种形势下，中国学习或借鉴苏联经验办教育成为必然的选择。1949年 12 月 30 日，教育部副部长钱俊瑞在第一次全国教育工作会议的总结报告中就指出："现在全国的绝大部分都已解放，今后主要的任务将由战争转入全面的建设。在全国范围的建设任务前面，我们的教育必须根据共同纲领，以原有的新教育的良好经验为基础，吸收旧教育的某些有用的经验，特别要借助苏联教育建设的先进经验，建设我们的'以提高人民文化水平，培养国家建设人才，肃清封建的、买办的、法西斯主义的思想，发展为人民服务的思想为主要任务'③的新民主主义教育。"④这种观点代表了教育部的看法。从中可见，教育部对苏联教育建设先进经验的重视程度要高于"旧教育的某些有用的经验"。

当时苏联高等教育的主要先进经验是为了满足国家工业化的要求，将重心置于建立和发展专门学院上，以培养具体的专门人才。1950 年 6 月 8 日，我国教育部总顾问阿尔辛杰夫于北京在第一次全国高等教育会议上介绍了苏联高等教育的经验，并结合苏联经验指出中国高等教育的发展方向：

> 苏联的工业化是从十月革命后开始的。比较资本主义社会更迅速更有力。由于社会主义国家的工业发展是有计划的，所以为满足这种更快的工业化的要求，高等学校立即进行了改革，很快地建立起许多独立学院。这时大学方面，虽仍以大学的名称继续存在，但也有它一定的任务，即培养社会科学与自然科学的人才。譬如培养实验助理员、初步的科学研究人员、教师。这就是说苏联高等教育的改变，是将大学从培养抽象的广泛的人才改变为培养具体的专门人才的机构。中国教育制度的改革发展原则上亦应如此。

> 苏联大学只有 30 所，而高等学校共有 800 多所⑤。苏联高等教育重心是放在学

---

① 论人民民主专政//毛泽东. 毛泽东选集. 第 4 卷. 北京：人民出版社，1991：1472-1473.

② 论人民民主专政//毛泽东. 毛泽东选集. 第 4 卷. 北京：人民出版社，1991：1481.

③ 单引号中内容为 1949 年 9 月 29 日中国人民政治协商会议第一届全体会议通过的《中国人民政治协商会议共同纲领》规定的文化教育政策的第 41 条中的内容。参见中国人民政治协商会议共同纲领（一九四九年九月二十九日中国人民政治协商会议第一届全体会议通过）//中共中央文献研究室. 建国以来重要文献选编. 第 1 册. 北京：中央文献出版社，2011：9.

④ 钱俊瑞副部长在第一次全国教育工作会议上的总结报告要点//《中国教育年鉴》编辑部. 中国教育年鉴（1949～1981）. 北京：中国大百科全书出版社，1984：684.

⑤ 此处"高等学校"应包括综合大学、专门学院、专科院校等。

院上的，学院培养各类专业人才。……中国今天的高等教育亦应朝这个方向发展，即大量地发展独立学院，以适应国家建设需要。①

在当时全面学习苏联的环境下，苏联专家的建议一般被视为金科玉律。阿尔辛杰夫作为教育部总顾问，自不例外。后来的历史亦表明，院系调整大体上是沿着他指出的方向进行的。

二、酝酿

院系调整的正式酝酿至迟始于 1950 年 6 月 1—9 日教育部召开的第一次全国高等教育会议。出席会议的有各大行政区教育部和全国各主要院校负责人，中央人民政府各部、会、院、署的代表，高等教育方面专家，教育部司长以上级别的干部，共 180 余人②。会前举行了为期两天的预备会，由各地区代表报告高等教育工作中的问题和意见③。这次会议的内容是讨论和部署新中国的高等教育工作。教育部部长马叙伦在开幕式上介绍了中国高等教育的现况，指出存在的问题。他说：全国高等学校分布“极不均衡”，数量很少，质量不高，远不能满足各项建设工作的要求。创设于老解放区或经过彻底改造的高等学校，多半还保持短期训练班的性质，尚未完全发展成为正规的高等学校。新解放区原有的高等学校的教学内容基本上还不能符合国家建设的需要，其教学方法一般还有理论与实践脱节的缺点。在此基础上，他结合《中国人民政治协商会议共同纲领》在文化教育政策方面规定的文化教育工作的任务，提出日后整顿和加强高等教育的三条方针。第一，“我们的高等教育，必须密切地配合国家经济、政治、文化、国防建设的需要，而首先要为经济建设服务，因为经济建设乃是整个国家建设之本”。第二，“我们的高等学校从现在起就应该准备和开始为工农开门，以便及时地为我们的国家培养大批工农出身的知识分子”。第三，“我们的高等教育应该随着国家的建设逐渐走上轨道，逐步走向计划化”。④

在说明第一条方针时，马叙伦提出“我们要有计划、有步骤地而且谨慎小心地在现有的基础上，在全国范围内进行课程改革的工作”。围绕第三条方针，他对教育工作如何开展做出指示：首先，“要逐步实现统一和集中的领导。中央人民政府教育部对全国公立的高等学校，在方针、制度、设置计划，负责人任免、课程教材及教学方法等方面，都应该负有领导的责任”。其次，“要在统一的方针下，按照必要和可能，初步地调整全国公私立高等学校或其某些院系，以便更好地配合国家建设的需要”。最后，“要有计划有步骤地改造与培养高等学校的师资，和编辑高等学校的教材”⑤。

这次会议相继于 1950 年 6 月 2—6 日和 7—8 日进行了小组讨论、大会全体讨论。讨论后，这次会议通过《高等学校暂行规程》《专科学校暂行规程》《私立高等学校

---

① 转引自胡建华. 现代中国大学制度的原点：50 年代初期的大学改革. 南京：南京师范大学出版社，2001：84-85.

② 首届全国高等教育会议闭幕高等教育方针任务确定. 人民日报，1950-06-14（1）.

③ 首次全国高等教育会议订六月一日开幕. 人民日报，1950-05-30（1）.

④ 教育部马叙伦部长在全国高等教育会议上的开幕词. 人民日报，1950-06-14（1）.

⑤ 教育部马叙伦部长在全国高等教育会议上的开幕词. 人民日报，1950-06-14（1）.

管理暂行办法》①《关于高等学校领导关系的决定》《关于实施高等学校课程改革的决定》，呈请政务院批准②。这五个文件均于 1950 年 7 月 28 日由政务院第 43 次政务会议批准。批准的《高等学校暂行规程》规定高等学校的任务有两个，分别是"根据《中国人民政治协商会议共同纲领》，进行革命的政治及思想教育，肃清封建的、买办的、法西斯主义的思想，树立正确的观点和方法，发扬为人民服务的思想"；"适应国家建设的需要，进行教学工作，培养通晓基本理论并能实际运用的专门人才：如工程师、教师、医师、农业技师、财政经济干部、语文和艺术工作者"。同时，《高等学校暂行规程》规定"高等学校包括大学及专门学院两类。为适应国家建设的急需得设立专科学校"，"大学及专门学院的设立与停办，由中央人民政府教育部（以下简称中央教育部）报请中央人民政府政务院（以下简称政务院）决定之"，"大学及专门学院各系课程，应根据国家建设的需要及理论与实际一致的原则制定"。③

这些表明教育部准备对全国高等学校进行院系调整，但大部分与会代表"对于调整院系都抱旁观态度，不加可否"。"只有大连大学体会到院系调整的意义，在高等教育会议之后，自动地呈请中央教育部，改为大连工学院和大连医学院——两个新型的高等学校。"④

这次会议之后，部分大学教务处、院系领导、知名学者强烈反对院系调整，其中包括曾昭抡、钱端升、费孝通、钱伟长、张东荪等。当时曾昭抡为北京大学教务长、化学系主任，钱端升为北京大学法学院院长，费孝通、钱伟长为清华大学副教务长，张东荪为燕京大学教授。当时钱伟长和费孝通等"提出 10 院 32 系的'大清华计划'作为抗拒院系调整的对案"⑤。

在这种情况下，教育部被迫推迟院系调整工作，但相关准备工作仍在进行。其中之一是改革原有的教育制度，制定"为新中国建设所必需的新学制"⑥。1951 年 8 月 10 日政务院第 97 次政务会议在听取教育部部长马叙伦的说明后，通过《关于改革学制的决定》⑦，于 10 月 3 日公布⑧。《关于改革学制的决定》规定高等学校，即"大学、专门学院和专科学校"，"应在全面的普通的文化知识教育的基础上给学生以高级的专门教育，为国家培养具有高级专门知识的建设人才"，大学、专门学院的修业年限以 3—5 年为原则，专科学校修业年限为 2—3 年，大学和专门学院附设的研究部，修业年限为 2 年以上⑨。

---

① 1950 年 6 月 14 日，《人民日报》报道称之为《管理私立高等学校暂行办法》。今依 1950 年 7 月 28 日政务院第 43 次政务会议批准的文件题名为准。参见首届全国高等教育会议闭幕高等教育方针任务确定. 人民日报，1950-06-14（1）；私立高等学校管理暂行办法//国务院法制办公室. 中华人民共和国法规汇编. 第 1 卷. 北京：中国法制出版社，2005：274.

② 首届全国高等教育会议闭幕高等教育方针任务确定. 人民日报，1950-06-14（1）.

③ 高等学校暂行规程//国务院法制办公室. 中华人民共和国法规汇编. 第 1 卷. 北京：中国法制出版社，2005：271.

④ 周培源. 从高等学校的院系调整谈肃清崇美思想. 人民日报，1951-12-02（4）.

⑤ 子强. 高等学校的院系调整到底搞错了没有？光明日报，1957-11-11（3）.

⑥ 为什么必须改革学制？人民日报，1951-10-03（1）.

⑦ 政务院举行会议通过关于改革学制的决定. 人民日报，1951-08-11（1）.

⑧ 中央人民政府政务院关于改革学制的决定. 人民日报，1951-10-03（1）.

⑨ 中央人民政府政务院关于改革学制的决定. 人民日报，1951-10-03（1）.

1951 年 11 月 3—9 日，教育部在北京召开全国工学院院长会议。出席会议的有全国各大学工学院和独立工学院院长、部分大学教务长、政务院财政经济委员会及其所属各部会和其他有关部门代表、各大行政区教育部（文教部）代表，以及教育部相关人员，共 77 人[①]。会议主要讨论全国工学院的调整问题。会前，教育部与中央重工业部、燃料工业部及其他有关部门协议了一个全国主要工学院的调整方案。11 月 3 日，政务院财政经济委员会副主任李富春主持中央干部教育委员会召开。会议讨论了该方案，并原则通过。教育部随即提交全国工学院院长会议[②]。在这次工学院院长会议上，教育部部长马叙伦强调高等工业教育必须统一布置，重点分工，进行调整，使全国工学院能培养出更多、更好的工业建设干部。他还着重提出发展工学院的新方向，号召重视各种专修科。教育部副部长钱俊瑞对工学院调整原则作出明确指示：第一，必须采取长期培养与短期训练相结合的方针，今后五年至十年内以短期训练为重点；第二，师资、设备分散的情况，必须改变，以集中人力、物力，合理使用；第三，各院校所设系科应切合工业建设实际需要，更加专门化；第四，遵守节约原则，反对浪费；第五，加强工学院的政治思想领导。[③]

这次会议拟订了 1952 年全国工学院调整方案。1951 年 11 月 15 日，教育部党组向政务院文化教育委员会党组和中央呈送《中央教育部党组关于全国工学院调整发展方案的报告》和《中央教育部党组关于北大、清华、燕京三大学调整方案的报告》。对于这两个报告，毛泽东批示"我认为可行，请周[④]酌定，并通知各大区照办"。李富春表示同意，批示"此方案我是同意的。先定下此方案，然后研究不足者再从各专业部门所管专门学校来扩充，另定计划"[⑤]。

《中央教育部党组关于全国工学院调整发展方案的报告》提出"以华北、华东、中南为重点作适当的调整"，主要方案如下：①"将清华大学改为多科性工业大学，校名不变。将北京大学工学院、燕京大学工学院合并进去，将该校文、法两院合并于北京大学。"②"将浙江大学改为多科性工业大学，校名不变。将之江大学的土木、机械两系合并进去。将该校文学院合并于之江大学。"③"将南京大学工学院分出来，成立独立的工学院，把金陵大学电机工程系、化学工程系及之江大学建筑系并进去。"④"将武汉大学矿冶工程系、湖南大学矿冶系、广西大学矿冶系、南昌大学采矿科调整出来，在湖南长沙成立独立的矿冶学院，以培养有色金属的采矿冶炼人才为主。"⑤"将南京大学、浙江大学的两个航空工程系，合并于交通大学，成立航空工程学院。"⑥"将武汉大学水利系、南昌大学水利系合并，成立水利学院，仍设在武汉大学。"[⑥]《中央教育部党组关于北大、清华、燕京三大学调整方案的报告》是教育部先提出方案，再与北京大学、清华大学、燕京大学主要负责人分头座谈和几次分头接洽后正式形成的，具体规定了这三所大学的院系调整方案。其中，提出"北大和清华的理学院基本上可不动，仅作

① 中央人民政府教育部关于全国工学院调整方案的报告. 人民日报, 1952-04-16（1）.
② 建国初期全国高等学校院系调整文献选载（一九五一年—一九五三年）. 党的文献, 2002,（6）：59-60.
③ 中央人民政府教育部召开全国工学院院长会议拟定明年高等工业教育院系调整方案. 人民日报, 1951-11-13（3）.
④ "周"指周恩来.
⑤ 建国初期全国高等学校院系调整文献选载（一九五一年—一九五三年）. 党的文献, 2002,（6）：59-62.
⑥ 建国初期全国高等学校院系调整文献选载（一九五一年—一九五三年）. 党的文献, 2002,（6）：59-60.

个别调整"①。

不过，此后教育部对全国工学院调整方案作了修订。修订的方案经 1951 年 11 月 30 日政务院第 113 次政务会议批准，于 1952 年 4 月 16 日公布②。关于重点调整的地区，修订的方案与《中央教育部党组关于全国工学院调整发展方案的报告》的规定相同，是"以华北、华东、中南三个地区的工学院为重点作适当的调整"③，但对院系和学科调整的规定存在明显差异。修订的方案规定如下：

1. 将北京大学工学院、燕京大学工科方面各系并入清华大学。清华大学改为多科性的工业高等学校，校名不变。将清华大学的文、理、法三学院及燕京大学的文、理、法方面各系并入北京大学。北京大学成为综合性的大学。燕京大学校名撤销。

2. 将南开大学的工学院及津沽大学的工学院合并于天津大学。

3. 将浙江大学改为多科性的工业高等学校，校名不变。将之江大学的土木、机械两系并入浙江大学；浙江大学的文学院合并于之江大学。

4. 将南京大学的工学院划分出来和金陵大学的电机工程系、化学工程系及之江大学的建筑系合并成为独立的工学院。

5. 将南京大学、浙江大学两个航空工程系合并于交通大学，成立航空工程学院。

6. 将武汉大学的矿冶工程系、湖南大学的矿冶系、广西大学的矿冶系、南昌大学的采矿系调整出来，在湖南长沙成立独立的矿冶学院，以培养有色金属的采矿冶炼人材为主，并增设采煤系及钢铁冶炼系。

7. 将武汉大学的水利系、南昌大学的水利系、广西大学土木系的水利组合并，成立水利学院，仍设于武汉大学。

8. 将中山大学的工学院、华南联合大学的工学院、岭南大学工程方面的系科及广东工业专科学校合并成为独立的工学院。④

比较可见，原计划"基本上可不动"的清华大学理学院，按照修订的方案，将并入北京大学；广西大学土木系的水利组不在原方案规定的调整之列；《中央教育部党组关于全国工学院调整发展方案的报告》未规定将南开大学的工学院和津沽大学的工学院合并于天津大学，将中山大学的工学院、华南联合大学的工学院、岭南大学工程方面的系科和广东工业专科学校合并成为独立的工学院。

修订的方案公布当日，即 1952 年 4 月 16 日，《人民日报》发表社论《积极实现全国工学院调整方案》，为其实施创造了积极的舆论氛围。该社论指出：

这个方案，是实行中央人民政府政务院"关于改革学制的决定"，有计划、有步骤地改革旧的高等教育制度、教学内容和教学方法的一个重要步骤，是适合于我们国家建设初期的特点和工业建设的需要的。我们必须认真地并有充分准备地把这个工作做好。

① 建国初期全国高等学校院系调整文献选载（一九五一年——一九五三年）. 党的文献, 2002, (6)：61-62.
② 中央人民政府教育部关于全国工学院调整方案的报告. 人民日报, 1952-04-16 (1).
③ 中央人民政府教育部关于全国工学院调整方案的报告. 人民日报, 1952-04-16 (1).
④ 中央人民政府教育部关于全国工学院调整方案的报告. 人民日报, 1952-04-16 (1).

......

　　培养工业技术人才，对国家的工业化具有决定的意义。全国工学院的调整对于我国工业人才的培养将有重大的贡献，我们希望全国各有关方面，群策群力，密切配合，积极地为实现这个调整方案而努力。[①]

　　1952年7月4—11日，教育部在北京召开了全国农学院院长会议。出席和列席会议的有教育部、农业部、林业部、水利部、中国科学院、华北农业科学研究所等和有关机关的负责人、代表，各大行政区的农林部和高等教育处的负责人，各农学院校的校长、院长、副院长、教务长等，共65人。这次会议讨论了关于高等农业学校的办学方针、任务，院系调整，系、科专业设置，师资调配，招生，经费和教材编译等问题，讨论的重点是院系调整和专业设置。这次会议拟定了高等农业学校院系调整和专业设置草案。[②]

　　在教育部进行院系调整准备工作之外，在中共中央领导下，全国高等学校于1951年11月30日开始进行思想改造运动，至1952年秋结束。从1951年12月1日起，"三反"运动在全国高等学校展开。在运动中，中共中央要求教师和学生都能明确认识国家利益和个人利益的一致性，认识国家利益才是个人最大的利益和最长远的利益。"只向后看，不向前看""只愿调进，不愿调出""只可扩大，不愿收烂摊子""有进有出，不进也不出"等被批判为保守思想、狭隘自私的极端个人主义思想、本位主义和宗派主义思想等[③]。由此，不少大学部门负责人、教师乃至学生纷纷明确表示支持院系调整[④]；也有大学的院系负责人，如北京大学土木系主任陈士骅[⑤]，就反对或抵制院系调整的行为做了自我批评。可以说，这两次运动为全国高校进行院系调整在教师队伍中做了思想准备工作，对院系调整起到了铺路和扫清障碍的作用。

第二节　学院和系科调整的初步实施

　　在20世纪50年代，全国高等学校院系调整共进行了4次。第一次发生于1949—1951年，是小范围的尝试性的院系调整。开创先河的是1949年9月北京大学、清华大学和华北大学的农学院合并，成立北京农业大学[⑥]。1949年底，北京大学和南开大学的教育系并入北京师范大学[⑦]。1951年，北洋大学和河北工学院合并[⑧]，定名为天津大学；复旦大学土木工程系并入交通大学土木工程系[⑨]；交通大学纺织系与私立上海

---

① 积极实现全国工学院调整方案. 人民日报，1952-04-16（1）.
② 中央教育部举行全国农学院院长会议. 人民日报，1952-07-18（1）.
③ 积极实现全国工学院调整方案. 人民日报，1952-04-16（1）.
④ 周培源. 从高等学校的院系调整谈肃清崇美思想. 人民日报，1951-12-02（4）；褚圣麟. 我们一定要做好院系调整工作. 人民日报，1952-04-21（3）；陈垣. 热烈拥护院系调整. 光明日报，1952-06-11（3）；拥护辅仁大学和北京师范大学两校院系调整的决定. 人民日报，1952-06-08（2）；清华大学航空学院的经验证明院系调整方案是完全正确的. 人民日报，1952-04-25（2）.
⑤ 陈士骅. 我的资产阶级思想怎样阻碍了院系调整. 人民日报，1952-03-17（3）.
⑥ 方惠坚，张思敬. 清华大学志. 上册. 北京：清华大学出版社，2001：4.
⑦ 董宝良. 中国近现代高等教育史. 武汉：华中科技大学出版社，2007：275.
⑧ 赵今声. 北洋大学和河北工学院是怎样合并的. 人民日报，1951-11-20（3）.
⑨ 陈贻芳. 谈50年代初期交大院系调整//王杰. 学府史论. 天津：天津大学出版社，1999：83.

纺织工学院、上海市立工业专科学校纺织科合并为华东纺织工学院[①]；厦门大学、西北工学院、北洋大学的航空系并入清华大学航空系，设立清华大学航空工程学院[②]；云南大学、西南工业专科学校的航空系并入四川大学航空系[③]；省立福建农学院并入厦门大学，改称厦门大学农学院[④]等。这次的院系调整限于北京、天津、上海、厦门、西安、成都等地，全国高校总体格局并无大的改变。

第二次院系调整发生于 1952 年，主要是在该年秋季进行[⑤]。这是 20 世纪 50 年代 4 次院系调整中规模最大的一次。这次院系调整的方针是"以培养工业建设人材和师资为重点，发展专门学院，整顿和加强综合性大学"[⑥]。至 1952 年底，全国高等学校已有 3/4 进行了院系调整和设置专业的工作。华北、东北、华东等三区的调整较为彻底。私立高等学校全部改为公立。[⑦]作为私立高等学校的主体，教会大学各系科并入其他院校，校名均被撤销。新设钢铁、地质、矿冶、水利等 12 个工业专门学院。调整后，全国有综合大学和普通大学 21 所、工业院校 43 所、高等师范院校 33 所、农林院校 28 所、医药卫生院校 32 所、财经院校 13 所、政法学院 3 所，连同其他艺术、语文、体育和少数民族高等学校，共计 201 所。[⑧]

这次院系调整使工科院校得到发展，综合大学得到整顿，高等学校在院系设置上基本符合国家建设的需要[⑨]，但它并未完全遵循 1952 年 4 月 16 日公布的全国工学院调整方案。例如，中南区的工学院并未成为调整的重点。中南区只进行了广州各高等学校的调整，长沙设立了中南矿冶学院[⑩]。浙江大学文学院未合并于之江大学，而是该院中国文学系、外国文学系、教育学系与之江大学文理学院的中国文学系、外国文学系、教育学系并入了浙江师范学院[⑪]。而且这次院系调整存在一些问题。例如，有些院校独立过早，摊子摆得太多，也没有能够很好地结合专业来考虑调整，以致在专业设置方面多少存在一些重叠、凌乱，人力、物力分散和浪费的现象，影响培养专业

① 《中国高等学校简介》编审委员会. 中国高等学校简介. 北京：教育科学出版社，1982：242.

② 方惠坚，张思敬. 清华大学志. 上册. 北京：清华大学出版社，2001：4.

③ 1952 年 9 月或稍后，四川大学航空系北上与清华大学航空工程学院、北京工业学院航空系组建北京航空工业学院。参见党跃武. 院系调整与四川大学. 成都：四川大学出版社，2015：13-17.

④ 厦门大学档案馆，厦门大学校史研究室. 厦门大学校史. 第 2 卷. 厦门：厦门大学出版社，2006：38.

⑤ 建国初期全国高等学校院系调整文献选载（一九五一年—一九五三年）. 党的文献，2002，(6)：66.

⑥ 高等教育部关于高等学校院系调整计划、改订高等学校领导关系和加强高等学校及中等技术学校学生生产实习工作的报告//政务院关于继续开展爱国卫生运动、高等院校调整计划及中小学教育方面指示. 北京：北京市档案馆，档号 002-005-00153.

⑦ 高等教育部关于高等学校院系调整计划、改订高等学校领导关系和加强高等学校及中等技术学校学生生产实习工作的报告//政务院关于继续开展爱国卫生运动、高等院校调整计划及中小学教育方面指示. 北京：北京市档案馆，档号 002-005-00153.

⑧ 高等教育部关于高等学校院系调整计划、改订高等学校领导关系和加强高等学校及中等技术学校学生生产实习工作的报告//政务院关于继续开展爱国卫生运动、高等院校调整计划及中小学教育方面指示. 北京：北京市档案馆，档号 002-005-00153.

⑨ 建国初期全国高等学校院系调整文献选载（一九五一年—一九五三年）. 党的文献，2002，(6)：66.

⑩ 高等教育部关于高等学校院系调整计划、改订高等学校领导关系和加强高等学校及中等技术学校学生生产实习工作的报告//政务院关于继续开展爱国卫生运动、高等院校调整计划及中小学教育方面指示. 北京：北京市档案馆，档号 002-005-00153.

⑪ 何增光. 浙江高等师范教育史. 杭州：杭州出版社，2008：43.

人才的工作①。

1952 年 11 月高等教育部成立后，"鉴于大规模的、有计划的经济建设已经开始，为使高等学校院系分布进一步趋于合理，人力、物力的使用更为集中，各类专门人材的培养目标更为明确"，决定 1953 年以中南区为重点，继续进行高等学校院系调整②。1953 年 5 月 29 日，高等教育部部长马叙伦在政务院第 180 次政务会议上报告了高等学校院系调整计划问题（图 3-1）。这是 20 世纪 50 年代的第三次院系调整，至 1953 年 12 月基本完成③。调整的原则是"着重改组旧的庞杂的大学，加强和增设工业高等学校并适当地增设高等师范学校；对政法、财经各院系采取适当集中、大力整顿及加强培养与改造师资的办法，为今后发展准备条件"④。经这次院系调整，全国高等学校由 1952 年调整后的 201 所变为 182 所。其中，综合大学 14 所、高等工业学校 39 所、高等师范学校 31 所、高等农林学校 29 所、高等医药学校 29 所、高等政法学校 4 所、高等财经学校 6 所、高等语文学校 8 所、高等艺术学校 15 所、高等体育学校 5 所、少数民族高等学校 2 所。⑤

图 3-1　1953 年 5 月 29 日高等教育部部长马叙伦在政务院第 180 次政务会议上报告了高等学校院系调整计划问题（局部）
资料来源：政务院关于继续开展爱国卫生运动、高等院校调整计划及中小学教育方面指示.
北京：北京市档案馆，档号 002-005-00153

在这次院系调整中，主要调整和新建的学校如下。①华北区：清华大学石油系独立

---

① 建国初期全国高等学校院系调整文献选载（一九五一年—一九五三年）. 党的文献，2002，（6）：66.
② 高等教育部关于高等学校院系调整计划、改订高等学校领导关系和加强高等学校及中等技术学校学生生产实习工作的报告//政务院关于继续开展爱国卫生运动、高等院校调整计划及中小学教育方面指示. 北京：北京市档案馆，档号 002-005-00153.
③ 全国高等学校院系调整基本完成. 人民日报，1953-12-17（1）.
④ 高等教育部关于高等学校院系调整计划、改订高等学校领导关系和加强高等学校及中等技术学校学生生产实习工作的报告//政务院关于继续开展爱国卫生运动、高等院校调整计划及中小学教育方面指示. 北京：北京市档案馆，档号 002-005-00153.
⑤ 全国高等学校院系调整基本完成. 人民日报，1953-12-17（1）.

为北京石油工业学院；北京钢铁工业学院独立建校；山西大学的工学院和师范学院分别独立为太原工学院和山西师范学院，其财经学院并入中国人民大学，山西大学校名取消；河北水产专科学校分别并入上海水产学院、山东大学等校，其校名取消；等等。②东北区：东北航海学院和上海航务学院、福建航海专科学校合并，在大连成立大连海运学院，原三校校名取消；沈阳师范专科学校和东北教育学院合并，改名沈阳师范学院。③华东区：福州大学改为福建师范学院，部分文理科系转入厦门大学；安徽大学的师范学院和农学院分别独立为安徽师范学院和安徽农学院，安徽大学校名取消；苏南蚕丝专科学校专科部分并入浙江农学院，校名取消。④中南区：湖南大学、广西大学、南昌大学的工学院和武汉大学工学院、华南工学院的一部分合并，在武昌成立华中工学院；湖南大学、广西大学、南昌大学和武汉大学工学院、华南工学院、四川大学工学院、云南大学工学院有关公路、铁道、桥梁及工业和民用建筑部分合并，在长沙成立中南土木建筑学院；湖南大学、广西大学、南昌大学的师范部分分别独立为湖南师范学院、广西师范学院和江西师范学院；广西大学农学院独立为广西农学院；湖南大学、广西大学、南昌大学校名取消；河南大学校名取消，改为河南师范学院等。⑤西南区：贵州大学校名取消，其工学院分别调入重庆大学和四川大学、云南大学的工学院，其农学院独立为贵州农学院，其文、理、政法、财经系科分别并入西南有关各校等。⑥西北区：西北大学师范学院独立为西安师范学院等。①

在总结这次院系调整时，高等教育部认为这次调整工作"基本取消了原有系科庞杂、不能适应培养国家建设干部需要的旧制大学，改组成为培养目标明确的新制大学"；"为国家建设所迫切需要的系科或专业，予以分别集中或独立，建立了新的专门学院，使其在师资、设备上更多发挥潜力，在培养干部质量上更能符合国家建设的需要"；"将原来设置过多或过散的摊子，予以适当集中，以便进行整顿"；"吸取了一九五二年的经验教训"，"进行得较有步骤，准备较早，时间较从容，思想酝酿较成熟，故工作较前一年更顺利，人员物资的调配也比较有条理"。同时，高等教育部指出这次调整工作亦存在缺点和错误。其中包括"由于对条件的估计与准备仍多不够，个别院校②的调整未能及时完成"；"院系调整准备工作虽然准备较早，但具体行动则仍迟"，"影响到学校开学推迟（一般推迟五六周，多者八周），教学计划难于循序完成，因而也就又发生了赶课现象，增加了师生的紧张忙乱"；"少数教师的调配还不够适当"等。③

第四次院系调整发生于1955—1957年，以沿海大城市高等学校为重点，规模较小。在这次调整前，中共中央发出指示："高等教育建设必须符合社会主义建设及国防建设的要求，必须和国民经济的发展计划相配合；学校的设置分布应避免过分集中，学校的发展规模，一般不宜过大；高等工业学校应逐步地和工业基地相结合。"④为贯彻该指示，

---

① 全国高等学校院系调整基本完成. 人民日报, 1953-12-17（1）.

② "个别院校"指华中工学院。参见建国初期全国高等学校院系调整文献选载（一九五一年—一九五三年）. 党的文献, 2002,（6）: 67.

③ 建国初期全国高等学校院系调整文献选载（一九五一年—一九五三年）. 党的文献, 2002,（6）: 67.

④ 关于 1955—1957 年高等学校院系调整有关事项的通知//高等教育部办公厅. 高等教育文献法令汇编. 第 3 辑. 北京：高等教育部办公厅, 1956: 39.

高等教育部经研究，制定《1955—1957年高等工业学校院系、专业调整、新建学校及迁校方案（草案）》，并于1955年4月召开的综合大学、高等工业学校校长、院长座谈会上进行了研究，做了修改①。1955年7月30日，高等教育部发出《关于1955—1957年高等学校院系调整有关事项的通知》②。这次调整将江苏、浙江、山东、上海、天津、广东等沿海城市的一些高等学校的有关专业迁往内地，在武汉、兰州、西安、成都等城市建立了测绘、石油建筑、电讯、化工、动力等工业学院③。1957年，位于上海的交通大学分设为上海、西安两个部分。1959年，这两部分经国务院批复分别被定名为上海交通大学、西安交通大学。④这次院系调整改变了高等学校过于集中在少数大城市尤其沿海大城市的状况。

经过4次院系调整，我国原有的高等学校分别成为综合大学、专门学院或专科学校。院系调整后的高等学校又按专业分为综合大学、工业院校、农业院校、林业院校、医药院校、师范院校、文科院校等。至1957年，全国高等学校共229所，其中综合大学17所，占总数的7.4%；工业院校44所，占总数的19.2%；农业院校28所，占总数的12.2%；林业院校3所，占总数的1.3%；医药院校37所，占总数的16.2%；师范院校58所，占总数的25.3%；文科院校（包括语文、财经、政法院校）19所，占总数的8.3%。较之1949年和1950年，综合大学、文科院校数量和所占比例均明显降低，而工业院校、农业院校、医药院校、师范院校数量和所占比例明显升高。

第三节　以专业设置为中心的学科建设

院系调整前，我国高等学校只有院系，不设专业⑤。1952年院系调整后，按照苏联培养建设干部的经验，全国各高等学校都设置了专业⑥。专业的设置决定着为国家培养人才的种类，这是院系调整中学科建设的核心工作。1952年9月24日，《人民日报》发表社论就强调"专业的设置是院系调整与课程改革的中心环节"⑦。由于从1953年起我国进入大规模有计划的经济建设时期，强调"经济建设的本质就是国家工业化，为了国家工业化就必须培养工业建设干部"⑧，而培养和供应高等工业建设人才的任务主要由高等工业学校负担⑨，当时高等工业学校的专业设置备受重视。

至1953年7月，全国高等工业学校有43所，共设89种本科专业、33种专修科专业，合计122种。这些专业较为丰富，分22类，包括普通机器制造类，动力机器制造

① 关于1955—1957年高等学校院系调整有关事项的通知//高等教育部办公厅.高等教育文献法令汇编.第3辑.北京：高等教育部办公厅，1956：39.
② 关于1955—1957年高等学校院系调整有关事项的通知//高等教育部办公厅.高等教育文献法令汇编.第3辑.北京：高等教育部办公厅，1956：39-40.
③ 中央教育科学研究所.中华人民共和国教育大事记（1949—1982）.北京：教育科学出版社，1984：134.
④ 中国《交通大学校史》编委会.交通大学校史：1949—1959.北京：高等教育出版社，1996：56-86.
⑤ 《中国教育年鉴》编辑部.中国教育年鉴（1949～1981）.北京：中国大百科全书出版社，1984：239.
⑥ 全国高等学校招生委员会.一九五三年暑期高等学校招生升学指导.北京：中国青年出版社，1953：8.
⑦ 做好院系调整工作，有效地培养国家建设干部.人民日报，1952-09-24（1）.
⑧ 全国高等学校招生委员会.一九五三年暑期高等学校招生升学指导.北京：中国青年出版社，1953：7.
⑨ 全国高等学校招生委员会.一九五四年暑期高等学校招生升学指导.北京：商务印书馆，1954：7.

类，航空类，仪器制造类，电气机器制造类，电气仪器制造与电动器具制造类，动力类，无线电工学与电气通讯类，有用矿物产区的地质学与探矿类，地下资源的开采与经营类，冶金学类，天然与人工液体燃料工学类，无机物矽酸盐及有机化合物工学类，木质纤维及造纸工学类，食品与调味品工学类，自然纤维材料、纺织、皮革、鞣皮剂、鞋靴、橡皮及印刷类，土木建筑与房屋建筑类，测量与绘图类，水文气象类，铁道运输类，汽车运输类，水路运输类。[①]

经第 3 次院系调整，至 1954 年 4 月全国高等工业学校虽然数量降至 38 所，该年暑假招生的专修科 32 种，但暑假招生的本科专业增至 100 种。这些专业分为地质和勘探类，矿藏的开采与经营类，动力类，冶金类，机器制造和工具制造类，电机制造和电气器材制造类，化学工艺学类，食品和调味品工艺学类，造纸工业、木材加工工业与森林采伐类，轻工业类，测量学、制图学、气象学、水文学类，建筑和市政工程类，运输类，邮电类等。[②]此后全国高等工业学校及其专业数量有所增加。至 1955 年 4 月全国高等工业学校增至 42 所，该年暑期招生的本科专业增至 151 种，专修科专业为 33 种[③]。由此，全国高等工业院校的专业已较为齐全。

院系调整后的清华大学是一所多科性工业大学，在全国高等工业学校中具有代表性。在院系调整中，由刘仙洲任主任委员，钱伟长、陈士骅任副主任委员的京津高等学校院系调整清华大学筹备委员会重视学系、专业和专修科的设置问题[④]，经反复研究、讨论，该委员会于 1952 年 9 月确定，共计 8 个学系、22 个专业、15 个专修科，如表 3-1 所示。

表 3-1　1952 年 9 月确定的清华大学所设学系、专业、专修科及该年度分配的新生人数表

系名	专业名	人数/人	专修科名	人数/人
1. 机械制造系	1. 机械制造工程	60	1. 金工工具	60
	2. 金属切削机床及其工程	30		
	3. 铸造机及铸造工程	60	2. 铸造工程	60
	4. 金属压力加工及加工机	30		
2. 动力机械系	5. 热力发电设备	30	3. 热力发电厂检修	30
	6. 汽车	60	4. 暖风通气	30
3. 土木工程系	7. 工业及民用房屋建筑	60	5. 工业及民用房屋建筑	
	8. 工业及民用房屋建筑结构	60		
	9. 上水道及下水道	30	6. 上水道及下水道	
	10. 汽车干路	30		
	11. 工程测量	30	7. 测量	

① 全国高等学校招生委员会. 一九五三年暑期高等学校招生升学指导. 北京：中国青年出版社，1953：8-50.
② 全国高等学校招生委员会. 一九五四年暑期高等学校招生升学指导. 北京：商务印书馆，1954：7-87.
③ 这些专业的分类与 1954 年暑期招生专业分类相同。参见中华人民共和国高等教育部. 一九五五年暑期高等学校招生升学指导. 北京：高等教育出版社，1955：6-138.
④ 该委员会成立于 1952 年 6 月 25 日。同日，京津高等学校院系调整办公室成立，由张勃川任主任；京津高等学校院系调整北京大学筹备委员会成立，由马寅初任主任委员，汤用彤、周培源、翁独健任副主任委员。参见中央人民政府教育部通知（1952 年 6 月 25 日）//清华大学校史研究室. 清华大学史料选编. 第 5 卷上. 北京：清华大学出版社，2005：500-501.

系名	专业名	人数/人	专修科名	人数/人
4. 水利工程系	12. 河川及水力发电站的水力技术建筑物	90	8. 水利	
	13. 水力动力装置	30	9. 水利、发电、土木	
5. 建筑系	14. 房屋建筑学	60	10. 建筑设计	
6. 电机工程系	15. 电机及电器	60		
	16. 发电厂配电网及配电系统	30	11. 发电厂电机	
			12. 输配电	
	17. 工业企业电气化	60		
7. 无线电工程系	18. 无线电工程	40		
8. 石油工程系	19. 石油及天然气工业	30	13. 石油厂机器及装备	
	20. 石油场及天然气场用机器及设备	60	14. 石油及天然气凿井	
	21. 石油区及天然气区的开采	60	15. 石油及天然气储运	
	22. 石油及天然气井的凿钻	30		

资料来源：京津高等学校院系调整清华大学筹备委员会第二阶段工作报告//清华大学校史研究室. 清华大学史料选编. 第5卷上. 北京：清华大学出版社，2005：517-518.

　　这22个专业大都是为满足国家建设对这些专业人才的急需而设置的。当时这些专业并非完全被苏联专家认可。如对于无线电工程专业，教育部苏联顾问和后来到清华大学任校长顾问的苏联专家多次反对。经刘仙洲、钱伟长等力争，才得以保住[1]。

　　1953年暑期，清华大学招生专业共20个：机器制造工程、金属切削机床及其工具、铸造工程及其机器、金属压力加工及其机器、汽车、电机和电器、电气真空技术、发电厂配电网及联合输电系统、工业企业电气化、水力动力装置、热能动力装置、无线电工学、建筑学、工业与民用建筑、工业与民用建筑结构、汽车干路与城市道路、上下水道、暖气煤气供应及通风、河川结构和水力发电站的水力技术建筑物、工程测量学[2]。比较可知，上述京津高等学校院系调整清华大学筹备委员会确定的22个专业，有17个已实际设置，但有的专业名称有所变化，如"机械制造工程"改为"机器制造工程"，"发电厂配电网及配电系统"改为"发电厂配电网及联合输电系统"等。1953年暑期，清华大学招生的20个专业中的"电气真空技术""热能动力装置""暖气煤气供应及通风"为新增专业。而石油工程系原拟设置的4个专业"石油及天然气工业""石油场及天然气场用机器及设备""石油区及天然气区的开采""石油及天然气井的凿钻"，动力机械系的专业"热力发电设备"并未招生。

　　至1954年暑期，清华大学招生专业增至22个，增设的专业为焊接生产及其设备、拖拉机，原专业"河川结构和水力发电站的水力技术建筑物"改为"河川结构水电站的水工建筑"[3]。1955年暑期，清华大学招生专业略有调整，增设金属学及热处理车间设备、水力机械、工程物理、远距离电气自动装置和远距离电气机械装置4个专业，取消汽车干路与城市道路、工程测量学2个专业，专业数增至24个。原专业"机器制造工程"改为"机械制造工艺"，"铸造工程及其机器"改为"铸造工艺及机器"，"焊接生产

①　韩晋芳. 20世纪50年代清华大学院系调整初探. 工程研究，2008，4：148-149.
②　全国高等学校招生委员会. 一九五三年暑期高等学校招生升学指导. 北京：中国青年出版社，1953：140-141.
③　全国高等学校招生委员会. 一九五四年暑期高等学校招生升学指导. 北京：商务印书馆，1954：174-175.

及其设备"改为"焊接工艺及设备","暖气煤气供应及通风"改为"供热供煤气及通风","上下水道"改为"给水排水"。[①]

　　经过1952年的院系调整，全国共有14所综合大学，分别为中国人民大学、北京大学、南开大学、东北人民大学、复旦大学、山东大学、南京大学、厦门大学、武汉大学、中山大学、四川大学、云南大学、西北大学、兰州大学[②]。这种状况至1955年未有变化。与专门院校、专科学校主要以培养从事各种实际工作的专门人才为任务不同，当时综合大学在全国高等教育系统中有其特定的任务。这一任务就是主要培养理论或基础科学（自然科学和人文科学）方面的从事研究工作或教学工作的专门人才，且更侧重于培养科学研究人才[③]。综合大学一般设有人文科学（简称文科）和自然科学（简称理科）方面的系科和专业[④]，较之院系调整前大都设有文、法、理、工、农、医等方面多种系科的格局变化甚大。

　　除中国人民大学外，其他13所综合大学均设有理科专业。1953年，综合大学理科各专业分为如下4个方面，共20种：①数理科学方面，设有4种专业，即数学、力学、天文学、物理学；②化学科学方面，设有6种专业，即无机化学、有机化学、分析化学、物理化学、胶体化学、矿物分析；③生物科学方面，设有4种专业，即动物学、植物学、人体及动物生理学、植物生理学；④地球科学方面，设有6种专业，即自然地理学、经济地理学、地形学、气象学、气候学、物理海洋学[⑤]。1954年和1955年，上述有的方面的专业有微调。1954年，化学科学方面的专业变为5种，即无机化学、有机化学、分析化学、物理化学、胶体化学，取消了矿物分析专业；地球科学方面专业变为5种，即地理学、自然地理学、地质学、气象学、物理海洋学，增设了地理学、地质学专业，取消了经济地理学、地形学、气候学专业[⑥]。1955年，地球科学方面专业变为7种，即地理学、自然地理学、经济地理学、地质学、气象学、气候学、物理海洋学，恢复了经济地理学、气候学专业[⑦]。

　　当时综合大学的学制一般为四年制，但北京大学的数学、力学、物理学、无机化学、有机化学、分析化学、物理化学、胶体化学、动物学、植物学、人体及动物生理学、植物生理学、自然地理学、经济地理学、地质学等15个专业为五年制，南京大学的气象专修科为两年制。[⑧]"为了完成培养各种科学家的任务，理科各专业的教学计划，一般的在第三学年以前给同学以广博的理论知识，第四学年分别予以不同的专门化的训练。"[⑨]

　　北京大学自民国以降就是一所重要的综合大学。1952年院系调整后，北京大学设12

①　中华人民共和国高等教育部. 一九五五年暑期高等学校招生升学指导. 北京：高等教育出版社，1955：227-228.
②　建国初期全国高等学校院系调整文献选载（一九五一年—一九五三年）. 党的文献，2002，（6）：68.
③　中华人民共和国高等教育部. 一九五五年暑期高等学校招生升学指导. 北京：高等教育出版社，1955：167.
④　中华人民共和国高等教育部. 一九五五年暑期高等学校招生升学指导. 北京：高等教育出版社，1955：167.
⑤　全国高等学校招生委员会. 一九五三年暑期高等学校招生升学指导. 北京：中国青年出版社，1953：60-69.
⑥　全国高等学校招生委员会. 一九五四年暑期高等学校招生升学指导. 北京：商务印书馆，1954：124-141.
⑦　中华人民共和国高等教育部. 一九五五年暑期高等学校招生升学指导. 北京：高等教育出版社，1955：181-196.
⑧　中华人民共和国高等教育部. 一九五五年暑期高等学校招生升学指导. 北京：高等教育出版社，1955：181-182.
⑨　中华人民共和国高等教育部. 一九五五年暑期高等学校招生升学指导. 北京：高等教育出版社，1955：181.

个正规系、7 个专修科、4 个补习班、1 个文学研究所、1 个工农速成中学，共 25 个单位①。 12 个正规系分别是数学力学系、物理学系、化学系、生物学系、地质地理学系、中国语言文学系、俄罗斯语言文学系、西方语言文学系、东方语言学系、历史学系、哲学系、经济学系。其中，数学力学系设数学、力学专业，是全国综合大学中唯一设力学专业的学系；物理学系设物理、气象专业；化学系设无机化学、有机化学、分析化学、物理化学专业；生物学系设动物学、植物学、人类及动物生理、植物生理专业；地质地理学系设自然地理专业②。这样的专业设置延续至 1954 年③。1955 年，北京大学增设法律学系，系中设法律专业；化学系增设胶体化学专业、地质地理学系增设地质学、经济地理专业④。这使该校专业有所扩充。

院系调整使北京大学理科学系中的数学力学系、物理学系、化学系、生物学系的师资阵容壮大，为各专业教学和研究工作展开提供了重要保障。例如，1952 年院系调整后，北京大学数学力学系有教师 29 人，其中教授 10 人，分别为原北京大学数学系的江泽涵、许宝騄、申又枨、庄圻泰，原清华大学的段学复、闵嗣鹤、周培源、程民德，原燕京大学的徐献瑜、戴文赛。当时北京大学数学力学系在代数、分析、几何、拓扑、概率统计、力学乃至天文学方面都有较强的学术带头人。⑤1952 年院系调整后，北京大学物理学系教师达 51 人，其中教授 11 人，分别为原北京大学物理学系的饶毓泰、赵广增、虞福春、胡宁、黄昆，原清华大学的叶企孙、周培源、王竹溪、李宪之、谢义炳，原燕京大学的褚圣麟。⑥其师资阵容在全国首屈一指。北京大学化学系在院系调整后有教师 43 人，其中教授 6 人，分别为原北京大学化学系的孙承谔、邢其毅，原清华大学的黄子卿、张青莲、严仁荫、冯新德。而且 1954 年著名化学家傅鹰调入北京大学化学系任教。⑦1952 年，院系调整后北京大学生物学系教授至少有 9 人，包括原北京大学植物学系的张景钺、吴素萱，原北京大学动物学系的李汝祺，原清华大学生物学系的陈桢、李继侗、崔之兰、沈同、赵以炳，原燕京大学生物学系的林昌善⑧。例外的是，1952 年院系调整后，北京大学地质地理学系的师资阵容较弱。1953 年仅有侯仁之和林超 2 位教授⑨。

① 关于北京大学现存问题向中共北京市委的请示//蒋南翔、魏思文、杨待甫、江隆基同志关于清华、京工、航院工作的报告. 北京：北京市档案馆，档号 001-022-00051.
② 全国高等学校招生委员会. 一九五三年暑期高等学校招生升学指导. 北京：中国青年出版社，1953：139-140.
③ 全国高等学校招生委员会. 一九五四年暑期高等学校招生升学指导. 北京：商务印书馆，1954：173-174.
④ 中华人民共和国高等教育部. 一九五五年暑期高等学校招生升学指导. 北京：高等教育出版社，1955：227.
⑤ 丁石孙，袁向东，张祖贵. 北京大学数学系八十年. 中国科技史料，1993，14（1）：79.
⑥ 沈克琦，赵凯华. 北大物理百年. 北京：北京大学物理学院（内部交流），2013：55.
⑦ 徐振亚，孙亦梁. 北京大学化学系的八十五年. 中国科技史料，1995，16（3）：61-62.
⑧ 李璞. 陈桢//中国科学技术协会. 中国科学技术专家传略. 理学编·生物学卷 1. 石家庄：河北教育出版社，1996：79；梁家骥，高信曾，尤瑞麟. 张景钺//中国科学技术协会. 中国科学技术专家传略. 理学编·生物学卷 1. 石家庄：河北教育出版社，1996：92；吴鹤龄. 李汝祺//中国科学技术协会. 中国科学技术专家传略. 理学编·生物学卷 1. 石家庄：河北教育出版社，1996：95；李博. 李继侗//中国科学技术协会. 中国科学技术专家传略. 理学编·生物学卷 1. 石家庄：河北教育出版社，1996：117；简令成. 吴素萱//中国科学技术协会. 中国科学技术专家传略. 理学编·生物学卷 1. 石家庄：河北教育出版社，1996：394；蔡益鹏. 赵以炳//中国科学技术协会. 中国科学技术专家传略. 理学编·生物学卷 1. 石家庄：河北教育出版社，1996：409，415；王平，葛明德. 崔之兰//中国科学技术协会. 中国科学技术专家传略. 理学编·生物学卷 2. 北京：中国科学技术出版社，2001：128；张玮瑛，王百强，钱辛波. 燕京大学史稿. 北京：人民中国出版社，2000：236.
⑨ 刘超. 以苏联为蓝本：建国初期北京大学地理专业之设置. 自然科学史研究，2017，36（4）：537-539.

高等师范学校分师范学院（包括师范大学）、师范专科学校两类，其任务是培养中等学校师资，也是当时高等教育体系的重要组成部分。师范学院学制4年，培养高级中学和同等程度的中等学校师资。师范专科学校学制2年，培养初级中学和同等程度的中等学校师资。师范学院设数学、物理、化学、生物、地理、教育、中国语文、俄语、历史、体育、音乐、图画制图、政治等系。师范专科学校设数学、物理、化学、生物、地理、中国语文、历史、艺术等科。一般师范学院均设专修科，修业年限2年，任务与师范专科学校相同。①北京师范大学在高等师范学校中具有代表性，其院系调整后设11个学系，包括数学系、物理系、化学系、生物系、地理系、教育系、中国语文系、俄语系、历史系、图画制图系、音乐系②。

在院系调整背景下，各高等学校学习苏联设置专业的同时，亦在教学中多采用苏联的教学计划、教学大纲或将其修改后用于教学，或参考其制订教学计划、教学大纲，并大都采用苏联教材或参考苏联教材编撰讲义。例如，1953年北京大学全校共计开课234门。其中，完全采用苏联教学大纲的有12门，将苏联教学大纲修改使用的有50门，参考苏联自编大纲的有44门，完全自编大纲的有121门，完全使用苏联教材的有43门，参考苏联教材自编讲义的有61门，完全自编讲义的有78门，使用旧教材的有3门。③除此之外，全国高等学校学习苏联，普遍成立教研室或教研组。如至1953年4月15日，北京大学已设教研组21个④。至1954年仅该校数学力学系就有6个教研室，即数学分析教研室、代数教研室、几何教研室、微分方程教研室、高等数学教研室、力学教研室。⑤

总体而言，20世纪50年代高等学校的院系调整是中国共产党在新中国成立后对全国高等教育进行的一次重大改革。这次改革受到当时全国高等学校培养的高级科技人才数量远不能满足国家建设的需要，重文轻理、重文轻工问题较为严重，师范院校较少，分布不均衡等背景的影响，同时也植根于新中国成立后中国共产党力图摒弃国民党时期的教育体制，中共中央在国际世界冷战格局下提出和实施"另起炉灶""打扫干净屋子再请客""一边倒"的外交方针的大背景。通过院校调整，不仅在相当程度上解决了全国高等学校存在的上述问题，而且使中国高等学校学科建设走上模仿苏联教育模式的道路，建立了以综合大学与专门学院为构成主体，围绕专业设置课程的新的高等教育体系，从整体上提升了中国高等教育的水平。这些对中国高等教育发展产生了深远的影响。

然而，当时我国高等学校学科建设模仿苏联教育模式并非一帆风顺，存在不少问题。例如，1952年院系调整后，北京大学系科的方针、任务和发展方向一度不够明确⑥，其生物学系专门化、数学力学系的二年级教学计划存在冒进问题；1953年其物理系、化学

---

① 全国高等学校招生委员会. 一九五三年暑期高等学校招生升学指导. 北京：中国青年出版社，1953：51-56.

② 全国高等学校招生委员会. 一九五三年暑期高等学校招生升学指导. 北京：中国青年出版社，1953：139-150.

③ 关于北京大学现存问题向中共北京市委的请示//蒋南翔、魏思文、杨待甫、江隆基同志关于清华、京工、航院工作的报告. 北京：北京市档案馆，档号001-022-00051.

④ 关于北京大学现存问题向中共北京市委的请示//蒋南翔、魏思文、杨待甫、江隆基同志关于清华、京工、航院工作的报告. 北京：北京市档案馆，档号001-022-00051.

⑤ 北京大学：1898—1954（校庆纪念特刊）. 北京：北京大学，1954：12；丁石孙口述，袁向东，郭金海访问整理. 有话可说——丁石孙访谈录. 长沙：湖南教育出版社，2017：73-74.

⑥ 关于北京大学现存问题向中共北京市委的请示//蒋南翔、魏思文、杨待甫、江隆基同志关于清华、京工、航院工作的报告. 北京：北京市档案馆，档号001-022-00051.

系各教研室存在发展不平衡的问题①。清华大学在院系调整后，"学习苏联有较严重的形式主义，没有把苏联教育之原则精神很好地与中国实际情况相结合。学生忙于完成任务，'依样画葫芦'，学习不深入"②。

　　全国高等学校院系调整亦存在明显的弊端。首先，许多专门学院、专科学校带有职业培训性质，设置专业过细，许多专业的专门化越开越专门，虽然培养的学生能满足国家一时之需，但从长远看不利于学生成为基础理论知识扎实、学术视野开阔、具有较强工作适应能力的高层次复合型专业人才。其次，不少著名学府，如清华大学、浙江大学，在院系调整前历经数十年发展已形成的独特的办学风格和优良的学术传统，经院系调整遭到破坏，对我国的高等教育造成严重的负面影响。最后，院系调整后综合大学一般仅保留文理两科，理工分家，而工业院校理科教育力量大都薄弱，造成培养的学生知识结构单一，我国高等教育长期处于难以培养出理工知识兼备的专业人才的局面。这些使这一时期的院系调整留下了历史的遗憾。

---

① 北大系主任座谈如何贯彻综合大学会议的情况整理//蒋南翔、魏思文、杨待甫、江隆基同志关于清华、京工、航院工作的报告. 北京：北京市档案馆，档号 001-022-00051.
② 北京市高等学校党员干部大会会议记录//高校党委关于各大学党委保证教学、生产的简报、通报. 北京：北京市档案馆，档号 001-022-00052.

第四章　中国科学院的成立与早期发展[*]

1949 年春，尽管中华人民共和国尚未成立，但国民党的败局基本已定，中共中央已有"在新中国成立后建立统一的科学院作为全国最高科学机构的意图"[①]。经过约 5 个月的筹建，11 月 1 日中国科学院正值新中国成立满一个月之际成立。由此新中国第一个国家科学院诞生。此后至 1955 年，中国科学院筚路蓝缕，草创和增设一大批研究机构，借鉴苏联经验，结合中国实际，在学术领导、学术奖励、研究生培养等方面建立和实施事关国家科技事业发展大局的学术体制，制定了该院十五年发展远景计划。这些工作使中国科学院在新中国科技事业初步奠基历程中发挥了举足轻重的作用，做出了不可替代的贡献。

第一节　中国科学院的筹备与成立

建立科学院是新中国成立前夕中共中央发展新中国科技事业的重要计划。该计划于 1949 年 3 月下旬中共中央进驻北平后开始酝酿[②]。5 月上海解放后，中共中央即给华东局发电报，说"要搞科学院"，暗示"院长是郭沫若"，"让华东局推荐副院长"[③]。华东局起初推荐的是李四光、竺可桢，后经陈毅建议，加入陶孟和。再经周恩来建议，又加入陈伯达。[④]1949 年 10 月 19 日，中央人民政府委员会第三次会议任命上述人选为中国科学院院长和副院长[⑤]。

科学院的筹建工作始于 1949 年 6 月。该月，中共中央决定委派中共中央宣传部部长陆定一负责筹建科学院，由有自然科学背景的中共老党员恽子强、丁瓒协助工作。北平研究院原子学研究所所长钱三强、中央研究院植物研究所助理研究员黄宗甄亦被邀参加筹建工作。[⑥]恽子强、丁瓒、钱三强、黄宗甄都是中华全国自然科学工作者代表大会筹备委员会委员。该委员会设有常务委员会，恽子强任宣传部部长，丁瓒任组织部副部长，钱三强为计划委员会委员。[⑦]由本书第一章可知，1949 年 7 月 13 日，中国人民革命军事委员会副主席周恩来在科代会筹备会全体会议上讲演时，指出："不久的将来，我们必须成立为人民所有的科学院，希望大家参加筹划。"[⑧]而且，当时"中国科学界

---

[*]　作者：郭金海。
① 钱三强. 筹建科学院前后我参与的一些事情. 中国科学院院刊, 1992,（1）: 88.
② 樊洪业. 中国科学院编年史: 1949～1999. 上海: 上海科技教育出版社, 1999: 1.
③ 樊洪业, 王德禄, 尉红宁. 黄宗甄访谈录. 中国科技史料, 2000, 21（4）: 316.
④ 樊洪业, 王德禄, 尉红宁. 黄宗甄访谈录. 中国科技史料, 2000, 21（4）: 316-317.
⑤ 大事记//中国科学院办公厅. 中国科学院资料汇编（1949—1954）. 北京: 中国科学院办公厅, 1955: 281.
⑥ 钱三强. 筹建科学院前后我参与的一些事情. 中国科学院院刊, 1992,（1）: 88; 樊洪业, 王德禄, 尉红宁. 黄宗甄访谈录. 中国科技史料, 2000, 21（4）: 317-318.
⑦ 中华全国自然科学工作者代表大会筹备会常务委员会议决议事项摘要. 科学通讯, 1949,（3）: 21.
⑧ 吴迟笔记. 周副主席恩来在科代筹备会上讲话摘要. 科学通讯, 1949,（2）: 3.

都瞩望于政府对于整理国家科学研究机构能有新的进步的方案提示出来"①。鉴于此，科代会筹备委员会常务委员会之计划委员会，经过多次讨论，准备向即将召开的中国人民政治协商会议第一届全体会议提出下列提案：

> 设立国家科学院，统筹及领导全国自然科学、社会科学的研究事业，使与生产及科学教育密切配合，科学院并负责审议及奖励全国科学创作、著作及发明，科学院为适应特种需要得设立各种研究机构，此种研究机构发展至相当阶段时，为与生产取得进一步之配合，得成立独立机构。②

1949 年 9 月上旬，由于中央要求尽快拿出一个组建科学院的方案，丁瓒、钱三强与黄宗甄在钱三强家召开会议，在丁瓒的主持下讨论了科学院的筹建方案，最主要的内容是科学院的院机关如何设置，研究所如何组建。嗣后主要根据钱三强的意见，形成《建立人民科学院草案》，经恽子强看过，送给陆定一③。

《建立人民科学院草案》（图 4-1）对建立科学院提出了较为系统的方案。其开篇为"说明"，说明该草案在科学院的组织设计上主要是对中国"原有的国家科学研究机构加以整理和改组"，但为了更广泛地团结我国科学研究人才，也考虑了我国科学界"对于过去国家研究机构的批评和意见"。这些批评和意见包括：①"过去国家科学研究机构最大的缺点在于漫无计划"；②"大学和研究机构也没有密切的合作，于是或则重床叠屋，或则分散力量，直接间接都减低了科学研究的效率"。④

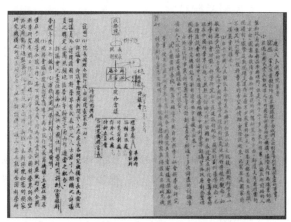

图 4-1　《建立人民科学院草案》（局部）
资料来源：建立中科院有关文件材料. 北京：中国科学院档案馆，1950-02-001

《建立人民科学院草案》的正文包括科学院的"名称""隶属""任务""组织"四部分内容。关于"名称"，《建立人民科学院草案》定为"人民科学院"，并指出这是"为了纠正'为科学而科学'的不正确的观念，同时强调'科学为人民服务'的观念"。⑤这

① 建立人民科学院（草案）//建立中科院有关文件材料. 北京：中国科学院档案馆，1950-02-001.
② 建立人民科学院（草案）//建立中科院有关文件材料. 北京：中国科学院档案馆，1950-02-001.
③ 樊洪业.《建立人民科学院草案》的来龙去脉. 中国科技史料，2000，21（4）：324-328；樊洪业，王德禄，尉红宁. 黄宗甄访谈录. 中国科技史料，2000，21（4）：318.
④ 建立人民科学院（草案）//建立中科院有关文件材料. 北京：中国科学院档案馆，1950-02-001.
⑤ 建立人民科学院（草案）//建立中科院有关文件材料. 北京：中国科学院档案馆，1950-02-001.

反映出新中国成立前夕中国共产党对"为科学而科学"思想的否定态度和主张"科学为人民服务"等思想已开始产生影响。不过,"人民科学院"的名称最终未被采用。关于"隶属",《建立人民科学院草案》指出"人民科学院在现阶段中直接属政务院领导而与政法、财经、文教、监察等委员会平行"[①]。这一方面是为了便于推行与生产配合的科学计划,另一方面则是效仿苏联,以鼓励中国科学界。[②]关于"任务",《建立人民科学院草案》规定"人民科学院的基本任务在于有计划的利用近代科学成就以服务于工业、农业和国防的建设,组织并指导全国的科学研究,以提高我国科学研究水平"。同时,《建立人民科学院草案》作了两点说明:

(1)科学院将成为工农业及国防方面解决科学理论及技术上的问题的最高机构。这一点必须在基本任务上明白标示,以纠正过去科学研究与现实脱节和散漫放任的自流趋势。

(2)科学院必需负起计划并指导全国科学研究的任务。但科学院另一任务必需把重点放在提高方面。这一点如无明确规定,很容易使科学界误会政府只偏重应用科学而不注意基础科学或理论研究。这种误会在现在中国科学界已经存在。[③]

这表明:在草案制定者的设计中,科学院并非仅是按照中国共产党主张的"科学为人民服务"的思想,偏重应用科学并组织和指导全国科学研究的机构,也需要重视基础科学或理论研究,以提高科学研究水平。

关于"组织",《建立人民科学院草案》列出"人民科学院"组织系统图、相关说明,规定了研究单位的设立应注意的原则,并对中央研究院和北平研究院合并处理的方式给出建议。[④]整体而言,《建立人民科学院草案》以较为系统的构思与相应的说明,对建立科学院给出了比较周密的方案,反映出草案制定者准备得比较充分。

从后来的情况看,《建立人民科学院草案》为中共中央高层关于科学院问题的决策提供了依据。1949年9月27日,中国人民政治协商会议第一届全体会议通过的《中华人民共和国中央人民政府组织法》规定政务院设"科学院",由政务院文化教育委员会指导科学院的工作[⑤]。其中,政务院设"科学院"即科学院直接属政务院领导,吸纳了该草案的建议。同时,《建立人民科学院草案》的多数建议在中国科学院建院初期院部与研究机构设置中也得到实施。

1949年10月21日,中央人民政府政务院文化教育委员会成立大会召开。丁瓒在会上报告科学院的筹备情况,说"科学院将就原有加以整理,配合国家经济建设,领导全国科学研究,院中将设出版编辑局、研究计划局及对外联络局,为交换情报、刊物等事,另设特种委员会分配研究经费(业务)、审查出版委员会等"[⑥]。除特种委员会、审查出

① 建立人民科学院(草案)//建立中科院有关文件材料. 北京:中国科学院档案馆, 1950-02-001.
② 建立人民科学院(草案)//建立中科院有关文件材料. 北京:中国科学院档案馆, 1950-02-001.
③ 建立人民科学院(草案)//建立中科院有关文件材料. 北京:中国科学院档案馆, 1950-02-001.
④ 建立人民科学院(草案)//建立中科院有关文件材料. 北京:中国科学院档案馆, 1950-02-001.
⑤ 中华人民共和国中央人民政府组织法(一九四九年九月二十七日中国人民政治协商会议第一届全体会议通过)//中国人民政治协商会议第一届全体会议秘书处. 中国人民政治协商会议第一届全体会议纪念刊. 北京:新华书店, 1950:343-344.
⑥ 竺可桢. 竺可桢全集. 第11卷. 上海:上海科技教育出版社, 2006:552.

版委员会后来未果外，此计划中的三局均于 1949 年 11 月 1 日成立[①]。10 月 22 日，郭沫若、竺可桢、陈伯达、陶孟和、严济慈、丁瓒和恽子强在北京饭店讨论了科学院的组织问题[②]。10 月 25 日，政务院第二次会议决定将科学院定名为"中国科学院"，西文名为 Academia Sinica [③]，沿用了中央研究院的西文名称。10 月 31 日，中央人民政府主席毛泽东签署政府令，向郭沫若颁发中国科学院印信。11 月 1 日，中国科学院成立[④]。这标志着新中国首个国家科学院的诞生。

第二节　研究机构的草创与增设

中华人民共和国成立前夕，中国人民政治协商会议第一届全体会议于 1949 年 9 月 29 日通过《中国人民政治协商会议共同纲领》。这是新中国的建国纲领，其第五章"文化教育政策"的第四十三条规定："努力发展自然科学，以服务于工业、农业和国防的建设。奖励科学的发现和发明，普及科学知识。"第四十四条规定："提倡用科学的历史观点，研究和解释历史、经济、政治、文化及国际事务。奖励优秀的社会科学著作。"[⑤] 这两条是中华人民共和国成立初期科学工作的主要指导方针。1950 年，《中国科学院一九五〇年工作计划纲要（草案）》（图 4-2）规定以《中国人民政治协商会议共同纲领》第五章所指示的"文化教育政策"，"作为改革过去科学研究机构的基本方针，以期培养科学建设人才，使科学研究真正能够服务于国家的工业、农业、保健和国防事业的建设"[⑥]。这实际成为中国科学院建院初期的办院方针。

图 4-2　《中国科学院一九五〇年工作计划纲要（草案）》（局部）
资料来源：中科院基本任务、各局职掌及一九五零年工作计划纲要. 北京：中国科学院档案馆，1950-02-007

① 成立时有两个局名称略有不同。一是出版编辑局变为出版编译局，二是对外联络局变为国际联络局。参见中国科学院行政单位历年机构发展表//中国科学院办公厅. 中国科学院资料汇编（1949—1954）. 北京：中国科学院办公厅，1955：266-267.
② 竺可桢. 竺可桢全集. 第 11 卷. 上海：上海科技教育出版社，2006：553.
③ 郭沫若先生对科学院同人的讲话. 科学通讯，1950，（7）：2.
④ 大事记//中国科学院办公厅. 中国科学院资料汇编（1949—1954）. 北京：中国科学院办公厅，1955：281.
⑤ 中国人民政治协商会议共同纲领（一九四九年九月二十九日中国人民政治协商会议第一届全体会议通过）//中共中央文献研究室. 建国以来重要文献选编. 第 1 册. 北京：中央文献出版社，2011：9.
⑥ 中国科学院一九五〇年工作计划纲要（草案）//中国科学院办公厅. 中国科学院资料汇编（1949—1954）. 北京：中国科学院办公厅，1955：131.

根据这一办院方针，1950 年中国科学院拟定三项基本任务：一是科学研究方向的确立；二是科学研究人才的培养与合理分配；三是科学研究机构的调整与充实。其中，第三项任务是中国科学院 1950 年度工作的重点，计划"暂以自然科学为重点，就原有基础，合并性质相同，而过去互不相谋的研究机构，并逐步加以充实"[①]。为了完成这项任务，中国科学院召集多次专门学科会议，采取协商方法与各方面专家详细讨论调整和改进研究方法的方案，将中央研究院留在大陆的研究所和分支机构与北平研究院、静生生物调查所、中国地理研究所等机构进行了调整[②]。1950 年，中国科学院成立首批 15 个研究所、3 个筹备处，如表 4-1 所示。

表 4-1　1950 年中国科学院成立研究机构一览表

序号	机构名称	成立时间	所在地	首任所长	成立情况
1	近代物理研究所	1950 年 5 月	北京	吴有训	以北平研究院原子学研究所与中央研究院物理研究所原子核实验室为基础组建
2	应用物理研究所	1950 年 5 月	北京	严济慈	以北平研究院物理学研究所与中央研究院物理研究所金属学、磁学部分为基础组建
3	植物分类研究所	1950 年 5 月	北京	钱崇澍	以北平研究院植物学研究所、静生生物调查所与中央研究院植物研究所森林学部分为基础组建
4	近代史研究所	1950 年 5 月	北京	范文澜	由华北大学研究部历史研究室调整而成
5	语言研究所	1950 年 5 月	北京	罗常培	以中央研究院历史语言研究所语言组为基础组建
6	物理化学研究所	1950 年 5 月	上海	吴学周	以中央研究院化学研究所物理化学、无机化学、工业化学部分为基础组建
7	生理生化研究所	1950 年 5 月	上海	冯德培	以中央研究院医学研究所筹备处为基础组建
8	水生生物研究所	1950 年 5 月	上海	王家楫	以中央研究院动物研究所与北平研究院动物学研究所水生生物部分为基础组建
9	工学实验馆	1950 年 5 月	上海	周仁（馆长）	以中央研究院工学研究所为基础组建
10	地球物理研究所	1950 年 5 月	南京	赵九章	以中央研究院气象研究所与北平研究院物理学研究所地球物理学部分为基础组建
11	紫金山天文台	1950 年 5 月	南京	张钰哲（台长）	由中央研究院天文研究所调整而成
12	社会研究所	1950 年 5 月	南京	陶孟和	由中央研究院社会研究所调整而成
13	考古研究所	1950 年 8 月	北京	郑振铎	以北平研究院史学研究所与中央研究院历史语言研究所历史组、考古组为基础组建
14	实验生物研究所	1950 年 8 月	上海	贝时璋	以北平研究院生理学研究所、动物学研究所昆虫学部分，以及中央研究院植物研究所植物生理学、病理形态学等部分为基础组建
15	有机化学研究所	1950 年 8 月	上海	庄长恭	以北平研究院化学研究所、药物研究所与中央研究院化学研究所有机化学部分为基础组建
16	心理研究所筹备处	1950 年 6 月	北京	陆志韦	1951 年 12 月心理研究所成立
17	数学研究所筹备处	1950 年 6 月	北京	苏步青（主任）	1952 年 7 月数学研究所成立

①　中国科学院一九五〇年工作计划纲要（草案）//中国科学院办公厅. 中国科学院资料汇编（1949—1954）. 北京：中国科学院办公厅，1955：131-132.

②　中国科学院一九五〇年工作总结和一九五一年工作计划要点//中国科学院办公厅. 中国科学院资料汇编（1949—1954）. 北京：中国科学院办公厅，1955：137-138.

序号	机构名称	成立时间	所在地	首任所长	成立情况
18	地理研究所筹备处	1950 年 6 月	南京	竺可桢 （主任）	1953 年 5 月地理研究所成立。前身为中国地理研究所

资料来源：中科院各研究机构一览表//中科院 1949 年至 1950 年工作报告和研究机构、学术会议一览表. 北京：中国科学院档案馆，1950-02-004；中国科学院直属机构成立和变动记略（1949—1989 年）//宋振能. 中国科学院院史拾零. 北京：科学出版社，2011：74-79；中国科学院院属单位发展与演变概略//王扬宗，曹效业. 中国科学院院属单位简史. 第 1 卷. 上册. 北京：科学出版社，2010：34-38.

这些研究机构多数从事基础科学研究，少数从事技术科学、哲学社会科学研究，大都是在原中央研究院和北平研究院的研究机构的基础上组建而成的，分布于北京、上海、南京三个城市。这种分布与北京是新中国的首都，原北平研究院的研究机构主要分布于北京，原中央研究院的研究机构主要分布于南京、上海直接相关。这些研究机构的首任所长、台长或馆长学术水平均较高，多数曾任中央研究院、北平研究院的所长，如吴有训、严济慈、吴学周、王家楫、周仁、赵九章、张钰哲、陶孟和、庄长恭、竺可桢，仅范文澜是"红色科学家"。这表明首任所长、台长或馆长的遴选重视学术标准，展现出新中国成立之初中国共产党对被国民政府重用的科学家的开放态度。

1950 年之后，中国科学院不断增设研究机构，并通过吸纳大学毕业生、在海外的留学生，以及招收研究实习员等渠道，不断壮大研究队伍。1952 年，中国科学院接受东北人民政府工业部移交的东北科学研究所及其大连分所，改组为长春综合研究所和大连工业化学研究所，并将原在上海的物理化学研究所和在北京筹备的金属研究所、仪器馆迁往东北，成立了东北分院，加强了中国科学院在技术科学方面的力量[1]。至 1953 年 9 月，院内研究机构增至 36 个，其中 15 个在北京，13 个在华东，8 个在东北，专业科研人员共 1725 人，其中副研究员以上高级研究人员 347 人[2]。至 1955 年 11 月，院内研究机构达 44 个，其中物理学、数学方面 4 个，化学方面 4 个，生物学方面 15 个，地学方面 5 个，技术科学方面 9 个，哲学社会科学方面 7 个，学科覆盖面已较为广泛；研究人员共 2373 人，其中副研究员以上高级研究人员 401 人[3]。1956 年，中国科学院动力研究室、应用真菌研究所等成立，并以数学研究所力学研究室为基础，与北京大学、清华大学合作组建力学研究所，与复旦大学合作组建上海数学研究室等[4]，全院研究机构已逾 50 个[5]。

第三节　学部与学部委员制度的建立

新中国成立之前，中央研究院已于 1948 年创立院士制度[6]。此外，北平研究院于

---

[1] 关于目前中科院工作的基本情况和今后工作任务给中央的报告//中科院党组关于目前本院工作基本情况和今后工作任务的报告及中央的批示. 北京：中国科学院档案馆，1954-01-001.

[2] 关于中国科学院的基本情况和今后工作任务的报告//中国科学院办公厅. 中国科学院资料汇编（1949—1954）. 北京：中国科学院办公厅，1955：6.

[3] 致国家计划委员会、国务院第二办公室关于报送中科院十五年计划草案的函（附件四份）//中科院十五年（一九五三—一九六七）发展计划纲要草案（草稿）. 北京：中国科学院档案馆，1953-03-004.

[4] 中国科学院直属机构成立和变动记略（1949—1989 年）//宋振能. 中国科学院院史拾零. 北京：科学出版社，2011：83-85.

[5] 中国科学院 1956 年各机构增减表//中国科学院办公厅. 中国科学院年报，1956：203-205.

[6] 郭金海. 院士制度在中国的创立与重建. 上海：上海交通大学出版社，2014：249-294.

1948 年建立类似院士制度的会员制度①。中国科学院成立后虽然主要以中央研究院留在大陆的研究所和分支机构、北平研究院的研究所为基础组建研究机构，但并未沿用中央研究院的院士制度、北平研究院的会员制度。受中央高层推动的全面学习苏联热潮的影响，1953 年 2 月中国科学院派遣由 26 人组成的代表团②访问苏联。这次访问时间近 3 个月③，代表团团长为中国科学院近代物理研究所所长钱三强，临时支部书记为副院长、党组书记张稼夫，秘书长为东北分院秘书长武衡④。通过这次访问，在苏联科学工作的组织与领导方面，访苏代表团了解到苏联科学院包括院士大会与主席团、学部，以及学术秘书处等在内的组织系统和体制⑤。当时中国科学院在组织领导方面存在严重的学术领导力量薄弱的问题⑥。受苏联科学院组织和领导体制影响，访苏代表团归国后，张稼夫建议中国科学院"成立学部，以改善学术领导工作，扩大学术领导机构"。但在他看来，"在目前情况下，成立院士制度或全院性的学术委员会，一般认为尚有困难。因之，院本部的组织不作大的变更。院务会议总揽一切，起苏联科学院主席团的作用。下设一厅、三局以及专门委员会"⑦。

1953 年 11 月 19 日，中国科学院党组向毛泽东主席和中央呈送《中国科学院党组关于目前科学院工作的基本情况和今后工作任务给中央的报告》（简称《报告》）。针对中国科学院组织领导方面的问题，《报告》指出：

> 现时科学院的组织机构必须适当调整，领导骨干必须适当加强，领导方法必须彻底改变，否则就无法在现有基础上把中国的科学事业发展起来，因而也就无法在我国社会主义工业化的伟大事业中完成其光荣的职责。参照苏联科学工作的先进经验，科学院应分学部领导各所工作，并把院部、学部以及所的学术领导机构建立与充实起来。⑧

《报告》还提出"院对各研究所分学部领导"，将学部暂分为物理学数学化学部、生物学地学部、技术科学部、社会科学部，"学部由所属各所所长及院内外有关专家参加"，"在院务会议下成立秘书处"⑨等办法⑩。1954 年 3 月 8 日中央对《报告》做出批示并连

---

① 刘晓. 北平研究院的学术会议及会员制度. 中国科技史杂志，2010，31（1）：26-42.

② 代表团的全称为"中国科学院访苏代表团"。

③ 中科院访苏代表团工作报告//中科院一九五三年召开第十一次至三十次院常务会议记录及有关文件. 北京：中国科学院档案馆，1953-02-003.

④ 武衡. 科技战线五十年. 北京：科学技术文献出版社，1992：118.

⑤ 中科院访苏代表团工作报告//中科院一九五三年召开第十一次至三十次院常务会议记录及有关文件. 北京：中国科学院档案馆，1953-02-003.

⑥ 关于目前中科院工作的基本情况和今后工作任务给中央的报告//中科院党组关于目前本院工作基本情况和今后工作任务的报告及中央的批示. 北京：中国科学院档案馆，1954-01-001.

⑦ 对今后科学工作的意见//中科院一九五三年召开第十一次至三十次院常务会议记录及有关文件. 北京：中国科学院档案馆，1953-02-003.

⑧ 关于目前中科院工作的基本情况和今后工作任务给中央的报告//中科院党组关于目前本院工作基本情况和今后工作任务的报告及中央的批示. 北京：中国科学院档案馆，1954-01-001.

⑨ "秘书处"成立时称学术秘书处。

⑩ 关于目前中科院工作的基本情况和今后工作任务给中央的报告//中科院党组关于目前本院工作基本情况和今后工作任务的报告及中央的批示. 北京：中国科学院档案馆，1954-01-001.

同《报告》向各中央局、中央分局、省（市）委，中央人民政府各部党组、各高等学校党委会转发①。此外，1954 年 1 月 28 日中国科学院院长郭沫若在中央人民政府政务院第 204 次政务会议上作了《关于中国科学院的基本情况和今后工作任务的报告》，获这次会议批准②。该报告内容与《报告》相仿，为加强中国科学院的领导，亦提出"院对各研究所分学部领导"等办法③。

两天后，即 1954 年 1 月 30 日，中国科学院第 4 次院务常务会议便讨论并初步通过学术秘书处正、副秘书长，秘书和学部正、副主任名单④。该年 7 月前，学术秘书处负责进行了学部委员人选标准、产生方式及名额等的酝酿工作⑤。在此基础上，中国科学院于 7 月初以院长郭沫若的名义发信 645 封，请全国具有代表性的专家就其专长的学科方面推荐自然科学领域学部委员初步人选。信中说明了学部委员的人选标准：

> 根据许多科学家们在座谈会上以及书面的意见，我们研究了以后认为：为了使学部能充分体现其学术领导的职能，学部委员人选的标准就不宜失之太宽，首先应该把学术上的成就作为考虑学部人选的主要依据，其次也要考虑在推动我国科学事业方面的作用。由于我国科学基础薄弱，发展不平衡，在目前情况下要求多方面（如学科、地区等）照顾是有困难的，将来在学部范围内尚有各种专门学术组织，请各方面的专家参加。⑥

至 11 月 22 日，中国科学院共收到 527 封回信，被推荐者有 665 人。最终从中确定 133 人作为初步人选。⑦

社会科学部委员初步人选是先由中国科学院党组就历史学和考古学、经济学、哲学、文学和语言学等方面提出初步名单，经与中共中央宣传部科学处研究，再分别向北京有关专家征求意见后产生的。所确定的初步人选是 44 人。⑧其初步人选产生方式，与自然科学领域学部委员初步人选产生方式不同。

---

① 中央对中科院党组关于目前中科院工作的基本情况和今后工作任务报告的批示//中国科学院党组关于目前本院工作基本情况和今后工作任务的报告及中央批示. 北京：中国科学院档案馆，1954-01-001.

② 关于中国科学院的基本情况和今后工作任务的报告//中国科学院办公厅. 中国科学院资料汇编（1949—1954）. 北京：中国科学院办公厅，1955：5-12.

③ 关于中国科学院的基本情况和今后工作任务的报告//中国科学院办公厅. 中国科学院资料汇编（1949—1954）. 北京：中国科学院办公厅，1955：11.

④ 竺可桢. 竺可桢全集. 第 13 卷. 上海：上海科技教育出版社，2007：375；中科院 1954 年第四次院务常务会议纪要//中科院召开第 1—14 次院务常务会议的通知、纪要及有关材料. 北京：中国科学院档案馆，1954-02-003.

⑤ 学术秘书处第八次处务会议记录纪要//中科院学术秘书处一九五四年处务会议纪要、工作计划、一至二十九次（其中缺十四、十九两次）. 北京：中国科学院档案馆，1954-02-022；学术秘书处第十三次处务会议记录摘要//中科院学术秘书处一九五四年处务会议纪要、工作计划、一至二十九次（其中缺十四、十九两次）. 北京：中国科学院档案馆，1954-02-022；学术秘书处第十五次处务会议记录//中科院学术秘书处一九五四年处务会议纪要、工作计划、一至二十九次（其中缺十四、十九两次）. 北京：中国科学院档案馆，1954-02-022.

⑥ 关于确定学部委员人选的征求意见函//中科院召开第 15—29 次院务常务会议的通知、纪要及有关材料. 北京：中国科学院档案馆，1954-02-004.

⑦ 关于学部委员的推选经过和学部委员名单的报告（附件）//中科院关于推选学部委员经过情况向中央的报告. 北京：中国科学院档案馆，1955-01-005.

⑧ 关于学部委员的推选经过和学部委员名单的报告（附件）//中科院关于推选学部委员经过情况向中央的报告. 北京：中国科学院档案馆，1955-01-005.

初步人选名单产生后，经多方征求意见，多次讨论，反复权衡，多次增删，中国科学院于1955年4月7日院务常务会议讨论通过一份有238人的学部委员名单。4月27日，中央政治局会议讨论了该名单和中国科学院党组关于成立学部问题的报告。对于学部委员名单，刘少奇在会上指出："必须十分慎重，要真是在学术上有地位的人；共产党员的安排亦必须是学术有贡献的，不能凭资格和地位，党派去在科学机关服务的人则不能以学者资格出现，要老老实实为科学服务。共产党员不能靠党的资格作院士！"①因此，中国科学院再次审查修改了学部委员名单，进一步明确了人选标准的总原则："学部委员必须是学术水平较高，在本门学科中较有声望，政治上无现行反革命嫌疑的人，才能担任。"②由于考虑到"我国目前科学基础仍很薄弱，学术水平一般不高，各门学科的发展亦不平衡，旧科学家中政治情况又比较复杂等具体情况"，中国科学院又据总原则的精神和"中国科学界的现状"，提出如下七条具体原则作为审查与修改原有学部委员名单的依据：

（1）学术水平较高，但政治上有严重的现行反革命嫌疑者，不应列为学部委员；

（2）学术水平较高，目前虽无现行可疑情节，但因历史上有严重恶迹为科学界所不满者，不宜列为学部委员；

（3）学术水平一般，在本门学科中威望不高者，不宜列为学部委员；

（4）学术水平较高，政治上虽有某些可疑情节，但无适当理由向科学界进行公开解释或因国家建设的需要，目前担任着国家机关或企业、厂矿重要职务而不能不用者，仍应列为学部委员；

（5）学术水平虽然不高，政治上亦无可疑之处，但因该学科人才十分缺少，必须适当照顾者，仍应列为学部委员；

（6）旧科学界代表性人物，然有的学术水平不高，有的学术观点陈旧甚至反动，为了照顾旧的科学传统，亦应列为学部委员；

（7）由于工作需要，党派到各学术部门从事学术组织工作的共产党员，虽然学术水平不高或懂得学术很少，亦应列为学部委员。③

经此次审查修改，学部委员名单由238人减至224人。1955年5月9日，中国科学院党组向中共中央宣传部汇报了学部委员名单及其审查和修改情况。④5月12日，中共中央宣传部召开会议讨论和修改了中国科学院党组上报的学部委员名单⑤。通过这次会议，原224人学部委员名单中已删除或保留的人选又有所变动，人选增至235人。

1955年5月31日下午，国务院全体会议第10次会议批准这份235人名单中的233

---

① 杨尚昆. 杨尚昆日记. 上册. 北京：中央文献出版社，2001：199.

② 呈中央宣传部关于学部委员选定标准事宜的报告（附件）//中科院关于推选学部委员经过情况向中央的报告. 北京：中国科学院档案馆，1955-01-005.

③ 呈中央宣传部关于学部委员选定标准事宜的报告（附件）//中科院关于推选学部委员经过情况向中央的报告. 北京：中国科学院档案馆，1955-01-005.

④ 呈中央宣传部关于学部委员选定标准事宜的报告（附件）//中科院关于推选学部委员经过情况向中央的报告. 北京：中国科学院档案馆，1955-01-005.

⑤ 1955年5月15日中国科学院党组呈送中央宣传部并中央报告//中科院关于推选学部委员经过情况向中央的报告. 北京：中国科学院档案馆，1955-01-005.

人。这次会议还批准了《中国科学院关于筹组学部的经过和召开学部成立大会的报告》[①]。周恩来总理于 6 月 3 日签发国务院命令，同意公布被批准的 233 位学部委员名单[②]。就人选而言，这批学部委员虽有少数是做行政工作的党员干部，有些专家学术水平不高，但多数学术造诣深厚。6 月 1—10 日，中国科学院学部成立大会在北京举行[③]。从此中国科学院建立学部和学部委员制度。这有效地加强了中国科学院的学术领导力量，为确立中国科学院作为全国科学研究中心的地位提供了重要人才保障。

第四节　学术奖励制度的建立与实施

奖励学术研究是西方国家的科学院和学会普遍具有的传统。法国皇家科学院在 18 世纪就颁布了 75 项科学奖金[④]。英国皇家学会早在 1731 年就设立了科普利奖章，授予在自然科学领域发表杰出论著的作者[⑤]。1928 年中央研究院成立后学习西方，将奖励学术研究作为任务之一，设有杨铨奖金、丁文江奖金、李俊承奖金、蚁光炎奖金等全国性奖项并取得良好成效[⑥]。中国共产党取得政权后在新中国文化教育政策上支持学术奖励。1949 年 9 月 29 日通过的《中国人民政治协商会议共同纲领》第五章"文化教育政策"第四十三条和第四十四条中就分别规定"奖励科学的发现和发明""奖励优秀的社会科学著作"[⑦]。中国科学院成立后虽未沿用中央研究院的学术奖励制度，但重视《中国人民政治协商会议共同纲领》第五章所指示的"文化教育政策"[⑧]。

1953 年中国科学院访苏代表团访苏期间，了解到苏联和苏联科学院在短短 30 多年内取得巨大科学成就的中心环节是培养干部。苏联科学院一直把培养干部当作最中心的任务之一[⑨]，而实施奖励制度是培养干部的一种方法，且对推动科学发展起着重大作用。苏联科学院的研究所和学部都有年终评奖，主席团设有普通奖金和以著名学者命名的奖金 62 种。苏联最高奖项是苏联政府所设的斯大林奖金，也授予在科学工作上有重大成就的学者。[⑩]访苏代表团归国后，代表团团长钱三强于 1953 年 6 月 20 日在中国科学院第 17 次院务常务会议上报告访苏情况，在"培养干部方面"基本述及这些情况[⑪]。1954 年 1 月 28 日，钱三强又于政务院第 204 次政务会议上作《中国科学院关于访苏代表团

---

① 国务院举行第十次全体会议. 人民日报，1955-06-03（1）.

② 中华人民共和国国务院命令. 人民日报，1955-06-04（1）.

③ 大事记//中国科学院学术秘书处. 中国科学院年报，1955：260-261.

④ McClellan Ⅲ，J E. Science Reorganized：Scientific Societies in the Eighteenth Century. New York：Columbia University Press，1985：11.

⑤ 张先恩. 国际科学技术奖概况. 北京：科学出版社，2009：16-17.

⑥ 郭金海. 民国时期中央研究院学术奖金的评奖活动. 民国档案，2016，（4）：67-76.

⑦ 中国人民政治协商会议共同纲领（一九四九年九月二十九日中国人民政治协商会议第一届全体会议通过）//中共中央文献研究室. 建国以来重要文献选编. 第 1 册. 北京：中央文献出版社，2011：9.

⑧ 中国科学院一九五〇年工作计划纲要（草案）//中国科学院办公厅. 中国科学院资料汇编（1949—1954）. 北京：中国科学院办公厅，1955：131.

⑨ 中国科学院关于访苏代表团工作的报告. 科学通报，1954，（4）：12-13.

⑩ 中科院访苏代表团工作报告//中科院一九五三年召开第十一次至三十次常务会议记录及有关文件. 北京：中国科学院档案馆，1953-02-003.

⑪ 中科院第十七次院务常务会议记录//中科院一九五三年召开第十一次至三十次院务常务会议记录及有关文件. 北京：中国科学院档案馆，1953-02-003.

工作的报告》，获该次会议批准。他在报告中指出"培养健康的学术风气"是苏联和苏联科学院 30 多年来取得巨大科学成就的经验之一，并就此讲到苏联与苏联科学院的奖励制度。①1953 年 7 月 3 日，访苏代表团团员、北京市卫生工程局局长曹言行在中国科学院召集的土木工程学座谈会上建议"中国科学院考虑设科学奖金，奖励科学的研究发明，这样来推动大家更好的学习苏联先进经验，解决土木工程建设中的一些迫切的重大的技术问题"②。1953 年 8 月 27 日，张稼夫于中国科学院第 28 次院务会议上建议 1953 年度制定"科学研究奖励办法"和"召开评奖会议"等。会议认为这些"是非常迫切而且重要的"。③

在这种情况下，1954 年中国科学院根据政务院批准的《关于中国科学院的基本情况和今后工作任务的报告》决定建立学术奖励制度④。首先，由学术秘书处提出了《中国科学院科学奖金暂行条例草案（初稿）》⑤。1954 年 6 月中国科学院研究生条例与学术奖励条例起草委员会成立后，召开两次会议讨论和修订了该初稿。修订稿为《中国科学院科学奖金暂行条例草案》，于 7 月 29 日由中国科学院第 29 次院务常务会议讨论并修改通过。⑥该条例草案定名为《中国科学院科学奖金暂行条例》，于 1955 年 8 月 5 日由国务院全体会议第 17 次会议通过，后于 8 月 31 日经周恩来签发，由国务院发布施行⑦。由此，中国科学院建立学术奖励制度。

《中国科学院科学奖金暂行条例》（图 4-3）共 11 条，规定了科学奖金的奖励目的、评奖范围和标准、奖金等级和额度、颁发年限、推荐方法、评选机构和方法等。按照规定，"凡中华人民共和国公民的科学研究工作或科学著作，在学术上有重大成就或对国民经济、文化发展上具有重大意义的，不论属于个人或集体的，均可按照本条例的规定授予中国科学院科学奖金"⑧。奖金分为三等：一等奖奖金 1 万元，授荣誉证书和金质奖章；二等奖奖金 5000 元，授荣誉证书和银质金边奖章；三等奖奖金 2000 元，授荣誉证书和银质奖章。⑨一等奖奖金颇为可观，相当于当时中国科学院一级研究员近 3 年、

---

① 中国科学院关于访苏代表团工作的报告//中国科学院办公厅. 中国科学院资料汇编（1949—1954）. 北京：中国科学院办公厅，1955：235-241.

② 土木工程学座谈会. 科学通报，1953，（10）：90.

③ 中科院第二十八次院务常务会议纪要//中科院一九五三年召开第十一次至三十次常务会议记录及有关文件. 北京：中国科学院档案馆，1953-02-003；中科院第二十八次院务常务会议记录//中科院一九五三年召开第十一次至三十次常务会议记录及有关文件. 北京：中国科学院档案馆，1953-02-003.

④ 呈报政务院文教委关于中科院研究生条例与学术奖励条例起草委员会委员名单的指示//"中国科学院研究生暂行条例草案"（经政务院批准）和"中国科学院科学奖金暂行草案"（初稿）. 北京：中国科学院档案馆，1954-03-001.

⑤ 竺可桢. 竺可桢全集. 第 13 卷. 上海：上海科技教育出版社，2007：464；关于请担任中科院研究生条例与学部研究奖励条例起草委员会委员并请出席会议的通知（附条例初稿）//"中国科学院研究生暂行条例草案"（经政务院批准）和"中国科学院科学奖金暂行草案"（初稿）. 北京：中国科学院档案馆，1954-03-001.

⑥ 中科院 1954 年第二十九次院务常务会议纪要//中科院召开第 15—29 次院务常务会议的通知、纪要及有关材料. 北京：中国科学院档案馆，1954-02-004.

⑦ 中华人民共和国国务院命令. 人民日报，1955-09-01（3）.

⑧ 中科院科学奖金暂行条例//中科院关于修改奖金条例的报告及国务院批复和授奖大会计划. 北京：中国科学院档案馆，1956-02-042.

⑨ 中科院科学奖金暂行条例//中科院关于修改奖金条例的报告及国务院批复和授奖大会计划. 北京：中国科学院档案馆，1956-02-042.

副研究员逾 4 年、助理研究员约 8 年的工资[1]。中科学院各学部、各研究所，国内各科学研究机关、高校，国务院各部、各委员会、各直属机构，均可对全国已完成的重要科学研究工作和科学著作负责推荐。科学工作者个人亦可按工作系统向这些机构请求推荐。中国科学院负责组织评审，先由各学部负责审查，再由科学奖金委员会统一审核，最后由院务委员会讨论通过后授奖。学部审查请奖著作时，按其在学术或在国民经济上的意义及工作本身的创造性进行评选，区分等级，做出结论，以无记名投票方式决定结果。学部评选时可邀请有关专家组织专门小组审查。[2]这些体现了中国科学院学术奖励制度的审慎和民主，对保证科学奖金的社会声望有着重要意义。

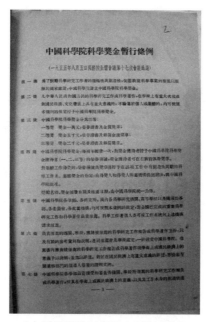

图 4-3　《中国科学院科学奖金暂行条例》（局部）

资料来源：中科院关于修改奖金条例的报告及国务院批复和授奖大会计划. 北京：中国科学院档案馆，1956-02-042

　　1955 年 9 月 22 日，中国科学院第 41 次院务常务会议通过关于 1956 年内颁发第一次中国科学院科学奖金的决议，决定通告各有关负责推荐的机关[3]。决议规定奖励名额 20—30 名，推荐范围为"自中华人民共和国成立以来的科学研究工作报告或科学著作"。[4]10 月 20 日，由院长郭沫若任主任委员，副院长李四光和梁希、黄松龄为副主任委员的中国科学院科学奖金委员会成立[5]。

　　中国科学院科学奖金的推荐工作从 1955 年 10 月 1 日起，至 1956 年 3 月 1 日止，

---

① 当时中科院一级研究员每月工资 300 余元，副研究员每月工资最高约 200 元，助理研究员每月工资 100 元。

② 中科院科学奖金暂行条例//中科院关于修改奖金条例的报告及国务院批复和授奖大会计划. 北京：中国科学院档案馆，1956-02-042.

③ 中科院第四十一次院务常务会议纪要//中科院第四十一次至四十四次院务常务会议通知及其材料. 北京：中国科学院档案馆，1955-02-011.

④ 关于颁发第一次中国科学院科学奖金的决议（1955 年 9 月 22 日第 41 次院务常务会议通过）//中国科学院学术秘书处. 中国科学院年报，1955：119.

⑤ 中国科学院科学奖金委员会成立. 人民日报，1955-10-28（1）.

共收到请奖论著 539 件。其中，自然科学方面 419 件，社会科学方面 120 件。但由于"社会科学方面的评选工作困难很多"，评奖中止。[①]在评奖过程中，各学部的评选是基本环节，集中于 1956 年 9—11 月，均采用同行专家"三审定案"制：各学部先根据请奖论著的性质，聘请各学科的专家分别进行初审；再邀请有关专家集会讨论，进行复审，并在学部常务委员会扩大会议上进行试选；最后，学部常务委员会扩大会议对准备推荐给奖的论著在学术上的成就或对国民经济的意义做出正式的评价，进行无记名投票，决定得奖论著及其等次[②]。各学部集中评选于 1956 年 11 月结束后，由于主管科技工作的国务院副总理聂荣臻的指示，又对新归国科学家 1949 年后在国外发表的著作做了补评[③]。

这次评奖最终评选出获奖论著 34 件，其中一等奖 3 件、二等奖 5 件、三等奖 26 件，如表 4-2 所示。

表 4-2　中国科学院 1956 年度科学奖金（自然科学部分）评奖结果

学科	科学研究论著名称[④]	作者	作者工作单位	奖金等次
数学	典型域上的多元复变数函数论	华罗庚	中国科学院数学研究所	一等奖
	示性类及示嵌类的研究	吴文俊	中国科学院数学研究所	一等奖
	K 展空间和一般度量空间的几何学、射影空间曲线论	苏步青	复旦大学、中国科学院数学研究所	二等奖
力学	工程控制论	钱学森	中国科学院力学研究所	一等奖
	关于弹性圆薄板大挠度问题	钱伟长；合作者：胡海昌、叶开沅	清华大学、中国科学院力学研究所	二等奖
	塑性大应变的轴对称平面应力问题在金属硬化区的解法和一般性的结果	李敏华（女）	中国科学院力学研究所	三等奖
	横观各向同性弹性体力学的空间问题	胡海昌	中国科学院力学研究所	三等奖
物理学	金属中的内耗与金属的力学性质的研究	葛庭燧等	中国科学院金属研究所	二等奖
	原子核乳胶制备过程的研究	何泽慧（女）；合作者：陆祖荫、孙汉城	中国科学院物理研究所	三等奖
	关于晶格的理论	黄昆	北京大学	三等奖
	卤素计数管与强流管的制备和它们放电机构的研究	戴传曾、李德平；合作者：项志遴、唐孝威、李忠珍（女）	中国科学院物理研究所	三等奖

① 关于颁发第一次中科院科学奖金的决议//中科院第四十一次至四十四次院务常务会议通知及其材料. 北京：中国科学院档案馆，1955-02-011；关于送科学奖金有关文件的函（附科学奖金评审工作报告、中科院科学奖委员会委员名单及 1956 年度科学奖金评审经过说明）//中科院颁发一九五六年度科学奖金自然科学部分通告和评审经过说明. 北京：中国科学院档案馆，1956-02-043.

② 关于送科学奖金有关文件的函（附科学奖金评审工作报告、中科院科学奖委员会委员名单及 1956 年度科学奖金评审经过说明）//中科院颁发一九五六年度科学奖金自然科学部分通告和评审经过说明. 北京：中国科学院档案馆，1956-02-043.

③ 关于送科学奖金有关文件的函（附科学奖金评审工作报告、中科院科学奖委员会委员名单及 1956 年度科学奖金评审经过说明）//中科院颁发一九五六年度科学奖金自然科学部分通告和评审经过说明. 北京：中国科学院档案馆，1956-02-043.

④ 此处科学研究论著名称既包括获奖论著的实际名称，也包括获奖工作的名称。获奖工作的名称是对一件请奖论著有两篇（部）及以上成果所起的名称。

续表

学科	科学研究论著名称	作者	作者工作单位	奖金等次
化学	贝母植物碱的研究	朱子清；合作者：陆仁荣、黄文魁	兰州大学、中国科学院有机化学研究所	三等奖
	橘霉素化学的研究	汪猷；合作者：丁宏勋、屠传忠、贾承武	中国科学院有机化学研究所	三等奖
	分子结构理论	唐敖庆	东北人民大学	三等奖
	高分子化合物分子量测定的研究	钱人元等	中国科学院化学研究所、应用化学研究所	三等奖
动物学	关于蓖麻蚕的试验研究	朱洗；合作者：张果、蒋天骥、王高顺等	中国科学院实验生物研究所	三等奖
植物学	马先蒿属的一个新系统	钟补求	中国科学院植物研究所	二等奖
	甘紫菜生活史的研究	曾呈奎；合作者：张德瑞	中国科学院海洋生物研究室	三等奖
农学	兔化牛瘟病毒的研究	袁庆志；合作者：沈荣显、氏家八良、李宝棨	哈尔滨兽医科学研究所	三等奖
医学	中华按蚊在自然情况下传染马来丝虫的研究	冯兰洲	中国协和医学院、中国科学院昆虫研究所	三等奖
地质学	辽东太子河流域地层	王钰、卢衍豪、杨敬之、穆恩之、盛金章	中国科学院古生物研究所	三等奖
	中国古地理图	刘鸿允	中国科学院地质研究所	三等奖
	三水铝矿和高岭石加热相变化的研究	章元龙	中国科学院地质研究所	三等奖
地球物理学	西藏高原对于东亚大气环流及中国天气的影响	叶笃正、顾震潮	中国科学院地球物理研究所	三等奖
	关于弹性波的传播理论与地震探矿的一些问题	傅承义	中国科学院地球物理研究所	三等奖
动力学	燃气轮的研究	吴仲华	清华大学、中国科学院动力研究室	二等奖
冶金学	钢中氢气的研究	李薰等	中国科学院金属研究所	三等奖
	低合金钢代用品的研究	吴自良等	中国科学院冶金陶瓷研究所	三等奖
	球墨铸铁的研究	周仁、周行健、邹元爔、李林（女）	中国科学院冶金陶瓷研究所	三等奖
	关于奥氏体共格性的转变机构	柯俊	北京钢铁工业学院	三等奖
石油化学	合成汽油的芳烃化的研究	彭少逸、郭燮贤、陈英武、章元琦等	中国科学院石油研究所	三等奖
	氮化熔铁催化剂用于流体化床合成液体燃料的研究	楼南泉、张存浩、王善鋆、卢佩章等	中国科学院石油研究所	三等奖
土木建筑学	直流电在土中作用及其对土的物理力学性的影响	汪闻韶	水利部	三等奖
	变截面刚构分析	蔡方荫	建筑工程部	三等奖

资料来源：中国科学院颁发 1956 年度科学奖金（自然科学部分）通告. 人民日报，1957-01-25（1）.

　　这些获奖论著或工作"大多数是在学术上有创造性而又具有一定的国民经济意义的工作，少数几件是理论方面的探索性工作，或是学术上创造性不够显著而实用价值较大的工作"[1]。这 34 件获奖论著中，由中国科学院研究人员独立完成的有 23 件，占 67.65%。其余 11 件中，由在中国科学院兼职的高等学校教师完成的有 5 项，由中国科学院外研究人员独立完成的有 6 项，分别占全部获奖论著的 14.71% 和 17.65%。3 件一等奖获奖

---

[1]　中国科学院 1956 年度科学奖金（自然科学部分）评审经过说明. 人民日报，1957-01-25（7）.

论著的作者，即华罗庚、吴文俊、钱学森都是中国科学院的研究人员。这表明中华人民共和国成立后的前 6 年中，中国科学院的科技成就在全国遥遥领先。

1957 年 1 月 24 日，中国科学院以院长郭沫若的名义发布颁发 1956 年度科学奖金（自然科学部分）通告，公布了评奖结果。1 月 25 日，《人民日报》和《光明日报》刊发了该通告①和评审经过说明②、获奖论著简要介绍③，分别发表题为《我国的第一次科学奖金》④《我国科学界的喜事》⑤的社论。不仅如此，《人民日报》还刊登了一等奖获得者钱学森、华罗庚、吴文俊的照片⑥；《光明日报》刊登对这 3 位一等奖获得者的专访⑦。这些反映出中央对中国科学院颁发科学奖金的高度重视。1957 年 5 月 30 日，中国科学院于第二次学部委员大会闭幕式举行了授奖仪式⑧。

这次科学奖金，即 1956 年度中国科学院科学奖金，是新中国首次颁发的国家学术奖。其评奖相对严格而民主，不仅得到中央的高度重视，亦为学界所看重，是新中国"实现科学奖励制度的良好开端"⑨。后来所获奖项被追认为新中国首届自然科学奖。它的颁发对于鼓励获奖者在科研道路上继续努力探索，激励广大科学工作者工作的积极性和创造热情有着重要意义。钱学森获奖后就深有感触地说：

> 在美国，每年都颁发科学奖金，可是我就没有听说有中国人获得过。虽然中国人的成绩并不亚于他们，甚至还超过他们。在我们自己的国家里，只要你稍为做出点成绩，就如此的重视，对于我说来，是一个莫大的鼓励。⑩

同时，这次科学奖金的颁发对许多科学家更加重视解决重大科学问题产生重要影响，并具有重要的政治意义。正如 1958 年 1 月 26 日中国科学院院长顾问、苏联专家拉扎连柯对郭沫若所说：它的颁发"对于争取广大的科学家以更大的注意力来解决重大的科学技术任务起着很大的动员作用，同时也有着巨大的政治意义，它表明了党和政府对科学发展的关怀"⑪。

第五节　新中国正规研究生制度的开创

新中国成立之初，仅有少量高校招收研究生，且主要是为了培养高校师资，研究生

---

① 我国首次颁发科学奖金. 人民日报, 1957-01-25（1）；科学院颁发 1956 年度科学奖金（自然科学部分）通告自然科学方面 34 项重要论著获奖. 光明日报, 1957-01-25（1）.
② 中国科学院 1956 年度科学奖金（自然科学部分）评审经过说明. 人民日报, 1957-01-25（7）；科学院颁发 1956 年度科学奖金（自然科学部分）通告自然科学方面 34 项重要论著获奖. 光明日报, 1957-01-25（1）.
③ 科学奖金得奖论著简要介绍. 人民日报, 1957-01-25（7）；自然科学得奖论著介绍. 光明日报, 1957-01-25（2）.
④ 我国的第一次科学奖金. 人民日报, 1957-01-25（1）.
⑤ 我国科学界的喜事. 光明日报, 1957-01-25（1）.
⑥ 中国科学院科学奖金一等奖获得者. 人民日报, 1957-01-25（7）.
⑦ 徐美成. 访问科学奖金一等奖获得者. 光明日报, 1957-01-26（2）.
⑧ 科学院学部大会昨日闭幕. 光明日报, 1957-05-31（1）.
⑨ 我国科学界的喜事. 光明日报, 1957-01-25（1）.
⑩ 徐美成. 访问科学奖金一等奖获得者. 光明日报, 1957-01-26（2）.
⑪ 中科院院长顾问拉扎连柯同志和郭沫若院长谈话记录//苏联总顾问拉扎连柯在华工作卷. 北京：中国科学院档案馆, 1958-04-073.

制度并不正规。中国科学院成立后虽然汇聚了一批高水平的科学家，但科研整体力量薄弱，难以适应国家建设的需要。如上文所述，1953 年中国科学院访苏代表团访苏期间，了解到苏联和苏联科学院在短短 30 多年内取得巨大科学成就的中心环节是培养干部[①]。而"培养干部的基本形式是研究生院及博士生院"[②]，即由研究生院和博士生院培养研究生和博士生。1953 年 6 月 20 日，访苏代表团团长钱三强在中国科学院第 17 次院务常务会议上报告访苏情况时，介绍了苏联培养干部的经验[③]，这引起中国科学院领导的重视。10 月，中国科学院所长会议召开。这次会议"强调了培养干部与学习苏联先进科学的重要性，认为这是发展中国科学的重要环节。但过去科学院领导上对这方面缺乏明确的指示。在培养干部问题上，各单位还没有适当的制度和一定的办法"[④]。

　　1953 年 11 月 19 日，中国科学院党组在向毛泽东主席和中央呈送的《中国科学院党组关于目前科学院工作的基本情况和今后工作任务给中央的报告》中强调，"把培养青年科学干部作为目前全部科学工作的最中心的任务"[⑤]。该报告就培养干部工作，提出增设研究生处，组织专门委员会讨论并制定研究生条例草案，争取在 1954 年第三季度招收第一期研究生，开始有计划地培养科学干部的工作等办法[⑥]。1954 年 1 月 28 日，郭沫若于政务院第 204 次政务会议所作《关于中国科学院的基本情况和今后工作任务的报告》中指出"积极培养科学干部是科学发展的基本环节，没有新生力量的不断增长，科学事业将停滞不前。……必须在全院范围内使大家从思想上明确培养干部是科学院长期的中心任务，并从当前的实际情况出发，结合苏联经验，制订切实可行的制度与办法。"[⑦]这些表明中国科学院将培养科学干部作为科学工作中心任务的决心。

　　1954 年 3 月 8 日，中央对 1953 年 11 月 19 日中国科学院党组呈送的《中国科学院党组关于目前科学院工作的基本情况和今后工作任务给中央的报告》做出批示，其中指出："大力培养新生的科学研究力量，扩大科学研究工作的队伍，是发展我国科学研究事业的重要环节。科学院和高等学校应认真进行培养青年科学研究人员的工作，并建立制度加以保证。"[⑧]这意味着中国科学院建立研究生制度的决定，得到中央的正式肯定和支持。

　　此前中国科学院已责成学术秘书处制定研究生条例。1954 年 3 月 6 日，学术秘书处召开首次会议，讨论了制定研究生条例问题[⑨]。嗣后学术秘书处秘书汪志华和人事局草

① 中国科学院关于访苏代表团工作的报告. 科学通报，1954，（4）：12-13.
② 中国科学院关于访苏代表团工作的报告. 科学通报，1954，（4）：12-13.
③ 中科院第十七次院务常务会议记录//中科院一九五三年召开第十一次至三十次院务常务会议记录及有关文件. 北京：中国科学院档案馆，1953-02-003.
④ 中国科学院召开所长会议根据总路线讨论今后工作方向. 科学通报，1953，（12）：90-91.
⑤ 关于目前中科院工作的基本情况和今后工作任务给中央的报告//中科院党组关于目前本院工作基本情况和今后工作任务的报告及中央的批示. 北京：中国科学院档案馆，1954-01-001.
⑥ 关于目前中科院工作的基本情况和今后工作任务给中央的报告//中科院党组关于目前本院工作基本情况和今后工作任务的报告及中央的批示. 北京：中国科学院档案馆，1954-01-001.
⑦ 关于中国科学院的基本情况和今后工作任务的报告//中国科学院办公厅. 中国科学院资料汇编（1949—1954）. 北京：中国科学院办公厅，1955：7.
⑧ 中央对中科院党组关于目前中科院工作的基本情况和今后工作任务报告的批示//中科院党组关于目前本院工作基本情况和今后工作任务的报告及中央的批示. 北京：中国科学院档案馆，1954-01-001.
⑨ 学术秘书处 1954 年上半年工作计划草案（第一次处务会议记录）//中科院学术秘书处一九五四年处务会议纪要、工作计划、一至二十九次（其中缺十四、十九两次）. 北京：中国科学院档案馆，1954-02-022.

拟了研究生条例草案初稿。经 3 次会议讨论，学术秘书处提出《中国科学院研究生暂行条例草案（初稿）》。①6 月 25 日和 7 月 3 日，中国科学院研究生条例与科学奖励条例起草委员会相继召开会议，对该草案（初稿）进行了讨论②。高等教育部首席顾问、苏联专家列别捷夫也对该草案（初稿）提出修改建议。在此基础上，形成《中国科学院研究生暂行条例草案（第一次修正稿）》。后经由钱三强、钱伟长、周培源、曾毅、贝时璋、尹达、沈其毅组成的 7 人小组审查，又形成《中国科学院研究生暂行条例草案（第二次修正稿）》。后者于 7 月 29 日经中国科学院第 29 次院务常务会议讨论并修改通过。③中国科学院遂又征求有关政府部门和高校的意见。1955 年 5 月 6 日，中国科学院党组将征求意见后的修订草案上报中共中央宣传部审核，并请中央书记处审阅批示。④此后经 6 月 1—10 日学部成立大会上学部委员的讨论、中国科学院修订等，最终形成《中国科学院研究生暂行条例》。

《中国科学院研究生暂行条例》是新中国第一个正规的研究生制度。它共分 4 章，凡 28 条，借鉴苏联培养科学干部的经验，结合中国的实际，对毕业研究生应达到的水平、授予的学位，研究生的招收、研究生的培养、研究生的待遇与工作分配等做了系统规定⑤。该条例于 1955 年 8 月 5 日由国务院全体会议第 17 次会议通过，后于 8 月 31 日由周恩来总理签发后颁布实施⑥。9 月 5 日，中国科学院开始招收研究生。次日，《人民日报》发表题为《积极培养科学研究工作的新生力量》的社论，指出：

> 《中国科学院研究生暂行条例》已经国务院批准公布，今年中国科学院决定招收第一批研究生。这是我国正规地培养较高级的科学干部，提高我国科学工作水平，适应社会主义建设的一项重大措施。⑦

1956 年 1 月 4—6 日，中国科学院在北京、上海、沈阳三地举行首届研究生入学考试。

① 学术秘书处第九次处务会议记录纪要//中科院学术秘书处一九五四年处务会议纪要、工作计划、一至二十九次（其中缺十四、十九两次）. 北京：中国科学院档案馆，1954-02-022；学术秘书处第十次处务会议记录摘要//中科院学术秘书处一九五四年处务会议纪要、工作计划、一至二十九次（其中缺十四、十九两次）. 北京：中国科学院档案馆，1954-02-022；学术秘书处第十一次处务会议记录摘要//中科院学术秘书处一九五四年处务会议纪要、工作计划、一至二十九次（其中缺十四、十九两次）. 北京：中国科学院档案馆，1954-02-022；关于请担任中科院研究生条例与学部研究奖金条例起草委员会委员并请出席会议的通知（附条例初稿）//"中国科学院研究生暂行条例草案"（经政务院批准）和"中国科学院科学奖金暂行草案"（初稿）. 北京：中国科学院档案馆，1954-03-001.
② 竺可桢. 竺可桢全集. 第 13 卷. 上海：上海科技教育出版社，2007：464，469.
③ 请审查研究生条例第一次修订稿并提意见（附草案一份）//"中国科学院研究生暂行条例草案"（经政务院批准）和"中国科学院科学奖金暂行草案"（初稿）. 北京：中国科学院档案馆，1954-03-001；呈政务院文教委关于中科院研究生暂行条例草案和科学奖金暂行条例草案并请转呈政务院批准的报告//"中国科学院研究生暂行条例草案"（经政务院批准）和"中国科学院科学奖金暂行草案"（初稿）. 北京：中国科学院档案馆，1954-03-001；中科院 1954 年第二十九次院务常务会议纪要//中科院召开第 15—29 次院务常务会议的通知、纪要及有关材料. 北京：中国科学院档案馆，1954-02-004.
④ 致中央宣传部关于送上中科院研究生暂行条例及科学奖金暂行条例请审核的函//关于第一次科学奖金评选问题向中央的报告. 北京：中国科学院档案馆，1956-01-003.
⑤ 中科院研究生暂行条例//中科院研究所学术委员会暂行组织规程和研究生暂行条例. 北京：中国科学院档案馆，1955-10-018.
⑥ 中华人民共和国国务院命令. 人民日报，1955-09-01（3）.
⑦ 积极培养科学研究工作的新生力量. 人民日报，1955-09-06（1）.

中国科学院研究生招生委员会主要根据考生成绩录取 72 人①。此后中国科学院的研究生教育虽然经历了曲折，但培养质量较高，培养出的研究生一般都理论基础扎实，学有所长。1963 年 1 月 28 日，《人民日报》曾发表专文对中国科学院研究生培养质量予以高度评价：

> 自从一九五五年国务院决定建立研究生制度以来，中国科学院已经培养出了九十九名研究生。这些经过深造的科学人才，绝大多数都打下了坚实的理论基础，学会了独立探讨本门学科的本领，并且能够熟练地运用两门以上的外文，有的甚至可以用四、五门外文阅读专业书籍。他们在物理、化学、数学、地球物理、无线电电子学、地质、地理、冶金、机械、土木建筑、生物、古生物等各项自然科学的研究中，提出了许多理论的或实际的新见解。②

不仅如此，1966 年前中国科学院培养的研究生中有相当一部分在"文化大革命"后取得了卓越的学术成就，有 40 余人当选中国科学院院士（原称学部委员）或中国工程院院士③。可以说，中国科学院开创的正规研究生制度，为新中国科研工作新生力量的培养奠下了基石。

第六节 十五年发展远景计划的制定

新中国成立后，以科学为国家工业、农业和国防建设服务为导向，推行"计划科学"。中国科学院作为新中国最高学术机构与科学研究中心，从 1950 年开始"计划科学"的实践。1955 年中国科学院制定其十五年发展远景计划。这是新中国历史上国家科学院的第一个长期发展规划，也是当时新中国发展科学事业的重要举措。

一、制定十五年发展远景计划的决定

中国科学院制定其十五年发展远景计划是新中国成立后中央推行"计划科学"、掀起向苏联学习的热潮的大背景与 1953 年中国科学院访苏代表团成员通过访问对苏联科学计划工作得到全面而深刻的认识，中国科学院副院长、党组书记张稼夫支持制定科学规划、中国科学院院长顾问柯夫达（В. А. Ковда）建议制定全国性的科学研究工作规划和中国科学院制定发展科学的十五年远景计划，以及国家计划委员会有相关要求等因素综合作用的结果。④

中国科学院是于 1955 年 6 月 1—10 日举行的学部成立大会上做出制定该院十五年发展远景计划的决定的。这次大会基本同意《中国科学院第一个五年计划纲要草案》⑤。中国科学院院长郭沫若在大会上提出了"加强科学工作的计划性，研究并制定我国科学发展的远景计划"的建议。他说：

---

① 张藜，等. 中国科学院教育发展史. 北京：科学出版社，2009：16.
② 老科学家热情指导，研究生刻苦钻研　科学院培养出一批优秀人才. 人民日报，1963-01-28（1）.
③ 张藜，等. 中国科学院教育发展史. 北京：科学出版社，2009：31.
④ 郭金海. 实践"计划科学"：1955—1956 年中国科学院两个长期规划的制订与影响. 自然科学史研究，2019，38（2）：140-159.
⑤ 中国科学院学部成立大会总决议//中国科学院学术秘书处. 中国科学院年报，1955：47.

我国科学工作必须有计划地进行。国家大规模的建设事业是长远的，科学家的培养和科学成果的收获也都需要相当长远的时间。一般说来，由一个刻苦努力的大学毕业生培养成为科学家，需要 5 年到 10 年的岁月；一个新成立的研究机构，也要经过大约 5 年的时间才能提供有价值的科学成果。因此，科学发展的远景计划尤其重要。只有有了远景计划，才能够正确地安排今天的工作。[1]

实际上，当时中国科学院对国家建设的需要尚缺乏认真研究，与政府各部门联系也不够，对现代科学发展状况和新中国科学工作者的潜在力量仍不甚清楚。[2]在这种情况下，中国科学院制定全国科学发展远景计划存在困难。而中国科学院基于其第一个五年计划纲要草案制定该院十五年发展远景计划，则较为现实。竺可桢日记记载，当时苏联专家科斯钦柯亦建议中国科学院制定十五年计划[3]。

1955 年 6 月 10 日大会做出决议："中国科学院应迅速拟订 15 年发展远景计划，并在一年内提出草案；全国科学事业的规划亦应协同政府有关部门特别是国家计划委员会、高等教育部从速制定。全体学部委员应积极参加这些工作。"[4]嗣后，中国科学院十五年发展远景计划制定工作被正式提上日程。

二、制定前的指示

学部成立大会后，中国科学院仿效苏联科学院体制成立的学术秘书处起草了《关于制定中国科学院十五年发展远景计划的指示》（简称《指示》）初稿。1955 年 9 月 15 日，中国科学院第 39 次院务常务会议召开。会议认为制定十五年发展远景计划，使其成为中国科学院今后发展科学事业的依据，是非常重要的工作[5]。会议基本同意该初稿，责成学术秘书处依据会议意见修改，经院长审核后分发各学部、各研究所遵照执行，并分发各学部委员参考。鉴于各研究所的长远计划应在各所的学术委员会讨论，会议指出"成立研究所的学术委员会是刻不容缓的任务"。[6]因此，为制定十五年发展远景计划，中国科学院加快了研究所学术委员会的成立步伐[7]。

作为远景计划制定工作的指导性文件，《指示》强调"制订本院发展科学事业的长远计划是我国科学发展的重要措施，是规划全国科学事业的主要组成部分"，要求"各学部、各研究所应该把远景计划的制定作为当前中心任务之一"[8]。这体现了中国科学

---

① 郭沫若院长在中国科学院学部成立大会上的报告//中国科学院学术秘书处. 中国科学院年报，1955：8.

② 郭沫若院长在中国科学院学部成立大会上的报告//中国科学院学术秘书处. 中国科学院年报，1955：6.

③ 竺可桢. 竺可桢全集. 第 14 卷. 上海：上海科技教育出版社，2008：106.

④ 中国科学院学部成立大会总决议//中国科学院学术秘书处. 中国科学院年报，1955：47.

⑤ 中科院第三十九次院务常务会议纪要//中科院第三十一次至四十次院务常务会议通知及其材料. 北京：中国科学院档案馆，1955-02-010.

⑥ 中科院第三十九次院务常务会议纪要//中科院第三十一次至四十次院务常务会议通知及其材料. 北京：中国科学院档案馆，1955-02-010.

⑦ 此前中科院已决定成立研究所学术委员会，并于 1955 年 3 月 7 日召开的院务常务会议通过《中国科学院研究所学术委员会暂行组织规程》。

⑧ 关于制订中国科学院十五年发展远景计划的指示//中国科学院学术秘书处. 中国科学院年报，1955：117-118.

院对这项工作的高度重视。对于制定远景计划需做的准备与达到的目标，《指示》有明确的规定："制订远景计划，首先要认真研究我国发展国民经济的第一个五年计划，了解国民经济发展对科学工作的要求，研究各门科学的现状和趋势（国内的和国际的），分析各项科学研究与国家实践的关系。从科学的预见去估计国家今后进一步对科学的要求，找出各门科学中的生长点。提出发展的途径、步骤和应该研究的重大问题。"[1] 同时，《指示》要求：

> 考虑远景计划时，不应局限于科学院现有人力与条件，要考虑到全国各方面的力量与条件，同时，对于高等学校、工业、农业、卫生、文教等业务部门的科学研究机构，应在研究工作上和培养干部方面给予有效的支援，促进全国科学事业的平衡发展。对许多重大问题的研究，应充分发挥全国各方面的科学力量；对研究机构的发展，应注意和各业务部门、研究机构的分工与协作。首先应发展与国家工业建设，特别重工业建设密切有关的科学，围绕工业基地的建立，资源的开发利用，工农业生产的提高等方面的重大的问题进行工作。其它学科也必须相应地发展；必须注意综合性科学问题的研究和边缘科学的发展。对于各门科学的基本理论部门要争取在 15 年内逐步建立起来。[2]

《指示》还要求在国民经济上有重要性和在自然条件上有代表性的地区应建立地区科学研究工作基础，结合地区特点和需要，发挥地区科学研究力量，开展科学研究，进行调查和考察，在少数民族地区也应建立科学机构[3]。这表明，中国科学院作为国家最高学术机构和科学研究中心，对这项工作重视发挥全国各方面力量，重视全国科学事业的平衡发展与国家工业、经济建设。

在核心内容上，《指示》对远景计划内容和制定程序做出了周密的安排。关于远景计划内容，《指示》规定 7 个主要方面：一是重大科学问题的研究，包括国民经济或科学理论上的重大问题，如中国自然资源开发利用的调查研究、区域地质的研究、稀有元素利用的研究、蛋白质和新陈代谢规律的研究、辩证逻辑的研究等。二是学科的发展，如海洋学、无机化学；大的学科中的分支学科，如固体物理中的半导体物理、物理化学中的催化理论等。三是机构的发展与设置，包括现有机构的发展、现有机构负责发展的新机构，以及新机构的设置及其依据，设置的条件、地区、时间和设置后如何发展。四是重要的调查和考察工作，包括综合性的和专业的、按地区组织的和按专业组织的、一个单位组织的和院内外几个研究单位联合组织的。五是重要科学著作和图书资料的编纂，如《中国植物志》、《中国地质图》、《中国历史》（包括思想史、科学史、文学史）等的编纂。六是干部的培养。七是基本建设和财务的概算。[4]

关于十五年发展远景计划制定程序，《指示》规定 5 个环节。第一，自 1955 年 10 月起由中国科学院各研究所从其所包括的学科出发，据《指示》规定的远景计划内容进行

① 关于制订中国科学院十五年发展远景计划的指示//中国科学院学术秘书处. 中国科学院年报，1955：115.
② 关于制订中国科学院十五年发展远景计划的指示//中国科学院学术秘书处. 中国科学院年报，1955：115-116.
③ 关于制订中国科学院十五年发展远景计划的指示//中国科学院学术秘书处. 中国科学院年报，1955：116.
④ 关于制订中国科学院十五年发展远景计划的指示//中国科学院学术秘书处. 中国科学院年报，1955：116-117.

研讨，12 月初提出计划草案。第二，各学部组织委员、学科小组就所在学科发展的远景展开讨论。第三，各学部接到各研究所的草案和学科小组、学部委员的意见后，进行整理、研究与讨论，并就本学部范围内科学事业发展的步骤、速度、地区分布进行全面规划，12 月底编出本学部远景计划方案。经学部常委会讨论通过后，于 1956 年 1 月上旬报中国科学院。第四，由学术秘书处搜集国内外有关科学工作规划资料，研究中国科学院十五年发展的总的规划和布局。在学术秘书处下成立远景计划工作组，吸收少数科学家参加工作。第五，学术秘书处据各学部提出的远景计划方案于 1956 年 1 月中旬开始进行综合平衡，并邀请有关科学家讨论，在第一季度内向院务常务会议提出全院远景计划草案。①

　　这个程序借鉴了苏联科学院科学计划由主席团、学部、研究所共同制定，主席团和学部均起学术领导作用的做法②；但也结合中国科学院实际情况，做出由院务常务会议担当苏联科学院主席团的角色，由学术秘书处负责部分重要工作的调适。

三、制定工作的展开

　　1955 年 10 月，中国科学院十五年发展远景计划制定工作正式展开。10 月 6 日拟订函件，邀请学部委员、植物研究所副所长吴征镒，地质研究所研究员涂光炽参加学术秘书处远景计划工作组③。中国科学院"各研究所进行了远景规划的初步酝酿和讨论"④。11 月 18 日西北农业生物研究所报送了对"西北地区科学研究工作十五年远景计划的意见"⑤。11 月 23 日石油研究所制定出十五年发展远景计划纲要草案⑥。为了通过该远景计划更好地组织力量，建立和发展空白和薄弱学科，密切配合国家建设的需要，使中国科学院的工作与有关产业部门的工作更好地分工与合作，中国科学院计划召开地质、农业增产和开垦荒地、化工、动力、动植物工业原料、冶金、石油与煤炭、林业、桑蚕、水产、畜牧植物保护等一系列的小型座谈会⑦，但后续情况不详。

　　在计划制定过程中，物理学数学化学部、生物学地学部、技术科学部都发挥了重要的学术领导作用。1955 年 10 月 4 日，物理学数学化学部于第四次常委会讨论了学部有关学科第二个五年计划发展草案，决议在此基础上，请各学科小组进一步讨论十五年远景计划。此后，大部分学科小组都先后召开会议。学部委员对十五年远景计划提出了许

---

① 关于制订中国科学院十五年发展远景计划的指示//中国科学院学术秘书处. 中国科学院年报，1955：117-118.
② 关于苏联科学院制订科学工作计划的做法，参见中科院访苏代表团工作报告//中科院一九五三年召开第十一次至三十次院务常务会议记录及有关文件. 北京：中国科学院档案馆，1953-02-003.
③ 关于植物所吴征镒地质所涂光炽同志参加远景计划工作组工作的函//中科院关于十五年发展远景计划的指示、规定. 北京：中国科学院档案馆，1955-02-060.
④ 通知第九次院务常务会议改期召开（附干部学校的意见等）//中科院一九五六年召开第七次至第十二次院务常务会议通知及有关材料. 北京：中国科学院档案馆，1955-02-020.
⑤ 关于报送"西北地区科学研究工作十五年远景计划的意见"的函//中科院关于十五年发展远景计划的指示、规定. 北京：中国科学院档案馆，1955-02-060.
⑥ 中科院石油所十五年发展远景计划纲要草案//技术科学部制订长远计划、说明和在计划会议上的发言稿. 北京：中国科学院档案馆，1955-17-004.
⑦ 中科院关于召开十五年远景规划座谈会的意见、批复、通知. 北京：中国科学院档案馆，1955-03-001.

多意见，包括在 3 个五年计划内应发展的学科、发展的规模、新机构的建立等。[①]

1955 年 7 月 30 日，生物学地学部于第二次常委会已讨论该学部十五年发展远景计划制定工作[②]。10 月 4 日至 11 月 12 日至少召开了 4 次常委会，讨论制定十五年发展远景计划问题，对十五年科学发展指标（科学水平、发展速度）、空白部门的建立、重大科学问题、干部培养等交换意见，并分动物与基础医学组，植物、农林、土壤组，地学组讨论了各学科的重要问题。[③]此后分别就生物学、地学部分提出十五年远景规划纲要草案[④]。

这两个草案大体遵循《指示》关于远景计划内容的规定，主要按照研究项目进行规划。生物学部分纲要草案，分"方针任务""重要研究项目""空白学科的建立""新研究机构的建立"4 个部分。"重要研究项目"为核心内容，共 18 项，包括"主要河流流域规划及综合开发问题""华南热带、亚热带生物资源开发利用问题""抗生素的研究""新疆、内蒙（古）、青藏高原的综合调查研究""争取在第四、第五个五年计划内完成中国植物志、中国植被图、中国动物志、中国害虫志、动物区系、植物区系等基本科学资料的编纂工作"等。[⑤]地学部分纲要草案，分"方针任务""重大研究项目""机构设置规划""人员增长需要估计""人员增长措施"5 个部分。作为核心内容，"重大研究项目"分"综合性的调查研究工作""基本自然条件系统测量工作""自然资料整理、总结等综合性工作"3 类，共 39 项。[⑥]

技术科学部对这项工作也酝酿较早。1955 年 9 月 2 日于第 3 次常委会讨论了制定该学部长远计划工作步骤。会议决定由各学科小组召集人分头召开小组会，邀请在北京的学部委员具体商讨制定长远计划的步骤，提出工作计划。同时，推定上海由周仁，南京由黄文熙，东北由李薰负责召集各该地区学部委员座谈，提出关于制定长远计划的意见。[⑦]会后，技术科学部 4 个学科小组通过会议，讨论了组织制定十五年发展远景计划的具体办法，并对许多重要科学问题初步交换意见。[⑧]

为更广泛地征求专家意见，技术科学部在学科小组主持下又召开机械、电工、建筑及城市规划、地基土壤、结构力学及加筋混凝土、冶金等 6 项专业性的座谈会。孟昭英、

① 中科院 1956 年计划会议物理学数学化学部报告（草稿）//数理化学部召开第一、二、五次学部常委会议记录及有关材料. 北京：中国科学院档案馆，1956-15-005.
② 中科院生物学地学部常务委员会第二次扩大会议记录//生物地学部常委扩大会议和学科组会议工作简则. 北京：中国科学院档案馆，1955-16-006.
③ 竺可桢. 竺可桢全集. 第 14 卷. 上海：上海科技教育出版社，2008：191-214；中科院生物学地学部常务委员会第四、五、六次会议记录//生物地学部常委扩大会议和学科组会议工作简则. 北京：中国科学院档案馆，1955-16-006.
④ 中科院生物学部十五年远景规划纲要（草案）//中科院生物学部和地学部分十五年远景规划纲要. 北京：中国科学院档案馆，1957-19-002；中科院地学部分十五年远景规划纲要（草稿）//中科院生物学部和地学部分十五年远景规划纲要. 北京：中国科学院档案馆，1957-19-002.
⑤ 中科院生物学部十五年远景规划纲要（草案）//中科院生物学部和地学部分十五年远景规划纲要. 北京：中国科学院档案馆，1957-19-002.
⑥ 中科院地学部分十五年远景规划纲要（草稿）//中科院生物学部和地学部分十五年远景规划纲要. 北京：中国科学院档案馆，1957-19-002.
⑦ 第三次常委会会议记录摘要. 技术科学部常委会议的有关文件（1—15 次）. 北京：中国科学院档案馆，1957-17-001.
⑧ 关于制订长远计划的工作情况及下阶段工作的意见//技术科学部制订长远计划、说明和在计划会议上的发言稿. 北京：中国科学院档案馆，1955-17-004.

章名涛、马大猷、王大珩、汪胡桢、钱令希、李薰、李文采、叶渚沛、蔡方荫等学部委员与王补宣、吴仲华等多位专家提出书面建议。汪胡桢提出《关于我国水利科学研究的发展和对于今后工作的建议》后①，还发函向 90 多位水利工作者征求意见，将意见归纳整理后编印成册。对于合金钢系统问题，李薰查阅了大量国内外文献和资料，提出了比较全面的建议。②

按照《指示》，中国科学院十五年发展远景计划于 1956 年第一季度制定完成，但国家计划委员会要求至迟于 1955 年 10 月 30 日报送③。中国科学院只好提前结束工作，但也推迟至 11 月 26 日报送了十五年发展远景计划④。

四、十五年发展远景计划的内容

中国科学院报送的文件包括《中国科学院十五年发展远景计划纲要草案（草稿）》[简称《计划纲要草案（草稿）》]、《中国科学院 1953—1967 年科学研究事业计划》、《中国科学院三个五年计划期间研究机构一览表》、《1953—1967 年研究人员发展计划表》。《计划纲要草案（草稿）》是主要文件，分"现有基础""十五年远景计划中科学工作的任务""实现科学事业发展计划的主要措施"三个部分。⑤

"十五年远景计划中科学工作的任务"是《计划纲要草案（草稿）》的核心内容，首先提出三个"必须"实现的目标。一是"中国科学院必须在这个时期内，从根上改变我国科学工作上的落后状态，建立起健全的科学工作基础，在主要的学科方面基本赶上世界最先进的科学水平，满足国家建设的需要，并能不断地从科学上为国家建设的实践指出前进的道路"。二是"中国科学院必须在这个时期内，把全国高等学校和其他科学研究机构的科学工作联系起来，建立起全国的科学工作网，在各个地区建立科学院的分院，使成为地区科学工作的中心"。三是"必须和高等教育部共同负责为国家培养足够的高级科学人才。即通过培养科学博士和科学副博士为研究机构和高等学校造就出相当数量的高级研究人员和高级教师"。⑥这三个目标表明了中国科学院实施十五年发展远景计划的主要努力方向，彰显出中国科学院发展中国科学事业的巨大决心。

"十五年远景计划中科学工作的任务"包括"各门学科的任务""发展的规模和速度""建立全国科学网""培养科学工作干部""国际的科学合作"5 个部分，分别对1953—1967 年中国科学院的相应工作做出规划。"各门学科的任务"是其中最重要的内

---

① 该建议发表于《科学通报》，题目略有变化。参见汪胡桢. 近年来我国水利科学研究的发展和对于今后工作的建议. 科学通报，1955，（12）：49-51.
② 关于制订长远计划的工作情况及下阶段工作的意见//技术科学部制订长远计划、说明和在计划会议上的发言稿. 北京：中国科学院档案馆，1955-17-004.
③ 关于中央财经、文教各部报送十五年远景计划及第二个五年计划的通知//中科院十五年（一九五三——一九六七）发展计划纲要草案（草稿）. 北京：中国科学院档案馆，1953-03-004.
④ 致国家计划委员会、国务院第二办公室关于报送中科院十五年计划草案的函（附件四份）//中科院十五年（一九五三——一九六七）发展计划纲要草案（草稿）. 北京：中国科学院档案馆，1953-03-004.
⑤ 致国家计划委员会、国务院第二办公室关于报送中科院十五年计划草案的函（附件四份）//中科院十五年（一九五三——一九六七）发展计划纲要草案（草稿）. 北京：中国科学院档案馆，1953-03-004.
⑥ 致国家计划委员会、国务院第二办公室关于报送中科院十五年计划草案的函（附件四份）//中科院十五年（一九五三——一九六七）发展计划纲要草案（草稿）. 北京：中国科学院档案馆，1953-03-004.

容，分"物理数学方面"（6 项任务[1]）、"化学方面"（5 项任务）、"生物学方面"（5 项任务）、"地学方面"（5 项任务）、"技术科学方面"（6 项任务）、"哲学与社会科学方面"（8 项任务）、"大规模的综合考察工作和基本科学资料的整理总结"（11 项任务）7 个方面，共 46 项任务。[2] 具体任务内容，如表 4-3 所示。

表 4-3　《中国科学院十五年发展远景计划纲要草案（草稿）》中各门学科的任务

所属范围	序号	任务内容
物理、数学方面	1	大力发展原子核物理、同位素化学与原子能和平利用的研究，保证我国原子能工业发展对科学的要求。保证示踪原子各方面科学研究工作中的应用
	2	建立电子学研究的完善的基础，使能满足国防建设、工业建设发展的需要
	3	在现有基础上发展固体物理的各个学科，首先建立与发展半导体物理的研究，为电讯事业与工业自动化的发展，开辟新的道路；加强金属物理、结晶学、磁学等的研究，使能在理论上为各种工业材料的创制与利用提供新的方向和途径
	4	大力发展力学的研究，首先是发展空气动力学，建立物理力学，包括燃烧、爆炸等，以支援航空事业的发展。加强固体力学、流体力学的研究，开展自动控制的理论研究，以保证工程建设在理论上的要求
	5	发展微分方程、数理统计、计算数学，开始计算机的研究，保证其在各项工作中的充分运用。在上述基础上建立全国计算中心，解决各门科学和工程技术上的各种复杂计算问题。同时保证数学中各门学科的合理发展
	6	发展天文事业，在西北、西南建立两个新的观测中心，开展天体物理、宇宙演化论的研究，建立无线电天文学的观测研究工作
化学方面	1	建立与发展无机化学，着重进行天然盐湖利用的调查和盐相平衡的研究，建立并发展纯金属和纯盐制备的研究工作，加强稀有元素化学的研究，开展络合物的研究，以保证肥料工业、冶金工业发展的需要。同时，建立水化学和海洋化学的研究工作
	2	建立与发展重有机合成的研究，大力发展高分子化学的研究，保证化工原料的需要和油、煤副产品的合理利用。开展元素有机物如矽、氟、磷的有机物的研究，保证特殊性能的材料的制备。加强天然有机物特别是抗生素的研究工作
	3	大力发展分析化学，开展物理化学分析的研究，加强化学分析方法及分析化学基础理论的研究，为工业上和科学研究上，提供快速、精确的方法
	4	开展物理化学的研究，配合电化学工业与冶金工业开展电化学和金属腐蚀的研究；同时，开展胶体化学、表面化学和关于物质结构的研究工作
	5	系统地研究中药，基本上弄清主要中药的药物化学和药理
生物学方面	1	配合农业增产和农业集体化与机械化的要求，开展东北、新疆、内蒙古、中南等地区的荒地调查、土壤改良和利用的研究。结合施肥和灌溉问题，开展植物生理的研究，研究病虫害防除、农业气象和农业机械化中有关的理论问题。根据大量的调查研究工作，做出比较完善的全国农业区域规划
	2	加强森林的研究，开展草原的调查研究，与此相适应发展森林学、牧草学等学科
	3	加强海洋生物的调查，弄清沿海水产资源的分布，加强湖泊、水库养殖的调查研究，支援淡水水产事业的发展
	4	建立与发展动、植物遗传学和生态学的研究。开展动、植物区系的调查，弄清楚全国动植物资源的情况
	5	大力开展微生物的研究，加强抗生素的工作。建立动物与人体的生理的研究中心，全面开展生物化学、生物物理、代谢作用和生长发育的各种理论问题的研究。开展中医、中药的综合性研究，总结我国医学遗产
地学方面	1	开展石油地质的调查研究，支援西北、西南以及其他地区石油的勘探，并从理论上阐明油田的构造与生成。建立微体古生物和花粉孢子的研究基础，加强古生物与底层的研究工作

---

[1] 括号中内容为该方面规划的任务数量，下同。

[2] 致国家计划委员会、国务院第二办公室关于报送中科院十五年计划草案的函（附件四份）//中科院十五年（一九五三——一九六七）发展计划纲要草案（草稿）. 北京：中国科学院档案馆，1953-03-004.

续表

所属范围	序号	任务内容
地学方面	2	配合现有钢铁基地的发展和西北、西南新钢铁基地的建立，开展铁矿及其他黑色金属矿床的调查研究。开展有色金属矿床、煤田、肥料矿藏与其他非金属矿床的调查研究。选择典型地区进行区域地质的综合研究，开展大地构造、地球化学和成矿规律的理论研究
	3	建立地震观测网，进行地震区域调查和小区域划分。把物理探矿的研究建立起来，支援矿藏的勘探。加强地磁的测量与研究，并进行地壳物理的理论研究
	4	加强气象的研究，解决我国中期天气预报和长期天气预报的问题。开展小气候的研究和大气物理的理论研究。建立海洋学的研究基础，支援国防建设
	5	建立与发展经济地理，充实自然地理中的薄弱学科，配合国家建设的规划，综合研究各地地理环境和生产力配置，研究大地测量与制图的基本理论问题
技术科学方面	1	加强冶金的研究，建立采矿、选矿的研究基础，保证有力地支援已有钢铁工业的发展和西北、西南新钢铁基地的建立
	2	大力发展动力的研究，包括水工、热工、电工，支援动力工业的发展和动力资源的利用
	3	加强机械的研究，研究各种高能力的动力机械，配合农业机械化进行农业机械的研究；开展自动控制与远距离操纵的研究工作，促进工业自动化。开展精密仪器、光学仪器和电子仪器的研究
	4	大力开展石油的研究，改进页岩油、煤炼油和天然油的炼制、加工。建立天然气利用的研究基础。加强煤炭的分析研究，保证煤炭的综合利用
	5	配合肥料工业，开展有关的化学工程的研究。建立硒酸盐利用的研究基础
	6	加强土木建筑的研究，发展结构力学
哲学与社会科学方面	1	系统地研究马克思列宁主义的经典著作和毛主席的著作，写成专门论著进行阐发。在哲学、经济、历史、语言、文艺理论方面系统地批判中国和外国资产阶级唯心主义各流派及其代表人物，并分别做出总结
	2	研究我国过渡时期的基本理论问题。配合农业合作化运动的迅速发展，全面地研究合作运动中的各种理论问题。研究国家工业化和资本主义工商业和手工业的社会主义改造问题
	3	系统研究中国近代思想史，整理中国古典哲学著作，编写中国哲学史；研究世界哲学史，对马克思主义以前的唯物主义思想和辩证法思想的代表进行专题研究。研究辩证逻辑和形式逻辑，编写中国逻辑史
	4	开展部门经济学的研究；研究综合的生产配置；研究国际经济和中国近百年经济史。编写政治经济学教科书
	5	编写多卷本的中国通史，研究中国断代史，研究中国历史上的关键问题，如奴隶社会与封建社会的分期、汉民族的形成等；加强考古工作，在古代重要文化地区进行系统的发掘，研究史前人类文化和古代器物；开展专门史、少数民族史、亚洲史和世界史的研究
	6	加强汉语的研究，编写汉语词典和汉语史，进行汉语方言的调查研究；调查少数民族语言，帮助创制或改进文字，有重点地开展外国语的研究。编写语言学教科书
	7	研究中国古代文学，编出中国汉民族文学史，开展中国现代文学的研究，编写中国现代文学史；整理与研究中国各民族的民间文学，开展苏联及其他国家文学的研究
	8	建立与发展法律学、民俗学、国际问题（首先是亚洲问题）的研究工作。推进艺术、艺术史和教育科学的研究
大规模的综合考察工作和基本科学资料的整理总结[①]	1	黄河、长江以及其他的流域规划和综合开发的考察
	2	我国热带、亚热带动植物资源利用的考察
	3	配合石油勘探进行柴达木盆地、阿尔多斯盆地、四川盆地，新疆、华北等地区的考察
	4	新疆、内蒙古干旱地区土地利用与资源开发的考察
	5	东北大兴安岭地质及资源的考察

---

① 前 8 项属于大规模综合考察工作的任务，后 3 项属于基本科学资料的整理总结的任务。

续表

所属范围	序号	任务内容
大规模的综合考察工作和基本科学资料的整理总结	6	西南山区开发的考察
	7	西藏高原的考察
	8	海洋环境与资源的考察
	9	编出全国大比例尺的地形图、土壤图、植被图、气候图、地质图等
	10	编出全国地理志和国家大地图集
	11	编出全国植物志、动物志的主要部分

资料来源：致国家计划委员会、国务院第二办公室关于报送中科院十五年计划草案的函（附件四份）//中科院十五年（一九五三——一九六七）发展计划纲要草案（草稿）. 北京：中国科学院档案馆，1953-03-004.

《指示》规定的重大科学问题的研究、学科的发展、重要的调查和考察工作、重要科学著作和图书资料的编纂 4 个方面内容基本包含于这 46 项任务中，仅缺少蛋白质和新陈代谢规律的研究、物理化学中的催化理论等，其分别属于《指示》规定的重大科学问题的研究、学科的发展方面的内容。这 46 项任务对接的学科、专业当时在中国大都基础薄弱，有的甚至是空白，其中不少具有实际应用价值，为国家建设所需要或急需。单就物理、数学方面而言，第二项任务对接的电子学在中国刚开始建立[1]，为国家国防、工业建设所急需；第四项任务对接的力学在中国"还在草创阶段"[2]，是一切工程技术的基础，为国家国防、工业、水利建设等所需要；第五项任务对接的微分方程、数理统计、计算数学在中国"力量非常弱"[3]，电子计算机的工作在中国尚未建立[4]，而它们为国家建设所急需。因而可以说，这 46 项任务的设置既以《指示》为指针，又以实现实施十五年发展远景计划的目标为导向。

五、十五年发展远景计划的影响

1956 年 1 月中旬至 3 月初，中国科学院结合国家制定十二年科技规划的安排，进行了该院十二年科学研究事业规划的制定工作，提出 53 项十二年内在自然科学和技术科学方面的重大科学研究项目（简称"中国科学院重大科研项目"）[5]。《计划纲要草案（草稿）》所列学科任务约有 17 个作为整体或分解成若干项或经修改纳入这些重大项目。这包括"物理、数学方面"第 1—5 项任务，"化学方面"第 2、5 项任务，"生物学方面"第 2、5 项任务，"地学方面"第 1、3 项任务，"技术科学方面"第 1、3、4 项任务，"大规模的综合考察工作和基本科学资料的整理总结"方面第 1、7、8 项任务等，如表 4-4 所示。

---

[1] 致国家计划委员会、国务院第二办公室关于报送中科院十五年计划草案的函（附件四份）//中科院十五年（一九五三——一九六七）发展计划纲要草案（草稿）. 北京：中国科学院档案馆，1953-03-004.

[2] 致国家计划委员会、国务院第二办公室关于报送中科院十五年计划草案的函（附件四份）//中科院十五年（一九五三——一九六七）发展计划纲要草案（草稿）. 北京：中国科学院档案馆，1953-03-004.

[3] 致国家计划委员会、国务院第二办公室关于报送中科院十五年计划草案的函（附件四份）//中科院十五年（一九五三——一九六七）发展计划纲要草案（草稿）. 北京：中国科学院档案馆，1953-03-004.

[4] 致国家计划委员会、国务院第二办公室关于报送中科院十五年计划草案的函（附件四份）//中科院十五年（一九五三——一九六七）发展计划纲要草案（草稿）. 北京：中国科学院档案馆，1953-03-004.

[5] 通知第九次院务常务会议改期召开（附干部学校的意见等）//中科院一九五六年召开第七次至第十二次院务常务会议通知及有关材料. 北京：中国科学院档案馆，1956-02-020.

表 4-4　《计划纲要草案（草稿）》所列学科任务与中国科学院重大科研项目比较表

序号	《计划纲要草案（草稿）》所列学科任务	中国科学院重大科研项目
1	"物理、数学方面"第 1 项任务：大力发展原子核物理、同位素化学与原子能和平利用的研究，保证我国原子能工业发展对科学的要求。保证示踪原子各方面科学研究工作中的应用	原子核物理、原子核工程及同位素的应用（第 1 项）
2	"物理、数学方面"第 2 项任务：建立电子学研究的完善的基础，使能满足国防建设、工业建设发展的需要	无线电电子学理论基础及其应用（第 3 项）
3	"物理、数学方面"第 3 项任务：在现有基础上发展固体物理的各个学科，首先建立与发展半导体物理的研究，为电讯事业与工业自动化的发展，开辟新的道路；加强金属物理、结晶学、磁学等的研究，使能在理论上为各种工业材料的创制与利用提供新的方向和途径	半导体及其利用（第 2 项）
4	"物理、数学方面"第 4 项任务：大力发展力学的研究，首先是发展空气动力学，建立物理力学，包括燃烧、爆炸等，以支援航空事业的发展。加强固体力学、流体力学的研究，开展自动控制的理论研究，以保证工程建设在理论上的要求	燃烧与爆炸（第 10 项）
5	"物理、数学方面"第 5 项任务：发展微分方程、数理统计、计算数学，开始计算机的研究，保证其在各项工作中的充分运用。在上述基础上建立全国计算中心，解决各门科学和工程技术上的各种复杂计算问题。同时保证数学中各门学科的合理发展	数值计算和数理统计问题（第 4 项）；电子计算机（第 5 项）
6	"化学方面"第 2 项任务：建立与发展重有机合成的研究，大力发展高分子化学的研究，保证化工原料的需要和油、煤副产品的合理利用。开展元素有机物如矽、氟、磷的有机物的研究，保证特殊性能的材料的制备。加强天然有机物特别是抗生素的研究工作	高分子化合物的研究（第 28 项）；基本有机合成及其工艺（第 29 项）；抗生素的研究（第 32 项）
7	"化学方面"第 5 项任务：系统地研究中药，基本上弄清主要中药的药物化学和药理	中医中药的科学基础的研究（第 53 项）
8	"生物学方面"第 2 项任务：加强森林的研究，开展草原的调查研究，与此相适应发展森林学、牧草学等学科	绿化建设与森林问题（第 48 项）
9	"生物学方面"第 5 项任务：大力开展微生物的研究，加强抗生素的工作。建立动物与人体的生理的研究中心，全面开展生物化学、生物物理、代谢作用和生长发育的各种理论问题的研究。开展中医、中药的综合性研究，总结我国医学遗产	抗生素的研究（第 32 项）；中医中药的科学基础的研究（第 53 项）
10	"地学方面"第 1 项任务：开展石油地质的调查研究，支援西北、西南以及其他地区石油的勘探，并从理论上阐明油田的构造与生成。建立微体古生物和花粉孢子的研究基础，加强古生物与底层的研究工作	石油及天然气生成、聚集勘探及开采的问题（第 25 项）
11	"地学方面"第 3 项任务：建立地震观测网，进行地震区域调查和小区域划分。把物理探矿的研究建立起来，支援矿藏的勘探。加强地磁的测量与研究，并进行地壳物理的理论研究	物理探矿、化学探矿、高速钻探和航空探测的问题（第 41 项）；中国地震活动性、地震预告及工程地震的研究（第 42 项）
12	"技术科学方面"第 1 项任务：加强冶金的研究，建立采矿、选矿的研究基础，保证有力地支援已有钢铁工业的发展和西北、西南新钢铁基地的建立	钢铁工业中的选矿和冶炼的新技术及其理论（第 18 项）
13	"技术科学方面"第 3 项任务：加强机械的研究，研究各种高能力的动力机械，配合农业机械化进行农业机械的研究；开展自动控制与远距离操纵的研究工作，促进工业自动化。开展精密仪器、光学仪器和电子仪器的研究	自动学与自动化系统（第 6 项）；精密机械仪器、特种光学仪器与电子仪器（第 8 项）
14	"技术科学方面"第 4 项任务：大力开展石油的研究，改进页岩油、煤炼油和天然油的炼制、加工。建立天然气利用的研究基础。加强煤炭的分析研究，保证煤炭的综合利用	石油及天然气生成、聚集勘探及开采的问题（第 25 项）；页岩油加工和人造液体燃料新方法的研究（第 26 项）；煤作为燃料及化工原料的综合利用（第 27 项）
15	"大规模的综合考察工作和基本科学资料的整理总结"方面第 1 项任务：黄河、长江以及其他的流域规划和综合开发的考察	长江、黄河、黑龙江、珠江流域综合开发的调查和研究（第 36 项）
16	"大规模的综合考察工作和基本科学资料的整理总结"方面第 7 项任务：西藏高原的考察	西藏高原区的综合调查和研究（第 37 项）

续表

序号	《计划纲要草案（草稿）》所列学科任务	中国科学院重大科研项目
17	"大规模的综合考察工作和基本科学资料的整理总结"方面第 8 项任务：海洋环境与资源的考察	海洋的综合调查和研究（第 38 项）

资料来源：致国家计划委员会、国务院第二办公室关于报送中科院十五年计划草案的函（附件四份）//中科院十五年（一九五三——一九六七）发展计划纲要草案（草稿）. 北京：中国科学院档案馆，1953-03-004；通知第九次院务常务会议改期召开（附干部学校的意见等）//中科院一九五六年召开第七次至第十二次院务常务会议通知及有关材料. 北京：中国科学院档案馆，1956-02-020.

可见，中国科学院的十五年发展远景计划与十二年科学研究事业规划关系密切，前者的制定为后者的制定奠定了基础。而表 4-4 中中国科学院重大科研项目中的 13 项即第 1、2、3、5、15、28、29、32、36—38、41、53 项此后被纳入或部分调整后被纳入十二年科技规划的重要科学技术任务[1]，促进了新中国科学技术事业的发展。

综上所述，中国共产党重视科技事业发展，早在 1949 年春就已经酝酿成立国家科学院，对中国科学院的成立起到了决定性的作用。中国科学院成立后将中央研究院留在大陆的研究所和分支机构与北平研究院、静生生物调查所、中国地理研究所等机构进行了调整，成立了首批研究机构。1950 年后，中国科学院不断增设研究机构，壮大研究队伍，为其科学研究工作的开展打下了坚实的基础。1955 年，中国科学院借鉴苏联经验，结合中国实际建立学部和学部委员制度、学术奖励制度、研究生制度，在自身体制建设方面得到快速发展，并制定了十五年发展远景计划。这些对中华人民共和国科技事业的发展产生了重要影响，决定中国科学院在中华人民共和国科技事业初步奠基历程中扮演着不可替代的角色。这段历史反映了中国科学院作为国家科学院在建院初期与政府之间的积极互动。

---

[1] 郭金海. 实践"计划科学"：1955—1956 年中国科学院两个长期规划的制订与影响. 自然科学史研究，2019，38（2）：157-159.

第五章　科技事业指导思想的
形成与纠偏

新中国成立之后，经过三年国民经济的恢复，于 1953 年开始进入国民经济建设的第一个五年计划时期。同时，生产资料社会主义改造使中国在 1956 年即将迎来崭新的社会主义制度。为适应大规模社会主义建设的需要，以 1956 年 1 月中共中央召开知识分子问题会议为起点，随着中央"向科学进军"号召和"百花齐放，百家争鸣"的指导方针的相继出台，中国社会主义时期科技事业的指导思想开始形成，为随之而来的中国科技事业的规划发展提供了理论支撑。然而，50 年代后期思想领域的"左"倾运动使得中国科技事业在思想和做法上产生了严重偏差和问题。为纠正科技事业出现的偏差，1961 年 7 月，国家科学技术委员会（简称国家科委）党组、中国科学院党组联名出台《关于自然科学研究机构当前工作的十四条意见（草案）》（简称"科研十四条"），在指导思想上为"文化大革命"爆发之前中国科技事业的健康发展提供了保障。

第一节　知识分子问题会议与"向科学进军"的提出*

1956 年 1 月 14—20 日，中共中央召开了关于知识分子问题的工作会议，就如何正确对待知识分子和如何看待科学技术发展的重要性进行了说明。此次会议由在京的中央委员、候补委员，中央各部门和各省（自治区、直辖市）主要负责人，以及重要的科学、教育、文化、卫生等单位的党员干部等 1000 多人参加。刘少奇担任大会执行主席，周恩来代表中共中央在会上作了《关于知识分子问题的报告》。会议着重研究了如何加强党对知识分子的领导、对科学文化工作的领导，以及妥善解决有关知识分子的工作安排和生活待遇等方面的问题。[①]这次会议是党解决知识分子问题和强调科学技术对国家发展重要性的一次历史性会议，会议从新的形势和任务出发，尝试全面地解决知识分子问题，动员和号召全国知识分子积极投入社会主义现代化建设，发起了"向科学进军"的号召和重大战略部署。

一、知识分子问题会议召开的背景

（一）经济建设开展后对人才的需求及存在的问题

中华人民共和国成立初期，在党的领导下，国家进行了国民经济恢复相关的各项社会改革，而知识分子问题和科学技术的发展还没有被摆到突出强调的位置上。随着各项

---

* 作者：王安轶、方一兵。
① 薄一波. 若干重大决策与事件的回顾. 上卷. 北京：中共党史出版社，2008：355.

建设工作的开展，特别是"一五"计划实施以后，由于新技术的采用，国家对科技人才的需求越来越大，当时的科技人才无论在数量上还是在质量上都不能满足大规模经济建设的要求。根据1954年调查的材料，各业务部门的研究机构112个，研究技术人员4000余人，其中四级工程师以上仅773人。到1956年初，中国科学院有研究机构44个，全院总人数是8068人，其中研究人员2496人，副研究员以上400人。①全国高等学校有188所，教师4万多人，其中副教授以上7000余人。②这三方加起来的科技工作者共有5万余人，其中相当于副研究员以上的仅1万余人。在各项科技攻关计划的推动下，各个研究院所、学校以及各部委都提出了对科技人才的更大需求。此时，国家迫切需要调动知识分子的积极性，因此，培养科技人才问题被提上国家议事日程。

另外，虽然知识分子在国家建设中的重要作用日益凸显，但是党内对知识分子的态度却不够明朗。1955年下半年，在民盟中央文教委员会负责人费孝通的联络下，民盟整理了一批关于高级知识分子情况的材料送交中共中央统战部，并把存在的问题概括为"六不"："估计不足，信任不够，安排不妥，使用不当，待遇不公，帮助不够。"③随即，中共中央统战部部长李维汉向周恩来汇报了这六个问题。

（二）会前中央对知识分子状况和工作的调查与评估

在充分认识到知识分子问题在当前科技发展形势和社会形势下的紧迫性后，1955年11月22日，周恩来向毛泽东汇报了知识分子的有关情况，陈述了知识分子问题，并建议专门召开一次关于知识分子的大会。1955年11月23日，毛泽东召集中央书记处全体成员刘少奇、周恩来、朱德、陈云和中央有关方面负责人，决定在全面社会主义建设即将到来的新形势下，召开一次大型会议，全面解决知识分子问题，并成立了以周恩来为总负责的中共中央研究知识分子问题的十人小组着手准备这次会议。④

随后，中央十人小组和各部门、各地区的党委协同对知识分子问题进行了大量的调查研究工作。在京的各部门对中华人民共和国成立六年来知识分子的变化情况进行了专门调查。例如，中国科学院成立了研究知识分子问题办公室，调研并提供了竺可桢、汪猷、叶渚沛等三人在科研、思想、政治等方面的情况报告，并对数学研究所知识分子问题进行了调研⑤，提供了高级知识分子为新中国经济恢复和发展所做出的贡献以及他们生活待遇等问题的资料。周恩来还邀请了中国科学院和北京地区部分高校的有关人员进行座谈，详细收集了北京地区各大学中有关知识分子的普遍问题。不仅在北京，各省（自治区、直辖市），特别是沈阳、广州、武汉、重庆等大城市也参与收集整理了知识分子现状的统计材料。另外，周恩来召集全国政协常委会议，动员民革、民盟、民建、民进、九三学社等民主党派搜集有关知识分子问题的材料。

在初步调研基本完成后，周恩来起草了《知识分子问题》提纲，并审定了一份《关

① 中国科学院. 中国科学院卷之第一编中国科学院发展史（预印本）. 1989：32.
② 《中国教育年鉴》编辑部. 中国教育年鉴（1949~1981）. 北京：中国大百科全书出版社，1984：973-974.
③ 熊华源. 历史转折关头的战略决策——知识分子问题会议召开的前前后后//林志坚. 新中国要事述评. 北京：中共党史出版社，1994：106.
④ 小组成员：周恩来、彭真、陈毅、李维汉、徐冰、张际春、安子文、周扬、胡乔木、钱俊瑞。
⑤ 中共中央办公厅. 关于知识分子问题的会议参考资料. 第二辑. 北京：中共中央办公厅机要室，1955.

于收集知识分子问题材料的题目单》，从政治和业务状况的估计、对知识分子的信任等十二个方面做进一步系统的收集、整理、分析、研究知识分子问题。[1]随后，中央十人小组在深入研究中央和各地、各部门上报的调查材料的基础上，写成了《中共中央关于知识分子问题的指示（草案）》。1955 年 12 月初，周恩来召集彭真等研究这一指示，讨论了党内对知识分子问题估计不足和知识分子的重要性这两方面的内容。在材料搜集的基础上，12 月中旬周恩来就关于知识分子问题会议报告的起草约见胡乔木，由胡乔木负责初稿的撰写。1956 年 1 月上旬，报告完成后，周恩来再次召集中央十人小组连续讨论三次，对报告进行了细致的修改。至此，对知识分子状况和知识分子问题调研和会议报告的起草工作基本结束。

二、知识分子问题会议的召开

1956 年 1 月 14—20 日，中共中央关于知识分子问题会议在北京召开。参加会议的代表共 1279 人，包括 57 位在京中共中央委员、候补委员；中共中央上海局、各省委、市党委、自治区党委和 27 个省辖市市委书记或副书记，以及各省（自治区、直辖市）党委组织部、中共中央宣传部、中共中央统战部负责人；中共中央各部委负责人，国家机关各部门、全国性群众团体的党员负责人；全国重要高等院校、科学研究机构、设计院、厂矿、医院、文艺团体和军事机关的党员负责人。[2]会上，周恩来代表中共中央作《关于知识分子问题的报告》。1 月 16—20 日，会议展开讨论，发言者前后达 61 人之多。[3]周恩来的报告成为会议的中心议题，《中共中央关于知识分子问题的指示（草案）》和 11 个专题报告也是讨论的主要议题。大会最后一天，陆定一、李富春、彭真、陈云等先后在会上发言，毛泽东也到会作重要讲话，最后由周恩来作结论。

这次大会的主要议题集中体现在 1956 年 1 月 14 日周恩来做的《关于知识分子问题的报告》中。报告主要围绕知识分子问题和发展科学技术的问题展开论述，着重阐释和论证了下述几个方面的内容。

（一）提出知识分子的阶级属性的新论述

《关于知识分子问题的报告》从政治状况、队伍规模、业务水平等方面详细分析了中国现有知识分子的现状，并提出知识分子的阶级属性的新论述。1949 年以来，知识分子在政治上有很大进步，其阶级属性发生了重大变化。报告认为，知识分子"中间的绝大多数已经成为国家工作人员，已经为社会主义服务，已经是工人阶级的一部分"。为此，周恩来提出了两条依据：首先，知识分子绝大部分"已经成为国家工作人员，已经为社会主义服务"；其次，政治上、思想上"知识界的面貌在过去六年来已经发生了根本的变化"。这是对知识分子阶级属性的判断，为了证明这个判断，周恩来用相当的篇

---

① 中共中央文献研究室. 周恩来年谱（1949—1976）. 上卷. 北京：中央文献出版社，2020：510.

② 熊华源. 历史转折关头的战略决策——知识分子问题会议召开的前前后后//林志坚. 新中国要事述评. 北京：中共党史出版社，1994：109.

③ 中共中央召开关于知识分子问题会议. 人民日报，1956-01-30（1）.

幅和统计数据来说明知识分子何以发生了"根本变化"，他列举了高级知识分子中各类知识分子的比例。根据前期调查，高级知识分子中进步分子约占40%，中间分子也约占40%，落后分子约占百分之十几，反革命分子和其他坏分子约占百分之几。①这个占比同中华人民共和国成立初期相比变化很快，绝大多数知识分子已经是具备进步思想的社会主义建设的重要力量。

（二）指明党对知识分子工作的方针和指导原则

周恩来指出，在过往知识分子问题的处理上，党内存在一些错误的判断，主要是低估了知识分子的巨大进步，没有认清他们在社会主义事业中的重大作用，不把他们作为工人阶级的一部分来看待。党内一些同志对怎样充分地动员和发挥知识分子的力量、进一步改造知识分子、扩大知识分子队伍、提高知识分子的业务能力等迫切问题，漠不关心。②

为此，周恩来提出了"最充分动员和发挥知识分子力量"的三项措施：一是改善对于他们的使用和安排，使他们能够发挥他们对于国家有益的专长；二是应该对于所使用的知识分子有充分的了解，给他们以应得的信任和支持，使他们能够积极地进行工作；三是应该给知识分子以必要的工作条件和适当的待遇，包括改善生活待遇，确定和修改升级制度，拟定关于学位、学衔、发明创造和优秀著作奖励等制度。③

（三）指明知识分子在社会主义建设中的重要作用

《关于知识分子问题的报告》明确指出，知识分子是社会主义建设的伟大力量。周恩来指出，社会主义时代比以前任何时代都更加需要充分地提高生产技术，更加需要充分地发展科学和利用科学知识；而要充分地发展科学和利用科学知识，没有广大知识分子的努力和辛勤劳动是不能完成的；我们现在所进行的各项建设，正在愈来愈多地需要知识分子的参加。社会主义建设除了必须依靠工人阶级和广大农民的积极劳动以外，还必须依靠知识分子的积极劳动，也就是说，必须依靠体力劳动和脑力劳动的密切合作，依靠工人、农民、知识分子的兄弟联盟。④因此，知识分子已经成为我国各方面生活中的重要因素，成为社会主义建设事业中的一支伟大力量。正确解决知识分子问题、更充分地动员和发挥他们的力量，为伟大的社会主义建设服务，也就成为我们努力完成过渡时期的总任务的一个重要条件。⑤

① 周恩来. 关于知识分子问题的报告//中共中央文献研究室. 建国以来重要文献选编. 第8册. 北京：中央文献出版社，2011：13.
② 周恩来. 关于知识分子问题的报告//中共中央文献研究室. 建国以来重要文献选编. 第8册. 北京：中央文献出版社，2011：16-17.
③ 周恩来. 关于知识分子问题的报告//中共中央文献研究室. 建国以来重要文献选编. 第8册. 北京：中央文献出版社，2011：18-20.
④ 周恩来. 关于知识分子问题的报告//中共中央文献研究室. 建国以来重要文献选编. 第8册. 北京：中央文献出版社，2011：10-11.
⑤ 周恩来. 关于知识分子问题的报告//中共中央文献研究室. 建国以来重要文献选编. 第8册. 北京：中央文献出版社，2011：11.

（四）强调发展科学技术的重要性，提出"向科学进军"

《关于知识分子问题的报告》的另一个重点就是强调了科技发展的重要性，周恩来对世界现代科学技术的特点和它在社会发展中的重要地位与作用做了深入的分析。在报告中，周恩来指出"世界科学技术在最近二三十年中，有了特别巨大和迅速的进步，这些进步把我们抛在科学发展的后面很远。这些最新的成就，使人类面临着一个新的科学技术和工业革命的前夕，其意义远远超过蒸汽和电的出现而产生的工业革命"[1]。因此，"我们必须急起直追，力求尽可能迅速地扩大和提高我国的科学文化力量，而在不大长的时间里赶上世界先进水平。这是我们党和全国知识界、全国人民的一个伟大的战斗任务"[2]。从根本上看，对科技形势的分析是为了强调科技对社会主义建设的重要作用，提出"向科学进军"的决心。

值得注意的是，为实现"向科学进军"的计划，周恩来在《关于知识分子问题的报告》里明确提出了"全面规划"科学的思想，由国家计划委员会负责，会同有关部门，"为了认真地而不是空谈地向科学进军，我们必须抓紧时间，在今年4月底以前，确定科学技术发展远景规划，和适合于这个远景计划的今明两年的具体计划"，"为实现这个远景规划和两年计划需要调集一批科学力量"和"准备一切必要的条件"[3]。

1956年1月20日，毛泽东在闭幕会上发表讲话，他再次强调了知识分子与科技发展的重要性，号召全党努力学习科学知识，同党外知识分子团结一致，为迅速赶上世界科学先进水平而奋斗。[4]

三、知识分子工作决策的落实及影响

1956年2月24日，中共中央政治局会议通过的《中共中央关于知识分子问题的指示》要求全党"进一步地把知识分子问题放在全党和国家的各个工作部门的议事日程上"，要求"全面规划，加强领导"[5]，提出改进意见，并及时向中央作报告。为了贯彻执行知识分子问题会议精神，会后，中共中央颁布和采取了一系列有关解决知识分子问题的方案，逐步落实诸如改善知识分子政治地位、工作和生活条件等各方面的工作。

在知识分子政治地位的获得上，1956年4—5月，中共中央先后转发了组织部《关于在知识分子中发展党员计划的报告》《中央组织部关于高级知识分子入党情况的报告》，以及中共中央统战部《关于解决高级知识分子中一部分人士社会活动过多和兼职过多问题的意见》等文件。[6]

---

① 周恩来. 关于知识分子问题的报告//中共中央文献研究室. 建国以来重要文献选编. 第 8 册. 北京：中央文献出版社，2011：30.
② 周恩来. 关于知识分子问题的报告//中共中央文献研究室. 建国以来重要文献选编. 第 8 册. 北京：中央文献出版社，2011：29.
③ 周恩来. 关于知识分子问题的报告//中共中央文献研究室. 建国以来重要文献选编. 第 8 册. 北京：中央文献出版社，2011：34.
④ 中共中央召开关于知识分子问题会议. 人民日报，1956-01-30（1）.
⑤ 周恩来. 关于知识分子问题的报告//中共中央文献研究室. 建国以来重要文献选编. 第 8 册. 北京：中央文献出版社，2011：113.
⑥ 金冲及主编，中共中央文献研究室编. 周恩来传. 第 3 册. 北京：中央文献出版社，2011：1093.

在知识分子的管理上，1956 年 5 月，国务院成立了专家局，负责了解高级知识分子的困难，督促、检查各部门对专家和其他高级知识分子的政策、法令的贯彻执行情况，以及解决高级知识分子普遍遇到的问题。同时，中央各部委、各省（自治区、直辖市）分别成立了有关办事机构负责管理和对接知识分子工作。

在知识分子工作条件的改善上，1956 年 7 月 20 日，国务院转发了由研究改善高级知识分子工作条件小组收集和整理的《关于高级知识分子工作条件问题的情况和意见》以及关于这个文件的《通知》。《通知》将当时所需解决的问题分为四个方面，包括：①各个部门需要积极主动地为科学研究工作提供所需的图书、资料、仪器等；②有步骤地改变那些不适合科学研究工作特点的规定，制定适合科学研究特点的具有灵活性的规定，给予科学研究机构更多权限以便及时地解决与业务有关的问题；③为改善专家和其他高级知识分子的工作条件，要对相关问题制定具体的规划，保证科学研究的必需条件；④专家局应负责研究高级知识分子工作条件的问题，督促执行相关规定。《通知》附件《关于改进高级知识分子工作条件应由中央各个有关部门进行的工作》就有关知识分子工作条件分成的 9 个问题（图书、资料、科学技术情报和国际学术交流、仪器、试剂、实验房屋与土地、研究经费、参观实习、科学家活动中心等），分别提出了具体的改进意见和措施。①

这一系列的工作，从规划到实施都做了具体的安排，有力地推进了全国范围内针对知识分子问题的工作的开展。

1956 年知识分子问题会议的召开，明确了知识分子的地位，强调了知识分子对我国科技事业发展的重要作用，会后一系列的举措增强了知识分子的信心，推进了我国科学文化教育事业的发展。通过这次会议以及会后《中共中央关于知识分子问题的指示》的颁布，知识分子待遇和工作条件有了一定改善，吸收了一批高级知识分子入党，改进了对知识分子和知识分子工作的领导。②

这次会议使社会主义建设、科技发展与知识分子三者之间的密切关系得到了深入的论述，"向科学进军"的号召，成为新中国科技发展历史上的里程碑。1956 年 3 月 14 日，国务院成立了国家科学规划委员会，陈毅为主任，李富春、郭沫若、薄一波、李四光为副主任，竺可桢、茅以升等 35 人为委员，集中全国的科学家和技术专家，经过半年多的努力，制定了《1956—1967 年科学技术发展远景规划纲要（草案）》。这一规划的制定，是我国科学技术史上的大事件，为发展我国科学文化事业指出了明确的奋斗目标，而知识分子问题会议实质上是为这一规划的制定做出了精神动员。

第二节　"双百"方针的提出*

知识分子问题会议召开后，毛泽东在 1956 年 4 月召开的中共中央政治局会议和 5

① 何东昌. 中华人民共和国重要教育文献（1949—1975）. 海口：海南出版社，1998：663.
② 瞿宛林. 1956 年前后中国共产党知识分子政策的调整及成效——以北京市为中心的考察. 北京党史，2016，5：25-29.
* 作者：方一兵。

月召开的最高国务会议上，提出了"百花齐放，百家争鸣"的方针（简称"双百"方针），将其作为科学和文化发展的指导方针，即艺术问题上百花齐放，学术问题上百家争鸣。"双百"方针的提出，直接促使了挑战米丘林-李森科学派的青岛遗传学座谈会的召开，这次座谈会被认为是自然科学界贯彻"双百"方针的典型范例，通过这次座谈会以及其后遗传学在中国的命运，可以窥见"双百"方针提出后，这一指导思想在不同时期对科学研究所发挥的作用。

一、"双百"方针的出台

"双百"方针的出台有一个过程。1951 年 4 月，中国戏曲研究院成立，毛泽东题词"百花齐放，推陈出新"，用来指导戏曲界的发展，鼓励各种戏曲形式同时并存和发展。[1]"百花齐放"这一方针，较少涉及其他方面问题。而"百家争鸣"最初的提出，是针对史学研究问题。1953 年，中共中央决定设立中国历史问题研究、中国文字改革研究和中国语文教学研究 3 个委员会，并决定由中国科学院创办《历史研究》杂志。为办好刊物，毛泽东主席在回复关于学术界的路线和方针的请示时，提出了"百家争鸣"，同年 10 月，这一方针在中国科学院召集的会议上得到了传达。[2]

1956 年，"百花齐放，百家争鸣"被确定为党在科学文化工作上的基本方针，和当时国内外发展形势有密切关系。

在国内，社会主义改造即将完成，中国成为社会主义国家后，急需团结一切力量进行社会主义建设。1956 年 1 月知识分子问题会议召开，发出"向科学进军"的号召，知识分子的地位和作用受到前所未有的重视，而怎样领导科学工作，被提到了党中央的议事日程。1956 年 2 月 24 日，中共中央政治局会议通过了《中共中央关于知识分子问题的指示》，提出："采取一系列有效措施，充分地动员和发挥现有知识分子的力量。"[3]而此前，如何对待不同学术观点或学派的问题一直存在，如部分在苏联学习了米丘林学派遗传学的同志，把摩尔根学派贬为唯心主义，医学界也存在将中医视为封建医学，西医是资本主义医学的错误观点。这些现象阻碍了科学的发展和学术繁荣，引起了中央的关注。1956 年 2 月在中南海颐年堂召开的一次会议上，时任中共中央宣传部部长的陆定一向中央报告了这些情况和他的意见，直接导致了中央对科学工作采取"百家争鸣"的方针。[4]

国际方面，苏联以 1956 年 2 月赫鲁晓夫在苏共二十大闭幕日发表的一份秘密报告为标志，对斯大林的个人崇拜进行了全面批判，引发了中共中央对苏联的一些错误和教训的反思，尤其是学术思想领域的教条主义及其对科学文化事业的危害，引起了党中央的重视。毛泽东在讨论赫鲁晓夫秘密报告时，谈到苏联学术领域"一潭死水""万马齐喑"。[5]1956 年 4 月，李森科被迫辞去全苏列宁农业科学院院长一职，此前受迫害而死

---

① 占善钦. "双百方针"是如何出台的? 传承，2012，（9）：8.
② 占善钦. "双百方针"是如何出台的? 传承，2012，（9）：9.
③ 《党的文献》编辑部. 一九五六年知识分子会议文献选载. 党的文献，1990，（1）：11.
④ 陆定一. "百花齐放，百家争鸣"的历史回顾——纪念"双百"方针三十周年. 理论月刊，1986，（6）：1-2.
⑤ 吴冷西. 吴冷西回忆录之一：新的探索和整风反右. 北京：中央文献出版社，2016：25-26.

的植物遗传学家瓦维洛夫得以恢复名誉，这一消息也使中国遗传学界的思想活跃起来。4月5日，《人民日报》发表《关于无产阶级专政的历史经验》一文，强调吸取苏联教训，反对在哲学、经济学、历史和文艺批评等研究领域存在的教条主义。[①]正是在这一背景下，基于对国内情形的判断和对国际形势的反思，党中央在1956年的4—5月明确提出将"百花齐放，百家争鸣"作为党在科学文化上的基本方针。

1956年4月25日，毛泽东在中共中央政治局扩大会议上作了《论十大关系》的报告，提出以苏联为鉴，走自己的路："必须有分析有批判地学，不能盲目地学，不能一切照抄，机械搬运。他们的短处、缺点，当然不要学。……对于苏联和其他社会主义国家的经验，也应当采取这样的态度。"[②]在这次会议讨论中，陆定一就科学文化问题做了发言，他说："对于学术性质、艺术性质、技术性质的问题要让它自由，要把政治思想问题同学术性质的、艺术性质的、技术性质的问题分开来。"[③]4月28日，毛泽东作总结发言，提出"艺术问题上的百花齐放，学术问题上的百家争鸣，我看应该成为我们的方针"。这是第一次将"双百"方针完整地作为科学文化的指导方针提出。5月2日，毛泽东在最高国务会议上再次明确提出了"双百"方针。[④]

1956年5月26日，受中国科学院院长郭沫若邀请，陆定一代表党中央在怀仁堂作了《百花齐放，百家争鸣》的报告，参会者包括自然科学家、社会科学家、文学家和艺术家等1000多人。报告不仅论述了"双百"方针提出的重大意义，还阐明了它的特定内涵，他说："我们主张政治上必须分清敌我，我们又主张人民内部一定要有自由。……'百花齐放，百家争鸣'，是人民内部的自由在文艺工作和科学工作领域中的表现。"[⑤]6月13日，该文发表在《人民日报》上，"双百"方针由此公之于世。1956年9月，"双百"方针被载入党的八大文件。

二、"双百"方针的贯彻与影响

"双百"方针的提出，是国家最高决策者在社会主义新体制下，对发展科学文化在指导思想和政策上的新尝试。"双百"方针提出后，立即受到科学界和文艺界的热烈欢迎，1956年5月至1957年春近一年时间内，对文化科学事业在思想上确实产生了积极影响。在科学领域，1956年8月召开的青岛遗传学座谈会被认为是自然科学界贯彻"百家争鸣"方针的典范，推动我国遗传学发展的一次历史转折。

在青岛遗传学座谈会召开之前，中国生物学界在1949年以后受苏联的影响，大力推行李森科学派的遗传学，批判、禁止讲授和研究摩尔根学派的遗传学，一些中国的遗传学家因对李森科学派学术观点有抵触思想而受到批判，科研活动也基本被停止。1955年，中国科学院植物研究所研究员胡先骕出版《植物分类学简编》一书，在"植物分类学原理"一章中，批评了李森科的一些见解，并对苏联植物学界关于李森科生物学的争

① 占善钦. "双百方针"是如何出台的? 传承, 2012, (9): 9.
② 毛泽东. 论十大关系. 人民日报, 1976-12-26 (1).
③ 文严. "双百"方针提出和贯彻的历史考察. 党的文献, 1990, (3): 24.
④ 文严. "双百"方针提出和贯彻的历史考察. 党的文献, 1990, (3): 25.
⑤ 陆定一. 百花齐放, 百家争鸣——一九五六年五月二十六日在怀仁堂的讲话. 人民日报, 1956-06-13 (2).

论进行了评述："这场争论在近代生物学史上十分重视。我国的生物学工作者，尤其是植物分类学工作者必须有深刻认识，才不致被引入迷途。"这遭到了在高等教育部工作的苏联专家的抗议，在 1955 年 10 月底召开的纪念米丘林诞生一百周年的大会上，胡先骕受到政治批判。①

1956 年 5 月，"双百"方针被明确提出，正是基于党中央对苏联学术界所犯的教条主义错误的反思。为给贯彻"百家争鸣"方针提供一个榜样，陆定一提出要在遗传学领域开展讨论，决定由中国科学院和高等教育部共同主持，于 1956 年 8 月在青岛召开遗传学座谈会（图 5-1）。8 月 10 日会议正式举行，历时 15 天，约 130 人出席，遗传学界两派的主要代表人物均到会。时任中共中央宣传部科学处处长于光远作了两次发言，在第一次发言中，他从"开放唯心论"、怎样看待"学术与政治"的关系、"学派"问题、"研究工作如何做"等方面，阐述了科学界贯彻"百家争鸣"方针的基本问题，强调保证学术研究的自由，学术工作要尊重科学事实。②他的发言消除了与会者的思想顾虑。会上有 56 人进行了发言，两个学派分别介绍了当时的研究成果，分别讨论了遗传的物质基础、遗传与环境的关系、遗传与个体发育、遗传与系统发育、遗传学的研究与教学问题等专题。

图 5-1　青岛遗传学座谈会代表合影（1956 年 8 月）

资料来源：纪念中国科学院学部成立 55 周年. https://www.cas.cn/zt/sszt/zkyxbclwswzn/lzp/201005/t20100531_2871732.html

这次会议的最大特点是，摩尔根学派科学家在"百家争鸣"方针的鼓舞下，毫无保留地发表了自己的意见，实践了将政治问题和学术问题分开这一原则。经过敞开的学术争论，科学家们都感到遗传学内容十分复杂，有许多重要问题还未弄清，任何一个学派

---

① 李佩珊，孟庆哲，黄青禾，等. 百家争鸣——发展科学的必由之路：1956 年 8 月青岛遗传学座谈会纪实. 北京：商务印书馆，1985：1-7.

② 于光远在 1956 年青岛遗传学座谈会上的两次讲话//李佩珊，孟庆哲，黄青禾，等. 百家争鸣——发展科学的必由之路：1956 年 8 月青岛遗传学座谈会纪实. 北京：商务印书馆，1985：18-26.

都不应该认为自己达到了遗传学的高峰。[①]会议对我国遗传学领域的影响是显而易见的，在 1966 年 6 月以前，遗传学两派的教学能正常进行，研究工作逐渐扩大了领域，分子遗传学的工作也开始建立。[②]

青岛遗传学座谈会在短时间内所产生的影响不仅在于恢复了摩尔根学派在中国的地位，还在于其作为科学界贯彻"双百"方针的典型，为鼓励科学研究的"百家争鸣"起到了助推作用。这次会议是在"双百"方针提出以后，我国自然科学中的第一次学术讨论会，通过青岛遗传学座谈会，"百家争鸣"方针开始真正地在科学界得到贯彻，起到了解放思想、促进学术繁荣的作用。

遗憾的是，青岛遗传学座谈会打开的良好局面，在 1957 年 6 月之后被严重扩大化的反右派斗争等政治运动破坏了。反右派斗争的扩大化，引发了知识界的"红专"大辩论和"双反"运动。在运动中，摩尔根遗传学等一些自然科学理论被视为资产阶级"伪科学"再次受到批判，科技事业受"左"倾思想影响严重。针对这种"左"倾现象，中共中央于 1961 年发布了"科研十四条"，对错误做法进行了纠正，以继续推动国家科技事业的发展。但 1966 年爆发的"文化大革命"，彻底破坏了"双百"方针在科学文化事业中打下的良好基础，直到"文化大革命"结束之后，"双百"方针在新时期被赋予了更深刻的内涵而再次发挥作用。

第三节　20 世纪 50 年代后期思想领域的"左"倾运动及其影响[*]

随着生产资料所有制的社会主义改造基本完成，执政党所面临的任务也发生了变化。1956 年 9 月，中共八大提出，要把党的工作重点转移到经济建设和技术革命上来，要正确处理各种矛盾，调动各方面的积极因素，共同为建设社会主义而奋斗。为此中央决定开展一次整风运动，以克服新滋生的主观主义、官僚主义和宗派主义的思想作风。在整风运动中开展了反右派斗争，之后知识界又开展了轰轰烈烈的"红专"大辩论和"双反"运动。在随后进行的"大跃进"过程中，全国开展了"拔白旗，插红旗"运动。虽然中央发动这些运动的初衷是推动国家各项事业的快速发展，但由于运动中采取的方式不够妥当，在实施过程中对一些科技人员产生了一定程度的冲击，同时也对一些科学理论开展了错误的批判，由此对共和国科技和教育事业的发展造成了一定程度的负面影响。1959 年，中央发现这些问题后及时采取措施，对一些"左"倾错误做法进行了制止和纠正。

一、反右派运动

1957 年 5 月 1 日，《人民日报》发表了中共中央《关于整风运动的指示》。之后，全

① 黄青禾，黄舜娥. 一个成功的学术会议——记青岛遗传学座谈会. 人民日报，1956-10-07（7）.
② 李佩珊，孟庆哲，黄青禾，等. 百家争鸣——发展科学的必由之路: 1956 年 8 月青岛遗传学座谈会纪实. 北京: 商务印书馆，1985: 13.
* 作者: 胡化凯。

国开始了整风运动。

为了推动整风运动的深入开展，根据中共中央部署，中共中央统战部于 1957 年 5—6 月多次召开各民主党派、无党派人士、工商界人士等不同类型的座谈会，各省（自治区、直辖市）政府党委、科研院所及高等院校的党委也都召开了各种类型的座谈会，请党外人士针对党的各方面工作发表意见，以帮助共产党整风。在各种座谈会上，党外人士对党的工作提出了大量的批评和建议，其中绝大部分批评是正确的和中肯的，受到毛泽东及中央的肯定和欢迎。报刊登载了一些座谈会发言摘要，反映了党在工作中存在的种种问题。毛泽东看后说："不整风，党就会坏了。"[1]

但是，也有极少数党外人士错误地估计了苏共二十大和波兰匈牙利事件之后的国际形势，以及国内人民内部矛盾上升的政治形势，乘机发表攻击共产党和社会主义制度的言论，如把共产党的领导说成是"党天下"，认为"一党执政有害处"，鼓吹各个党派"轮流执政"，甚至有人提出"请共产党下台"等等。[2]有少数学者认为"共产党的领导对科学的发展没有好处。在美国没有人管科学，科学家很自由，所以有李正道、杨振宁那样的成就，要求共产党'无为而治'"[3]。也有人认为，"共产党不懂科学"，"外行不能领导内行"，"科学工作今不如昔"。[4]有人在大学里发表讲演，攻击共产党的领导，煽动学生上街游行、工人罢工。[5]这些情况的出现，是中共中央决定整风时所未曾料到的。

针对整风运动中出现的新情况，1957 年 5 月 15 日，毛泽东写了《事情正在起变化》一文。文章认为，"最近这个时期，在民主党派和高等学校中，右派表现得最坚决、最猖狂"，虽然"多数人的批评合理，或者基本上合理"，但"右派的特征是他们的政治态度右"，他们的"批评往往是恶意的，他们怀着敌对情绪"。[6]这篇文章反映了毛泽东对右派言论的基本看法。

苏共二十大之后，国际上出现了反共反社会主义的浪潮，波兰匈牙利事件的发生使中国共产党受到很大震动，担心类似的事情会在中国发生，由此中共中央加重了对国内形势严重性的估计。[7]基于对国际和国内形势的考虑，1957 年 6 月，中共中央发起了反击右派斗争的运动。

1957 年 6 月 8 日，中共中央发出《关于组织力量准备反击右派分子进攻的指示》，强调"这是一场大战（战场既在党内，又在党外），不打胜这一仗，社会主义是建不成的，并且有出'匈牙利事件'的某些危险"[8]。6 月 10 日，中共中央下发《中央关于反击右派分子斗争的步骤、策略问题的指示》，对反右派斗争做了具体部署。10 月 15 日，中央下发文件，提出了划分右派分子的统一标准。文件强调，右派分子既不能多划，也

---

① 薄一波. 若干重大决策与事件的回顾. 北京：中共党史出版社，2008：429.
② 薄一波. 若干重大决策与事件的回顾. 北京：中共党史出版社，2008：430-431.
③ 中共中央文献研究室. 建国以来毛泽东文稿. 第六册. 北京：中央文献出版社，1998：406.
④ 关肇直. 十年来我国数学界的学术思想. 自然辩证法研究通讯，1959，(2)：23.
⑤ 中共中央文献研究室. 毛泽东传（1949—1976）. 北京：中央文献出版社，2003：690.
⑥ 中共中央文献研究室. 建国以来毛泽东文稿. 第六册. 北京：中央文献出版社，1998：469-475.
⑦ 金冲及. 二十世纪中国史纲. 第三卷. 北京：社会科学文献出版社，2009：859-860.
⑧ 中共中央文献研究室. 建国以来毛泽东文稿. 第六册. 北京：中央文献出版社，1998：497.

不能少划，除了要有适当的标准外，还要有适当的审批手续。

反右派运动于 1957 年 6 月开始，持续到 1958 年夏季基本结束。尽管中央对右派的划分有明确的标准、严格的要求，但反击右派的斗争仍然被严重地扩大化了，全国有 55 万多人被划为"右派分子"。事实上，这些人中，"除极少数是真右派外，绝大多数或者说 99%都是错划的"。①

在反右派运动中，为了减少对科学家的冲击，中国科学院党组书记、副院长张劲夫提出自然科学研究机构的反右派斗争由中国科学院党组负责，并建议对一些科学家采取保护政策。这些意见经中国科学院党组讨论同意后，1957 年 7 月，张劲夫向毛泽东主席做了当面汇报，希望自己的想法能够得到中央的认可。张劲夫说："物以稀为贵。向科学进军要依靠科学家，中国现在科学家很少，还要培养新生力量。现有的科学家是宝贝，是'国宝'啊。因此，我的意见是要采取保护政策。不然向科学进军、'十二年规划'就很难实现。"毛泽东认为张劲夫说得有道理，要他把想法向中央书记处汇报。书记处总书记邓小平听了张劲夫的汇报后也表示赞同，他要求中国科学院党组代表书记处起草一个中央文件，由中央发给全党执行。中国科学院党组起草的文件针对不同的科学家群体划定了几个界限，分别采取不同的政策，例如对于日内瓦会议以后回国的知识分子，不要求他们参加反右派运动；对于老科学家，在运动中采取"三不"政策，即谈而不批，批而不斗，斗而不戴（帽子）；对于年轻的科技人员，则放手让他们在运动中接受教育，经受锻炼。文件提出，要把政治问题与思想问题分开，一时分不清的，先作为思想问题对待。文件还要求，科学家被划为右派分子，需要经中国科学院党组同意。这个文件的下发，有效地保护了一批科技精英人才，中国科学院系统的一百多位高级研究员，没有一个被划为右派分子。②

在反右派运动中，科技界许多人被划为"右派分子"，其中著名者如农学家金善宝、土木工程学家程士范、化学家曾昭抡和袁翰青、电机工程学家王国松、力学家钱伟长、机械工程学家雷天觉、地质学家谢家荣和黄汲清、热带病学家李宗恩、优生学家潘光旦、物理学家王恒守、无线电学家孟昭英等。由于反右派运动被严重扩大化，一大批科技工作者包括青年学生被打成"右派"，身心受到伤害，无法开展正常的学习和业务工作，使国家的科技和教育事业遭受了不应有的损失。

在反右派运动后期，结合对资产阶级思想的批判，全国开展了知识分子的"红专"大辩论。

二、"红专"大辩论

在整风运动中，有人提出共产党不懂科学技术，因此不能领导科技工作。这种观点在整风运动之前就有人提出过。针对共产党能否领导科学工作的问题，1957 年 3 月 19 日，毛泽东在南京、上海党员干部会议的讲话中指出："共产党能不能领导科学？我们必须学文化（科学、技术），学建设。我们是否可以学会科学技术？如过去一样，可以

---

① 薄一波. 若干重大决策与事件的回顾. 北京：中共党史出版社，2008：435-436.
② 路甬祥. 向科学进军：一段不能忘怀的历史. 北京：科学出版社，2009：58-59.

学会的。"①他坚信，共产党虽然不懂科学技术，但能够学会科学技术，能够领导中国科技事业的健康发展。为此，他提倡党的干部要认真学习科学技术，学习文化，提高业务领导水平。

为了鼓励学习科学文化，1957年10月9日，毛泽东在中共八届三中全会讲话中，对领导干部提出了"又红又专"的要求。他说："政治和业务是对立统一的，政治是主要的，是第一位的，一定要反对不问政治的倾向；但是，专搞政治，不懂技术，不懂业务，也不行。……我们各行各业的干部都要努力精通技术和业务，使自己成为内行，又红又专。"②

针对整风运动中一些知识分子的右派言论，毛泽东认为应加强对他们的改造，提高其思想政治觉悟。1957年10月13日，他在最高国务会议讲话中强调了知识分子"又红又专"问题，要求"知识分子要同时是红色的，又是专的。要红，就要下一个决心，彻底改造自己的资产阶级世界观"③。显然，毛泽东提倡知识分子是红色的，就是要求他们树立无产阶级世界观，热爱社会主义祖国，自觉地为社会主义服务，为工农大众服务。

"又红又专"是毛泽东基于党的领导干部对科技知识的缺乏以及一些知识分子"只专不红"的种种表现而提出的，是对党的干部提高专业领导水平的要求，更是对知识分子的政治素质和业务素质的全面要求，这种要求无疑是正确的。

由于"又红又专"对于人才培养和学术研究工作十分重要，1957年冬至1958年春，全国高校和科研单位开展了"红专"大辩论。

清华大学从1957年11月27日到1958年1月4日，5周时间，共召开了2000多次小型辩论会、90多次大型辩论会。校领导作动员报告，要求学生通过自由辩论，摆正对红与专、个人与集体等关系的认识，立志做一个"又红又专"的工人阶级知识分子。辩论的第一周，主要是摆思想，摆问题，各人提出对红与专的看法。诸如什么是红，红的标准是什么？做到什么程度才算红？什么是专，专的标准是什么？从第二周进入思想交锋，开展大辩论。通过辩论，学生们放弃了"先专后红""多专少红""只专不红"等错误观点，明确了走"又红又专"道路的方向。④北京大学、南开大学等全国其他高校师生也都开展了轰轰烈烈的"红专"大辩论。

在"红专"大辩论中，上海市的一些科研院所和高等学校表现得比较突出，一些著名科学家（如复旦大学副校长苏步青、复旦大学生物系主任谈家桢、华东师范大学物理系教授陈涵奎、上海第一医学院副院长颜福庆等）都制订了自己的"红专"规划。1958年2月20日，中国科学院上海分院王应睐、朱洗等17位科学家联名发表《决心做左派》的倡议书。⑤几天之后，上海财经学院、华东化工学院、复旦大学、华东师范大学、中

---

① 中共中央文献研究室. 建国以来毛泽东文稿. 第六册. 北京：中央文献出版社，1998：403-404.

② 中共中央文献研究室. 毛泽东文集. 第7卷. 北京：人民出版社，1999：309.

③ 毛泽东. 毛泽东选集. 第五卷. 北京：人民出版社，1977：489.

④ 光明日报通讯员. 立志做一个工人阶级知识分子——清华大学上万名学生辩论红与专取得胜利. 光明日报，1958-01-05（1）.

⑤ 光明日报通讯员. 上海知识界提出自我改造的行动口号——人人规划争取做坚定的左派. 光明日报，1958-02-25（1）.

国科学院上海植物生理研究所等单位的 62 位专家教授，向全国知识界发出倡议：订立公约，保证实现"又红又专"规划。除了个人规划，还有集体规划。2 月 28 日，华东师范大学在校的全体正、副教授和讲师共 208 人，制订了集体"红专"规划，每位教师都签了名字。[①]3 月 1 日，复旦大学的 35 名教授，在个人制订"红专"规划基础上，共同制订了一份"红透专深"的集体规划。后来，在这个规划上签名的正、副教授达到 108 人。[②]

在群众性的"红专"大辩论逐步深入的过程中，1958 年 3 月 3 日，中央发出了《关于开展反浪费反保守运动的指示》，全国开展了"双反"运动。运动要求放手发动群众，采用"四大"（即大鸣、大放、大字报、大辩论）、开现场会和展览会等形式，揭露和批判浪费、保守现象及其危害性。

在知识分子集中的教育科研部门，"双反"运动主要围绕着"反右倾保守""兴无灭资""又红又专""向党交心"等内容展开，在前一阶段"红专"大辩论的基础上进一步开展更为深入的大辩论。

1958 年 3 月 10 日，北京大学举行了万余名师生参加的"双反"誓师大会。师生们认为，学校培养的人才不符合"又红又专"的要求就是最大的浪费。作为"浪费"现象的例子，化学系举办了"废人"展览会，把 38 名不服从分配的毕业生称为"废人"。大字报是"双反"运动最有力的表现形式，北京大学校园成了大字报的海洋。从誓师大会至 3 月 21 日，北京大学共贴出 28.7 万份大字报。[③]运动中，不仅学生给老师贴大字报，教师之间也相互贴大字报。200 多名正、副教授怀着向党交心的积极态度，两天共贴出2400 多张大字报。人们把贴大字报称为"送西瓜"。学校领导号召"大家动手建立西瓜园，大家去逛西瓜园"，于是"西瓜园"遍布北京大学校园。化学系以教研室为单位，连续 8 天深入讨论了老教授傅鹰的"白专"道路问题，开辟了名为"请傅鹰教授吃西瓜"的大字报专栏，对其"资产阶级思想"进行了批判。

1958 年 3 月 21 日，清华大学召开万人大会，进行"双反"运动动员。校长蒋南翔在会上要求广大师生"发挥主动精神，人人发言，人人争写大字报；深入思想改造，个个洗澡，个个大字报上有名"，做到"人人贴大字报，人人被贴大字报"。[④]十多天之后，清华大学全校贴出了 269 万张大字报。[⑤]

据统计，"双反"运动中，北京市 34 所高校共贴出 700 多万张大字报，在 12 000多位教师中开展了思想改造、"红专"教育活动。[⑥]北京的高校如此，全国其他地区的高校也一样。在高校的"双反"运动中，教师几乎人人都写了大字报，人人都被贴了大字报，而且谁的学术地位越高、学问越大，被贴的大字报就会越多。大字报的内容相当广泛，既有对各种浪费、保守现象的揭露，也有对名利思想、个人主义、缺乏党性、白专

① 光明日报通讯员. 华东师大教师订出集体规划——苦斗三年成为左派. 光明日报, 1958-03-03（2）.
② 光明日报记者. 推动自我改造的有效形式——从复旦大学看红专规划的作用. 光明日报, 1958-05-26（2）.
③ 王凛然. 从北京大学看 1958 年高等教育界的"双反"运动. 北京党史, 2010,（1）：11.
④ 新清华通讯员. 蒋南翔校长向全校作双反运动动员报告. 新清华, 1958-03-22（1）.
⑤ 刘克选, 方明东. 北大与清华. 北京：国家行政学院出版社, 1998：591.
⑥ 光明日报通讯员. 拔白旗投降真理, 插红旗思想解放——首都高等学校教师向红专方向跃进. 光明日报, 1958-06-20（2）.

道路、理论脱离实际、资产阶级学术思想等内容的批判。[1]不少有成就的专家、教授被大字报围攻，受到了重点批判。

从"双反"运动前的"红专"大辩论和制订"红专"规划，到"双反"运动中围绕着"又红又专"而张贴大字报，比较普遍地存在着对于"红"的标准把握得不到位、要求过高或脱离实际，制订的规划越"左"越好，贴出的大字报越多越好，空喊政治口号，追求形式主义，思想教育简单化。一些单位虽然要求"又红又专"，但实际上是过分地强调"红"而忽视了"专"，将"红"与"专"对立起来，把"专"与"白"等同起来，认为非"红"即"白"，并以对待政治学习的态度、参加政治活动的多少作为"红"的标准，给很多积极钻研业务的知识分子扣上"白专"的帽子，加以压制和排挤[2]，严重地影响了其工作的积极性。

"双反"运动于1958年4月底结束。之后，全国开展了社会主义建设"大跃进"运动。

三、"拔白旗，插红旗"

1958年5月5—23日，中央召开的中共八大二次会议正式提出了"多快好省地建设社会主义"的总路线。随后，全国开展了社会主义建设"大跃进"运动。为了为即将到来的"大跃进"扫清道路，在中共八大二次会议上，毛泽东几次发表讲话，鼓励大家破除迷信，解放思想，敢想敢说敢做。在讲话中，他提出了"插红旗""拔白旗"的要求，并论述了其重要性。这次会议之后，全国各行各业开展了社会主义建设"大跃进"运动，"拔白旗，插红旗"作为推动"大跃进"的重要手段而同时展开。

要"拔白旗，插红旗"，不过，究竟什么是"红旗"？什么是"白旗"？中央并没有明确的说法。作为一个政治术语，"白旗"是个内涵和外延都比较模糊的概念；加之反右派斗争和"双反"运动刚刚结束，人们养成了一切向"左"看的思维习惯，往往会采取宁"左"勿右的态度对待所谓"白旗"问题，致使"拔白旗"运动出现了偏差，许多有成就的专家学者被作为资产阶级的"白旗"拔掉了。

在"拔白旗"运动中，北京大学中文、历史、经济、法律、西语、物理、化学7个系共有33名教授或副教授被作为"白旗"进行了批判。[3]

武汉大学数学系是"拔白旗"运动的"先进单位"，作为校党委委员、系党总支书记的齐民友被作为资产阶级"帅字白旗"拔掉了。齐民友一直被认为是红色专家，政治和业务都很出色。1958年5月，校党委提出要贯彻理论联系实际、教学科研与生产劳动相结合的方针。对此，齐民友提出了不同的看法。他认为，数学自身有一套完整、严密的逻辑体系，这个体系的发展不依赖于生产实践，因此它不像物理、化学等学科那样容易联系实际，有一定的特殊性。于是，数学系400多名师生组织了40多个辩论团，共召开大小辩论会100多次，对齐民友的"数学特殊论"进行了批判，号称"百团大战"。[4]批判者指责齐民友"反对党的教育方针"，是"一面资产阶级的帅字白旗"。经受多次批

① 杨献珍. 拔白旗插红旗——北京各高等学校双反运动大字报选. 北京：人民出版社，1958.
② 薄一波. 若干重大决策与事件的回顾. 北京：中共中央党校出版社，1993：989-990.
③ 刘克选，方明东. 北大与清华. 北京：国家行政学院出版社，1998：594.
④ 李锐. 大跃进亲历记. 下卷. 海口：南方出版社，1999：311.

判之后，齐民友只得承认"错误"，作了三次检讨。在"拔白旗"过程中，该校数学系老教授曾昭安因为宣传古希腊的毕达哥拉斯学派以及他主编的《数学通讯》"灌输资产阶级的思想和观点"而受到了批判；生物系赵保国教授一直从事草履虫研究，这种工作被认为"脱离实际，是为资产阶级服务的"，因此他也被作为"白旗"受到了批判。此外，化学系钟兴厚主任、物理系王治樑主任等也都受到了批判。

1958 年秋，为了贯彻党的教育方针，教育界开展了对于教学计划、教材内容、授课形式等进行改革的运动。为此，武汉大学开展了教学大检查。在检查中，化学系有教师说，自然科学是没有阶级性的，资产阶级教师教水的分子式是 H_2O，无产阶级教授也得这样教。针对这种情况，化学系党总支组织大辩论，对各种"资产阶级教学思想和学术思想"进行了批判，然后对各门课程进行了全面检查，结果查出了大量"资产阶级教学思想和学术上的唯心观点"，在 20 门课程中检查出了 7000 多条"错误"。在一位得过 3 个资本主义国家博士学位的老教授讲授的课程中，检查出了 800 多条"错误"。学生们运用"阶级观点和辩证唯物主义"逐条对这些"错误"进行了批判，使得"资产阶级的教授在铁的事实面前不得不服输"，如此则资产阶级的"白旗"被拔掉了，实现了"门门课程插红旗"。[①] 在"拔白旗"过程中，武汉大学共有 391 人受到批判，其中正、副教授 32 人，占全校正、副教授总数的 40%。[②]

一些学校将"拔白旗"看作是对资产阶级专家的全面批判，不仅要在政治上批倒，还要在业务上批臭。武汉医学院领导在"拔白旗"运动中认识到："资产阶级知识分子可以承认政治立场上反动、学术思想上唯心主义，就是不肯承认业务上不学无术，这是他们的命根子，是他们翘尾巴的最后本钱。因此，必须在业务上也完全把他们斗倒，才能取得斗争的彻底胜利。"[③] 为此，该校采取"擒贼先擒王"的做法，先批倒"帅字白旗"，然后再"按大、中、小（白旗）分批进行批判，而每一批中又都有重点"。他们采用"论文答辩""考试""实验操作"等方式对一些教师的业务能力进行检查，结果使得"白旗"们"洋相百出，欲罢不能，最后不得不低头认输"。通过这种方式，规模不大的武汉医学院拔掉了大小"白旗"79 人，其中正、副教授 26 人，占全校正、副教授人数的一半之多。[④]

有的学校在"拔白旗"过程中采取了粗暴的做法。中共中央宣传部编印的《宣教动态》1959 年第 31 期刊登的材料反映，兰州大学在"拔白旗"运动中，开批斗会，强迫"白旗"们交代"错误"，并且采取罚站等方式进行体罚，这些做法对"白旗"们的身心都造成了伤害。

在"拔白旗"过程中，一大批专家、学者被作为资产阶级"白旗"受到了批判，青年学生被作为"白旗"拔掉的则更多。例如，武汉大学共有 391 人被拔了"白旗"，其中教师 84 人，学生 305 人；该校物理系参加运动的学生有 13% 被拔了"白旗"，另有 3.3% 的学生被树为"灰旗"。又如，兰州大学共有教职工 809 人，被作为"白旗"拔掉

① 陆永良. 编大纲，拟讲义，门门课，插红旗. 光明日报，1958-09-12（3）.
② 罗平汉. "大跃进"中几所高等院校的"拔白旗"运动. 文史精华，2000，(11)：44.
③ 李锐. 大跃进亲历记. 下卷. 海口：南方出版社，1999：305.
④ 罗平汉. 1958—1962 年的中国知识界. 北京：中共中央党校出版社，2008：80.

的有 55 人；全校二年级以上学生 1484 人，被拔"白旗"的有 269 人。①

"拔白旗"运动并非仅限于高等学校，一些科研院所也拔出了自己单位的"白旗"，如中国科学院数学研究所华罗庚所长和关肇直副所长都被作为资产阶级"白旗"进行了批判。

科教领域的"拔白旗"运动比之前的"红专"大辩论（包括"双反"运动）的斗争意识更强，某人一旦被作为"白旗"拔掉，即被视为政治上的另类，成为被批判、"教育"的对象。因此，这个运动在科教领域产生的负面影响更大。在"拔白旗"过程中，对于学术问题不是采取实事求是的态度进行分析，而是将其与政治混为一谈，断章取义，上纲上线，迫使"白旗"们做出违心的检讨。这样做的结果是，既破坏了坚持真理、实事求是的学风，也打击了一大批学有专长的专家教授的工作积极性。被批判的教授难以再坚持自己的学术观点，也无法正常开展学术研究工作，这显然不利于科学事业的发展。尤其是有些单位将"拔白旗"运动理解为对资产阶级知识分子的全面批判，以整垮他们为目的，因而采取了一些非常的手段，这完全违背了思想教育的初衷。同时，批判活动也使学生对老师的教学和科研工作产生了误解和轻视，影响了他们向老师学习的自觉性；批判活动也使在运动中被作为"白旗"拔除的学生的心理产生了一定的阴影，对其学习和生活造成了不良的影响。

四、中央对"左"倾做法的纠正

在反右派、"红专"大辩论、"双反"和"拔白旗"运动中，都有一些科技工作者尤其是有成就的教授和专家受到了政治批判，对其相关学术研究和教学工作也进行了批判，致使其无法开展正常的工作。与此同时，一些自然科学理论也受到了批判。②这些做法显然不利于我国科技事业的健康发展。

1958 年末，科教领域出现的"左"倾现象引起了中央的关注。这年 12 月，中共中央宣传部编印的《宣教动态》刊载了一篇反映清华大学党委纠正该校物理教研组党支部对待教师宁"左"勿右错误做法的材料。毛泽东读了这份材料后，于 12 月 22 日批示中共中央宣传部部长陆定一，建议将该材料"印发给全国一切大专学校、科学研究机关的党委、总支、支委阅读，并讨论一次，端正方向，争取一切可能争取的教授、讲师、助教、研究人员为无产阶级的教育事业和文化科学事业服务"③。12 月 28 日，周恩来召集宣传、教育等部门的负责人开会，严肃批评了各部门在执行知识分子政策上的"左"倾错误，明确指出在大学教授中"拔白旗"是错误的，应马上停止。④次年 1 月 14 日，刘少奇在听取康生、胡乔木等汇报教育工作和知识分子问题时也指出："'拔白旗'不要乱拔……学术问题，要百家争鸣，造成一种百家争鸣的环境和气氛。"⑤之后，中央对一

① 罗平汉. 1958—1962 年的中国知识界. 北京：中共中央党校出版社，2008：69，80.
② 胡化凯. 破而不立　欲速不达——20 世纪 50 至 70 年代中国开展的科学批判活动. 自然科学史研究，2020，（2）：179-208.
③ 中共中央文献研究室. 建国以来毛泽东文稿. 第七册. 北京：中央文献出版社，1992：654-655.
④ 中共中央文献研究室. 周恩来年谱（1949—1976）. 中卷. 北京：中央文献出版社，2020：193.
⑤ 中共中央文献研究室. 刘少奇年谱. 下卷. 北京：中央文献出版社，1996：446.

些错误的做法进行了纠正。

中共中央宣传部负责科教文化领域的政治思想工作，对知识界出现的"左"倾错误负有领导责任。根据周恩来的指示，中共中央宣传部多次召开会议，检查部党组在 1958 年工作中所犯的错误。《光明日报》编辑部也因对 1958 年的心理学批判活动作了不适当的宣传而进行了检讨。

1959 年 1—3 月，中央召开教育工作会议。会议认为，1958 年的学术批判取得的成绩很大，但批判得过多，打击面太广，比较粗暴。会议强调要"正确地贯彻执行党的团结、教育、改造知识分子的政策，纠正在学校党员领导干部和部分师生中存在的宁'左'勿右的思想倾向和'资产阶级知识分子是革命对象'等说法"[①]。中共中央宣传部部长陆定一在会上指出："对学术思想问题也要采取'团结—批评—团结'的方针……要采取百家争鸣的方法，采取学术讨论的态度。"[②]

1960 年 8 月，湖南省委向中共中央宣传部科学处报送了两份材料，反映湖南农学院、湖南医学院等高校对一些著名教授及其科研工作开展批判的情况。这些情况引起了中共中央宣传部的重视，陆定一先后在中共中央宣传部的工作会议以及中共中央宣传部主持召开的全国会议上，多次对这种做法提出了批评，指出这些学校的领导没有正确贯彻执行"百家争鸣"方针，并对一些大学在青岛遗传学座谈会之后，继续开展对遗传学批判的做法进行了点名批评。12 月，中共中央宣传部副部长周扬去湖南出差期间，专门同省委宣传、文教部门的负责人谈话，要求他们纠正该省有关高校批判遗传学的错误做法。

1961 年 3 月 1 日，《人民日报》和《红旗》杂志联合发表社论——《在学术研究中坚持百花齐放百家争鸣的方针》，重申"双百"方针是按照科学发展的规律来促进科学工作的，是"发展社会主义社会中的科学事业的一个积极的方针"，"应当继续贯彻执行这种方针"。由此反映了中央坚持"双百"方针的态度。

1961 年 7 月 6 日，中共中央政治局会议审议通过了《关于自然科学研究机构当前工作的十四条意见（草案）》，其中对要不要正确贯彻"双百"方针、怎样才算"又红又专"、如何理解"理论联系实际"等科技界最关心的问题，做出了全面阐述和明确规定，对科技领域的一些"左"倾错误做法表示了明确反对。9 月 15 日，中共中央政治局审议批准了《教育部直属高等学校暂行工作条例（草案）》，其中对坚持"双百"方针、关于"红"的基本要求等也做出了明确规定。这两个文件的颁布实施，有效地制止了科技和教育领域的一些"左"倾错误做法，有力地推动了国家科技教育事业的健康发展。

上述中央领导人的讲话和国家颁布的一系列政策性文件，反映了中共中央对科教领域中一些"左"倾做法的认真纠正。

反右派斗争、"红专"大辩论和"拔白旗"等活动的开展，都有其具体的历史原因。中央号召开展这些运动的目的是提高广大知识分子的思想政治觉悟，推动国家各项事业的快速发展，但由于运动中一些单位采取了简单的教条主义或形式主义的方式，甚至是粗暴的做法，因而产生了一些负面作用，对国家的科技和教育事业产生了一定程度的负

---

①　中央教育科学研究所. 中华人民共和国教育大事记（1949—1982）. 北京：教育科学出版社，1984：240.
②　何东昌. 中华人民共和国重要教育文献（1949—1975）. 海口：海南出版社，1998：877.

面影响。好在中央发现问题后及时采取措施，对一些错误的做法进行了纠正。1961 年以后，科教领域的"左"倾现象明显减少，国家的科学教育事业步入了健康发展的轨道。

第四节　"科研十四条"与广州会议的召开及影响*

如上节所述，科教领域的"左"倾现象和对待知识分子问题上的粗暴做法在 1958 年末之后引起了中央的关注，从 1959 年开始，中央对一些错误的做法逐步进行了纠正，"双百"方针被再次提倡。1961 年由国家科委党组和中国科学院党组联名出台的"科研十四条"，以及 1962 年 2 月 16 日至 3 月 12 日在广州召开的全国科学技术工作会议，被认为是中国共产党对知识分子问题上存在的"左"倾问题进行全面纠正的标志性历史事件。

一、"科研十四条"的提出

1960 年，"大跃进"造成的国民经济比例严重失调和带来的困难局面受到党中央的重视，同年 9 月，中央批转了国家计划委员会党组的《关于 1961 年国民经济计划控制数字报告》，提出"调整、巩固、充实、提高"的调整国民经济的八字方针。1961 年 1 月，中国共产党八届九中全会正式批准了八字方针，会上，毛泽东号召全党大兴调查研究之风，总结正反两方面经验，着手解决各项实际工作中存在的问题。①针对科研领域的问题，国务院副总理聂荣臻组织国家科委于 1960 年冬开始对科技战线进行调查研究，先后对导弹研究院（国防部第五研究院，简称"五院"），以及中国科学院上海、北京两地的研究机构进行了典型调查，征求科学家和干部的意见，发现了不少问题："问题是从去年冬天开始摸的。最初摸五院，后来摸科学院。发现研究工作时间很少，不到 3/6，杂务、活动繁多。……今年春天，上海开神仙会，科学院在北京开会，发现科学人员心情不舒畅，党内外青年老年的研究人员都有不少意见。"②中央八字方针的提出，无疑给科技事业相关政策的纠偏提供了良好的环境。1961 年 2 月，在中国科学院党组的部署下，针对前期上海和北京调查摸底发现的问题，结合对美、苏、英以及联合国教育、科学及文化组织（UNESCO）有关资料的分析对比，中国科学院拟定了内部纠偏条例的初稿——《对当前工作的若干条意见（草稿）》，共十五条（简称"十五条"），由中国科学院秘书长杜润生直接领导政策研究室汪志华、吴明瑜、朱琴珊三人草拟编撰。③经过中国科学院党组的扩大会议的集体讨论，"十五条"调整为"十四条"，3 月中旬至 4 月初，中国科学院党组率队到化学研究所和微生物研究所进行整风试点并进一步修改条例内容。与此同时，中国科学院上海分院在上海市委的指导下，也起草了一个包括中国科学院系统和产业部门研究机构的"十九条"意见。1961 年 4 月中旬，在聂荣臻的直接支持和领导下，中国科学院党组张劲夫等会同上海市委、科委及分院党委一起，对中国科学院党组的"十四条"和上海市委的"十九条"进行修改调整，仍以"十四条"为框

* 作者：方一兵。
① 何平. 毛泽东大辞典. 北京：中国国际广播出版社，1992：213.
② 聂荣臻. 聂荣臻科技文选. 北京：国防工业出版社，1999：291.
③ 路振朝. 中国科学院与"科学十四条"的制订. 院史资料与研究，2020，4：51-53.

架，更名为《关于自然科学研究机构当前工作的十四条意见（草稿）》，决定由国家科委党组和中国科学院党组联合署名上报中央[①]，"十四条"因此由中国科学院的内部整改文件转变为了面向全国科技工作的整改文件。

在"科研十四条"的基础上，聂荣臻于 1961 年 6 月 20 日向中央提交了《关于当前自然科学工作中若干政策问题的请示报告》，该报告将十四条意见中属于政策界限的七个问题抽出来做了详细说明。七个问题包括：①自然科学工作者的"红"与"专"问题；②"百花齐放，百家争鸣"的问题；③理论联系实际问题；④培养、使用科学人才中的"平均主义"问题；⑤关于科学工作的保密问题；⑥保证科学研究工作时间问题；⑦研究机构内党的领导方法问题。该报告和"十四条"一并提交给了中央和毛泽东主席。1961年 7 月 19 日，中央同意了聂荣臻的请示报告："中央认为，'请示报告'中提出的各项政策规定和具体措施是正确的，在自然科学工作中必须坚决贯彻执行。……这个文件的精神，对于一切有知识分子工作的部门和单位，也都是适用的。……'十四条意见'则作为草案，在中国科学院内公布试行，各部门、各地方也要选择一批研究机构试行，并继续加以充实修订。"[②]

二、"科研十四条"的主要内容

"科研十四条"首先指出"科研工作的状况还不能适应社会主义建设的需要。许多重大的科学研究任务还没有切实过关。科学技术队伍的水平，还不能适应要求。许多单位在贯彻执行党的方针政策当中，存在着不少缺点和问题，工作方法上缺乏调查研究，不够实事求是，有不同程度的浮夸风和瞎指挥风"[③]。因此，特对研究机构的当前工作提出了十四条意见，其内容主要聚焦研究机构的根本任务以及研究机构在指导思想、政策和原则、工作制度、党的领导等方面的问题，主要内容如下。

（1）提供科学成果，培养研究人才，是研究机构的根本任务。该条意见强调，"研究机构的一切工作、一切措施，都必须保证这一根本任务的实现"，并再次提出，"力争我国科学技术在实现《1956—1967 年科学技术发展远景规划》的基础上，尽快赶上世界上最先进的水平"。[④]

（2）保持科学研究工作的相对稳定。该条意见要求，研究机构需要经过必要的调整，实行"五定"，即"定方向、定任务、定人员、定设备、定制度"，使研究工作相对稳定下来，以保障研究工作逐步走向深入，质量不断提高，人才迅速成长。[⑤]

（3）正确贯彻执行理论联系实际的原则。在该条意见中，对我国科学研究的原则和方向做了明确说明，首先指出科学研究应当为社会主义建设服务，其次强调了理论研究的必要性："理论研究可以为生产技术的发展开辟道路，不但对于明天是必要的，而且

① 路振朝. 中国科学院与"科学十四条"的制订. 院史资料与研究，2020，4：81.
② 中共中央文献研究室. 建国以来重要文献选编. 第 14 册. 北京：中央文献出版社，1997：515-546.
③ 中共中央文献研究室. 建国以来重要文献选编. 第 14 册. 北京：中央文献出版社，1997：547.
④ 中共中央文献研究室. 建国以来重要文献选编. 第 14 册. 北京：中央文献出版社，1997：547-548.
⑤ 中共中央文献研究室. 建国以来重要文献选编. 第 14 册. 北京：中央文献出版社，1997：548-549.

在今天就很重要。……基本理论的研究也必须加强"①，并再次强调中国科学院、产业部门等各个系统的研究机构应该有合理的分工协作。

（4）计划的制订和检查，要从实际出发，适应科学工作的特点。该条意见实际上强调了"有计划地发展科学研究工作，是社会主义科学事业的优越性的表现"②，对研究计划的制订在方法和方向上提出了要求，并提出在"大计划"下也可以有"小自由"。

（5）发扬敢想、敢说、敢干的精神，坚持工作的严肃性、严格性和严密性。③该条意见实际上从事前调查、实验研究、成果鉴定、安全防护、成果推广、研究报告、学术论文、科研档案等八个方面对科研工作提出了要求。

（6）坚决保证科学研究工作时间。该条意见强调了"必须切实贯彻中央和国务院关于保证科学研究工作时间的规定"，以及"应该尽一切可能，把研究技术人员的精力和工作时间，用于研究工作"。④

（7）建立系统的干部培养制度。⑤该条意见从不同层次研究技术人员的任用、培养、选拔、防止"平均主义"、考核晋升奖励等方面提出了具体要求。

（8）加强协作，发展交流。强调了研究机构之间，研究机构与生产单位、高校之间的分工与协作，以及加强科学技术刊物、资料、论著的出版工作的领导，使之成为促进学术交流的重要工具。

（9）勤俭办科学。该条意见指出"科学研究的事业规模和物资消费，要适应国民经济发展的需要和可能"。贯彻"勤俭建国、勤俭办一切事业"的方针，力求最有效地使用人力、物力，做出更多、更好的科学成果。⑥

（10）百花齐放，百家争鸣。该条意见重申了"百花齐放、百家争鸣是党的发展科学文化的根本政策……必须坚决贯彻执行"，并且强调"在自然科学学术问题上，必须鼓励各种不同学派和不同学术见解，自由探讨，自由辩论，自由竞赛"。⑦

（11）团结、教育和改造知识分子。该条意见主要目的是解决科学工作者的"红"与"专"的问题，在明确了何为"红"的同时，明确了相当数量的自然科学工作者只要他们：一有爱国心，二愿意做好科学工作，就应该团结他们。并强调"红和专应该统一起来，只专不红是不对的，只红不专也是不对的"。⑧

（12）加强思想政治工作。该条意见强调思想政治工作是科学研究的生命线，在任何时候，都不应该削弱，必须不断加强。同时，指出思想政治工作要讲究方法，不允许简单粗暴的方式。⑨

（13）大兴调查研究。该条意见要求研究机构的领导干部一定要亲自出马进行调查

---

① 中共中央文献研究室. 建国以来重要文献选编. 第 14 册. 北京：中央文献出版社，1997：551.
② 中共中央文献研究室. 建国以来重要文献选编. 第 14 册. 北京：中央文献出版社，1997：552.
③ 中共中央文献研究室. 建国以来重要文献选编. 第 14 册. 北京：中央文献出版社，1997：553.
④ 中共中央文献研究室. 建国以来重要文献选编. 第 14 册. 北京：中央文献出版社，1997：555.
⑤ 中共中央文献研究室. 建国以来重要文献选编. 第 14 册. 北京：中央文献出版社，1997：556-558.
⑥ 中共中央文献研究室. 建国以来重要文献选编. 第 14 册. 北京：中央文献出版社，1997：560.
⑦ 中共中央文献研究室. 建国以来重要文献选编. 第 14 册. 北京：中央文献出版社，1997：561.
⑧ 中共中央文献研究室. 建国以来重要文献选编. 第 14 册. 北京：中央文献出版社，1997：565.
⑨ 中共中央文献研究室. 建国以来重要文献选编. 第 14 册. 北京：中央文献出版社，1997：566.

研究工作，而且必须有系统地调查研究五个问题："第一，国内外本学科的发展状况和重要科学技术情报；第二，国家建设的有关需要；第三，本单位研究工作的特点；第四，办好一个研究机构的措施和经验；第五，科技队伍首先是主要人员的思想、业务情况；等等。"①

（14）健全领导制度。②该条意见分别从研究机构的党组织、行政组织、组织条例等方面对研究机构的领导制度提出了具体要求，并强调涉及科学技术问题的业务，必须实行领导、专家、群众三结合的原则。

"科研十四条"的主要内容以及聂荣臻的报告，反映出中央对1957年以后科技事业发展所出现的严重"左"倾现象在政策思想层面的彻底反思，以及在管理和领导层面的纠偏。正如聂荣臻所说："文件的目的是划清政策界限，纠正一些妨碍我国科学发展的做法，使党在研究所中的工作搞得更好，领导转向主动。"③而"科研十四条"出台后，除了中国科学院外，"产业部门挑选了钢铁院、地质院、农业科学院和医学科学院试点，科学小组、科委、科学院党组讨论修改几次"④，正如聂荣臻在报告里所说，其在"党内外科学家和青年研究人员中反映非常强烈"⑤，起到了调动科技人员积极性的作用。

三、广州会议的召开及其影响

广州会议通常被认为包括两个会议，即于1962年2—3月同时在广州召开的"全国科学技术工作会议"和"全国话剧、歌剧、儿童剧创作座谈会"。其中1962年2月16日至3月12日召开的"全国科学技术工作会议"对我国当时的科技事业和知识分子政策有着深刻影响。

广州会议召开之前，中央对"科研十四条"的批准，以及1962年1月召开的扩大的中央工作会议（即七千人大会），为党在知识分子问题上起到了解放思想的良好作用。毛泽东在七千人大会上强调了民主集中制的原则，提出"要使全党、全民团结起来，就必须发扬民主，让人讲话"⑥。这无疑为广州会议的召开创造了条件。与此同时，十二年科技规划经过6年的实施，中央作出了预计在1962年初步实现十二年科技规划的预期，加上国际上科学技术有了更新的发展，因此中央把制定新的科技发展远景规划提上了日程，这直接推动了全国科学技术工作会议的召开，也成为这次会议的最初目的。

1962年2月16日，全国科学技术工作会议在广州召开，会议由主管科技的聂荣臻副总理主持，全国科技领域各学科的科学家代表共310人参加。会议最初的目的，即讨论和制定新的科技发展规划，但聂荣臻发现，"资产阶级知识分子"的帽子使许多人仍然有很大顾虑。会议召开后，声学专家马大猷首先提出这个问题，他说："昨天聂总报

---

① 中共中央文献研究室. 建国以来重要文献选编. 第14册. 北京：中央文献出版社，1997：567-568.
② 中共中央文献研究室. 建国以来重要文献选编. 第14册. 北京：中央文献出版社，1997：568.
③ 聂荣臻. 聂荣臻科技文选. 北京：国防工业出版社，1999：292.
④ 聂荣臻. 聂荣臻科技文选. 北京：国防工业出版社，1999：291-292.
⑤ 聂荣臻. 聂荣臻科技文选. 北京：国防工业出版社，1999：297.
⑥ 中共中央文献研究室. 建国以来重要文献选编. 第15册. 北京：中央文献出版社，1997：133.

告'三不',不扣帽子,可是我们头上就有一项大帽子——资产阶级知识分子。如果凭为谁服务来判断,那就不能说我们还在为资产阶级服务。如果说有资产阶级思想,或者思想方法是资产阶级的,所以是资产阶级知识分子,那么脑子里的东西,不是实物,是没法对证的。这个问题谁能从理论上说清楚?"①马大猷的意见在会上引起了很大的反响和共鸣,在得到周恩来的支持后,聂荣臻将会议的重点改为了进一步深入贯彻"科研十四条",调整与知识分子的关系。②

这次会议主要解决了两个问题:一是关于贯彻执行知识分子政策的问题;二是讨论和研究了新的科技发展规划,为《1963—1972年科学技术发展规划纲要》的制定打下了基础。③

首先,知识分子政策问题在马大猷提出意见之后,成为这次会议讨论的重点内容。为此,原本不计划出席会议的周恩来和陈毅于1962年2月26日飞抵广州,在听取了相关汇报之后,周恩来于3月2日作了题为《论知识分子问题》的报告,这次报告从四个方面全面阐述了中国知识分子问题,即知识分子的定义和地位、中国现代知识分子的发展过程、如何团结知识分子、知识分子的自我改造。报告明确提出:"我们要团结世界上百分之九十以上的人来反对帝国主义。百分之九十以上的人,具体地说,是指工人、农民、进步的知识分子、进步的民族资产阶级分子和进步的民主人士。中国现代知识分子就属于这种特定范围的社会阶层。"④3月5日,陈毅在会议上讲话,更直接地阐述了周恩来总理和他的观点:"你们是人民的科学家,社会主义的科学家,是革命的知识分子,应该取消资产阶级知识分子的帽子。今天,我跟你们行'脱帽礼'。"⑤这一观点在第二届全国人大第三次会议的政府工作报告中再次得到明确的肯定,成为中共中央和全国人大的正式意见。

其次,这次会议还就编制新的科学技术发展十年规划进行了讨论和安排,确定了编制规划的方法,初步提出了一些重点项目的名单,并且把规划的专业组基本组织起来。⑥在关于《1963—1972年科学技术发展规划纲要》的目标问题上,广州会议经过讨论,认为"这10年内,首先以接近世界先进水平为目标,经过努力,如果有些方面将来实际上达到了世界先进水平,那就更好"⑦。在科研任务上,认为应该从三方面提出:"一是经济建设提出的科学技术问题;二是国防建设提出的科学技术问题;三是从各学科发展中提出的科学技术问题。""积极加强基础学科的研究工作。"⑧

可以说,广州会议的召开,推动了"科研十四条"在科技领域的深入贯彻,解决了从1957年以来的反右派等政治运动所带来的严重"左"倾知识分子政策问题,为我国科技事业的发展和《1963—1972年科学技术发展规划纲要》的制定创造了条件。实际上,

① 龚育之. 为知识分子"脱帽加冕"的广州会议. 百年潮, 1999, (1): 9.
② 廖心文. 1962年广州会议的前前后后. 党的文献, 2002, (2): 15.
③ 《当代中国的科学技术事业》编辑委员会. 当代中国的科学技术事业. 北京: 当代中国出版社, 2009: 23.
④ 中共中央文献研究室. 建国以来重要文献选编. 第15册. 北京: 中央文献出版社, 1997: 225.
⑤ 龚育之. 为知识分子"脱帽加冕"的广州会议. 百年潮, 1999, (1): 10.
⑥ 聂荣臻. 聂荣臻科技文选. 北京: 国防工业出版社, 1999: 316.
⑦ 聂荣臻. 聂荣臻科技文选. 北京: 国防工业出版社, 1999: 333.
⑧ 聂荣臻. 聂荣臻科技文选. 北京: 国防工业出版社, 1999: 326, 328.

广州会议是一个转折点，它极大地激励和影响了参会的科学家，使他们抛开了思想包袱，带动了此后几年中国一些学科领域的启动和发展。例如，我国包头白云鄂博矿产资源在50年代被开发以来，由于受到苏联专家的影响，由当时中国科学院化工冶金研究所所长叶渚沛提出的对包头矿稀土资源的综合利用方案未受到重视，1962年广州会议上，叶先生得知包头矿在开发中出现的问题，同时受到广州会议精神的鼓舞，于同年5月便到包头进行了实地考察，之后再次向国家科委提出《关于合理利用包头稀土稀有资源的建议》[①]，这一建议在国家科委制定十年科技规划时获得了重视，于1965年被列入规划的重点研究项目，从而使包头矿的稀土稀有资源的综合利用得到国家层面的支持，为70年代后期我国三大矿产综合利用基地项目的实施打下了基础。

① 刘伟，方一兵，李道昭. 包头白云鄂博矿综合利用之中科院化工冶金研究回顾. 工程研究，2019，（6）：576-586.

第六章　科技体制与科研系统的形成

科技体制是指国家科技系统的组织制度，包括国家科技资源的组织结构和配置方式，以及科技发展的管理模式，其中，确定各类科研机构及其关系是必要的前提。1956 年，党中央发出"向科学进军"的号召后，随即制定了第一个长期的国家科技发展规划——《1956—1967 年科学技术发展远景规划》（简称十二年科技规划）。随着十二年科技规划的制定和执行，结合国家需求，通过"以任务带学科"的方式，我国逐步形成了以国家科委和国防科学技术委员会为领导的，以科技规划确定的"重点任务"为主要配置方式的，以中国科学院、高等院校、产业部门和地方科技系统，以及国防系统科研机构等五类主体及其分工合作构成的社会主义科技研发体系，俗称科学技术的"五路大军"，意味着我国特有的科技体制的初步形成。这是中华人民共和国成立至"文化大革命"爆发之前，中国科技事业发展最重要的成果之一。

这一时期，我国科技体制是如何在十二年科技规划下逐步成形的，"五路大军"是如何形成的，其相互之间的关系以及各自发挥的作用如何，是本章重点要探讨的内容。

第一节　科技体制的探索和初步形成[*]

新中国成立之后到 1966 年，中国对科技体制的探索大体经历了两个阶段。1955 年之前是第一阶段，科技体制以中国科学院为中心，中央通过中国科学院来协调和领导科研工作。1955 年之后，中国科学院的职能发生了转变，学部的成立淡化了中国科学院在国家科技体制中的行政管理职能，强化了其学术中心的职能。1956 年，第一个国家层面的长期的科技发展规划——十二年科技规划出台，使中国科学技术事业不仅有了一个发展纲领，而且以保障这一发展纲领的实施为依据，确定了科技机构设置的基本原则，并将其纳入国家科技计划的统筹安排之中，由此逐步形成了中国特有的国家科技体制，对中国科学技术的发展产生了深远的影响。[①]

一、早期以中国科学院为中心的国家科技体制

1949 年 11 月 1 日新中国刚成立一个月后中国科学院便正式建立，宣告了中华人民共和国科技体制探索的正式开端。根据 1949 年《中国人民政治协商会议共同纲领》第四十三、四十四条的精神，人民政府在接管旧中国中央研究院和北平研究院等单位的基础上，建立起了新的国家科研机构——中国科学院。[②]中国科学院直属政务院领导，设

---

* 　作者：王安轶、方一兵。

① 　胡维佳. 中国科技规划的历史重任. 民主与科学，2004，（3）：10-13.

② 　1951 年 2 月 2 日郭沫若中国科学院一九五零年工作总结和一九五一年工作计划要点//中国科学院办公厅. 中国科学院资料汇编（1949—1954）. 北京：中国科学院办公厅，1955：137.

1 位院长、4 位副院长，下设办公厅、计划局、编译局和联络局。1950 年，全院设独立科研机构 20 个，①拥有研究人员 212 人、技术人员 79 人②。

1950 年 6 月 14 日，郭沫若以中央人民政府政务院文化教育委员会主任的身份，发布了关于中国科学院基本任务的指示，明确了中国科学工作的总方针是"发挥科学的功能，使之成为思想改革的武器，培养健全的科学建设人才，使学术研究与实际需要密切配合，真正能服务于国家的工业、农业、保健和国防建设"。根据这个总方针，明确了中国科学院的三项基本任务：①确立科学研究的方向；②培养与合理地分配科学人才；③调整与充实科学研究机构。③

1951 年 9 月在中国科学院第二次扩大院务会议上，中国科学院院长郭沫若做了《为人民科学的发展与祖国建设的胜利而奋斗》的总结报告，对中国科学院的定位和任务作了进一步的说明："新中国的科学研究事业是新中国建设的有机构成部分，是国家建设、人民生活所不可缺少的部分，它的任务是巨大而光荣的。本院承担了这一任务，因此它不仅要把直属的研究机构领导起来，把工作做好，而且应该把全中国的科学界组织起来，有计划地进行工作，为国家建设的准备与实施而奋斗。"④在这里，中国科学院的功能被定位为两个中心：一是国家的学术中心，承担国家的科学研究工作，二是全国科学技术事业的最高管理中心，统筹科学界的研究力量，有计划地推进全国的科学技术事业，中共中央通过中国科学院协调和领导中国科学技术的发展。

对于选择中国科学院作为国家科技体制的初步探索，其原因有三个。

（1）中国科学院形式的科技体制是当时苏联等社会主义国家采用得最广泛的方式，对中国的影响深远。以苏联为首的社会主义国家大都把全国的科技力量以国家科学院为核心组织起来，统一调配，计划管理。从当时的实际情况出发，在共产党对科研管理还尚无头绪时，在考虑国家科技体制的建设时，有关方面明确提出，"要仿效苏联的组织，因为我们现在所处的境况正和苏联当日很相像"。⑤

（2）科学界的支持。1949 年 4 月，由中国科学工作者协会香港分会率先提出建议：举行全国性的科学会议，建立全国科学工作者组织。建议立即得到科学界的广泛支持。1949 年 5 月 14 日，中华全国自然科学工作者代表会议筹备会促进会在北京举行，会议商定由中国科学社（1914 年成立）、中华自然科学社（1927 年成立）、中国科学工作者协会（1945 年成立）及东北自然科学研究会（1948 年成立）四个科学团体发起，邀请国内理、工、农、医各界知名人士及各地区有关机关和团体的代表，共同组成中华全国自然科学工作者代表会议筹备委员会。⑥同年 7 月，中华全国自然科学工作者代表会议

① 郭沫若. 中国科学院一九五〇年工作总结和一九五一年工作计划要点//中国科学院办公厅. 中国科学院资料汇编（1949—1954）. 北京：中国科学院办公厅，1955：137-138.

② 《当代中国》丛书编辑部. 中国科学院. 上. 北京：当代中国出版社，1994：12，18，20，23.

③ 中央人民政府政务院文化建设教育委员会郭沫若主任关于中国科学院基本任务的指示//中国科学院办公厅. 中国科学院资料汇编（1949—1954）. 北京：中国科学院办公厅，1955：131.

④ 1951 年 9 月 24 日郭沫若院长在第二次扩大院务会议上的总结报告//中国科学院办公厅. 中国科学院资料汇编（1949—1954）. 北京：中国科学院办公厅，1955：194.

⑤ 董光璧. 中国近现代科学技术史. 长沙：湖南教育出版社，1997：596.

⑥ 何志平，尹恭成，张小梅. 中国科学技术团体. 上海：上海科学普及出版社，1990：411.

筹备委员会在京召开，会上许多科学家表示，希望政府能整顿原有国家科学机构并能提出新的方案。经过多次详尽的讨论，最后制定了一份给人民政治协商会议的提案，表达了科学界设立国家科学院，统筹和领导全国科学工作的强烈愿望。[①]

从提案给出的新设的国家科学院的功能来看，中国科学院建立的主要任务便是指导全国科研工作的方方面面。中国科学院的建立也体现了科学界对新国家科技体制的设想。

（3）其他科研机构的薄弱。中华人民共和国成立前夕，国民政府最主要的科研机构有两个：一个是成立于1928年的中央研究院；另一个是成立于1929年的北平研究院。二者都是中国较早且较为完备的科研机构，虽然人数不多，但集中了科学界的精英。当时的产业部门、国防部门和地方的科研机构都未成气候，大部分高等学校还没有或者很少开展科学研究工作。中国科学院是在接收和整合了原中央研究院和原北平研究院主要资源的基础上建立的。因此，当时全国科学研究工作的绝大部分集中在中国科学院，把中国科学院作为学术和科研管理的双中心便不言而喻了。

在这样的情况下，直到1952年底，以"中国科学院为领导机构兼学术中心"的科技体制在国家科研工作中发挥了重要作用。在此期间，中国科学院在配合解决重工业生产、医药卫生、农业生产的恢复和发展、资源勘探、河道治理等急迫工作的科技难题中都起到了关键作用。在机构建设和科学队伍整编方面的成绩也十分显著，经过4年的发展，全院的研究机构由初建时的20个发展为36个，研究人员也由212人增加至1725人。[②]这为以后集中型科技体制的形成奠定了基础。

自1953年开始，由于国家经济建设形式的转变，科技体制建设的情况逐步发生了变化。此时，中国科学院结合数年来承担国家科研任务的情况，以及参考苏联科学院的情况，就如何权衡学术和科技管理两个方面的工作展开了内部讨论。1954年1月，郭沫若在政务院第204次政务会议上做了《关于中国科学院的基本情况和今后工作任务的报告》，报告总结了中国科学院在过去几年里对科研管理的尝试和问题，并提出了今后一段时间的主要任务，这也是中国科学院在厘清各研究机构和国家需求，尝试作为学术和科研管理双中心发现问题后的一次总结和展望。报告反映了中国科学院作为学术和科研管理双中心的科技体制面临以下两方面问题。

（1）国家对科技机构和队伍的需求增大，中国科学院面临如何全面了解和组织全国科学力量，使之有效发挥作用的问题。1953年我国开始执行第一个五年计划，并开始大规模地对农业、手工业和资本主义工商业进行社会主义改造，因此对科学技术的发展提出了更迫切的需求。面对这种情势，报告指出中国科学院虽然集中了一批水平较高的科学人才，但按当时国家建设任务的要求来说，显然不能胜任。而院外科研力量彼此缺乏联系，也未能充分发挥作用。因此，中国科学院当时工作的首要根本性问题是全面了解全国当时科学基础和力量，并据以制定切实可行的工作计划和发展计划。[③]

① 《中国科学院》编辑委员会. 中国科学院. 上. 北京：当代中国出版社，2009：9.
② 关于中国科学院的基本情况和今后工作任务的报告//中国科学院办公厅. 中国科学院资料汇编（1949—1954）. 北京：中国科学院办公厅，1955：6.
③ 本书编委会. 中华人民共和国国史全鉴·第二卷（1954—1959）. 北京：团结出版社，1996：1338.

（2）中国科学院在学术领导上不力。报告提出在具体贯彻理论联系实际方针上存在的问题，指出在一些干部中，存在急于求成的情绪和片面强调联系实际的倾向。报告还指出中国科学院行政领导多、学术领导少的严重情况，并认为其原因是缺少领导骨干和学术领导机构不健全等。[①] 而过多的行政事务，使得中国科学院不胜其烦。不仅在院内，"各所所长又多忙于行政事务，有的几乎等于全部脱离研究业务，工作中忙乱与上下脱离现象同样严重"[②]，严重影响了中国科学院作为"科研中心"的建设。在院外，由于工作不力，中国科学院领导干部感到压力很大，不得不在一些重要会议上，检讨自己没有做好组织领导全国科学研究的工作。为加强中国科学院的学术领导，报告提出设立四个学部。

1954 年 3 月，中央对报告进行了批示，重新指出了中国科学院的定位，即作为"最高学术机关"，并对建立学部和学术秘书处的设想予以肯定。同年 9 月，全国人民代表大会第一次会议通过《中华人民共和国国务院组织法》[③]，明确中国科学院已不再是一个政府部门，而是国务院领导下的国家最高学术机关。为了适应这一变化，中国科学院的组织形式相应调整，1955 年 6 月，中国科学院正式成立四个学部，即物理学数学化学部、生物学地学部、技术科学部、哲学社会科学部，通过学部来加强中国科学院的学术领导职能，有助于更好地团结全国科学家，领导并推进中国的科学事业。

二、科技体制的初步形成

如果说 1955 年中国科学院学部的建立是中国科学院适应自身职能调整的重要举措，那么 1956 年以中国科学院为主体制定的第一个国家科技发展长期规划——十二年科技规划，则对促进全国的科技体制的形成起到了极其重要的作用。

1956 年 1 月，随着知识分子问题会议的召开，十二年科技规划的制定被迅速提上日程。规划的制定工作完成于同年 8 月。这次规划的制定和实施详情，将在第七章中另述。从科技体制建立的角度来看，随着中国科学院自身职能的调整和十二年科技规划的制定和实施，自 1956 年之后，与科技体制相关的以下几个基本问题得到厘清，新中国科技体制初步形成。

1. 确立了科技发展的基本模式

从国家需求出发，以科技规划来统筹全国科研事业；通过"以任务带学科"的模式，确定各门学科的发展方向，实现科学技术按国家的需求发展。

十二年科技规划提出了国家建设所需要的 57 项重要科学技术任务和 616 个中心问题，指出了各门科学的发展方向。通过规划中的重要科学技术任务的实施，各学科的资源得以按照国家所需进行配置，解决重大科技问题，相应研究机构也因为重要任务的实施而组建。这个方法解决了之前中国科学院所提出的"理论联系实际"不足的问题，通过任务的形式，带动科技发展、学科建设，满足国家需求。此外，十二年科技规划对 1956—

① 本书编委会. 中华人民共和国国史全鉴·第二卷（1954—1959）. 北京：团结出版社，1996：1338.
② 本书编委会. 中华人民共和国国史全鉴·第二卷（1954—1959）. 北京：团结出版社，1996：1339.
③ 樊洪业. 中国科学院编年史：1949～1999. 上海：上海科技教育出版社，1999：46-47.

1957 年的科技工作提出了更详细的特殊安排，即《一九五六年紧急措施和一九五七年研究计划要点》。为配合紧急措施的实施，中国科学院相关的研究所和研究组织得以建立，清华大学建立的几个尖端科学技术系，为中国发展新技术创造了条件。

2. 形成了以国家科委为核心的国家科技领导体制

1955 年之后，中国科学院作为科学领导机构的职能被剥离，由谁来统筹和领导全国科技事业成为急需解决的问题。1956—1958 年，在全面规划科技事业的指导思想下，国家科技领导机构在规划的制定和实施中得以逐步形成。

1956 年 1—3 月是十二年科技规划制定的第一阶段，规划制定的工作是在国务院和国家计划委员会领导下开展的，直接领导机构是国家计划委员会于 1955 年 12 月成立的"科学规划十人小组"。1956 年 3 月，为加强对科学规划工作的领导，国务院成立科学规划委员会，主任为国务院分管科技工作的陈毅副总理，副主任为国务院副总理兼国家计委主任李富春、国家建设委员会主任薄一波、中国科学院院长郭沫若和副院长李四光，委员共 35 人，包括中国科学院各学部负责人和国家各相关部委负责人。同年 11 月，聂荣臻接替了主任一职。国务院科学规划委员会一经成立，便承担起了组织十二年科技规划的制定的职责。

1956 年 10 月，为落实全国科技发展规划的实施，聂荣臻在《关于十二年科学规划工作向中央的报告》中提出常设一个高级协调机构的问题，他认为："这一机构应该及早工作起来。它的任务初步考虑有下述五点：（1）监督科学规划的实施，特别是监督重点任务的实施；（2）初步汇总平衡各个系统年度的和长期的科学研究计划，作为国家计划的一部分；（3）解决各个系统在科学研究工作中的重大的协调问题；（4）研究和组织解决科学研究工作中重要的工作条件问题（如图书、资料、仪器、基建等）；（5）统一安排科学研究工作的国际合作问题。"[1] 1957 年 5 月 12 日，国务院第四十八次全体会议确定了国务院科学规划委员会是掌管全国科学事业的方针、政策、计划和重大措施的领导机关。国务院科学规划委员会对中国科学院、国家技术委员会、高等教育部、第三机械工业部、国防部（包括航空工业委员会和其他部门）、农业部和卫生部，实行统一归口管理。同时，指导地方科学工作委员会的工作。因此，国务院科学规划委员会从成立至 1958 年，实际上成了全国科技工作的领导机构。

1956 年 6 月，国务院批准成立国家技术委员会，其职能是主管工业和交通部门的技术工作，主任由黄敬担任。1956—1958 年，十二年科技规划的实施中凡涉及工业和交通部门的科技工作均由国家技术委员会负责安排，国家技术委员会向国务院科学规划委员会负责。[2]

1958 年 11 月，全国人民代表大会常务委员会第 102 次会议决定将国家技术委员会和国务院科学规划委员会合并为国家科委，成为组织和掌管全国科学技术事业的职能机构，由聂荣臻任国家科委主任，其基本任务是：

（1）对科学技术的方针和政策进行研究，并向中共中央和国务院提出建议；

---

① 聂荣臻. 聂荣臻科技文选. 北京：国防工业出版社，1999：14-15.
② 武衡. 科技战线五十年. 北京：科学技术文献出版社，1992：196.

（2）制定国家科学技术发展的年度计划和长远规划，作为国家经济计划的一个组成部分，采取有力措施，保证贯彻完成；

（3）组织、协调全国性的重大科学技术任务并督促检查其执行；

（4）总结、鉴定在生产与科学研究中的重大科学技术成就和新产品新技术的发明创造，并向有关部门提出推广科学技术成就的建议；

（5）掌握全国科学技术干部的培养和使用；

（6）管理计量和标准化工作；

（7）管理发展科学技术的各项工作条件，如科学技术情报、化学试剂、仪器、图书资料及其他工作条件；

（8）掌管和开展科学技术方面的国际合作。[①]

在组织上，国家科委设立了 16 个厅局，除了按主管行业设置的一至七局外，还设置了兼管基础科学理论研究的综合计划局、地方科学技术局、标准局、发明创造局、工作条件局、国际合作局、专家局、国家计量局和办公厅。[②]

国家科委的建立，标志着国家科研管理的统筹领导机构得以设立，在组织上为统一领导全国的科学技术事业提供了保证，形成了以国家科委为核心的科技领导体系。

3. 确立设置科研机构的原则，建立全国科学研究系统

为充分利用有限的科技力量，完成规划确定的重要科技任务，十二年科技规划对建立我国科学研究工作体制进行了专门论述，提出了建立全国统一的科学研究工作系统："使我国的科学技术力量能在统一的科学研究工作系统中，按照合理的分工合作的原则，有计划地协调地进行工作，是顺利完成国家的科学技术任务的重要条件。"[③]同时明确了"我国的统一的科学研究工作系统，是由中国科学院、产业部门的研究机构、高等学校和地方研究机构四个方面组成"[④]。提出了设立科学研究机构的五项原则，从机构设置的总体思路、准备条件、设置程序、必要性以及注意事项等方面对科技机构的设置进行了初步的规定：

（一）必须有明确的任务。

（二）必须注意各方面的配合，避免重复，防止过多铺摊子浪费人力物力。

（三）必须有周密的准备和必要的人力物力条件。

（四）研究机构的规模应该适应科学研究工作的特点，一般规模不宜过大，层次不宜过多。

（五）科学研究机构的设置地点应该接近研究对象和生产基地，并尽可能和高等学校的设置相配合。应有合理的分布，不宜过分集中，对少数民族地区的需要应加以适当照顾。[⑤]

在上述原则的基础上，1956 年之后，一个由中国科学院、高等学校研究机构、产业

---

① 《当代中国》丛书编辑部. 当代中国的科学技术事业. 北京：当代中国出版社，1991：22.
② 《当代中国》丛书编辑部. 当代中国的科学技术事业. 北京：当代中国出版社，1991：22.
③ 中共中央文献研究室. 建国以来重要文献选编. 第 9 册. 北京：中央文献出版社，1994：444.
④ 中共中央文献研究室. 建国以来重要文献选编. 第 9 册. 北京：中央文献出版社，1994：444.
⑤ 中共中央文献研究室. 建国以来重要文献选编. 第 9 册. 北京：中央文献出版社，1994：448-450.

和地方研究机构、国防系统科研机构为主体构成的统一的科学研究工作系统初步形成。1956—1957年，中国农业科学院、中国医学科学院等国家级科研机构相继成立，到1962年，各主要行业部门都相继建立起了科学研究机构，一些重点企业还设立了自己的研究所或实验室，除中国科学院以外，全国科研机构由1956年的380多个发展到1300多个。[①]

4. 明确各类科研机构间的关系

根据十二年科技规划，在我国统一的科学研究工作系统中各类科研机构的关系是"按照合理的分工合作的原则，有计划地协调地进行工作"。分工与协作是各类科研机构间关系的两个主要方面。

首先，十二年科技规划确定了除国防系统外的四类研究机构的不同分工："在这个系统中，科学院是学术领导核心，产业部门的研究机构和高等学校是两支主要力量，地方研究机构则是不可缺少的助手。"[②]其中，中国科学院作为学术领导核心的地位被进一步强调："用最大力量来加强中国科学院，使它成为领导全国提高科学水平，培养新生力量的火车头。……使它在科学的若干主要的部门内，真能担当起突破阵地、开拓新的科学领域任务。"[③]在各类科研机构所承担的任务上，强调中国科学院任务的前沿性和基础性："可以把主力放在发展新的科学技术领域和基础科学的研究上，担负探索新方向和寻找新道路的任务。"[④]产业部门研究机构应该与生产实践相结合："在产业部门的研究机构中，一般总是多注意生产上的现实问题……除了满足本部门眼前生产上的迫切需求外，还应该尽可能注意长远和基础的问题。"[⑤]对于高等学校的研究工作，"应同时注意基础理论和对发展生产有重大意义的问题的研究"。同时考虑到高校自身的特点，教师一般适宜于负担工作量小、完成期限较宽的工作，并鼓励高校与产业部门和中国科学院的合作研究。[⑥]

其次，为了更好地完成十二年科技规划的任务，中国科学院、高等学校、中央各产业部门研究机构和地方研究机构之间在分工基础上的协作关系是被强调的另一方面。在十二年科技规划中，对五十七项"任务"和基础科学的学科规划的主要负责单位的分配及其职责进行了专门说明，以此来强调各研究机构的协作关系是通过执行规划所确定的任务而实现的。十二年科技规划还明确了在任务执行中负责协调解决的部门："国务院所属各部内部的经常协调工作，应由各部自己负责解决。各个部之间的协调工作，首先由主要负责部门与有关各部协商解决。各工业和交通部门之间的问题，由国家技术委员会负责协调解决。问题涉及科学院、高等教育部和国家技术委员会时，则由国务院科学规划委员会负责协调解决。"[⑦]

1957年6月，聂荣臻在科学规划委员会第四次扩大会议上再次强调了在社会主义制度下形成的统一的科学研究工作系统，中国科学院、高等学校、中央各产业部门和地方

---

① 陈建新，赵玉林，关前. 当代中国科学技术发展史. 武汉：湖北教育出版社，1994：54.
② 中共中央文献研究室. 建国以来重要文献选编. 第9册. 北京：中央文献出版社，1994：444.
③ 中共中央文献研究室. 建国以来重要文献选编. 第9册. 北京：中央文献出版社，1994：445.
④ 中共中央文献研究室. 建国以来重要文献选编. 第9册. 北京：中央文献出版社，1994：445.
⑤ 中共中央文献研究室. 建国以来重要文献选编. 第9册. 北京：中央文献出版社，1994：445-446.
⑥ 中共中央文献研究室. 建国以来重要文献选编. 第9册. 北京：中央文献出版社，1994：446.
⑦ 中共中央文献研究室. 建国以来重要文献选编. 第9册. 北京：中央文献出版社，1994：447-448.

研究机构之间的分工合作关系："在这个系统中，中国科学院是全国学术领导和重点研究的中心，高等学校、中央各产业部门的研究机构（包括厂矿实验室）和地方所属的研究机构则是我国科学研究的广阔的基地。"①这一次，聂荣臻对几类主要科研机构的职责作了更具体的阐述，并进一步强调各机构之间的协作是解决我国科技力量不足的长期方针："科学研究工作必须有适当分工，但更重要的是，必须强调协作。……我国科学技术力量，在今后相当长的时期内都是缺乏的，科学研究领导力量，更为紧张。应尽可能使现有的科学研究领导力量，同时兼顾生产（包括国防）、研究和培养干部三方面的任务。这应当是长期的方针。"②

在这一方针下，正是通过这种在国家统一的科研系统中各类研究机构的分工协作的模式，十二年科技规划任务得以执行。而通过规划的实施，初步理顺了在中国科学院作为双中心尝试时所遇到的"理论联系实际"不够、解决生产技术问题方面存在困难、与产业部门和高等学校的关系始终难以理顺的情况。

总之，1956 年之后，中国科学院职能的改革与十二年科技规划的制定，为中国科学技术事业开启了全面规划和发展之路。十二年科技规划的制定和实施不仅为中国科技事业给出了蓝图，更重要的是，形成了以国家科委为核心的科技领导体制，通过规划，"以任务带学科"的发展模式得以确立，并且由中国科学院，以及高校、产业部门、地方、国防系统科研机构及其分工协作关系构成的全国统一的科研系统在规划的实施中逐步构建。我国科技体制初步形成。

第二节 中国科学院职能的调整与研究机构的建设*

1954 年之前，中国科学院不仅是国家的学术中心，而且是全国科学技术事业的最高管理机构。中共中央和人民政府通过中国科学院协调和领导中国科学技术的发展，形成了中华人民共和国成立后一个时期内我国科技体制的基本格局。中国科学院作为科技事业"领导机构兼科研中心"的体制模式，是依据中华人民共和国成立初期恢复和发展国民经济的总体任务而建立的，该模式曾对中华人民共和国成立初期的科技事业起到过积极的作用。但是由于建制存在缺陷，中国科学院难以充分发挥行政管理的职责。1953年之后，在苏联模式的影响下，中国政府开始探索新的科技领导体制。

1956 年，党中央发出了"向科学进军"的号召，要求"用极大的力量来加强中国科学院，使它成为领导全国提高科学水平、培养新生力量的火车头"③。随着十二年科技规划的制定与实施，中国科学院在我国科研系统中的地位和力量得到加强。这一时期，在中央和社会各界支持下，老一辈科学家白手起家、艰苦创业，迅速建立起较为系统的学科体系，组建了一批科研机构，凝聚了一大批科研队伍。中国科学院还相继成立了中国科学院学部、中国科学技术大学，基本形成了科研机构、学部、教育机构"三位一体"

① 聂荣臻. 聂荣臻科技文选. 北京：国防工业出版社，1999：24.
② 聂荣臻. 聂荣臻科技文选. 北京：国防工业出版社，1999：26.
* 作者：王安轶、方一兵。
③ 周恩来. 周恩来统一战线文选. 北京：人民出版社，1984：32.

的发展架构，为新中国科技事业的快速发展奠定了重要基础。

一、学部的建立和中国科学院职能的调整

在实践过程中不断发现问题和调整，是中华人民共和国成立初期中国科学院在探索国家科技体制过程中的重要工作方式。1953 年之后，随着国家经济建设的大规模展开，中国科学院开始就其学术和科研管理双中心的定位进行重新审视。1953 年 11 月，在理清各科研机构的科研状况和基本工作任务后，结合 1953 年访苏代表团的学习经验，中国科学院党组向中共中央提交了中国科学院党组《关于目前科学院工作的基本情况和今后工作任务给中央的报告》，报告提出了中国科学院的六项重点工作任务[①]：

（一）在现有基础上把目前可以使用的科学力量适当组织起来，全力支援国家工业建设，首先是重工业建设。

（二）有重点地对正在建设或即将建设的工业中心或经济区域进行地上地下资源和自然条件的调查研究，向有关部门提出合理利用国家资源的具体建议或参考资料。

（三）相应地发展基础科学，使之成为不断支援国家建设和不断提高科学水平的有力保证。

（四）关于在生产上或学术上迫切需要，而今天依然十分薄弱或根本没有基础的科学，应立即准备条件，设法充实与建立起来。

（五）设法加强社会科学方面的力量。

（六）继续团结现有科学家，积极培养新生力量，扩大科学工作的队伍与后备力量。

从这六项任务可以看出，中国科学院对自身的认识由原来的双中心转向了对学术职能的强调，即发挥中国科学院的科研优势，把工作重点重新定位到发展基础科学，解决国家重点攻关难题，支援国家建设，为国家经济建设提供科学保障上来。1954 年中央对这份报告的批示进一步强调了"科学院是全国科学研究的中心"，同年，随着《中华人民共和国宪法》和《中华人民共和国国务院组织法》明确中国科学院不再是政府的一个机构，中国科学院作为全国学术中心的定位得到确立。

与此同时，中国科学院对如何加强学术领导的问题有了明确的方向，就是按学科分类成立学部，设学部委员，通过学部委员会制度领导全国的科学事业。经过一年多反复讨论与筹备，1955 年，从当时的 31 个学科中选出 233 位学部委员。6 月 1—10 日，中国科学院举行了学部成立大会，会议宣告正式成立物理学数学化学部、生物学地学部、技术科学部、哲学社会科学部四个学部，并选出了各学部的常务委员会（图 6-1）。正如郭沫若院长在会上指出的："中国科学院各学部的成立，标志着我国科学事业发展中的一个新阶段的开始。"[②]

---

① 本书编委会. 中华人民共和国国史全鉴·第二卷（1954—1959）. 北京：团结出版社，1996：1339.

② 中共中央党校理论研究室. 中华人民共和国国史全鉴·10·科技卷. 北京：中共中央文献出版社，2005：46.

图 6-1 学部成立大会上物理学数学化学部选举本学部常务委员会成员
（中排左起为赵忠尧、周培源、吴有训、陈建功、苏步青、袁瀚青）
资料来源：路甬祥. 奋进的历程 光辉的篇章：中国科学院学部五十年 1955—2005.
北京：科学出版社，2005：8

中国科学院学部成立的主要目的是加强中国科学院"学术领导"的职能，即通过学部来集中有代表性的科学家分头进行工作，使中国科学院有可能对院内外科学研究更有组织、有计划地加强学术领导或指导。之所以提出加强"学术领导"的问题，是因为"科学院领导工作中最主要的一个缺点，就是没有认真研究国家建设的需要，来制定科学发展计划，推进我国科学事业"[1]。正如郭沫若在学部成立大会上指出的："我们所以要成立学部，集中多数优秀的科学家来分工执行科学研究的具体领导，其目的也就在这里。"为此，学部成立大会的一个重要议程是审议中国科学院第一个五年计划草案，提出了中国科学院"一五"计划期间在科学研究上的 10 项重点工作，同时还提出了拟在第一个五年计划内，在各个领域开始建立与发展的若干薄弱与空白学科，并进行相应的研究机构的调整和发展。[2]在审议通过中国科学院第一个五年计划草案的同时，学部大会期间，科学家们还提出建议，希望迅速制定发展全国科学事业的长远规划，并把中国科学院的第一个五年计划同长远规划结合起来。

实际上，学部制度从实质上将中国科学院作为科研中心和学术领导的地位体制化了。按照《中国科学院学部暂行组织规程》的规定，学部的功能主要是参与有关重大活动，包括制定规划、成果评审和评奖、评定职称和组织学术会议等，以及对科学发展有关问题提出建议和意见。1956 年 1 月，中共中央提出了"向科学进军"的号召和制定十二年科技规划的任务。在这种国家需求的背景下，中国科学院各学部组织其委员参与了当时科学界的两大重要活动，一是十二年科技规划的制定，二是中国科学院科学奖金的评奖。组织科学家参与十二年科技规划的制定，是学部成立之初中国科学院作为科研中心发挥国家学术领导作用的重要体现。

① 郭沫若院长在中国科学院学部成立大会上的报告//中国科学院学术秘书处. 中国科学院年报，1955：6.
② 郭沫若院长在中国科学院学部成立大会上的报告//中国科学院学术秘书处. 中国科学院年报，1955：3-11.

　　1956 年随着十二年科技规划的制定提上议程，国家科学规划委员会成立，中国科学院各学部负责人加入了该委员会。在学部的组织下，大多数科学家通过各学部内的学科组参与了十二年科技规划的制定工作，他们的主要作用是对与本学科有关的任务作出规划，并对诸如制定规划的方针、基本原则或方法以及重点任务、尖端与基础等问题提出意见与建议，为十二年科技规划的制定发挥了重要作用。不仅如此，在十二年科技规划所确定的 57 项重要科学技术任务当中，中国科学院作为"主要负责单位"的有 8 项；作为"联合负责单位"的有 15 项，两者合计 23 项，占重要科学技术任务总数的 40.4%，此外，作为"主要协作单位"的有 27 项，以上三项合计为 50 项，占重要科学技术任务总数的 87.7%。[1]可以说，中国科学院作为国家科研中心的地位在十二年科技规划的制定中得到了凸显，而通过十二年科技规划的实施，中国科学院的科研机构得到了建设，科研力量得到了进一步增强，其作为全国的科研"火车头"的作用日益显现。

二、中国科学院科研机构的建设

　　从 1949 年建院到"文化大革命"爆发之前，中国科学院科研机构的建设，与国家科技体制演变以及科技规划的实施密切相关，可划分为以下几个阶段。

　　建院之初，中国科学院的科研机构是在接收旧中国原有的科研机构基础上建立起来的，其中绝大多数来自原中央研究院和原北平研究院。这一时期的科研机构以数理化、生物和地学领域的基础科学研究为主，还包含了哲学社会科学领域的研究机构。

　　十二年科技规划制定之前，是中国科学院科研机构的第一个发展时期。这一时期，为充分利用东北地区相对雄厚的工业及其技术基础，在东北增设技术科学领域研究机构成为中国科学院发展的重点。1952 年 8 月 28 日，中国科学院东北分院正式成立，成立之初设长春综合研究所、工业化学研究所、物理化学研究所，并相继成立金属研究所、仪器馆、土木建筑研究所、林业土壤研究所，之后，长春综合研究所的化学部与物理化学研究所合并成立长春应用化学研究所、工业化学研究所改为石油化学研究所。[2]东北分院科研机构的设立，显著增强了这一时期中国科学院技术科学领域的科研力量，到1955 年底，中国科学院拥有独立科研机构 44 个，其中数学物理学化学部门 8 个、生物学部门 15 个、地学部门 5 个、技术科学部门 9 个、哲学社会科学部门 7 个。[3]技术科学科研机构数量增幅最大。

　　1956 年，随着中央知识分子问题会议的召开和十二年科技规划的制定和实施，中国科学院科研机构进入了全新的发展时期。1956 年 1 月召开的知识分子问题会议，在提出制定十二年科技规划和"向科学进军"的号召的同时，为了最迅速、最有效地实现科学规划，周恩来在《关于知识分子问题的报告》中明确提出"用极大的力量来加强中国科学院，使它成为领导全国提高科学水平、培养新生力量的火车头"[4]。在这一思想的指

---

① 樊洪业. 中国科学院编年史：1949～1999. 上海：上海科技教育出版社，1999：67.

② 樊洪业. 中国科学院编年史：1949～1999. 上海：上海科技教育出版社，1999：30.

③ 中国科学院计划局. 1949—1956 年中国科学院各种事业统计资料汇编. 北京：中国科学院办公厅档案处，1956-03-017-01.

④ 周恩来. 周恩来统一战线文选. 北京：人民出版社，1984：32.

导下，中国科学院不仅在十二年科技规划的制定中发挥了重要作用，而且为了配合十二年科技规划确定的重大任务的实施，中国科学院开始在相关学科领域大力筹建新的研究机构，通过"以任务带学科"的模式，使科研力量迅速加强。到 1962 年十二年科技规划初步完成之时，中国科学院已有独立科研机构 102 所，是 1949 年的 4.64 倍，拥有研究人员 13 651 人，是 1949 年的 60.94 倍。这期间，中国科学院的科研机构的发展体现了以下特征。

一是紧密围绕国家科技规划和国民经济的需要来进行研究机构的发展布局。如 1956 年在制定十二年科技规划的过程中，为配合学科发展的紧迫性，中国科学院实施"四项紧急措施"，在无线电电子学、自动化、半导体和计算技术这四个新学科领域着手建立研究机构。[①]1957 年"一五"计划完成之时，中国科学院编制了十年（1958—1967 年）研究机构发展计划，以十二年科技规划和国民经济第二个五年计划为依据，按"新科学技术""配合国民经济建设重大任务""适应地方需要""探索某些基本理论问题"四个方向来进行中国科学院研究机构的发展布局，在第二个五年计划期间（1958—1962 年）拟增设研究机构 34 个，其中属于新科学技术的有 6 个，属于配合国家经济建设重大任务的有 16 个，属于适应地方需要的有 7 个，属于探索基本理论问题的有 5 个。[②]这体现了中国科学院科研机构的发展以服务于国民经济重大任务和关键新兴科学技术领域的特点。

二是对技术科学领域科研力量发展的重视。建院之初，中国科学院的研究机构大都集中在数学、物理、化学、生物、地学等学科领域，技术科学科研力量相对薄弱。随着我国大规模经济和国防建设的开展，20 世纪 50—60 年代中国科学院研究机构的设置体现出更重视技术科学的特点。例如，在中国科学院制定的《中国科学院十年（1958—1967）研究机构发展计划统计表》中，技术科学方面研究所的计划发展数为 30 个，居各类学科之首（图 6-2）。

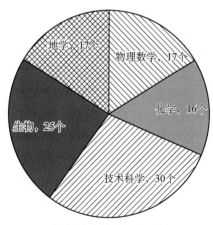

图 6-2　1958—1967 年中国科学院各学科类研究所计划发展数[③]

①　樊洪业. 中国科学院编年史：1949～1999. 上海：上海科技教育出版社，1999：70.
②　中国科学院十年（1958—1967）研究机构发展计划统计表（自然科学技术科学部分-按学科分）. 北京：中国科学院办公厅档案馆，1958-03-013-02.
③　中国科学院十年（1958—1967）研究机构发展计划统计表. 北京：中国科学院办公厅档案馆，1956-03-008-01.

技术科学研究机构的发展之所以更受重视,除了基础薄弱外,还与这一时期实行"任务带学科"的发展模式有很大关系。从研究类型来看,这一时期中国科学院的任务以应用型研究居多,如1964年,《中国科学院工作条例》宏观调控院内各类研究任务的比例关系,按照投入的科技人员数计算,各类比例为:基础研究15%—20%,应用基础研究35%—45%,应用研究30%—40%,推广研究5%—10%,以技术科学为代表的应用型研究任务约占80%。从任务来源看,这一时期中国科学院研究任务主要有三类:国防新技术相关任务、配合国民经济建设相关任务,以及基础研究相关任务。十二年科技规划制定之后,国防新技术相关任务和配合国民经济建设相关任务成为中国科学院最重要的任务来源,与之相关的科研机构也因此得到大力发展。

三是与国防尖端科技任务相关的基础科学和新技术科研力量得到优先发展。20世纪50年代后期到60年代,受中苏关系恶化等因素影响,中国开始独立自主地发展国防尖端科技,中国科学院则是承担国防尖端科技任务的重要力量。至1960年,中国科学院主要承担国防尖端科技任务的单位共24个,约1.7万人。[1]为加强各单位有关国防尖端科学研究工作的领导,中国科学院于1960年成立了新技术局,负责管理全院有关国防尖端科研工作。到1964年,划归新技术局的研究机构有41个,新技术局归口单位的经费支出为1558.4万元,占当年中国科学院经费支出总额的65.5%,新技术局归口单位的研究人员有7614人,占全院研究人员总数的56.5%。[2]正是由于国防尖端科技任务发展的需要,中国科学院以原子能利用和人造卫星上天研究为重点,以任务带学科,在电子学、半导体、自动控制、计算技术、高温合金、高能燃料、超高压、低温、超真空等一系列学科领域得到了优先发展,与之相关的研究所因此发展成为当时我国尖端科学技术的主要科研力量。

通过上述两个阶段的探索和发展,到1965年,中国科学院已有研究机构106个,其中计划局归口65个,新技术局归口41个[3],职工约6万人[4],初步形成了学科相对齐全的科学研究中心。从研究工作分类来讲,这一时期中国科学院主要承担基础研究和应用研究(包括应用基础和新技术)任务,也承担少量发展工作,其在我国若干基础科学和技术科学领域发挥了重要作用。

在基础科学方面,这一时期中国科学院的重点领域:一是有较强的学术带头人的学科,如生物化学、神经生理、古生物、天然有机化合物的研究、理论物理、数学的某些分支等;二是与技术科学及生产技术联系较密切的学科,如固体物理、高分子化学、元素有机化学、大地构造和沉积学、计算数学、光合作用等;三是科学中的新生长点和新领域,如分子生物学、结构化学等,同时因国情需要,特别注意与农业、能源与资源开发和医药卫生相关的生物学和地学的发展。这一时期,中国科学院在蛋白质的人工合成、层子模型研究、哥德巴赫猜想研究、蛋白质X射线晶体结构的测定、陆相生油理论的建立、古人类古生物研究、人工合成核糖核酸半分子、化学模拟生物固氮、光合磷酸化机理、天花粉引产原理和

---

① 樊洪业. 中国科学院编年史:1949～1999. 上海:上海科技教育出版社,1999:115.
② 中国科学院计划局. 1964年中国科学院各种事业统计资料汇编. 北京:中国科学院办公厅档案馆,1964-03-029-01.
③ 中国科学院研究机构布局的初步意见. 北京:中国科学院办公厅档案馆,1965-01-017-04.
④ 关于中国科学院工作的汇报提纲//中国科学院办公厅. 中国科学院年报,1982:3.

结构研究，以及与原子能利用相关的理论物理和核物理研究上，都取得了较好的成绩。[①]

在技术科学方面，一是加强同能源、材料、环境等有密切关系的学科，大力发展新技术，二是积极参与解决国民经济和国防建设中的重大的综合性的科学技术问题。如农业方面，在农作物增产的栽培措施、蝗虫灾害根治等方面作出了成绩，还多次进行自然资源综合考察和农业区划，开展农业现代化的研究试验。在工业方面，开展了包头稀土矿和攀枝花钒钛磁铁矿的冶炼和综合利用，东部海域含油气区主要地质构造的确定，珠江口外大陆架和下辽河的油气预测，葛洲坝、长江大桥的建设和隧道开凿，矿山开采等工程地质和岩土力学问题的研究，研发了具有我国特色的顺丁橡胶和异戊橡胶等新型材料。国防建设方面，原子弹、导弹研制过程中的某些重大关键性材料、元件、探测技术、控制技术以及基本理论问题，都是在中国科学院进行研究或完成工艺设计的，也为第一颗人造卫星的研制做出了重要贡献。[②]此外，在半导体、电子计算机、激光器、高温合金、遥感等技术研发，医学生物学和地学的研究，控制人口数量和质量的研究，为特大自然灾害预报和人为灾害防治提供科学依据等方面均有所突破。

第三节　高等院校科研机构的建设与发展[*]

现代大学的主要任务有二：一是人才培养；二是科学研究。由于国家建设对人才培养的迫切需求，20 世纪 50—60 年代的中国高等院校以教学为主。事实上，高等院校集中了一批全国一流的科学家，是一支重要的科研力量。但由于中华人民共和国成立初期我国基本仿照当时苏联的高等教育和科技体制模式，科技工作重心是与高校分离的[③]，因此这段时间，高等院校的科研机构的发展处于从无到有和积极争取的过程之中。

一、中华人民共和国成立初期高等院校以人才培养为主要任务的确立

中华人民共和国成立后，于 1950 年 6 月召开第一次全国高等教育工作会议，确定了"以理论和实际一致的方法，培养具有高度文化水平，掌握现代科学技术成就，全心全意为人民服务的高级建设人才"的高等教育方针和任务。[④]经过短时间的恢复和调整后，便开始了对高等院校的改革工作，在高校中进行了大规模的院系调整。1953 年前，由于国家的各项事业还处于恢复与改造时期，高等学校的科学研究工作不可能过早地提上日程来。[⑤]这一时期高等学校以人才培养为主要任务。

从 1953 年开始，国民经济建设的第一个五年计划开始实施。在大规模的经济建设的需求下，国家对高等院校人才培养提出了更具体的要求，那就是要为工矿交通建设培养出大量合格的技术干部。为实现这一人才培养目标，高等教育部要求高等学校"一切工作围绕着提高教学质量"。

① 关于中国科学院工作的汇报提纲//中国科学院办公厅. 中国科学院年报，1982：4-5.
② 关于中国科学院工作的汇报提纲//中国科学院办公厅. 中国科学院年报，1982：4.
* 作者：王安轶、方一兵。
③ 教育部科学技术司. 中国高等学校科技 50 年. 北京：高等教育出版社，1999：4.
④ 张酉水，陈清龙. 20 世纪的中国高等教育·科技卷. 北京：高等教育出版社，2003：50.
⑤ 袁翰青. 在高等学校中开展自然科学研究工作的问题. 新建设，1954，(3)：13-18.

1954 年 4 月 21 日，高等教育部副部长杨秀峰在中国人民大学教学经验讨论会上，总结其经验："中国人民大学在工作组织、领导方法、工作布置上都能面向教学，一切以教学为中心，为教学服务"[①]，并提出把"一切以教学为中心"作为高校工作的基本方针。根据高等教育部的部署和要求，各高等学校都以完成教学任务作为开展工作的核心。

为了贯彻"一切以教学为中心"的基本方针，高等教育部根据苏联经验，开始从具体的工作上开展调研并制定相应制度。高等教育工作的中心也随之转变为"学习苏联经验、进行教学改革、提高教学质量"[②]。高等教育部在对北京大学等三所高校调查后认为，当前工作开展的核心是要实施教师工作量制度并有计划地开展教学研究和讲义编写工作。1954 年 9 月，高等教育部《高等学校教师工作日及教学工作量暂行办法（草案）》正式出台。工作量制度规定，高等学校教师的中心任务为教学工作，同时还具体规定了教学工作量的定额与计算办法，对于教学和科学研究工作的关系，该办法规定，"在保证完成教学任务的条件下积极开展科学研究工作"[③]。工作量制度的制定与实施，反映了高等教育部及高等学校领导方面对教学工作的重视。在高等学校的实际工作中，教学是重心，科学研究并没有被提上日程。

二、十二年科技规划中高等院校科研任务的缺失

由于高校的工作重心是从教学出发，因此在中华人民共和国成立之初的一段时期，各高校的科学研究实际上处于基本停滞的状况，只有极少数教师在自发地进行，"高等学校的科学研究工作，过去在某些学校中虽然多少做了一些，但一般都是个别的，而且缺乏计划性"[④]。1953 年，中国开始进入国民经济大规模建设时期，如何更好地发挥高等学校所拥有的科技力量的作用，开始受到国家层面的关注。

1954 年 3 月 8 日，中共中央在对中国科学院党组报告的《关于目前科学院工作的基本情况和今后任务给中央的报告》的批示中提出："全国各高等学校里集中了大量科学研究人员，为发挥这一部分力量，为提高高等学校教学的科学水平，必须在高等学校开展科学研究工作。"[⑤]这一批示发到中央和各级党委，还直接发到各高等学校党委，对高校的科学研究起到了推动作用。

1955 年 5 月，北京大学召开了 1954—1955 学年科学讨论会。会议邀请了全国综合性大学代表到会参与讨论，就高校一年多来开展科研的情况展开讨论，目的在于推动高校科研工作的交流和发展。[⑥]据统计，到 1955 年，开展科研工作的高校为 98 所，约占高校总数的 1/2，科研项目 9428 项，参加人数约 10 590 人，占教师总人数的 27%。[⑦]

---

① 陈大白. 北京高等教育文献资料选编：1949 年～1976 年. 北京：首都师范大学出版社，2002：180.
② 马叙伦. 高等教育的方针、任务问题——马叙伦部长在华北区各高等学校负责人座谈会上的讲话（1953 年 2 月 10 日）. 人民教育，1953，（4）：12-14.
③ 陈大白. 北京高等教育文献资料选编：1949 年～1976 年. 北京：首都师范大学出版社，2002：242.
④ 袁翰青. 在高等学校中开展自然科学研究工作的问题. 新建设，1954，（3）：13-18.
⑤ 中共中央对中国科学院党组《关于目前科学院工作的基本情况和今后任务给中央的报告》的批示//中共中央文献研究室. 建国以来重要文献选编. 第 5 册. 北京：中央文献出版社，1993：146.
⑥ 张世龙. 北京大学科学讨论会. 科学通报，1955，（6）：41-44.
⑦ 《中国教育年鉴》编辑部. 中国教育年鉴（1949～1981）. 北京：中国大百科全书出版社，1984：377.

在 1956 年 1 月召开的知识分子问题会议上，周恩来在报告中指出要重视高等学校中的科研力量："各个高等学校中科学力量，占全国科学力量的绝大部分，必须在全国科学发展计划的指导下，大力发展科学研究工作，并且大量培养合乎现代化科学和技术水平的新生力量。""在全国高等学校中扩大科学研究工作和扩大培养科学力量的计划，必须在今年暑假之后，就着手加以实现。"[①]

为利用高等学校的科学力量，中国科学院和高校开始研究制定合作办法。1956 年 1 月，高等教育部与中国科学院联合发出《关于高等学校和科学研究机关几项试行的合作办法的通知》，就双方合作方式、科学家兼职问题等提出了试行办法。1956 年 3 月 1 日，高等教育部与中国科学院又联合发出通知，南京大学、东北地质学院、清华大学、西南农学院、武汉大学及华中农学院、复旦大学、北京大学及北京农业大学、云南大学等学校与中国科学院合作筹建心理研究所、东北地质研究室、动力研究室、西南土壤研究室、武汉微生物研究室、上海数学研究室、植物生理研究室、昆明生物研究所等机构。[②]

随后，在十二年科技规划中，高等院校就被确定为我国科研工作系统的四个组成部分之一。为了发挥高校在全国科研工作系统中的作用，十二年科技规划提出："必要时，高等学校中可以成立独立的研究室"，"鼓励产业部门和科学院把规模较小的研究机构附设在高等学校里面"[③]。

但是，从十二年科技规划提出的 57 项重要科学技术任务来看，没有一项是以高校作为主要负责单位的，高校不具备建立专门的研究机构的条件，即使是规模较小的研究机构也未在高校设立，这与高校所拥有的科研人员数量而言是不匹配的。据统计，1956年在全国研究机构和高等院校中，高校的科研人员占到了全国总科研人员的 4/5，中国科学院仅占不到 1/10。而对于占有这么大比重的科研队伍，在十二年科技规划中实际上未能发挥与其人才资源相匹配的作用。

不仅如此，为了更好地承担十二年科技规划的科研任务，中国科学院还把原先设置在高校的几个研究机构改成了独立机构，并且从高校抽调了一部分人才到承担十二年科技规划任务的科研单位中去。这导致了高校队伍的不稳定，由于中国科学院在科研一线上的重要地位，希望从事科学研究的高校教师不少人都希望能够去研究院，"人心向院"成为当时的一个趋势。因此，虽然国家重视和提倡高校参与到全国科研工作中，高校也拥有数量庞大的科研队伍，但总体而言，由于高校在十二年科技规划重要科研任务中的缺位，这期间高校的科研工作难以有大的发展。

这一现象的产生与当时中央和教育部门对高校的定位密切相关。在"以教学为中心"的基本方针下，高校科研服务于教学，高校科学研究的方针被定为"结合教学、结合生产"，主要的是"结合教学"。[④]这使得高校实际工作中的科学研究的范围受到限制。与此同时，由于教学是压倒一切的任务，客观上导致了高等学校在科学研究上的时间和设备

① 周恩来著，中共中央文献编辑委员会编辑. 周恩来选集. 下卷. 北京：人民出版社，1984：186.
② 《共和国日记》编委会. 共和国日记 1956. 郑州：河南人民出版社，2017：135.
③ 中华人民共和国科学技术部创新发展司. 中华人民共和国科学技术发展规划纲要（1956—2000）. 北京：科学技术文献出版社，2018：43-44.
④ 上海市高等教育局研究室，华东师范大学高校干部进修班，华东师范大学教育科学研究所. 中华人民共和国建国以来高等教育重要文献选编. 上册. 上海：上海市高等教育局研究室，1979：118.

等方面投入不足，加之管理制度上的不完善，限制了这一时期高校科学研究工作的开展。

首先，高等学校科研时间得不到保障。1955 年 11 月，为筹备知识分子问题会议，中央各部门对知识分子的情况进行了大量调查。其中，高等教育部报送的《北京大学典型调查材料》总结了北京大学执行知识分子政策的状况："当前存在的最主要的问题是科学研究的条件不足，首先是时间得不到必要的保证。"①同年 12 月 9 日，中国科学院邀请高等学校的部分教授座谈当前高等学校科学研究工作中存在的问题。会议上，许多教授反映高等学校的科学研究工作中的最大问题是科研时间无法得到保证。

其次，高校在科研仪器设备、图书资料、技术支持人员及经费等方面普遍投入不足。1954 年，高等教育部印发的《高等学校科学研究工作现况》的文件中便提到了高等学校中科研仪器设备及图书资料不足的情况。②1956 年 1 月，在中共中央召开的关于知识分子问题会议上，周恩来在报告中提出要解决知识分子在工作中缺乏必要的图书资料、工作设备以及缺乏适当的助手等问题。虽然在会后各个高校加大了对科研设施的投入，但由于国家财政预算中没有专门的经费用以支持高等学校的科研工作，因此在持续性的投入上，高校困难重重。

最后，高等院校科研机构的管理体制上的缺陷。在院系调整结束后，高等院校按照人才培养的目标和办学模式分归教育部门、各部委和地方。在高校管理上，存在着两条线，一是教育系统，二是科技管理的各个部门，科研运行机制独立且分散。由于分管部门间的壁垒、研究团队的分散，高校的科研部门很难承担重大的科研任务。

综上原因，尽管十二年科技规划的出台，使国家从上层不断强调高等院校的科研地位，但这一时期高等学校的科研条件不足以使其在十二年科技规划的实施中起到重要作用，高等学校自身的科研功能因此并未能够切实地发挥出来。

三、20 世纪 60 年代高等院校科研机构的发展

高等院校作为科研机构的困境在 20 世纪 60 年代初得到了改变，这一时期高校的科研工作任务被真正纳入国家科研体系之中，这在《1963—1972 年科学技术发展规划纲要》中得到了体现。1962—1966 年，高等学校科技工作进入了第一个最好的发展时期。③

1962 年国家科委组织制定《1963—1972 年科学技术发展规划纲要》，其中技术科学和基础科学两个部分委托教育部和中国科学院共同负责主持编制工作。④在《1963—1972 年科学技术发展规划纲要》中列出了技术科学和基础科学共 549 个中心问题，其中由高等院校主持研究和负责研究的有 372 个。并且，经中央文教小组和科学小组批准，从 1963 年开始，财政部开始通过国家科委给教育部直属高校划拨科学研究经费，同时，国家计划委员会也批准了每年给教育部直属高校一定的专职科研人员编制。⑤这标志着高等学

① 高等教育部. 北京大学典型调查材料//中共中央办公厅机要室. 关于知识分子问题的会议参考资料. 第 2 辑. 中共中央办公厅机要室印发，1956：56.
② 中央高等教育部教学指导司. 高等学校科学研究工作现状. 高等教育通讯，1954，（7）：28-34.
③ 教育部科学技术司. 中国高等学校科技 50 年. 北京：高等教育出版社，1999：16.
④ 教育部科学技术司. 中国高等学校科技 50 年. 北京：高等教育出版社，1999：17.
⑤ 教育部科学技术司. 中国高等学校科技 50 年. 北京：高等教育出版社，1999：18.

校科研工作正式纳入国家渠道。1965 年 9 月，国家科委提出了一批赶超世界先进水平的科研项目，其中"新生长点和基础研究"方面共 31 项，由高等学校组织研究的达 19 项，超过半数。[①]由于承担项目的增加，高校在国家科研工作中发挥起更重要的作用，成为国家科技体系中实际上的重要组成部分之一。

与高校承担各项国家科技计划任务相配合的，是相关高校所属科研机构的建设。1964 年 6 月，高等教育部编制直属高校关于国家第三个五年计划中科学技术事业发展方向的规划，从直属高等学校承担的十年科技规划任务中，选择了确保的 26 项，在相关科学技术领域，逐步建立 66 个研究机构。为完成 1965 年高校承担 19 项赶超世界先进水平的科研项目，高等教育部提出加强或新建 31 个研究中心。[②]而这 19 项任务属于"新生长点和基础研究"方面，表明这一时期国家更期望高等学校在发展基础研究方面发挥作用。

正是在国家科技规划和任务的推动下，到 20 世纪 60 年代中期，高等院校逐渐建立起一批科研基地，包括清华大学的无线电研究所、化工研究所，北京大学的数学研究所、物质结构研究所，复旦大学的数学研究所、遗传研究所，南京大学的固体物理研究所，南开大学的元素有机化学研究所等。这些基地成为当时重要的教学科研场所。[③]

这一时期，一些高水平的基础研究成果，是由高等学校与中国科学院等机构合作完成的。1982 年颁布的国家自然科学奖，是继 1956 年中国科学院授予一批自然科学重大成果奖励之后的第二次，获奖项目基本反映了 1956 年至 70 年代我国自然科学领域的重要成就，在获奖的 122 项成果中，高等学校参与的有 53 项，绝大部分为高校与其他科研机构合作完成。其中高校获得的一、二等奖的项目，主要集中于数学物理、地质、生物学领域（表 6-1），这从另一侧面反映出这一时期高等学校在全国科研系统中所发挥的作用，集中于少数基础科学研究方面。

表 6-1 1982 年国家自然科学奖高等学校的获奖项目（一、二等奖）[④]

	项目名称	主要研究者的单位
一等奖	人工全合成牛胰岛素研究	中国科学院上海生物化学所、北京大学、中国科学院上海有机化学所
	配位场理论研究	吉林大学
	中国地质图类及亚洲地质图	地质部地质研究所、地质部情报研究所、武汉地质学院、地质部水文地质工程研究所
	哥德巴赫猜想研究	中国科学院数学研究所、山东大学
二等奖	非线性双曲型方程组和多元混合型偏微分方程研究	复旦大学
	华南花岗岩的地质、地球化学及成矿规律研究	南京大学、中国科学院地球化学研究所、地质部宜昌地质矿产所和南方五省地质局
	猪胰岛素晶体结构的测定	中国科学院物理研究所、中国科学院生物物理研究所、北京大学
	黄河中游粗泥沙来源区及其对黄河下游淤积的影响	清华大学、黄河水利委员会

① 吴波尔，叶凡，穆恭谦，等. 解放第一生产力：中国科技体制改革. 桂林：广西师范大学出版社，1998：13.
② 教育部科学技术司. 中国高等学校科技 50 年. 北京：高等教育出版社，1999：20-21.
③ 钱斌. 新中国科技体制的建立和初步发展（1949—1966）. 中国科学技术大学博士学位论文，2010：99.
④ 梁清海，文兴吾，林子卿. 当代中国科学技术总览. 北京：中国科学技术出版社，1992：818-820.

续表

项目名称	主要研究者的单位
植物的胞间连络与细胞内含物的再分配	北京农业大学、中国科学院植物研究所、中国科学院上海植物生理研究所
湍流的基本理论研究	北京大学、清华大学、中国科学院
层子模型	中国科学院原子能研究所、北京大学、中国科学院数学研究所
晶体缺陷的研究	南京大学
地洼区（活化区）——大陆地壳第三构造单元	中南矿冶学院、中国科学院长沙大地构造研究所
微分动力体系	北京大学
广义变分原理的研究	航天工业部、清华大学、中国建筑科学研究院、西安交通大学、北京工学院
硅酸聚合作用理论	南京大学
《中国植物志（第七卷）》	中国林业科学研究院、中国科学院植物研究所、北京医学院、中国科学院华南植物研究所、中国科学院武汉植物研究所、南京林产工业学院

（二等奖）

总的来说，从 20 世纪 60 年代开始，高校在科研工作上有了较大的发展，国家对高校科学研究的职能也愈发重视。这一时期，高校科研工作在一些基础研究和个别技术科学领域发挥了作用，但总体而言，高等学校在国家科技体系中的地位并不突出，尤其是在国家经济建设中发挥的作用相对较弱。

第四节　产业与地方科研机构的建设与发展*

一、产业部门科研机构的建设与发展

产业部门的科研机构主要指国务院各部委所属的科研机构，计划经济时期，各厂矿隶属于各级部门，因此除部委直属科研机构外，产业部门科研机构也包括企业的科研机构。新中国成立后至"文化大革命"爆发之前，我国产业部门科研机构的发展态势与国民经济建设需要和科技规划的实施密切相关，可大体分为 1956 年之前、1956—1966 年两个阶段。

新中国成立之初到 20 世纪 50 年代中期，我国国民经济经历了三年恢复时期并开始进入"一五"计划。这一时期，仿照苏联模式建立了计划经济管理体制，政府中各部委分别对各产业部门实行集中领导，根据 1949 年 9 月由中国人民政治协商会议第一届全体会议通过的《中华人民共和国中央人民政府组织法》，在政务院下设 30 个部、会、院、署、行主持该部门国家行政事宜，其中包含重工业部、燃料工业部、纺织工业部、食品工业部、轻工业部（不属于上述四部门之工业）等主管工业生产的部门。[1]部分产业部门在中华人民共和国成立之初从接管旧中国的研究机构的基础上，发展起来本行业最早的一批科研力量。

---

* 作者：方一兵、王安轶。
[1] 全国人大常委会办公厅，中共中央文献研究室. 人民代表大会制度重要文献选编（一）. 北京：中国民主法制出版社，2015：64-65.

例如，重工业部在相继接管了国民政府经济部北平矿冶研究所、北平工业试验所，以及资源委员会材料供应事务所设在上海的材料试验室的基础上，于 1951 年 2 月成立综合工业试验所筹备处。1952 年 10 月，创办于 1922 年的黄海化学工业研究社除菌种和发酵研究室之外的其余四个研究室也并入重工业部综合工业试验所①。同年 11 月，综合工业试验所筹备处改组为化工、钢铁、有色金属三个工业试验所②，三个试验所后来发展成为钢铁研究总院、北京有色金属研究总院、沈阳化学工业综合研究所，标志着新中国在钢铁、有色金属和化学工业的第一个综合性科研机构的诞生。在轻工业方面，中华人民共和国成立初期在接收国民政府在上海、重庆、兰州的工业试验所的基础上，轻工业部和地方厅局陆续筹建了部直属的造纸、食品、发酵、皮革、油脂化学、制盐、井矿盐、硅酸盐、香料、烟草、仪器仪表等科学研究所。③1956 年之前，轻工业部系统建成研究机构 12 所。④

然而，这一时期由于产业部门主要聚焦恢复和发展生产，加之中国科学院吸收了相当部分国民政府遗留下的科研力量，因此相较于中国科学院，产业部门在这一时期创建和拥有的科研机构非常有限，规模较小。比如材料工业方面，中国科学院在这一时期利用原中央工程研究所的资源发展了上海冶金陶瓷研究所，在 50 年代又先后组建了中国科学院金属研究所、矿冶研究所和化工冶金研究所，使中国科学院成为这一时期钢铁和有色金属冶金，以及玻璃、工业陶瓷、耐火材料等其他无机材料的重要研发力量。

鉴于产业部门科研机构相对薄弱，这一时期各部门生产建设的问题更多地交给了中国科学院。1951 年 3 月，政务院就加强中国科学院与工业、农业、卫生、教育国防各部门的联系发出指示，要求各部门举行专业会议时，应邀请中国科学院参加，并请中国科学院提出意见；各部门的研究机构在制订计划时，应与中国科学院取得联系；中国科学院要注意宣传国内外科学成果，并建议生产部门加以采用；中国科学院应系统调查各生产部门的需要，并使自己和全国科学研究人员的工作计划适应这些需要。⑤但是，这一方式在实际操作中却面临诸多问题。一方面，生产性问题相较于基础科学问题更繁杂且琐碎，造成了中国科学院在此类问题上花费大量时间。中国科学院副院长竺可桢曾称这类结合实际、枝枝节节地迎合各产业部门的要求而进行的工作为"打杂差"。⑥另一方面，中国科学院和产业部门的单位沟通和执行上存在较大误差，导致中国科学院难以发挥实际作用。这一状况直到 1956 年之后，随着产业部门科研机构的大发展才得到改观。

1956 年，随着国务院机构的调整和十二年科技规划的出台，产业部门迎来了一个创办和扩建科研机构的高潮。1955—1956 年，为适应我国社会主义改造的新情况，更好地贯彻按行业归口管理的方针，国务院对所属的财经部门进行了较大调整，比如在能源和

① 陈歆文，周嘉华. 永利与黄海：近代中国化工的典范. 济南：山东教育出版社，2006：287.
② 《当代中国钢铁工业的科学技术》编辑委员会. 当代中国钢铁工业的科学技术. 北京：冶金工业出版社，1987：524.
③ 《当代中国的轻工业》编辑委员会. 当代中国的轻工业. 上. 北京：当代中国出版社，2009：82.
④ 《中国轻工业年鉴》编辑部. 1985 年中国轻工业年鉴（1949—1984）. 北京：中国大百科全书出版社，1985：28.
⑤ 中央人民政府. 关于科学研究工作的指示. 科学通报，1951，（4）：337-338.
⑥ 竺可桢. 中国地理学工作者当前的任务——中国地理学会第一届全国代表大会开幕词. 科学报，1953，（3）：17-19.

原料工业方面，撤销了重工业部和燃料工业部，分设和增设了冶金工业部、化学工业部、建筑材料工业部、煤炭工业部、电力工业部、石油工业部、森林工业部和第二工业部（原子能）①。1956年到"文化大革命"爆发之前，为配合1956年和1963年出台的两部科技规划的实施，各部委围绕本产业规划的重要科研任务进行了大规模科研力量的建设，一大批产业科研机构在这一时期得到创办或扩建，到20世纪60年代，新中国成体系的产业部门科研力量得以形成。

在化工方面，新成立的化工部根据十二年科技规划的任务部署，提出发展化学肥料、酸碱和基本有机原料、合成纤维、合成橡胶和合成树脂等方面，为此在1956年的下半年，将沈阳化工研究所一分为四，并与其他资源合并，成立了北京化工研究院、上海化工研究院、天津化工研究院和沈阳化工研究院，分别承担合成材料、制酸和有机化肥、无机盐和涂料，以及农药和染料方面的产品研发。1958年在原化工设计院的基础上，在大连、吉林、锦西、西北、华东、西南、华北、华中等地成立8个化工设计分院，同年，将天津橡胶工业研究所和北京橡胶工业设计院合并，建立北京橡胶工业研究设计院，还在北京成立了化工机械研究所，化工产业科研机构的战略布局因此展开。②

冶金工业方面的钢铁领域，冶金工业部于1958—1966年将钢铁工业试验所更名为钢铁研究院并进行全面建设，重点开展军工领域所需的新材料及配套技术的研发；为配合1963年出台的《1963—1972年科学技术发展规划纲要》任务的实施，陆续对重点矿山和企业原有研究资源进行剥离整合，成立了一批冶金工业部直属的专业研究机构，如该纲要提出包头白云鄂博铁矿和攀枝花钒钛磁铁矿综合开发和利用的重点任务，为配合这两个任务实施，冶金工业部于1963年4月将原包钢冶金研究所、包钢的704和8861试验厂从企业分离出来，成立了包头冶金研究所③；并于1964年10月将鞍山钢铁研究院迁至四川西昌，成立西南钢铁研究院。④此外，以沈阳矿山研究所、北京矿冶研究院和龙烟钢铁公司部分研究资源为基础，在马鞍山成立黑色冶金矿山研究院，在洛阳创办耐火材料研究所，以及在武钢劳动保护研究所基础上成立武汉安全技术研究所。⑤初步形成了从选矿、冶炼、耐火材料，到复杂多金属共生矿的冶炼等方面的部属专业研究机构体系。

在有色金属方面，为配合十二年科技规划重点项目的实施，满足国民经济和军事等领域对稀有金属材料的需求，冶金工业部在1956年之后先后成立了冶金工业部有色金属研究院、有色金属选矿研究院、有色冶金设计院、北京矿冶研究院、长沙矿山研究院等专业性研究机构。⑥

① 本书编委会，中国大百科全书出版社编辑部. 中国大百科全书·政治学. 北京：中国大百科全书出版社，1992：595.
② 《当代中国的化学工业》编辑委员会. 当代中国的化学工业. 北京：当代中国出版社，2009：355-356.
③ 《当代中国钢铁工业的科学技术》编辑委员会. 当代中国钢铁工业的科学技术. 北京：冶金工业出版社，1987：390.
④ 《当代中国钢铁工业的科学技术》编辑委员会. 当代中国钢铁工业的科学技术. 北京：冶金工业出版社，1987：395.
⑤ 《当代中国钢铁工业的科学技术》编辑委员会. 当代中国钢铁工业的科学技术. 北京：冶金工业出版社，1987：381-386.
⑥ 《当代中国的有色金属工业》编辑委员会. 当代中国的有色金属工业. 北京：当代中国出版社，2009：51-52.

在机械工业方面，1956年第一机械工业部（简称一机部）建立了机械科学试验研究院（后更名为机械科学研究院）、机械制造工艺与生产组织研究院、工具科学研究院三个部属研究院，此后一机部各专业管理局也相继建立了一批以新产品开发为主要任务的综合性研究所，到1956年底，一机部已有21个研究所。1961年之后，经过新一轮的调整和建设，逐步形成了以一机部直属研究所和行业归口研究所为核心，机械设备各使用部门、中国科学院、高等院校的有关机械科研机构为补充的机械工业科研体系。[①]

在轻工业方面，1956年以后，除调整和扩建原有的研究所外，轻工业部还陆续建立了甘蔗糖、甜菜糖、钟表、乐器、轻工机械设备等直属研究所，经过1961—1965年的调整和充实，轻工业部系统拥有48所研究机构，科研人员1000余人。[②]

总的来说，从新中国成立到1966年，我国各产业部门在国民政府时期遗留科研资源非常有限的基础上，在1956年和1963年出台的两次全国科技发展长期规划的任务直接带动下，"以任务带学科"的模式，在国务院各产业主管部委的组织下，建立了一个较为完整的产业部门科研工作系统。其中各部委直属的专业研究院所自成体系，在规模上远远大于本行业企业或其他研究机构，成为各产业部门最重要的科研力量。如化工行业，"文化大革命"之后地市以上独立核算186家科研单位共有工程技术人员1.8万人，其中化工部直属29家科研单位的工程技术人员达9000人，占了50%。[③]这一时期，部委直属科研院所和大中型企业一道，通过承担和参与科技规划的重点任务或本行业部门的科研项目，开展重大项目的联合科技攻关，对这一时期各产业领域的生产和科技进步发挥了重要作用。

相对于其他科研系统，部委所属的科研机构方向较为明确，力量也相对集中，是这一时期产业部门技术创新的主要力量。但是，由于这些科研机构与所属部委之间的行政隶属关系，科研机构的行政特点明显，科研任务以上级行政命令为主，缺乏对产业实际的科研需求的敏感性和主动性。这种模式的科研系统对产业技术进步所起的作用是双面的。一方面，在计划经济时代，与国计民生密切相关的重要技术问题，可以通过国家计划以重点任务的方式迅速下达到各产业科研机构，以行政命令的方式调配资源，组织科技攻关，从而在国家重点工程和研发项目上取得成绩。另一方面，由于科研资源配置方式的单一性，这一科研系统很难有效适应千变万化的市场需求，使得产业部门的技术创新活力不足，这在一定程度上影响了产业科研系统的作用的有效发挥，导致整个科技体制的结构性缺陷。

二、地方科研机构的建设与发展

中华人民共和国成立之前，各地自发、零散地开展了一些专门工作，建立了一些研究及试验机构，主要目的是解决地方上的农业、工业、地质、医学卫生等方面的具体问题。中华人民共和国成立之后，地方科研机构是各科技体系发展最晚的一个，在十二年

① 李健，黄开亮. 中国机械工业技术发展史. 北京：机械工业出版社，2001：627-628.
② 《中国轻工业年鉴》编辑部. 1985年中国轻工业年鉴（1949—1984）. 北京：中国大百科全书出版社，1985：28.
③ 国家统计局科技统计司. 中国科学技术四十年（统计资料）：1949—1989. 北京：中国统计出版社，1990：38.

科技规划中，虽然将地方科研机构作为组成全国统一的科研工作系统的四个方面之一，但未对地方科研机构的任务和工作有详细的阐述和安排。直到 1956 年毛泽东的《论十大关系》提出体制调整工作之后，给了地方科技工作以发展和扶持，随后，地方科研工作体系的建设受到重视。

从中华人民共和国成立到"文化大革命"爆发之前，地方科研体系是在以下几方面的推动下得以建立和发展起来的。

（一）通过全国科技团体网络服务地方科技

中华人民共和国成立初期，地方科研机构未成规模和体系，以中华全国自然科学专门学会联合会（简称"科联"）和中华全国科学技术普及协会（简称"科普"）成立为契机，各地组建了其分支机构而率先形成了全国性的科技团体网络，服务地方科技，对这一时期地方建设与发展发挥了重要作用。

1950 年 8 月，第一次中华全国自然科学工作者代表会议在北京召开，成立了"科联"和"科普"两个全国性科技团体，分别以科学技术的提高和普及为宗旨。"科联"成立后，在 24 个城市设立了地方分会，通过组织科技工作者对地方厂矿进行现场考察和座谈，协助解决技术问题[1]，成为能够集合地方科技工作者服务地方科技发展的一种组织形式。

"科普"成立之后，此前文化部科普局和其他部门的科普职能集中到了全国科普。1950—1952 年，在"一面筹建组织，一面开展宣传工作"的方针下，"科普"在各省（自治区、直辖市）普遍建立分会筹备机构[2]。到 1953 年，"科普"在全国各地设立了 25 个地方科普分会和 61 个科普支会[3]，到 1958 年，省一级的科普协会组织增至 27 个，县、市一级的科普协会分支机构近 2000 个，同时还在各地厂矿和农村建立了科普协会的基层组织[4]，形成了一个由国家—省（自治区、直辖市）—基层多级组织构成的队伍庞大的科普团体网络。通过这一网络，在全国范围内开展科学技术普及活动，致力于宣传普及科学知识，推广科技成果，对地方科技传播与推广起到了较好的作用。

1958 年 9 月，"科联"和"科普"的全国代表大会召开，两会合并，成立了中国科协，此后，各省（自治区、直辖市）、市、县以及工矿企业、公社、学校机关等各级科协迅速成立，1958 年底会员发展到 600 万人[5]，形成了一个遍及全国的科技团体网络。这一时期，各地专业科研机构逐步建立，在"群众性的科学技术专业活动与专业科学机构相结合的两条腿走路"的方针下，科协系统一方面在 60 年代通过组织科技人员上山下乡、组建农村群众科学实验小组、编写农业技术教材、组织召开全国经验交流会等方式，开展群众性的推广技术革命和科学实验活动。另一方面，科协系统作为联系科学工作者的一个重要平台，也发挥着向国家和地方科技发展传递科学家建议、影响国家决策

① 邓楠. 发展与责任：中国科协 50 年. 北京：中国科学技术出版社，2008：45.
② 邓楠. 发展与责任：中国科协 50 年. 北京：中国科学技术出版社，2008：49.
③ 《当代中国的科学技术事业》编辑委员会. 当代中国的科学技术事业. 北京：当代中国出版社，2009：355.
④ 邓楠. 发展与责任：中国科协 50 年. 北京：中国科学技术出版社，2008：52.
⑤ 邓楠. 发展与责任：中国科协 50 年. 北京：中国科学技术出版社，2008：64.

的作用，在推动全国植保工作的开展，以及《1963—1972 年科学技术发展规划纲要》的编制等工作上起到了积极作用。

可以说，早期的"科联"和"科普"，以及 1958 年之后的中国科协所建立起来的规模庞大的地方科技团体网络，是极具中国特色的群众性科学技术活动得以开展的组织保障，也是这一时期地方科技工作系统的一个不可忽略的方面。

（二）中国科学院设立分院助力地方科技发展

1952 年开始，中国科学院陆续在各地建立了一批研究所，这些研究所为各地科研工作创造了条件。如中国科学院在东北成立的第一个分院，集中了技术科学方面的力量，以满足东北地区工业建设的需求。1953 年，作为配合国家经济建设在西北地区开展的一项重要措施，中国科学院又成立了西北分院。而东北地区因历史和科研基础等原因，率先成为发展地方科技工作的一个重要地区，中国科学院东北分院的设立为 50 年代最初几年东北科技事业的发展发挥了非常关键的作用。

1948 年东北解放后，东北地区在接收旧中国科研资源的基础上先后成立了工业研究所、大连大学科学研究所和东北地质调查所，1949 年 9 月，国家将这三个科研机构合并成为东北科学研究所，作为东北科学研究的高级领导机关，隶属于东北人民政府工业部。[①] 到 1952 年中国科学院东北分院成立之前，东北科学研究所已发展成为当时全国规模最大的科研机构。

为进一步密切配合东北地区的经济建设，经东北人民政府与中国科学院提议，中央人民政府政务院批准，决定以东北科学研究所为基础，在沈阳成立中国科学院东北分院。该院自 1951 年 10 月开始筹备，1952 年 8 月 28 日正式成立，受中国科学院和东北人民政府的双重领导，由严济慈任分院院长，恽子强任副院长，武衡任秘书长。东北分院当时管辖的研究机构有位于长春的综合研究所、仪器馆、物理化学研究所、机械电机研究所；位于大连的工业化学研究所；位于沈阳的金属研究所、东北土壤研究所筹备处；以及位于哈尔滨的土木建筑研究所和林业研究所筹备处等九个单位[②]。1954 年夏，国家撤销大行政区设置，中国科学院东北分院于同年 8 月撤销，在沈阳设立办事处，至此，中国科学院东北分院完成了它的历史使命。

中国科学院东北分院的设立目的就是更好地适应东北工业发展和科学研究的需要。实际上，东北分院建院的三年，从科研力量和科技成果两个方面真正起到了助力东北科技发展的作用。首先，为加强科研力量，东北分院成立之后对研究机构进行了一系列调整，通过调配和整合东北原有的科研力量以及东北以外的资源，组建新研究所。比如，位于长春的仪器馆，是在整合东北科学研究所实验工厂、物理研究室的光学仪器部分、东北工学院的教具厂、私营钟东仪器厂、北京应用物理研究所的光学制造工厂科研力量的基础上成立的[③]；东北科学研究所的机械、电机两个研究室分出，成立了机械电机研

① 武衡. 东北区科学技术发展史资料：解放战争时期和建国初期·综合卷. 北京：中国学术出版社，1984：27.
② 《中国科学院》编辑委员会. 中国科学院. 上. 北京：当代中国出版社，2009：36.
③ 武衡. 东北区科学技术发展史资料：解放战争时期和建国初期·科研管理卷. 北京：中国学术出版社，1986：13-14.

究所；东北土壤研究所筹备处的成员来自中国科学院南京土壤研究所、北京植物研究所、东北农业科学研究所、沈阳农学院、浙江大学、南京大学、哈尔滨农学院等 11 个单位；金属研究所的创办吸收了原大连工业化学研究所窑业研究室和长春综合研究所矿冶研究所的资源。①通过这样的资源调配与整合，不仅使中国科学院在东北地区的科研机构有了大幅度增加，由原来的 2 个增至 9 个，更重要的是，科研机构的布局更显专业性，将原来分散的科研资源按专业领域整合起来组建成更具专业性的研究机构，这无疑能提升东北地区科研机构的质量，从而为地方科研系统的建设提供支撑。

其次，东北分院成立的三年间，各研究所开展的科学研究大都与东北地区国民经济建设密切相关，起到了助力地方科技发展的作用。东北地区有着雄厚的重工业基础，中国科学院东北分院研究所在专业布局上适应了这一特点，而各研究所在矿冶、煤炭、石油、化工、机械动力、土木建筑等方面展开的研究，大都与东北地区重工业建设密切相关，比如 1953 年东北分院奖励了当年成绩显著的 28 项研究工作②。其中大部分属于为解决东北地区厂矿技术问题而进行的工作，包括：金属研究所配合抚顺钢厂进行的合金钢质量改进之研究，以及配合鞍钢进行的平炉炉底烧结、重轨内裂、钢锭模耐固性、钢材表面缺陷等研究；工业化学研究所组建的鞍钢工作组进行高炉砖试制研究，长春综合研究所为改进抚顺化工厂检油炭黑品质进行的研究；机械电机研究所应 636 厂的要求进行的机床传动用高压油泵试制，金属研究所受石油三厂的委托进行的高温高压金属材料检验研究；工业化学研究所为提高炼焦厂甲苯回收率而进行的研究；长春综合研究所和物理化学研究所配合东北苏家屯砂轮厂进行的改进砂轮质量的研究等。③上述研究项目不仅选题直接来自各大厂矿需要解决的技术难题，而且研究工作的开展大都与企业共同进行，通过这样的方式，中国科学院东北分院对当地重工业建设的贡献不仅在于提供了科技成果，还在于帮助企业培养了科技力量，为之后地方科技事业的大发展打下了基础。

中国科学院东北分院为当时东北重工业等领域的发展带来了非常积极的影响，为中国科学院如何助力国民经济发展提供了经验，正如郭沫若院长和吴有训副院长预期的："在中国科学院的今后工作中，东北分院的经验推广将是一件大事。"基于东北分院的经验，中国科学院在 20 世纪 50 年代中后期大规模建设地方分院，这些分院成为地方科研体系建设的重要一环。

（三）地方科研机构的系统性建设与发展

1956 年之后，随着国民经济建设的开展和科技规划的实施，地方科研机构得到了系统性建设与发展。知识分子问题会议召开之后，各地贯彻落实会议精神，新建了一批科研机构，出现了一个发展高潮，初步形成了省、地两级科研体系。到 1956 年底，全国已有独立研究机构 410 个，研究人员达到 1.96 万人，其中隶属地方的机构有 239 个，研

① 武衡. 东北区科学技术发展史资料：解放战争时期和建国初期·科研管理卷. 北京：中国学术出版社，1986：14-15.

② 武衡. 东北区科学技术发展史资料：解放战争时期和建国初期·科研管理卷. 北京：中国学术出版社，1986：241.

③ 武衡. 东北区科学技术发展史资料：解放战争时期和建国初期·科研管理卷. 北京：中国学术出版社，1986：242-256.

究人员 4181 人。[①]

1958 年,随着中央建设社会主义总路线的提出,全国开展了群众性的技术革新运动,地方科研机构也因此迎来第二个发展高潮。[②]根据 1958 年 3 月中共中央成都会议决定的精神,全国各省(自治区、直辖市),有的成立了科学分院,有的成立了地方科学院,也有的两者兼有或者是两块牌子一个机构,领导和建设地方的科学研究机构和科研工作。以辽宁省为例,1958 年 6 月中国科学院为加强对辽宁地区科研单位的领导,筹备组建中国科学院辽宁分院,12 月正式成立。根据 1959 年 2 月中共辽宁省委对中国科学院辽宁分院的性质、任务、组织和关系的决定,中国科学院辽宁分院是地方的科学事业机构,在中国科学院和省委、省人委的双重领导下,根据中央的方针政策和辽宁省的具体情况,有计划地发展辽宁省的科学事业。[③]除辽宁外,吉林、河北、上海、四川等 14 个省(自治区、直辖市)都创办了中国科学院分院,截至 1958 年,据不完全统计,全国县以上的地方科研机构有 1734 个,总体上初步形成了由省、地(市)、县科研机构组成的地方科研系统。[④]

1961 年之后,在"调整、巩固、充实、提高"的八字方针指导下,研究机构在数量快速增长下所暴露出的不合理问题开始得到重视。1961 年 1 月聂荣臻在《关于一九六一、一九六二年科学技术工作安排的报告》中提出精简和调整科研机构的方针,优先发展全国科学技术研究工作体系,"各个省、市、自治区,在目前根本不考虑形成体系的问题。地方的研究所要着重调整、充实、提高,1961 年不要再建新所"[⑤]。在此方针下,国务院开始对地方科研机构进行调整,合并撤销了一批重复和未发挥作用的科研机构,对尖端技术研究机构以大区为单位统一调整合并,中国科学院各省(自治区、直辖市)的分院除保留新疆分院等少数分院外一般均撤销。[⑥]到 1965 年,全国共有省、地(市)两级所属独立科研机构 1127 个,专业科研人员 40 073 名。[⑦]

(四)地方科研管理体制的形成

随着地方科研机构的大规模创办,与之相应的地方科研管理体制也形成。参照国家科委职能,1958 年之后,各地开始建立省(自治区、直辖市)科委和地(市)、县两级科委及专业厅、局的科技管理部门,从而形成了省(自治区、直辖市)科委—地(盟、州)、市科委—县(市、旗)科委构成的地方科技管理体系。

1958 年 12 月至 1959 年 1 月,国家科委在上海召开了第一次全国地方科技工作会议,这次会议除了确定一批重点任务外,提出了地方科技工作的"两当"方针,即地方科技工作要以解决当地、当时生产建设问题为主。这成为我国地方科技工作发展的指导方针。

在这种以各地科委为主管部门的体制下和"两当"方针的指导下,这一时期我国地

① 《当代中国的科学技术事业》编辑委员会. 当代中国的科学技术事业. 北京:当代中国出版社,2009:357.
② 《当代中国的科学技术事业》编辑委员会. 当代中国的科学技术事业. 北京:当代中国出版社,2009:359.
③ 辽宁省科技志编委办公室. 辽宁科学技术大事记. 沈阳:辽宁省科技志编委办公室,1987:61.
④ 《当代中国的科学技术事业》编辑委员会. 当代中国的科学技术事业. 北京:当代中国出版社,2009:359.
⑤ 聂荣臻. 聂荣臻科技文选. 北京:国防工业出版社,1999:233-234.
⑥ 《当代中国的科学技术事业》编辑委员会. 当代中国的科学技术事业. 北京:当代中国出版社,2009:363.
⑦ 《当代中国的科学技术事业》编辑委员会. 当代中国的科学技术事业. 北京:当代中国出版社,2009:365.

方科研工作的开展有三个较突出的特点。

一是在科研布局上，重视农业的发展以及对当地资源的开发利用。在地方科研机构系统中，各级农业科学研究和技术推广机构是所占比重最大的一类，相比其他领域，地方农业科研机构较早得到建设。1953 年，我国先后成立了 7 个大区农业科学研究所，部分省（自治区、直辖市）也开始建立综合性农事试验场。1957 年中国农业科学院成立之后，各省（自治区、直辖市）也相继成立省级农业科学院和市级农业科学所。[①]据 1958 年的统计，全国 1743 个地方科研机构中，省、地（市）、县级农业研究所有 660 个[②]，占科研机构总量的近 1/3。此外，全国还建立了 1.65 万个县、区级农业推广站[③]，以此形成全国农业科研和技术推广体系。而 1961 年国务院对地方科研机构进行了调整，明确规定在调整过程中要特别注意加强有关农业和结合本地特点的研究机构，这也体现出农业和与地方资源相结合的科研机构在地方科研布局中的重要地位。

二是在科研工作的组织上，参照国家一级的以"规划"和"计划"来组织科研工作的方式，各省（自治区、直辖市）科委通过制定年度计划和重点研究任务，来对本地区的科研工作进行布局和资源分配，从而在总体上形成了计划经济体制下典型的"自上而下"的科技管理的计划模式。

三是强调群众性科学技术工作与专业机构研究工作相结合的工作模式。聂荣臻在第一次全国地方科技工作会议上所作的报告中提出："在各个地区都要建立星罗棋布的群众性的科学技术工作网。……这种广泛的群众科学技术活动和专业机构的研究工作结合起来，就能形成一个全国的、既有广泛群众基础又有重点安排的科学技术工作网，就能大大促进全国科学技术的发展。"[④]这种对群众性科技工作的强调，是与我国 20 世纪 50—60 年代长期开展的群众性科技革新运动相适应的，也体现了这一阶段我国科学技术工作系统中，中央和地方之间分工和重点的不同。

第五节　国防系统科研机构的建设与发展[*]

国防系统的科研机构相对民口的科研机构来说是相对独立的一个部分，主要负责国防相关的科学应用、技术开发和科研成果转化。新中国成立之初，国家面临内忧外患，有来自外部的战争威胁，也有来自内部的不稳定因素，建设一支现代化的革命军队、组织研发武器装备是保卫革命成果、维护国家安定的重要保障。早在 1949 年 9 月中国人民政治协商会议第一届全体会议上，毛泽东就明确提出了新中国国防建设和中国人民解放军现代化、正规化建设的奋斗目标。为了实现此目标，1951 年 10 月，中共中央政治局扩大会议决定全国上下要集中力量建设国防工业。随着十二年科技规划的制定，国家国防事业特别是国防科技事业的发展有了进一步明确的目标，发展国防科技、研制原子弹和导弹等任务提上日程，制定国防科技发展长远规划、发展国防科技高等院校、重视

① 国家统计局科技统计司. 中国科学技术四十年（统计资料）：1949—1989. 北京：中国统计出版社，1990：26.
② 《当代中国的科学技术事业》编辑委员会. 当代中国的科学技术事业. 北京：当代中国出版社，2009：359.
③ 国家统计局科技统计司. 中国科学技术四十年（统计资料）：1949—1989. 北京：中国统计出版社，1990：26.
④ 聂荣臻. 聂荣臻科技文选. 北京：国防工业出版社，1999：90.
* 作者：王安轶。

培养国防科技人才、建设科研机构和试验基地等活动逐步展开。

1949—1956 年可以说是国防工业的奠基阶段，国家逐步建立了符合需求的完备的国防工业体系，为国防科技的发展奠定了基础。首先，国家建立了国防工业的领导机构，1950 年开始由重工业部负责统筹管理并在重工业部下逐步细化国防工业相关管理机构。其次，整合原有的军工企业，对原有工厂进行调整和改组，由重工业部兵工总局直接管理。与此同时国家还制定了国防工业建设计划，把加强尖端国防科技纳入重点规划。在"一五""二五"期间，国家分别制定了国防建设的五年计划，提出国防工业发展的具体目标，并把加强科研机构建设、提高科研和生产水平，力图使武器装备技术从仿制改进逐步走向自主研制放在突出地位。

为了实现计划目标，党和政府在建立国防工业领导和管理机构的基础上，逐步调整了国家国防科技资源的配置，并相应地设置了与重点发展方向相适应的专业科研机构。把国防和科技紧密联系在一起，是国家在国防工作认识上的一次重要创新。

一、按需设立国防系统科研机构

20 年代 50 年代中期，面对美国的核威胁，在苏联援建的基础上，党和国家下决心发展包括原子弹、导弹在内的尖端国防科技。在发展尖端国防科技的过程中，国防系统科研机构逐步建立健全起来。这些机构的设立，很好地体现了十二年科技规划中关于科研机构"按需设立"的原则。

（一）成立国防科技管理机构

新中国成立初期，为了保护国土安全、提高对潜在战争威胁和不稳定因素的防卫能力，中央人民政府把军事科技的发展和管理提上日程。1951 年 1 月，国家成立了中央军委兵工委员会，同年 4 月在重工业部的兵工办公室的基础上成立兵工总局，负责全国国防科研与工业生产。1952 年 8 月，国家成立机械工业部，统筹全国各地的军工企业，实行集中与归口管理。1956 年 2 月，中央军委采纳了钱学森《建立我国国防航空工业的意见书》的建议，于 4 月正式成立国防部航空工业委员会，负责开展我国导弹航空方面的科研工作。1956 年 3 月，国务院科学规划委员会成立，负责全国科学技术发展远景规划的制定工作。1956 年 11 月，随着核工业建设和核武器研制工作提上日程，第三机械工业部成立，实现了国家国防高科技领域的科研管理。1957 年 5 月，国务院第四十八次全体会议确定了国家科学规划委员会的职能，作为全国科学事业的方针、政策、计划和重大措施的领导机关，对中国科学院、国家技术委员会、高等教育部、第三机械工业部、国防部、农业部和卫生部等科技实行统一归口管理。[①] 1958 年 5 月，中央军委决定成立国防部五部，以加强领导武器装备的科研工作。9 月，中央军委向中共中央提出了《关于改组国防部航空工业委员会为国防部国防科学技术委员会》的报告。10 月，鉴于国防科学技术研究任务越来越复杂且繁重，由聂荣臻建议，中共中央批准了中央军委的报告，

---

① 《当代中国》丛书编辑部. 当代中国的科学技术事业. 北京：当代中国出版社，1991：21.

作出《关于成立国防科学技术委员会的决定》，将航空工业委员会和国防部五部合并，成立国防科学技术委员会（简称国防科委），统一领导武器装备的科学研究工作。[①]鉴于国防部五部的任务与国防科委的部分工作重复，为了便于统一组织领导，1959 年 4 月，中央军委决定并报请中共中央批准，将国防部五部合并到国防科委，同时，总参谋部装备计划部负责常规武器的科研处也合并到国防科委。[②]国防科委的成立，使国家在国防科技发展中有了集中统一的领导，有力地把研究、设计、试制和应用结合了起来，促进了国防科技事业的发展，初步形成了国家国防科技体制，加速了国防科技事业的发展。

（二）组建国防系统科研机构

1956 年，国防科技发展规划提出的任务，被列在十二年科技规划 12 项重点任务的前列，主要包括原子能技术、喷气与火箭技术、半导体技术、电子计算机技术和自动控制技术五个方面。这些技术的发展对建立我国现代国防科技体系、增强国防力量、带动国家科技进步都具有重要意义，被誉为中国科技发展的"五朵金花"。为进一步落实十二年科技规划中的国防科技发展任务，1958 年 1 月，解放军总参谋部还制定了《国防科学技术研究工作十年（1958—1967 年）规划纲要》，体现了以原子弹为研制重点、实现国防科技全面发展的要求。随后，为了配合国防科技发展规划的任务需要，国家组建了包括导弹、核武器及常规武器在内的科研机构和为国防培养科技人才的高等院校。聂荣臻说："回想组建科研机构的整个过程，我认为在当时我国大量的科学研究工作，尤其是像导弹、原子弹、现代高性能飞机和舰艇、复杂的电子设备等完全处于空白状态的情况下，在机构建设上我们采取集中力量，形成拳头的做法是正确的。"[③]在此规划的基础上，以专项研究为主的三个研究机构和高校人才培养体系逐步建立。

1. 组建导弹研究机构

1956 年 2 月 17 日，钱学森在《建立我国国防航空工业的意见书》中提出了设置专门服务于航空工业的研究机构和试验单位，他认为："健全的航空工业，除了制造工厂之外，还应该有一个强大的为设计而服务的研究及试验单位，应该有一个作为长远及基本研究的单位。"[④]在钱学森的建议下，当年 3 月，周恩来主持中央军委会议，会议决定组建导弹航空事业的科研、设计和生产机构，并成立导弹航空科学研究方面的领导机构——国防部航空工业委员会。国务院任命聂荣臻为航空工业委员会主任，钱学森为委员。紧接着 5 月，中央军委讨论了聂荣臻在《关于建立我国导弹研究工作的初步意见》中，确定由航空工业委员会负责组建国防部导弹管理局（国防部第五局）和导弹研究院（国防部第五研究院），在航空工业委员会的领导下，负责导弹的研究、设计、试制任务。同年 7 月，中央军委正式批准成立导弹管理局，10 月，国防部第五研究院成立，钱学森任院长。1957 年 3 月，按照聂荣臻关于要加强航空工业委员会的直接领导，减少层次，

① 本书编委会. 中华人民共和国国史全鉴·第二卷（1954—1959）. 北京：团结出版社，1996：4.
② 聂荣臻. 聂荣臻科技文选. 北京：国防工业出版社，1999：78.
③ 聂荣臻. 聂荣臻回忆录. 北京：解放军出版社，1986：795.
④ 中共中央文献研究室周恩来研究组. 周恩来（1898—1976）. 成都：四川人民出版社，2009：125.

充实五院建设的意见，将国防部第五局的机构和人员合并到五院。为了解决组建导弹研究机构的技术人才问题，1956 年 5 月，在聂荣臻的主持下，从中国科学院、高等院校等选调相关技术专家和应届大学生共 100 多人组成了最初的导弹研究队伍，加上随后调入的多名技术专家，形成了中国发展导弹技术的第一批骨干力量。[①]

《中苏国防新技术协定》签订后，国防部五院进一步扩大，1957 年在原有 10 个研究室的基础上成立了两个分院，分别承担了导弹总体、火箭发动机和控制导引系统的研究工作。随后又吸收了通讯兵部所属电子科学研究院负责信息技术的研究。到 1964 年，五院已建成了 4 个分院。五院的下属研究机构，根据科研的需要和国内政策的变化经历了比较复杂的调整，对保证导弹研制任务的完成有着重要的作用。但是，由于对科研机构的设置缺乏前瞻性，而变动又带有一定的随意性，给科研机构的管理造成了一定的难度。

2. 组建原子能技术研究机构

1955 年，在中共中央正式作出研制原子弹的决策后，核武器研究设计的组织领导工作，由 1958 年 1 月成立的第三机械工业部第九工业管理局[简称三机部九局，1958 年 2 月后改称第二机械工业部第九工业管理局（简称二机部九局）]负责。[②]在此之前，中国科学院近代物理研究所已经开展了对理论物理、原子核物理等方面的基础研究，并取得了一定成就，为原子能事业打下了一定的基础。1958 年，中国科学院近代物理研究所改名为"中国科学院原子能研究所"，由二机部和中国科学院双重领导。1958 年 1 月，三机部九局成立，负责核武器研究设计的组织工作。7 月，为了吸收消化苏联提供的相关教学模型和图纸及人员调配等任务，在北京建立了核武器研究所。核武器的研究设计工作则由同时开始建设的西北核武器研制基地承担。1959 年 6 月，在苏联停止援助撤走专家之后，由于西北核武器研制基地尚未建成，为了争取时间，先在北京核武器研究所进行第一颗原子弹的前期研究工作。1960 年 10 月，根据形势的需要，核武器研究所又由 13 个室改为 6 个研究室和 1 个加工车间。1962 年底，中共中央通过了两年内爆炸中国第一颗原子弹的规划，核武器研究所重新改编为 4 个部。直到 1963 年初，九局的生产部和实验部迁往西北核武器研究基地，原子弹的主要研制工作也相应转到此基地。

3. 组建常规国防相关科研机构[③]

除了导弹和原子弹两项重点发展的尖端科技项目外，1955—1960 年，为了适应常规武器装备发展和国防科技的基础研发的需要，国防工业部门先后建立了一批专业研究机构以及产品设计机构。围绕常规武器装备，重点建设了包括无线电电子、航空发动机、材料、舰船及兵器在内的一系列研究所。此外，中国人民解放军各军兵种也相继成立了一些研究机构，其主要任务是进行战术技术论证、提出武器装备的战术技术性能指标以及试验定型工作，也参与武器装备的战术技术性能指标以及试验定型工作，同时也参与武器装备的研制与设计工作。常规武器装备研制机构有着一事一议的特点，在设置上以

① 《当代中国》丛书编辑部. 当代中国的国防科技事业. 上. 北京：当代中国出版社，1992：35-36.
② 《当代中国》丛书编辑部. 当代中国的国防科技事业. 上. 北京：当代中国出版社，1992：36.
③ 《当代中国》丛书编辑部. 当代中国的国防科技事业. 上. 北京：当代中国出版社，1992：36-37.

按需设置为主，规划性较弱。这样的设置导致了科研力量相对分散并存在重复设置的现象，难以形成相对集中的攻坚力量。

1960年10月，中央军委责成张爱萍负责邀请总参谋部、总政治部、国防科委、空军、海军、通信兵部、三机部等有关部门负责人，共同研究筹建研究院的有关问题。同年12月，中央军委向中共中央呈送了关于解决仿制、引进中的技术问题的报告。报告建议以三机部、一机部和海军、空军、通信兵部的有关研究机构为基础，组建航空、舰艇、无线电电子学研究院分别负责军用飞机、舰艇、军事电子装备的研制。中共中央迅即批准了这个报告，在国防部建制下成立3个研究院，从1962年1月起，正式列入军队编制，番号分别为国防部第六、第七和第十研究院，业务工作由国防科委统一领导。另外，国防科委下还设置了一批军兵种科研单位，如空军雷达技术、航空医学，海军工程、航海医学，炮兵、防化、后勤装备、测绘等22个科研单位。至此，在国防科委的统一组织和领导下，国防科技体系初步建立。在常规武器的仿制基础上，开始自行设计尝试，为国防科技事业发展集中了科技力量，奠定了科技基础。

4. 建立国防科技高等院校

为了发展国防科技工业，尽快培养迫切需要的国防科技人才，从20世纪50年代开始，国家相继创办了一批高等军事工程技术学院和国防工业高等学校。这两类军事院校分别服务于不同层次的国防技术发展的人才培养需求。

1952年开始，在中国人民解放军技术军兵种发展需要的基础上，中共中央、中央军委开始筹备创办为全军培养高水平科技人才的高等军事工程技术学院。1953年9月，位于哈尔滨的中国人民解放军军事工程学院（简称哈军工）正式成立，学院按照兵种分为空军、炮兵、海军、装甲兵和工程兵五个系科，培养会操作、维修现代化武器装备的工程师。随后又在哈军工的基础上做出了学科专业的调整和布局，把按兵种分设的系科迁出，联合其他学院相关专业，单独成立如军事通信工程、炮兵工程等专门学院，归属相应兵种建制单位领导。

为适应尖端国防科技人才培养的需求，国防工业高等院校也相继成立。20世纪50年代初，在全国高等院校院系调整中，国家对航空、兵工、无线电等相关方向都进行了重新布局，建立了北京航空学院、华东航空学院、南京航空学院、北京工业学院、太原机械学院等培养航空、兵器、兵工技术高级人才的高等学校，并在各大高校设置无线电系，培养国家急需的无线电电子技术人才。另一个重点部署是核技术专业及院校的设置。1955年1月，中共中央做出发展原子能事业的决策后，为培养核科技人才，高等教育部首先在北京大学成立物理教研室，清华大学设立了工程物理系，从事核科学基础研究；北京地质学院、兰州大学、中国科技大学等11所高等院校相继成立了原子能专业，从事核科技相关人才培养。50年代后期，国家形成了国防科技人才培养的早期布局。

进入20世纪60年代后，国家对国防相关的高等院校的人才培养做出了规划和部署，集中有限资源办好高校。1961—1965年，哈尔滨工业大学等11所国防科技工业高等院校先后划归国防科委领导，结合国家急需国防科技发展的需要统筹安排相关专业，增加投入，改善教学科研设施，培养了一大批国防科技急需的专业人才。

至此,新中国国防科技事业初具规模,不仅建立了尖端和常规武器装备的研制体系,而且初步建成了一批国防科技管理,科技研究和科技人才培养的配套科研体系,这些都为国防科技事业的进一步发展奠定了比较坚实的基础。[①]

二、组织全国科研力量协作攻关

国防科技事业是一个庞大的系统工程,对百废待兴的新中国来说,如何理顺管理机构、科研机构、生产单位之间的关系,集中力量办大事,是新中国早期面临的难题,而发挥各单位力量,协作攻关,是国家在实践中形成的一大特色。

在国防科技发展中,党和国家领导人为了最大限度地调动有限的资源和人才,在国力积弱的情况下,把集中优势兵力打歼灭战的军事思想运用到组织大规模的科技攻关之中。1958 年,聂荣臻提出了"集中力量,形成拳头,组织全国大协作"的方针,组织全国大协作的工作形成综合优势。1961 年初,中共中央在批转聂荣臻关于一九六一、一九六二年科学技术工作安排的报告及汇报提纲时,明确要求把从中央到地方各方面的技术力量组织起来,全国"一盘棋"、扭成"一股绳",统一安排,分工负责,通力合作,共同完成国防科技任务。[②]协作攻关项目需要有统一的规划任务,需要各个单位统一思想,本着"全国一盘棋"的方针,配合国家任务,保证各自任务能够按时按质按量完成,从而达到攻关项目的顺利进行。50 年代后期,国家把突破"两弹"尖端技术攻关作为国防科技发展的重要任务。1962 年,毛泽东强调要"大力协调做好这件工作"。在此基础上,中央军委进一步动员"五路大军"可以参与的力量,组成了全国范围的协作攻关网,为"两弹"的研制解决技术难题。中国科学院为此先后动员了 30 多个研究所的大部分科研力量,承担了 300 多个科研项目的协作任务,大大加强了国防尖端技术的攻坚力量。同时,结合国防工业生产部门,解决材料的供应、新材料的研发、特殊设备的研制和生产问题,并联合国家计划委员会、国家经济贸易委员会、国防科委和工业部门为协作任务的顺利开展提供保障。

实践证明,在国家科技发展较为薄弱的情况下,适当集中力量,开展全国大协作,是我国在科技发展中能够取得众多重要突破的关键措施之一。

---

① 《当代中国》丛书编辑部. 当代中国的国防科技事业. 上. 北京:当代中国出版社,1992:12.
② 《当代中国》丛书编辑部. 当代中国的国防科技事业. 上. 北京:当代中国出版社,1992:52.

第七章　科技发展的规划与实施

第一节　《1956—1967年科学技术发展远景规划》的
制定与实施[*]

《1956—1967年科学技术发展远景规划》（简称十二年科技规划），是中华人民共和国第一个关于科学技术的综合性长期规划。它的制定是在中华人民共和国成立后，中共中央以科学为国家工业、农业和国防建设服务为导向，推行"计划科学"，并向苏联学习的背景下进行的。十二年科技规划制定工作始于1956年1月，完成于该年8月下旬，分两阶段进行。全国数百位科学家和许多苏联专家参与其中，中国科学院学部委员是中坚力量，以"重点发展，迎头赶上"为制定方针。十二年科技规划的内容较为全面，密切结合国家建设的需要。制定工作完成后，对于该规划，国内一些相关部门提出意见，苏联国家科学技术委员会和苏联科学院根据苏联专家所提意见提出了书面意见。十二年科技规划是中国和苏联科技合作的结晶。它的实施对中华人民共和国科技事业的发展起到了重要的推动作用，并产生了深远的影响。

一、制定背景与原因

"计划科学"起源于20世纪20年代的苏联[①]，1949年之前引入中国，在中央研究院已有所实践[②]。中华人民共和国成立前夕，"计划科学"的概念已在中国科学界引起了热烈的讨论[③]。1949年9月，丁瓒、钱三强和黄宗甄草拟的《建立人民科学院草案》指出"过去国家科学研究机构最大的缺点在于漫无计划"，"人民科学院的基本任务在于有计划的利用近代科学成就以服务于工业、农业和国防的建设"[④]。这实际是向中国共产党最高领导层提出了中国科学院成立后走"计划科学"道路的建议。

1949年9月29日，中国人民政治协商会议第一届全体会议通过《中国人民政治协商会议共同纲领》。其中第五章为"文化教育政策"，规定"努力发展自然科学，以服务于工业、农业和国防的建设"。[⑤]这成为新中国科学工作的重要方针。同时，中共中央推

---

[*]　作者：郭金海。

① 文学锋. 1922—1932年苏联计划科学推行受阻的文化根源及启示. 国防科学技术大学硕士学位论文，2002：10-17.

② 付邦红. 民国时期的科学计划与计划科学：以中央研究院为中心的考察（1927—1949）. 北京：中国科学技术出版社，2015：68-145.

③ 建立人民科学院（草案）//建立中科院有关文件材料. 北京：中国科学院档案馆，1950-02-001.

④ 建立人民科学院（草案）//建立中科院有关文件材料. 北京：中国科学院档案馆，1950-02-001.

⑤ 中国人民政治协商会议共同纲领（一九四九年九月二十九日中国人民政治协商会议第一届全体会议通过）//中共中央文献研究室. 建国以来重要文献选编. 第1册. 北京：中央文献出版社，2011：9-10.

行"计划科学"。1950 年 6 月 14 日在关于中国科学院基本任务的指示中，政务院文化教育委员会主任郭沫若明确说明"人民政协共同纲领第五章文化教育政策，特别是其中有关科学工作的各条规定，就是今后我国科学工作的总方针"，强调中国科学院要"根据近代科学研究发展的趋势，吸收国际进步科学的经验，从事有计划的理论研究和应用研究，以期赶上国际学术的水平"。他还指出要"强调科学研究的计划性和集体性，建立并加强各学科研究之间的有机联系"，"有计划有步骤地建立并发展目前尚无基础而为国家建设所急切需要的各学科的研究工作"。[①]

当时科代会筹备委员会常务委员会主任委员吴玉章提倡"计划科学"。如本书第一章所述，1950 年 8 月 18 日他在科代会开幕式上指出："我们须要一个全面性的、适合人民需要的国家经济建设计划，就必须要有计划性的科学。这个计划性的科学，它和国家经济建设有着密切的联系，它要负责来解决政府与生产部门所提出的问题。这样它就要把理论与实际联系起来。"[②]吴玉章讲话后，1950 年 8 月 27 日《人民日报》关于科代会发表了题为《有组织有计划地开展人民科学工作》的社论[③]。这在全国范围内表明了中共中央推行"计划科学"的态度。

中华人民共和国成立后，中共中央实施了"一边倒"的外交政策，全面向苏联学习。针对国家实施第一个五年计划的需要，1953 年 2 月 7 日毛泽东在全国政协一届四次会议闭幕会上强调"我们要进行伟大的五年计划建设，工作很艰苦，经验又不够，因此要学习苏联的先进经验"，提出"应该在全国掀起一个学习苏联的高潮，来建设我们的国家"。[④]毛泽东的讲话极具号召力，学习苏联很快在全国成为势不可当的热潮。2 月 24 日，中国科学院访苏代表团即由北京出发前往苏联[⑤]，进行了为期近 3 个月的访问[⑥]。

代表团访问期间，苏联科学院主席团专门组织了一次关于苏联科学计划工作问题的座谈会。这使代表团对苏联科学计划工作有了全面而深刻的认识。[⑦]代表团归国后在工作报告中指出：苏联在短短 30 多年内取得巨大科学成就的经验之一，是"有目的地、有计划地、有重点地发展科学研究工作"；苏联制定"科学计划首先是根据国民经济建设的需要，同时也是以本门科学发展的必要性为基础，找出每门科学发展的'生长点'，集中力量进行研究"，"有目的、有计划、有重点的发展是苏联科学的重要特点之一"[⑧]。

① 关于中科院基本任务的指示//中科院一九五零年工作总结和一九五一年工作计划及郭沫若关于中科院基本任务指示与讲话. 北京：中国科学院档案馆，1950-01-001.
② 吴玉章. 开幕词//中华全国自然科学工作者代表会议筹备委员会. 中华全国自然科学工作者代表会议纪念集. 北京：人民出版社，1951：11-12.
③ 有组织有计划地开展人民科学工作. 人民日报，1950-08-27（1）.
④ 在全国政协一届四次会议闭幕会上的讲话//中共中央文献研究室. 毛泽东文集. 第 6 卷. 北京：人民出版社，1999：263-264.
⑤ 访苏代表团共有 26 名专家，团长为中国科学院近代物理研究所所长钱三强.
⑥ 中科院访苏代表团工作报告//中科院一九五三年召开第十一次至三十次院常务会议记录及有关文件. 北京：中国科学院档案馆，1953-02-003.
⑦ 武衡. 先进的苏联科学计划工作. 科学通报，1953，（9）：19.
⑧ 中国科学院关于访苏代表团工作的报告//中国科学院办公厅. 中国科学院资料汇编（1949—1954）. 北京：中国科学院办公厅，1955：237-238.

访苏代表团工作报告于 1953 年 9 月 15 日由中国科学院党组呈报中央[①]。中国科学院的《科学通报》介绍了报告的主要内容[②]。访苏代表团秘书长武衡还在《科学通报》上发表专文，介绍"先进的苏联科学计划工作"[③]。中国科学院副院长吴有训亦于《科学通报》上发文，认为"学习苏联的科学和技术，是新中国科学工作者的任务"，指出"计划性的科学是斯大林时代科学的基本的特点之一"，而"斯大林时代的苏联科学是世界上最先进的科学"[④]。因此，制定科学工作计划成为中央与中国科学院广为人知的苏联先进科学经验之一。据武衡的回忆，当时"苏联科学院计划工作的经验，对中国科学院的计划和后来的《十二年科技规划》起了借鉴作用"[⑤]。

这次访问对访苏代表团支部书记，中国科学院副院长、党组书记张稼夫影响很大，促使他对中国科学院和中国日后的科学工作做出考虑。他认为中国的科学基础远较苏联薄弱，"整个科学工作缺乏应有的联系，彼此重复与互相抵消力量之处尚多。此种情况必须改变，否则就无法适应祖国工业化的要求，无法完成国家建设所提出的科学研究任务"。他提出"具体规划问题"，认为"我们的工业化，必须是一面设计，一面施工"。他建议中国科学院"成立学部，以改善学术领导工作，扩大学术领导机构"。[⑥]

1953 年 11 月 19 日，中国科学院党组向毛泽东和中共中央呈送《中国科学院党组关于目前中国科学院工作的基本情况和今后工作任务给中央的报告》。该报告认为"继续全面地摸清我国现有科学基础和力量的底子，并据以制定确实可行的工作计划和发展计划，为目前科学院工作中首要的也是最根本的问题"[⑦]。该报告建议"在国家计划委员会内成立专门机构，负责综合审查全国科学研究工作的计划，以便消除目前科学研究工作中的工作重复和人力设备浪费的现象，使各个方面的科学研究工作和国家总的要求有机地密切联系和配合起来"[⑧]。针对中国科学院存在的组织、领导方面问题，该报告提出"参照苏联科学工作的先进经验，科学院应分学部领导各所工作，并把院部、学部以及所的学术领导机构建立与充实起来"[⑨]。

1954 年 3 月 8 日，中共中央对《中国科学院党组关于目前中国科学院工作的基本情况和今后工作任务给中央的报告》做出批示，强调"科学院是全国科学研究的中心，除了应以主要力量组织本院的科学研究工作外，还必须密切联系全国科学工作者，协助各方面的科学研究工作"；"国家计划委员会应负责审查科学院、生产部门及高等学校的科

① 中科院党组关于中科院访苏代表团工作给中央的报告//关于访苏代表团向中央的工作报告. 北京：中国科学院档案馆，1953-02-026.
② 中国科学院关于访苏代表团工作的报告. 科学通报，1954，(4)：12-14.
③ 武衡. 先进的苏联科学计划工作. 科学通报，1953，(9)：19-22.
④ 吴有训. 学习苏联先进的科学是我们的任务. 科学通报，1953，(5)：7-10.
⑤ 武衡. 科技战线五十年. 北京：科学技术文献出版社，1992：124.
⑥ 对今后科学工作的意见//中科院一九五三年召开第十一次至三十次院常务会议记录及有关文件. 北京：中国科学院档案馆，1953-02-003.
⑦ 关于目前中科院工作的基本情况和今后工作任务给中央的报告//中科院党组关于目前本院工作基本情况和今后工作任务的报告及中央的批示. 北京：中国科学院档案馆，1954-01-001.
⑧ 关于目前中科院工作的基本情况和今后工作任务给中央的报告//中科院党组关于目前本院工作基本情况和今后工作任务的报告及中央的批示. 北京：中国科学院档案馆，1954-01-001.
⑨ 关于目前中科院工作的基本情况和今后工作任务给中央的报告//中科院党组关于目前本院工作基本情况和今后工作任务的报告及中央的批示. 北京：中国科学院档案馆，1954-01-001.

学研究的计划，以便解决科学研究和生产实践相结合的问题以及各方面在科学研究工作中分工与配合的问题"①。该批示对中国科学院改进工作和"计划科学"在新中国的实践具有指导和促进意义。此后，中国科学院选聘首批233位学部委员，于1955年6月1日成立学部②。这使中国科学院和新中国制定长期科技规划具备了必要的学术领导力量。

中国科学院学部成立前，国家计划委员会已开始组织制定全国十五年远景计划，于1954年8—11月颁发《编制十五年远景计划参考资料》。1955年1月，对规划和组织科学工作富有经验的中国科学院院长顾问、苏联科学院通讯院士柯夫达，拟就《关于规划和组织中华人民共和国全国性的科学研究工作的一些办法（草案）》提出11个问题。③其中第一个问题是"关于规划中国科学研究工作的问题"。他认为：

> 在中国目前的条件下，着手进行全国性的科学研究工作的规划，以便集中中国科学院、各高等学校和各部的科学家们解决发展国民经济的五年计划和十五年计划中所提出来的最重要问题，是十分重要的。

> 委托中华人民共和国国家计划委员会和中国科学院在有关各部和主管机关参加之下进行发展科学的规划工作将是十分适宜的。④

中国科学院党组研究和讨论后，认为柯夫达提出的问题都十分重要。⑤1955年2月12日，中国科学院党组在呈交国务院总理周恩来、主管科技工作的国务院副总理陈毅和中央的报告中汇报了柯夫达的建议和党组意见，并明确提出：

> 关于制订全国性的科学研究工作的长远计划，已经是刻不容缓的工作。我们原来计划在学部成立以后着手进行，由于学部成立的时间推迟了，因而至今尚未进行。没有一个按照国家建设要求而规划的全国性的科学发展计划，就无法改变与克服目前工作中的盲目性以及其他不合理现象。前年十二月⑥科学院党组向中央的报告中，曾经建议在国家计划委员会内部设立管理科学研究计划的专门机构，今天就更有必要迅速成立起来，在它的主持下，由科学院负责，吸收各方面的科学专家参加，在苏联顾问的协助下制订全国性的科学计划的工作是完全可以顺利进行的。⑦

---

① 中央对中科院党组关于目前中科院工作的基本情况和今后工作任务报告的批示//中科院党组关于目前本院工作基本情况和今后工作任务的报告及中央的批示. 北京：中国科学院档案馆，1954-01-001.

② 郭金海. 院士制度在中国的创立与重建. 上海：上海交通大学出版社，2014：308-328.

③ 向周恩来、陈毅并中央报告柯夫达"关于规划和组织中华人民共和国科学工作的一些办法"的建议书//关于苏联顾问柯夫达对组织全国性科学研究工作的意见及与张副院长谈话纪要. 北京：中国科学院档案馆，1955-01-036.

④ 呈陈毅、磐石同志关于柯夫达草拟建议书和代国务院起草的指示送上请审阅（附草案）//关于苏联顾问柯夫达对组织全国性科学研究工作的意见及与张副院长谈话纪要. 北京：中国科学院档案馆，1955-01-036.

⑤ 向周恩来、陈毅并中央报告柯夫达"关于规划和组织中华人民共和国科学工作的一些办法"的建议书//关于苏联顾问柯夫达对组织全国性科学研究工作的意见及与张副院长谈话纪要. 北京：中国科学院档案馆，1955-01-036.

⑥ 此处档案原文有误，应为十一月。

⑦ 向周恩来、陈毅并中央报告柯夫达"关于规划和组织中华人民共和国科学工作的一些办法"的建议书//关于苏联顾问柯夫达对组织全国性科学研究工作的意见及与张副院长谈话纪要. 北京：中国科学院档案馆，1955-01-036.

1955 年 4 月 8 日，中国科学院党组专门就贯彻柯夫达建议的问题，拟就向陈毅和中央呈送的报告，指出"制订我国科学研究工作的五年计划和长远计划已是目前非常迫切的工作任务，必须采取有效措施，立刻着手进行，否则，不但不能克服目前工作中的盲目性，也不能适应国家建设的需要"①。4 月 22 日中央政治局讨论中国科学院党组报告时，中央人民政府副主席刘少奇认为柯夫达的建议很重要，值得重视，并责成国家计划委员会、中国科学院和有关部门提出如何实现其建议的意见，再提交中央讨论解决②。由于柯夫达的建议得到中国科学院党组和中央高层的高度认可，制定全国长期科学规划成为大势所趋。

1955 年 6 月 1—10 日，中国科学院学部成立大会举行。讨论制定全国科学发展远景计划问题，是中国科学院学部成立大会的重要议题之一。中国科学院院长郭沫若在 6 月 2 日的大会报告中建议"加强科学工作的计划性，研究并制定我国科学发展的远景计划"。他强调"我国科学工作必须有计划地进行"，"科学发展的远景计划尤其重要"，"只有有了远景计划，才能够正确安排今天的工作"③。实际上，当时中国科学院对国家建设的需要尚缺乏认真研究，与政府各部门联系也不够，对现代科学发展状况和新中国科学工作者的潜在力量仍不甚清楚④。

在这种情况下，1955 年 6 月 10 日中国科学院学部成立大会全体会议通过的总决议决定："中国科学院应迅速拟订十五年发展远景计划，并在一年内提出草案；全国科学事业的规划亦应协同政府有关部门特别是国家计划委员会、高等教育部从速制订。全体学部委员应积极参加这些工作。"⑤10 月，中国科学院十五年发展远景计划制定工作正式展开⑥。

1955 年 7 月 31 日，毛泽东在中央召集的省委、市委和自治区党委书记会议上作了《关于农业合作化问题》的报告。他在报告中指出："目前农村中合作化的社会改革的高潮，有些地方已经到来，全国也即将到来。这是五亿多农村人口的大规模的社会主义的革命运动，带有极其伟大的世界意义。……全面规划，加强领导，这就是我们的方针。"⑦10 月 11 日，中共七届六中全会根据这个报告，通过《关于农业合作化问题的决议》。《决议》指出："面临着农村合作化运动日益高涨的形势，党的任务就是要大胆地和有计划地领导运动前进，而不应该缩手缩脚。……如果农业合作化的发展跟不上去，粮食和工业原料作物的增长跟不上去，我国的社会主义工业化就会遭遇到极大的困难。"⑧国务院

---

① 呈陈毅同志并中央"关于规划和组织中华人民共和国科学工作的一些办法"的建议书//关于苏联顾问柯夫达对组织全国性科学研究工作的意见及与张副院长谈话纪要. 北京：中国科学院档案馆，1955-01-036.

② 樊洪业. 中国科学院编年史：1949～1999. 上海：上海科技教育出版社，1999：52.

③ 郭沫若院长在中国科学院学部成立大会上的报告//中国科学院学术秘书处. 中国科学院年报，1955：8.

④ 郭沫若院长在中国科学院学部成立大会上的报告//中国科学院学术秘书处. 中国科学院年报，1955：6.

⑤ 中国科学院学部成立大会总决议//中国科学院学术秘书处. 中国科学院年报，1955：47.

⑥ 从 1955 年 10 月起，中国科学院各研究所分别进行远景规划的初步酝酿和讨论。这是中国科学院十五年发展远景计划制订工作正式展开的重要标志。参见通知第九次院务常务会议改期召开（附干部学校的意见等）//中科院一九五六年召开第七次至第十二次院务常务会议通知及有关材料. 北京：中国科学院档案馆，1956-02-020.

⑦ 关于农业合作化问题//毛泽东. 毛泽东选集. 第 5 卷. 北京：人民出版社，1977：168-191.

⑧ 中国共产党第七届中央委员会第六次全体会议（扩大）关于农业合作化问题的决议//中共中央文献研究室. 建国以来重要文献选编. 第 7 册. 北京：中央文献出版社，2011：242.

认为这个新的发展形势必然会向科学研究提出新任务，据此要求中国科学院对全国科学事业发展进行全面规划，提出尽快发展科学事业的各项措施①。

1956 年 1 月 5 日，国务院副总理、国家计划委员会主任李富春致函中国科学院党组书记张稼夫和国家其他有关部门党组书记，对制定十二年科技规划工作做出重要指示。李富春强调："这个规划必须是向科学和技术大进军的规划，必须是'迎头赶上'世界先进科学技术水平的规划。"②李富春要求包括中国科学院、产业部门、高等教育部在内的国家各部门在 1 月底前提出规划。③1 月 14 日，中央知识分子问题会议开幕。国务院总理周恩来在《关于知识分子问题的报告》中对制定十二年科技规划提出要求：

> 国务院现在已经委托国家计划委员会负责，会同各有关部门，在三个月内制定从一九五六年到一九六七年科学发展的远景计划。在制定这个远景计划的时候，必须按照可能和需要，把世界科学的最先进的成就尽可能迅速地介绍到我国的科学部门、国防部门、生产部门和教育部门中来，把我国科学界所最短缺而又是国家建设所最急需的门类尽可能迅速地补足起来，使十二年后，我国这些门类的科学和技术水平可以接近苏联和其他世界大国。④

同时，周恩来发出"向科学进军"的号召，强调"用极大的力量来加强中国科学院，使它成为领导全国提高科学水平、培养新生力量的火车头"⑤。1956 年 1 月 25 日，毛泽东还在最高国务会议第六次会议上指出："我国人民应该有一个远大的规划，要在几十年内，努力改变我国在经济上和科学文化上的落后状况，迅速达到世界上的先进水平。"⑥这些表现出中央最高层对制定十二年科技规划的高度重视与力图通过实施规划彻底改变新中国科技事业落后面貌的勃勃雄心。

二、制定过程

十二年科技规划的制定分两个阶段进行。第一阶段工作正式开始于 1956 年 1 月 14 日中央召开的关于知识分子问题会议开幕前后，结束于该年 3 月初；要求由中国科学院、各产业部门、高等教育部分别制定各自的远景规划草案⑦。这一阶段工作开始前，国家计划委员会于 1955 年 12 月成立以范长江为组长的"科学规划十人小组"。该小组由国

---

① 中科院第五十四次院务常务会议纪要//中科院第五十一次至五十六次院务常务会议通知及其材料. 北京：中国科学院档案馆，1955-02-013.

② 关于对制定科学工作规划的指示//李富春副总理对制定科学规划工作的指示及党组对陈毅同志向中央报告稿的意见. 北京：中国科学院档案馆，1956-01-004.

③ 关于对制定科学工作规划的指示//李富春副总理对制定科学规划工作的指示及党组对陈毅同志向中央报告稿的意见. 北京：中国科学院档案馆，1956-01-004.

④ 周恩来. 关于知识分子问题的报告//中共中央文献研究室. 建国以来重要文献选编. 第 8 册. 北京：中央文献出版社，2011：33.

⑤ 周恩来. 关于知识分子问题的报告//中共中央文献研究室. 建国以来重要文献选编. 第 8 册. 北京：中央文献出版社，2011：33-35.

⑥ 毛泽东. 社会主义革命的目的是解放生产力//中共中央文献研究室. 建国以来重要文献选编. 第 8 册. 北京：中央文献出版社，2011：64.

⑦ 武衡. 科技战线五十年. 北京：科学技术文献出版社，1992：162.

务院"第二办公室""第三办公室""第四办公室""第六办公室""第七办公室"的副主任，以及中国科学院、高等教育部、卫生部、中央宣传部科学处的有关负责人组成①。

在这一阶段，中国科学院制定了其十二年科学研究事业规划。这项工作是在国务院和国家计划委员会的统一领导下，由中国科学院各学部组织院内外科学家进行的。先后有360余位科学家参与工作，其中经常做规划工作的有160余人。中国科学院院长顾问拉扎连柯与其他许多在华苏联专家参与工作，给予了很大的帮助。②

在自然科学和技术方面学部中，中国科学院技术科学部最先行动。该学部常委会于1956年1月14日决定成立一个专门工作小组，脱产制定技术科学方面的规划③。该工作组共24人④，分9个学科，经过一个半月的工作，制定出包括25个学科、150个发展方向、387个中心问题、65个主要项目、21个重大项目的草案。其间，邀请多位产业部门技术负责人和高校教授参加讨论，并得到20余位苏联和波兰专家的帮助和具体指导。⑤技术科学部对重大项目相当慎重，邀请相关专家就其中18个项目撰写了说明书⑥。

中国科学院物理学数学化学部先后邀请有关各学科科学家约120人，按照物理学、数学、化学、力学分成4组开展讨论，初步提出300多项中心问题。在讨论初期，拉扎连柯介绍了苏联拟订远景规划的先进经验。1956年1月31日，李富春在怀仁堂作关于十二年科技规划的报告，要求规划内容为我国急需而重要的薄弱与空白学科、综合性的大问题、在国民经济与国防建设上或在科学发展本身上所要解决的关键性问题、各个产业部门当前和不久将来所要解决的有关生产的科学问题⑦。按照该指示，在苏联专家参与下，国内科学家分析了国际情况和国内已有力量，经反复讨论，将中心问题归并为280个项目。1956年2月上旬，物理学数学化学部常委会决议邀请24位科学家，成立汇总组，在已有规划基础上，进行分科的汇总和全学部的汇总工作。自2月17日起，经过8天工作，共提出95个重大项目（含紫金山天文台所拟天文方面11个项目）。为使物理学数学化学部所属各学科更有重点地发展，又从中提出国民经济建设、国防建设及科学发展本身具有关键作用的问题，共计13个主要项目和4个预备项目，建议院务常务会议直接掌握。参与工作的科学家对最后确定的重大项目撰写了说明书。⑧

中国科学院生物学地学部规划制定工作分三个步骤进行。第一个步骤的工作于1956年1月中下旬进行。据院务常务会议的布置，按照生物学与地学各学科与方向，分"动

---

① 中国科学院与国家"十二年科学规划"的编制//薛攀皋. 科苑前尘往事. 北京：科学出版社，2011：36.

② 通知第九次院务常务会议改期召开（附干部学校的意见等）//中科院一九五六年召开第七次至第十二次院务常务会议通知及有关材料. 北京：中国科学院档案馆，1956-02-020.

③ 第六次常务会议记录//技术科学部常委会议的有关文件（1—15次）. 北京：中国科学院档案馆，1956-17-001.

④ 竺可桢. 竺可桢全集. 第14卷. 上海：上海科技教育出版社，2008：283.

⑤ 关于科学研究长远规划的工作报告. 北京：中国科学院档案馆，1956-17-010；第九次常委会议（扩大）记录摘要（附项目表）//技术科学部常委会议的有关文件（1—15次）. 北京：中国科学院档案馆，1956-17-001.

⑥ 通知第九次院务常务会议改期召开（附干部学校的意见等）//中科院一九五六年召开第七次至第十二次院务常务会议通知及有关材料. 北京：中国科学院档案馆，1956-02-020.

⑦ 竺可桢. 竺可桢全集. 第14卷. 上海：上海科技教育出版社，2008：283-284；通知第九次院务常务会议改期召开（附干部学校的意见等）//中科院一九五六年召开第七次至第十二次院务常务会议通知及有关材料. 北京：中国科学院档案馆，1956-02-020.

⑧ 通知第九次院务常务会议改期召开（附干部学校的意见等）//中科院一九五六年召开第七次至第十二次院务常务会议通知及有关材料. 北京：中国科学院档案馆，1956-02-020.

物四组，植物五组，农业三组，地质五组，地物二组，地理三组，共 22 组工作"①。组织在北京学部委员与有关研究所高级研究人员，填写学科发展表和专题研究项目发展表。继而对生物学与地学相关学科国际和国内状况、12 年内应进行的研究项目作了初步考虑，共提出 500 余个项目。第二个步骤的工作于 1956 年 2 月上半月进行。集中 50 多位科学家，其中 1/3 从上海、南京、武汉、东北、青岛等地邀请，按照动物、植物、农学、地质、地理、地球物理、气象等学科分组研究，补充和修正中心问题，初步讨论综合考察工作。通过这些工作将中心问题归并为 244 个，并填写了中心问题说明书。第三个步骤的工作在 2 月下半月进行。以学部主任竺可桢和副主任黄汲清、童第周、许杰、陈凤桐、尹赞勋为核心，组织生物学与地学 2 个中心组，审查研究各学科小组与综合考察规划小组提出的中心问题，征求有关苏联专家意见②，确定 159 个中心问题，并就其中特别重要的挑出 10 个重大项目。③在工作即将结束之际，竺可桢对生物学地学部规划制定工作表示过不满。他在 1956 年 2 月 25 日的日记中便写道："和施雅风、过兴先谈此次长远规划。我们生物地学组组织最差，做的工作最不够"，并自责自己"组织能力不够"。④

最终，中国科学院这三个学部共提出 319 个重点研究项目。在此基础上，由中国科学院综合小组提出 53 个该院 12 年内在自然科学和技术科学方面的重大科学研究项目，获 1956 年 3 月 16 日召开的中国科学院第 9 次院务常务会议原则同意。这次会议责成综合小组依照会议意见修改，经院长审核后呈报国务院科学规划委员会。⑤

第二阶段工作始于 1956 年 3 月，结束于该年 8 月下旬，由国务院科学规划委员会领导进行。该委员会是国务院"为加强对科学规划工作的领导"，于 1956 年 3 月 14 日成立。其成员名单如下：主任：陈毅；副主任：李富春、郭沫若、薄一波、李四光；委员：尹赞勋、王首道、庄长恭、吴有训、李四光、李富春、李德全、周扬、竺可桢、陈毅、陈凤桐、范长江、茅以升、张劲夫、张稼夫、梁希、许杰、郭沫若、陶孟和、恽子强、童第周、华罗庚、黄汲清、杨秀峰、贾拓夫、裴丽生、赵飞克、潘梓年、邓子恢、钱三强、钱学森、钱俊瑞、薄一波、严济慈等；秘书长：张劲夫；副秘书长：范长江、张稼夫、薛暮桥、刘皑风、谷牧、周光春、张国坚、李登瀛、徐运北、杜润生、于光远、武衡。⑥

国务院科学规划委员会领导层具有较高的领导权威性。主任陈毅为国务院分管科技工作的副总理；副主任李富春为国务院副总理和国家计划委员会主任，薄一波为国家建设委员会主任，郭沫若和李四光分别为中国科学院院长、副院长，李四光还任地质部部长。该委员会委员共 35 人，以中国科学院学部主任、副主任作为重要力量。中国科学

① 竺可桢. 竺可桢全集. 第 14 卷. 上海：上海科技教育出版社，2008：283.
② 被征求意见的苏联专家，包括中国科学院西尼村、高尔热柯夫、高里达林等顾问，地质部库沙奇金总顾问，水利部索柯洛夫顾问，北京大学阿克马维奇，北京农业大学、北京大学苏沃洛夫等。
③ 生物学地学部科学规划第一阶段工作的综合说明//生物地学部关于科学规划第一阶段工作综合说明和1956—1957 年机构发展规划. 北京：中国科学院档案馆，1956-16-008.
④ 竺可桢. 竺可桢全集. 第 14 卷. 上海：上海科技教育出版社，2008：296.
⑤ 中科院第九次院务常务会议纪要//中科院一九五六年召开第七次至第十二次院务常务会议通知及有关材料. 北京：中国科学院档案馆，1956-02-020.
⑥ 国务院成立科学规划委员会. 人民日报，1956-03-15（1）.

院 4 个学部的主任①、副主任②均在其中，计 15 人，占委员总数的 42.9%。同时，兼纳钱三强、钱学森等杰出科学家与高等教育部部长杨秀峰、轻工业部部长贾拓夫、卫生部部长李德全、林业部部长梁希等政府相关部门负责人。

第二阶段的工作是以中国科学院物理学数学化学部、生物学地学部、技术科学部为基础，集中全国 600 多位科学家，按照"重点发展，迎头赶上"的方针，对中国科学院、各产业部门、高等教育部分别制定的远景规划草案进行综合和审查③。参与制定和领导工作的聂荣臻回忆说："当时集中了六百多名国内各方面的科学家和技术人员，住在北京专门进行这项工作，前后搞了四五个月。他们真可以说是做到了废寝忘食的程度，大家吃在一起，住在一起，谈论的都是怎样使国家强盛起来。"④

当时由 17 位苏联科学家组成的苏联科学院代表团应邀来我国进行帮助和指导⑤。代表团一些科学家作了学科国际现状和发展远景的报告⑥。代表团对制定十二年科技规划提出了许多宝贵的意见。其中，包括对某些新兴的尖端科学技术，如研制电子计算机、制备和提纯半导体、远距离操纵等如何发展提出意见。这对我国科学家掌握当时世界科学技术发展情况、迅速组织力量、填补缺门起到了重要作用。⑦许多应邀在我国进行考察，帮助建设工作的苏联专家和中国科学院、产业部门与高等学校的苏联顾问也参加了该规划的制定工作。⑧中国科学院院长顾问拉扎连柯自始至终参加了制定该规划的组织领导工作，对规划草案的制定做出了卓越贡献⑨。十二年科技规划的文件最终"由几百个中国科学家和近百个苏联专家经过半年多的时间讨论写成"⑩。

在十二年科技规划制定过程中，由钱学森任组长的综合组提出 50 个重大项目，并于 1956 年 3 月 16—20 日向集中参加规划的数百名科学家逐项介绍其内容。经过数百名科学家的充分讨论后，项目的数量和内容都有了扩展，最后形成了十二年科技规划的 57 项重要科学技术任务。⑪为了迅速发展计算技术、半导体、电子学和自动化及远距离操纵等"对于生产自动化、国防现代化和发展先进的科学技术极为重要"的学科，国务院科学规划委员会提出"四大紧急措施"⑫。后经周恩来同意，由中国科学院负责采取紧

---

① 即物理学数学化学部主任吴有训、生物学地学部主任竺可桢、技术科学部主任严济慈、哲学社会科学部主任郭沫若。
② 即物理学数学化学部副主任庄长恭、华罗庚、恽子强，生物学地学部副主任黄汲清、童第周、许杰、陈凤桐、尹赞勋，技术科学部副主任茅以升、赵飞克，哲学社会科学部副主任潘梓年。
③ 武衡. 科技战线五十年. 北京：科学技术文献出版社，1992：162.
④ 聂荣臻. 聂荣臻回忆录. 北京：解放军出版社，2007：615.
⑤ 说明//科学规划委员会. 苏联科学家报告汇编. 北京：科学规划委员会，1956.
⑥ 当时苏联科学家的报告收入科学规划委员会. 苏联科学家报告汇编. 北京：科学规划委员会，1956.
⑦ 武衡. 科技战线五十年. 北京：科学技术文献出版社，1992：169.
⑧ 说明//科学规划委员会. 苏联科学家报告汇编. 北京：科学规划委员会，1956.
⑨ 苏联对我国科学事业的巨大帮助和影响——1957 年 10 月 30 日吴有训副院长在首都科学界庆祝十月革命 40 周年大会上的报告//中国科学院办公厅. 中国科学院年报，1957：271.
⑩ 陈毅，李富春，聂荣臻. 关于科学规划工作向中央的报告//中共中央文献研究室. 建国以来重要文献选编. 第 9 册. 北京：中央文献出版社，2011：367.
⑪ 中国科学院与国家"十二年科学规划"的编制//薛攀皋. 科苑前尘往事. 北京：科学出版社，2011：38.
⑫ 樊洪业. 中国科学院编年史：1949～1999. 上海：上海科技教育出版社，1999：70.

急措施筹建研究机构。[1]

中国科学家在十二年科技规划制定过程中对按照学科门类规划，还是按照科研项目或"任务"规划，思想并不统一，存在争议。"科学规划十人小组"曾提出按"任务"规划的方法。这在一部分科学家中引起相当的波动，以为不重视"学科"了，轻视"理论"了。后经周恩来指示，十二年科技规划中增加一项"现代自然科学中若干基本理论问题的研究"，波动才平静下来。为弥补按"任务"规划的不足，十二年科技规划中亦加入一项"学科规划"。[2]由此，十二年科技规划形成以"任务"为主，"学科"为辅的规划方式。

1956 年 8 月 21 日前，十二年科技规划制定工作已初步完成。8 月 21 日起，国务院科学规划委员会召开扩大会议，由科学家和有关部门代表对该规划纲要草案进行了讨论和修正。陈毅在会上指出"制定这样的科学发展规划，在中国历史上是第一次"。他希望与会科学家充分发表意见，"把这个关系社会主义建设和人民幸福的规划编制得更加完善"[3]。这次会议讨论了该规划纲要草案和《一九五六年紧急措施和一九五七年研究计划要点》，特别着重讨论了该规划纲要草案中一些主要的有争议的问题。会议共召开 5 次，每次出席四五十人，有 29 位科学家和有关负责干部发了言。[4]这次会议后，十二年科技规划的制定工作得以完成。

三、十二年科技规划的内容及其特点

十二年科技规划包括主要文件《一九五六——一九六七年科学技术发展远景规划纲要（修正草案）》[5]和 4 个附件，共 600 余万字。4 个附件分别为《任务说明书和中心问题说明书》《基础科学学科规划说明书》《任务和中心问题名称一览》《一九五六年紧急措施和一九五七年研究计划要点》。[6]

主要文件主要包括"一九五六——一九六七年国家重要科学技术任务""任务的重点部分""基础科学的发展方向""科学研究工作的体制""科学研究机构的设置""科学技术干部的使用和培养""国际合作"等内容。"一九五六——一九六七年国家重要科学技术任务"包括从 13 个方面提出的 57 项重要科学技术任务，共 616 个中心问题。这 13 个方面为：①自然条件及自然资源；②矿冶；③燃料和动力；④机械制造；⑤化学工业；

① 致陈毅并转中央请批准筹建计算技术、电子学、自动化及远距离操纵等三个研究所和筹备委员会名单的函//关于建立院属机构及改变领导关系事向中央的请示及批复. 北京：中国科学院档案馆，1956-01-001.
② 关于科学规划中几个问题的说明（草稿）//中科院关于制订一九五六年——一九六七年长远规划的通知报告和几个问题的说明等. 北京：中国科学院档案馆，1956-03-020.
③ 我国科学远景规划纲要初步编成科学家和有关部门代表进行讨论和修正. 人民日报，1956-08-22（1）.
④ 陈毅，李富春，聂荣臻. 关于科学规划工作向中央的报告//中共中央文献研究室. 建国以来重要文献选编. 第 9 册. 北京：中央文献出版社，2011：366-367.
⑤ 中共中央同意国务院科学规划委员会党组《关于征求〈一九五六——一九六七年科学技术发展远景规划纲要（修正草案）〉意见的报告》//中共中央文献研究室. 建国以来重要文献选编. 第 9 册. 北京：中央文献出版社，2011：364.
⑥ 陈毅，李富春，聂荣臻. 关于科学规划工作向中央的报告//中共中央文献研究室. 建国以来重要文献选编. 第 9 册. 北京：中央文献出版社，2011：366-367.

⑥建筑；⑦运输和通讯；⑧新技术；⑨国防；⑩农、林、牧；⑪医药卫生；⑫仪器、计量及国家标准；⑬若干基本理论问题和科学情报。①

经比较可知，57 项重要科学技术任务至少有 26 项即逾 45.6% 出自中国科学院在上述第一阶段工作中提出的该院 12 年内在自然科学和技术科学方面的重大科学研究项目（简称"中国科学院重大科研项目"）或与之关系密切，如表 7-1 所示。

表 7-1　十二年科技规划重要科学技术任务与中国科学院重大科研项目比较表

序号	十二年科技规划重要科学技术任务	中国科学院重大科研项目
1	中国自然区划和经济区划	中国自然区划与经济区划的研究
2	西藏高原和康滇横断山区的综合考察及其开发方案的研究	西藏高原区的综合调查和研究
3	新疆、青海、甘肃、内蒙古地区的综合考察及其开发方案的研究	青海、甘肃、新疆、内蒙古经济区综合开发的调查和研究
4	我国热带地区特种生物资源的综合研究和开发	中国热带地区自然条件及生物资源的调查和研究
5	我国重要河流水利资源的综合考察和综合利用的研究	长江、黄河、黑龙江、珠江流域综合开发的调查和研究
6	中国海洋的综合调查及其开发方案	海洋的综合调查和研究
7	我国矿产分布规律和矿产的预测	中国重要矿产分布规律及其预测方法的研究
8	地球物理、地球化学和其他地质勘探方法的掌握及新方法的研究	物理探矿、化学探矿、高速钻探和航空探测的问题
9	高效率的采矿方法的研究	高生产率的采矿方法的研究
10	合金钢及特种合金系统的建立	合金系统建立中的科学问题（特别是高温合金及特殊合金）
11	发现并开发石油和天然气资源	石油及天然气生成、聚集勘探及开采的问题
12	稀有元素和分散元素的开采、提取和利用	稀有元素资源的利用与化学问题
13	矿物肥料、农业药剂和重无机化学产品的生产过程的研究	化学肥料及农业药剂
14	重有机化学产品和高分子化合物的生产过程的研究及其应用范围的扩大	高分子化合物的研究；基本有机合成及其工艺
15	建筑工业化问题的综合研究	建筑企业工业化和建筑结构问题
16	大型水工建筑物和水利枢纽的建设问题	高坝水利枢纽的研究
17	中国地震活动性及其灾害防御的研究	中国地震活动性、地震预告及工程地震的研究
18	运输装备新技术的研究和综合发展运输问题	交通运输的综合研究
19	喷气和火箭技术的建立	飞机、飞弹与火箭
20	无线电电子学的研究和新的应用	无线电电子学理论基础及其应用
21	半导体技术的建立	半导体及其利用
22	计算技术的建立	电子计算机
23	荒地开发问题	土地资源和荒地开发的研究
24	掌握生产现有的和研究新的抗生素、药物和医学器材	抗生素的研究
25	总结和发扬中医的理论和经验	中医中药的科学基础的研究
26	统一的计量系统、计量技术和国家标准规格的建立	计量技术与计量基准

资料来源：通知第九次院务常务会议改期召开（附干部学校的意见等）//中科院一九五六年召开第七次至第十二次院务常务会议通知及有关材料. 北京：中国科学院档案馆，1956-02-020；一九五六——一九六七年科学技术发展远景规划纲要（修正草案）//中共中央文献研究室. 建国以来重要文献选编. 第 9 册. 北京：中央文献出版社，2011：373-431.

---

① 一九五六——一九六七年科学技术发展远景规划纲要（修正草案）//中共中央文献研究室. 建国以来重要文献选编. 第 9 册. 北京：中央文献出版社，2011：373-459.

可见，表 7-1 中对应的任务和项目大都出入不大，显然是前者出自后者。少数任务和项目名称差异较大，但均含有相同的研究内容，关系密切。例如，序号 22 的任务"计算技术的建立"以"电子计算机的设计制造与运用为主要内容"①，和与之对应的项目"电子计算机"的研究内容大致相同。又如，序号 5 的任务"我国重要河流水利资源的综合考察和综合利用的研究"，特别关注长江、黄河②，和与之对应的项目"长江、黄河、黑龙江、珠江流域综合开发的调查和研究"有相同的研究内容。

主要文件的"任务的重点部分"包括从 57 项重要科学技术任务综合提出的 12 个重点任务。它们分别为：①原子能的和平利用；②无线电电子学中的新技术（指超高频技术、半导体技术、电子计算机、电子仪器和遥远控制）；③喷气技术；④生产过程自动化和精密仪器；⑤石油及其他特别缺乏的资源的勘探、矿物原料基地的探寻和确定；⑥结合我国资源情况建立合金系统并寻求新的冶金过程；⑦综合利用燃料，发展重有机合成；⑧新型动力机械和大型机械；⑨黄河、长江综合开发的重大科学技术问题；⑩农业的化学化、机械化、电气化的重大科学问题；⑪危害我国人民健康最大的几种主要疾病的防治和消灭；⑫自然科学中若干重要的基本理论问题。这 12 个重点任务都包含着对整个国家的生产技术基础有根本影响的重大的和复杂的科学问题。其中，前 4 个重点任务是当时"世界各国在科学技术方面展开竞赛中的注意焦点"③。

这 12 个重点任务中的第 2、6、9 个，分别与中国科学院重大科研项目"无线电电子学理论基础及其应用""合金系统建立中的科学问题（特别是高温合金及特殊合金）""长江、黄河、黑龙江、珠江流域综合开发的调查和研究"直接相关④。结合上述 57 项重要科学技术任务与中国科学院重大科研项目的比较，可以推断中国科学院十二年科学研究事业规划在内容上对十二年科技规划产生了重要影响。

主要文件在"基础科学的发展方向"部分，扼要说明了数学、力学、天文学、物理学、化学、生物学、地质学、地理学的发展方向。在"科学研究工作的体制"部分，明确了当时国家科学研究工作系统中各组成部分的定位、任务，以及相关要求等⑤。这部分指出："我国的统一的科学研究工作系统，是由中国科学院、产业部门的研究机构、高等学校和地方研究机构四个方面组成的。在这个系统中，科学院是学术领导核心，产业部门的研究机构和高等学校是两支主要力量，地方研究机构则是不可缺少的

---

① 一九五六——一九六七年科学技术发展远景规划纲要（修正草案）//中共中央文献研究室. 建国以来重要文献选编. 第 9 册. 北京：中央文献出版社，2011：417.

② 一九五六——一九六七年科学技术发展远景规划纲要（修正草案）//中共中央文献研究室. 建国以来重要文献选编. 第 9 册. 北京：中央文献出版社，2011：383.

③ 一九五六——一九六七年科学技术发展远景规划纲要（修正草案）//中共中央文献研究室. 建国以来重要文献选编. 第 9 册. 北京：中央文献出版社，2011：432-433.

④ 通知第九次院务常务会议改期召开（附干部学校的意见等）//中科院一九五六年召开第七次至第十二次院务常务会议通知及有关材料. 北京：中国科学院档案馆，1956-02-020；一九五六——一九六七年科学技术发展远景规划纲要（修正草案）//中共中央文献研究室. 建国以来重要文献选编. 第 9 册. 北京：中央文献出版社，2011：432-435.

⑤ 一九五六——一九六七年科学技术发展远景规划纲要（修正草案）//中共中央文献研究室. 建国以来重要文献选编. 第 9 册. 北京：中央文献出版社，2011：444-448.

助手。"①

主要文件在"科学研究机构的设置"部分，主要提出 5 项原则：①必须有明确的任务；②必须注意各方面的配合，避免重复，防止过多铺摊子，浪费人力、物力；③必须有周密的准备和必要的人力、物力条件；④研究机构的规模应该适应科学研究工作的特点，一般规模不宜过大，层次不宜过多；⑤科学研究机构的设置地点应该接近研究对象和生产基地，并尽可能和高等学校的设置相配合。此外，这部分强调应该制定一个统一的科学研究机构设置程序，提出科学研究机构的设置应有明确的任务和详细的事业设计书等要求。②这些为十二年科技规划实施过程中科学、合理地设置科学研究机构做了必要的准备。

主要文件在"科学技术干部的使用和培养"部分，规定了生产、研究和教育三方面科学技术力量的分配比例，高级科学人员的比重、成长速度及加速培养高级科学人员的措施，以及科学研究人员与辅助人员的比例。③同时在"国际合作"部分，主要文件提出科学技术合作的 7 种方式：①派遣科学家出国考察和进修；②派遣研究生出国学习；③派遣研究人员出国实习；④请外国帮助中国建立研究工作基地；⑤聘请外国科学家到中国讲学或帮助研究工作；⑥共同进行科学研究工作；⑦建立科学联系，交流科学情报，参加学术会议。④目的是"在十二年内使中国某些重要的急需的科学部门接近或赶上世界先进水平，适应国家建设的需要"。这部分还提出"实事求是，量力而行"的原则，以避免出现对科学技术国际合作不利的情况。⑤

十二年科技规划的内容的特点之一是较为全面。如上所述，规划不仅包括涉及 13 个方面的 57 项重要科学技术任务，还包括基础科学的发展方向、科学研究工作的体制、科学研究机构的设置、科学技术干部的使用和培养，以及国际合作等内容。该规划内容的特点之二是密切结合国家建设的需要。其提出的 57 项重要科学技术任务大致可分为 6 个方面。

①国家工业化、国防现代化中迫切需要解决的、关键性的问题。如"化学工业"方面的"改进现有的水泥、耐火材料、陶瓷和玻璃的性能并制造新型产品""轻工业新技术的建立"等 5 项任务，"新技术"方面的"原子能的和平利用""喷气和火箭技术的建立"等 7 项任务。②调查研究中国自然条件和资源情况，保证重要区域的综合开发和工业、农业生产建设需要的任务。如"自然条件及自然资源"方面的"中国自然区划和经济区划""我国热带地区特种生物资源的综合研究和开发""中国海洋的综合调查及其开发方案""我国矿产分布规律和矿产的预测"等 10 项任务。③为配合中国重工业建设设

① 一九五六——一九六七年科学技术发展远景规划纲要（修正草案）//中共中央文献研究室. 建国以来重要文献选编. 第 9 册. 北京：中央文献出版社，2011：444.
② 一九五六——一九六七年科学技术发展远景规划纲要（修正草案）//中共中央文献研究室. 建国以来重要文献选编. 第 9 册. 北京：中央文献出版社，2011：448-450.
③ 一九五六——一九六七年科学技术发展远景规划纲要（修正草案）//中共中央文献研究室. 建国以来重要文献选编. 第 9 册. 北京：中央文献出版社，2011：450-453.
④ 一九五六——一九六七年科学技术发展远景规划纲要（修正草案）//中共中央文献研究室. 建国以来重要文献选编. 第 9 册. 北京：中央文献出版社，2011：453-455.
⑤ 一九五六——一九六七年科学技术发展远景规划纲要（修正草案）//中共中央文献研究室. 建国以来重要文献选编. 第 9 册. 北京：中央文献出版社，2011：453.

置的重要科学研究任务。如"机械制造"方面的"掌握现有的并研究新的、更完善的工业、运输业各部门的机器器械，特别是大型机器器械的制造"，"运输和通讯"方面的"运输装备新技术的研究和综合发展运输问题"，"仪器、计量及国家标准"方面的"掌握现有的并建立新型的、更完善的控制仪表、精密仪器和化学试剂"等任务。④为提高中国农业收获量和发展林业设置的重要科学研究任务。如"农、林、牧"方面的"农业机械化、电气化和农业机械的制造问题""提高农作物单位面积年产量""荒地开发问题""扩大森林资源及森林的合理经营与合理利用""提高畜牧业、水产业和养蚕业的产量和质量"5 项任务。⑤为人民的保健事业设置的重要科学研究任务。如"医药卫生"方面的"防治我国人民主要疾病的综合措施的研究""掌握生产现有的和研究新的抗生素、药物和医学器材""总结和发扬中医的理论和经验""劳动卫生、劳动保护的综合措施及防治主要职业病和职业中毒的研究""环境卫生、人民营养和体育活动的研究"5 项任务。⑥基本理论问题的研究任务。这是指"若干基本理论问题和科学情报"方面的"现代自然科学中若干基本理论问题的研究"任务。

这 6 个方面中，前 5 个方面的任务大都与国家建设的需要直接相关。第 6 个方面中的"现代自然科学中若干基本理论问题的研究"任务，包括偏微分方程的研究。偏微分方程不仅在自然科学中，而且在工程技术中应用广泛，在经济建设、国防建设中亦有应用。关于这点，十二年科技规划指出："偏微分方程，在现代自然科学和工程技术中有广泛的应用，但其中还有许多定解条件问题没有解决，尤为重要的是在新技术发展情况下提出的关于混合型方程的定解问题。过去数学、物理中所考虑的微分方程和积分方程都是线性的，但在自然现象与工程技术研究中，随着科学的发展，用线性化方式已不足以说明问题，因而逐渐提出了非线性的问题。还有在经济建设及国防建设中，有若干问题如交通调拨之类在一定的人力、物力条件下，存在着一个最有效而迅速的具体解决办法，如何寻求此种解决办法就是属于运用学的研究范围。所以对以上三个问题的研究不但对自然科学理论的发展有重要意义，而且对工程技术的改进也有极大的帮助。"①这表明该任务中偏微分方程研究结合了国家建设的需要。

四、征求意见的工作与反馈

1956 年 10 月 29 日，陈毅、李富春和聂荣臻向周恩来和中央提交《关于科学规划工作向中央的报告》②，嗣后得到中央政治局原则批准③。12 月 20 日，国务院科学规划委员会党组以该委员会的名义，将《一九五六——一九六七年科学技术发展远景规划纲要（修正草案）》发给国务院各部委和各省（市）人民委员会征求意见，希望着重就如下两方面问题用简便方式组织讨论：①"关于发展科学技术的方针、原则和体制问题（各省

---

① 一九五六——一九六七年科学技术发展远景规划纲要（修正草案）//中共中央文献研究室. 建国以来重要文献选编. 第 9 册. 北京：中央文献出版社，2011：431.
② 陈毅，李富春，聂荣臻. 关于科学规划工作向中央的报告//中共中央文献研究室. 建国以来重要文献选编. 第 9 册. 北京：中央文献出版社，2011：366-372.
③ 关于征求《一九五六——一九六七年科学技术发展远景规划纲要（修正草案）》意见的报告//中共中央文献研究室. 建国以来重要文献选编. 第 9 册. 北京：中央文献出版社，2011：365.

市还应多注意地方科学事业问题)"；②"关于规划中的科学技术内容问题"。①同日，国务院科学规划委员会党组向中央呈送了《关于征求〈一九五六——一九六七年科学技术发展远景规划纲要（修正草案）〉意见的报告》②，汇报了上述征求意见的工作。这得到了中央的同意。12 月 22 日，中央将同意意见下发各省（市）委、自治区党委、西藏工委，以及国家机关各党组，指出"《一九五六——一九六七年科学技术发展远景规划纲要（修正草案）》是国家的重要规划文件，希望你们注意研究，并将意见和各方面的反应，告诉给国务院科学规划委员会党组"③。

此后，有被征求意见的部门经组织相关机构讨论提出意见。如安徽省组织省内各高等院校和有关单位的一部分科学技术界人士进行了初步讨论。参加讨论者的反映一般都很好，认为规划制定得很周密，各项任务的各中心问题说明也很具体，但对地方研究机构与中央研究机构的协调问题，认为是提得不够明确。同时，安徽省各高等院校和该省科学研究所都提出了一些意见。例如，关于 12 个重点任务中的第 10 项"农业的化学化、机械化、电气化的重大科学问题"，安徽农学院个别教师认为提出农业的化学化、机械化、电气化的中心目的是达到提高单位面积产量，并认为化学化主要是肥料问题，符合当时中国和国际情况。但大多数教师表示不同意见，认为农业上的增产，不能单纯地提出化学化、机械化和电气化，增产应该通过综合的农业措施和种子质量、管理技术，并认为目前农业任务的特点提出化学化、机械化和电气化是不全面的。其他如农牧的结合、工业原料和粮食作物的配合等亦应列入重点之内。④

安徽农学院的一些教师还认为"化学工业"方面的任务中对工业药剂中的有机制品，未能作为一个独立项目提出，即使在第 27 项重要任务中，也很少提到；农业有机药剂在农业上是极为重要的一项，可以也有必要作为今后 12 年科学技术的一项任务。他们认为在当时国际上极为重视的类似植物生产刺激药剂亦未在重要任务中明确提到。而且，他们认为在农林方面当时国际上各国都在利用废材解决森林储藏太少的困难，在中国的林业工业中，应该把废材利用作为一个重要任务提出。⑤

安徽省科学研究所森林组对第 47 项重要科学技术任务"扩大森林资源及森林的合理经营与合理利用"提出 6 点意见。意见之一是认为规划的附表 1 所示 1963—1967 年关于水源林、农田防护林、防风林、固沙林、洗林树种特性方面的研究，关系国土保安，应集中全国力量进行研究，不应推延至 1963—1967 年才着手，且该项专题规定亦

---

① 关于征求《一九五六——一九六七年科学技术发展远景规划纲要（修正草案）》意见的报告//中共中央文献研究室. 建国以来重要文献选编. 第 9 册. 北京：中央文献出版社，2011：365.

② 关于征求《一九五六——一九六七年科学技术发展远景规划纲要（修正草案）》意见的报告//中共中央文献研究室. 建国以来重要文献选编. 第 9 册. 北京：中央文献出版社，2011：365.

③ 中共中央同意国务院科学规划委员会党组《关于征求〈一九五六——一九六七年科学技术发展远景规划纲要（修正草案）〉意见的报告》//中共中央文献研究室. 建国以来重要文献选编. 第 9 册. 北京：中央文献出版社，2011：364.

④ 对十二年科学规划的意见//安徽省对国家十二年科学规划（修正草案）的意见. 合肥：安徽省档案馆，J212-01-0047.

⑤ 对十二年科学规划的意见//安徽省对国家十二年科学规划（修正草案）的意见. 合肥：安徽省档案馆，J212-01-0047.

不具体。①

不仅如此，1957 年初，国务院科学规划委员会还将十二年科技规划草案全部 57 项重要科学技术任务和基础科学学科规划的说明书寄送给苏联，请苏联专家提意见。苏联部长会议决议责成苏联国家科学技术委员会和苏联科学院负责，组织约 600 名苏联各方面主要的专家，对该草案进行了研究，对每项任务及其各项中心问题提出书面意见和建议。为了进一步交换意见，1957 年 10 月中央人民政府组织了中国访苏科学技术代表团。代表团到苏联后和苏联专家讨论了该草案中各项主要问题。讨论结束后，苏联专家得出的结论是"规划草案基本上是正确的，它的实现将有助于消除中国科学技术发展中的落后状况而使中国的科学技术水平接近世界各先进国的水平"②。同时，苏联专家把讨论的内容用书面写出，作为补充的意见和建议。最后苏联国家科学技术委员会和苏联科学院根据苏联专家所提意见对该草案，按 13 个方面、57 项任务，提出纲要式的综合性意见。③

这些综合性的意见大都是中肯的、建设性的，对完善十二年科技规划有着重要意义。例如，关于"自然条件及自然资源"方面第 1 项任务"中国自然区划和经济区划"，苏联专家建议："目前中国的区划科学技术水平还比较低，没有全套的地形图，百万分之一的地区图也只有少数（约 6—8 张，而大体需要 60—70 张才行），而且基本上是东部沿海地区图。同时，还必须估计到中国领土总面积为 960 万平方公里，海岸线全长约11 000 公里。"考虑到这些地图按照规划草案规定于 1967 年前编成，而编制需要大量的野外工作，苏联专家建议按次序开展工作：首先测绘四百万分之一的全图，其次对具有经济价值的区域的资源进行较深入的基本研究，最后对农作物耕地和牧场地（占全国土地面积的 36%—40%）以及全国热带区域进行测绘和研究。苏联专家研究这项任务时还指出，必须广泛吸收区划经济学家参加工作，采取许多准备措施（如制造地图模型、制定工作方法，建立综合考察队、协调各机构和主管部门的工作），采取航空摄影测量，并利用苏联有关机构的工作经验。④

再如，关于"新技术"方面的第 38 项任务"无线电电子学的研究和新应用"和第 40项任务"半导体技术的建立"，苏联专家建议：关于电波传播、干扰、反干扰和半导体技术等方面的无线电电子学问题的重要研究工作，应考虑苏联科学家在这些方面已取得的成就。同时苏联专家指出：根据国防方面的要求应把掌握各种电子和离子器件、无线电元件和特殊的高频材料的设计和制造，作为首要任务。为了实现第 38 项和第 40 项任务中所拟定的利用现代科学技术成就的措施，就必须打好物质基础，并培养为发展中国无线电电子学工业所必需的干部。关于第 41 项任务"计算技术的建立"，苏联专家建议不要过分重视机械化翻译的工作。因为在计算技术发展的最初阶段，除了规划中所提出的数字电子计算机、电子模拟机、电子键盘分析机以外，不值得对这项工作（机械化翻译）投入大量力量；同时，苏联专家建议"要注意建立专用计算机及计算中心的科学研究的组织工作"⑤。

①　对十二年科学规划的意见//安徽省对国家十二年科学规划（修正草案）的意见. 合肥：安徽省档案馆，
　　J212-01-0047.
②　苏联科学家对中国 1956—1967 年科学技术发展远景规划草案的综合意见. 杭州：浙江省档案馆，J117-005-089-001.
③　苏联科学家对中国 1956—1967 年科学技术发展远景规划草案的综合意见. 杭州：浙江省档案馆，J117-005-089-001.
④　苏联科学家对中国 1956—1967 年科学技术发展远景规划草案的综合意见. 杭州：浙江省档案馆，J117-005-089-001.
⑤　苏联科学家对中国 1956—1967 年科学技术发展远景规划草案的综合意见. 杭州：浙江省档案馆，J117-005-089-001.

国务院科学规划委员会重视苏联专家的意见，责成该委员会办公室于 1958 年 6 月将苏联国家科学技术委员会和苏联科学院提出的纲要式的综合性意见编印成小册子，供我国相关部门和单位参考。而且，国务院科学规划委员会决定将苏联专家对规划草案的各项任务、各个中心问题逐项逐条的详细意见和建议，由各主管部门编印分发给有关业务单位和各省市地方科委作为参考。[①]

五、规划的实施和成效

十二年科技规划制定后，相继由国务院科学规划委员会、该委员会与国家技术委员会于 1958 年合并组成的国家科学技术委员会（简称国家科委）领导实施工作。在这项工作中，这两个领导机构施行了制定年度计划的落实机制。1957 年初，国务院科学规划委员会按照 26 个专业组制定了年度计划。1959 年国家科委组建了 35 个专业组[②]。专业组既包括各有关方面的科学家，又包括有关部门的领导干部。国务院科学规划委员会在每年召开的全国科学技术计划会议上将计划任务落实到各科研单位、高等学校和厂矿企业，由它们分别负责组织实施。在制定年度计划过程中，有时会根据实际情况对十二年科技规划有所增减和修改。聂荣臻曾说："我们对于这个愿景规划是作为大体的方向来看的，在制定年度计划时，则根据实际情况加以必要的改变，……因此，我们把西藏高原和康滇横断山区综合考察及其开发方案的研究，推迟了，另外还增加了 9 个中心课题。"[③]制定年度计划的落实机制行之有效，一直执行到 1962 年。[④]

在十二年科技规划实施过程中，全国科学技术计划会议于 1959 年 12 月 18—31 日在北京召开。参加这次会议的是各省（自治区、直辖市）科委、中国科学院及其地方分院、各部委主管技术的负责人和部分高等学校的领导[⑤]。会议制定了《1960 年科学技术发展计划》，确定全国重点科学研究任务 80 项，推广新技术 575 项，基本建设项目（主要是科学研究基地和中间试验车间等）794 项[⑥]。嗣后，国家科委党组向中央呈送《关于一九六〇年科学技术发展计划的报告》。1960 年 1 月 16 日，中共中央对该报告作出批示：

> 鉴于科学技术的迅速发展，为了适应今后工作的需要，可以从一九六一年起，在国民经济计划体制中，把科学技术划作一个单独的"口子"，由国家科委负责全面规划，统一安排。然后由国家计委综合纳入国家计划报中央审批。
>
> "十二年科学规划"制订以来，做了很多工作，取得了很大的成绩。应该再接再厉，争取提前五年，即在一九六二年基本实现"十二年科学规划"原定的目标，并为在第三个五年计划期间赶上世界最先进的科学技术水平打下巩固的基础。……

① 苏联科学家对中国 1956—1967 年科学技术发展远景规划草案的综合意见. 杭州：浙江省档案馆，J117-005-089-001.
② 中华人民共和国科学技术部发展计划司. 中华人民共和国科学技术发展规划和计划（1949—2005）. 北京：中华人民共和国科学技术部发展计划司，2008：55.
③ 武衡. 科技战线五十年. 北京：科学技术文献出版社，1992：205.
④ 武衡. 科技战线五十年. 北京：科学技术文献出版社，1992：205.
⑤ 中华人民共和国科学技术部发展计划司. 中华人民共和国科学技术发展规划和计划（1949—2005）. 北京：中华人民共和国科学技术部发展计划司，2008：623.
⑥ 武衡. 科技战线五十年. 北京：科学技术文献出版社，1992：206.

对于科学技术队伍的发展，也必须作相应的规划，争取尽快建立起一支强大的又红又专的科学技术队伍。[1]

此外，在国家经济出现困难的情况下，1961年1月八届九中全会通过关于对国民经济实行"调整、巩固、充实、提高"的八字方针[2]。7月，中央下发《关于自然科学研究机构当前工作的十四条意见（草案）》[3]。这些对推进实施十二年科技规划起到了积极的作用。

执行十二年科技规划的单位有中国科学院、产业部门、高等学校等。该规划提出的57项重要科学技术任务中，以中国科学院作为"主要负责单位"的有8项，以中国科学院作为"联合负责单位"的有15项，两项合并占总项数的40.4%；由中国科学院作为"主要协作单位"参加的有27项。三项合并占总项目的87.7%。[4]因此，中国科学院是实施规划中的科学技术任务的一支重要力量。

落实"四大紧急措施"是实施规划的重要组成部分。中国科学院在落实"四大紧急措施"中扮演了极其重要的角色。1956年8月25日，经陈毅批示同意，中国科学院计算技术研究所、自动化和远距离操纵研究所、电子学研究所的筹备委员会成立，分别由华罗庚、钱伟长、李强出任这三个筹备委员会的主任委员。[5]半导体方面，则先在中国科学院应用物理研究所建立半导体研究室，由王守武任主任[6]。其中，计算技术研究所筹备委员会根据华罗庚提出的"先集中，后分散"的原则[7]，集中了一批研究与技术人员，建立了整机室、元件室、计算数学室[8]。10月，筹备委员会开始开办训练班，训练有关人员。而且，派遣高级研究人员至苏联科学院及有关工厂、学校考察计算技术的新成就，并学习建立计算技术研究所的经验。[9]1958年8月1日，在苏联技术援助下，筹建中的中国科学院计算技术研究所仿制出中国首台小型通用数字电子计算机（103机）。从此我国计算技术不再是空白学科。[10]1959年5月17日，经中国科学院第7次院务常务会议通过，中国科学院计算技术研究所正式成立[11]。同年9月，该所仿制出中国首台大型通用数字电子计算机（104机）[12]。1960年该所研制出中国首台自行设计且成功运转的小型通用电子计算机（107机）[13]。中国计算机事业从起步走上快速发展之路。

[1] 中共中央对国家科委党组《关于一九六〇年科学技术发展计划的报告》的批示//中共中央文献研究室. 建国以来重要文献选编. 第13册. 北京：中央文献出版社，2011：14-15.
[2] 中国共产党第八届中央委员会第九次全体会议公报//中共中央文献研究室. 建国以来重要文献选编. 第14册. 北京：中央文献出版社，2011：70-74.
[3] 樊洪业. 中国科学院编年史：1949～1999. 上海：上海科技教育出版社，1999：128-131.
[4] 樊洪业. 中国科学院编年史：1949～1999. 上海：上海科技教育出版社，1999：67.
[5] 关于建立院属机构及改变领导关系事向中央的请示及批复. 北京：中国科学院档案馆，1956-01-001.
[6] 刘力，何春藩，夏建白. 中国科学院半导体研究所//王扬宗，曹效业. 中国科学院院属单位简史. 第1卷. 下册. 北京：科学出版社，2010：621.
[7] 夏培肃. 我国第一个电子计算机科研组. 中国科技史料，1985，6（1）：13-18.
[8] 数理化学部一九五六年工作总结. 北京：中国科学院档案馆，1956-15-001.
[9] 数理化学部一九五六年工作总结. 北京：中国科学院档案馆，1956-15-001.
[10] 第一架通用数字电子计算机制成. 人民日报，1958-08-03（6）.
[11] 曾茂朝. 计算技术研究所的三十年//中国科学院计算技术研究所三十年（1956—1986）（内部资料）. 北京：中国科学院计算技术研究所，1986：2.
[12] 我国首架电子数字计算机制成. 人民日报，1959-09-15（2）.
[13] 夏培肃. 107计算机研制情况//中国科学院计算技术研究所三十年（1956—1986）（内部资料）. 北京：中国科学院计算技术研究所，1986：83-84.

自动化和远距离操纵研究所筹备委员会承担了十二年科技规划第 39 项重要科学技术任务"生产过程的机械化和自动化"中的 6 项任务。1960 年 1 月 6 日，经中国科学院报请国家科委批准，中国科学院自动化研究所正式成立。该所自始至终参加了"两弹一星"的规划和研制，并发挥了关键作用。①中国科学院电子学研究所筹备委员会成立后发展很快。至 1959 年，其人员已近 1800 人，研究工作几乎覆盖了无线电、电子学、声学的全部领域。1960 年 7 月 12 日，经中国科学院第 5 次院务常务会议通过，中国科学院电子学研究所正式成立。②1956 年中国科学院应用物理研究所半导体研究室成立后，下设材料、器件、光热三个组，依据十二年科技规划的精神，主攻半导体器件。1958 年研制成功截止频率达到 150 兆赫的我国第一只锗合金扩散高频晶体管。1960 年 9 月 6 日，以该研究室为基础，中国科学院半导体研究所正式成立。该所成功研制了半导体晶体管，为研制用于国防的晶体管型通用数字计算机——109 机，做出了重要贡献。③

随着"四大紧急措施"的推进，十二年科技规划中新技术方面的无线电电子学的研究和新的应用、生产过程的机械化和自动化、半导体技术的建立、计算技术的建立等任务逐步得到落实。而且，通过中国科学院与国防部第五研究院、第二机械工业部第九研究所等攻关协作，导弹、原子弹的研制等重要国防任务进入 20 世纪 60 年代取得重大进展。1960 年 11 月 5 日，我国成功发射第一颗仿制的近程地地导弹；1964 年 6 月 29 日，我国自行设计的第一枚中近程导弹试验成功；1964 年 10 月 16 日，我国第一颗原子弹爆炸成功。④至 20 世纪 60 年代中期，我国已经建立比较完整的导弹科研与工业体系⑤，核武器研制技术实现了质的飞跃。

1958 年 1 月 18 日，《中华人民共和国政府和苏维埃社会主义共和国联盟政府关于共同进行和苏联帮助中国进行重大科学技术研究的协定》（简称"122 项协定"）在莫斯科签订。实施十二年科技规划的需要，是中国与苏联签订"122 项协定"的原因之一。参加"122 项协定"的中苏双方单位逾 600 个，苏方有 400 多个，中方有 200 多个。合作项目共 600 多个课题，涉及 16 个科技领域，与十二年科技规划内容大体对应。"122 项协定"原定执行时间是 1958—1962 年，尽管实际只执行 3 年多，但对十二年科技规划的实施产生了积极的影响。⑥

1962 年，国家科委比较系统地检查了十二年科技规划的执行情况。结果表明，在该规划的 54 项重要科学技术任务中（另有 3 项是国防科学技术、喷气技术和原子能和平利用，不计在内），有 46 项即 85.2% 的任务已基本达到原规划 1962 年的目标。有 1 项

① 凌惟侯，刘元明，等. 中国科学院自动化研究所//王扬宗，曹效业. 中国科学院院属单位简史. 第 1 卷. 下册. 北京：科学出版社，2010：719-730.
② 方洪荒. 中国科学院电子学研究所//王扬宗，曹效业. 中国科学院院属单位简史. 第 1 卷. 下册. 北京：科学出版社，2010：682-683.
③ 刘力，何春藩，夏建白. 中国科学院半导体研究所//王扬宗，曹效业. 中国科学院院属单位简史. 第 1 卷. 下册. 北京：科学出版社，2010：621-627.
④ 刘戟锋，刘艳琼，谢海燕. 两弹一星工程与大科学. 济南：山东教育出版社，2004：35-65；樊洪业. 中国科学院编年史：1949～1999. 上海：上海科技教育出版社，1999：155.
⑤ 姜玉平. 中国导弹研制体系的初步建立（1956—1965 年）. 当代中国史研究，2019，26（4）：39.
⑥ 刘洋，胡晓菁. 中苏科技合作"122 项协定"研究. 当代中国史研究，2019，26（5）：219-230.

任务"是规定基础科学主要发展方向的",不能按具体目标检查,但其成绩也是显著的。有 7 项任务进行了大量工作,但未达到原定目标。[①]

通过十二年科技规划的实施,我国某些现代工业技术和尖端技术的发展尤为显著。为了配合原子能、喷气技术和若干工业新技术的发展,在新型材料、精密和重型设备、计算技术的研究试制等方面,工作的规模与工作的质量都超出了原规划的要求。为工农业生产建设,特别是为全面发展农、林、牧、副、渔提供依据的我国边沿地区综合考察工作,成绩亦比较显著。[②]

不仅如此,1956—1962 年新中国科学技术队伍有了很大的发展,至 1962 年底,全国科学研究机构由 381 个增至 1296 个,在主要的学科和技术领域几乎都有了专门的研究机构。专门从事研究工作的科学技术人员,从 18 000 人增至 68 000 人,其中大学毕业程度的 55 000 人。[③]十二年科技规划实施后,新中国的基础科学研究也比较全面地发展起来。特别是许多与新兴技术关系密切的学科,如计算数学、微分方程、生物物理、元素有机化学、高分子物理、化学物理、等离子体物理、水声学、固体物理、气动力学、工程热物理等都是这 7 年间发展起来的。[④]这些为此后新中国科技事业的发展奠定了重要的基础。

因此可以说,十二年科技规划的实施对新中国科技事业的发展起到了重要的推动作用,并产生了深远的影响。

第二节　《1963—1972 年科学技术发展规划》的制定与实施[*]

一、十二年科技规划的提前完成与十年科技规划的制定

《1963—1972 年科学技术发展规划》(简称十年科技规划)是继十二年科技规划之后,我国在国家层面上制定的第二个科技发展规划。该规划的制定,体现了中央在 20 世纪 60 年代初国内外形势的变化之下,对我国科技发展事业发展进行的重新考虑和布局。

从国内形势看,十二年科技规划经过几年的全面实施取得的成效,1960 年国家科委对规划的执行情况进行了全面检查,数据显示到 1960 年底可以完成总工作量的 60%,在 1060 项主要研究成果中,有 470 项已开始和部分应用于生产或加以利用。因此认为十二年科技规划执行情况良好,我国科技发展很快。在此基础上,聂荣臻在 1960 年 1 月向中央的汇报提纲中提出:"预计到 1962 年可完成全部十二年规划项目的 80% 左右,做到初步实现十二年规划",并指出提前五年初步实现十二年科技规划是有可能的,在此

① 中央科学小组、国家科委党组关于一九六三——一九七二年科学技术发展规划的报告//中共中央文献研究室. 建国以来重要文献选编. 第 17 册. 北京:中央文献出版社,2011:419-421.
② 中央科学小组、国家科委党组关于一九六三——一九七二年科学技术发展规划的报告//中共中央文献研究室. 建国以来重要文献选编. 第 17 册. 北京:中央文献出版社,2011:420.
③ 中央科学小组、国家科委党组关于一九六三——一九七二年科学技术发展规划的报告//中共中央文献研究室. 建国以来重要文献选编. 第 17 册. 北京:中央文献出版社,2011:420.
④ 中华人民共和国科学技术部发展计划司. 中华人民共和国科学技术发展规划和计划(1949—2005). 北京:中华人民共和国科学技术部发展计划司,2008:56.
* 作者:方一兵。

基础上提出了"再进一步安排下一个远景计划"①。1962 年，国家科委再次对十二年科技规划的执行情况和各学科专业的状况水平进行全面检测。检查结果表明，57 项重要科学技术任务中，有 50 项达到或基本达到原定目标，并认为经过 7 年努力，中国科技水平从十分落后的状况，大体达到了国际上 20 世纪 40 年代的水平。②据此宣告十二年科技规划提前 5 年完成。十年科技规划的制定便由此提上日程。

国际方面，20 世纪 60 年代初国际形势发生重大变化，社会主义阵营分化，苏联于 1960 年撕毁与中国签订的技术协定，撤走在教育和科技部门工作的所有专家。中国的发展面临极大的困难和挑战，科技和经济必须转向全面的自力更生之路。与此同时，国际上科学技术在第二次世界大战之后发展迅速，到 60 年代初也对中国的科技发展提出了新问题和挑战。所有这些都需要重新考虑有关科学技术规划的问题。

此外，随着 1961 年国民经济八字方针的正式提出，以及"科研十四条"的出台和实施，全国从国民经济建设环境到科研工作风气上均有很大改善，为进行新的科学技术规划提供了有利条件。在上述形势下，聂荣臻于 1961 年 11 月向中共中央提出制定科学技术发展七年规划的请示③，推动了中央决定制定十年科技规划。1962 年 2 月 15 日至 3 月 10 日，全国科学技术工作会议在广州召开，这次会议不仅在思想上进一步明确和推动了知识分子政策问题的贯彻落实，更重要的是推动了十年科技规划制定工作的开启。

全国科学技术工作会议在总结十二年科技规划的经验和教训的同时，讨论了新的十年科技规划的编制，为纠正"大跃进"带来的偏差，聂荣臻在会议总结报告中提出，"当前一个时期内，科学技术工作应该同国民经济情况相适应，应该以调整为中心"，并提出十年科技规划的目标"首先以接近世界先进水平为目标"④。显然，这一目标是与贯彻国民经济八字方针相适应的，为十年科技规划的编制指明了一个更为客观可行的大方向。在科研项目的安排方面，聂荣臻在会上提出三方面：一是经济建设提出的科学技术问题；二是国防建设提出的科学技术问题；三是加强基础学科的研究工作。⑤这无疑为十年科技规划的任务布局提供了指导意见。广州会议之后，在国家科委的组织下进行了规划的编制，有 1 万多名专家直接参与了规划的制定和讨论⑥，规划于 1963 年 6 月定稿，同年 12 月经中共中央、国务院批准正式实施。⑦

二、十年科技规划的主要内容及其特点

十年科技规划共 77 卷⑧，内容可大体分为纲要，各专业、学科规划和事业规划。纲要阐述了这十年我国科学技术发展的要求、目标和方针，并分别从自然条件和资源的调

---

① 聂荣臻. 聂荣臻科技文选. 北京：国防工业出版社，1999：230.

② 中华人民共和国科学技术部发展计划司编写组. 中华人民共和国科学技术发展规划和计划（1949—2005）. 北京：中华人民共和国科学技术部发展计划司，2005：58.

③ 聂荣臻. 聂荣臻科技文选. 北京：国防工业出版社，1999：310-312.

④ 聂荣臻. 聂荣臻科技文选. 北京：国防工业出版社，1999：333.

⑤ 聂荣臻. 聂荣臻科技文选. 北京：国防工业出版社，1999：326-327.

⑥ 中共中央文献研究室. 建国以来重要文献选编. 第 17 册. 北京：中央文献出版社，1997：489.

⑦ 中华人民共和国科学技术部发展计划司编写组. 中华人民共和国科学技术发展规划和计划（1949—2005）. 北京：中华人民共和国科学技术部发展计划司，2005：59.

⑧ 1963—1972 年科学技术发展规划纲要//中华人民共和国科学技术部创新发展司. 中华人民共和国科学技术发展规划纲要（1956—2000）. 北京：科学技术文献出版社，2018：52-53.

查研究、农业科学技术、工业科学技术、医学科学技术、技术经济、技术科学、基础科学等七个方面概括说明了各专业、各学科的任务和发展方向。

（一）科学技术发展的要求、目标、方针

十年科技规划在总结十二年科技规划实施后我国科学技术事业发展状况和面临的形势基础上，指出"科学技术的发展，是贯彻执行自力更生地建设社会主义的重要条件"[1]，并提出这十年对科技发展的要求和目标，以及科学技术发展的方针。

十年科技规划发展的要求是：

> 动员和组织全国的科学技术力量，自力更生地解决我国社会主义建设中的关键科学技术问题，迅速壮大又红又专的科学技术队伍，在重要的急需的方面，掌握六十年代的科学技术，力求在接近和赶上世界先进科学技术水平的道路上，实现大跃进。[2]

十年科技规划的目标则简括为[3]：

1. 为农业增产提供各方面的科学技术成果，系统地解决实现农业技术改革中的科学技术问题；

2. 重点掌握六十年代工业科学技术，为建立一个完整的现代工业体系，为发展新兴工业、提高现有工业的技术水平，提供科学技术成果；

3. 切实保证国防尖端技术的初步过关；

4. 加强我国资源的综合考察，加强资源的保护和综合利用的研究，为国家建设提供必要的资源根据；

5. 在保护和增进人民健康、防治主要疾病和计划生育等方面的重要科学技术问题上，作出显著成绩；

6. 加速发展基础科学和技术科学，充实科学理论的储备，加强科学调查和实验资料的积累，建立和加强重要的和空白薄弱的部门；

7. 大力培养人才，充实现代化实验装备，在各个重要的科学技术领域，形成研究中心，建立一支能够独立解决我国建设中科学技术问题的、又红又专的科学技术队伍。

对于发展方针，十年科技规划提出："自力更生，迎头赶上，是发展我国科学技术的方针。"[4]

与十二年科技规划在发展科学的方针上提倡"苏联和其他兄弟国家的帮助"[5]不同，十年科技规划提出的方针和要求均强调"自力更生"的思想，这无疑体现出在中苏关系

① 1963—1972年科学技术发展规划纲要//中华人民共和国科学技术部创新发展司. 中华人民共和国科学技术发展规划纲要（1956—2000）. 北京：科学技术文献出版社，2018：54.
② 中共中央文献研究室. 建国以来重要文献选编. 第17册. 北京：中央文献出版社，1997：501.
③ 中共中央文献研究室. 建国以来重要文献选编. 第17册. 北京：中央文献出版社，1997：501-502.
④ 1963—1972年科学技术发展规划纲要//中华人民共和国科学技术部创新发展司. 中华人民共和国科学技术发展规划纲要（1956—2000）. 北京：科学技术文献出版社，2018：52-108.
⑤ 中共中央文献研究室. 建国以来重要文献选编. 第9册. 北京：中央文献出版社，1994：376.

恶化的环境下，我国社会主义建设由学习苏联向"独立自主，自力更生"道路的重要转变。此外，十年科技规划从农业、工业、国防尖端技术、资源考察和利用、医药、基础和技术科学等六个方面提出目标，这些方面与当时迫切需要解决的民生和国防科技问题密切相关，与十二年科技规划相比，更具针对性。这一特点在十年科技规划重点项目的设置上有着更具体的体现。

（二）重点项目的设置及其特点

十年科技规划是在总结十二年科技规划的经验教训和找出我国面临的差距的基础上编制的，较十二年科技规划来说，该规划体现出了更强针对性，重点更为突出，与我国资源和生产需求的结合更为密切。这一特点反映在了其重点项目的安排上。

十年科技规划分别从自然条件和资源调查研究、农业、工业、医学、技术经济、技术科学、基础科学这几个方面进行了各领域发展规划，其中确定了重点研究试验项目374项（其中直接为经济建设和国防需要服务的有333项，基础研究有41项），以及3205个中心问题、1.5万个研究课题。[①]实际上，虽然规划中提出了374个重点研究试验项目，但受1966年爆发的"文化大革命"影响，真正立项和开展的只有56项国家重点项目。[②]

第一批32个重点研究项目

（1）北京现代化农业综合试验研究中心。

（2）太湖流域综合试验研究中心。

（3）商品粮集中产区综合试验中心。

（4）黄淮海平原综合试验研究中心。

（5）西北黄土高原水土保持综合试验研究中心。

（6）海南热带作物综合试验研究中心。

（7）南方山地红壤综合试验研究中心。

（8）林业综合试验研究中心。

（9）现代草原畜牧综合试验研究中心。

（10）水产综合试验研究中心。

（11）从石油制取重有机合成原料与合成材料的研究。

（12）从石油、天然气制取合成氨，采用全循环法制取尿素。

（13）天然气化工利用的研究试验。

（14）氧气转炉炼钢与真空冶炼等冶金技术的研究试验。

（15）新型材料的研究试验基地与中间试验。

（16）高精度设备的研究与试制。

（17）仪器仪表的研究与试制。

---

① 中华人民共和国科学技术部发展计划司编写组. 中华人民共和国科学技术发展规划和计划（1949—2005）. 北京：中华人民共和国科学技术部发展计划司，2005：60.

② 苑广增，高筱苏，向青，等. 中国科学技术发展规划与计划. 北京：国防工业出版社，1992：29-31.

（18）计算机、半导体器件，微波器件等新型电子器件的设计制造技术。

（19）加强内燃机的研究试验。

（20）农业机械的研究试验。

（21）工业生产自动化的研究试验。

（22）急需矿产资源的找矿、勘探、采矿、选矿与综合利用的研究。

（23）燃料动力资源勘探、开发的研究。

（24）大力充实中国医学科学院和中医研究院两个研究中心。

（25）激光的研究试验。

（26）固体能谱与固体电子理论的研究。

（27）物质结构的研究。

（28）化学工程学的研究。

（29）催化反应和化学动力学的研究。

（30）建立分子生物学的研究基地。

（31）建立国家计量基准、计量标准和统一的量值传递系统。

（32）加强国内外科学技术情报的调查研究。

国家重点研究项目 1965 年共 45 项，在前述 32 个项目基础上增加了 13 项如下：

（33）攀枝花钡钒磁铁矿的冶炼技术及其综合利用。

（34）包头白云鄂博矿的综合利用。

（35）青海盐湖资源勘探与综合利用。

（36）地方建筑材料和工业废料的综合利用。

（37）石油炼制新技术的研究试验。

（38）粘胶纤维的研究试选。

（39）发展工程技术新品种。

（40）长隧洞快速施工的研究试验。

（41）锦屏（金矿）水电站建设的科学技术问题。

（42）地震、地震地质和抗震措施的研究。

（43）西南、西北地区资源综合考察。

（44）青藏高原及三线建设地区测图技术的研究。

（45）新疆内陆盐碱地土壤改良、丰产综合试验研究中心。

国家重点研究项目 1966 年共 56 项，在 1965 年基础上新增 11 项如下：

（46）抗核爆炸防护工程的研究。

（47）全国海岸带和重要港口的调查研究。

（48）铁道建设中水文地质和工程地质问题的研究。

（49）合理开发利用地下水资源的研究。

（50）高精密车间设计、施工技术及其设备的研究。

（51）地下建筑设计、施工技术及其建筑设备的研究。

（52）棉纺织新技术。

（53）制浆造纸新技术和工业技术用纸研究。

（54）提高农药质量、解决加工、应用、药效、试毒、解毒技术，发展新品种。

（55）中西医结合，对常见病、疑难病及计划生育的研究。

（56）发展液压、液力新技术。

以上 56 项重点项目中，在十年科技规划公布的当年即选定了 32 项，作为实现十年科技规划的第一批骨干项目，由国家科委会同国家计委、国家经委、国务院农林办公与有关部门、地方在国民经济计划方面逐项作出切实安排。①这 32 项重点项目的布局体现出了十年科技规划"打基础，抓两头"的原则，一头是农业和有关解决吃、穿、用问题的科学技术，一头是配合国防尖端的科学技术，而要抓好两头，就必然首先要求工业科学技术，特别是基础工业技术水平的迅速提高。②因此在 32 个项目中属于农业和工业、交通、资源等与国民经济发展密切相关的任务占了近 7 成。具体地，农业项目 10 项，工业、交通运输、资源勘探方面 13 项，基础科学和技术科学方面 6 项，医学科技 1 项，标准和情报 2项。

选定项目在内容上也具有很高的针对性，基本上是我国在民生和国防事业中急需解决的关键性问题。比如为解决亿万人民的吃、穿、用，"农业增产"成为十年科技规划对农业方面提出的最核心的目标。第一批 10 项农业重点任务，直接来自 1963 年 2—3 月召开的全国农业科学技术工作会议上制定的《1963 至 1972 年农业科学技术发展规划》，该规划认为为了农业的全面过关，必须有重点地抓几个关键性地区和关键性生产问题，进行综合研究，综合发展农、林、牧、副、渔，作为"样板"。③因此提出在 10 年内应该进行的 10 个方面的重大科学技术问题的综合研究，建立研究中心。10 个方面的重大科学技术问题即：①建立现代农业试验基地；②建立高产试验中心；③充分发挥商品粮集中产区的增产潜力；④综合治理黄淮海平原的旱、涝、盐碱灾害；⑤黄土高原的水土保持；⑥草原的改良与利用；⑦亚热带山地、丘陵的综合利用；⑧热带资源的综合开发；⑨合理利用现有森林资源与有计划建立新的森林资源基地；⑩水产资源的开发与利用。④在 10 个方面的重大科学技术问题的框架下，选择北京、太湖、西北黄土高原、黄淮海平原、海南、南方等重点区域设置了 10 个农业领域的综合试验中心，作为第一批 10 项重点项目。

32 个项目中第 11 至第 23 项，为工业、交通运输、资源勘探方面的重点任务，体现出了在"配合国防尖端科技"的思想下，"补全基础工业的技术缺门和为发展新兴工业、新兴技术准备条件"⑤的目的。根据中央科学小组和国家科委的报告，该 13 项任务的设置是为了解决以下技术关键⑥：

第一，发展石油化学的技术，包括：以石油为原料制取合成纤维、合成橡胶、塑料的生产建设技术，以石油、天然气为原料制备合成氨，采用全循环制取尿素；

① 中共中央文献研究室. 建国以来重要文献选编. 第 17 册. 北京：中央文献出版社，1997：503.
② 中共中央文献研究室. 建国以来重要文献选编. 第 17 册. 北京：中央文献出版社，1997：502.
③ 中共中央文献研究室. 建国以来重要文献选编. 第 17 册. 北京：中央文献出版社，1997：142.
④ 中共中央文献研究室. 建国以来重要文献选编. 第 17 册. 北京：中央文献出版社，1997：230-233.
⑤ 中共中央文献研究室. 建国以来重要文献选编. 第 17 册. 北京：中央文献出版社，1997：504.
⑥ 中共中央文献研究室. 建国以来重要文献选编. 第 17 册. 北京：中央文献出版社，1997：504-505.

天然气化工利用技术等。

第二，补全材料工业的缺门，主要解决高温合金、高纯度稀有金属、精密合金、特殊性能的合成材料、特种硅酸盐材料、人造晶体、高能燃料、润滑剂等新型材料的品种问题；加速试制十项重型轧制、锻压设备，解决特宽、特薄、特厚、特细、异型材料规格的问题。努力使国民经济技术改造和国防技术所需要的材料，在技术上能够完全立足国内。

第三，解决发展氧气转炉炼钢、真空冶炼的技术问题。

第四，解决发展高精度机械和仪器仪表工业的技术问题。主要是先掌握已经选定的五十多种基本型高精度机床和一百五十多类重要精密仪器仪表的生产技术。配合冶金、化工、石油等部门应用新技术的需要，解决高真空、深冷和大容量制氧设备等的制造技术。

第五，研究、设计、试验适合各地条件的成套农业机械。

第六，为满足农业机械化、交通运输技术改造和国防的需要，加强内燃机和液力传动的研究试验。

第七，尽早掌握近期需要的大约一百种晶体管、九百种电子管以及一批新型无线电元件的制造技术。系统掌握半导体的工业生产技术，建立现代化的半导体器件样板厂。

第八，有重点地进行工业生产过程自动化的试验。

第九，加强特种资源的勘探、利用等的研究工作（特别是铬、铂、钽、铌、稀土元素、钾盐、压电石英、金刚石、云母、金红石、钴、铍等）。建立采矿学和选矿学的研究基地，加强燃料动力之源的勘探、开发及利用的研究。

上述第一、第二、第三、第四、第七和第九点所解决的问题，可视为当时我国发展国防尖端必须解决的技术瓶颈。早在 1959 年，为自力更生发展国防尖端技术，主管科技的聂荣臻副总理提出制造尖端和常规武器所需的新型原材料、精密仪器仪表、大型设备三方面不过关，是发展尖端技术的主要障碍，并随之成立新技术材料小组，以及仪器仪表和精密机械规划小组，组织全国性的攻关。[①]十年科技规划再次将与之相关的项目，如合成材料、新型炼钢技术、新型材料的研发和中试、高精度设备的研制、仪器仪表的研制、急需矿产资源的开发和综合利用，作为第一批重点任务提出；1965 年又新增了攀枝花和包头两地的矿产资源综合利用，均是出于配合国防尖端发展需要的考虑，体现了60 年代以来自力更生建立我国自己的国防尖端工业体系的决心。

此外，第 25 至第 30 项为基础科学和技术科学方面的重点项目，分别代表了激光、物质结构、化学工程、生物工程等 6 个 20 世纪中期发展起来的新兴科学技术方向，中央科学小组和国家科委的报告认为，这些项目的研究成果"将会带来生产技术和军事技术的若干重大变化"。如光受激发射，将引起国防技术、工业技术和现代物理学的多方面的重要进展。[②]

---

① 聂荣臻. 聂荣臻回忆录. 北京：解放军出版社，2007：647-653.
② 中共中央文献研究室. 建国以来重要文献选编. 第 17 册. 北京：中央文献出版社，1997：505-506.

继第一批 32 项重点任务之后，国家科委于 1965 年、1966 年分别增设了 13 项和 11 项重点任务。值得一提的是，为加强备战，中共中央于 1964 年 6 月的中央工作会议上做出了三线建设的战略决策，国民经济建设的重心随之由解决吃、穿、用问题向国防建设转变。在这一形势下，国家科委于 1965 年增设的 13 项重点任务整体向与三线建设密切相关的科技问题倾斜，这些任务或与重要稀有矿产冶炼问题，如"攀枝花钒钛磁铁矿的冶炼技术及其综合利用""包头白云鄂博矿的综合利用"，或与三线地区的资源考察，如"西南、西北地区资源综合考察""青藏高原及三线建设地区测图技术的研究"等，或与三线建设所急需的工程技术问题，如"长隧洞快速施工的研究试验""锦屏（金矿）水电站建设的科学技术问题"等相关。这一转变也是 1964 年之后十年科技规划在任务布局上最重要的特征。

总之，十年科技规划在科技项目布局上充分体现了重点突出和针对性强的特点，在规划制定之初，预计第一批 32 个重点项目完成后，"可以在农业增产和农业技术改造方面，提供比较系统的切实可行的措施；在工业方面，从技术上补上最急需解决的若干缺口，并为发展重要新兴工业提供样板，同时，也开展了成为七十年代尖端技术的探索研究"①。而十年科技规划重点项目的设置，使十二年科技规划初步形成的以重点任务来布局科学技术发展的规划模式得到进一步强化。正如中央科学小组和国家科委报告所述，十年科技规划希望通过两到三批重点项目的完成，使我国科学技术实现在重要和急需方面达到 20 世纪 60 年代的先进水平这一目标。②

三、十年科技规划的实施

（一）规划实施的组织与管理模式

为实现科技发展规划，十年科技规划第十章"措施"中围绕研究机构、人才、设备与资金、图书情报等与科研资源的发展和配置，以及与科技事业相关的各方面提出了需要采取的十二条主要措施③：①加强专业研究机构的建设；②大力培养研究人才；③改善科学器材工作；④统一管理科学投资；⑤加强计量和标准化工作；⑥加强情报、资料、图书和档案工作；⑦健全成果鉴定和奖励制度；⑧建立中间试验基地，加强技术推广；⑨大力开展学术活动；⑩加强国际科学技术合作交流工作；⑪加强科学技术普及工作；⑫加强科学技术的组织工作。

实际上，十年科技规划为当时中国科技事业发展条件的完善提供了契机。为了实现十年科技规划制定的发展目标，1963—1965 年，若干科技政策条例相继出台，在政策层面为十年科技规划需要采取的措施提供了条件。例如，1963 年 11 月国务院公布实行《中华人民共和国发明奖励条例》和《中华人民共和国技术改进条例》；为进一步加强国家科委对科学技术工作的领导和管理效能，1964 年 1 月国家科委重新制定了《中华人民共

① 中共中央文献研究室. 建国以来重要文献选编. 第 17 册. 北京：中央文献出版社，1997：506.
② 中共中央文献研究室. 建国以来重要文献选编. 第 17 册. 北京：中央文献出版社，1997：506.
③ 1963—1972 年科学技术发展规划纲要//中华人民共和国科学技术部创新发展司. 中华人民共和国科学技术发展规划纲要（1956—2000）. 北京：科学技术文献出版社，2018：52-108.

和国科学技术委员会工作条例》。①又如，为了加速我国科技干部队伍的成长壮大，建立适应于科学技术干部特点的管理制度，1964 年 3 月，中共中央批发了中央组织部拟定的《科学技术干部管理工作条例试行草案》。该条例试行草案规定，各有关部门应根据十年科技规划和国民经济建设事业发展的需要，制定科学技术干部的培养计划。②该条例试行草案颁布后，中共中央设立国务院科学技术干部局，委托国家科委代管，希望从制度和组织上为有效组织全国科学技术力量，加强科技干部管理工作提供保障。为加强国际科技合作交流，1964 年 11 月，国家科委召开了科学技术对外工作会议，明确了三条科学技术对外工作任务：一是做好和发展科学技术合作工作；二是为引进先进技术，进行技术上的准备；三是开展调查研究，收集科学技术情报和资料。③

十年科技规划实施的组织和管理制度方面的建设也在 1964 年开始展开。为推动规划的实施，国家科委于 1964 年 2 月召开各专业组组长和国务院各部主管科技工作的副部长联席会议，研究落实和执行规划的有关问题。④同年 10 月，国家科委颁布十年科技规划的《研究任务管理试行办法》。总的来说，十年科技规划实施的组织是围绕重点研究项目和中心问题来进行的，以项目管理来确保规划的实施。⑤即以年度计划的形式，将十年科技规划各中心问题和研究项目逐个下达到承担任务的有关执行单位，包括研究机构、设计机构、高等院校、厂矿企业、农林牧场、医院等。按照该办法的要求，明确各级领导部门和基层执行单位执行规划的职责和分工，并加强各专业组以中心问题为基本单元的对研究课题和进度的协调活动，规定规划执行情况的汇报和年度计划的编制方法等。⑥

（二）规划的执行及其结果

1964—1966 年，国家科委分三年共发布了 56 项国家重点项目的研究任务，研究任务的执行体现了集中力量打歼灭战的协作攻关思想，在各专业组以中心问题进行协调的基础上，各单位目的明确地进行分工与协作来取得突破。这种全国性的协作攻关，亦成为这一时期推动科技创新和取得科技成果的重要模式。

遗憾的是，1966 年 6 月开始的"文化大革命"对十年科技规划的执行造成了重大冲击，未能继续执行，除前三年下达的 56 项国家重点项目之外，原定的 347 项重点研究试验项目大部分未能实施和完成。"文化大革命"最终使十年科技规划描绘的中国科技事业美好宏图基本成为一纸空谈。但不可否认，十二年科技规划和十年科技规划的制定与实施为我国科技体系的确立和科学技术的发展打下了基础，即便是在"文化大革命"期间，因十年科技规划的布局和科技工作者们的艰难奋斗，我国仍然在重点布局的学科，

① 《当代中国的科学技术事业》编辑委员会. 当代中国的科学技术事业. 北京：当代中国出版社，2009：27.
② 中共中央文献研究室. 建国以来重要文献选编. 第 18 册. 北京：中央文献出版社，1998：301-302.
③ 《当代中国的科学技术事业》编辑委员会. 当代中国的科学技术事业. 北京：当代中国出版社，2009：28.
④ 中华人民共和国科学技术部发展计划司. 中华人民共和国科学技术发展规划和计划（1949—2005）. 北京：中华人民共和国科学技术部发展计划司，2005：63.
⑤ 杨丽凡. 影响深远的《1963—1972 年科学技术规划纲要》. 自然科学史研究，2003，（22）：70-80.
⑥ 中华人民共和国科学技术部发展计划司. 中华人民共和国科学技术发展规划和计划（1949—2005）. 北京：中华人民共和国科学技术部发展计划司，2005：63.

以及国防和工农业领域取得了一些值得骄傲的成果。

在学科建设方面，一些新兴学科及相关研究机构因十年科技规划重点任务的布局而得到发展。例如，十年科技规划特别提出了分子生物学这一新兴研究领域，强调对于生物高分子的结构分析与合成应受重视，建立分子生物学研究基地也因此被列入十年科技规划的第一批 32 项重点任务中。与规划相对应，在人工合成牛胰岛素的重要成果的加持下，在国家科委的支持下，中国科学院生物物理研究所、北京大学化学系、中国科学院上海生物化学研究所等单位组建了胰岛素结构研究组，展开了猪胰岛素晶体结构测定的研究，于 1973 年取得了 1.8Å 分辨率的世界领先的研究成果。中国在生物大分子结构研究领域取得的进展，也为分子生物学的起步提供了条件，奠定了学科基础。又如，合成材料的研发是十年科技规划特别强调的一个科技领域，从石油制取重有机合成原料与合成材料的研究等被列入第一批重点任务，在重点任务的布局和加持下，相关研究机构和企业通过合成纤维、丙烯腈、顺丁橡胶重大项目的联合攻关而实现突破[1]，也推动了我国化学工程学、高分子材料科学等领域的相关学科分支的衍生和发展。

在工业方面，配合"两弹一星"的研制，我国在新型材料、电子计算机等仪器仪表、精密机械和大型设备上取得了部分重要突破，建设了攀枝花钢铁基地、第二汽车制造厂、成昆铁路、万吨远洋轮，以及大型厂矿和铁路的成套设备。在农业方面，完成了全国耕地土壤普查、改良土壤、合理施肥、病虫害防治、改良品种和栽培技术、治沙治碱等研究试验项目，在大规模调查基础上，拟订了黄淮海平原、长江流域等地区的综合治理和开发方案。在基础理论方面，在计算数学、基本粒子、核物理、构造地质学领域取得了成果。[2]

值得一提的是，重大科技成果虽然可以依靠攻关会战在相对短的时间内获得，但从根本上离不开科学技术发展的长期积累规律。客观地说，我国在 20 世纪 60 年代中后期以及 70 年代取得了一系列重大成果，有相当一部分并非只是因十年科技规划的执行而获得的，而应该视为 1956 年以来两次规划的布局下长期攻关和各学科综合发展的结果，比如"两弹一星"、新型材料的研发成就等。

第三节　科技项目的协作攻关*

一、历史背景和总体构架

1956—1976 年对新中国科技发展来说有着特殊意义。这一时期，计划经济体制下的科研体系得以形成并发挥作用，十二年科技规划和十年科技规划的制定和实施，标志着中国的科技事业进入了规划发展时期。这一时期，为配合国家层面对科学与技术规划发展的领导和管理，国家科学规划委员会和国家技术委员会于 1956 年相继成立，1958 年 11 月国家技术委员会和国务院科学规划委员会合并为国家科学技术委员会，标志着中国

---

①　《当代中国的石油化学工业》编辑委员会. 当代中国的石油化学工业. 北京：当代中国出版社，2009：166-168.
②　中华人民共和国科学技术部发展计划司编写组. 中华人民共和国科学技术发展规划和计划（1949—2005）. 北京：中华人民共和国科学技术部发展计划司，2005：65.
*　作者：方一兵。

的科技事业进入了以国家科委为领导机构的时期。

更重要的是，这一时期通过两次科技规划的实施，中国在科技领域尤其是国防尖端科技领域取得了一些突破性的成果。这些重大成果，大都是通过重大科技项目的全国性协作攻关的模式取得的。我国这种在计划体制下有组织的协作攻关的科技创新模式自20世纪50年代后期产生后虽然一直沿用至今，但在50—70年代却有着更为特殊的历史背景特征。

首先，20世纪50—70年代科技领域的协作攻关，与两次科学技术长期规划的实施密切相关。十二年科技规划和十年科技规划不仅为中国科研体系的形成提供了总体框架，更重要的是两次科技规划的执行所贯彻的"以任务带学科"原则，是这一时期科技领域展开协作攻关的基础，换句话说，这一时期科技领域的协作攻关，大都是在国家规划的布局下得以开展的。

具体地，规划通过"重要任务或项目"的设置来布局主要学科和领域的发展，在国家科委等部门的组织下，重要项目被分解并下达到各负责单位进行协作攻关来实现。如十二年科技规划，从自然条件及自然资源，矿冶，燃料和动力，机械制造，化学工业，建筑，运输和通讯，新技术，国防，农、林、牧，医药卫生，仪器、计量及国家标准，若干基本理论问题和科学情报13个领域提出了57项重要科学技术任务，在科学技术力量有限的情况下，以重要任务为核心，在国家科委的统一协调和组织下确立57项重要科学技术任务的主要负责单位，强调四方面科学技术力量的结合使用。十年科技规划继承了"以任务带学科"的特点，确定了6个领域的374项重点研究试验项目，在未受"文化大革命"干扰的头三年，国家科委共下达了56项国家重点项目，与十二年科技规划相比，十年科技规划的重点项目在实施上更强调集中力量打歼灭战的协作攻关思想。因此，这一时期以科研和产业各方面主体协作攻关的形式执行国家重要任务的特征较第一时期更为明显。

其次，国际形势的变化使我国科技事业由学习和模仿苏联转向全面依靠"自力更生"，尤其是独立自主地发展国防尖端科技方针的确立，直接推动了更系统和大规模的科技攻关项目的实施。自新中国成立到20世纪50年代末，我国国防尖端科学技术得益于与苏联和东欧社会主义国家的合作。1950年，中苏两国签订《中苏友好同盟互助条约》；1954年10月，中苏签订了《中苏科学技术合作协定》；之后，中国又与匈牙利、波兰、捷克斯洛伐克等国签订了类似的科学技术合作协定；1957年10月，中苏双方又签订了苏联在火箭和航空等新技术方面援助中国的协定（简称"十月十五日协定"）。在合作协定的框架下，苏联分期分批派出专家数千人次到中国指导科学技术工作，累计向中国提供科学技术资料8400多项[1]，援助中国进行了156项重点工矿企业和工程的建设。1957年与1958年，苏联在"十月十五日协定"的框架下，向中国提供了几种已停产的导弹、飞机和其他军事装备的实物样品，交付了相应的技术资料，派出部分技术专家，在一定程度上加速了中国国防尖端技术的研发进度。[2]但这种友好合作不久便因中苏关系的恶

[1]　《当代中国的科学技术事业》编辑委员会. 当代中国的科学技术事业. 北京：当代中国出版社，2009：8.
[2]　聂荣臻. 聂荣臻元帅回忆录. 北京：解放军出版社，2005：639.

化而终止了。1960 年 7 月，苏联召回在华全部专家并撕毁有关合作协定，给中国正在进行的两弹、航空和其他领域的科技事业带来了很大的困难。但亦如聂荣臻在自传中所说："事情总是一分为二的，苏联撤走专家，迫使我们更快地在独立自主、自力更生的道路上进入科研攻关新阶段，并取得良好效果，这是我们科研史上一个重大转折点。"[1]

20 世纪 60 年代初，虽然中国通过十二年科技规划的实施初步积累了科研能力和人才资源，但以国防尖端技术为代表的科技事业发展面临着巨大的困难，这不仅来自苏联援助的终止，还有三年困难时期和"大跃进"等政策上的失误。在这种情况下，国内出现了"国防尖端技术发展应该放慢速度"的声音，在以聂荣臻为代表的领导层的坚持下，中央确立了以"坚持攻关"来发展国防尖端技术的思想，对我国 60 年代重大科技项目的实施产生了更为深刻的影响。与 50 年代相比较，"协作攻关"在 60 年代之后更成为重大科技进展的关键词。

二、两个阶段的重大科技协作攻关

我国科技项目的协作攻关在组织等方面的特征是随着时间而有所变化的，从组织机构的顶层设计和保障来看，可将其分为前后两个阶段，第一阶段为 1956—1959 年，该时期重大项目的协作攻关以十二年科技规划为总框架，同时依靠苏联的援助来进行。第二阶段则是在转向完全独立自主的情况下，在"坚持攻关"的思想下，进一步加大了对重大项目协作攻关的顶层设计和组织保障，从而使科技项目的协作攻关更为系统和常态化，这一特征在国防尖端技术领域体现得尤为明显。

（一）第一阶段（1956—1959 年）

1. 顶层设计和组织保障

1956—1959 年，这是十二年科技规划开始实施的最初 4 年。十二年科技规划提出了 57 项全国的、综合性的、长远的科学技术任务，在确定的 57 项任务中又选出了 12 个重点科学问题，即对整个国家生产技术基础有根本性影响的重大和复杂的科学问题。为实现规划目标，科学规划委员会还制定了"四大紧急措施"：①优先发展计算机技术、半导体技术、自动化技术、无线电技术、核技术和喷气技术；②开展同位素应用研究；③建立科学技术情报系统；④建立国家计量基准，开展计量研究工作。此外，国家还部署了两个更重大的项目：原子能和导弹。[2]可以说，这些重大和紧急任务的确定导致了我国这一时期重大科技项目协作攻关。

这一时期，国家科委及其领导地位的确立，以及国防科委的建立，是保障重大项目协作攻关得以实现的最重要的顶层设计。1958 年成立的国家科委，其目的是统一领导全国的科学技术工作。在此之前，为配合国家层面对科学与技术规划发展的领导和管理，

---

① 聂荣臻. 聂荣臻元帅回忆录. 北京：解放军出版社，2005：644.
② 中华人民共和国科学技术部发展计划司. 中华人民共和国科学技术发展规划和计划（1949—2005）. 北京：中华人民共和国科学技术部发展计划司，2005：47-50.

国务院于 1956 年先后成立了科学规划委员会和国家技术委员会，1957 年在十二年科技规划实施之后，国务院确立了科学规划委员会是掌管全国科学事业的方针、政策、计划和重大措施的领导机关，除制定和汇总平衡全国科研工作的长期计划和年度计划外，国家科委的重要职能便是负责监督十二年科技规划的实施，特别是重点任务的实施，并负责各系统间重要的协调工作。1958 年国家技术委员会和国务院科学规划委员会合并成立国家科委，其基本职能亦包括了"制定国家科学技术发展的年度计划和长远计划，作为国民经济计划的一个组成部分，采取有力措施，保证贯彻完成；以及组织、协调全国性重大科学任务并督促检查其执行"①。为统一领导国防科学技术工作，中央还于 1958 年 10 月成立了国防科委，其主要任务是：贯彻中共中央、中央军委关于国防科学技术研究的方针、政策；负责加强对军内、外有关国防科学技术研究工作的组织领导、规划协调、监督检查。可以说，国家科委和国防科委及其领导职能的确立，为十二年科技规划设置的重要任务的完成明确了组织和协调的顶层机构。此后一系列重大科研项目的协作攻关均是在国家科委和国防科委的组织和协调下开展的。

在这样的框架下，重大科技项目于 1956 年开始实施，尤其是在四大紧急措施布局的新兴尖端科技任务的实施上，形成了有组织地进行跨部门的协作攻关。104 机的试制就是在此框架下进行全国性协作攻关的成功尝试。

2. 典型案例：首台大型通用数字电子计算机（104 机）研制的协作攻关

104 机的试制是落实十二年科技规划的四大紧急措施的结果。国务院科学规划委员会于 1956 年出台了四大紧急措施之后，中国科学院专门成立了四个研究单位：计算技术筹备委员会、电子学筹备委员会、半导体筹备委员会、自动化筹备委员会。②1956 年 6 月 19 日，计算技术筹备委员会第一次会议召开，会议落实了以"先集中，后分散"原则来落实十二年科技规划规定的计算机方面的任务，在苏联的协助下，仿制电子计算机。这次会议，由中国科学院、中国人民解放军总参谋部三部、二机部、高等院校的 14 位计算技术专家组成筹备委员会，并将近代物理研究所计算组与数学研究所计算数学组的人员划归计算研究所建制，这标志着中国开始集结人才组建机构来发展自己的电子计算机科学与技术。

1957 年 1 月，在中国科学院的主持下，中国科学院副院长吴有训、中国人民解放军总参谋部总参谋长李克农、二机部副部长刘寅联合签署了《中国科学院、中国人民解放军总参谋部、第二机械工业部合作发展中国计算技术的协议书》（简称三方协议）。协议议定，先从二机部、国防部门抽调有关专家，集结到中国科学院计算技术研究所，争取早日制造出中国第一台快速电子计算机；然后，有关人员再回原单位，建立和发展本单位的计算机研制工作，即"先集中，后分散"。③协议还确立了中国科学院计算技术研究所作为全国的计算技术领导机构的地位，在这一时期计算机科技工作中，计算技术研究所统一策划计算技术研究人员的培养和配备，统一派遣人员赴苏联学习，统一办理国际

---

① 《当代中国的科学技术事业》编辑委员会. 当代中国的科学技术事业. 北京：当代中国出版社，2009：18.

② 路甬祥. 向科学进军：一段不能忘怀的历史. 北京：科学出版社，2009：28-29.

③ 樊洪业. 中国科学院编年史：1949～1999. 上海：上海科技教育出版社，1999：106.

合作、聘请专家、办理资料等事宜，代为研究或协同研究有关计算技术基础性问题等。[①]
三方协议可视为落实四项紧急措施而采取的以超常规办法集结人才发展计算机技术的
重要举措，是为保障以全国性联合攻关来发展首台电子计算机而进行的顶层设计。

根据协议书，中国科学院计算技术研究所先后于 1957 年 11 月和 1958 年 2 月与 738
厂（北京有线电厂）签订了 103 机和 104 机的生产合同。在协议书的框架下，从筹备到
投入试用，仿制苏联 B3CM 计算机的 104 机以联合攻关的集中方式仅历时一年半而取得
成功（图 7-1）。103 机和 104 机的成功仿制，为我国在有限时间和资源下组织联合攻关
积累了成功经验。[②]这一协作攻关案例呈现出如下特点。

图 7-1 中国第一台大型通用数字电子计算机——104 机（1959 年 9 月）
资料来源：中国科学院四十年（1949—1989）（画册）（内部资料）. 北京：中国科学院，1989

一是以十二年科技规划及其"四大紧急措施"所确定的重大任务为导向来实施。

二是将专业研究机构的组建作为集结人才的重要措施，新组建的研究机构也是执行
该领域重大任务的领导机构，实际上也是联合攻关的领导和协调机构。在这一案例中，
中国科学院计算技术研究所的组建与发展，作为落实"四大紧急措施"的结果，成为电
子计算机试制的联合攻关的领导和执行机构。由于十二年科技规划之前，我国在诸多新
兴学科领域的研究主体是缺乏的，因此机构的组建与重大任务的协同攻关往往是同时进
行的，这是 20 世纪 50 年代的一个重要特征。

三是中苏合作是这一时期协同攻关项目的另一特点。比如为研制第一代电子计算
机，中国于 1956—1958 年先后派数十名高中毕业生和研究生到苏联学习或实习，并向
苏联订购了仿制母机的图纸资料，苏联还派出电源、磁元件和计算数学专家来中国协助
工作，可以说第一代电子计算机试制任务是在苏联的帮助下得以完成的，更重要的是，
这一任务中的中苏合作为中国培养了难得的研发人才，这些人均成了参与这一时期和之
后的相关任务的联合攻关的主力。

① 徐祖哲. 溯源中国计算机. 北京：生活・读书・新知三联书店，2015：88.
② 樊洪业. 中国科学院编年史：1949～1999. 上海：上海科技教育出版社，1999：107.

（二）第二阶段（1960—1976 年）

1959 年之后，在"独立自主，自力更生"的方针下，重大科技项目的协作攻关成为更主要的科技创新模式。这一时期是我国国防尖端领域实施重大科技攻关项目的重要时期，为推进新技术（国防尖端技术）科技攻关项目的实施，国家相关部委和中国科学院均加大了推动科技攻关的顶层设计。通过对中国科学院围绕国防尖端领域的科技攻关所采取措施的梳理，可窥见这一时期为发展国防尖端技术而实施的重大协同攻关的制度性建设过程。

1. 顶层设计和体制保障（以中国科学院承担国防尖端科技攻关为例）

由于十二年科技规划制定和实施之后，发展与国防尖端技术相关的新兴学科被放在了重要地位，中国科学院在新兴学科领域的研究力量也发展迅速，并成为承担国防部门的科研任务的一个重要主体。为配合国防尖端技术的协同攻关，中国科学院从 1958 年起便采取了一系列顶层设计和组织建设，尤其是在华苏联专家全部撤走后的 1960—1962 年，中国科学院为开展国防尖端科技而进一步加强了组织管理体制建设，这一制度建设过程大体如下。

为更好地组织和管理院内国防尖端研究，1958 年 9 月中国科学院党组新技术办公室成立，作为院党组抓国防尖端研究的办事机构，由中国科学院计划局副局长谷羽兼任办公室主任。[①]

1959 年初，为实现提前五年完成十二年科技规划的目标，中国科学院党组提出要抓紧"三大重点任务"：一抓尖端科学技术；二抓国民经济重大科学技术问题；三抓基本研究任务。其中，三大抓在尖端科学技术方面，以原子能利用和人造卫星上天的研究为重点，同时发展电子学、半导体、自动控制、计算技术、高温合金、高能燃料、超高压、低温、超真空等一系列新技术。

1959 年，聂荣臻副总理指出新型材料、精密仪器仪表和大型设备是我国发展尖端技术的主要障碍。为打开国防尖端技术的局面，国家科委与国防科委于 1959 年底组织了一个新技术材料小组，成员由国家计委、国家经委、冶金工业部、一机部、化学工业部、建筑工程部、石油工业部、轻工业部、中国科学院各部门的掌管新技术的负责人组成。[②]其目的是安排国防新技术急需的新型材料的研制，安排科研、中试和工业化生产。新材料小组成立后，通过组织各工业部门和科研单位磋商，拟定了研制和生产基地建设方案，提出"新型材料专案"任务。[③]这为与国防尖端技术发展相关的新型材料攻关提供了顶层设计，从实施和结果看，包括高温合金、稀有金属、合成材料等的重要新型材料，均是在这一专案的组织下，通过各方面协同攻关而得以实现的。

为配合"新型材料专案"任务，中国科学院新技术办公室抽调近 1/3 的力量，组织安排各研究所承担研究任务，在全国有组织的攻关中，化学研究所、金属研究所、冶金研究所、应用化学研究所、石油化学研究所等有关研究所得到了迅速发展。

---

① 樊洪业. 中国科学院编年史：1949～1999. 上海：上海科技教育出版社，1999：96.
② 聂荣臻. 聂荣臻元帅回忆录. 北京：解放军出版社，2005：650.
③ 樊洪业. 中国科学院编年史：1949～1999. 上海：上海科技教育出版社，1999：108.

1960 年 7 月，由于中国科学院所承担的国防尖端科技任务的规模不断增大，中国科学院成立新技术局，负责管理全院国防尖端科研任务。[①]其具体任务是：根据国家计委、国家经委、国防科委确定的任务，对国防尖端研究项目初步汇总排队，并对人员、经费基建、器材、工厂等条件提出计划方案，组织院内外协作，并负责对院外有关单位，如国家计委、国家经委、国防科委、国家科委、二机部、国防部五院等进行总的对口联系。[②]为加强保密工作，新技术局对外使用"04 单位"代号。可见，中国科学院新技术局的成立，为中国科学院承担和参与国防尖端科技攻关任务构建了更实质性的管理机构，这是中国科学院 60 年代参与国防尖端科技攻关在组织层面上的制度保障。

1960 年 8 月，在华苏联专家全部撤走，针对这一形势，中国科学院党组在同年 11 月安排 1961 年研究任务时，提出"一保、二补、三探"原则，其中一保即积极配合保证国防部五院和二机部的设计、试制需要，将国家任务放在第一位。到 1961 年底，国防科委提请中国科学院安排的科研项目共 276 项。[③]

1961 年 2 月，04 单位各所实行中国科学院和国防科委双重领导，研究所建制、行政和政治领导属中国科学院，有关国防科学任务和发展规划，由国防科委和中国科学院根据国防科学研究任务统一安排，共同商定。在财政上，1962 年，新技术局作为国家计划的独立户头被列入了国防工业口，但事业费仍归文教口。1964 年，中国科学院提出新技术局归口单位事业费列为文教口不能保证国防科研任务的顺利进行，提出将其事业费列入国防工业口。[④]这是继新技术局成立后，为加强中国科学院与国防方面的协作而进行的组织管理体制建设。

1961 年 5 月，聂荣臻指示"五部、二机部、中国科学院，三家要扭成一股绳，共同完成国防尖端任务"。为落实这一指示，7 月 24 日，国防科委决定成立中国科学院与二机部、中国科学院与国防部五院两个协作小组，加强对协作的领导，充分发挥中国科学院有关研究所的作用，更密切地为"两弹"服务。[⑤]

1962 年 11 月，为加强对国防尖端科技事业的领导，中央决定成立"中央十五人专门委员会"（简称中央专委）。中央专委成立之时专门领导原子弹研制工作，1965 年，中央专委的领导范围增至专管"两弹一星"，中国科学院党组书记张劲夫增补为委员。

1962 年，中国科学院组织科学家分别参加了国家科委和国防科委两个系统的十年规划。12 月，《1963—1972 年全国基础科学和技术发展规划（草案）》基本完成，报送国家科委；翌年 5 月，中国科学院向国防科委报送《04 单位 1963—1972 年十年计划轮廓（草案）》和《04 单位 1964—1972 年三年计划（草案）》，全部规划工作约在 1963 年底完成。[⑥]

对于中国科学院而言，新技术局的设立是这一时期其参与国防尖端科技协作攻关最重要的组织化体制建设，新技术局实行中国科学院和国防科委的双重领导则是为加强协

① 关于增设新技术局的请示报告. 北京：中国科学院办公厅档案馆，1960-01-011-01.
② 樊洪业. 中国科学院编年史：1949～1999. 上海：上海科技教育出版社，1999：116.
③ 樊洪业. 中国科学院编年史：1949～1999. 上海：上海科技教育出版社，1999：117.
④ 中国科学院党组. 关于新技术局口事业费列入国防工业口由. 北京：中国科学院办公厅档案馆，1964-01-078-10.
⑤ 樊洪业. 中国科学院编年史：1949～1999. 上海：上海科技教育出版社，1999：127-128.
⑥ 樊洪业. 中国科学院编年史：1949～1999. 上海：上海科技教育出版社，1999：143.

作的进一步设计，而之后成立的中国科学院与二机部、中国科学院与国防部五院的两个协作小组，是为解决在三方协作过程中出现的问题而进行的临时性的组织设置。在这些顶层设计和组织保障之下，中国科学院在20世纪60年代承担和参与了大量国防尖端科技任务，其中绝大多数均通过与二机部、国防部五院等其他单位之间的协作完成。

2. 该阶段国防尖端领域的重大协作攻关任务：概况与特征

全国性的协作攻关是1959年之后发展国防尖端科技最重要的模式。通过协作攻关，两弹一星、新型材料、大型电子计算机等一系列国防尖端技术领域急需的科技成果得以实现。与前一阶段相比，这一阶段国防尖端领域的重大协作攻关任务有如下特征。

第一，二机部、国防部五院、中国科学院是重大任务的三个最重要的承担和协作主体。一方面，三个部门作为这一时期最重要的科技力量，是"两弹一星"研制任务的三大组织者。其中二机部主要负责和组织这一时期核武器的研制，国防部五院负责和组织导弹研制，1968年之前，中国科学院是人造卫星研制的组织者。另一方面，三个部门通过与其他部门的协作攻关来完成研制任务，而中国科学院作为这一时期不可或缺的科技力量，是最重要的协作主体。这一时期，中国科学院不仅推动和组织了人造卫星的研制，其诸多研究所还承担或参与核武器、导弹研制等方面的任务。尤其是1959—1961年，中国科学院密集承担了来自国防部五院和二机部委托的与导弹和核弹研制相关的重要任务，大都属于关键技术或理论问题的攻关。

例如，在导弹研制方面，受国防部五院的委托，中国科学院长春应用化学所于1959年承担了固体推进剂黏合剂研制项目；1960年，中国科学院长春光学精密机械与物理研究所与产业部门合作承担大型跟踪电影经纬仪试制任务（150工程）；1961年，中国科学院自动化研究所、长春光学精密机械与物理研究所、金属研究所、上海冶金研究所、力学研究所等机构接受并参与了大型热应力试验设备研制任务（151工程），中国科学院半导体研究所承担了硅平面晶体管研制任务；同年5月，中国科学院力学研究所与国防部五院召开协作会议，确定了五大协作任务，即液体火箭发动机燃烧、传热理论与实验研究（101任务），导弹气动力学问题研究（102任务），导弹弹体结构强度研究（103任务），冲压喷气发动机的关键理论问题（104任务），金属薄板典型零件爆炸成型的基本理论研究（105任务）。[1]除了直接来自"两弹一星"研制的关键性任务之外，中国科学院在这一时期的新型材料和计算机技术的发展上发挥着不可或缺的重要作用，虽然这两类任务可能不直接来自二机部或国防部五院，但亦是为解决国防尖端科技所需而设立的。

第二，这一时期的重大科技攻关，在协作的组织和管理体制上较第一时期均有明显加强。这体现在通过顶层机构的设置来实现统一领导，以及管理体制的不断改进上。其目的均是加强各部门之间的协作，保障全国性大协作的有效开展。

在统一领导方面，为强化中央和国务院对国防尖端科技任务的组织职能，1958年10月国防科委成立，1959年4月，国防部第五部和总装备计划部负责常规武器的科研处合并到国防科委，使国防科委成为统一管理国防科技发展工作的专门机构。[2]在国防工业

---

① 樊洪业. 中国科学院编年史：1949～1999. 上海：上海科技教育出版社，1999：104-149.

② 刘戟锋，刘艳琼，谢海燕. 两弹一星工程与大科学. 济南：山东教育出版社，2004：74-75.

生产方面，1959 年 12 月中央军委下设国防工业委员会，对国防工业进行统一指挥。[1]为协调国防工业各部门及其与其他工业部门之间关系，1961 年 11 月成立了国务院国防工业办公室，直接管理二机部、三机部和国防科委、国防工业委员会所属范围工作，向中央书记处和中央军委负责。1963 年，国防工委并入国防工业办公室，实行统一管理。此外，当原子弹研制进入关键时期，1962 年 9 月 11 日二机部制定了《1963、1964 年原子武器工业建设、生产计划大纲》（即"两年规划"）之后，中央直接成立了 15 人的中央专门委员会来进行统一领导。

对于重大任务科技攻关的具体安排和协调，则按任务性质由一个部委或机构来承担，比如原子弹等核武器的研制由 1958 年设立的二机部来安排和管理，导弹则由国防部五院（1965 年之后为七机部）进行，人造卫星的设计和研制最初由中国科学院卫星设计院统一安排和协调，1968 年之后成立更大规模的中国空间技术研究院，由国防科委直接领导，负责领导和协调航天器的研究设计和生产试验。[2]对于在短期内急需出成果的重大协作任务，则往往通过设立攻关指挥部等临时性机构来统一管理和协调。比如，为加速开发合成橡胶材料，解决国防和工业发展中新型橡胶材料的突出供需矛盾，国家科委于 1966 年 1 月会同化学工业部、高等教育部、中国科学院、化学工业部、石油工业部在兰州召开了合成橡胶科学技术会战会议，确定通过全国性攻关会战，开发顺丁、异戊、丁基、乙丙四大新胶种。[3]为统一指挥，兰州会议后成立了合成橡胶会战总指挥部，分别由化学工业部、石油工业部、中国科学院和高等教育部的相关领导组成，统一指挥和管理此次会战。[4]

第三，这一时期重大协作攻关在组织上是一种完全的自上而下的模式。即协作攻关是在中央相关领导机构的直接领导下，分别在二机部（负责核武器）、国防部五院（负责导弹研制）、中国科学院和中国空间技术研究院（负责人造卫星），或者是重大任务的会战指挥中心（如合成材料）等具体机构的安排和协调下，将关键问题分解成若干子课题，委托或部署给相关单位承担，在攻关进程遇到的问题根据需要组织相关单位在攻关任务指挥中心的平台下进行协商和解决。比如，合成材料会战中顺丁橡胶的科技攻关任务确定了七大方面研究工作，并将其分解成 19 个中心问题和 97 个专题项目之后，再将项目进一步分配到每个单位。这种自上而下的任务分配和组织模式，是这一时期全国性协作攻关得以实施的唯一途径。在该模式下，中央政府是任务的决策者，是资源的唯一调配者，是成果的受益者。依靠这种机制，以十二年科技规划和十年科技规划为框架，加上国防尖端科技的重大决策下，中国在"两弹一星"、新型材料、电子计算机等国家建设和国防事业急需的领域争取了时间，独立自主地取得了重大成果。有关成果之详情，在下卷中有所涉及，本节不再赘述。

① 刘戟锋，刘艳琼，谢海燕. 两弹一星工程与大科学. 济南：山东教育出版社，2004：75.
② 刘戟锋，刘艳琼，谢海燕. 两弹一星工程与大科学. 济南：山东教育出版社，2004：93-94.
③ 关于下达"顺丁、乙丙、丁基、异戊四种合成橡胶科学技术会战计划"及"合成橡胶的长远研究计划"的函. 北京：中国科学院办公厅档案馆，1966-03-025-01.
④ 于清溪. 合成橡胶加工使用往事回首与未来前瞻//走向 21 世纪的中国合成橡胶工业——回顾与展望. 兰州：中国合成橡胶工业协会，《合成橡胶工业》编辑部，2001：279.

第八章　中国与苏联的科技交流和合作活动[*]

1949 年中华人民共和国成立之际，面临科学技术整体水平较低，专业人才匮乏，经济几近瘫痪，工业、国防等基础薄弱问题。这些问题得到中共中央的高度重视。由此在世界冷战格局中随着中苏关系的转变与中国"一边倒"的外交方针的推进，中国与苏联展开跨国的科技交流和合作活动。中国不仅选派大量留学生到苏联学习，而且有许多专家到苏联进行科技交流活动。苏联则大规模地派遣专家到中国指导和参加政府教育部门、学校、科研机构，以及工业企业、交通等部门的工作，帮助中国培养大批科技人才，援建了"156 项"工程。1966 年"文化大革命"爆发前的 17 年，中国与苏联的科技交流和合作活动是这段时期中华人民共和国国际科技交流和合作史的重要篇章。

第一节　科技交流和合作活动展开的背景

中华人民共和国成立之前，世界科学技术已得到长足的发展，取得了辉煌的成果[①]，对现代社会和国家发展产生了深刻的影响。第二次世界大战后，世界科学技术发展尤为迅猛。当时在冷战格局中相互对峙的美国和苏联是世界科技发达国家的两个代表。中国经过以返国留学生为主体的科学先驱从事科学教育，进行学术研究，组织学术团体等的努力和活动，现代科学各基础学科已经在本土奠基，有的学科甚至走上世界科学的前沿[②]。然而，中国科学技术整体水平还较低，研究机构较少，专业人才匮乏。至中华人民共和国成立时，全国除大学外，稍具规模的研究机构仅有 40 个左右，专门从事科学研究、试验工作的人员只有 600 多人。而且"很多科学研究的基本设备还没有建立；很多重要的近代技术还没有掌握；绝大部分的仪器、药品的供应还不能自己解决"[③]。

不仅如此，全国满目疮痍，百业萧条，通货膨胀严重，整个经济几近瘫痪。工业、国防等的基础相当薄弱。工业在工农业总产值中只占 10%左右。主要工业产品在中华人民共和国成立前的最高产量，钢只有 92.3 万吨，原煤只有 6188 万吨，电不到 60 亿千瓦时。比较发达的纺织业，棉布最高产量不过 27.9 亿米，加上进口的棉布和农民自纺自织的土布，人均每年消费量才 5 米多一点。而且轻重工业结构畸形，轻工业占全部工业的

---

* 　作者：郭金海。

① 　中国科学院自然科学史研究所近现代科学史研究室. 二十世纪科学技术简史. 北京：科学出版社，1985：28-507.

② 　郭金海. 院士制度在中国的创立与重建. 上海：上海交通大学出版社，2014：27-41.

③ 　中国近代科学概况//中国科学院办公厅. 中国科学院资料汇编（1949—1954）. 北京：中国科学院办公厅，1955：49.

70%多，重工业所占比重不到30%。[①]有色金属矿砂，如钨、锡、锑等大量出口，而国内根本没有有色金属冶炼和加工工业。机械工业主要是一些修理和零件装配工厂。[②]当时中国工业门类也残缺不全，尚未形成完整的基础工业体系。

中华人民共和国成立时，国民政府遗留下来的军工企业共72个，职工5万余人，其中，兵工厂41个，航空修理厂11个，无线电器材修配厂12个，船舶修造厂8个。这些工厂，除少数具有一定规模、设备较好外，大部分规模较小，厂房、设备陈旧。中国共产党在革命战争年代创建和发展了自己的军事工业。抗日战争胜利后，在东北解放区接收了日伪军的一些军工厂，迅速建立了一批军工生产基地和兵工厂、修械所。至1949年，中国共产党共有兵工厂94个，职工9万余人。其中，除少数弹药厂稍具规模外，一般都较小，厂房、设备都很简陋。当时国内的军工企业只能从事旧杂式武器装备的修配和小批量生产，专业门类不全，缺门、空白很多，不具备国防建设必需的飞机、舰艇、坦克、大口径火炮、军事电子等现代化武器装备的研制、生产的条件和能力。[③]

这些问题对中国共产党建立新政权后进行国家建设，巩固政权是巨大的障碍，得到中共中央高度重视。在新中国成立前夕，中国共产党即积极领导创建中国科学院，并制定相应的国家政策。1949年9月29日中国人民政治协商会议第一届全体会议通过的《中国人民政治协商会议共同纲领》便规定："努力发展自然科学，以服务于工业、农业和国防的建设。""关于工业：应以有计划有步骤地恢复和发展重工业为重点，例如矿业、钢铁业、动力工业、机器制造业、电器工业和主要化学工业等，以创立国家工业化的基础。同时，应恢复和增加纺织业及其他有利于国计民生的轻工业的生产，以供应人民日常消费的需要。"[④]不仅如此，1951年10月中共中央政治局扩大会议决定，集中力量建设重工业、国防工业和其他相应的基础工业[⑤]。1952年11月，随着国民经济的恢复和国家财政经济状况的根本好转，中共中央和政务院发出"把基本建设放在一切工作的首位"的号召[⑥]。

中华人民共和国成立前的国际形势是，经过第二次世界大战后几年的演变，以美国为首的资本主义阵营和以苏联为首的社会主义阵营相互对峙，大体形成美苏冷战的国际政治格局[⑦]。而美国支持国民党，中国共产党与美国的关系紧张。到1949年中国共产党即将取得解放战争胜利的时候，原本有意与蒋介石合作的苏联调整了对华方针，开始对中国共产党采取积极的立场，毛泽东愈来愈寻求莫斯科的支持和帮助。[⑧]随之，中苏关

① 《当代中国的基本建设》编辑委员会. 当代中国的基本建设. 上. 北京：当代中国出版社，2009：4-5.
② 国家计划委员会对外经济贸易司，对外经济贸易部技术进出口司，机械电子工业部技术引进信息交流中心. 中华人民共和国技术引进四十年（1950—1990）. 上海：文汇出版社，1992：11.
③ 《当代中国的国防科技事业》编辑委员会. 当代中国的国防科技事业. 上. 北京：当代中国出版社，2009：4-5.
④ 中国人民政治协商会议共同纲领（一九四九年九月二十九日中国人民政治协商会议第一届全体会议通过）//中共中央文献研究室. 建国以来重要文献选编. 第1册. 北京：中央文献出版社，2011：8-9.
⑤ 《当代中国的国防科技事业》编辑委员会. 当代中国的国防科技事业. 上. 北京：当代中国出版社，2009：6.
⑥ 《当代中国的基本建设》编辑委员会. 当代中国的基本建设. 上. 北京：当代中国出版社，2009：19.
⑦ 郑谦主编，庞松著. 中华人民共和国史 1949—1956. 北京：人民出版社，2010：4.
⑧ 沈志华. 苏联专家在中国（1948—1960）. 北京：新华出版社，2009：6-13；沈志华. 序言：中苏关系史研究与俄罗斯档案利用//沈志华. 俄罗斯解密档案选编：中苏关系. 第1卷. 上海：东方出版中心，2014：8.

系发生重要转变。1949 年 1—2 月，斯大林（И. В. Сталин，1879—1953）派遣的特使米高扬专程到西柏坡会见了毛泽东、刘少奇、周恩来、朱德、任弼时等中共中央高层①。6 月 12 日，毛泽东在致斯大林的报告中介绍了新政府的筹建和国内状况。报告提出："为了建立国家的永久国防，需要在经济总计划中考虑列入建立符合国防目的的新军事工业的适当规划。这方面我们希望得到您的专家们的帮助。"②

1949 年 6 月 26 日，刘少奇率领的中共中央代表团秘密到达莫斯科，次日夜里得到斯大林的会见③。斯大林对代表团提出的问题基本都给出了令人满意的回答，包括关于贷款、专家等重要问题。关于贷款问题，斯大林说苏共中央决定向中共中央提供 3 亿美元贷款，按照 1% 的年利率，以设备、机器和各种类型的材料、商品的形式提供给中国，平均每年 6000 万美元，为期 5 年。中国将在贷款完全生效后的 10 年之内清偿贷款。当时苏联向东欧民主国家提供贷款的利率为 2%，提供给中国的贷款则降低了 1 个百分点。关于专家，斯大林说将提供专家，"我们已经准备好在最近按照你们的要求，派出第一批专家"。他还表示："我们准备在国家机构、工业和你们想要学习的所有方面，全面帮助你们。"④6 月 28 日下午，刘少奇和代表团成员高岗、王稼祥联名致电毛泽东，通报会见情况⑤。

接到这封电报后，毛泽东做出在国际上倒向苏联和向苏联学习的重大决策。1949 年 6 月 30 日，他发表《论人民民主专政》一文，明确提出"一边倒"的外交方针，将美国视为"奴役全世界"的帝国主义大国，强调"苏联共产党就是我们的最好的先生，我们必须向他们学习"⑥。在该文中，他还指出"在帝国主义存在的时代，任何国家的真正的人民革命，如果没有国际革命力量在各种不同方式上的援助，要取得自己的胜利是不可能的。胜利了，要巩固，也是不可能的"⑦。10 月 1 日中华人民共和国成立后，国际上第一个承认新中国的是苏联。

嗣后，中苏友好协会总会于 1949 年 10 月 5 日在北京成立。其宗旨是"发展和巩固中苏两国的友好关系，增进中苏两国文化、经济及各方面的联系和合作，介绍苏联政治、经济、文化建设的经验和科学成就，加强中苏两国在争取世界持久和平的共同斗争中的紧密团结"⑧。总会会长刘少奇在成立大会上的讲话中指出：

> 苏联人民建国的经验值得我们中国人民很好地学习。我们中国人民的革命，在过去就是学习苏联，"以俄为师"，所以能够获得今天这样的胜利。在今后我们要建国，同样也必须"以俄为师"，学习苏联人民的建国经验。现在苏联有许多

① 师哲口述，李海文著. 在历史巨人身边——师哲回忆录. 北京：九州出版社，2015：270-281.
② 毛泽东致斯大林报告：新政府筹建与国内状况（1949 年 6 月 12 日）//沈志华. 俄罗斯解密档案选编：中苏关系. 第 2 卷. 上海：东方出版中心，2014：64-69.
③ 沈志华. 苏联专家在中国（1948—1960）. 北京：新华出版社，2009：38.
④ 斯大林与刘少奇会谈纪要：对中国的援助（1949 年 6 月 27 日）//沈志华. 俄罗斯解密档案选编：中苏关系. 第 2 卷. 上海：东方出版中心，2014：71-74.
⑤ 中共中央文献研究室编，金冲及主编. 刘少奇传. 下册. 北京：中央文献出版社，2003：647.
⑥ 论人民民主专政//毛泽东. 毛泽东选集. 第 4 卷. 北京：人民出版社，1991：1471-1473，1481.
⑦ 论人民民主专政//毛泽东. 毛泽东选集. 第 4 卷. 北京：人民出版社，1991：1473-1474.
⑧ 中苏友好协会章程. 人民日报，1949-10-06（1）.

> 世界上所没有的完全新的科学知识，我们只有从苏联才能学到这些科学知识。例如：经济学、银行学、财政学、商业学、教育学等等，在苏联都有完全新的一套理论，为世界其他国家所没有的。至于苏联进步的政治科学与军事科学那就更不待说了。苏联的文化完全是新的文化。吸收苏联新的文化作为我们建设新中国的指针是中国人民目前的迫切任务。因此我们特别需要苏联人民的友谊的帮助与合作。①

这明确了苏联科学的先进性和学习苏联科学的必要性，并将吸收苏联文化上升到国家任务的高度。

1949年12月至1950年1月，毛泽东、周恩来相继到访苏联②。1950年2月14日，中苏两国签订《中华人民共和国苏维埃社会主义共和国联盟友好同盟互助条约》（简称《中苏友好同盟互助条约》）③。从此，中国和苏联缔结同盟，建立友好合作关系。1950年10月抗美援朝战争爆发后，中美关系加剧恶化。中共中央"一边倒"的外交方针失去回旋的余地。

在《中苏友好同盟互助条约》的基础上，中苏两国根据该条约，"为进一步发展和巩固两国间的经济联系，实现广泛的科学技术合作"，又于1954年10月12日在北京签订了有效期为5年的《中华人民共和国和苏维埃社会主义共和国联盟科学技术合作协定》④。这些为苏联援助中国发展科学技术事业和进行工业、国防等的建设创造了良好的外部条件。

不仅如此，1953年中国开始实施"一五"计划，进行大规模建设。而各项建设需要科学技术的支持。2月7日，毛泽东在全国政协一届四次会议闭幕会上作出指示：

> 我们要进行伟大的五年计划建设，工作很艰苦，经验又不够，因此要学习苏联的先进经验。……我们现在学习苏联，广泛地学习他们各个部门的先进经验，请他们的顾问来，派我们的留学生去，应该采取什么态度呢？应该采取真心真意的态度，把他们所有的长处都学来，不但学习马克思列宁主义的理论，而且学习他们先进的科学技术，一切我们用得着的，统统应该虚心地学习。对于那些在这个问题上因不了解而产生抵触情绪的人，应该说服他们。就是说，应该在全国掀起一个学习苏联的高潮，来建设我们的国家。⑤

此指示发布后，全国很多部门、机构积极执行，继已进行的学习苏联活动，掀起全面学习苏联的热潮。

正是主要在上述背景的综合作用下，中华人民共和国成立后与苏联展开跨国的科技

① 中苏友好协会成立大会上刘少奇会长报告全文. 人民日报, 1949-10-08（1）.
② 中共中央文献研究室编，逄先知，金冲及主编. 毛泽东传. 第3册. 北京：中央文献出版社，2012：990-1014.
③ 中苏两国关于中华人民共和国与苏联之间缔结条约与协定的公告（1950年2月14日于莫斯科）//陈夕. 中国共产党与156项工程. 北京：中共党史出版社，2015：83-85.
④ 中华人民共和国外交部. 中华人民共和国条约集. 第3集（1954）. 北京：法律出版社，1958：170-171.
⑤ 在全国政协一届四次会议闭幕会上的讲话//中共中央文献研究室. 毛泽东文集. 第6卷. 北京：人民出版社，1999：263-264.

交流和合作活动。

第二节　中国留苏学生的选派

作为培养高级专门人才的一条重要途径，中国学生留学苏联是新中国成立后与苏联展开的重要科技交流活动之一。1950年，已有我国海军留学生53人在列宁格勒学习，有我国空军留学生30人，青年团留学生22人在莫斯科学习；有东北工业实习团88人分散在苏联库兹涅茨克、顿巴斯及其他各地工厂；另有1949年前留苏的"老留学生"41人[1]。经中央有关部门等选拔，1951年8月中央人民政府派出375名留学生赴苏联学习[2]。这批学生是中央人民政府成立以来首次统一选派的留苏学生。1951年8月13日、19日，他们分批离开北京出国[3]。

当时中央高层和人民政府重视选派留苏学生的工作，对留苏学生寄予厚望。1951年8月11日，周恩来会见了这批留学生，对他们说："国家目前很困难，但下决心送你们出去学习，是为了将来回国参加建设。"[4]这批学生启程前，刘少奇还接见了他们，并说："新民主主义政权是通过无数先烈和老一辈无产阶级革命家打下来的，现在的任务是建设国家，建设国家需要人才。现在国家还相当艰苦，花一大笔钱把你们送出去学习，这是一个投资。你们的任务是回来后建设国家，任重而道远。你们一个人的生活费、学费需要国内17个工农生产的东西供应，要珍惜这个机会。"[5]这批留学生启程前，还举行了欢送会。到会欢送的有各有关部门首长和代表、苏联朋友和学生的亲友。教育部副部长曾昭抡在会上致欢送词，勉励出国学生学好本领，建设祖国。[6]

这375名留学生"大部分是具有长期革命斗争历史的革命知识分子"[7]，其中留苏大学生239人，留苏研究生136人[8]。派出部门包括重工业部、第一机械工业部、轻工业部、燃料工业部、水利部、铁道部、交通部、地质工作委员会、卫生部、中国科学院、教育部、出版总署、外交部，以及政法系统[9]。在派出部门中，中国科学院对选拔留苏学生的工作相当重视。1950年2—7月，中国科学院联络局即确定向苏联选派留学生的原则，拟订《中国科学院派遣研究人员留学计划大纲草案》。原则规定：被派遣者已有研究工作能力的表现，能阅读俄文科学文献；选读科目为国家必需，而苏联有地方、有人可学的[10]。《中国科学院派遣研究人员留学计划大纲草案》对留学目的、国别、名额、

---

① 外交部转送张闻天大使关于留苏学生的报告//李滔. 中华留学教育史录：1949年以后. 北京：高等教育出版社，2000：230.

② 1950—1963年派出留学生人数统计表//李滔. 中华留学教育史录：1949年以后. 北京：高等教育出版社，2000：220；中央人民政府成立以来首次选派的留苏学生已经分批启程赴苏联. 人民日报，1951-08-25（1）.

③ 中央人民政府成立以来首次选派的留苏学生已经分批启程赴苏联. 人民日报，1951-08-25（1）.

④ 金冲及主编，中共中央文献研究室编. 周恩来传. 第3册. 北京：中央文献出版社，2015：1077.

⑤ 郝世昌，李亚晨. 留苏教育史稿. 哈尔滨：黑龙江教育出版社，2001：260.

⑥ 中央人民政府成立以来首次选派的留苏学生已经分批启程赴苏联. 人民日报，1951-08-25（1）.

⑦ 中央人民政府成立以来首次选派的留苏学生已经分批启程赴苏联. 人民日报，1951-08-25（1）.

⑧ 中央教育科学研究所. 中华人民共和国教育大事记（1949—1982）. 北京：教育科学出版社，1984：45.

⑨ 周尚文，李鹏. 一种新的留学模式的开端——新中国首批（1951年）派遣留苏学生的历史考察. 历史教学问题，2007，（6）：13.

⑩ 张藜，等. 中国科学院教育发展史. 北京：科学出版社，2009：10.

科别、期限、资格、办法、费用、成绩均作出规定。按照规定,留学的目的是"学习先进国家的科学技术,以期提高我国科学研究的水准,并促进国家生产建设事业的发展";留学国别暂以苏联为限;名额 10 人;学习科别为米丘林生物学(2 人)、原子核物理学(2 人)、低温物理学(1 人)、反应动力学(1 人)、物理采矿(1 人)、土壤学(1 人)、接触剂化学(1 人)、冶金学(1 人);期限是 1—2 年;资格为各所研究员、副研究员、助理研究员和院外合格人员,至少须有 6 个月学习俄文的经验;办法是"由各有关研究所推荐,呈院审查作最后决定";出国者一切生活、学习费用由中国科学院承担,其家属支该出国者原薪 70%;出国者学习期间,每 3 个月须将学习心得报告中国科学院一次。[1]经人事部、教育部审查、考试,中国科学院最终核定 7 人。他们分别是徐叙瑢(固体发光[2])、陶宏(接触剂化学)、梅镇彤(高级神经生理学)、刘国光(计划经济)、冯康(组合拓扑学)、黄祖洽(理论物理)、谢蕴才(接触剂化学)。其中,谢蕴才为留苏大学生[3],其余 6 人均为留苏研究生。[4]他们所学专业未限于《中国科学院派遣研究人员留学计划大纲草案》的规定,是中国科学院首批留苏生。

这 375 名留学生到苏联所学学科包括理科、工科、农科、医科、文教、政法、财经等,具体情况如表 8-1 所示。

表 8-1 1951 年度留学苏联学生派出部门、学科、人数统计表

派出部门	理科	工科	农科	医科	文教	政法	财经	总计
重工业部	4	52	0	0	0	0	0	56
第一机械工业部	2	23	0	0	0	0	0	25
轻工业部	0	9	0	0	0	0	0	9
燃料工业部	3	46	0	0	0	0	1	50
水利部	2	46	0	0	0	0	0	48
铁道部	0	21	0	0	0	0	3	24
交通部	0	15	0	0	0	0	0	15
地质工作委员会	4	0	0	0	0	0	0	4
卫生部	0	0	0	28	0	0	2	30
中国科学院	6[5]	0	0	0	0[6]	0	1	7
教育部	15	48	9	0	5	0	0	77
出版总署	0	1	0	0	1[7]	0	0	2
政法系统	0	0	0	0	0	12	0	12

---

① 郭沫若向政务院转呈中国科学院拟订的"派遣研究人员留学计划大纲草案"//李滔. 中华留学教育史录:1949 年以后. 北京:高等教育出版社,2000:98-99.

② 括号中内容为该生留苏所学专业,下同。

③ 当时派出的留学生在分类上称大学生、研究生,大学生即指现在的本科生。

④ 张藜,等. 中国科学院教育发展史. 北京:科学出版社,2009:10.

⑤ 该数字在原引文献中误为 5,由笔者改正。

⑥ 该数字在原引文献中误为 1,由笔者改正。

⑦ 该数字在原引文献中误为 4,由笔者改正。

续表

派出部门	理科	工科	农科	医科	文教	政法	财经	总计
外交部	0	0	0	0	3	9	4	16
总计	36	261	9	28	9	21	11	375

资料来源：周尚文，李鹏. 一种新的留学模式的开端——新中国首批（1951 年）派遣留苏学生的历史考察. 历史教学问题，2007，（6）：13.

由表 8-1 可知，教育部派出人数最多，达 77 人，占这批留学生总数的 20.5%；其次相继是重工业部、燃料工业部、水利部、卫生部、第一机械工业部、铁道部、外交部、交通部、政法系统、轻工业部、中国科学院、地质工作委员会、出版总署。所学专业中，学工科的人数最多，达 261 人，占这批留学生总数的 69.6%，这应与当时中共中央重视发展工业密切相关；其次相继是学理科、医科、政法的，分别有 36 人、28 人、21 人，分别占这批留学生总数的 9.60%、7.47%、5.60%；再次相继是学财经、文教、农科的，分别有 11 人、9 人、9 人，仅分别占这批留学生总数的 2.93%、2.40%、2.40%。

这批留学生有不少未学过俄文[①]，"出国后学习非常困难"，"个别政治上有问题的及身体不够健康的学生，须抽调回国，这样在人力、物力上都有很大的浪费，并起了不好的政治影响"。鉴于此，1952 年度中央人民政府派遣赴苏留学生的工作，采取"宁少毋滥"的方针。[②]根据 1952 年 2 月 21 日教育部的指示，1952 年度各高等学校留苏学生和教师的选拔工作，由各大行政区教育部会同人事部根据规定的选拔条件，负责严格审查政治条件，认真检查体格，举行文化业务考试等工作。华北区由教育部会同中央人事部直接办理。在职革命干部和赴苏联实习人员由中央各业务部门另外布置，自选选拔，分区参加统一考试。赴苏留学生经选拔合格后，先在北京俄文专修学校留苏预备部学习 4 个月，主要补习俄文，其次是补习政治课和业务课，暑假后举行出国考试，然后派遣出国。[③]这使选派留苏学生的工作有所改进。

当时教育部指示各高等学校均按照《华北区 1952 年度赴苏留学生选拔办法》选拔合格的赴苏留学生。该办法规定赴苏留苏生须具备 4 个条件：①政治上经过审查，可靠，在学习和工作中一贯表现忠诚、积极、思想进步、品质优良、纪律性强，有钻研精神和培养前途。②文化或业务水平合乎以下两项规定之一。一是关于入苏联高等学校研究部或研究院者，须选拔国内高等学校助教、讲师、教授、副教授和高等学校毕业生曾在研究机构做过一年以上的研究工作或在业务部门工作一年以上，年龄在 35 岁以下者。二是关于入苏联高等学校一年级者，须选拔国内高等学校二年级肄业生或同等程度的干部，年龄在 30 岁以下者。③俄文程度须保证，经补习 4 个月在出国后能直接入学、入厂。④身体健康无传染病，经医师检查合格者。[④]

---

① 涂通今. 追忆留苏岁月. 纵横，2000，（7）：18.

② 教育部关于选拔 1952 年度赴苏留学生的指示//李滔. 中华留学教育史录：1949 年以后. 北京：高等教育出版社，2000：102.

③ 教育部关于选拔 1952 年度赴苏留学生的指示//李滔. 中华留学教育史录：1949 年以后. 北京：高等教育出版社，2000：102-103.

④ 教育部关于选拔 1952 年度赴苏留学生的指示//李滔. 中华留学教育史录：1949 年以后. 北京：高等教育出版社，2000：102-103.

　　这次选拔工作完成后，为克服过去两次选拔留苏学生工作"太仓促"的缺点，保证下届学生能有较长时间（11 个月）学习俄文，教育部拟定 1952 年第二批留苏预备生选拔计划。该计划由教育部副部长钱俊瑞于 1952 年 4 月 15 日呈送陆定一和周恩来。该计划提出，1953 年拟派赴苏留学生 1000 名。由于估计选拔的学生在留苏预备部学习一年后，可能有一部分人被淘汰，计划第二批留苏预备生招收 1100 人。按照计划，这些学生自 1952 年 9 月起在北京俄文专修学校第二部学习 11 个月后，于 1953 年 8 月出国。这批留学生的选拔条件中，政治条件、关于入苏联高等学校研究部或研究院的规定、身体条件，均与上述《华北区 1952 年度赴苏留学生选拔办法》相同。不同之处是，将入苏联高等学校一年级者的规定改为选拔国内高等学校一年级肄业生或同等程度的干部，年龄在 30 岁以下者。这降低了对选拔者在高等学校肄业年级的要求。另外，增加关于入苏联中等技术学校受专业训练者、关于入厂矿或其他业务机关实习者的规定。关于前者，规定选拔具有相当高中程度的技术人员或老干部，在业务上有专长，年龄在 30 岁以下者。关于后者，规定选拔具有相当初中以上程度的老干部，或具有相当文化科学程度，工龄在 3 年以上，年龄在 40 岁以下的技术人员或厂矿管理人员。该计划得到陆定一的同意。周恩来批示请李富春、邓小平再加审核，"如同意，即退交钱俊瑞召开会议审定实施计划"①。

　　1952 年 8 月 9 日，中苏两国在莫斯科签订《（中苏两国政府）关于中华人民共和国公民在苏联高等学校（军事学校除外）学习之协定》。该协定对中国留苏学生的学习条件、办法与生活费、学习费及其清偿办法等做出规定。其中，规定苏联应中华人民共和国中央人民政府的要求，同意接受中华人民共和国公民作为大学生与研究生到苏联各高等学校学习。接受入学的大学生与研究生的名额、应学习的专科，至迟应于学年开始 4 个月以前由教育部与苏联高等教育部协商规定。教育部至迟应于学年开始 2 个月以前将派遣至苏联高等学校学习的中华人民共和国公民名单送交苏联高等教育部。在派遣学习的大学生名单中，应载明其已受过完全的普通中等教育；在研究生名单中，应载明其已受过完全的高等教育，且按其健康状态足以顺利学完高等学校课程。这些已受过完全的中等教育或高等教育的人员，须按苏联高等教育部规定的科目经过入学考试后，始能被接收到苏联高等学校学习。凡由苏联高等学校毕业的人员，均发给按苏联规定形式的毕业文凭，并载明其所获得的专门知识和熟练程度。中华人民共和国公民的大学生和研究生在苏联高等学校学习期间，由苏联政府供给住处，其条件与苏联公民的大学生和研究生相同。②

　　关于中国留苏学生的生活费和学习费，该协定规定包括：大学生津贴，每人每月 500 卢布；研究生津贴，每人每月 700 卢布；教授和教员工资、学费、杂费、宿费，以及因派遣大学生与研究生赴学习地点所需之差费。中央人民政府应向苏联政府偿还这些费用的 50%。清偿需每年两次，前半年需清偿的款项于该年 10 月内清偿，后半年的于翌年

①　关于 1952 年第二批留苏预备生选拔计划的请示及批复//李滔. 中华留学教育史录：1949 年以后. 北京：高等教育出版社，2000：105-106.

②　（中苏两国政府）关于中华人民共和国公民在苏联高等学校（军事学校除外）学习之协定//李滔. 中华留学教育史录：1949 年以后. 北京：高等教育出版社，2000：83-84.

4月内清偿。该协定自 1952 年 9 月 1 日生效。①这些规定对中国学生在苏联的学习和生活条件、所受教育的正规性等提供了制度保障。

除此之外，至迟于 1953 年 2 月 21 日，中苏两国政府同意将该协定的相关条例推广应用到由"中苏石油"和"中苏金属"两中苏合股公司派遣至苏联高等学校、专科中学学习的中国公民。双方商定凡接收至苏联专科中学学习的中国公民，其津贴为每人每月400 卢布。②这为中国学生到苏联学习创造了更为有利的条件。

《（中苏两国政府）关于中华人民共和国公民在苏联高等学校（军事学校除外）学习之协定》签订后，周恩来指示自 1953 年起，每年拟派 1000 名学生前往苏联学习③。随之选派留苏学生的工作更受到中央相关部门的重视，增加了选派的力度，走上相对规范化的道路。1953 年 5 月，教育部、高等教育部、人事部联合发布《关于 1953 年选拔留苏预备生的指示》。该指示说明："为学习苏联先进的科学技术与建设经验，有计划地培养国家建设所需要的高级专门人才，决定本年度由各地依照 1953 年留苏预备生选拔办法选送投考生共 2795 名（内教授、副教授、讲师、助教、研究生 238 名，大学一年级生 1767 名，高中毕业生 790 名），预计从中录取留苏预备生 1700 名（计留苏研究生 180名，留苏大学生 1520 名），另外从中录取 77 名赴东欧各兄弟国家学习。……录取后先入北京俄文专修学校二部学习一年俄文及补习政治课。经政治审查、俄文考试、身体检查均合格者，于明年 8 月出国学习（留苏研究生学习期间为三年，大学生为五年）。"该指示指出"选派留苏学生是直接向苏联学习，培养高级专门人才的最有效的方法，对祖国建设有着极其重大的作用"，要求"各有关部门、机关、学校的负责同志应视此工作为重大的政治任务，认真按照选拔办法的规定，亲自领导，严格审查，保证做好选拔工作"。该指示还强调"今年各部门选拔留苏预备生应公开将选拔条件、标准、办法等交代清楚，领导者必须切实掌握，严肃、认真地进行"④。

同时，教育部、高等教育部、人事部提出《1953 年留苏预备生选拔办法》。这是新中国首个全国统一的留苏预备生选拔办法。该办法规定了"选拔条件""审查程序""报考生报到及身体检查的程序"，以及"统一考试的办法"。其中，"选拔条件"包括政治条件、学历条件、身体条件、年龄条件。政治条件要求"历史清楚、政治上可靠、思想进步者"，"学习、工作积极努力，品质优良，有培养前途且自愿赴苏联学习者"。学历条件包括三种情况：①由机关选送的干部，报考研究生者须有大学毕业的程度，并从事研究工作或实际参加与其所学有关的工作一年以上，成绩优良，确有前途者；报考大学生者，须高中毕业（包括曾自修高中课程，确有相当高中毕业文化程度者），或大学一、二年级肄业者。②由高等学校选送者，报考研究生者限于教授、副教授、助教和成绩优

① （中苏两国政府）关于中华人民共和国公民在苏联高等学校（军事学校除外）学习之协定//李滔. 中华留学教育史录：1949 年以后. 北京：高等教育出版社，2000：84.
② 关于中国公民在苏联高等学校学习之协定推广到"中苏石油"及"中苏金属"两合股公司事//李滔. 中华留学教育史录：1949 年以后. 北京：高等教育出版社，2000：84-85.
③ 关于选拔 1100 名留苏预备生事给小平、少奇同志的请示及批复//李滔. 中华留学教育史录：1949 年以后. 北京：高等教育出版社，2000：109.
④ 教育部、高等教育部、人事部关于 1953 年选拔留苏预备生的指示//李滔. 中华留学教育史录：1949 年以后. 北京：高等教育出版社，2000：113-114.

良的研究生；报考大学生者，限于同等学校（包括专修科）一年级学生。③由高中毕业生选送者，限于指定的高级中学，由应届毕业生中选拔成绩最优良者。身体条件是经指定的卫生机关检查合于健康。年龄条件要求选送报考研究生者一般限于 35 岁以下，报考大学生者限于 17 岁以上 25 岁以下，均按周岁计算。①

"统一考试的办法"规定了考试时间和地点、考试科目、考试标准、关于考试的组织工作。按照规定，报考研究生、大学生者必考相同的国文试题，要求说理清楚，文辞通顺。报考研究生者必考马列主义基础，选考科目另定。报考大学生者必考政治，选考科目分五类：①文教类，包括中外历史、中外地理、政治经济学、俄文，任选其二，但学俄罗斯语文者，俄文为必考科目；②政法类，包括政治经济学、中外历史、中外地理，任选其二；③财经类，包括政治经济学、数学、中外历史、中外地理，数学为必考科目（大代数、几何、三角），其他三科任选其一；④理工类，包括微积分、物理、化学、地质，微积分为必考科目，其他三科任选其一；⑤农医类，包括数学（大代数、几何、三角）、物理、化学、生物，任选其二。报考"大学生"者的学科考试，以大学一年级课程程度为标准，但高中毕业的机关干部和高中学校应届毕业生报考"大学生"者，均以高中毕业课程为考试标准。②这表明办法制定者考虑到高中毕业的机关干部、高中应届毕业生，与其他高中毕业生和大学一、二年级肄业者知识掌握程度的差异。

1953 年或稍后，高等教育部根据《1953 年留苏预备生选拔办法》的规定，组织成立留学苏联预备生学科考试委员会。该委员会由高等教育部副部长曾昭抡任主任委员；设政治财经组、理工科组、农医组、政法文教组，由 31 位国内相关领域学术领军人物或专家出任委员。其中，政治财经组委员有北京师范大学副校长何锡麟，中国人民大学教授何干之、教务部主任李新、政治经济学教研室主任宋涛、经济地理教研室主任孙敬之，共 5 人。理工科组委员有北京工业学院院长曾毅，清华大学教务长钱伟长、土木系主任张维，北京钢铁学院教务长魏寿昆，北京地质学院副院长尹赞勋，中国矿业学院教务长何杰，中国科学院数学研究所所长华罗庚，中国科学院近代物理所研究员赵忠尧，北京大学教务长周培源、化学系主任孙承谔、数学力学系主任段学复、生物系主任张景钺，共 12 人。农医组委员有北京农业大学校长孙晓屯、总务长熊大仕、教授孙渠，北京林业学院院长李相符，中央卫生部副部长王斌、教育处处长魏一齐，北京协和医学院院长李宗恩，北京医学院院长胡传揆，共 8 人。政法文教组委员有北京政法学院院长钱端升，中国人民大学法律系主任何恩敬，北京大学中国语言文学系主任杨晦，北京大学历史系主任翦伯赞，北京俄文专修学校副校长张锡传，北京师范大学教务长丁浩川，共 6 人。③该委员会的职责包括根据选拔办法规定的考试科目，确定考试标准；确定研究生的考试科目；推选命题人员和评卷人员并审查考试题目；组织与检查评卷工作；根据考试标准，确定合格

① 教育部、高等教育部、人事部关于 1953 年选拔留苏预备生的指示//李滔. 中华留学教育史录：1949 年以后. 北京：高等教育出版社，2000：115-118.
② 教育部、高等教育部、人事部关于 1953 年选拔留苏预备生的指示//李滔. 中华留学教育史录：1949 年以后. 北京：高等教育出版社，2000：116-117.
③ 高等教育部留学苏联预备生学科考试委员会委员名单//李滔. 中华留学教育史录：1949 年以后. 北京：高等教育出版社，2000：119-120.

与否①。

自 1953 年起或至迟于 1954 年，中央人民政府派遣赴苏留学生的工作方针，由"宁少毋滥"改为"严格审查，争取多派"。对于留苏学生在苏联的专业，采取"以工业为重点并兼顾全面需要"的派遣方针。②该方针的优点是"全面派遣门门都有"，"满足了各部门的需要"，但也存在"未能充分满足国家急需并造成严重浪费"的问题③。同时，存在派遣高中毕业生赴苏联大学学习，"效果并不甚好"④，留苏研究生"数量偏多，质量较差"等问题⑤。而关于向苏联、"各人民民主国家"等选派留学生事宜，1955 年中央指示应"争取多派研究生，少派或不派高中毕业生"⑥。在这种情况下，1957 年高等教育部决定对国内不能培养的重要缺门专业，尽量采取改变在苏联学习的大学生所学专业的办法解决，不再派高中毕业生出国⑦，提高留苏研究生学习质量⑧。由此开始缩小选派留苏学生的规模。

除选派留苏大学生、研究生外，为迅速培养国内高校迫切需要的师资，提高教学质量与科研水平，高等教育部自 1955 年选拔高校教师赴苏联进行短期专业研究。当时亦称之为短期进修。⑨按照 1955 年的规定，人选年龄不限，但需政治可靠，思想进步，表现较好；工作、学习积极努力，自愿赴苏联进修；在学术方面是有相当造诣的教授、副教授或讲师；俄文程度达到可阅读专业书籍、听讲和提出问题；身体健康，能完成学习任务。被选派者在苏联一般进修半年至 1 年，最多不超过 2 年，进修课程以 1 门课程为限，返国后仍回原校工作。其进修期间，原校发给原工资 70% 作为家属生活费用，学习生活费由高等教育部发给，标准与留苏研究生相同。⑩选派工作自 1955 年一直持续到 1965 年⑪。这种短期进修拓宽了留苏教育的方式，对提高进修教师的教学和科研水平起

① 高等教育部留学苏联预备生学科考试委员会委员简则（草案）//李滔. 中华留学教育史录：1949 年以后. 北京：高等教育出版社，2000：118.
② 高等教育部关于 1954 年赴苏留学的计划及选拔工作报告及政务院的批复//李滔. 中华留学教育史录：1949 年以后. 北京：高等教育出版社，2000：124-125.
③ 李富春对派留苏学生的几点建议//李滔. 中华留学教育史录：1949 年以后. 北京：高等教育出版社，2000：124-125.
④ 国务院关于变动 1957 年派遣留苏研究生、大学生计划问题的批复//李滔. 中华留学教育史录：1949 年以后. 北京：高等教育出版社，2000：149.
⑤ 国务院关于变动 1957 年派遣留苏研究生、大学生计划问题的批复//李滔. 中华留学教育史录：1949 年以后. 北京：高等教育出版社，2000：149.
⑥ 高等教育部对改进留学研究生派遣工作的报告//李滔. 中华留学教育史录：1949 年以后. 北京：高等教育出版社，2000：150.
⑦ 1960 年恢复了从高中毕业生中选拔留苏预备生。参见高等教育部对改进留学研究生派遣工作的报告//李滔. 中华留学教育史录：1949 年以后. 北京：高等教育出版社，2000：150-151；教育部关于 1960 年从高中毕业生中选拔留苏预备生的通知//李滔. 中华留学教育史录：1949 年以后. 北京：高等教育出版社，2000：167.
⑧ 国务院关于变动 1957 年派遣留苏研究生、大学生计划问题的批复//李滔. 中华留学教育史录：1949 年以后. 北京：高等教育出版社，2000：149-150.
⑨ 高等教育部关于 1955 年度选拔高等学校教师赴苏联进行短期专业研究的通知//李滔. 中华留学教育史录：1949 年以后. 北京：高等教育出版社，2000：135.
⑩ 高等教育部关于 1955 年度选拔高等学校教师赴苏联进行短期专业研究的通知//李滔. 中华留学教育史录：1949 年以后. 北京：高等教育出版社，2000：135-137.
⑪ 1950—1963 年派出留学生人数统计表//李滔. 中华留学教育史录：1949 年以后. 北京：高等教育出版社，2000：221-223；1965 年派出留学生人数统计表//李滔. 中华留学教育史录：1949 年以后. 北京：高等教育出版社，2000：225.

到了积极的作用。

据统计，1952 年中央人民政府派出留苏学生共 220 人，其中大学生 209 人，研究生 11 人。派出人数较 1951 年所派 375 人，少 155 人。自 1953 年起，派出留苏学生人数显著上升。1953 年共派出 583 人，其中大学生 523 人，研究生 60 人；1954 年共派出 1375 人，其中大学生 1226 人，研究生 149 人；1955 年共派出 1932 人，其中大学生 1660 人，研究生 239 人，进修教师 33 人。[①]1956 年又派出 2085 人，其中大学生 1343 人，研究生 619 人，进修教师 123 人[②]。1951—1956 年，中央人民政府共派出留苏学生达 6570 人[③]。在中苏关系已出现裂痕，国内忙于反右运动、"大跃进"等运动的形势下，1957—1959 年，中央人民政府派出留苏学生人数骤减，1957 年派出 483 人，1958 年派出 378 人，1959 年派出 460 人[④]。1960 年中苏关系恶化后，派出人数又陡降。1961 年派出 71 人，1962 年派出 35 人，1963 年派出 20 人[⑤]；1964 年仅派出 3 人，均为研究生[⑥]。1965 年派出人数增加较多，但也仅有 54 人[⑦]。1951—1965 年，中央人民政府总计派出留苏学生 8414 人[⑧]。据苏方的统计，1951—1965 年，在苏联学习的中国人员中有 11 000 名各类留学生[⑨]。"文化大革命"期间，中央人民政府选派留苏学生的工作中断。

这一时期被选派的留苏学生在苏联大都受到高水平的专业训练，学到各自专业的先进知识。留苏的教育培养了其中大多数人的科研能力。他们完成学业或肄业后基本都返国参加国家建设工作，一大批人成为杰出科学家。当然，他们成为杰出科学家不一定都主要与留苏时期受到的教育有关。其中有一部分人在留苏之前，就已受到良好的专业训练或已具备了较强的研究能力。如涂光炽 1951 年赴苏联莫斯科大学学习前，已于 1949 年获美国明尼苏达州立大学博士学位[⑩]；黄祖洽 1951 年赴苏联科学院列别捷夫物理研究所学习前，已在清华大学物理系研究生毕业，并根据其硕士论文于 1951 年 4 月在《中国物理学报》发表论文《关于氟化氢分子的一个计算》[⑪]。

---

① 1950—1963 年派出留学生人数统计表//李滔. 中华留学教育史录：1949 年以后. 北京：高等教育出版社，2000：220-221.
② 1950—1963 年派出留学生人数统计表//李滔. 中华留学教育史录：1949 年以后. 北京：高等教育出版社，2000：221.
③ 1950—1963 年派出留学生人数统计表//李滔. 中华留学教育史录：1949 年以后. 北京：高等教育出版社，2000：220-221.
④ 1950—1963 年派出留学生人数统计表//李滔. 中华留学教育史录：1949 年以后. 北京：高等教育出版社，2000：222.
⑤ 1950—1963 年派出留学生人数统计表//李滔. 中华留学教育史录：1949 年以后. 北京：高等教育出版社，2000：223.
⑥ 1964 年派出留学生人数统计表//李滔. 中华留学教育史录：1949 年以后. 北京：高等教育出版社，2000：224.
⑦ 1965 年派出留学生人数统计表//李滔. 中华留学教育史录：1949 年以后. 北京：高等教育出版社，2000：225.
⑧ 1950—1963 年派出留学生人数统计表//李滔. 中华留学教育史录：1949 年以后. 北京：高等教育出版社，2000：220-223；1964 年派出留学生人数统计表//李滔. 中华留学教育史录：1949 年以后. 北京：高等教育出版社，2000：224；1965 年派出留学生人数统计表//李滔. 中华留学教育史录：1949 年以后. 北京：高等教育出版社，2000：225.
⑨ 章开沅，余子侠. 中国人留学史. 下册. 北京：社会科学文献出版社，2013：548.
⑩ 赵振华，乔玉楼. 涂光炽//中国科学技术协会. 中国科学技术专家传略. 理学编·地学卷 2. 北京：中国科学技术出版社，2000：489.
⑪ 黄祖洽. 关于氟化氢分子的一个计算. 中国物理学报，1951，8（1）：57-63.

　　1951—1965 年，我国留苏学生后来有 200 余人当选中国科学院院士或中国工程院院士。1951—1955 年赴苏联留学的中国学生有 4485 人，约占这 15 年我国留苏学生的一半，有 82 人后来当选中国科学院院士或中国工程院院士，其中 41 人当选中国科学院院士（1994 年前称学部委员）、43 人当选中国工程院院士[①]，如表 8-2 所示。

表 8-2　1951—1955 年中国赴苏联留学生当选中国科学院院士、中国工程院院士一览表

序号	姓名	生卒年	专业	当选年份	院士名称	留学年份	所获学位	留学学校、机构
1	丁国瑜	1931—	地质学	1980	中国科学院院士	1955—1959	副博士	莫斯科地质勘探学院
2	冯康	1920—1993	数学	1980	中国科学院院士	1951—1953	—	苏联科学院斯捷克洛夫数学研究所
3	高景德	1922—1996	电机工程	1980	中国科学院院士	1951—1956	博士	列宁格勒加里宁工学院
4	管惟炎	1928—2003	物理	1980	中国科学院院士	1953—1960	—	列宁格勒大学、第比利斯大学、莫斯科大学物理系，苏联科学院物理问题研究所
5	郝柏林	1934—2018	理论物理	1980	中国科学院院士	1954—1959、1961—1963	—	哈尔科夫工程经济学院、哈尔科夫大学物理数学系、莫斯科大学和苏联科学院物理问题研究所
6	黄祖洽	1924—2014	理论物理、核物理	1980	中国科学院院士	1951—1952	—	苏联科学院列别捷夫物理研究所
7	涂光炽	1920—2007	矿床学、地球化学	1980	中国科学院院士	1951—1954	副博士	莫斯科大学地质系
8	徐叙瑢	1922—2022	发光学	1980	中国科学院院士	1951—1955	副博士	苏联科学院列别捷夫物理研究所
9	张宗祜	1926—2014	水文地质、工程地质	1980、1994	中国科学院院士、中国工程院院士	1951—1955	副博士	莫斯科地质勘探学院
10	黄克智	1927—2022	力学	1991	中国科学院院士	1955—1958	—	莫斯科大学数学力学系
11	黄胜年	1932—2009	核物理	1991	中国科学院院士	1952—1955	—	列宁格勒大学物理系
12	李志坚	1928—2011	微电子技术	1991	中国科学院院士	1953—1958	副博士	列宁格勒大学物理系
13	马在田	1930—2011	地球物理	1991	中国科学院院士	1952—1957	学士[②]	列宁格勒矿业学院地球物理系
14	欧阳予	1927—	核反应堆、核电工程	1991	中国科学院院士	1953—1957	博士	莫斯科动力学院
15	宋健	1931—	控制论	1991、1994	中国科学院院士、中国工程院院士	1953—1960	副博士	莫斯科包曼高等工学院、莫斯科大学数学力学系

---

① 张宗祜和宋健既当选中国科学院院士，又当选中国工程院院士。

② 此处列"学士"学位，依据中国科学院学部联合办公室主编《1991 中国科学院学部委员》所刊马在田简历。但据笔者所知当时苏联不授学士学位，故存疑。参见中国科学院学部联合办公室. 1991 中国科学院学部委员. 杭州：浙江科学技术出版社，1993：215.

续表

序号	姓名	生卒年	专业	当选年份	院士名称	留学年份	所获学位	留学学校、机构
16	孙家栋	1929—	弹道导弹和人造卫星总体技术	1991	中国科学院院士	1951—1958	—	莫斯科茹可夫斯基军事航空工程学院
17	汪品先	1936—	海洋地质学	1991	中国科学院院士	1955—1960	—	莫斯科大学地质系
18	王梓坤	1929—	数学	1991	中国科学院院士	1955—1958	副博士	莫斯科大学数学力学系
19	严陆光	1935—	电工学	1991	中国科学院院士	1954—1959	—	莫斯科动力学院
20	俞汝勤	1935—	分析化学	1991	中国科学院院士	1953—1959	—	列宁格勒矿业学院、列宁格勒大学化学系
21	翟中和	1930—	细胞生物学	1991	中国科学院院士	1951—1956、1959—1961	—	列宁格勒大学生物学系、苏联科学院生物物理研究所
22	张弥曼	1936—	古脊椎动物学	1991	中国科学院院士	1955—1960	—	莫斯科大学地质系
23	周尧和	1927—2018	铸造学	1991	中国科学院院士	1953—1957	副博士	莫斯科钢铁学院冶金系
24	周毓麟	1923—2021	数学	1991	中国科学院院士	1954—1957	副博士	莫斯科大学数学力学系
25	邹世昌	1931—	材料科学	1991	中国科学院院士	1954—1958	副博士	莫斯科有色金属学院
26	陈翰馥	1937—	自动控制理论	1993	中国科学院院士	1955—1961	—	列宁格勒水运学院工程经济系、列宁格勒大学数学力学系
27	程庆国	1927—1999	桥梁和铁道工程	1993	中国科学院院士	1951—1956	副博士	列宁格勒铁道学院
28	郝水	1926—2010	细胞生物学	1993	中国科学院院士	1955—1959	副博士	列宁格勒大学生物系
29	李方华	1932—2020	物理学	1993	中国科学院院士	1952—1956	—	列宁格勒大学物理系
30	孙儒泳	1927—2020	生态学	1993	中国科学院院士	1954—1958	副博士	莫斯科大学生物土壤系
31	赵鹏大	1931—	数学地质、矿产普查勘探	1993	中国科学院院士	1954—1958	副博士	莫斯科地质勘探学院
32	冯纯伯	1928—2010	自动控制学	1995	中国科学院院士	1955—1958	副博士	列宁格勒工业大学电机系
33	郭尚平	1930—	流体力学、生物力学、油田开发	1995	中国科学院院士	1953—1957	副博士	莫斯科石油学院
34	朱森元	1930—	液体火箭发动机	1995	中国科学院院士	1953—1960	副博士	莫斯科汽车机械工程学院、莫斯科包曼高等工学院
35	庞雄飞	1930—2004	昆虫学	1997	中国科学院院士	1955—1959	副博士	莫斯科季米里亚捷夫农学院
36	王育竹	1932—	量子光学	1997	中国科学院院士	1956—1960	副博士	苏联科学院无线电技术与电子学研究所
37	袁承业	1924—2018	有机化学	1997	中国科学院院士	1951—1955	副博士	莫斯科全苏药物化学研究所

续表

序号	姓名	生卒年	专业	当选年份	院士名称	留学年份	所获学位	留学学校、机构
38	姚守拙	1936—	分析化学	1999	中国科学院院士	1954—1959	—	列宁格勒大学化学系
39	陈文新	1926—2021	土壤微生物学	2001	中国科学院院士	1954—1958	副博士	莫斯科季米里亚捷夫农学院
40	吴养洁	1928—	有机化学	2003	中国科学院院士	1954—1958	副博士	莫斯科大学化学系
41	邱占祥	1936—	古生物学	2005	中国科学院院士	1955—1960	—	莫斯科大学地质系
42	胡启恒	1934—	自动控制、信息科学	1994	中国工程院院士	1953—1963	副博士	莫斯科化工机械学院
43	梁应辰	1928—2016	水道和港口工程	1994	中国工程院院士	1954—1958	—	敖德萨海运工程学院
44	刘更另	1929—2010	土壤肥料和植物营养	1994	中国工程院院士	1955—1959	副博士	莫斯科季米里亚捷夫农学院
45	彭士禄	1925—2021	核动力	1994	中国工程院院士	1951—1958	—	喀山化工学院、莫斯科化工机械学院、莫斯科动力学院
46	戚元靖	1929—1994	钢铁冶金、建筑工程	1994	中国工程院院士	1951—1956	—	列宁格勒建筑工程学院
47	钱皋韵	1927—	原子能科学技术、同位素分离	1994	中国工程院院士	1953—1955	—	莫斯科大学
48	朱高峰	1935—	邮电通信技术与管理	1994	中国工程院院士	1953—1958	—	列宁格勒电信工程学院
49	邹竞	1936—2022	感光材料	1994	中国工程院院士	1955—1960	—	列宁格勒电影工程学院
50	陈厚群	1932—	水工结构	1995	中国工程院院士	1952—1958	—	莫斯科动力学院水电系
51	冯叔瑜	1924—	工程爆破	1995	中国工程院院士	1951—1955	副博士	列宁格勒铁道运输工程学院
52	葛修润	1934—2023	岩土力学、岩土工程	1995	中国工程院院士	1954—1959	—	敖德萨建筑工程学院水利系
53	黄熙龄	1927—2021	岩土工程	1995	中国工程院院士	1955—1959	副博士	莫斯科建筑工程学院
54	李东英	1920—2020	稀有金属、冶金、材料	1995	中国工程院院士	1951—1953；1956—1958	—	乌拉尔、列宁格勒的选矿设计研究院和工厂；苏联有色金属研究院、稀有金属研究院
55	林永年	1932—	信息处理技术	1995	中国工程院院士	1954—1960	—	莫斯科大学数学力学系
56	毛炳权	1933—	高分子化学工业	1995	中国工程院院士	1954—1959	—	莫斯科门捷列夫化工学院
57	梅自强	1929—2010	纺织工程	1995	中国工程院院士	1954—1958	副博士	莫斯科纺织学院
58	阮可强	1932—2017	反应堆物理、核安全	1995	中国工程院院士	1951—1958	—	莫斯科动力学院
59	沙庆林	1930—2020	公路工程	1995	中国工程院院士	1954—1957	副博士	莫斯科公路学院

续表

序号	姓名	生卒年	专业	当选年份	院士名称	留学年份	所获学位	留学学校、机构
60	沈国舫	1933—	林学	1995	中国工程院院士	1951—1956	—	列宁格勒林学院
61	孙敬良	1930—2022	液体火箭发动机、运载火箭设计	1995	中国工程院院士	1951—1958	—	莫斯科茹可夫斯基军事航空工程学院
62	谢鉴衡	1925—2011	河流泥沙工程	1995	中国工程院院士	1951—1955	副博士	苏联科学院水利科学研究所
63	张炳炎	1934—2012	舰船工程	1995	中国工程院院士	1955—1960	—	列宁格勒造船学院
64	张贵田	1931—	液体火箭发动机	1995	中国工程院院士	1955—1961	—	莫斯科航空学院
65	陈毓川	1934—	矿床地质	1997	中国工程院院士	1953—1959	—	乌克兰顿涅茨理工大学地质勘查系
66	胡见义	1934—	石油天然气地质与勘探	1997	中国工程院院士	1954—1959	—	莫斯科石油学院地质系
67	金涌	1935—	化学工程	1997	中国工程院院士	1954—1959	—	乌拉尔工学院
68	林华宝	1931—2003	空间返回技术	1997	中国工程院院士	1952—1956	—	列宁格勒建筑工程学院
69	沈渔邨	1924—	精神病学	1997	中国工程院院士	1951—1955	副博士	苏联莫斯科第一医学院
70	童铠	1931—2005	卫星导航测控与卫星应用	1997	中国工程院院士	1955—1959	副博士	列宁格勒电信工程学院
71	姚绍福	1932—2001	飞航导弹武器系统总体设计	1997	中国工程院院士	1954—1959	—	莫斯科动力学院
72	张蔚榛	1923—2012	农田水利与地下水	1997	中国工程院院士	1951—1955	副博士	苏联科学院水利问题研究部
73	董玉琛	1926—2011	作物种质资源	1999	中国工程院院士	1954—1959	副博士	哈尔科夫农学院
74	刘大钧	1926—2016	作物遗传育种	1999	中国工程院院士	1955—1959	副博士	莫斯科季米里亚捷夫农学院
75	刘广润	1929—2007	工程地质	1999	中国工程院院士	1955—1957	—	苏联水电科学院
76	倪维斗	1932—	动力机械工程	1999	中国工程院院士	1951—1957、1960—1962	副博士	莫斯科包曼高等工学院、列宁格勒加里宁工学院
77	施仲衡	1931—	城市轨道交通	1999	中国工程院院士	1955—1959	副博士	莫斯科铁道运输工程学院
78	闻立时	1936—2010	复合材料	1999	中国工程院院士	1954—1960	—	莫斯科钢铁学院
79	武胜	1934—2023	核材料与工艺	1999	中国工程院院士	1955—1960	—	莫斯科有色金属学院
80	曾苏民	1932—2015	金属压力加工	1999	中国工程院院士	1953—1955	—	乌拉尔卡明斯克铝加工厂
81	李京文	1932—2021	经济学与管理学	2001	中国工程院院士	1953—1958	—	普列哈诺夫国民经济学院、莫斯科国立经济院

续表

序号	姓名	生卒年	专业	当选年份	院士名称	留学年份	所获学位	留学学校、机构
82	于本水	1934—	宇航科学与技术	2001	中国工程院院士	1955—1960	—	莫斯科航空学院

资料来源：周尚文，李鹏，郝宇青. 新中国初期"留苏潮"实录与思考. 上海：华东师范大学出版社，2012：230-238；中国科学院学部联合办公室. 1991 中国科学院学部委员. 杭州：浙江科学技术出版社，1993：67，119，215，255，335，393；中国科学院学部联合办公室. 1993 中国科学院院士、1994 中国科学院外籍院士. 杭州：浙江科学技术出版社，1998：90，102，196，225；中国科学院院士工作局. 科学的道路. 上卷. 上海：上海教育出版社，2005：476，940；中国科学院院士工作局. 科学的道路. 下卷. 上海：上海教育出版社，2005：1236；中国科学院学部联合办公室. 中国科学院院士画册（1993 年至 1999 年）. 上海：上海教育出版社，2001：18，106，186；中国科学院院士工作局. 中国科学院院士画册. 济南：山东教育出版社，2006：126；中国工程院首届院士大会文件集刊. 北京：中国工程院，1995：54-63；中国工程院学部工作部. 中国工程院院士自述. 上海：上海教育出版社，1998：70-71，157-158，222，296-297，316，449，453，537，572，582，589，624-625，627，630-631，677-678，706-707，757；《中国工程院院士》编委会. 中国工程院院士. 第 1 册. 北京：高等教育出版社，2000：248；黄祖洽先生回首人生//刘川生. 讲述：北京师范大学大师名家口述史. 北京：光明日报出版社，2012：355，400-405；方惠坚. 高景德纪念文集. 北京：清华大学出版社，1999：3；《科学家传记大辞典》编辑组. 中国现代科学家传记. 第 1 集. 北京：科学出版社，1991：900-901；《科学家传记大辞典》编辑组. 中国现代科学家传记. 第 4 集. 北京：科学出版社，1993：162；《科学家传记大辞典》编辑组. 中国现代科学家传记. 第 6 集. 北京：科学出版社，1994：183，477；中国科学技术协会. 中国科学技术专家传略. 理学编·地学卷 2. 北京：中国科学技术出版社，2000：489；中国科学技术协会. 中国科学技术专家传略. 理学编·地学卷 3. 北京：中国科学技术出版社，2004：578-579；中国科学技术协会. 中国科学技术专家传略. 理学编·物理学卷 2. 北京：中国科学技术出版社，2000：502；中国科学技术协会. 中国科学技术专家传略. 理学编·物理学卷 3. 北京：中国科学技术出版社，2006：323，345-349，366；中国科学技术协会. 中国科学技术专家传略. 理学编·数学卷 2. 北京：中国科学技术出版社，2005：131-132，298-299；中国科学技术协会. 中国科学技术专家传略. 工程技术编·航空卷 2. 北京：航空工业出版社，2002：325-326；中国科学技术协会. 中国科学技术专家传略. 工程技术编·航天卷 2. 北京：宇航出版社，2002：446，519；中国科学技术协会. 中国科学技术专家传略. 工程技术编·自动化仪器仪表系统工程光学工程卷 1. 北京：机械工业出版社，1997：336；程德民. 中国现代科学家传. 第 3 卷. 南京：江苏教育出版社，1998：471；《百年同济 百名院士》编委会. 百年同济 百名院士. 上海：同济大学出版社，2007：112；吴启迪. 中国工程师史. 上海：同济大学出版社，2017：324；欧阳予. 母校与我的事业. 武汉大学百年校庆办公室. 百年树人 百年辉煌：武汉大学百年校庆记盛. 武汉：武汉大学出版社，1994：269；俞建伟. 严加光传. 宁波：宁波出版社，2005：49-65；中外名人研究中心. 中华文化名人录. 北京：中国青年出版社，1993：551；940；张弥曼. 我的古鱼类"姻缘"//高星，陈平富，张翼，等. 探幽考古的岁月：中科院古脊椎所 80 周年所庆纪念文集. 北京：海洋出版社，2009：141-142；程庆国. 努力开发铁路桥梁设计新思路//嘉兴市政协学习和文史资料委员会. 嘉兴骄子. 下. 北京：当代中国出版社，2000：304；陈汤臣. 中国大学校长名典. 下卷. 北京：中国人事出版社，1996：195；丁国瑜. 深切的怀念//中国第四纪科学研究会. 纪念刘东生院士. 北京：商务印书馆，2009：27；郭尚平. 勤学苦练 踏实学问//方正怡，方鸿辉. 院士怎样读书与做学问. 上册. 上海：上海科学技术文献出版社，2017：33-34；华南农业大学校史编委会. 华南农业大学校史. 广州：广东科技出版社，1999：399；刘社瑞. 抱朴守拙 无欲恒进——记中科院院士姚守拙教授//湖南大学研究生院. 湖南大学研究生教育 60 年：1943—2004. 长沙：湖南大学出版社，2004：196；罗兴波. 跨越时代的百位中国科学家. 第 3 册. 北京：中国科学技术出版社，2017：450-451；张藜. 跨越时代的百位中国科学家. 第 4 册. 北京：中国科学技术出版社，2017：104-108，120-122；河南年鉴社编辑部编辑. 河南年鉴（1999）. 郑州：河南年鉴社，1999：38；中国人物年鉴编委会. 中国人物年鉴（1995）. 北京：中国社会出版社，1996：305；李舒亚. 匠心——走近中国工程院院士. 合肥：安徽人民出版社，2017：50；毛炳权自述//毛炳权. 毛炳权文集. 北京：冶金工业出版社，2014：5；曹海钧. 孙敬良院士传记. 北京：中国宇航出版社，2016：16；张毅，等. 用生命谱写蓝色梦想：张炳炎传. 上海：上海交通大学出版社，北京：中国科学技术出版社，2016：31-36；《张贵田院士传记》创作组. 张贵田院士传记. 北京：中国宇航出版社，2015：26；戴志强，吴慧，陈洁. 神乎其经：池志强传. 北京：中国科学技术出版社，2017：57-64；李四光地质科学奖委员会，王泽九，苗培实，马秀兰主编. 1997 年李四光地质科学奖获得者主要科学技术成就与贡献. 北京：地质出版社，1999：156；陈虹. 中国少数民族专家学者辞典. 沈阳：辽宁民族出版社，1994：801；钱家鸣，于欣，沈渔邨. 沈渔邨院士集. 北京：人民军医出版社，2014：3；童铠院士生平活动年表//童铠. 童铠院士文集. 北京：中国宇航出版社，2007：367；曲臣，徐春雁. 姚绍福院士传记. 北京：中国宇航出版社，2016：50；李群. 此生只为麦穗忙：刘大钧传. 上海：上海交通大学出版社，2015：33-43；王奇. 倪维斗传. 北京：清华大学出版社，2014：1-2，44；彭位权. 曾苏民传. 北京：航空工业出版社，2017：44-54；教务处. 名师荟萃：中国社会科学研究生院博士生导师简介（1）. 北京：中国经济出版社，1998：265；王雨培，陶社兰. 于本水传. 北京：中国宇航出版社，2017：35-60，283.

　　由表 8-2 可见，这 82 人所在学科领域分布广泛，专业属于工科的居多数，近一半人获副博士或博士学位，自 1980 年起陆续当选院士。他们是 1951—1955 年我国赴苏联留学生中佼佼者的代表。其中，大部分人返国后取得了卓著的学术成就，于 20 世纪八九十年代成为学界领军人物，为新中国科技事业发展和工业、农业或国防等的建设做出了重要贡献。

　　例如，数学家冯康 1953 年返国后相继任职于中国科学院数学研究所、计算技术研究所，独立创造了有限元方法、自然归化和自然边界元方法，开辟了辛几何和辛格式研究新领域，为组建和指导新中国计算数学队伍做出了重大贡献。[1]核物理学家、理论物理学家黄祖洽 1952 年返国后对新中国原子核反应堆和核武器的理论研究及设计制造做出了重要贡献[2]。发光学家徐叙瑢 1955 年返国后相继在中国科学院物理研究所、长春物理研究所、天津理工学院、北方交通大学工作，在建立发光研究基地、组织发光研究队伍、培养发光研究人才、推动新中国发光事业发展方面做出了重大贡献。[3]

又如，控制论专家宋健 1960 年返国后立即投入导弹研制工作，主持地空导弹制导系统设计，任主任设计师，领导完成中国第一代防空导弹的设计、制造、试验和装备生产工作。1965 年开始领导我国反弹道导弹武器的总体论证和设计、试制和试验工作。20世纪 70 年代后期，他任核潜艇发射的潜地导弹的第一副总设计师。此后，他还领导了我国第一颗通信卫星的发射、飞行控制试验工作。对于新中国导弹和航天技术事业的发展，他做出了重要贡献，而且他在最优控制系统理论方面做出了一系列重要的成果。[4]

弹道导弹和人造卫星总体技术专家孙家栋 1958 年返国后相继任职于国防部第五研究院一分院、中国空间技术研究院等机构，曾任航天部副部长。他参加领导了我国第一颗人造卫星、返回式遥感卫星的研制，在解决重大技术关键问题与指挥决策中发挥了重要作用。他是"东方红 3 号"通信卫星、"风云 2 号"气象卫星、"资源 1 号"卫星、"长征三号"甲运载火箭等 4 项航天工程的总设计师，为这些工程的研制成功做出了突出贡献。他是我国"两弹一星"元勋之一，1999 年获"两弹一星功勋奖章"。[5]

截至现在，这 82 人中，仍有部分人老骥伏枥，在努力工作，不断攀登科学的高峰。1956—1965 年，我国留学苏联学生中后来当选中国科学院院士或中国工程院院士者更多，有 120 余人[6]。他们中的大部分人在新中国科技事业发展和国家建设中发挥了极其重要的作用。

第三节 中国专家在苏联的科技交流活动

中华人民共和国成立后，随着中苏关系的转变与中国"一边倒"的外交方针的推进，陆续有我国专家赴苏联进行科技交流活动。活动主要包括访问、参观、参加学术会议和相关学术活动。当时有少数专家以单独访问的形式在苏联进行活动，多数专家经由相关机构派遣或安排组成代表团在苏联进行有组织的活动。

① 石钟慈. 冯康//中国科学技术协会. 中国科学技术专家传略. 理学编·数学卷 1. 石家庄：河北教育出版社，1996：408-421.
② 丁鄂江. 黄祖洽//中国科学技术协会. 中国科学技术专家传略. 理学编·物理学卷 2. 北京：中国科学技术出版社，2000：622-630.
③ 范希武. 徐叙瑢//中国科学技术协会. 中国科学技术专家传略. 理学编·物理学卷 2. 北京：中国科学技术出版社，2000：501-510.
④ 孔德涌. 宋健//《科学家传记大辞典》编辑组. 中国现代科学家传记. 第 1 集. 北京：科学出版社，1991：899-910；中国工程院，中国工程物理研究院，高等教育出版社. 中国工程院院士（2）. 北京：高等教育出版社，2000：336.
⑤ 谭邦治，霍明儒. 孙家栋//中国科学技术协会. 中国科学技术专家传略. 工程技术编·航天卷 2. 北京：宇航出版社，2002：445-459.
⑥ 具体名单，参见周尚文，李鹏，郝宇青. 新中国初期"留苏潮"实录与思考. 上海：华东师范大学出版社，2012：230-238.

一、中国专家在苏联科技交流活动的起步

1949—1952 年，我国专家在苏联进行的科技交流活动较少，但在逐渐展开。1949 年 12 月，中国科学院副院长、经济学家陈伯达访问苏联科学院。苏联科学院院长瓦维洛夫（С. И. Вавилов，1891—1951）就苏联科学院工作问题进行了详细交谈①。1950 年 9 月 13 日，中国科学院数学研究所筹备处副主任委员、数学家华罗庚访问苏联科学院金属研究所。他还与老朋友，苏联科学院院士、斯捷克洛夫数学研究所所长维诺格拉朵夫（И. М. Виноградов，1891—1983）进行了会谈。他们谈论了关于科研工作的组织和方法问题。华罗庚认为中国科学院正处于组建阶段，采用苏联科学院的工作经验和工作方法对中国科学家非常重要。维诺格拉朵夫向华罗庚转交了 10 部俄文书籍和苏联科学院出版的一些新的材料集。②1950 年 12 月，中国科学院办公厅主任、物理学家严济慈率中国科学家代表团访问了苏联科学院。苏联科学院主席团学术秘书长托布契也夫（А. В. Топчиев）院士与代表团就苏联科学院的组织结构、苏联科研规划体系、科学与实践的关系等问题进行了长时间的交流。③

1951 年 4 月 11—13 日，中华全国科学普及协会主席梁希率中国代表团在捷克斯洛伐克首都布拉格参加世界科学工作者协会第二届代表大会。除团长梁希外，代表团成员还有副团长茅以升，团员张昌绍、曹日昌、谷超豪，为不同学科的科学工作者。④正副团长梁希、茅以升分别是林学家、桥梁专家，张昌绍为药理学家，曹日昌为心理学家，谷超豪为年轻的数学家。当时中国代表团计划会后访问苏联。经中华人民共和国驻莫斯科大使馆的请求，4 月 18 日苏共中央政治局会议决定苏联科学院邀请中国代表团在莫斯科进行为期 15 天的访问。此次会议记录的附件列出"给中国学者代表团参观的机关、组织和企业的名单"，共 16 个：①苏联科学院；②全苏政治和科学知识普及系协会；③国立莫斯科罗蒙诺索夫大学；④莫斯科季米里亚捷夫农学院；⑤苏联林业部；⑥苏联造纸和木材加工工业部；⑦苏联部长会议属下的护林造林总局；⑧莫斯科"橡胶"工厂；⑨莫斯科斯摩棱斯克广场上的高楼大厦建筑；⑩莫斯科斯大林铁路运输工程学院；⑪莫斯科—喀山火车站运输分站；⑫莫斯科博罗季诺桥的改建工程；⑬莫斯科林业技术学院；⑭莫斯科第三家具厂；⑮莫斯科第一医院；⑯苏联卫生部的莫斯科"盐酸阿的平"工厂。按照该名单所示，代表团还"将参观列宁墓、博物馆、展览会、剧院和其他文化机构"，将"参加莫斯科红场上的'五一'大检阅和大游行"。⑤

---

① 伊·基谢廖夫. 苏中科学交流//吴艳，等编译. 中苏两国科学院科学合作资料选辑. 济南：山东教育出版社，2008：161.
② 苏联科学院致联共（布）中央报告：与中国科学院的联系（1951 年 5 月 9 日）//沈志华. 俄罗斯解密档案选编：中苏关系. 第 3 卷. 上海：东方出版中心，2014：282-283.
③ 伊·基谢廖夫. 苏中科学交流//吴艳，等编译. 中苏两国科学院科学合作资料选辑. 济南：山东教育出版社，2008：161；苏联科学院致联共（布）中央报告：与中国科学院的联系（1951 年 5 月 9 日）//沈志华. 俄罗斯解密档案选编：中苏关系. 第 3 卷. 上海：东方出版中心，2014：283.
④ 梁希. 世界科学工作者协会在团结中前进. 科学通报，1951，2（8）：847；谷超豪. 参加世界科学工作者协会二届大会的观感. 科学通报，1951，2（8）：850-853.
⑤ 联共（布）中央政治局决议：批准中国学者代表团访苏（1951 年 4 月 18 日）//沈志华. 俄罗斯解密档案选编：中苏关系. 第 3 卷. 上海：东方出版中心，2014：272-273.

1951 年 4 月 24 日，梁希、张昌绍和谷超豪先抵达莫斯科，在苏联科学院的招待下，"参观莫斯科各科学机构、博物馆，以及参加五一节的大典"。①5 月 8 日，茅以升和曹日昌亦抵达莫斯科②，与梁希、张昌绍和谷超豪分头或共同进行参观。除参观外，中国代表团成员还与苏联科学院领导就该院主席团和机关建立的组织原则、科学干部的培养体系等问题进行了数次会谈。③苏联对中国代表团的访问热情较高。梁希、张昌绍和谷超豪抵达莫斯科时，苏联科学院、农业部、林业部的十余位负责人，以苏联科学院主席团学术秘书长托布契也夫为首到机场欢迎④。而且苏联科学院院长涅斯米扬诺夫（Александр Николаевич Несмеянов，1899—1980）接见了中国代表团，并回答了许多问题⑤。

这次访问至 1951 年 5 月 21 日结束，共历时 27 天⑥，使中国代表团成员对苏联科学发展情况与学术研究、教育工作有所了解和认识。如通过这次访问，代表团成员谷超豪感受到"苏联科学的进步和优越性"，了解到苏联"在科学研究工作上，各个部门，都有其研究工作的计划"，苏联对人才培养的重视，并认识到：

> 在苏联，科学研究与培养人才是结合在一起的，做研究工作的人，要指导学生，以教育工作为主的人，也要做研究工作，这样，才能培养大量而又有研究工作能力的科学工作的有生力量来。……在研究与教育工作里，是贯穿着理论与实际一致的精神，农业科学院的学生，有三分之一的学习时间在作实习。⑦

谷超豪返国后撰文《参加世界科学工作者协会二届大会的观感》，介绍了参加该会的观感⑧。同时，该文还有专节"向先进的科学学习"，介绍其这次访问苏联的情况和体会⑨，反映出这次访问对他决心向苏联学习的影响。

二、中国专家在苏联科技交流活动的深化

自 1953 年起，我国专家在苏联的科技交流活动走向深化的道路。该年中国科学院访苏代表团对苏联的访问是一个具有深远意义的标志性事件。早在 1952 年 10 月 24 日，中国科学院扩大院长会议做出《中国科学院关于加强学习和介绍苏联先进科学的决议》。该决议的一项内容是"组织代表团访问苏联科学院，学习苏联科学工作的先进经验，并

---

① 谷超豪. 参加世界科学工作者协会二届大会的观感. 科学通报，1951，2（8）：850.
② 谷超豪. 参加世界科学工作者协会二届大会的观感. 科学通报，1951，2（8）：850.
③ 伊·基谢廖夫. 苏中科学交流//吴艳，等编译. 中苏两国科学院科学合作资料选辑. 济南：山东教育出版社，2008：161-162.
④ 谷超豪. 参加世界科学工作者协会二届大会的观感. 科学通报，1951，2（8）：850-851.
⑤ 伊·基谢廖夫. 苏中科学交流//吴艳，等编译. 中苏两国科学院科学合作资料选辑. 济南：山东教育出版社，2008：162.
⑥ 谷超豪. 参加世界科学工作者协会二届大会的观感. 科学通报，1951，2（8）：850；在苏联科学院欢送会上的告别词//《梁希文集》编辑组. 梁希文集. 北京：中国林业出版社，1983：286-287.
⑦ 谷超豪. 参加世界科学工作者协会二届大会的观感. 科学通报，1951，2（8）：853-854.
⑧ 谷超豪. 参加世界科学工作者协会二届大会的观感. 科学通报，1951，2（8）：850-853.
⑨ 谷超豪. 参加世界科学工作者协会二届大会的观感. 科学通报，1951，2（8）：853-854.

商讨进一步加强中苏两国科学工作合作的具体办法"①。11 月，中国科学院提出组织访苏代表团，得到中央批准②。代表团由分布于数学、物理、天文、地球物理、化学、地质、生理、动物、植物、土壤、农业、医学、电机工程、机械工程、土木工程、建筑、历史、语言、教育等 19 个学科的专家组成③。团长为中国科学院计划局局长、近代物理研究所所长钱三强，中国科学院副院长、党组书记张稼夫任代表团中国共产党临时支部书记，中国科学院东北分院秘书长武衡任代表团秘书长④。

据正式公布的代表团名单，代表团各学科专家共 26 人：华罗庚（数学）、钱三强（物理）、张钰哲（天文）、赵九章（地球物理）、刘咸一（化学）、彭少逸（化学）、武衡（地质）、宋应（地质）、张文佑（地质）、冯德培（生理）、沈霁春（生理）、朱洗（动物）、贝时璋（动物）、吴征镒（植物）、马溶之（土壤）、李世俊（农业）、沈其震（医学）、薛公绰（医学）、陈荫毅（电机工程）、于道文（机械工程）、曹言行（土木工程）、梁思成（建筑）、张稼夫（历史）⑤、刘大年（历史）、吕叔湘（语言）、张劲川（教育）。⑥此外，代表团随带工作人员和翻译 17 人⑦，全团共 43 人⑧。正式公布的代表团名单中没有中国科学院长春应用化学研究所钱保功，但亲历这次访问的代表团工作人员何祚麻回忆说：1953 年钱保功与他同乘一列火车去了苏联，并参加了代表团的大部分活动。他和钱保功就是在那段时期相识的⑨。由此可知，钱保功很可能作为工作人员参加了代表团。

代表团的任务有三：①"了解和学习苏联如何组织和领导科学研究工作，特别是十月革命后苏联如何从旧有基础上发展和壮大起来的经验"；②"了解苏联科学的现状及其发展方向"；③"就中苏两国科学合作问题交换意见"。⑩苏联最高领导人斯大林重视中国科学院访苏代表团的访问活动。他做出指示，"要苏联科学院热情接待，尊重中国同志的意见；对于一些学术方面的问题，如对历史分期等问题，不要争论等等"⑪。

代表团于 1953 年 2 月 24 日自北京出发，5 月 24 日返抵国境，在苏联时间为 2 个月

---

① 中国科学院关于加强学习和介绍苏联先进科学的决议//中国科学院办公厅. 中国科学院资料汇编（1949—1954）. 北京：中国科学院办公厅，1955：172.

② 中科院党组关于中科院访苏代表团工作给中央的报告//关于访苏代表团向中央的工作报告. 北京：中国科学院档案馆，1953-02-026.

③ 中科院访苏代表团工作报告//中科院一九五三年召开第十一次至三十次院常务会议记录及有关文件. 北京：中国科学院档案馆，1953-02-003.

④ 武衡. 科技战线五十年. 北京：科学技术文献出版社，1992：118.

⑤ 张稼夫并非历史学家，这一头衔是中国科学院访苏代表团给他报的。参见张稼夫述，束为，黄征整理. 庚申忆逝. 太原：山西人民出版社，1984：122.

⑥ 中国科学院访苏代表团团员名单//中国科学院秘书处. 学习苏联先进科学：中国科学院访苏代表团报告汇刊. 北京：中国科学院，1954：目录前 1 页.

⑦ 中国科学院访苏代表团到达莫斯科. 科学通报，1953，（3）：96.

⑧ 苏联的档案资料有中国科学院访苏代表团共 42 人之说，其中有 26 位科学家、16 位翻译和工作人员。参见 1953 年中国科学院代表团访问苏联总结//吴艳，等编译. 中苏两国科学院科学合作资料选辑. 济南：山东教育出版社，2008：188.

⑨ 2020 年 6 月 29 日郭金海对何祚麻院士的访谈，2020 年 9 月 6 日、7 日何祚麻院士致郭金海的微信。

⑩ 中科院党组关于中科院访苏代表团工作给中央的报告//关于访苏代表团向中央的工作报告. 北京：中国科学院档案馆，1953-02-026.

⑪ 张稼夫述，束为，黄征整理. 庚申忆逝. 太原：山西人民出版社，1984：123.

零 29 天①。3 月 5 日上午 11 时代表团（图 8-1）抵达莫斯科②，受到热烈的欢迎。苏联科学院院长涅斯米扬诺夫、主席团学术秘书长托布契也夫（A. B. Топчиев）和许多科学家到车站迎接。③不幸的是当天晚上斯大林逝世。代表团抵达莫斯科后的前几天并未正式进行访问活动，而是"几乎成了奔丧团，要参加各种吊唁活动，守灵，参加追悼会"④。代表团成员沈其震患病住院逾一个月⑤，未能充分参加访问活动。

图 8-1 1953 年中国科学院部分院领导与访苏代表团成员合影
资料来源：中国科学院六十年（1949—2009）.（内部资料）. 2009

不过，苏联科学院主席团已根据代表团任务，兼顾郭沫若和钱三强的意见，为代表团制订了访苏期间工作计划。计划将代表团的工作分为三方面：①在苏联科学院主席团和各学部就苏联科学院和苏联其他科研机构工作中的主要问题举行座谈。②了解苏联科学院主席团、学部、研究所和实验室，莫斯科、列宁格勒的科研机构和各部门的工作情况。参观乌克兰加盟共和国科学院和乌兹别克加盟共和国科学院。③安排文化教育活动。1953 年 3 月 10 日代表团正式开始访问活动，代表团领导和苏联科学院代表在莫斯科民族饭店讨论了代表团在苏联的访问计划。钱三强代表代表团全体成员同意苏联科学院主席团提出的计划，同时建议增加参观苏联科学院以外的科研机构的数量。⑥当时苏联推行计划科学，高度重视工作的计划性。在苏联科学院要求下，代表团的访问活动严格按照苏方的计划⑦，主要分两种方式进行。一种是座谈，实际主要由苏联科学院主席团组

① 中科院访苏代表团工作报告//中科院一九五三年召开第十一次至三十次院常务会议记录及有关文件. 北京：中国科学院档案馆，1953-02-003.
② 中科院访苏代表团工作报告//中科院一九五三年召开第十一次至三十次院常务会议记录及有关文件. 北京：中国科学院档案馆，1953-02-003.
③ 张稼夫述，束为，黄征整理. 庚申忆逝. 太原：山西人民出版社，1984：123.
④ 张稼夫述，束为，黄征整理. 庚申忆逝. 太原：山西人民出版社，1984：123.
⑤ 1953 年中国科学院代表团访问苏联总结//吴艳，等编译. 中苏两国科学院科学合作资料选辑. 济南：山东教育出版社，2008：196.
⑥ 1953 年中国科学院代表团访问苏联总结//吴艳，等编译. 中苏两国科学院科学合作资料选辑. 济南：山东教育出版社，2008：189.
⑦ 2020 年 6 月 29 日郭金海对何祚庥院士的访谈。

织各种报告，并当场解答代表团成员提出的问题[①]。这类座谈代表团成员均参加，共 8
次，如表 8-3 所示。

表 8-3　苏联科学院主席团为中国科学院访苏代表团组织的座谈一览表

序号	报告题目	报告时间	报告人
1	苏联科学院的组织机构	1953 年 3 月 10 日	涅斯米扬诺夫
2	苏联科学院发展的主要阶段	1953 年 3 月 12 日	托布契也夫
3	介绍苏联科学院生产力研究委员会	1953 年 3 月 13 日	涅姆钦诺夫
	介绍苏联科学院共产主义建设协助委员会		柯夫达
4	谈科学研究工作的计划	1953 年 3 月 17 日	涅斯米扬诺夫
5	谈培养科学干部问题	1953 年 3 月 19 日	托布契也夫、诺维科夫、潘克拉托娃
6	苏联科学家如何掌握马克思列宁主义的方法论	1953 年 4 月 4 日	亚历山大洛夫[②]
7	苏联科学院的出版工作	1953 年 4 月 21 日	伏尔根[③]
8	苏联科学院主席团工作机构与协助主席团工作机构的概况	1953 年 5 月 4 日	习沙江[④]

资料来源：中国科学院访苏代表团. 中国科学院访苏代表团资料汇编. 北京：中国科学院访苏代表团，1953：1-150；
中科院访苏代表团工作报告//中科院一九五三年召开第十一次至三十次院常务会议记录及有关文件. 北京：中国科学院档案
馆，1953-02-003；1953 年中国科学院代表团访问苏联总结//吴艳，等编译. 中苏两国科学院科学合作资料选辑. 济南：山
东教育出版社，2008：189-190.

其中，有 3 次即第 1、2、8 次是分别关于苏联科学院的组织机构、发展阶段，以及
该院主席团工作机构等的宏观介绍。其他 5 次则分别具体到苏联科学院生产力研究委员
会和共产主义建设协助委员会的任务、工作或经验，苏联科学院和苏联科学机构的科研
工作计划、苏联对科学干部的培养等重要问题，苏联科学家掌握马克思列宁主义的经验，
以及苏联科学院的出版工作。前 6 次座谈的 7 个报告是全面而重要的[⑤]。苏联科学院主
席团高层领导涅斯米扬诺夫、托布契也夫作了其中 4 次报告。报告《谈培养科学干部问
题》时，主讲者不仅有托布契也夫，还有该院干部培养处长诺维科夫（В. Д. Новиков）、
苏联科学院通讯院士潘克拉托娃（А. М. Панкратова，1897—1957）[⑥]。第 3 次座谈的两
个报告，一个是由该院生产力研究委员会主席涅姆钦诺夫（В. С. Немчинов，1894—1964）
院士亲自介绍该委员会的工作和任务，另一个是由该院共产主义建设协助委员会副主
席，后于 1954 年出任中国科学院院长顾问的柯夫达（В. А. Ковда，1904—1991）教授

---

① 中科院访苏代表团工作报告//中科院一九五三年召开第十一次至三十次院常务会议记录及有关文件. 北京：中
国科学院档案馆，1953-02-003；1953 年中国科学院代表团访问苏联总结//吴艳，等编译. 中苏两国科学院科学
合作资料选辑. 济南：山东教育出版社，2008：189-190.

② 苏联科学院哲学研究所所长。

③ 苏联科学院副院长。

④ 苏联科学院主席团学术秘书。

⑤ 中科院党组关于中科院访苏代表团工作给中央的报告//关于访苏代表团向中央的工作报告. 北京：中国科学院
档案馆，1953-02-026；中科院访苏代表团工作报告//中科院一九五三年召开第十一次至三十次院常务会议记录
及有关文件. 北京：中国科学院档案馆，1953-02-003.

⑥ 中国科学院访苏代表团. 中国科学院访苏代表团资料汇编. 北京：中国科学院访苏代表团，1953：97-130.

亲自介绍该协助委员会的工作经验①。这些反映出苏联科学院主席团对座谈的重视。

有的报告对代表团成员影响甚大。涅斯米扬诺夫所作《谈科学研究工作的计划》的报告即其中之一。在报告中，他谈论了苏联科学院和苏联科学机构的科研工作计划问题，指出苏联在制定年度计划和 5 年计划时都先确定计划的基本指示，而制定基本指示的主要任务是找出科学发展的"生长点"，并将之作为制定计划的主要任务。在报告中和在回答代表团成员的问题时，他对科学发展的"生产点"作了生动而简要的说明：

> 我想引用这样的比喻，例如生长着的植物有着一定的生长点，在这些生长点上生长得最快。科学也是这样，在其发展过程中的每一阶段上都有着一定的生长点，当然这些生长点是决定于一系列外界条件，首先是决定于实际生活、国家、国民经济及文化各方面所提出来的要求。……没有必要把全部科学完全同等地去发展，就是说，没有必要发展它所有的部分，它所有的"点"，它一切可能有的方面，而是在一门科学里有它目前最有利的最重要的"生长点"，应当抓紧这些"生长点"，首先来发展它们。因而选择这些"点"的方向，就成为计划工作中的最主要、最重要的问题之一。②

该报告特别是其中苏联制定科学研究工作计划重视科学发展"生长点"的指导思想，对代表团成员了解和学习苏联制定科学研究工作计划的经验有极大的启发③。

在座谈中，代表团成员提出了许多问题。问题涉及苏联科学院主席团成员人数④、科学院院士的产生⑤、苏共中央第 19 次大会决议对苏联科学院工作的影响、1925—1930年苏联科学院科学干部的选拔、科研工作与日益增长的生产和经济需求之间关系的协调，编制苏联科学院、学部、研究所 5 年计划和年度计划的程序，对副博士和博士论文的要求等。苏方对代表团成员所提问题作了详细解答。⑥

另一种方式是分科访问研究机构。代表团成员先后访问 98 个研究所，其中有苏联科学院 8 个学部所属的 45 个研究所；乌克兰加盟共和国科学院（简称乌克兰科学院）5 个学部所属的 18 个研究所；乌兹别克加盟共和国科学院（简称乌兹别克科学院）4 个学部所属的 16 个研究所；苏联科学院西部西伯利亚分院的 4 个研究所；苏共中央社会科学院；苏联医学科学院 3 个学部的 7 个研究所；苏联建筑科学院的 3 个研究所与该院列宁格勒分院；乌克兰加盟共和国建筑科学院；苏联列宁农业科学院和其他业务部门的 5 个研究所。代表团成员还先后访问了莫斯科大学等 11 所高等学校，18 处博物馆、陈列馆和展览会，6 个工厂，1 处矿山和 2 个集体农庄。⑦在访问过程中，代表团认真执行了"客随主便"

① 中国科学院访苏代表团. 中国科学院访苏代表团资料汇编. 北京：中国科学院访苏代表团，1953：48-75.
② 中国科学院访苏代表团. 中国科学院访苏代表团资料汇编. 北京：中国科学院访苏代表团，1953：80，84.
③ 2020 年 6 月 29 日郭金海对何祚麻院士的访谈.
④ 中国科学院访苏代表团. 中国科学院访苏代表团资料汇编. 北京：中国科学院访苏代表团，1953：6.
⑤ 中国科学院访苏代表团. 中国科学院访苏代表团资料汇编. 北京：中国科学院访苏代表团，1953：80，8.
⑥ 1953 年中国科学院代表团访问苏联总结//吴艳，等编译. 中苏两国科学院科学合作资料选辑. 济南：山东教育出版社，2008：190.
⑦ 中科院访苏代表团工作报告//中科院一九五三年召开第十一次至三十次院常务会议记录及有关文件. 北京：中国科学院档案馆，1953-02-003.

的方针，对方也尽可能地满足代表团的要求（图 8-2）[1]。

图 8-2　中国科学院访苏代表团参观在列宁格勒的普尔柯伐[2]天文台
资料来源：中国科学院秘书处. 学习苏联先进科学：中国科学院访苏代表团报告汇刊. 北京：中国科学院，1954

　　代表团成员分科访问时受到较高的礼遇和重视。如访问苏联科学院冶金研究所时，苏联科学院副院长、该所所长巴尔金（И. П. Бардин，1883—1960）院士、副所长阿捷叶夫以极高的热情接待。两者为代表团成员介绍了该所情况和研究方向，引导团员参观许多实验室，最后还举行了一个座谈会。该所许多杰出科学家都参加了。在座谈会上，巴尔金和阿捷叶夫解答了代表团成员的一些问题，对代表团成员深有启发。[3]代表团成员参观苏联化学研究机构和高等学校化学系时，见到了许多苏联著名的化学家。他们均以极高的热情接待了代表团成员，并详尽介绍了他们的工作经验和成就。[4]

　　1953 年 3 月 14 日，代表团成员分科访问了苏联科学院物理学数学科学部、化学科学部、生物科学部、地质学地理科学部、技术科学部、历史哲学部，以及文学语言学部。这些学部各为相应学科的代表团成员组织了座谈会。各座谈会的议题不尽相同，但主要围绕各自学部的情况和工作展开。如物理学数学科学部的座谈会由该学部院士秘书拉符伦捷夫（М. А. Лаврентьев，1900—1980）主要报告该学部的机构、主要任务。关于主要任务，他介绍了 3 项：各研究所工作的配合与协调、指出研究工作的新方向、科学与实际的联系问题。针对第 2 项任务，他举例说明该学部 1951 年前数值计算工作不强，后根据维诺格拉朵夫院士的提议开办了数值计算研究所。化学科学部的座谈会由该学部院士秘书杜比宁（М. М. Дубинин，1901—？）主要报告该学部的组织、机构，部、局、所的职权，计划的制订，工作的检查，当时的刊物，各所的具体研究方向。生物科学部的座谈会主要介绍该学部的主要科学家、成员、工作的总方向、下设的学会、所属各研究所的工作情况。地质学地理科学部的座谈会由该学部院士秘书别里扬金（Белянкин）

① 中科院党组关于中科院访苏代表团工作给中央的报告//关于访苏代表团向中央的工作报告. 北京：中国科学院档案馆，1953-02-026.
② "普尔柯伐"亦译作"普尔科夫"。
③ 于道文. 我所看到的苏联科学院冶金研究工作的情况//中国科学院秘书处. 学习苏联先进科学：中国科学院访苏代表团报告汇刊. 北京：中国科学院，1954：328-334.
④ 刘咸一，彭少逸. 苏联的化学研究工作. 科学通报，1953，（10）：1.

讲述该学部的组织、机构和计划工作，并由苏联专家分别介绍地质构造、地层学、第四纪地质、冻土问题等的研究情况。技术科学部座谈会的内容主要包括该学部的历史和当时的机构、组织和任务、研究题目、与各部门的联系和合作问题、推广和交流经验问题、批评与自我批评、奖金和奖章。①这些座谈会对代表团成员具体了解相应学部的组织、机构、任务、制度、研究方向、工作或某些学科和科学问题的研究情况等很有帮助。

不过，苏方对代表团并非完全信任和开放，对不允许参观的保密的研究机构，"说是国防系统，要保密"②。经苏联上级部门批准，仅钱三强被特许参观了物理学领域的一些保密的研究所和观测站，其中包括苏联科学院列别捷夫物理研究所、列宁格勒物理技术研究所、瓦维洛夫物理问题研究所，以及宇宙射线研究平流层观测站、莫斯科大学第二物理研究所。③他主要参观了这些机构中的原子核物理部门。当时托布契也夫对钱三强说："这些研究所从来未让外国人参观过，今后也不会给外国人参观。"④这表明钱三强被允许参观，是苏联的格外优待。

为了让代表团成员更全面地了解苏联科学院的情况，苏方邀请有兴趣的代表团成员旁听了论文答辩会⑤。部分代表团团员还参加了该院主席团的两次会议。一次是 1953 年 3 月 22 日钱三强和赵九章参加学术秘书处工作会议。他们听取了该院通讯院士维诺格拉多夫（А. П. Виноградов, 1895—1975）所作关于 В. И. 维尔纳茨基地球物理和分析化学研究所使用同位素方法解决地球化学问题的报告、该院通讯院士米哈伊洛夫（А. А. Михайлов, 1888—？）关于普尔柯伐天文台建设情况的报告。另一次是 4 月 24 日钱三强、张稼夫和武衡出席该院主席团会议。会议总结了花剌子模考古和人种学考察工作，讨论了生物科学部和技术科学部工作局的人员组成和其他组织事项。⑥

就中苏两国科学合作问题交换意见，也是代表团的任务。关于这项任务，钱三强在苏联科学院主席团与涅斯米扬诺夫、托布契也夫就中苏两国科学院的合作问题进行了会谈。谈及"共同开展地质学，特别是中国西北地区地质学研究""共同研究各种大气环流现象""合作编写中国植物志""中国科学家参加在苏联举办的各种学术研讨会"等问题。⑦

访苏期间，代表团与苏联科学界有广泛的接触，接触到苏联主要科学家 166 人。其中，苏联科学院 89 人、加盟共和国科学院 19 人、专业性科学院 28 人、高等学校 30 人。其中，苏联科学院的科学家，除上文提到者外，还有数学家拉符伦捷夫（М. А.

① 中国科学院访苏代表团. 中国科学院访苏代表团资料汇编. 北京：中国科学院访苏代表团，1953：80，157-186.
② 张稼夫述，束为，黄征整理. 庚申忆逝. 太原：山西人民出版社，1984：122-128.
③ 1953 年中国科学院代表团访问苏联总结//吴艳，等编译. 中苏两国科学院科学合作资料选辑. 济南：山东教育出版社，2008：191.
④ 中科院党组关于中科院访苏代表团工作给中央的报告/关于访苏代表团向中央的工作报告. 北京：中国科学院档案馆，1953-02-026.
⑤ 苏联科学院与中国科学院科学交流情况说明（1949—1955）//吴艳，等编译. 中苏两国科学院科学合作资料选辑. 济南：山东教育出版社，2008：197.
⑥ 1953 年中国科学院代表团访问苏联总结//吴艳，等编译. 中苏两国科学院科学合作资料选辑. 济南：山东教育出版社，2008：193-194.
⑦ 1953 年中国科学院代表团访问苏联总结//吴艳，等编译. 中苏两国科学院科学合作资料选辑. 济南：山东教育出版社，2008：194.

Лаврентьев，院士①）、物理学家斯柯贝尔琴（Д. В. Скобельцын，院士，列别捷夫物理研究所所长）、天文学家米哈伊洛夫（普尔柯伐天文台台长）、地球物理学家斯密特（О. Ю. Шмидт，院士）、生理学家贝可夫（К. М. Быков，院士）、农学家李森科（Т. Д. Лысенко，院士，生物科学部院士秘书）、土壤学家格拉西莫夫（И. П. Герасимов，通讯院士、地理研究所所长）、机械学家索柯洛夫斯基（В. В. Соколовский，院士、力学研究所所长）等。②

代表团接触到的苏联加盟共和国科学院的科学家，有数学家莫斯赫里切西维里（Мусхелитьшвили，格鲁吉亚科学院院长）、天文学家阿姆巴楚米扬（А. В. Амбарцумян，阿尔明尼亚科学院院长）、生物化学家费尔特门（Фелдман，乌克兰科学院通讯院士，生物化学研究所副所长）、植物和农学家克列西托弗维奇（А. Н. Криштофович，乌克兰科学院院士）、土壤学家杜席其金（А. И. Душечкин，乌克兰科学院院士，植物生理研究所所长）、地质学家谢米宁科（Н. П. Семененко，乌克兰科学院通讯院士，地质研究所副所长）、土木建筑学家查赫多夫（Т. З. Захидов，乌兹别克科学院院长）等。③

代表团接触到的苏联专业性科学院科学家，有医学家奥来鹤维奇（Орехович，苏联医学科学院生物化学和医学化学研究所所长）、斯克来阿宁（Склеадий，苏联医学科学院院士），实验生物学家勒柏辛斯卡姬（О. Б. Лепешинская，苏联医学科学院院士），土木建筑学家莫尔德维诺夫（А. Г. Мордвинов，苏联建筑科学院院长）、盖切洛（А. И. Гечело，苏联建筑科学院副院长）、扎鲍洛特奈（В. И. Заболотный，乌克兰建筑科学院院长）等。④

代表团接触到的苏联高等学校的科学家有数学家彼得罗夫斯基（И. Г. Петровский，苏联科学院院士，莫斯科大学校长）、柯尔莫戈洛夫（А. Н. Колмогоров，苏联科学院院士，莫斯科大学数学部主任），物理学家索克罗夫（莫斯科大学物理系主任）、哥立克（基辅大学校长），天文学家库卡尔金（Б. В. Кукаркин，莫斯科大学史天堡天文研究所所长），电机学家柯琴科（М. П. Котенко，通讯院士）、土木建筑学家克罗波托夫（Кропотов，莫斯科建筑学院院长）等。⑤

代表团接触到的苏联科学家多为苏联科学院及其他科学院院士、通讯院士，研究机构负责人或大学校长等苏联科学界的精英。他们人数较多，分布于多个研究领域，任职于百余个学术机构。他们对中国科学事业发展寄予极大的希望，向代表团提出了许多很好的建议。如巴尔金建议："目前中国冶金方面高温和低温材料的研究尚不是主要的，应先研究一般的合金钢和它们的焊接问题。研究方法上应尽量采用新方法。"苏联科学院院士、列别捷夫物理研究所所长斯柯贝尔琴建议："中国在第一个五年计划时必须要注意到电子学工业和仪器工业的建立。"苏联科学院动力研究所所长克立然诺夫斯基建议："中国应该开展动力的研究，以全国电业化为中心。"托布契也夫研究中国科学院的

---

① 苏联科学院科学家被标注为院士者，均指该院院士。
② 中国科学院访苏代表团. 中国科学院访苏代表团资料汇编. 北京：中国科学院访苏代表团，1953：356-367.
③ 中国科学院访苏代表团. 中国科学院访苏代表团资料汇编. 北京：中国科学院访苏代表团，1953：361-362.
④ 中国科学院访苏代表团. 中国科学院访苏代表团资料汇编. 北京：中国科学院访苏代表团，1953：363-364.
⑤ 中国科学院访苏代表团. 中国科学院访苏代表团资料汇编. 北京：中国科学院访苏代表团，1953：364-367.

工作计划后，建议中国应研究遗传学、畜牧学、微生物学和东南亚的历史。乌克兰科学院农业机械研究所所长瓦西林科院士建议："研究所不应脱离实际，一个农业机械研究所不应与农庄脱离，不应与制造农业机械的工厂脱离。"乌克兰科学院结构力学研究所所长别列金院士建议："建立研究机构不是立刻把所有的部门同时都成立，应先从重要的部门做起；中国应先设立重工业的研究所、农业的研究所，设立一个普通力学研究所。"代表团访问的研究所几乎都要求中国多派遣研究生去学习。①

这样的接触对促进中国科技事业发展、加强中苏两国科学家的友谊都裨益匪浅。同时，也促使部分代表团成员思考一些关于苏联科学发展的深层次问题。如华罗庚与拉符伦捷夫接触后，得知他既是数学部门中理论数学的专家、数值计算机构的负责人，又是力学专家，在地震学方面还有极大的贡献。苏联像拉符伦捷夫这样在多方面有贡献的科学家不胜枚举。这促使华罗庚思考为什么苏联会有这么多全面发展的人才，并体会到："这完全是由于苏联的科学家具有深厚的马克思列宁主义的思想基础，在这种思想指导之下，苏联的科学家密切地注意了理论和实际配合，教学和研究工作结合的问题。在这种思想指导之下，苏联科学家经常地注意各门科学之间的关联性，因此，在苏联，数学不再成为若干个孤立的山峰，而是科学的有机整体中的一个有机部分。"②

除围绕访问任务进行工作外，代表团也向苏联学界介绍中国科学的发展状况，以便苏联科学家了解中国的情况，"从而有效地提出可贵的批评和指导，加强中苏两大国在科学工作上的合作"③。如钱三强向苏联科学界作了专题报告，介绍1919年五四运动以降中国科学工作的概况。④刘大年向苏联历史学界作了专题报告，介绍俄国十月革命后至中华人民共和国成立前中国学界应用马克思主义理论研究中国历史取得的成绩、新中国的历史研究工作状况⑤。

代表团在苏联访问近3个月，收获颇丰。第一，出色地完成了访问的第一项任务，即"了解和学习苏联如何组织和领导科学研究工作，特别是'十月革命'后苏联如何从旧有基础上发展和壮大起来的经验"。通过访问，代表团"从原则到具体，从点到面，由浅入深地系统地了解了苏联科学工作的概况及其组织、领导工作的主要经验"⑥。代表团在工作报告中对苏联科学与苏联科学院发展的历史，特别对苏联科学工作的组织与领导情况，从"苏联科学院及其他科学机构的组织""苏联是怎样制订科学工作计划的""苏联是怎样培养科学干部的""关于科学会议""苏联科学院的出版发行工作及普及工作"5个方面作了介绍。⑦武衡、刘大年还分别以专文介绍苏联的科学计划工作及其经

① 中科院党组关于中科院访苏代表团工作给中央的报告//关于访苏代表团向中央的工作报告. 北京：中国科学院档案馆，1953-02-026.
② 华罗庚. 访苏体会点滴. 人民日报，1953-10-11（3）.
③ 钱三强. 中国近代科学概况. 科学通报，1953，（7）：1.
④ 钱三强. 中国近代科学概况. 科学通报，1953，（7）：1-6.
⑤ 刘大年. 中国历史科学现状. 科学通报，1953，（7）：7-9.
⑥ 中科院访苏代表团工作报告//中科院一九五三年召开第十一次至三十次院常务会议记录及有关文件. 北京：中国科学院档案馆，1953-02-003.
⑦ 中科院访苏代表团工作报告//中科院一九五三年召开第十一次至三十次院常务会议记录及有关文件. 北京：中国科学院档案馆，1953-02-003.

验①、苏联培养科学工作干部的经验②。

同时，代表团认识到十月革命后苏联和苏联科学院在短短 30 余年内取得了巨大的成就，有四条主要经验：①中心环节是培养干部；②有目的地、有计划地、有重点地发展科学研究工作；③由各科学机构之间的明确分工与互相配合汇总为一个有机的整体；④培养健康的学术风气③。在此基础上，代表团对如何以苏联科学"先进经验"改进中国科学工作还提出建议：

> 苏联科学的先进经验，对于改进我国科学工作，一般地说是全部适用的。有些可以立即实行，如培养干部和制订科学计划的精神及方法等；有些则需经过相当时间，当我们创造了条件之后才能实行，如研究机构的分工和院士的选举等。苏联科学院在十月革命后十二年才开始全面的改造，中国科学院虽然由于历史条件不同，全面的改造可能提早开始，但仍必须随时防止急躁情绪；另一方面，由于目前国家建设，若干科学上的问题迫切需要解决，这个改造又必须积极进行。因此，认真学习苏联的先进经验就会使我们少走弯路，稳步前进。④

这些建议基本中肯，对改进中国科学工作具有指导意义。

第二，代表团对"了解苏联科学的现状及其发展方向""就中苏两国科学合作问题交换意见"这两项任务各有收获。当时苏联科学家向代表团成员介绍了苏联各科学领域取得的成就、科研人员与产业部门的合作、科研成果在国民经济中的应用情况等，并尽量全面介绍各种科学实验，展示了苏联的技术和设备。⑤代表团成员通过访问对所在学科或相关研究领域在苏联发展状况有不同程度的认识，并撰成书面报告于 1953—1954 年陆续发表于中国科学院《科学通报》。这些报告涉及苏联科学的成就和特点⑥，苏联数学⑦、物理⑧、化学⑨、地质⑩、天文⑪、地球物理⑫、动物⑬、植物⑭、生理⑮、

① 武衡. 先进的苏联科学计划工作. 科学通报, 1953, (9)：19-22.
② 刘大年. 苏联培养科学工作干部的经验. 科学通报, 1953, (9)：14-18.
③ 中科院党组关于中科院访苏代表团工作给中央的报告//关于访苏代表团向中央的工作报告. 北京：中国科学院档案馆, 1953-02-026；中国科学院关于访苏代表团工作的报告//中国科学院办公厅. 中国科学院资料汇编（1949—1954）. 北京：中国科学院办公厅, 1955：237-238.
④ 中国科学院关于访苏代表团工作的报告//中国科学院办公厅. 中国科学院资料汇编（1949—1954）. 北京：中国科学院办公厅, 1955：238-239.
⑤ 1953 年中国科学院代表团访问苏联总结//吴艳, 等编译. 中苏两国科学院科学合作资料选辑. 济南：山东教育出版社, 2008：193.
⑥ 钱三强. 对于苏联科学的认识和体会. 科学通报, 1953, (9)：4-9；汪志华. 为共产主义建设服务的苏联科学工作. 科学通报, 1953, (11)：40-43, 50.
⑦ 华罗庚. 对苏联数学研究工作的认识. 科学通报, 1953, (8)：4-9.
⑧ 钱三强. 对于苏联物理学的认识和体会. 科学通报, 1954, (1)：24-28.
⑨ 刘咸一, 彭少逸. 苏联的化学研究工作. 科学通报, 1953, (10)：1-10.
⑩ 张文佑. 我所看到的苏联地质科学. 科学通报, 1953, (12)：16-31.
⑪ 张钰哲. 访问苏联天文学研究机构观感. 科学通报, 1953, (9)：42-44.
⑫ 赵九章. 访问苏联地球物理学研究机关的报告. 科学通报, 1953, (8)：9-15.
⑬ 朱洗. 访问苏联先进动物学工作的记要. 科学通报, 1953, (10)：23-30.
⑭ 吴征镒. 苏联植物学家在改造自然与利用自然资源方面的工作. 科学通报, 1953, (10)：17-22, 30；吴征镒. 苏联植物学研究与农业生产的结合. 科学通报, 1953, (11)：35-39.
⑮ 冯德培, 沈霁春. 苏联生理学观感. 科学通报, 1953, (9)：30-37.

生物化学①、土壤②、医学③、冶金④、机械工程⑤、动力工程⑥、建筑⑦、历史⑧、语言学⑨等 18 个学科的研究工作等。代表团在工作报告中还从地球科学、技术科学、基础科学、生物科学、社会科学 5 个方面系统介绍苏联的科学研究工作。内容涉及各方面或其学科分支的重要工作、成就，主要方向、任务、"生长点"等。⑩

在"就中苏两国科学合作问题交换意见"方面，除上述钱三强与涅斯米扬诺夫、托布契也夫的会谈外，中苏双方还在天文学研究领域达成合作研究小行星环、出版小行星历的协议。为此，我国天文学家选择了两群小行星进行专门的理论研究。⑪

第三，代表团收到苏联科学院、苏联建筑科学院、乌克兰科学院、乌兹别克科学院和列宁格勒大学等赠送的大批珍贵礼物，包括书籍、期刊、图片和研究标本等。代表团带回中国的礼物中，图书部分有苏联科学院赠送的科技书籍 700 余种，7000 余册；乌克兰科学院赠送的专门期刊和科技书籍 100 余种，800 余册。研究标本有苏联科学院和乌兹别克科学院赠送的矿石标本，苏联建筑科学院赠送的建筑材料和苏联科学院西伯利亚分院赠送的动物、植物、木材制品等标本。一件非常珍贵的礼物是涅斯米扬诺夫亲手交给代表团的《永乐大典》副本 1 册。此外，乌兹别克科学院代表乌兹别克人民献给毛泽东一套民族衣帽。1953 年 7 月 3—5 日全部礼物于中国科学院图书馆公开展览，受到"参观者极大的注意和欢迎"。⑫

第四，代表团成员认识到中国与苏联科学的差距所在。1953 年 5 月 5 日，钱三强在苏联科学院为代表团举行的告别宴会上表示："在和我们的老师——苏联科学家分别之前，我们非常高兴地告诉我们的老师：'我们发现了自己的不足。'认识到这一点后，中国的科研人员就能更好地为国家建设事业服务。我们一定会把这种认识落实到工作中去，这是对我们老师最好的报答。"⑬ "不足"即指中国与苏联科学差距所在。7 月 21 日，张稼夫于中国科学院第 23 次院务常务会议所作报告中明确指出："鉴于苏联科学的密切结合国家建设，各科学之间分工配合与有机联系，充分运用现有的设备、人力，并不断培养新生力量等等先进经验，深刻感到我国科学基础远较苏联为薄弱。以今天国家

---

① 贝时璋. 对于苏联生物化学的一些认识. 科学通报, 1953,（9）: 23-29.
② 马溶之. 我所看到的苏联土壤科学的研究工作. 科学通报, 1953,（10）: 11-16.
③ 沈其震, 薛公绰. 苏联医学科学的研究工作. 科学通报, 1954,（2）: 10-19.
④ 于道文. 我所看到的苏联科学院冶金研究工作的情况//中国科学院秘书处. 学习苏联先进科学: 中国科学院访苏代表团报告汇刊. 北京: 中国科学院, 1954: 328-334.
⑤ 于道文. 我所看到的苏联科学院机械研究工作的情况. 科学通报, 1953,（10）: 31-37.
⑥ 陈荫毂. 苏联的动力. 科学通报, 1954,（4）: 15-20.
⑦ 曹言行. 我对于苏联建筑科学的几点体会. 科学通报, 1953,（11）: 30-34; 梁思成. 苏联的建筑科学研究工作. 科学通报, 1953,（11）: 19, 25-29.
⑧ 刘大年. 苏联的先进历史科学. 科学通报, 1953,（11）: 20-24.
⑨ 吕叔湘. 苏联语言学家的工作和成就. 科学通报, 1953,（9）: 45-49.
⑩ 中科院访苏代表团工作报告//中科院一九五三年召开第十一次至三十次院常务会议记录及有关文件. 北京: 中国科学院档案馆, 1953-02-003.
⑪ 1953 年中国科学院代表团访问苏联总结//吴艳, 等编译. 中苏两国科学院科学合作资料选辑. 济南: 山东教育出版社, 2008: 194-195.
⑫ 中国科学院访苏代表团带回大批珍贵礼物. 科学通报, 1953,（8）: 102.
⑬ 1953 年中国科学院代表团访问苏联总结//吴艳, 等编译. 中苏两国科学院科学合作资料选辑. 济南: 山东教育出版社, 2008: 194-195.

建设的要求来看，科学的主观力量是很差的，然而就是连这点很有限的力量，也尚未能系统地组织起来，发挥应有的力量，整个科学工作缺乏应有的联系，彼此重复与互相抵消力量之处尚多。"①这一认识对此后中国科学院决定大力加强学术体制建设起到重要作用。

代表团于 1953 年 5 月 24 日返抵国境，随后在长春逗留 3 周，对访问工作进行各学科分科总结和总的访苏工作总结。当时举行 4 天座谈会交流心得，由各不同专业的代表谈对这次访问在其所在学科内的体验和收获。参加者除全团人员外，还有中国科学院东北分院各研究所的干部、领导。会后分别开始进行各门学科的分科总结，然后讨论总的访苏工作的总结。分科总结分为数学与力学、天文、物理、化学、地球物理、地质、土壤、植物、动物、生理、生物化学、医学、农业科学、建筑与土木工程、动力、机械、历史、语言、高等学校的科学研究等 19 个方面。②

代表团于 1953 年 6 月 17 日返抵北京。此后相继向中国科学院、中央文化教育委员会、政务院报告工作，并以 19 个学科组织 16 个专科报告会和 3 个总的报告会，传达访苏的收获。当时参加专科报告会的科技工作者达 8000 余人，参加总的报告会的中央各机关干部和首都文教干部有数千人。在一系列报告会后，中国科学院组织在北京的各门科学专家举行座谈。座谈会分 11 组，其中有 4 组各分为 2 个小组，讨论苏联科学的先进经验，并将其与中国实际情况结合起来，进一步讨论各自所在学科在中国发展的途径与步骤。③代表团还就访苏工作向上海、南京、沈阳等地科学界作了传达④。9 月 15 日，中国科学院党组向中央人民政府主席毛泽东和中央呈送了代表团工作报告⑤。

如上所述，代表团成员亦撰成各方面的书面报告。它们涉及的内容，除上文介绍的苏联科学的成就和特点、苏联 18 个学科的研究工作外，还有苏联科学的发展道路，苏联组织、领导科学研究工作的经验，以及代表团成员的访苏观感等。这些报告先行发表于《科学通报》，后经修订，结集为《学习苏联先进科学：中国科学院访苏代表团报告汇刊》于 1954 年由中国科学院出版。⑥这是代表团访问苏联的重要成果之一。郭沫若亲自为之作序，并对访问工作给予充分的肯定：

> 访苏代表团在苏联三个月的访问，初步实践了中国科学界学习苏联先进科学的光荣任务。代表团在苏联人民、苏联政府、苏联科学院的特别关照下，确实是进行了很好的学习，对于苏联科学，特别是在如何组织和领导科学研究的工作方法上，获得了比较全面的基本认识。这在改进中国科学院的领导方法上，在提高中国科学技术的服务效率上，在发展中国科学的研究事业上，在实现国家建设的总任务上，

① 对今后科学工作的意见//中科院一九五三年召开第十一次至三十次院常务会议记录及有关文件. 北京：中国科学院档案馆，1953-02-003.
② 中国科学院访苏代表团返抵北京. 科学通报，1953，（7）：95.
③ 中国科学院访苏代表团返抵北京. 科学通报，1953，（7）：95.
④ 中国科学院关于访苏代表团工作的报告//中国科学院办公厅. 中国科学院资料汇编（1949—1954）. 北京：中国科学院办公厅，1955：240.
⑤ 中科院党组关于中科院访苏代表团工作给中央的报告//关于访苏代表团向中央的工作报告. 北京：中国科学院档案馆，1953-02-026.
⑥ 中国科学院秘书处. 学习苏联先进科学：中国科学院访苏代表团报告汇刊. 北京：中国科学院，1954.

是会有很大的帮助的。①

这些肯定虽然不无夸大的成分，但表明中国科学院对代表团访问工作的认可，指明了"苏联先进科学"经验对中国科学发展和国家建设的意义所在。

通过上述不同形式的传播和宣传，代表团所了解的苏联科学经验和发展情况等在我国科技界广为人知。这不仅对广大科技工作者了解苏联科学和坚定学习苏联的信心起到了积极作用，而且鼓舞了广大科技工作者尤其是青年科技工作者学习苏联的热情②。这也助推了全国学习苏联热潮的升温和"一边倒"外交方针的继续实施。

这次访问后，中国科学院参考苏联和苏联科学院的学术体制，大力加强了学术体制建设。先于1954年成立学术秘书处，后于1955年建立学部与学部委员制度、研究生制度和学术奖励制度③。这些都受到这次访问的直接影响。代表团在访问中了解到苏联科学院包括院士大会和主席团、学术秘书处、学部等在内的组织、领导系统和体制④。同时，代表团认识到将培养干部作为中心环节是十月革命后苏联和苏联科学院在短短30余年内取得巨大成就的主要经验之一。"苏联培养科学干部的主要形式是研究生院及博士生院"⑤；奖励制度也是苏联培养干部的一种方法，"对推动科学发展起着重大作用"。苏联科学院的研究所和学部都有年终评奖。该院主席团设有普通奖金和以著名学者命名的奖金62种。最高的是苏联政府设立的斯大林奖金，也授予在科学工作上有重大成就的学者。⑥

鉴于苏联科学经验，结合中国科学和中国科学院的实际情况，1953年7月21日张稼夫于中国科学院第23次院务常务会议上提出"成立学部，以改善学术领导工作，扩大学术领导机构"，"制订研究生条例，根据实际力量，提具招收研究生的办法"，"有计划的培养学术风气，实行各种奖励制度"。⑦1953年11月19日，中国科学院党组在向毛泽东和中央呈送的中国科学院党组《关于目前科学院工作的基本情况和今后工作任务给中央的报告》中，建议加强中国科学院的领导，"在院务会议下成立秘书处"，"院对各研究所分学部领导"，"具体组织学习苏联和培养干部的工作"，"组织专门委员会讨论并制订研究生条例草案和学术奖励办法草案"。⑧

1954年1月28日，郭沫若在政务院第204次政务会议上作了《关于中国科学院的

---

① 中国科学院秘书处. 学习苏联先进科学：中国科学院访苏代表团报告汇刊. 北京：中国科学院，1954：ii.

② 武衡. 科技战线五十年. 北京：科学技术文献出版社，1992：127.

③ 郭金海. 院士制度在中国的创立与重建. 上海：上海交通大学出版社，2014：308-327；郭金海. 中国科学院早期研究生条例的制定. 科学文化评论，2009，6（6）：82-98；郭金海. 中国科学院科学奖励制度的建立与首次科学奖金的评奖. 科学文化评论，2008，5（4）：17-40.

④ 中科院访苏代表团工作报告//中科院一九五三年召开第十一次至三十次院常务会议记录及有关文件. 北京：中国科学院档案馆，1953-02-003.

⑤ 中科院党组关于中科院访苏代表团工作给中央的报告//关于访苏代表团向中央的工作报告. 北京：中国科学院档案馆，1953-02-026.

⑥ 中科院访苏代表团工作报告//中科院一九五三年召开第十一次至三十次院常务会议记录及有关文件. 北京：中国科学院档案馆，1953-02-003.

⑦ 对今后科学工作的意见//中科院一九五三年召开第十一次至三十次院常务会议记录及有关文件. 北京：中国科学院档案馆，1953-02-003.

⑧ 关于目前中科院工作的基本情况和今后工作任务给中央的报告//中科院党组关于目前本院工作基本情况和今后工作任务的报告及中央的批示. 北京：中国科学院档案馆，1954-01-001.

基本情况和今后工作任务的报告》①。该报告的大部分内容与中国科学院党组《关于目前科学院工作的基本情况和今后工作任务给中央的报告》相同。在同次会议上，钱三强作了《中国科学院关于访苏代表团工作的报告》，介绍了这次访问所了解的情况，总结了包括"中心环节是培养干部"在内的苏联和苏联科学院在短短 30 余年内取得巨大成就的主要经验②。由于郭沫若报告的部分内容是依据代表团通过这次访问所了解的苏联科学经验提出的，钱三强的报告在一定程度上为政务院审议郭沫若报告提供了参考。他们的报告在会上得到了周恩来的好评③，获这次会议批准④。1954 年 3 月 8 日，中央对中国科学院党组《关于目前科学院工作的基本情况和今后工作任务给中央的报告》做出批示，并指出："在科学研究工作中必须继续贯彻学习苏联的方针。为开展科学研究工作，学位制和对科学研究的奖励制度是必要的。"⑤

　　苏联是"计划科学"的发源地，早在 1918 年列宁就亲自撰写了有名的《科学技术工作计划草案》⑥。这次访问前，中国科学院已开始实践"计划科学"。代表团通过这次访问对苏联科学计划工作有了全面而深刻的认识⑦，认识到"有目的、有计划、有重点的发展是苏联科学的重要特点之一"，"有目的的、有计划的、有重点的发展科学研究工作"是苏联和苏联科学院短短 30 余年内取得巨大成就的另一个主要经验⑧。代表团返国后，武衡介绍了苏联科学计划工作⑨。同时通过这次访问，科学发展"生长点"的概念和制定科学研究工作计划重视科学发展"生长点"的指导思想传入中国。1953 年 7 月，代表团所编《中国科学院访苏代表团资料汇编》收录了涅斯米扬诺夫的报告《谈科学研究工作的计划》和提问环节的记录⑩。9 月 15 日，中国科学院党组向毛泽东和中央呈送的代表团工作报告介绍了这一指导思想：

　　　　科学计划首先是根据国民经济建设的需要，同时也是以本门科学发展的必要性为基础，找出科学发展的"生长点"，集中力量进行研究。因为这些关键性的问题解决了，许多相关的问题也就随着解决或是为本门科学的发展开辟新的道路。⑪

① 关于中国科学院的基本情况和今后工作任务的报告//中国科学院办公厅. 中国科学院资料汇编（1949—1954）. 北京：中国科学院办公厅，1955：5-12.
② 中国科学院关于访苏代表团工作的报告//中国科学院办公厅. 中国科学院资料汇编（1949—1954）. 北京：中国科学院办公厅，1955：235-241.
③ 关于科学院工作的几个问题//中共中央文献研究室. 周恩来文化文选. 北京：中央文献出版社，1998：521.
④ 关于中国科学院的基本情况和今后工作任务的报告//中国科学院办公厅. 中国科学院资料汇编（1949—1954）. 北京：中国科学院办公厅，1955：5；中国科学院关于访苏代表团工作的报告//中国科学院办公厅. 中国科学院资料汇编（1949—1954）. 北京：中国科学院办公厅，1955：235.
⑤ 中央对中科院党组关于目前中科院工作的基本情况和今后工作任务报告的批示//中科院党组关于目前本院工作基本情况和今后工作任务的报告及中央的批示. 北京：中国科学院档案馆，1954-01-001.
⑥ 中科院访苏代表团工作报告//中科院一九五三年召开第十一次至三十次院常务会议记录及有关文件. 北京：中国科学院档案馆，1953-02-003.
⑦ 武衡. 先进的苏联科学计划工作. 科学通报，1953，（9）：19.
⑧ 中科院党组关于中科院访苏代表团工作给中央的报告//关于访苏代表团向中央的工作报告. 北京：中国科学院档案馆，1953-02-026.
⑨ 武衡. 先进的苏联科学计划工作. 科学通报，1953，（9）：19-22.
⑩ 中国科学院访苏代表团. 中国科学院访苏代表团资料汇编. 北京：中国科学院访苏代表团，1953：76-96.
⑪ 中科院党组关于中科院访苏代表团工作给中央的报告//关于访苏代表团向中央的工作报告. 北京：中国科学院档案馆，1953-02-026.

这反映了中国科学院对这一指导思想的重视。随后，上述经验和这一指导思想被运用于中国科学院部分研究所的科学研究工作计划的制定工作。1953 年 10 月 14 日至 11 月 7 日，中国科学院召开了研究所所长会议。武衡在会上所作技术科学组会议总结报告中讲述科学研究工作计划时，就强调：

> 必须指出，不能一般地将今天苏联各门科学的生长点当作我国今天各门科学的生长点，而必须结合我国的具体情况，逐步提高。我们应当把计划放在最巩固的基础上，题目应当集中、有重点，以便最有效地组织人力。各项研究工作必须有明确的目的性，有些探索性的题目，范围可以广一点，但也必须是有目的的。[1]

至 1956 年，这一指导思想还对十二年科技规划的制定产生了积极影响。在该规划修正草案中，"生长点"出现了 8 次。其第四节"基础科学的发展方向"的力学部分，明确指出"应该重视流体力学中两个新的生长点的发展"，"应该重视建立起把力学和近代物理学、化学结合起来的生长点——物理力学"。[2]

代表团了解到的苏联一些学科的发展情况，特别是发展方向和"生长点"，对中国科学院计划开展或加强相关科研工作起到了参考或促进作用。譬如，代表团了解到第二次世界大战以来，苏联物理学的主要发展方向是原子核物理学、电子学与固体物理学。其中，原子核物理学是最突出的部门，不但是物理学方面的"生长点"，而且与巴甫洛夫生理学形成苏联科学发展的两个巨大的"生长面"。[3]在固体物理学方面，当时苏联主要发展的是半导体的研究[4]。在数学方面，代表团了解到计算数学是苏联数学发展的"生长点"[5]。1955 年，中国科学院制定的 15 年发展远景计划在"物理数学方面"规划的任务中即列入了这些发展方向和"生长点"，并规定"大力发展原子核物理"的研究，在"现有基础上发展固体物理的各个学科，首先建立与发展半导体物理的研究"，将电子学的研究单列为一项任务[6]。1953 年访问苏联前，中国科学院数学研究所所长华罗庚已认识到计算数学的重要性，将其作为该所三大方向之一[7]。从苏联返国后，他希望该所在组织工作方面，结合苏联经验，按照中国情况成立 8 组，计算数学为其中之一。10 月 15 日，他在中国科学院研究所所长会议上提出此希望。中国科学院副院长吴有训予以支持，在物理学数学组会议的总结中指示要"结合计算机的研究，发展计算数学，培养计

---

[1] 中国科学院所长会议技术科学组会议总结. 科学通报，1954，(1): 18.

[2] 一九五六——一九六七年科学技术发展远景规划纲要（修正草案）//中共中央文献研究室. 建国以来重要文献选编. 第 9 册. 北京：中央文献出版社，2011: 373-463.

[3] 钱三强. 对于苏联物理学的认识和体会. 科学通报，1954，(1): 25.

[4] 中科院访苏代表团工作报告//中科院一九五三年召开第十一次至三十次院常务会议记录及有关文件. 北京：中国科学院档案馆，1953-02-003.

[5] 华罗庚. 对苏联数学研究工作的认识. 科学通报，1953，(8): 7.

[6] 致国家计划委员会、国务院第二办公室关于报送中科院十五年计划草案的函（附件四份）//中科院十五年（一九五三——一九六七）发展计划纲要草案（草稿）. 北京：中国科学院档案馆，1953-03-004.

[7] 数学所成立后发展方向的意见. 北京：中国科学院档案馆，Z370-8.

算数学人材"[①]。后来中国科学院在这些发展方向和"生长点"上都取得了重要成就。

这次访问也对有的团员选择科研方向起到了积极作用。如年轻化学家彭少逸通过这次访问感到色谱研究大有前景和生命力[②]。访问后，他和刘咸一介绍苏联化学研究工作时，介绍了苏联化学家在快速和自动分析法研究方面创造的色谱法[③]。他将色谱研究作为科研方向之一，相继创立柱内显色指示剂快速测定油品中烃类组成的色谱方法和薄层吸附剂快速分析气态烃的色谱方法[④]。

不仅如此，这次访问对中苏科学关系发展产生了重要影响。这次访问后，中国科学院党组建议出版科学译文期刊，有重点、成批地选送留学生赴苏学习，继续选派比较专业的科学访问团访苏，由中国科学院选一批中国的图书和地质、土壤、生物等标本、图片送给苏联科学院[⑤]。而且，我国专家在苏联的科技交流活动逐渐增多。1954—1955年，仅中国科学院派遣专家在苏联进行的科技交流活动就有 11 次[⑥]。交流形式发生从以参观、访问为主到以参加在苏联举行的学术会议和相关学术活动为主的根本变化。苏联科学院也先后派遣柯夫达、谢尔久琴科（Г. П. Сердюченко，1904—1965）、拉菲柯夫（С. Р. Рафчкоь）、拉扎连柯（Б. Р. Лазаренко，1910—1979）等苏联专家到中国科学院任院长顾问或学科专家，指导中国科学院的学术体制建设和科研工作[⑦]。当然，这些活动不仅仅取决于这次访问的影响，也与这次访问为中苏关系发展打下的基础密切相关。

为进一步密切中苏两国科学院的合作，也是为答谢苏联科学院对访苏代表团的热情接待，中国科学院邀请苏联科学院派代表团访问中国[⑧]。1955 年 4 月 26 日至 6 月 23 日，苏联科学院派出以副院长、冶金学家巴尔金院士为团长的 10 人代表团在中国进行近两月的科学活动。这是苏联科学院首次派代表团访华。代表团在中国约 30 个城市访问了中国科学院和 18 个产业部门；参观了 37 个中国科学院所属研究机构，20 个产业部门所属的研究试验机构，44 个工厂、企业、矿山、电站、合作社和农场，30 所高校。代表团成员参加了中国科学院学部成立大会，作了 35 次学术讲演和通俗讲演，与中国科技、教育工作者举行了 141 次座谈会。代表团还就访问所得对中国科研工作的方向、任务，

---

① 中科院一九五三年召开所长会议的文件材料（数理组分组记录）. 北京：中国科学院档案馆，1953-03-008.

② 张祖台. 风骨天地间——一个物理化学家的终身追求//孙予罕. 风骨天地间：彭少逸院士九十华诞志庆集. 太原：北岳文艺出版社，2007：28.

③ 刘咸一，彭少逸. 苏联的化学研究工作. 科学通报，1953，（10）：8.

④ 彭少逸先生年表//孙予罕. 风骨天地间：彭少逸院士九十华诞志庆集. 太原：北岳文艺出版社，2007：158-159.

⑤ 中科院党组关于中科院访苏代表团工作给中央的报告//关于访苏代表团向中央的工作报告. 北京：中国科学院档案馆，1953-02-026.

⑥ 中国科学院参加国际科学会议统计表//中国科学院办公厅. 中国科学院资料汇编（1949—1954）. 北京：中国科学院办公厅，1955：276；中国科学院 1955 年派遣科学家代表（团）出国统计表//中国科学院学术秘书处. 中国科学院年报，1955：212.

⑦ 苏联科学院与中国科学院科学交流情况说明（1949—1955）//吴艳，等编译. 中苏两国科学院科学合作资料选辑. 济南：山东教育出版社，2008：198-199；张藜. 苏联专家在中国科学院：对 1950 年代中苏两国科学院交流与合作的历史考察. 科学文化评论，2012，9（2）：55-56.

⑧ 武衡. 科技战线五十年. 北京：科学技术文献出版社，1992：130.

工作计划、组织领导、干部培养，图书、仪器、设备，中国若干重要国民经济部门的生产技术工作、高等教育工作，以及为"进一步加强中苏两国科学院创造性的合作"等提供了意见和建议。①1955 年 6 月 22 日，在代表团访华活动影响下，中国科学院院务常务会议鉴于中苏两国科学事业发展的共同需要，通过《关于苏联科学院代表团的建议和加强中苏两国科学院之间的合作的决议》②。这对促进和深化中苏两国科学院的科技交流和合作有着重要意义。

然而，这次访问对中国学习苏联科学亦有误导，并对中国科技事业发展造成了一定的负面影响。当时国内对访苏代表团工作的宣传完全顺应"一边倒"的外交方针，助推了唯苏联科学为尊和盲目学习苏联科学的不良风气。"凡不同意苏联的某些学说的就被认为是资产阶级的、唯心主义的、形而上学的，致使某些科学家的不同意见不能得到表达。"③而且代表团对苏联农学家李森科提出的米丘林学说、苏联细胞生物学家勒柏辛斯卡娅的"生活物质学说"④进行了鼓吹。如代表团工作报告即称：

> 伟大的米丘林学说对魏斯曼、摩尔根学说斗争的胜利为苏联生物科学开辟了辽阔的天地。从生物的整体性及其与环境的统一性出发，米丘林、李森科创造性地发展了达尔文主义。……由于米丘林遗传学说的进一步发展，加强了定向改造生物界的理论基础。在这方面，明确种的形成和种内与种间的关系，将在生物科学与农业领域内起决定性的作用。在李森科院士的领导下，已积累了大量的实验结果，证实从一个种可产生另一个种，例如在一定的条件下，不同种小麦和燕麦中可产生黑麦。此外如不同种的鸡的生殖腺的移植，可以造成后代复杂的变异；病毒与细菌的定向培育，可以改变其特性；以及混精杂交与重复交配等，进一步揭露了摩尔根主义的虚妄，丰富了米丘林学说。同时在农业、畜牧或医学上具有很大的价值。……勒柏辛斯卡娅生活物质学说为细胞起源和形体形成的研究开辟了新的道路，并为创伤再生，癌肿形成等医学研究建立了基础。⑤

1953 年钱三强于《科学通报》发表的《对于苏联科学的认识和体会》中提到了相同的内容⑥。其实，李森科提出的米丘林学说存在严重的错误和伪造之处，如"证实从一个种可产生另一个种"就是骗人的；勒柏辛斯卡娅的"生活物质学说"并无可靠依据。代表团返国前，在中央号召学习苏联的政治环境下，米丘林学说已在新中国盛行，"生活物质学说"也已在新中国广泛传播⑦。经代表团鼓吹，它们自然更是大行其道。这阻

---

① 编者前言//中国科学院秘书处. 苏联科学院代表团访华资料汇编. 北京：中国科学院秘书处，1955：i-ii.

② 关于苏联科学院代表团的建议和加强中苏两国科学院之间的合作的决议（1955 年 6 月 22 日第 27 次院务常务会议通过）//中国科学院学术秘书处. 中国科学院年报，1955：110-111.

③ 武衡. 科技战线五十年. 北京：科学技术文献出版社，1992：129-130.

④ "生活物质学说"又称"新细胞学说"。

⑤ 中科院访苏代表团工作报告//中科院一九五三年召开第十一次至三十次院常务会议记录及有关文件. 北京：中国科学院档案馆，1953-02-003.

⑥ 钱三强. 对于苏联科学的认识和体会. 科学通报，1953，（9）：7.

⑦ 高习习，熊卫民. 勒柏辛斯卡娅"新细胞学说"在中国. 科学文化评论，2019，16（5）：44-46.

碍了生物学特别是遗传学在新中国的发展。

三、中国专家在苏联科技交流活动的进一步展开与式微

1953 年中国科学院代表团访问苏联后，中国专家在苏联的科技交流活动逐渐增多，掀起一波中国专家赴苏联进行科技交流的热潮。1954—1959 年，仅中国科学院派遣专家在苏联进行的科技交流活动就有 100 次。活动形式亦发生根本变化，即由以参观、访问为主转变为以参加在苏联举行的学术会议和相关学术活动为主。这 6 年间中国科学院的100 次活动大都属于后一种形式，如表 8-4 所示。

表 8-4　1954—1959 年中国科学院派遣专家参加在苏联的科技交流活动表

序号	专家姓名或代表团名称	活动时间	活动内容
1	尹达、裴文中、徐滨	1954 年 4 月 23—29 日	参加苏联科学院历史学部召开的考古学与民俗学的科学大会。尹达和裴文中分别于 1954 年 4 月 28 日和 29 日作了报告
2	华罗庚、张钰哲、关肇直、龚树模、冯康、郭权世、张俊德、罗定江	1954 年 5 月 20 日至 6 月 30 日	参加苏联科学院数理学部学术会议、普尔柯伐天文台修复开幕典礼，以及 1954 年 6 月 30 日在乌克兰观测日食
3	竺可桢	1954 年 10 月 26—29 日	参加苏联科学院召开的第四届关于不稳态星的宇宙学问题会议
4	孙敬之、施雅风	1955 年 2 月 3—10 日	参加苏联地理学会第二次会员代表大会和学术讨论
5	胡宁	1955 年 3 月 31 日至 4 月 6 日	参加全苏量子动力学与基本粒子理论会议，并宣读论文
6	赵以炳、周金黄	1955 年 5 月 19—28 日	参加苏联科学院召开的全苏生物学药学大会
7	王淦昌、薛禹毅	1955 年 7 月 1—5 日	参加苏联科学院讨论和平利用原子能会议
8	张钰哲、戴文赛	1955 年 9 月 19—23 日	参加苏联科学院克里米亚天体物理观象台开幕典礼和学术讨论
9	祖德明	1955 年 10 月 28 日至 11 月 10 日	参加苏联科学院纪念米丘林百周年诞辰大会，致祝词并作报告
10	徐叙瑢	1955 年 10 月 20—30 日	参加苏联科学院召开的半导体会议
11	团长钱三强，副团长彭桓武、冯麟、力一、何泽慧与团员黄祖洽、黄胜年等"热工实习团"成员 40 余人	1955 年 10 月至 1956 年	钱三强同彭桓武率领"热工实习团"19 人先期在苏联参加重水反应堆和回旋加速器的设计审查；1955 年 11 月该团其他人员到达莫斯科后集中接受培训和进行实习
12	曾远荣、徐利治、田方增	1956 年 1 月 17—24 日	参加在苏联莫斯科召开的全苏泛函分析及其应用问题会议，作了报告，并参加小组讨论
13	熊毅、宋达泉	1956 年 1 月 28 日至 2 月 3 日	参加在苏联莫斯科召开的全苏土壤学家会议。熊毅在会上宣读了论文《中国盐碱土分区》。会后参观了苏联科学院土壤研究所和莫斯科大学生物土壤系等
14	闵乃大、吴畿康①、胡世华、张效祥、徐献瑜、林建祥	1956 年 3 月 12—17 日	参加在苏联莫斯科召开的苏联数学机械与数学仪器制造发展途径会议。会上报告了论文，会后参观了精密仪器、苏联科学院精密机械与计算技术研究所等
15	杨承宗、郭燮贤、徐康	1956 年 3 月 30 日至 4 月 14 日	参加苏联科学院召开的关于同位素在催化中的应用会议。会上报告了论文，会后参观
16	王淦昌、朱洪元	1956 年 5 月 14—20 日	参加在苏联莫斯科召开的苏联第一届全苏高能粒子物理学会议。会上作了报告，会后参观

———————————

① 吴畿康后改名为吴几康。

序号	专家姓名或代表团名称	活动时间	活动内容
17	葛庭燧、苟清泉、张开义	1956 年 5 月 23—29 日	参加苏联科学院召开的磁现象物理会议。葛庭燧在会上报告了论文《内耗测量作为磁学研究的一种方法》。会后参观了苏联科学院物理问题研究所、乌拉尔分院金属物理研究所和莫斯科大学等
18	钱学森	1956 年 6 月 16 日至 7 月 23 日	赴苏联访问、讲学，共作了 3 次学术报告，进行了 4 次专题座谈，访问参观了 17 个研究所和试验站
19	张有萱、朱物华	1956 年 6 月 21 日	参加在苏联莫斯科召开的苏联热工控制及自动化仪表会议。会上作了报告，会后参观
20	华罗庚、钱学森、陈建功、李俨、吴文俊	1956 年 6 月 25 日至 7 月 5 日	参加在苏联莫斯科召开的苏联第三届数学大会。在会上，华罗庚作了报告《典型域上的调和分析》《Tarry 问题》；陈建功作了报告《Faber 多项式 Cesaro 平均逼近问题》；钱学森作了报告《关于 PLK 方法的几点注记》；李俨作了报告《中国数学史的几个问题》；吴文俊作了报告《多面体在欧氏空间中的实现问题》。会议闭幕后，部分代表留在莫斯科与苏联科学家谈有关规划的问题，并参观了苏联科学院精密机械与计算技术研究所
21	张作梅、邹元爔、裘锡侯	1956 年 6 月 26—30 日	参加苏联高温研究实验技术和方法会议，作了报告《关于液态高炉型渣的热力学》。会后参观有关单位
22	古生物代表团（代表杨钟健、周明镇、斯行健、赵金科）	1956 年 8 月 16 日至 11 月 4 日	赴莫斯科、列宁格勒、爱沙尼亚共和国、乌克兰共和国等访问与专业有关的研究机关和学校
23	团长陈宗器，团员朱岗昆、吕保维、陈洪鹗、胡青	1956 年 8 月 20—25 日	参加在苏联莫斯科召开的国际地球物理年专门委员会东欧国家区域会议，报告并讨论太阳活动和经度、纬度、气象学等
24	李珩、万籁	1956 年 8 月 23—25 日	参加在苏联列宁格勒召开的天体测量讨论会，讨论微量问题
25	中国科学院计算技术考察团（团长闵乃大，副团长王正，团员徐晓瑜、周寿宪、吴几康、蒋士飞、夏培肃、范新弼、孙肃、严又光、莫根生，秘书何绍宗）	1956 年 9 月 12 日至 12 月 2 日	根据十二年科技规划和"四大紧急措施"，赴苏联科学院及其他有关部门考察、学习计算技术的新成就与如何建立计算技术研究所和开办计算技术训练班的经验
26	龚树模、沈良照	1956 年 9 月 19—24 日	参加在苏联尤比拉康召开的苏联不稳定星会议，并参加苏联亚美尼亚加盟共和国比拉干天文台开幕典礼，参观比拉干天体物理台
27	龚树模、沈良照	1956 年 9 月 28—30 日	参加在苏联召开的天文学太阳委员会会议，参观克里米亚天体物理台、阿巴斯杜曼尼天体物理台和古登堡天文研究所等
28	李善邦、李宗元	1956 年 9 月 25—30 日	参加苏联科学院地球物理研究所学术委员会和地震学委员会科学年会
29	朱荣昭	1956 年 10 月 1—5 日	参加苏联第四次电化学会议，作报告《中国的电化学研究概况》。会后参观苏联科学院物理化学研究所和莫斯科电化学教研室等
30	根据第四届中苏技术合作赴苏联考察队（严济慈等 38 人）	1956 年 12 月 20 日至 1957 年 2 月	—
31	梅镇岳、庆承瑞	1957 年 1 月 25 日	参加在苏联列宁格勒召开的苏联光谱学 Γ 线会议
32	王葆仁、钱保功、胡亚东	1957 年 1 月 28 日	参加在苏联莫斯科召开的苏联第四次高分子化学会议。会后参观化工学院、莫斯科塑料研究所、苏联科学院有机化学研究所、重工业部全苏合成橡胶科学研究所等

续表

序号	专家姓名或代表团名称	活动时间	活动内容
33	杨承宗、张曼唯、赵博泉	1957年3月25日至4月2日	参加在苏联莫斯科召开的苏联第一届全苏辐射化学学术会议，并参观了莫斯科大学、苏联科学院物理化学研究所和化学工业部卡波夫物理化学研究所有关辐射化学的实验室
34	陆学善、章综	1957年3月25—28日	参加在苏联莫斯科召开的苏联第二次晶体化学会议。陆学善作了报告《铝、铜、镍三元合金系中τ相的晶体结构》
35	杨承宗、张青莲、吴桓兴	1957年4月4日	参加在苏联莫斯科召开的苏联放射性稳定同位素应用会议
36	秦仁昌、侯学煜	1957年5月9—17日	参加在苏联列宁格勒召开的全苏植物学会第二届代表大会，作了报告《中国蕨类植物区系组成和地理分布》《关于指示植物的概念》
37	刘东生、裴文中	1957年5月16—27日	参加苏联第四纪问题会议
38	庄育智	1957年5月17—26日	参加在苏联莫斯科召开的苏联金属系统状况图会议，并参观了斯大林钢院金相、X射线实验室，莫斯科大学金属物理及普通化学实验室、苏联科学院冶金研究所等
39	张友端	1957年5月20—25日	参加在苏联召开的维生素第四次全苏会议
40	熊子璥	1957年5月27—31日	参加在苏联莫斯科召开的全苏半导体材料会议第三届会议。会后参观物理研究所[①]、莫斯科大学等
41	马大猷	1957年6月24—29日	参加苏联声学会议
42	殷宏章	1957年8月19日	参加在苏联莫斯科召开的地球上生命的起源会议。会后参观苏联科学院动物研究所、植物研究所、生物化学研究所、植物生理研究所等
43	吴文	1957年9月20日	参加在苏联列宁格勒召开的燃气轮机会议
44	中国科学院代表团（团长郭沫若，团员竺可桢、杜润生、冯德培、刘导生、吴学周、于光远）	1957年11月1日至12月中旬	签订中苏两国科学院合作议定书和中国科学院、苏联科学院1958年科学合作议定书
45	虞福春、于敏	1957年11月19日	参加在苏联莫斯科召开的微能和中能核子反应会议
46	闵乃大、罗沛霖	1957年11月25日	参加在苏联莫斯科召开的磁放大器和无接触元素会议
47	梁树权、刘静宜、严仁荫	1957年11月28日	参加在苏联莫斯科召开的络合物的理论及其在分析化学中的应用会议
48	严仁荫、刘静宜、梁树权	1957年12月2日	参加在苏联莫斯科召开的放射性同位素及其在分析化学中的应用会议，并参观苏联科学院元素有机化合物研究所、莫斯科大学等
49	周同庆	1957年12月2日	参加在苏联莫斯科召开的第二次光谱学会议
50	曹天钦	1958年1月20—24日	参加在苏联莫斯科召开的蛋白质会议
51	吴冰颜、蔡启瑞、郭燮贤、陶宏、吴越	1958年3月20—24日	参加在苏联莫斯科召开的催化作用的物理学和物化会议
52	邱宝剑	1958年4月12日至7月12日	在苏联考察、访问
53	周行健	1958年4月16—21日	参加在苏联列宁格勒召开的现代压延新成就的科学技术会议
54	陈焕镛、黄观程	1958年4月27日至7月28日	在苏联考察、访问

①　原文为"物理研究所"，应指苏联科学院物理研究所。

序号	专家姓名或代表团名称	活动时间	活动内容
55	李璞	1958 年 4 月 27 日至 7 月 28 日	在苏联考察、访问
56	沈梓培	1958 年 5 月 12—18 日	参加在苏联莫斯科召开的全苏土壤学会议，报告了论文。会后进行了土壤考察旅行
57	张钰哲	1958 年 5 月 20—22 日	参加在苏联哈尔科夫召开的行星物理会议，被指定为主席团成员之一，访问了莫斯科大学史天堡天文台
58	李璞	1958 年 5 月 20—30 日	参加在苏联塔什干召开的第一届岩类学会议，了解苏联在岩类学方面的情况，并考察了中国科学院和苏联科学院合作项目执行情况
59	柳先、王明	1958 年 5 月 24 日至 9 月 18 日	在苏联考察、访问
60	张钰哲	1958 年 5 月 27—30 日	参加在苏联基辅召开的第 14 届天体测量会议，作了《关于中国方面天体测量工作的报告》
61	顾德欢	1958 年 6 月 1 日至 8 月 19 日	在苏联考察、访问
62	王群	1958 年 6 月 3—5 日	参加在苏联莫斯科召开的二冲程度发动机的现状和发展远景的科学技术会议
63	王群	1958 年 6 月 10—12 日	参加在苏联莫斯科召开的柴油机内的燃烧和混合物形成会议。会后将有关书面资料带回国内，对工作有很大帮助
64	汪德昭	1958 年 6 月 10 日至 8 月 19 日	在苏联考察、访问
65	顾功叙、秦菱馨、林中洋	1958 年 6 月 10 日至 8 月 20 日	在苏联考察、访问
66	严济慈、周仁、高景之、张沛霖、周忠华、史宗法、张兴富、黄培云、张学成、魏祖治、颜鸣皋、刘翔声	1958 年 6 月 16 日至 7 月 20 日	在苏联考察、访问
67	李铁藩、邱玉池	1958 年 6 月 24—27 日	参加在苏联莫斯科召开的金属中气体的测定会议
68	周仁、张沛霖	1958 年 7 月 1—10 日	参加在苏联莫斯科召开的冶金中真空应用会议。会后执行中国科学院与苏联科学院合作项目
69	傅承义、谢毓寿	1958 年 7 月 8 日至 9 月 6 日	在苏联考察、访问
70	郑作新	1958 年 7 月 8 日至 10 月 8 日	在苏联考察、访问
71	曲仲湘	1958 年 7 月 25 日至 9 月 15 日	在苏联考察、访问
72	张钰哲、程茂兰、朱人俊、李珩	1958 年 8 月 12—20 日	参加在苏联莫斯科召开的国际天文学协会第十次代表大会
73	白敏、陈述彭、宁笃义	1958 年 8 月 29 日至 9 月 15 日	参加在苏联莫斯科召开的大地图集会议
74	王应睐、曹天钦、沈昭文	1958 年 9 月 12 日至 10 月 2 日	在苏联考察、访问
75	蔡邦华	1958 年 9 月 23 日至 12 月 23 日	在苏联考察、访问

序号	专家姓名或代表团名称	活动时间	活动内容
76	张香桐	1958 年 10 月 6—11 日	参加在苏联莫斯科召开的动物与人类高级神经活动过程国际讨论会
77	张为申、胥彬、甄永苏	1958 年 10 月 20—22 日	参加在苏联莫斯科召开的寻找抗癌、抗菌素的途径和方法会议。张为申报告了中国抗菌素的情况和今后的发展，并代表中国抗菌素工作者向大会致祝词。胥彬报告放线菌素 K 的研究。会后参观了有关研究所
78	赵九章、卫一清、杨树智、杨嘉墀、钱骥、何大智	1958 年 10 月 14 日至 12 月 31 日	在苏联考察、访问
79	于津生、洪文兴	1958 年 10 月 27 日	在苏联考察、访问
80	李万英	1958 年 11 月 12—18 日	参加在苏联莫斯科召开的提高森林生产会议，报告了论文
81	司幼东	1958 年 12 月 9 日至 1959 年 1 月 26 日	在苏联考察、访问
82	林兰英	1959 年 1 月 27 日至 2 月 28 日	在苏联考察半导体方面的研究
83	倪哲明	1959 年 3 月 13 日至 1960 年 3 月	在苏联执行项目
84	顾德欢、黄武汉	1959 年 3 月 16 日至 5 月 16 日	在苏联执行项目和商谈 1960 年电子学方面的计划
85	杨石先、柳大纲	1959 年 3 月 16—23 日	参加在苏联莫斯科召开的第八届普通及应用化学门德列也夫大会，介绍了现代化学中的一些基本问题。会后访问了一些机构
86	吴乾章、田静华	1959 年 3 月 21 日至 4 月 1 日	参加在苏联莫斯科召开的全苏第二届晶体会议。会后访问了一些机构
87	刘建洲、风维	1959 年 4 月 28 日至 6 月底	了解苏联综合运输问题
88	李明哲、龚祖同、邓锡铭	1959 年 4 月 30 日至 6 月 10 日	了解苏联光学精密仪器发展情况
89	李家骧	1959 年 5 月 16 日	在苏联执行项目
90	刘春奎	1959 年 6 月 6 日至 7 月 6 日	在苏联执行项目
91	顾功叙、吴杰	1959 年 6 月 8—15 日	参加在苏联莫斯科召开的电磁探测法会议
92	李善邦	1959 年 6 月 8 日至 7 月 14 日	参加在苏联伊尔库茨克召开的地震大地构造会议，宣读了论文
93	张文佑	1959 年 6 月 10 日至 8 月中旬	在苏联商谈合编欧亚大地图问题
94	顾震潮	1959 年 6 月 13 日至 7 月 6 日	参加在苏联莫斯科召开的云雾物理会议，并参观
95	张文裕、彭桓武、吕敏	1959 年 7 月 6—11 日	参加在苏联莫斯科召开的国际宇宙线会议，宣读了论文
96	彭桓武、张文裕等 15 人	1959 年 7 月 15—25 日	参加在苏联基辅召开的国际高能物理会议，宣读了论文
97	刘恢先	1959 年 9 月 22 日至 11 月 2 日	在苏联考察、访问
98	张恩虬	1959 年 10 月 21—28 日	参加在苏联莫斯科召开的阴极电子学会议

序号	专家姓名或代表团名称	活动时间	活动内容
99	屠善澄	1959 年 10 月 26—31 日	参加在苏联莫斯科召开的物理、数学模拟会议，作了简要报告
100	唐锡华	1959 年 11 月 12—17 日	参加在苏联莫斯科召开的高等植物形态建议会议

资料来源：中国科学院参加国际科学会议统计表//中国科学院办公厅. 中国科学院资料汇编（1949—1954）. 北京：中国科学院办公厅，1955：276；大事记//中国科学院办公厅. 中国科学院资料汇编（1949—1954）. 北京：中国科学院办公厅，1955：294-298；中国科学院 1955 年派遣科学家代表（团）出国统计表//中国科学院学术秘书处. 中国科学院年报，1955：212；尹达. 认真学习苏联考古学者的宝贵经验和工作作风. 科学通报，1954，（8）：66-69；竺可桢. 竺可桢全集. 第 13 卷. 上海：上海科技教育出版社，2007：547-550；葛能全. 钱三强年谱长编. 北京：科学出版社，2013：260-262；中国科学院 1956 年派遣科学家代表（团）出国统计表//中国科学院办公厅. 中国科学院年报，1956：312-317；中国科学院 1957 年派遣科学家代表（团）出国统计表//中国科学院办公厅. 中国科学院年报，1957：392-396；中国科学院 1958 年派遣科学家代表（团）出国统计表//中国科学院办公厅. 中国科学院年报，1958：252-257；中国科学院 1959 年派遣科学家出国统计表//中国科学院办公厅. 中国科学院年报，1959：218-220.

这 100 次活动中，1954—1957 年不断增多，1954 年 3 次，1955 年 8 次，1956 年和 1957 年都是 19 次；1958 年活动次数最多，有 32 次，为高峰期；1958 年之后减少，1959 年为 19 次。有的活动虽然不是参加学术会议，但学术性较强，对参加者提高业务水平具有积极影响。1955 年 10 月至 1956 年，钱三强率领的"热工实习团"在苏联的科技交流活动是其中之一。它是根据 1955 年 4 月 27 日中苏两国签订的《关于苏维埃社会主义共和国联盟援助中华人民共和国发展原子能核物理研究事业以及为国民经济需要利用原子能的协定》，由我国 40 余位知名专家、科技骨干，以及刚毕业或在读研究生和留学生在苏联热工研究所学习和考察反应堆和加速器等相关技术的科技交流活动[1]。其前后历时近一年。"热工实习团"成员在活动中顺利完成了钱三强要求的"弄懂学会的"任务，这为他们后来的工作打下了基础[2]。

1953 年中国科学院代表团访问苏联后，中国专家在苏联也不乏参观、访问活动。例如，1953 年 5 月中国代表团在维也纳参加世界医学会议后，应邀访问苏联。在苏联期间，代表团参观 15 个医药教育机构、15 个研究机构、10 个医疗机构和 1 个药房，其中包括莫斯科药学院、列宁格勒药学院、莫斯科草药研究所。[3]又如，1954 年 11 月 2 日至 12 月 8 日中华全国科学技术普及协会访苏代表团访问苏联。这次访问由苏联对外文化协会、全苏政治与科学知识普及协会邀请。代表团由 25 人组成，其中包括中华全国科学技术普及协会常务委员会委员、各地分会负责人，以及中华全国总工会和中国新民主主义青年团中央委员会等单位的代表。其主要任务是学习全苏政治与科学知识普及协会"组织广大知识界向人民传播知识的经验，以改进我国科学技术普及工作，并增进中苏两国人民的伟大友谊"[4]。

中华全国科学技术普及协会访苏代表团访问了全苏政治与科学知识普及协会、乌克兰苏维埃社会主义共和国协会、莫斯科市分会，莫斯科省、列宁格勒省、罗斯托夫省、日托米尔省分会暨上述诸省所属的 5 个市、区分会。在全苏政治与科学知识普及协会，

[1] 关于"热工实习团"的成立背景和情况，详见葛能全. 魂牵心系原子梦：钱三强传. 北京：中国科学技术出版社，2013：277-282.

[2] 葛能全. 钱三强年谱长编. 北京：科学出版社，2013：260-261.

[3] 薛愚. 我所看到的苏联的药学研究与教育工作. 科学通报，1954，（2）：20-22.

[4] 中华全国科学技术普及协会访苏代表团工作报告. 科学通报，1955，（7）：48.

代表团听取了该协会理事会主席奥巴林院士关于《全苏政治与科学知识普及协会的工作》的报告与其他关于该协会口头和文字宣传的方针和内容、学组的作用、办公机构的组织等报告。代表团还听取了该协会理事会的 4 个学组和办公机构的 6 个工作部门的情况介绍。在该协会的地方组织，代表团听取了 5 个总的工作报告和所属 9 个学组、2 个会员小组、1 个集体农庄讲演站的情况介绍。①

此外，中华全国科学技术普及协会访苏代表团访问了技术博物馆、列宁格勒科学技术宣传馆、中央技术图书馆、中央讲演厅、知识出版社、《科学与生活》编辑部和《国际生活》编辑部等 7 个全苏政治与科学知识普及协会的附属机构。而且，代表团还访问了苏联科学院主席团、苏联工会中央理事会、苏联列宁共产主义青年团中央委员会、苏联农业部、俄罗斯苏维埃联邦社会主义共和国文化部、中央卫生教育科学研究所等在工作上与全苏政治与科学知识普及协会有联系的机构。这次访问使代表团成员认识到苏联知识界对待该协会工作积极而又严肃的精神并深受感动。②

中国专家在苏联的科技交流活动在 1958 年之后式微。1960 年 7 月，苏联政府单方面撤回在中国工作的全部专家和学者，取消了中苏之间的科技合作协定和计划③，中苏关系恶化。中国专家在苏联的科技交流活动大幅度减少。1966 年"文化大革命"爆发，这场持续十年之久的政治运动使中国的科技事业遭受极严重的破坏，科研机构和高校都长期停止业务工作，国际科技交流与合作活动处于基本停滞状态。中国专家在苏联的科技交流活动基本停顿。

第四节 苏联专家向中国的派遣及其科技活动

一、中共中央的努力与苏联专家向中国的派遣

中华人民共和国成立前，在中共中央的要求下，苏联已派遣大批专家来华④。苏联第一批专家由交通部副部长科瓦廖夫（И. В. Ковалёв）率领，由包括 50 名工程师、52 名技师、220 名技术人员和熟练工的铁路专家，1948 年 6 月抵达东北。任务是援助中国共产党修复东北铁路网。1949 年 8 月刘少奇结束访苏任务后，带回 220 名苏联高级经济干部和工程师。至 1950 年 1 月，在华苏联专家已有 2200 余人。其中绝大部分是海军专家、空军专家等军事人员，科技专家较少。⑤而新中国要发展科技事业，恢复和发展国民经济，进行国家建设，首先需要的是大量的苏联科技专家。为此，中共中央付出了巨大的努力。

1950 年 3 月，周恩来向苏联大使罗申提出请求，希望将苏联顾问驻华期限延长 1 年，并要求苏联增补派遣 92 名专家。苏联政府基本同意，将在华顾问工作期限延长 1 年，

① 中华全国科学技术普及协会访苏代表团工作报告. 科学通报，1955，（7）：48.
② 中华全国科学技术普及协会访苏代表团工作报告. 科学通报，1955，（7）：48，52.
③ 薛士鉴，张松龄，蒋桂玲，等. 中国科学院国际科技合作五十年（1949—1999）. 院史资料与研究，1999，（5）：9.
④ 对苏联派遣来华工作人员，本书如无特殊说明，统称苏联专家。
⑤ 沈志华. 苏联专家在中国（1948—1960）. 北京：新华出版社，2009：13-63.

增派了 91 名顾问。①3 月 30 日，毛泽东致函斯大林，请求苏联政府向"我们的北京人民大学和南京大学派遣 60 名教授和教师"②。4 月 7 日，苏共中央政治局会议讨论了"关于一组苏联教授和讲师到中国出差的问题"，批准《苏联部长会议关于一组苏联教授和讲师到中国出差的决议（草案）》，责成中央前往境外事务委员会伊万诺夫加快审理这一问题③。

《苏联部长会议关于一组苏联教授和讲师到中国出差的决议（草案）》规定，苏联派一组教授和讲师到中国人民大学、北京师范大学和南京大学工作；由苏联高等教育部卡夫塔诺夫、俄罗斯联邦教育部凯洛夫、对外贸易部缅希科夫于 1950 年 5 月 15 日前挑选出 42 名教授、副教授和讲师前往中国工作 2 年。其中，包括国民经济计划学教授、副教授各 1 名，统计学教授 1 名，金融和货币流通学教授、副教授各 1 名，货币、信用和贷款学讲师 1 名，会计核算学理论教授、副教授各 1 名，货币流通和银行贷款学教授、副教授各 1 名，工业企业的组织和计划学教授、副教授各 1 名，逻辑学副教授 1 名，俄语副教授 2 名、讲师 6 名，教育学副教授 2 名，俄语教学法副教授 1 名，生物学讲师 2 名，以及马克思列宁主义基础、国家法规和国家制度理论等学科教师 16 名。④也就是说，苏联政府这次决定选派 42 名教师，未能完全满足毛泽东的请求。

重工业部代部长何长工于 1951 年元旦率代表团赴莫斯科，主要谈判苏联援助新中国创建航空工业问题。1 月 9 日，他根据中央政府的委托，向苏共中央政治局委员、外交部部长维辛斯基提出关于苏联紧急援助中国建立飞机修理企业、为建设生产嘎斯-51 型汽车装配厂提供人力和技术援助、加快向中国海军提供已经向苏联订购的各种设备和材料，以及参观苏联工业企业和各种重工业学校等问题。⑤解决前两个问题，均需要苏联派遣专家到中国工作。经过谈判，中苏双方签订《中苏航空工业技术协定》。苏联决定派遣 8 名顾问、100 名专家到中国。⑥

1952 年 3 月 28 日，毛泽东就合作生产橡胶与向中国提供设备和专家问题致电斯大林。在电报中，毛泽东请求苏联派遣 31 名专家和 26 名技术工人到中国工作。按照其请求，这些专家和技术工人分为 3 组。第一组：2 名机械专家、3 名机械工程师，于 4 月底到中国，以便参加拖拉机站的场所、修理场所和燃料库的计划工作。第二组：1 名种植橡胶树的高级专家、1 名育种专家、3 名育苗专家、4 名组建国营农场专家、1 名研究橡胶的科学工作者，以及 4 名树苗栽培专家，于 5 月底到中国。第三组：2 名机械专家、

---

① 沈志华. 苏联专家在中国（1948—1960）. 北京：新华出版社，2009：73.
② 毛泽东致斯大林函：向中国派遣苏联教师（1950 年 3 月 30 日）//沈志华. 俄罗斯解密档案选编：中苏关系. 第 2 卷. 上海：东方出版中心，2014：370.
③ 联共（布）中央政治局决议：苏联教授和讲师到中国出差（1950 年 4 月 7 日）//沈志华. 俄罗斯解密档案选编：中苏关系. 第 2 卷. 上海：东方出版中心，2014：377.
④ 联共（布）中央政治局决议：苏联教授和讲师到中国出差（1950 年 4 月 7 日）//沈志华. 俄罗斯解密档案选编：中苏关系. 第 2 卷. 上海：东方出版中心，2014：378-379.
⑤ 维辛斯基与何长工谈话纪要：给予中国技术援助事宜（1951 年 1 月 10 日）//沈志华. 俄罗斯解密档案选编：中苏关系. 第 3 卷. 上海：东方出版中心，2014：197-198.
⑥ 何长工. 何长工回忆录. 北京：解放军出版社，1987：442-448.

10 名机械工程师、26 名技术修理工，于 6 月底到中国。①4 月 4 日，斯大林致电毛泽东，同意按其请求向中国派遣苏联专家②。

此后，周恩来率中国代表团于 1952 年 8 月 17 日抵达莫斯科。目的之一是就制定和实施新中国发展国民经济的第一个五年计划，寻求苏联政府的帮助。8 月 20 日周恩来在同斯大林的会谈中提出希望从苏联得到 800 名专家③。9 月 3 日周恩来又与斯大林会谈，主要谈新中国发展国民经济的第一个五年计划，涉及向苏联申请派专家的问题。周恩来提出从 1953 年起中国需要 190 名新的财经专家、417 名军事专家、140 名医科等学校教师，此外还需要军工专家。斯大林表示"我们要派，但派多少难说"④。

在此情况下，1952 年 9 月 8 日周恩来与苏联外交部部长莫洛托夫会谈谈到苏联专家到中国出差问题时，请求首先要考虑关于派遣部分苏联专家问题，因为现在中国急需这些专家。但莫洛托夫说苏联政府的意见是在中国工作的部分苏联专家没有得到充分的利用，再次请求派往中国工作的苏联专家的数量太多，所以这些请求很难满足。周恩来遂再次请求研究关于马上派遣部分苏联专家到中国工作的问题，说中国方面还不善于充分利用苏联专家。周恩来提议让苏联负责经济问题的总顾问经常就苏联专家的使用问题提出自己的意见，并使中国政府注意，以便使得在中国的苏联专家的工作更加有效。对此，莫洛托夫表示一些苏联专家未必都必须在中国工作。⑤尽管苏方不愿多派专家，但中方仍努力争取。9 月 21 日周恩来致函莫洛托夫，要求 1953 年向中国增派 237 名苏联专家⑥。1953 年 7 月，中国政府要求苏联再增派 172 名技术专家⑦。

1953 年 3 月 5 日斯大林逝世后，苏联部长会议根据中国政府提出的关于向中国五年计划中的工业企业建设给予援助的请求，于该年 4 月决定向中国派遣相应的专家。其中，包括派遣 50 名地质专家到中国出差，出差期限最长 2 年，以便对地质工作的组织提供帮助，开展地质勘探工作，并在工作中培训中国的地质工作者；根据电气化远景计划、黑色和有色金属发展计划、机械制造业和船舶制造业发展计划，向中国派遣专家，"对中华人民共和国政府提供援助"；派遣苏联专家到中国出差，对拥有的物资进行技术鉴定，并根据综合利用黄河、长江和汉水上的可视能源的设计和勘探工作计划，"向中华人民共和国政府提供援助"等。⑧

1953 年 9 月赫鲁晓夫接任苏共中央第一书记，正式掌握苏联政权后，利用他在苏共

---

① 毛泽东致斯大林电：合作生产橡胶及向中国提供设备和专家（1952 年 3 月 28 日）//沈志华. 俄罗斯解密档案选编：中苏关系. 第 4 卷. 上海：东方出版中心，2014：203-204.

② 斯大林致毛泽东电：种植橡胶协议及有关问题（1952 年 4 月 4 日）//沈志华. 俄罗斯解密档案选编：中苏关系. 第 4 卷. 上海：东方出版中心，2014：208.

③ 斯大林与周恩来会谈记录：朝鲜停战及延长旅顺口协定等问题（1952 年 8 月 20 日）//沈志华. 俄罗斯解密档案选编：中苏关系. 第 4 卷. 上海：东方出版中心，2014：244-245.

④ 斯大林与周恩来会谈记录：中国五年计划的编制和朝鲜作战等（1952 年 9 月 3 日）//沈志华. 俄罗斯解密档案选编：中苏关系. 第 4 卷. 上海：东方出版中心，2014：276-279.

⑤ 莫洛托夫与周恩来会谈记录：橡胶和经济援助等问题（1952 年 9 月 8 日）//沈志华. 俄罗斯解密档案选编：中苏关系. 第 4 卷. 上海：东方出版中心，2014：287-289.

⑥ 中共中央文献研究室. 周恩来年谱（1949—1976）. 上卷. 北京：中央文献出版社，2020：253.

⑦ 沈志华. 苏联专家在中国（1948—1960）. 北京：新华出版社，2009：73.

⑧ 苏联部长会议决议草案：为中国五年计划提供援助（1953 年 4 月）//沈志华. 俄罗斯解密档案选编：中苏关系. 第 4 卷. 上海：东方出版中心，2014：355-359.

中央的地位和权力努力促进对华方针的调整，以求得到中国领导人的理解和支持，同时也通过这条渠道推动向中国提供大量经济和军事援助工作的开展①。这使中苏关系进入"蜜月"期。在中国政府的请求或要求下，苏联派遣专家来华工作人数持续增长，至1956—1957年人数达到高峰。1952年3月在中国有332名苏联顾问和教师，471名各种技术援助专家。1950—1956年7年间在中国的苏联专家有5092人。而1954年1月1日至1956年1月1日，来华进行技术援助的苏联专家即有2753人。②

二、苏联专家在中国的科技活动

1949年至1956年初是苏联专家在华开展科技活动的一个重要阶段。这一时期，苏联专家来华后利用其专业知识、经验或调研成果，指导和参与政府教育部门、高校、科研机构，以及工业企业、交通等部门的工作，并帮助中国培养科技人才。

1. 苏联专家在政府教育部门和高校的活动

1950—1952年，苏联专家阿尔辛节夫、福民、达拉巴金、顾思明、戈林娜先后担任教育部顾问。另有在北京师范大学任教的苏联专家二人兼任教育部普通教育与幼儿教育的顾问。苏联专家的主要工作是：参加部务会议、部工作会议和专业会议，介绍情况，提供意见，解答问题；开各种讲座，给训练班讲课，帮助各级教育干部和学校教师提高业务水平等。③1953年上半年，高等教育部、教育部分别邀请苏联专家福民、普希金、倪克勤、杰门杰夫、加里宁等到重庆、汉口、成都、西安、武汉、上海、北京等地为当地教育工作干部、教师开教育学、教学法讲座。苏联顾问顾思明为中等技术教育训练班讲课。④

据1952年6月的统计，在教育部所属高等学校任教的苏联专家有80人。⑤1953—1957年，高等教育系统共聘请苏联专家567人。据1954年12月底的统计，全国聘请苏联专家的高等学校已有35所。⑥苏联专家对高等学校的教学、科研工作和专业、学科建设影响甚大。北京大学、清华大学等具有代表性的高等学校的情况可以说明问题。

1953年初前后北京大学始有苏联专家。1955年1月4日前，先后有14位苏联专家到该校工作。⑦在这两年左右的时间内，北京大学13个系的35个专业的教学计划，多是在校内和外校苏联专家的帮助下，以苏联相同专业的教学计划为蓝本，并考虑到中国的具体情况，特别是考虑到国家建设的需要和教师、学生水平，经过反复修订而制成的。苏联专家在北京大学还帮助编写各门主课的教学大纲和教材，指导做实验，进行课堂讨论、教学实习、生产实习，做学年论文、毕业论文等。而且苏联专家柯诺瓦洛夫、诺沃

① 沈志华. 苏联专家在中国（1948—1960）. 北京：新华出版社，2009：132-133.
② 沈志华. 苏联专家在中国（1948—1960）. 北京：新华出版社，2009：3，73，128-145.
③ 中央教育科学研究所. 中华人民共和国教育大事记（1949—1982）. 北京：教育科学出版社，1984：71.
④ 中央教育科学研究所. 中华人民共和国教育大事记（1949—1982）. 北京：教育科学出版社，1984：80.
⑤ 中央教育科学研究所. 中华人民共和国教育大事记（1949—1982）. 北京：教育科学出版社，1984：71.
⑥ 毛礼锐，沈灌群. 中国教育通史. 第6卷. 济南：山东教育出版社，1989：162.
⑦ 江隆基. 苏联专家——我们的良师和益友. 人民日报，1955-01-04（2）.

德拉夫、苏沃洛夫分别对该校物理、化学、生物等系的建设和发展起到了很大的作用。[①]
苏联专家贝洛娃任该校数学力学系主任顾问,通过示范如何上习题课等对该系教学产
生了积极的影响[②]。

　　在苏联专家的积极提倡和鼓舞下,北京大学多数教研室的科学研究工作初步展开。
有的专家建议采用轮流作科学报告的方式,提高教师和研究生对科学研究的兴趣和能
力,有的专家鼓励研究室开科学研究会,有的专家帮助该校与校外有关部门订立科学研
究合同。苏联专家还亲自具体指导一些年轻教师进行科学研究工作,从选择题目、查阅
文献、收集资料、拟定提纲、确定基本论点,到实验室的操作技术等都给予指导。[③]这
对加强北京大学的科学研究风气起到了重要作用。

　　清华大学从 1952 年 10 月开始有苏联专家到校工作。当时该校院系调整尚在进行,
正从综合大学转变为多科性工业大学。至 1960 年,在该校工作的苏联专家先后有 63 人,
其情况如表 8-5。

表 8-5　1952—1960 年在清华大学工作的苏联专家情况一览表

序号	姓名	来自院校	职称	在清华大学所在系或教研组[④]	主要工作	在清华大学时间
1	阿谢甫柯夫	苏联新西伯利亚土建学院	教授	建筑系	系顾问,讲课	1952 年 10 月至 1953 年 7 月
2	倪克勤	苏联莫斯科动力学院	副教授	水利工程系	系顾问,建新专业	1952 年 11 月至 1954 年 7 月
3	高尔竞可	苏联莫斯科土建学院	副教授	水利工程系	建新专业,讲课	1952 年 12 月至 1954 年 7 月
4	萨多维奇	苏联列宁格勒土建学院	副教授	土木工程系	校长、系顾问,建新专业,讲课	1952 年 12 月至 1955 年 7 月
5	杰门节夫	苏联莫斯科机械制造夜大学	副教授	机械制造系	建新专业、建实验室、讲课	1952 年 12 月至 1955 年 8 月
6	科惹夫尼柯夫	苏联列宁格勒工学院	副教授	水利工程系	讲课,改建实验室	1953 年 11 月至 1955 年 7 月
7	霍佳阔夫	苏联列宁格勒电讯学院	副教授	无线电工程系	系顾问,讲课,建实验室	1953 年 11 月至 1955 年 7 月
8	斯卡昆	苏联莫斯科航空工艺学院	副教授	机械制造系	帮助建实验室,指导科研	1953 年 11 月至 1956 年 6 月
9	彼得鲁哈夫	苏联莫斯科航空学院	副教授	机械制造系	讲课,建实验室	1953 年 12 月至 1955 年 12 月

①　江隆基. 苏联专家——我们的良师和益友//江隆基. 北京大学苏联专家谈话报告集. 北京:北京大学出版社,
　　1955:2-3.
②　丁石孙口述,袁向东,郭金海访问整理. 有话可说——丁石孙访谈录. 长沙:湖南教育出版社,2017:75-76.
③　江隆基. 苏联专家——我们的良师和益友//江隆基. 北京大学苏联专家谈话报告集. 北京:北京大学出版社,
　　1955:3.
④　该栏各系名称,据如下文献:陈旭,贺美英,张再兴. 清华大学志:1911—2010. 第 1 卷. 北京:清华大学出
　　版社,2018:897-898;清华大学工作检查汇报(草稿)(节选)(1954 年 11 月 6 日)//清华大学校史研究室. 清
　　华大学史料选编. 第 6 卷. 第 1 分册. 北京:清华大学出版社,2007:76.

序号	姓名	来自院校	职称	在清华大学所在系或教研组	主要工作	在清华大学时间
10	伊里绰夫	苏联莫斯科土建学院	副教授	建筑系	系顾问，讲课，建实验室、资料室	1953 年 12 月至 1954 年 6 月
11	巴然诺夫	苏联哈尔科夫工学院	副教授	电机工程系	系顾问，讲课，建实验室	1953 年 12 月至 1955 年 8 月
12	捷列文斯科夫	苏联高尔基土建学院	副教授	土木工程系	系顾问，讲课，建实验室，科研	1953 年 12 月至 1955 年 12 月
13	巴巴诺夫	苏联列宁格勒工学院	副教授	物理教研组	校长顾问，讲课	1953 年 12 月至 1955 年 12 月
14	米哈辽夫	苏联列宁格勒工学院	副教授	动力机械系	校长顾问，讲课，建实验室	1954 年 10 月至 1955 年 7 月
15	奥梅里谦柯	苏联哈尔科夫工学院	副教授	电机工程系	讲课，建实验室	1954 年 10 月至 1956 年 7 月
16	日伏夫	苏联哈尔科夫工学院	副教授	机械制造系	讲课，建实验室	1954 年 10 月至 1956 年 10 月
17	季瓦阔夫	苏联莫斯科自动机械工学院	副教授	动力机械系	讲课，建实验室	1954 年 10 月至 1956 年 9 月
18	卓洛塔廖夫	苏联莫斯科动力学院	教授	水利工程系	讲课，编写讲义，建实验室	1954 年 11 月至 1955 年 6 月
19	德拉兹道夫	苏联莫斯科建筑工程学院	副教授	土木工程系	讲课，建实验室	1955 年 1 月至 1955 年 7 月
20	萨洛夫	苏联乌拉尔工学院	副教授	机械制造系	讲课，建实验室，指导科研	1955 年 8 月至 1957 年 6 月
21	勃里斯库诺夫	苏联列宁格勒电工学院	讲师	无线电工程系	讲课，建实验室，指导科研	1955 年 8 月至 1957 年 7 月
22	阿凡钦柯	苏联列宁格勒土建学院	副教授	建筑系	校长、系顾问，讲课，建资料室	1955 年 9 月至 1957 年 9 月
23	斯捷范诺夫	苏联列宁格勒工学院	副教授	电机工程系	建新专业，讲课，建实验室，指导科研	1955 年 9 月至 1957 年 9 月
24	萨普雷金	苏联列宁格勒航空仪器制造学院	副教授	无线电工程系	建新专业，建实验室，讲课	1955 年 9 月至 1957 年 7 月
25	郭列诺夫	苏联莫斯科机床学院	副教授	机械制造系	讲课，开出试验，指导毕业设计	1956 年 8 月至 1957 年 8 月
26	翟柯夫	苏联列宁格勒电工学院	副教授	电机工程系	讲课，建实验室	1956 年 8 月至 1958 年 6 月
27	齐斯佳柯夫	苏联莫斯科动力学院	副教授	动力机械系	校长顾问，讲课，建实验室	1956 年 10 月至 1958 年 10 月
28	瓦采脱	苏联哈尔科夫工学院	副教授	工程物理系	系顾问，讲课，建新专业，建实验室	1956 年 10 月至 1958 年 10 月
29	苏启林	苏联列宁格勒工学院	副教授	电机工程系	建新专业，讲课，建实验室	1956 年 10 月至 1958 年 7 月

续表

序号	姓名	来自院校	职称	在清华大学所在系或教研组	主要工作	在清华大学时间
30	格林别克	苏联列宁格勒工学院	副教授	工程物理系	建新专业，讲课，建实验室	1956 年 10 月至 1957 年 7 月
31	库兹明	苏联莫斯科土建学院	副教授	水利工程系	讲学，指导课程设计，科研	1957 年 3 月至 1957 年 8 月
32	鲁吉扬诺夫	苏联莫斯科航空学院	副教授	机械制造系	短期讲学，指导实验工作	1957 年 4 月至 1957 年 7 月
33	沙尔达特金娜	苏联莫斯科动力学院	副教授	电机工程系	讲课，指导科研	1957 年 8 月至 1958 年 6 月
34	斯捷潘诺夫	苏联莫斯科印刷机械学院	讲师	机械制造系	示范讲课，专题报告	1957 年 8 月至 1958 年 6 月
35	鲍里索夫	苏联莫斯科动力学院	副教授	无线电工程系	讲课，建实验室，指导科研	1957 年 9 月至 1959 年 12 月
36	马尔金	苏联莫斯科动力学院	副教授	动力机械系	讲课，指导毕业设计，建实验室	1957 年 10 月至 1959 年 5 月
37	克洛里	苏联列宁格勒光机学院	副教授	电机工程系	建新专业，讲课，指导毕业设计	1957 年 11 月至 1958 年 11 月
38	萨宁	苏联莫斯科大学	教授	工程物理系、机械制造系	建新专业，讲课	1957 年 11 月至 1958 年 7 月
39	季诺维也夫	苏联莫斯科全苏函授大学	教授	机械制造系	讲课，指导教学工作	1958 年 1 月至 1958 年 7 月
40	苏达里柯夫	苏联莫斯科化工学院	副教授	工程物理系	讲课，指导毕业设计，建实验室	1958 年 2 月至 1959 年 1 月
41	高尔布诺夫	苏联拖姆斯克工学院	总工程师	工程物理系	指导加速器设计，调整工作	1958 年 7 月至 1959 年 6 月
42	阿纳尼耶夫	苏联拖姆斯克工学院	副教授	工程物理系	讲课，指导教学工作	1958 年 7 月至 1959 年 6 月
43	别尔金	苏联拖姆斯克工学院	副教授	工程物理系	讲课，写讲义	1958 年 9 月至 1959 年 10 月
44	郭洛瓦涅夫斯基	苏联列宁格勒电工学院	副教授	无线电电子学系[①]	讲课，指导毕业设计，指导科研	1958 年 9 月至 1960 年 7 月
45	奇尔金	苏联列宁格勒电工学院	副教授	无线电电子学系	讲课，指导教学、科研，建实验室	1958 年 10 月至 1959 年 7 月
46	日里辛	苏联列宁格勒电工学院	副教授	电机工程系	短期讲学，指导科研	1958 年 11 月至 1959 年 2 月
47	潘宁伯	苏联莫斯科动力学院	副教授	无线电电子学系	讲课，指导教学、科研	1958 年 12 月至 1959 年 10 月

① 1958 年 7 月，清华大学无线电工程系改称无线电电子学系。参见清华大学关于各系及专业调整的议决事项——1957—1958 年度校务行政会第 7 次扩大会议记录（1958 年 7 月 3 日）//清华大学校史研究室. 清华大学史料选编. 第 6 卷. 第 1 分册. 北京：清华大学出版社，2007：549-550.

序号	姓名	来自院校	职称	在清华大学所在系或教研组	主要工作	在清华大学时间
48	雷比耶夫	苏联全苏建筑工程函授学院	副教授	水利工程系	指导建新专业，指导科研	1959年2月至1959年6月
49	伏洛比约夫	苏联拖姆斯克工学院	教授	工程物理系	短期讲学	1959年4月至1959年6月
50	鲁萨柯夫	苏联莫斯科工程物理学院	副教授	工程物理系	讲课，写讲义	1956年6月至1959年12月
51	伊万诺夫	苏联莫斯科工程物理学院	副教授	工程物理系	讲课，写讲义	1959年6月至1959年9月
52	格鲁全	苏联莫斯科工程物理学院	教授	工程物理系	讲课，写讲义，指导实验	1959年6月至1959年10月
53	马特维也夫	苏联莫斯科工程物理学院	教授	工程物理系	讲课，写讲义，指导教学	1959年10月至1959年12月
54	阿尔明斯基	苏联莫斯科工程物理学院	副教授	自动控制系	讲课，指导教学，建实验室	1959年10月至1959年12月
55	瓦斯克列申斯基	苏联莫斯科工程物理学院	副教授	工程化学系	短期讲学	1959年10月至1960年1月
56	古宾	苏联莫斯科建筑工程学院	教授	水利工程系	指导教学，建实验室	1959年11月至1960年1月
57	托尔斯佳柯夫	苏联列宁格勒电工学院	副教授	无线电电子学系	讲课，指导毕业设计，建实验室	1959年12月至1960年8月
58	契斯佳柯夫	苏联莫斯科工程物理学院	讲师	无线电电子学系	讲课，指导实验室工作	1959年12月至1960年2月
59	尤洛娃	苏联莫斯科工程物理学院	副教授	工程物理系	讲课，指导教学和实验室工作	1960年2月至1960年3月
60	鲁缅采夫	苏联莫斯科工程物理学院	研究员	工程物理系	指导科研、毕业设计	1960年3月至1960年5月
61	希霍夫	苏联莫斯科工程物理学院	副教授	工程物理系	讲课	1960年3月至1960年5月
62	卡塔里尼柯夫	苏联莫斯科化工学院	助教	工程化学系	讲课	1960年4月至1960年8月
63	马切涅夫	苏联高尔基无线电物理研究所	工程师	无线电电子学系	讲课，指导科研	1960年5月至1960年8月

资料来源：陈旭，贺美英，张再兴. 清华大学志：1911—2010. 第1卷. 北京：清华大学出版社，2018：897-901.

这63位苏联专家来自苏联的26个学术机构，其中多为工科高等学校。来自苏联莫斯科工程物理学院的专家最多，有10人；来自苏联莫斯科动力学院的专家人数次之，有7人；来自苏联列宁格勒电工学院、苏联列宁格勒工学院的专家，各有6人，人数并列排第3位；来自苏联哈尔科夫工学院、苏联拖姆斯克工学院的专家，均有4人；来自苏联莫斯科土建学院的专家有3人；来自苏联列宁格勒土建学院、苏联莫斯科航空学院、苏联莫斯科建筑工程学院、苏联莫斯科化工学院的专家，各有2人；来自其他15个学术机构的专家，各有1人。这63位苏联专家中，教授8人、研究员1人、总工程师1

人、副教授 48 人、讲师 3 人、助教 1 人、工程师 1 人，副教授占全体人数的 76.19%，这表明苏联所派专家以副教授为主。

阿谢甫柯夫、倪克勤、高尔竞可、萨多维奇、杰门节夫是在清华大学工作的首批苏联专家。他们刚到校时，因国内教师对苏联整套教学制度和教学方法的精神实质还不很理解，产生形式主义和要求过高、紧张忙迫的倾向，专家的作用并未充分发挥出来。后来该校在"领导上紧紧依靠专家，充分发动群众，逐步深入地开展教学改革，从精神实质上来学习苏联"[①]。

首先是抓紧修订教学计划这一环节，请校长顾问萨多维奇帮助土木工程系修订工业与民用建筑专业教学计划，然后在于 1953 年 2 月召开的该校第一次教学研究会上加以推广，并请其作关于修订教学计划的报告。该年 3 月接着举行第 2 次教学研究会，推广修订机械零件和普通物理两门课程教学大纲的经验，并请杰门节夫报告修订大纲的原则。1952 年度第 2 学期开学后，又于第 3 次教学研究会推广高尔竞可帮助水工结构教研组制订教研组工作计划的经验。这些会议都是首先由苏联专家帮助中国教师做出典型，在行政领导上和苏联专家一起研究，然后加以推广。通过这些会议，国内教师对苏联的一套教学制度和教学方法的精神实质有了较为深刻的体会，苏联专家在学校的威信大大提高了。此后，清华大学又在苏联专家的指导下推广了教学方法、领导生产实习、课程设计及毕业设计、学生工作、考试方法等方面的经验。因此，首批苏联专家对该校教学改革起到了全面指导和推动的作用。[②]

1953 年 11 月起，陆续有新的苏联专家到清华大学工作。由表 8-5 可见，最早到校的是科惹夫尼柯夫、霍佳阔夫、斯卡昆，然后是彼得鲁哈夫、伊里绰夫、巴然诺夫、捷列文斯科夫、巴巴诺夫，再后是米哈辽夫、奥梅里谦柯、日伏夫等专家，至 1955 年则是德拉兹道夫、萨洛夫、勃里斯库诺夫等专家。一些专家到校后任校长顾问或系顾问。如巴巴诺夫、米哈辽夫任校长顾问，霍佳阔夫、伊里绰夫、巴然诺夫、捷列文斯科夫任系顾问，阿凡钦柯则兼任校长、系顾问。

苏联专家的工作包括讲课、建新专业、建实验室、建资料室或指导科研等（图 8-3）。当时清华大学教学计划中有些专业课程是中国之前从来没有的；有些课程虽然以前教过，但方向不明确，水平很低。苏联专家到校后通过讲课，指导做课程设计和毕业设计，来传授苏联先进的科学知识，培养教师和研究生。至 1954 年 4 月，苏联专家在该校开过和正在开的课有 17 门，其中 15 门已能由我国教师开出。对于没有教科书的课程，苏联专家亲自编写讲义，这对清华大学教师日后独立开课帮助很大；这些讲义经该校印发后"在各校及产业部门交流，使苏联的先进科学技术通过专家的讲义更广地传播到全国"。而且苏联专家在指导该校教学改革方面，帮助明确专业培养目标和修订教学计划，确定专业中所分的专门化，帮助审核自己专业及相近专业的各门课程的教学大纲，教学

① 清华大学苏联专家工作总结报告（1954 年 4 月）//清华大学校史研究室. 清华大学史料选编. 第 6 卷. 第 1 分册. 北京：清华大学出版社，2007：38.

② 清华大学苏联专家工作总结报告（1954 年 4 月）//清华大学校史研究室. 清华大学史料选编. 第 6 卷. 第 1 分册. 北京：清华大学出版社，2007：38-39.

日历和实验指示书、设计指示书等教学文件，并对执行教学计划过程中的一系列教学方法加以具体指导。据 1954 年 4 月《清华大学苏联专家工作总结报告》，当时苏联专家已帮助该校初步新建公差及技术测量、机床、金相及热处理、无线电发送等 18 个实验室。在苏联专家的指导下，全校成立 11 个资料室。这为该校开展科研工作准备了条件。苏联专家还在教研组作关于如何开展科学研究的报告，并对教研组和系的一切工作全面加以关心和指导，提出建议。①

图 8-3　20 世纪 50 年代苏联专家在清华大学帮助建实验室
资料来源：清华大学校史研究室. 清华大学史料选编. 第 6 卷. 第 1 分册. 北京：清华大学出版社，2007

1956 年 2 月 8 日，清华大学校长蒋南翔于该校第十次教学研究会所作的《清华大学三年来教学改革的基本总结和今后的任务》报告中，高度评价了苏联专家的帮助：

> 在学习苏联先进经验开展教学改革的问题上，我们特别要提到苏联专家对于我们的巨大帮助。在清华大学工作的苏联专家们，他们不仅帮助我们开出新的专业课程，帮助我们培养师资和研究生，而且他们还有组织地帮助我们指导整个教研组、整个系以至整个学校的工作。我们大家都深深地感觉到，萨多维奇和巴巴诺夫等各位苏联专家，对于我们学校的教学改革，是起了多么巨大的作用。当我们在这里总结我们学校三年来的教学改革的收获的时候，我们不能不想到几年来抱着崇高的国际主义精神，对我们进行热诚的、兄弟般的帮助的苏联专家们。②

这样的评价是客观的。据研究，这 63 位苏联专家共指导、帮助清华大学开设 103 门工科课程，指导建立 37 个实验室，培养教师 504 人③，为该校成为国内首屈一指的多科

---

① 清华大学苏联专家工作总结报告（1954 年 4 月）//清华大学校史研究室. 清华大学史料选编. 第 6 卷. 第 1 分册. 北京：清华大学出版社，2007：40-42.

② 蒋南翔. 清华大学三年来教学改革的基本总结和今后的任务——在清华大学第十次教学研究会上的报告（1956 年 2 月 8 日）//清华大学校史研究室. 清华大学史料选编. 第 6 卷. 第 1 分册. 北京：清华大学出版社，2007：127.

③ 陈旭，贺美英，张再兴. 清华大学志：1911—2010. 第 1 卷. 北京：清华大学出版社，2018：897.

性工科大学做出了重要贡献。

2. 苏联专家在科研机构的活动：以中国科学院为中心

作为全国最高学术机构和科学研究中心，中国科学院自 1954 年 10 月始有苏联专家。至 1955 年，先后有柯夫达、谢尔久琴科、拉菲柯夫、拉扎连柯等苏联专家到中国科学院工作。柯夫达是苏联科学院通讯院士、土壤学家，曾任苏联科学院共产主义建设协助委员会副主席，对规划和组织科学工作有丰富的经验。1953 年 3 月 13 日，柯夫达在苏联为中国科学院访苏代表团作过《介绍苏联科学院共产主义建设协助委员会》的报告①。作为中国科学院院长顾问，1954 年 10 月 12 日柯夫达到职后对中国科学院正在进行的组织和建立学部等有关工作提供了很多宝贵的意见。在具体考察中国科学院在北京的部分研究所的工作情况，并研究了中国科学工作的有关资料后，他于 1954 年 11 月底写出一份《关于规划和组织中华人民共和国科学研究工作的一些办法》的建议书，征求中国科学院党组的意见。随后，他去华东、华南等地考察工作，于 1955 年 1 月 8 日返回北京后，又根据苏联驻华大使、苏联科学院院士尤金（П. Ф. Юдин）、"苏联总顾问"②，以及中国科学院党组提供的意见作了修改。最后定稿共分 11 个问题，并增加建议由政府批准任命一批院士和通讯院士等新的内容。③

这 11 个问题如下：①"关于规划中国科学研究工作的问题"；②"关于成立新的科学研究所问题"；③"关于中国科学院研究机构的合理的地理分布问题"；④"关于综合地研究中华人民共和国自然生产力的问题"；⑤"关于中华人民共和国的自然与经济区划问题"；⑥"在中华人民共和国发展地质科学的必要性"；⑦"发展中华人民共和国化学科学的必要性"；⑧"加强研究中国土地资源的必要性"；⑨"关于大地测量与制图局的问题"；⑩"关于组织中国科学院、高等学校和产业部门研究所在工作中合作的问题"；⑪"关于在中华人民共和国建立学术称号与学位制的问题"。④

针对每个问题，柯夫达都提出了相应的建议。如针对第 1 个问题，他提出："在中国目前的条件下，着手进行全国性的科学研究工作的规划，以便集中中国科学院、各高等学校和各部的科学家们解决发展国民经济的五年计划和十五年计划中所提出来的最重要问题，是十分重要的。"针对第 2 个问题，他提出："在中华人民共和国成立新的科学研究所时，必须首先考虑到整个国家实际的利益，预先研究各科学部门的情况以及国民经济的迫切需要。成立每一个新的理论的或应用的科学研究所，必需有大量资金，以供基本建设、培养干部以及专门设备和器材、仪器等之用。……特别重要的是在计划新建科学研究机构网和成立同一类型的科学研究机构时，要避免建立重复的和偶然建立的机构，否则就会损害那些新机构的发展。而这些新机构的建立必须是最近一个时期在国

---

① 介绍苏联生产力研究委员会和共产主义建设协助委员会//中国科学院访苏代表团. 中国科学院访苏代表团资料汇编. 北京：中国科学院访苏代表团，1953：48-75.

② 此处所据档案未写明姓名，似为苏联驻华总顾问阿尔希波夫（И. В. Архипор）。

③ 向周恩来、陈毅并中央报告柯夫达"关于规划和组织中华人民共和国科学工作的一些办法"的建议书//关于苏联顾问柯夫达对组织全国性科学研究工作的意见及与张副院长谈话纪要. 北京：中国科学院档案馆，1955-01-036.

④ 呈陈毅、磐石同志关于柯夫达草拟建议书和代国务院起草的指示送上请审阅（附草案）//关于苏联顾问柯夫达对组织全国性科学研究工作的意见及与张副院长谈话纪要. 北京：中国科学院档案馆，1955-01-036.

民经济和文化的发展上最迫切需要的。"[1]

中国科学院党组认为虽然柯夫达"对于某些情况的估计和看法上也难免有不恰当处",但他"提出的这十一个问题对于我们说来都是十分重要的",其"全部建议对于我国社会主义建设和科学事业的发展具有极其重大的意义"。[2]1955年2月12日,中国科学院党组向周恩来、陈毅和中央报告柯夫达的建议和中国科学院党组的意见[3]。4月7日,中国科学院院长郭沫若又向国务院报告关于贯彻柯夫达建议的意见,指出:

> 我们曾对这些建议进行了详细的研究,并在院务常务会议及各学部筹备委员会议上进行了讨论,一致认为建议是完全正确的,对于全面规划和组织我国科学研究工作,推动我国科学事业的发展具有极重要的意义。为了组织建议的实施,除中国科学院应该首先切实贯彻外,其中有许多工作因涉及的范围很广,需要由国家计划委员会、高等教育部及政府各有关部门共同进行。[4]

在该报告中,郭沫若对柯夫达的建议都提出了具体的贯彻意见。1955年4月22日,中央政治局讨论中国科学院党组的报告。刘少奇在总结时认为:柯夫达的建议很重要,值得重视[5]。此后柯夫达的建议虽然未能按照贯彻意见完全落实,但有的建议产生了较大的影响。如"关于规划中国科学研究工作的问题"的建议,推动了中国科学院的长远规划工作[6]。郭沫若于中国科学院学部成立大会报告提出"研究并制定我国科学发展的远景计划"的建议[7]、中国科学院十五年发展远景计划的制定均与该建议有关。遗憾的是,1955年6月柯夫达因夫人病逝匆促离开北京返回莫斯科[8],任中国科学院院长顾问仅8个多月。

谢尔久琴科为语言学博士,1954年到任后在中国科学院对推动和加强汉语规范化工作做出了贡献。拉菲柯夫是高分子聚合物有机化学家。1954年12月至1956年5月,他在中国科学院工作期间帮助制定了1955—1958年的高分子研究计划,指导了有关高分子化学的研究工作,对北京的化学研究所、中国科学院高分子化合物委员会等的建立提出了意见。[9]拉扎连柯是电加工技术专家,1955年12月就任中国科学院院长顾问[10]。1956

① 呈陈毅、磐石同志关于柯夫达草拟建议书和代国务院起草的指示送上请审阅(附草案)//关于苏联顾问柯夫达对组织全国性科学研究工作的意见及与张副院长谈话纪要. 北京:中国科学院档案馆,1955-01-036.
② 向周恩来、陈毅并中央报告柯夫达"关于规划和组织中华人民共和国科学工作的一些办法"的建议书//关于苏联顾问柯夫达对组织全国性科学研究工作的意见及与张副院长谈话纪要. 北京:中国科学院档案馆,1955-01-036.
③ 向周恩来、陈毅并中央报告柯夫达"关于规划和组织中华人民共和国科学工作的一些办法"的建议书//关于苏联顾问柯夫达对组织全国性科学研究工作的意见及与张副院长谈话纪要. 北京:中国科学院档案馆,1955-01-036.
④ 关于贯彻院长顾问柯夫达建议向国务院的报告(1955年4月7日)//中国科学院学术秘书处. 中国科学院年报,1955:64.
⑤ 樊洪业. 中国科学院编年史:1949~1999. 上海:上海科技教育出版社,1999:52.
⑥ 苏联对我国科学事业的巨大帮助和影响(1957年10月30日吴有训副院长在首都科学界庆祝十月革命40周年大会上的报告)//中国科学院办公厅. 中国科学院年报,1957:271.
⑦ 郭沫若院长在中国科学院学部成立大会上的报告//中国科学院学术秘书处. 中国科学院年报,1955:8.
⑧ 樊洪业. 中国科学院编年史:1949~1999. 上海:上海科技教育出版社,1999:49.
⑨ 张藜. 苏联专家在中国科学院:对1950年代中苏两国科学院交流与合作的历史考察. 科学文化评论,2012,9 (2):58;苏联科学院和中国科学院科学交流情况说明(1949—1955)//吴艳,等编译. 中苏两国科学院科学合作资料选辑. 济南:山东教育出版社,2008:198-199.
⑩ 竺可桢. 竺可桢全集. 第14卷. 上海:上海科技教育出版社,2008:239.

年，他积极参加制定中国科学院十二年科学研究事业规划、国家十二年科技规划的组织领导工作，并做出了卓越的贡献[①]。

　　为进一步密切中苏两国科学院的合作，也为答谢 1953 年苏联科学院对中国科学院访苏代表团的热情接待，中国科学院邀请苏联科学院派代表团访问中国[②]。1955 年 4 月 26 日至 6 月 23 日，苏联科学院派出以副院长、冶金学家巴尔金院士为团长的代表团在中国进行将近两个月的科学活动。这是苏联科学院首次派代表团访华，为中苏科技交流史上的重要史事。代表团成员共 10 人，多为苏联杰出科学家。其中，苏联科学院院士 4 人：团长巴尔金、地理学家格拉西莫夫、电工学家科斯钦柯（М. П. Костенко）、金属矿床学家别捷赫金（А. Г. Бетехтин）；苏联科学院通讯院士 3 人：大地构造学家别洛乌索夫（В. В. Бепоусов）、微生物学家米舒斯金（Е. Н. Мишустин）、无机分析化学家达纳那耶夫（И. В. Тананаев）。代表团成员还有生理学家 Л. Г. 瓦罗宁教授、А. Н. 契尔卡申高级研究员，东方学家 Г. В. 阿斯塔菲耶夫高级研究员。[③]

　　在中国期间，代表团访问中国约 30 个城市，访问中国科学院和 18 个产业部门，参观 37 个中国科学院所属的研究机构、20 个产业部门所属的研究试验机构，44 个工厂、企业、矿山、电站、合作社和农场，30 所高等学校。部分代表团成员还进行了野外考察。不仅如此，代表团成员还参加了 1955 年 6 月举行的中国科学院学部成立大会；分别作了 35 次学术讲演和通俗讲演，与中国科学工作者、技术工作者、教育工作者举行了 141 次座谈会。最后，代表团还就访问所得，对中国科学研究工作的方向、任务，工作计划、组织领导、干部培养、图书仪器设备，以及"进一步加强中苏两国科学院创造性的合作"等方面提供了宝贵的意见和建议。此外，代表团对中国若干重要国民经济部门的生产技术工作、高等教育工作也提出了许多重要的建议。[④]

　　在代表团的意见和建议中，巴尔金指出中国科学院应用物理研究所、冶金陶瓷研究所、金属研究所的 5 年计划或 15 年计划未包括如下新技术所需要的金属方面极重要的问题：

　　　　没有研究耐热的以及动力、高温高压化学所需要的热稳定性合金；没有研究高温高压下金属的腐蚀；没有研究制造为新技术所需要的精密仪器用的合金；忽视了金属焊接方面的工作；钛和稀土方面的题目只是稍稍碰了一碰；没有使用氧气来加强金属冶炼方面的研究，这一问题十分重要，必须提前准备进行；没有研究冶金热工学以及许多其他问题。[⑤]

　　他认为干部数量不足、兼职过多，辅助工作人员数量少是主要原因，也因为这 3 个

①　苏联对我国科学事业的巨大帮助和影响（1957 年 10 月 30 日吴有训副院长在首都科学界庆祝十月革命 40 周年大会上的报告）//中国科学院办公厅. 中国科学院年报. 1957：271；中国科学院党组会议纪要//党组会议纪要、党组办公会议记录. 北京：中国科学院档案馆，1956-01-008；通知第九次院务常务会议改期召开（附干部学校的意见等）//中科院一九五六年召开第七次至第十二次院务常务会议通知及有关材料. 北京：中国科学院档案馆，1956-02-020.

②　武衡. 科技战线五十年. 北京：科学技术文献出版社，1992：130.

③　编者前言//中国科学院秘书处. 苏联科学院代表团访华资料汇编. 北京：中国科学院秘书处，1955：ⅰ.

④　编者前言//中国科学院秘书处. 苏联科学院代表团访华资料汇编. 北京：中国科学院秘书处，1955：ⅰ-ⅱ.

⑤　И. П. 巴尔金. 与苏联科学研究机构情况相对比评述中国之科学研究机构//中国科学院秘书处. 苏联科学院代表团访华资料汇编. 北京：中国科学院秘书处，1955：13-14.

研究所负责大量对工厂进行技术支援的问题。他还指出在中国科学院技术科学部和物理学数学化学部有许多研究所根本还未建立，如自动控制和远距离操纵、无线电技术、电子学等方面的研究所。[①]

为解决这些问题，巴尔金建议："必须采取紧急措施增加现有研究的编制的2—3倍以上；首先是增加辅助的实验人员及技术人员。应派遣年轻的中国科学家到苏联去进修。请求苏联在不同期限内派遣介绍新的科学研究方法方面的专家（如X线、X线光谱、质谱、示踪原子方面）以及建立各种热学试验室的专家来中国。"他还建议：应从应用物理研究所分出半导体部分，应从冶金陶瓷研究所分出陶瓷和玻璃部分，金属研究所和冶金陶瓷研究所"在冶金方面，包括选矿、高炉试验室的工作以及铸钢的工作都应该加强"。此外，他指出中国领土比苏联仅小一半，但中国对有待研究的自然资源情况及其利用方法的了解，较苏联差很多。因而，他建议必须发展地质勘查工作，并采用地球物理、地球化学的勘探方法，必须加强中国科学院各研究所的工作，"以便解决利用中国的各种各样的矿物资源的工程技术问题"。[②]

科斯钦柯认为，由于中国工业的迅速发展，对动力方面的要求，在时间方面或火电站与水电站的最大容量的动力设备方面，一定能被大大地超越。因此，他提出：将容量为12 000千瓦以下的、用空气冷却的汽轮发电机组集中于上海的电机与汽轮机厂生产，并在这两个工厂区建立一个容量为12 000千瓦左右的、同时可作为试验汽轮机组的设备的发电厂是适当的。至于25 000千瓦到150 000千瓦用氢气冷却的汽轮发电机、10 000千瓦到100 000千瓦的水轮发电机和容量在50 000千伏安以下的同期补偿机等可以集中在哈尔滨电机厂正在设计的新车间生产。[③]关于中国金属矿床地质研究状况，别捷赫金指出在已知矿区中用地球物理和地球化学方法寻求新矿床的工作做得非常不够，"中国实用地质，即经济地质知识的发展是相当微弱的"。他认为"科学和生产机构的紧密结合，对于中国的地质科学的发展应有巨大的影响"。[④]

苏联科学院代表团的科学活动及其意见和建议对帮助新中国发展科学事业、建设中国科学院与促进中苏两国科学事业的合作，具有重要价值。其意见和建议在中国一些科学家中反响甚好。武衡就说代表团中的"苏联科学家就他们各自专业提出的建议，对我国科学研究方向、指导思想和工作重点等提出的建议都非常中肯而适时"[⑤]。

1955年6月22日，在代表团访华活动的影响下，中国科学院院务常务会议鉴于中苏两国科学事业发展的共同需要，通过《关于苏联科学院代表团的建议和加强中苏两国科学院之间的合作的决议》。该决议包括建立中苏两国科学院的直接联系；邀请苏联科

① И. П. 巴尔金. 与苏联科学研究机构情况相对比评述中国之科学研究机构//中国科学院秘书处. 苏联科学院代表团访华资料汇编. 北京：中国科学院秘书处, 1955: 14.
② И. П. 巴尔金. 与苏联科学研究机构情况相对比评述中国之科学研究机构//中国科学院秘书处. 苏联科学院代表团访华资料汇编. 北京：中国科学院秘书处, 1955: 14-15.
③ М. П. 科斯钦柯. 在中国科学院院务常务会议上的发言//中国科学院秘书处. 苏联科学院代表团访华资料汇编. 北京：中国科学院秘书处, 1955: 51-52.
④ А. Г. 别捷赫金. 中国金属矿床地质研究现状//中国科学院秘书处. 苏联科学院代表团访华资料汇编. 北京：中国科学院秘书处, 1955: 126-131.
⑤ 武衡. 科技战线五十年. 北京：科学技术文献出版社, 1992: 130.

学院和中国科学院合作进行科学研究工作；继续互相邀请科学家参加各类重要学术会议；互相派遣科学家或代表团进行某些专门学科的短期讲学、访问和考察，并为迅速充实某些薄弱学科，中国科学院拟派遣专业科学工作者或专业小组到苏联科学研究机构访问或学习；根据两国科学院领导的协议，逐渐扩大互派研究生的名额；促进两国科学家合作编辑、出版科学论著的工作；根据中苏科技合作协定，两国科学院将交换有关的资料，互相供应科学工作上所需的各种科学器材和药品。[①]这对促进和深化中苏两国科学院科技交流和合作活动有着重要的意义。

但客观而言，至 1955 年在中国科学院工作的苏联专家人数还很少，中苏两国科学院之间的业务交往和学术合作还很薄弱。不过，经柯夫达向苏联外交部提出报告和中方提出正式申请，1955 年后在中国科学院的苏联专家有所增加。他们不仅对中国科学院的科学研究工作进行了一般性的指导，还为制定十二年科技规划做出了极大的努力。[②]

1960 年中苏关系恶化后，1961 年 6 月 19 日中苏两国政府新签订了《中华人民共和国和苏维埃社会主义共和国联盟科学技术合作协定》。6 月 21 日，中国科学院与苏联科学院签订了《中国科学院和苏维埃社会主义共和国联盟科学院科学合作议定书》，有效期为 5 年。此后，又签订过中国科学院与苏联科学院 1961—1966 年科学合作计划。按照计划，这 6 年中，苏联科学院来华 37 人，执行 27 项工作，实际仅来华 10 人，执行 9 项工作。[③]1966 年"文化大革命"爆发后，苏联专家在中国科学院的活动基本停滞。

3. 苏联专家在工业企业、交通部门等的活动

苏联专家在新中国的工业企业、交通部门等工作的人数较多。他们在技术或管理制度上对所在企业、部门给予了很大的帮助。例如，1949 年 9 月苏联专家到石景山发电厂后，为充分利用原有设备，发挥机器潜在力量，仔细检查了该厂的设备和机器性能，在半年之内提供了 209 条极为重要的改进意见。其中包括：为了提高锅炉的效率和延长锅炉寿命，提出了水硬度的处理方法；为了降低成本，提倡大量利用抽汽（废汽）；为了安全发电，提出在变压器周围加设铁丝网；等等。在苏联专家的建议和该厂职工的努力下，该厂煤耗降低，发电负荷增加，事故大大减少。在实行苏联专家的建议中，仅利用抽汽一项，至 1951 年 11 月初已给国家节省 2700 吨煤。[④]1952 年苏联专家帮助该厂学习了苏联燃烧劣质煤的经验，使燃烧成本比国家计划降低 34%。至 1953 年，苏联专家帮助该厂彻底改变了面貌。[⑤]

又如，1950 年初，在苏联专家的建议下，天津制钢厂马丁炉的烤炉时间由原来的 15 天减至 4 天，每次就节省了 10 天多的时间；该厂采用苏联专家提出的不停火修理马丁炉的方法（即热修法），不仅修理时间大大缩短，而且避免了冷缩的害处，可以延长炉

① 关于苏联科学院代表团的建议和加强中苏两国科学院之间的合作的决议（1955 年 6 月 22 日第 27 次院务常务会议通过）//中国科学院学术秘书处. 中国科学院年报，1955：110-111.
② 沈志华. 苏联专家在中国（1948—1960）. 北京：新华出版社，2009：154.
③ 薛士銮，张松龄，蒋桂玲，等. 中国科学院国际科技合作五十年（1949—1999）. 院史资料与研究，1999，(5)：9-10.
④ 王自勉. 石景山发电厂职工们热爱苏联专家. 人民日报，1951-11-04（4）.
⑤ 丛志茂. 苏联专家的帮助彻底改变了石景山发电厂的面貌. 人民日报，1953-08-08（2）.

子的使用年限。①自 1950 年 12 月至 1959 年 10 月，先后有 113 位苏联专家到重庆钢铁厂协助工作。这些专家和 5 位捷克专家、1 位德国专家向重庆钢铁厂共提出各种工作建议 1284 项，其中 1087 项被执行，占到全部建议的 84.7%。②1951 年，苏联专家帮助抚顺机电厂机械车间在旧式车床上推行高速切削法。这种方法的推行使该厂大约增加了两个同样设备的机械车间和 500 名技术工人。③

再如，1952 年 3 月，中共中央批准了建设武汉钢铁公司④的计划后，苏联黑色冶金设计院列宁格勒分院和一些大工厂，承担了武汉钢铁公司的设计和制造主要设备的任务，并派出专家来华帮助设计建设方案。苏联专家为武汉钢铁公司设计 160 余万张图纸。在苏联专家的帮助和指导下，武汉钢铁公司采用了苏联冶金技术的最新成果。这包括为了提高高炉产量，采用了湿风冶炼技术，安装了 500 吨大平炉；为了延长炉子的使用年限，采用了氧气鼓风技术；为了炼成焦炭，采用了最新的配煤方法等。⑤

苏联专家组组长瓦西列夫（Васелев）对于中国航空工业如何从修理飞机过渡到制造飞机提出了许多根本性建议，并设想了非常具体的途径和方法。1951 年 1 月，苏联专家对鞍山钢铁公司的管理机构提出了一整套完整的整编意见。苏联专家帮助东北的许多企业建立各级计划机构，推行使用计划表格，确定生产责任制，实施"流水作业法"，大大加强了生产的管理，提高了劳动生产率。⑥

在苏联专家的帮助下，中国"加强了冶金、燃料、动力、机器制造和化学工业等部门"的工作，"开辟了许多新的工业部门，如合金钢和铝及其他有色金属的冶炼加工，汽车、飞机的制造，冶金、发电、采矿设备的制造，无线电和精密仪表的制造等"⑦。在苏联专家的帮助下，治淮工程、荆江分洪工程、成渝铁路、天兰铁路、塘沽新港、武汉长江大桥等也得以快速建成⑧，特别是苏联专家的帮助对"156 项"工程的建成至关重要。

第五节　苏联援建"156 项"工程

苏联援建的"156 项"工程是 20 世纪 50 年代中国重要的军事工业和民用工业建设工程，也是中苏两国合作进行的重大技术项目。这些项目大都在 1953—1957 年新中国"一五"计划实施期间施工，在以优先发展重工业为指导方针的"一五"计划中处于中心地位。1955 年 7 月 5 日，李富春副总理代表国务院向第一届全国人民代表大会第二次

① 王火. 王火文集. 第 8 卷. 成都：四川文艺出版社，2017：318-319.
② 重钢集团档案馆. 中国钢铁工业缩影：百年重钢史话. 北京：冶金工业出版社，2011：102.
③ 苏联专家帮助抚顺机电厂推行高速切削法成功. 人民日报，1951-11-10（2）.
④ 初称华中钢铁公司。
⑤ 李斌. "向苏联老大哥学习"运动纪实. 北京：东方出版社，2014：89-90.
⑥ 沈志华. 苏联专家在中国（1948—1960）. 北京：新华出版社，2009：156.
⑦ 苏联对我国科学事业的巨大帮助和影响（1957 年 10 月 30 日吴有训副院长在首都科学界庆祝十月革命 40 周年大会上的报告）//中国科学院办公厅. 中国科学院年报，1957：269.
⑧ 苏联专家热情地帮助我国建设新铁路. 人民日报，1951-11-07（2）；程在华，刘挥琛. 苏联专家和成渝铁路. 人民日报，1952-02-14（2）；杜景云. 感谢苏联专家帮助我们修建武汉长江大桥. 人民日报，1954-11-06（2）；苏联专家对于我国经济建设的巨大帮助. 人民日报，1952-11-11（2）.

会议作《关于发展国民经济的第一个五年计划的报告》，介绍"一五"计划任务时即明确指出："集中主要力量进行以苏联帮助我国设计的一百五十六项建设单位①为中心的、由限额以上的六百九十四个建设单位②组成的工业建设，建立我国的社会主义工业化的初步基础。"③

一、"156项"工程的确定过程

"156项"工程有的由中国提出，有的由苏联提出，是1950—1955年经过中苏双方多次商谈确定下来的④。1950年1—2月，毛泽东、周恩来等中共中央高层在莫斯科与苏联政府谈判期间，讨论了中苏双方有关的重要政治和经济问题⑤。1950年2月14日，中苏双方签订《中华人民共和国苏维埃社会主义共和国联盟友好同盟互助条约》。其中规定"缔约双方保证以友好合作的精神，并遵照平等、互利、互相尊重国家主权与领土完整及不干涉对方内政的原则，发展和巩固中苏两国之间的经济与文化关系，彼此给予一切可能的经济援助，并进行必要的经济合作"⑥。

同日，双方还签订《中华人民共和国中央人民政府苏维埃社会主义共和国联盟政府关于贷款给中华人民共和国的协定》。其中规定，苏联政府同意以年利1%的优惠条件贷款给中国3亿美元，自1950年1月1日起，在5年期内，每年以同等数目即贷款总数的1/5交付，用以偿付为恢复和发展中国人民经济而由苏联交付的机器设备与器材。中国政府将以原料、茶、现金、美元等付还贷款和利息。贷款的付还以10年为期，每年付还同等数目即所收贷款总数的1/10。⑦贷款交付方式、付还期限与前述1949年6月斯大林对刘少奇所率中共中央代表团的答复基本一致。

根据《中苏友好同盟互助条约》和该协定的精神，1950年中苏商定的有50个项目⑧。它们是"156项"工程的首批项目。这些项目所对的企业包括9个黑色冶金与有色冶金企业、9个矿井、1个露天井、13个机器制造厂、1个汽车厂、4个化学厂、11个电站，以及2个轻工业企业⑨。据1952年2月9日陈云、李富春给毛泽东和中央的报告，两年来项目进展并不理想。当时中国向苏联已发出42个设计组的聘请书，但42个设计对象

① "一百五十六项建设单位"即"156项"工程。
② 限额以上建设单位指大中型建设项目。
③ 李富春. 关于发展国民经济的第一个五年计划的报告——在一九五五年七月五日至六日的第一届全国人民代表大会第二次会议上. 人民日报, 1955-07-08（2）.
④ 薄一波. 若干重大决策与事件的回顾. 上卷. 北京：人民出版社, 1997：305-306；董志凯, 吴江. 新中国工业的奠基石：156项建设研究. 广州：广东经济出版社, 2004：148.
⑤ 中苏两国关于中华人民共和国与苏联之间缔结条约与协定的公告（1950年2月14日于莫斯科）//陈夕. 中国共产党与156项工程. 北京：中共党史出版社, 2015：83.
⑥ 中苏两国关于中华人民共和国与苏联之间缔结条约与协定的公告（1950年2月14日于莫斯科）//陈夕. 中国共产党与156项工程. 北京：中共党史出版社, 2015：84-85.
⑦ 中华人民共和国中央人民政府苏维埃社会主义共和国联盟政府关于贷款给中华人民共和国的协定//陈夕. 中国共产党与156项工程. 北京：中共党史出版社, 2015：86-87.
⑧ 薄一波. 若干重大决策与事件的回顾. 上卷. 北京：人民出版社, 1997：305；宿世芳. 关于50年代我国从苏联进口技术和成套设备的回顾//陈夕. 中国共产党与156项工程. 北京：中共党史出版社, 2015：770-771.
⑨ 关于苏维埃社会主义共和国联盟政府援助中华人民共和国中央人民政府发展中国国民经济的协定（1953年5月15日）//陈夕. 中国共产党与156项工程. 北京：中共党史出版社, 2015：200.

中做出初步设计而获批准者仅 15 个。15 个获批准的初步设计中，正式签订订货合同者，则又只有一部分。[①]

1952 年 8 月，以周恩来为首的中国政府代表团到莫斯科商谈请苏联政府援助中国经济的问题。在原则确定后，周恩来、陈云等先行回国，李富春同若干助手继续与苏方商谈对中国经济建设援助的具体细节，共历时 8 个月。代表团以中央财经委员会拟订并经周恩来审查的中国第一个五年计划中重要的工业建设项目草案，同苏联政府提出商谈。最终，苏联政府同意满足中国政府的要求。[②]1953 年 5 月 15 日，中苏双方代表李富春和米高扬在莫斯科签订《关于苏维埃社会主义共和国联盟政府援助中华人民共和国中央人民政府发展中国国民经济的协定》。其中规定 1953—1959 年内苏联政府将援助中国政府建设和改建中国的黑色与有色冶金工业，煤炭、石油和化学工业，电站，机器制造工业，国防工业以及其他工业部门的 91 个企业。其中，包括 2 个钢铁联合厂，8 个有色冶金企业，8 个矿井，1 个煤炭联合厂，3 个洗煤厂，1 个石油炼油厂，32 个机器制造厂，16 个动力机器及电力机器制造厂，7 个化学厂，10 个火力电站，2 个生产磺胺、盘尼西林和链霉素的医药工业企业，1 个食品工业企业。[③]由此，加上前述 50 个项目，苏联援助的企业项目达到 141 个。在这 141 个项目中，军事工业企业项目有 35 个[④]。

按照该协定，苏联政府对中国政府的援助将与 1953 年 4 月前签订的各项中苏协定规定的对建设和改建的上述 50 个企业给予的援助一同进行。其援助办法如下：苏联机关完成各项设计工作、设备供应，在施工过程中给予技术援助，帮助培养项目所对企业所需的中国干部，提交在各企业中组织生产产品所需的制造特许权和技术资料。在培养企业所需中国干部方面，苏联按双方协议的人数和期限接受中国工人和工程技术人员在苏联有关企业按各项专业进行生产技术实习，每年在 1000 名以内。苏联于 1954—1959 年供应的设备与苏联机关完成的各项设计工作等的总值为 30 亿—35 亿卢布。苏联派遣专家到中国，"对解决总体利用黄河、汉水的水利和水利资源问题，就现有资料给以鉴定，并帮助中国政府制定规划勘测工作计划"；苏联派遣 4 个专家组到中国，帮助中国政府制定电气化、发展黑色冶金与有色冶金、机器制造工业、造船业的远景计划；除已派出的专家外，苏联增派 50 名地质专家到中国，工作期限在 2 年以内，帮助组织地质工作、进行地质勘探工作，并帮助进行中国地质人员的生产训练；1953—1954 年内以苏联的技术器材进行中国内蒙古、黑龙江、吉林、辽宁、西南林区的森林航测，总面积为 2000 公顷左右。[⑤]

苏联政府对中国政府的援助并非无偿的。按照该协定，中央人民政府为偿付该协定

① 陈云、李富春：关于恢复、改建、新建工厂的设计情况和意见（1952 年 2 月 9 日）//陈夕. 中国共产党与 156 项工程. 北京：中共党史出版社，2015：141-142.

② 李富春：关于与苏联政府商谈对我国援助问题的报告（1953 年 9 月 3 日）//陈夕. 中国共产党与 156 项工程. 北京：中共党史出版社，2015：247，251.

③ 关于苏维埃社会主义共和国联盟政府援助中华人民共和国中央人民政府发展中国国民经济的协定（1953 年 5 月 15 日）//陈夕. 中国共产党与 156 项工程. 北京：中共党史出版社，2015：199-220.

④ 苏联国家计划委员会的报告：关于对华经济援助（1954 年 9 月 25 日）//沈志华. 俄罗斯解密档案选编：中苏关系. 第 5 卷. 上海：东方出版中心，2014：160.

⑤ 关于苏维埃社会主义共和国联盟政府援助中华人民共和国中央人民政府发展中国国民经济的协定（1953 年 5 月 15 日）//陈夕. 中国共产党与 156 项工程. 北京：中共党史出版社，2015：200-203.

和以前已签订的各项有关通过货物周转供应成套企业设备的协定所规定供应的设备和给予的技术援助，"将在 1954—1959 年内按第三号附件中所载数量，对苏联供给下列货物：钨精矿、锡、钼精矿、锑、橡胶、羊毛、黄麻、大米、猪肉、茶叶"①。

此后，由于首批 50 个项目中的沈阳飞机修理厂、洛阳航空发动机修理厂、南昌飞机修理厂、株洲航空发动机修理厂等 4 个项目并入后 91 个项目，停止牙克石纸厂、营城子银矿山八号竖井等两个项目的设计，将兴安台选煤厂自兴安台一号竖井的项目中分出，141 个项目减为 136 个项目。1954 年 8 月备忘录及其他文件中，又取消 91 个项目中的武汉电站。另将避雷器车间并入西安高压电瓷厂，将抚顺镁厂并入抚顺铝厂，并新增 11 个项目。由此，形成 144 个项目。②

1954 年 10 月，以赫鲁晓夫为首的苏联政府代表团在北京与中国政府签署一系列文件。其中，包括关于苏联给予中国 5.2 亿卢布长期贷款的协定、苏联政府帮助中国新建 15 项中国工业企业和扩大原有协定规定的 141 项企业设备的供应范围的议定书③、《对于 1953 年 5 月 15 日关于苏联政府援助中华人民共和国中央人民政府发展中国国民经济的协定的议定书》（简称《协定的议定书》）等。《协定的议定书》规定苏联政府将援助中国政府建设 12 个工业企业，并援助改建 1 个滚珠轴承厂。④

据董志凯和吴江的研究，这 13 个企业包括上述新增 11 个项目中的 10 个，因而项目由 144 个扩增为 147 个。《协定的议定书》的备忘录中又新增项目 15 个。由此，项目变为 162 个。这些项目在实施过程中有的被取消，有的被分为两期实施，即被视为两个项目。至 1954 年底，被确定为 156 个项目。⑤这种观点与薄一波晚年回忆 "156 项" 工程确定过程时的说法 1954 年 "达到 156 项"⑥基本相同。但据 1955 年 1 月 26 日外贸部副部长李强的报告，至 1954 年末苏联援建的项目从 141 个发展补充到 154 个；其中 12 个皆有两期的扩建任务，如分开计算，则为 166 个项目。⑦此外，薄一波说：1955 年再商定增加 16 项，后又口头商定增加 2 项。经过反复核查、调整，最后确定 154 项。⑧最终因为 "一五" 计划公布 156 项在先，所以仍称 "156 项" 工程⑨。

二、"156 项" 工程的构成、布局与实施

"156 项" 工程实际施工的有 150 个。150 个施工项目中有 44 个军工企业、106 个民用工业企业，分别占 29.3% 和 70.7%。其中，军工企业包括航空工业企业 12 个、电子工

---

① 关于苏维埃社会主义共和国联盟政府援助中华人民共和国中央人民政府发展中国国民经济的协定（1953 年 5 月 15 日）//陈夕. 中国共产党与 156 项工程. 北京：中共党史出版社，2015：203.
② 董志凯，吴江. 新中国工业的奠基石：156 项建设研究. 广州：广东经济出版社，2004：146-147.
③ 本书编委会. 中华人民共和国国史全鉴·第二卷（1954—1959）. 北京：团结出版社，1996：1233.
④ 对于 1953 年 5 月 15 日关于苏联政府援助中华人民共和国中央人民政府发展中国国民经济的协定的议定书（1954 年 10 月 12 日）//陈夕. 中国共产党与 156 项工程. 北京：中共党史出版社，2015：341-342.
⑤ 董志凯，吴江. 新中国工业的奠基石：156 项建设研究. 广州：广东经济出版社，2004：147-148.
⑥ 薄一波. 若干重大决策与事件的回顾. 上卷. 北京：人民出版社，1997：306.
⑦ 李强. 苏联对我国 "141 项" 企业进行技术援助的具体进展情况及今后工作（1955 年 1 月 26 日）//陈夕. 中国共产党与 156 项工程. 北京：中共党史出版社，2015：361
⑧ 薄一波. 若干重大决策与事件的回顾. 上卷. 北京：人民出版社，1997：305-306.
⑨ 薄一波. 若干重大决策与事件的回顾. 上卷. 北京：人民出版社，1997：306.

业企业 10 个、兵器工业企业 16 个、航天工业企业 2 个、船舶工业企业 4 个；民用工业企业包括冶金工业企业 20 个（钢铁工业企业 7 个、有色金属工业企业 13 个）、化学工业企业 7 个、机械加工企业 24 个、能源工业企业 52 个（煤炭工业企业和电力工业企业各 25 个、石油工业企业 2 个）、轻工业和医药工业企业 3 个。[①]

150 个施工项目中的 44 个军工企业，布置在中部地区和西部地区的有 35 个，其中有 21 个安排在四川、陕西两省；106 个民用工业企业布置在东北地区的有 50 个，中部地区有 32 个[②]。具体而言，150 个施工项目分布于 17 个省（自治区、直辖市）。其中，辽宁 24 个、陕西 23 个、黑龙江 22 个、山西 16 个、河南 10 个、吉林 10 个、甘肃 8 个、四川 6 个，河北、内蒙古各 5 个，北京、云南、湖南、江西各 4 个，湖北 3 个，安徽、新疆各 1 个。其中，75 个分布于内地省份，占施工项目的 50%。这种布局主要考虑到三方面因素："就资源"、有利于经济落后地区改变面貌、军事上的需要[③]。

新中国成立前，中国工业设施 70% 左右集中于沿海的上海、天津、广州、无锡、青岛、沈阳、抚顺、本溪、鞍山、大连一带；内地工业设施较少，仅主要集中于武汉、太原、重庆等少数大城市[④]。"156 项"工程的布局，使中国工业企业呈现在沿海与内地分布趋于平衡，从大城市向经济落后的中小城市铺开的局面。

1950 年，随着辽源中央立井、阜新海州露天矿、鹤岗东山一号立井等项目开始建设，"156 项"工程开始实施。"一五"期间是"156 项"工程的快速实施期。这一时期开始实施的项目至少有 131 个；尤其军工企业，全部 44 个项目至少 42 个于此间开始实施。在苏联的援助下，至 1957 年底"156 项"工程已至少有 49 个项目全部建成。其中包括 30 个民用工业企业和至少 19 个军工企业。[⑤] 1969 年最后一个项目即三门峡水利枢纽工程完成，宣告"156 项"工程结束。"156 项"工程军工企业和民用工业企业各项目建设情况，分别如表 8-6 和 表 8-7 所示。

表 8-6　苏联援建"156 项"工程军工企业建设情况表

类别	序号	项目名称	建设地址	开始建设至全部建成年份
航空工业	1	黑龙江 120 厂	黑龙江哈尔滨	1953—1955
	2	黑龙江 122 厂	黑龙江哈尔滨	1953—1955
	3	辽宁 410 厂	辽宁沈阳	1953—1957
	4	辽宁 112 厂	辽宁沈阳	1953—1957
	5	江西 320 厂	江西南昌	1953—1957
	6	湖南 331 厂	湖南株洲	1955—1956
	7	陕西 113 厂	陕西西安	1955—1957

① 薄一波. 若干重大决策与事件的回顾. 上卷. 北京：人民出版社，1997：306.
② 薄一波. 若干重大决策与事件的回顾. 上卷. 北京：人民出版社，1997：306.
③ 薄一波. 若干重大决策与事件的回顾. 上卷. 北京：人民出版社，1997：306.
④ 董志凯. 156 项工程的行业结构与地区布局//陈夕. 中国共产党与 156 项工程. 北京：中共党史出版社，2015：552；薄一波. 若干重大决策与事件的回顾. 上卷. 北京：人民出版社，1997：306.
⑤ 军工企业陕西 803 厂开始建设至全部建成年份不详，因此，此处 131、42、49、19 等数字未将该厂计入，但为客观起见，在这些数字前均加"至少有"或"至少"。

续表

类别	序号	项目名称	建设地址	开始建设至全部建成年份
航空工业	8	陕西 114 厂	陕西西安	1955—1957
	9	陕西 115 厂	陕西兴平	1955—1957
	10	陕西 212 厂	陕西兴平	1955—1957
	11	陕西 514 厂	陕西兴平	1955—1962
	12	陕西 422 厂	陕西兴平	1955—1958
电子工业	13	北京 774 厂	北京	1954—1956
	14	北京 738 厂	北京	1955—1957
	15	陕西 853 厂	陕西路南	1955—1958
	16	陕西 782 厂	陕西宝鸡	1956—1957
	17	陕西 786 厂	陕西西安	1956—1958
	18	四川 784 厂	四川成都	1957—1960
	19	四川 715 厂	四川成都	1955—1957
	20	四川 788 厂	四川成都	1957—1960
	21	四川 719 厂	四川成都	1955—1957
	22	山西 786 厂	山西太原	1956—1959
兵器工业	23	山西 616 厂	山西大同	1953—1958
	24	山西 748 厂	山西太原	1953—1958
	25	山西 245 厂	山西太原	1956—1959
	26	山西 768 厂	山西太原	1956—1958
	27	山西 908 厂	山西太原	1956—1958
	28	山西 884 厂	山西太原	1955—1959
	29	内蒙 447 厂	内蒙古包头	1956—1959
	30	内蒙 617 厂	内蒙古包头	1956—1960
	31	陕西 847 厂	陕西西安	1955—1957
	32	陕西 243 厂	陕西西安	1955—1957
	33	陕西 803 厂	陕西西安	—
	34	陕西 844 厂	陕西西安	1956—1959
	35	陕西 843 厂	陕西西安	1956—1959
	36	陕西 804 厂	陕西西安	1956—1960
	37	陕西 845 厂	陕西鄠县	1955—1958
	38	甘肃 806 厂	甘肃郝家川	1956—1960
航天工业	39	北京 211 厂	北京	1954—1957
	40	辽宁 111 厂	辽宁沈阳	1953—1956
船舶工业	41	辽宁 431 厂	辽宁葫芦岛	1956—1960
	42	河南 407 厂	河南洛阳	1956—1960
	43	陕西 408 厂	陕西兴平	1956—1960
	44	山西 874 厂	山西侯马	1958—1966

资料来源：董志凯，吴江. 新中国工业的奠基石：156 项建设研究. 广州：广东经济出版社，2004：157-159.

表 8-7 苏联援建"156 项"工程民用工业企业建设情况表

类别	序号	项目名称	建设地址	开始建设至全部建成年份	开始建设至建成累计投资/万元	新增生产能力		
						名称	计量单位	数量
煤炭工业	1	峰峰中央洗煤厂	河北峰峰	1957—1959	2 486	洗煤	万吨	200
	2	峰峰通顺三号立井	河北峰峰	1957—1961	6 640	采煤	万吨	120
	3	大同鹅毛口立井	山西大同	1957—1961	5 840	采煤	万吨	120
	4	潞安洗煤厂	山西潞南	1956—1958	3 254	洗煤	万吨	200
	5	辽源中央立井	吉林辽源	1950—1955	5 770	采煤	万吨	90
	6	阜新平安立井	辽宁阜新	1952—1957	8 334	采煤	万吨	150
	7	阜新新邱一号立井	辽宁阜新	1954—1958	4 056	采煤	万吨	60
	8	阜新海州露天矿	辽宁阜新	1950—1957	19 472	采煤	万吨	300
	9	抚顺西露天矿	辽宁抚顺	1953—1959	19 091	采煤	万吨	300
	10	抚顺龙凤矿	辽宁抚顺	1953—1958	2 860	采煤	万吨	90
	11	抚顺老虎台矿	辽宁抚顺	1953—1957	3 862	采煤	万吨	80
	12	抚顺胜利矿	辽宁抚顺	1953—1957	4 200	采煤	万吨	90
	13	抚顺东露天矿	辽宁抚顺	1956—1961	12 807	油母页岩	万立方米	700
	14	通化湾沟立井	吉林通化	1955—1958	2 587	采煤	万吨	60
	15	兴安台二号立井	黑龙江鹤岗	1956—1961	7 178	采煤	万吨	150
	16	鹤岗东山一号立井	黑龙江鹤岗	1950—1955	6 512	采煤	万吨	90
	17	鹤岗兴安台十号立井	黑龙江鹤岗	1952—1956	7 178	采煤	万吨	150
	18	兴安台洗煤厂	黑龙江鹤岗	1957—1959	1 204	洗煤	万吨	150
	19	城子河洗煤厂	黑龙江鸡西	1957—1959	1 480	洗煤	万吨	150
	20	城子河九号立井	黑龙江鸡西	1955—1959	3 184	采煤	万吨	75
	21	双鸭山洗煤厂	黑龙江双鸭山	1954—1958	3 113	洗煤	万吨	150
	22	淮南谢家集中央洗煤厂	安徽淮南	1957—1959	1 486	洗煤	万吨	100
	23	平顶山二号立井	河南平顶山	1957—1960	3 156	采煤	万吨	90
	24	焦作中马村立井	河南焦作	1955—1959	1 682	采煤	万吨	60
	25	铜川王石凹立井	陕西铜川	1957—1961	8 372	采煤	万吨	120
石油工业	26	抚顺第二制油厂	辽宁抚顺	1956—1959	17 500	页岩原油	万吨	70
	27	兰州炼油厂	甘肃兰州	1956—1959	19 385	炼油	万吨	100
电力工业	28	北京热电站	北京	1956—1959	9 380	发电机组容量	万千瓦	10
	29	石家庄热电站（一、二期）	河北石家庄	1955—1959	6 872	发电机组容量	万千瓦	4.9
	30	太原第二热电站	山西太原	1955—1958	6 180	发电机组容量	万千瓦	5
	31	太原第一热电站	山西太原	1953—1957	8 871	发电机组容量	万千瓦	7.4
	32	包头四道沙河热电站	内蒙古包头	1955—1958	6 120	发电机组容量	万千瓦	5
	33	包头宋家壕热电站	内蒙古包头	1957—1960	5 538	发电机组容量	万千瓦	6.2
	34	阜新热电站	辽宁阜新	1951—1958	7 450	发电机组容量	万千瓦	15
	35	抚顺电站	辽宁抚顺	1952—1957	8 734	发电机组容量	万千瓦	15
	36	大连热电站	辽宁大连	1954—1955	2 538	发电机组容量	万千瓦	2.5

续表

类别	序号	项目名称	建设地址	开始建设至全部建成年份	开始建设至建成累计投资/万元	新增生产能力 名称	计量单位	数量
电力工业	37	丰满水电站	吉林丰满	1951—1959	9 634	发电机组容量	万千瓦	42.25
	38	吉林热电站	吉林	1955—1958	11 200	发电机组容量	万千瓦	10
	39	富拉尔基热电站	黑龙江富拉尔基	1952—1955	6 870	发电机组容量	万千瓦	5
	40	佳木斯纸厂热电站	黑龙江佳木斯	1955—1957	2 975	发电机组容量	万千瓦	2.4
	41	郑州第二热电站	河南郑州	1952—1953	1 971	发电机组容量	万千瓦	1.2
	42	洛阳热电站	河南洛阳	1955—1958	6 797	发电机组容量	万千瓦	7.5
	43	三门峡水利枢纽	河南陕县	1956—1969	69 324	发电机组容量	万千瓦	110
	44	青山热电站	湖北武汉	1955—1959	8 987	发电机组容量	万千瓦	11.2
	45	株洲热电站	湖南株洲	1955—1957	2 165	发电机组容量	万千瓦	1.2
	46	重庆电站	四川重庆	1952—1954	3 561	发电机组容量	万千瓦	2.4
	47	成都热电站	四川成都	1956—1958	5 033	发电机组容量	万千瓦	5
	48	个旧电站（一、二期）	云南个旧	1954—1958	4 534	发电机组容量	万千瓦	2.8
	49	西安热电站（一、二期）	陕西西安	1952—1957	6 449	发电机组容量	万千瓦	4.8
	50	鄠县热电站	陕西鄠县	1956—1960	9 188	发电机组容量	万千瓦	10
	51	兰州热电站	甘肃兰州	1955—1958	10 850	发电机组容量	万千瓦	10
	52	乌鲁木齐热电站	新疆乌鲁木齐	1952—1959	3 275	发电机组容量	万千瓦	1.9
钢铁工业	53	热河钒钛矿	河北承德	1955—1958	4 640	钛、镁	吨	7 000
						钒铁	吨	1 000
	54	包头钢铁公司	内蒙古包头	1956—1962	91 877	生铁	万吨	160
						钢	万吨	150
	55	鞍山钢铁公司	辽宁鞍山	1952—1960	268 500	生铁	万吨	250
						钢	万吨	320
						钢材	万吨	250
	56	本溪钢铁公司	辽宁本溪	1953—1957	32 137	生铁	万吨	110
	57	吉林铁合金厂	吉林	1953—1956	6 300	铁合金	万吨	4.35
	58	富拉尔基特钢厂（一、二期）	黑龙江富拉尔基	1953—1958	31 684	特钢	万吨	16.6
	59	武汉钢铁公司	湖北武汉	1955—1962	131 206	生铁	万吨	150
						钢	万吨	150
						钢材	万吨	110
有色金属工业	60	抚顺铝厂（一、二期）	辽宁抚顺	1952—1957	15 619	铝锭	万吨	3.9
						镁	万吨	0.12
	61	杨家杖子钼矿	辽宁杨家杖子	1956—1958	11 387	钼精矿	吨	4 700
	62	吉林电极厂	吉林	1953—1955	6 976	石墨制品	万吨	2.23
	63	哈尔滨铝加工厂（一、二期）	黑龙江哈尔滨	1952—1958	32 681	铝材	万吨	3
	64	大吉山钨矿	江西虔南	1955—1959	6 723	采选	吨/日	1 600
	65	西华山钨矿	江西大余	1956—1959	4 782	采选	吨/日	1 856

续表

类别	序号	项目名称	建设地址	开始建设至全部建成年份	开始建设至建成累计投资/万元	新增生产能力		
						名称	计量单位	数量
有色金属工业	66	岿美山钨矿	江西定南	1956—1959	4 691	采选	吨/日	1 570
	67	洛阳有色金属加工厂	河南洛阳	1957—1962	17 550	铜材	万吨	6
	68	株洲硬质合金厂	湖南株洲	1955—1957	4 695	硬质合金	吨	500
	69	锡业公司	云南个旧	1954—1958	25 883	锡	万吨	3
	70	白银有色金属公司	甘肃白银	1955—1962	44 697	电铜	万吨	3
						硫酸	万吨	25
	71	东川矿务局	云南东川	1958—1961	—	采选	万吨/日	2
	72	会泽铅锌矿	云南会泽	1958—1962	—	铅	万吨	1.5
					—	锌	万吨	3
化学工业	73	太原化工厂	山西太原	1954—1958	11 670	硫酸	万吨	4
						烧碱	万吨	1.5
	74	太原氮肥厂	山西太原	1957—1960	19 500	合成氨	万吨	5.2
						硝酸铵	万吨	9.8
	75	吉林染料厂	吉林	1955—1958	11 461	合成染料及中间体	吨	7 385
	76	吉林氮肥厂	吉林	1954—1957	25 722	合成氨	万吨	5
						硝酸铵	万吨	9
	77	吉林电石厂	吉林	1955—1957	4 989	电石	万吨	6
	78	兰州合成橡胶厂	甘肃兰州	1956—1960	11 664	合成橡胶	万吨	1.5
	79	兰州氮肥厂	甘肃兰州	1956—1959	23 317	合成氨	万吨	5.2
						硝酸铵	万吨	9.8
机械工业	80	沈阳第一机床厂	辽宁沈阳	1953—1955	6 043	车床	台	4 000
	81	沈阳风动工具厂	辽宁沈阳	1952—1954	1 893	各种风动工具	万台/吨	2/554
	82	沈阳电缆厂	辽宁沈阳	1954—1957	9 031	各种电缆	万吨	3
	83	沈阳第二机床厂	辽宁沈阳	1955—1958	3 188	各种机床	台/万吨	4 497/16
	84	长春第一汽车制造厂	吉林长春	1953—1956	60 871	汽车	万辆	3
	85	哈尔滨锅炉厂（一、二期）	黑龙江哈尔滨	1954—1960	14 981	高中压锅炉	吨	4 080
	86	哈尔滨量具刃具厂	黑龙江哈尔滨	1953—1954	5 565	量刃具	万副	512
	87	哈尔滨仪表厂	黑龙江哈尔滨	1953—1956	2 494	电气仪表	万只	10
						汽车仪表	万套	5
						电度表	万只	60
	88	哈尔滨汽轮机厂（一、二期）	黑龙江哈尔滨	1954—1960	12 042	汽轮机	万千瓦	60
	89	哈尔滨电机厂汽轮发电机车间	黑龙江哈尔滨	1954—1960	4 356	汽轮发电机	万千瓦	60
	90	富拉尔基重机厂	黑龙江富拉尔基	1955—1959	45 849	轧机、炼钢、炼铁设备	万吨	6

续表

类别	序号	项目名称	建设地址	开始建设至全部建成年份	开始建设至建成累计投资/万元	新增生产能力		
						名称	计量单位	数量
机械工业	91	哈尔滨炭刷厂	黑龙江哈尔滨	1956—1958	1 662	电刷和碳素制品	吨	100
	92	哈尔滨滚珠轴承厂	黑龙江哈尔滨	1957—1959	3 869	滚珠轴承	万套	655
	93	洛阳拖拉机厂	河南洛阳	1956—1959	34 788	拖拉机	万台	1.5
	94	洛阳滚珠轴承厂	河南洛阳	1954—1958	11 306	滚珠轴承	万套	1 000
	95	洛阳矿山机械厂	河南洛阳	1955—1958	8 793	矿山机械设备	万吨	2
	96	武汉重型机床厂	湖北武汉	1955—1959	14 612	机床	台	380
	97	湘潭船用电机厂	湖南湘潭	1957—1959	1 502	电机	万千瓦	11
	98	西安高压电瓷厂	陕西西安	1956—1962	3 228	各种电瓷	万吨	1.5
	99	西安开关整流器厂	陕西西安	1956—1961	12 164	高压开关	万套	1.3
	100	西安绝缘材料厂	陕西西安	1956—1960	2 455	各种绝缘材料	吨	6 000
	101	西安电力电容器厂	陕西西安	1956—1958	1 510	电力电容器100千伏安	万只	6.1
	102	兰州石油机械厂	甘肃兰州	1956—1959	14 381	石油设备	万吨	1.5
	103	兰州炼油化工机械厂	甘肃兰州	1956—1959	7 005	化工设备	万吨	2.5
轻工业	104	佳木斯造纸厂	黑龙江佳木斯	1953—1957	10 199	水泥纸袋	万吨	5
						铜网	万平方米	6
医药工业	105	华北制药厂	河北石家庄	1954—1958	7 626	青霉素、链霉素等	吨	1.15
						淀粉	万吨	1.5
	106	太原制药厂	山西太原	1954—1958	1 916	磺胺	吨	1 200

资料来源：国家统计局固定资产投资统计司. 中国固定资产投资统计资料（1950—1985）. 北京：中国统计出版社，1987：196-205；董志凯，吴江. 新中国工业的奠基石：156 项建设研究. 广州：广东经济出版社，2004：159.

上述 150 个实施项目中，较为著名的有阜新海州露天矿，丰满水电站，鞍山、武汉、包头、本溪钢铁公司，株洲硬质合金厂，抚顺铝厂，吉林、太原、兰州氮肥厂，长春第一汽车制造厂，洛阳拖拉机厂，富拉尔基重机厂，华北、太原制药厂等[1]。由上述两表可见，至 1960 年，150 个实施项目中的军工企业至少有 42 个已全部建成，至少占全部 44 个项目的 95.5%；民用工业企业有 92 个全部建成，占全部 106 个项目的 86.8%。至 1962 年"二五"计划完成，除山西 874 厂（1966 年建成）、三门峡水利枢纽（1969 年建成）等项目外，其余项目基本全部建成。

虽因史料所限，尚难获知"156 项"工程军工企业各项目投资金额，但由表 8-7 可知单民用工业企业项目投资即巨大。106 个项目中，投资最高的有 26.85 亿元（鞍山钢铁公司），投资最少的亦有 1204 万元（兴安台洗煤厂）；投资过亿元的达 35 个，包括阜新海州露天矿、抚顺西露天矿、抚顺东露天矿、抚顺第二制油厂、兰州炼油厂、吉林热电站、三门峡水利枢纽、兰州热电站、包头钢铁公司、鞍山钢铁公司、本溪钢铁公司、

① 国家计划委员会对外经济贸易司，对外经济贸易部技术进出口司，机械电子工业部技术引进信息交流中心. 中华人民共和国技术引进四十年（1950—1990）. 上海：文汇出版社，1992：1.

富拉尔基特钢厂、武汉钢铁公司、抚顺铝厂、杨家杖子钼矿、哈尔滨铝加工厂、洛阳有色金属加工厂、锡业公司、白银有色金属公司、太原化工厂、太原氮肥厂、吉林染料厂、吉林氮肥厂、兰州合成橡胶厂、兰州氮肥厂、长春第一汽车制造厂、哈尔滨锅炉厂、哈尔滨汽轮机厂、富拉尔基重机厂、洛阳拖拉机厂、洛阳滚珠轴承厂、武汉重型机床厂、西安开关整流器厂、兰州石油机械厂、佳木斯造纸厂。

"156 项"工程的实施直接促进了钢铁工业、有色金属工业、机械工业等重工业重要部门的快速发展。在钢铁工业方面，通过鞍山、武汉、包头、本溪钢铁公司等工业企业的建设，1953—1957 年新中国钢铁工业新增铁矿开采能力 1643.4 万吨、炼焦能力 329.1 万吨、炼铁能力 338.6 万吨、炼钢能力 281.6 万吨、轧钢能力 158.8 万吨；1957 年生铁产量达 594 万吨、钢 535 万吨、成品钢材 415 万吨，赢得钢产量平均年递增 32% 的高速度。至 1957 年，生产的钢材品种已达 4000 余种，钢材的自给率达到 86%。[①]

在有色金属工业方面，围绕白银有色金属公司、洛阳有色金属加工厂、抚顺铝厂、株洲硬质合金厂、锡业公司、杨家杖子钼矿、大吉山钨矿、西华山钨矿、岿美山钨矿等工业企业的建设，生产能力大大增加；同时改变了中国有色金属体系残缺不全和互不配套的落后状况。1953—1957 年新中国新增铜采选能力 218.7 万吨、冶炼能力 0.7 万吨、电解能力 1.9 万吨；新增铝氧生产能力 12 万吨、电解铝能力 3.9 万吨。[②]

在机械工业方面，随着"156 项"工程和"一五"计划期间其他相应项目的建设，至 1957 年底新中国有了载重汽车、高炉、平炉、焦炉设备、汽轮发电设备、拖拉机、精密仪表、石油机械和电讯设备等几十个过去没有的、行业比较齐全的制造系统，并开始试制一批新产品，从而建立中国机械制造能力的初步基础，使机械设备的自给能力从新中国成立前的 20% 左右，提高到逾 60%。[③]

通过"156 项"工程的实施，国防工业建设取得了令人瞩目的成就。抗美援朝战争爆发后，为适应战争的需要，在"一五"计划的安排中，国防工业建设处于比较突出的地位。而国防工业的重点首先是兵器工业，其次是航空工业和电子工业。[④]兵器工业企业、航空工业企业、电子工业企业在"156 项"工程军工企业中的个数也相对较多。其中，兵器工业企业大都在 1958—1959 年建成投产。至 20 世纪 60 年代初期，新中国兵器工业已能独立生产半自动步枪、冲锋枪、前膛炮等轻型武器，开始具备生产大口径地面火炮、高炮、中型坦克、大口径炮弹等一整套重型武器装备的生产能力，并可为陆军提供武器弹药，为空军、海军提供部分机载武器和水中武器装备。[⑤]

航空工业是从成套引进、仿制苏联制品开始的。通过航空工业企业的建设，新中国于 1955 年已具备歼击机试制能力和试制成功初级教练机；1956 年试制成功歼-5 歼击机，其性能和新建工厂的工艺、装备和技术水平均达到世界先进水平。[⑥]电子工业企业主要是制造电子管、磁控管、电阻、电容等无线电元器件，以及多种雷达、指挥仪、坦

① 《当代中国的基本建设》编辑委员会. 当代中国的基本建设. 上. 北京：当代中国出版社，2009：23-24.
② 《当代中国的基本建设》编辑委员会. 当代中国的基本建设. 上. 北京：当代中国出版社，2009：24-26.
③ 《当代中国的基本建设》编辑委员会. 当代中国的基本建设. 上. 北京：当代中国出版社，2009：26-27.
④ 《当代中国的基本建设》编辑委员会. 当代中国的基本建设. 上. 北京：当代中国出版社，2009：20.
⑤ 《当代中国的基本建设》编辑委员会. 当代中国的基本建设. 上. 北京：当代中国出版社，2009：30.
⑥ 《当代中国的基本建设》编辑委员会. 当代中国的基本建设. 上. 北京：当代中国出版社，2009：31.

克电台、飞机电台、无线电广播发射机等工厂。随着这些工厂的建设和投产，新中国在军事电子装备方面，开始具备制造通信电台、雷达的能力，并开始用部分整机装备部队；在民用产品方面，已具备生产广播电台所需波形收讯管和各种发射管的能力，收音、扩音设备基本国产化，并能部分生产科研、教学和国民经济各部门合用的仪表、仪器和电子工业专用设备。①

此外，随着"156 项"工程的实施，新中国的煤炭工业、电力工业、石油工业等得到显著发展。在煤炭工业方面，1953—1957 年新增煤炭开采能力 6637 万吨、洗选原煤能力 2275 万吨；1957 年原煤产量达 1.31 亿吨，比 1952 年增加了近 1 倍。在电力工业方面，1957 年发电量已达 193 亿千瓦时，是 1953 年的 2.64 倍。在石油工业方面，1953—1957 年新增石油开采能力 131.2 万吨、石油加工能力 114.7 万吨；1957 年原油产量达 146 万吨，比 1952 年 44 万吨的产量提高不少。②

需要指出的是，1960 年中苏关系破裂，苏联从中国撤退专家前，苏联的援助对"156 项"工程的建设起到不可替代的作用。首先，苏联向我国提供成套的设备。由于工业基础薄弱，不具备现代工业条件，以美国为首的资本主义国家在技术和设备上进行封锁禁运，新中国将从苏联和东欧社会主义国家引进成套设备作为进行工业建设的主要途径。1950—1959 年，新中国先后与苏联签订成套设备项目为 304 项，后撤销 89 项；与东欧国家签订的成套设备项目为 116 项，后撤销 8 项③。当时中苏双方达成协议，凡是从苏联引进的成套设备项目，均应由中国国内组织分交，由苏方提供制造图纸。如鞍山钢铁公司建设中的矿山、冶金、电器等类设备，由苏方供图、中方制造的占全部设备总重的 60%。④

其次，苏联向我国提供了巨大的技术援助。据 1955 年 1 月 1 日的统计，在中国进行技术援助的苏联专家就有 790 人⑤。1950—1959 年，在中国进行技术援助的苏联专家达 8500 余人⑥。其中许多专家是为参加"156 项"工程建设来华。在"156 项"工程建设中，他们从勘察地质、选择厂址、搜集设计基础资料、进行设计、指导建筑安装和开工运转、供应新种类产品的技术资料，一直到指导新产品的制造等各方面全面地给予援助。苏联专家提供的设计，广泛地采用了最新的技术成就。⑦

例如，当时苏联对长春的第一汽车制造厂的建设和投产给予了全面的援助。苏联专家不但承担了第一汽车制造厂的全面设计任务，还帮助制造了各种复杂设备。在土建和安装调试过程中，苏联先后派遣近 200 名专家到长春指导土建施工和安装调试设备。而

① 董志凯，吴江. 新中国工业的奠基石：156 项建设研究. 广州：广东经济出版社，2004：309-310.
② 《当代中国的基本建设》编辑委员会. 当代中国的基本建设. 上. 北京：当代中国出版社，2009：34-35.
③ 国家计划委员会对外经济贸易司，对外经济贸易部技术进出口司，机械电子工业部技术引进信息交流中心. 中华人民共和国技术引进四十年（1950—1990）. 上海：文汇出版社，1992：11.
④ 国家计划委员会对外经济贸易司，对外经济贸易部技术进出口司，机械电子工业部技术引进信息交流中心. 中华人民共和国技术引进四十年（1950—1990）. 上海：文汇出版社，1992：13.
⑤ 沈志华. 苏联专家在中国（1948—1960）. 北京：新华出版社，2009：45.
⑥ 奥·鲍·鲍里索夫，鲍·特·科洛斯科夫. 苏中关系（1945—1980）. 肖东川，谭实译. 北京：生活·读书·新知三联书店，1982：150.
⑦ 李富春. 关于发展国民经济的第一个五年计划的报告——在一九五五年七月五日至六日的第一届全国人民代表大会第二次会议上. 人民日报，1955-07-08（6）.

且，苏联专家提供了较完整的生产组织设计，包括机构设置、干部定员、职责分工，以及工作方法、工作条例，使该厂一开始投产，企业管理各方面就进入正常运行的轨道。①

当时在黑色冶金方面，苏联专家就帮助试制 100 多种新钢种，并帮助制成中国过去从不能生产的大型钢材和无缝钢管；在有色金属方面，苏联专家帮助研制了数十种钢铝材料②。1953 年，参加鞍山钢铁公司建设的苏联专家及时地解决了该公司三大工程从设计施工到开工生产中的各种疑难问题，帮助筹划了施工和迎接开工生产的准备工作，使三大工程得以顺利完成。经别雷特卡其专家的具体指导，第 7 号炼铁炉炉缸的容积扩大，炉底加厚，原有炉缸的冷却壁改成镶砖式。由此炼铁炉不仅寿命延长，而且每年可增产几千吨生铁，等于增加了一个小炼铁炉。③在 5 年中，苏联专家向鞍山钢铁公司提出 3 万余件重大建议，解决了许多关键的问题④。

在培养技术干部方面，苏联专家做了大量工作，培养了大批人才。如自长春第一汽车制造厂 1953 年筹建的第一天起，苏联专家就为干部、职工讲技术课；到 3 年后工厂建成，有 186 名苏联专家为 2 万名职工讲授技术课 1500 余次，直接传教与培养管理干部和技术人员 470 人⑤。1953 年 12 月 28 日《人民日报》报道，在苏联专家具体细致的教导下，建设鞍山钢铁公司三大工程的人们学会许多苏联先进经验和先进技术。有 150 余人在拉多赛夫专家的指导下，开始学会复杂的电气调整技术，还有不少工人学会交流机、变频机、高周波、低周波、热切锯等极为精密的电气调整技术。安尼克也夫、马尔琴克等专家采取专题讲课、边做边教等方式，帮助机械安装工程公司的许多工人学会了测量安装、轴承的清洗调整、热装卸、预安装、变形处理等先进经验，帮助培养了大批机械安装人才。⑥

应该说，"156 项"工程的实施有效地推进了苏联技术向中国的转移。同时随着"156 项"工程的实施和各项目的建成，新中国工业布局趋于合理，重工业得到快速发展，建立起比较完整的基础工业体系和国防工业体系的骨架⑦，在工业技术上具备了一定的自力更生能力，形成了一支技术骨干队伍⑧。这些奠定了新中国工业化的初步基础，推动了中国经济和社会的发展。

总体而言，1960 年中苏关系破裂前，中国与苏联的科技交流和合作活动丰富而多彩，有效地促进了苏联科学技术向中国的转移，对提升中国科学技术整体水平，培养高级专门人才，推进科学技术建制化，加强工业、国防等基础都起到了相当重要的作用，深刻影响了中国科学技术发展的历史进程。苏联和苏联专家在其中扮演了重要角色，做出巨大的贡献。1960 年中苏关系破裂后，中国与苏联的科技交流和合作活动急转直下，很快

① 第一汽车制造厂史志编纂室. 第一汽车制造厂厂志. 第 1 卷（上）. 长春：吉林科学技术出版社，1991：5.
② 陈夕. 中国工业化基础的奠定//陈夕. 中国共产党与 156 项工程. 北京：中共党史出版社，2015：666.
③ 鞍钢三大工程得到苏联专家的伟大帮助. 人民日报，1953-12-28（2）.
④ 苏联专家对鞍钢作出卓越的贡献　五年来提出三万多件重大建议. 人民日报，1954-11-10（1）.
⑤ 沈志华. 苏联为中国培养大量专业技术人才. 国际人才交流，2013，(5)：58.
⑥ 鞍钢三大工程得到苏联专家的伟大帮助. 人民日报，1953-12-28（2）.
⑦ 薄一波. 若干重大决策与事件的回顾. 上卷. 北京：人民出版社，1997：306.
⑧ 国家计划委员会对外经济贸易司，对外经济贸易部技术进出口司，机械电子工业部技术引进信息交流中心. 中华人民共和国技术引进四十年（1950—1990）. 上海：文汇出版社，1992：1-2.

日薄西山。

但是，一些苏联专家在华的科技活动对中国的科技、工业发展也产生了负面影响。例如，一些来华苏联专家推行米丘林学说，反对摩尔根学说，制止中国一些农学家按照摩尔根遗传学开展育种工作。胡先骕在《植物分类学简编》一书中批评了李森科的关于生物物种的一些见解。1955 年该书出版后，在我国高等教育部工作的苏联专家曾就该书提出"严重抗议"，说"这是对苏联在政治上的污蔑"。[①]有些来华苏联专家在指导一些工程建设时，由于不了解中国的实际情况，照搬苏联的做法或缺乏与中国类似情况下工作的经验，造成了一些问题或严重影响。如苏联专家对三门峡水利枢纽工程决策的失误就负有重要的责任[②]。这些影响虽然大都是局部的，不代表主流，但其危害也是不能忽视的。

[①] 李佩珊，孟庆哲，黄青禾，等. 青岛遗传学座谈会的历史背景和基本经验//李佩珊，孟庆哲，黄青禾，等. 百家争鸣——发展科学的必由之路：1956 年 8 月青岛遗传学座谈会纪实. 北京：商务印书馆，1985：6.
[②] 顾永杰. 三门峡工程的决策失误及苏联专家的影响. 自然辩证法研究，2011，27（5）：122-126.

下篇
改革与创新（1977年至今）

第九章 "科学的春天"：拨乱反正[*]

面对经济萧条、百业沉寂的局面，1975 年 1 月邓小平开始全面整顿各个行业，纠正"文化大革命"的错误，恢复正常的秩序。对科技领域的整顿从中国科学院开始，1975 年邓小平指示胡耀邦等在中国科学院开展调查工作，形成《科学院工作汇报提纲》，这是在"文化大革命"环境下重新扭转科技工作局面的初步尝试。尽管邓小平本人和《科学院工作汇报提纲》因一场"倒春寒"而被再次批斗，但在科技界却产生了重要影响。1977 年邓小平恢复职务后，分管教育与科研工作，在科教领域组织召开了科学和教育工作座谈会。1978 年 3 月中共中央组织召开全国科学大会。在此期间，邓小平多次提出"科学技术是生产力""科技现代化是实现四个现代化的关键""知识分子是工人阶级的一部分"等观点，从思想上扭转了"文化大革命"期间的错误认识，充分揭示了当时科技工作存在的问题，确定了科技工作发展的基本方针，重新确立了科技工作者的身份与地位，并形成了对科技工作调整、整顿的基本思路，为新时期科技发展方针的制定奠定了思想基础。

第一节 《科学院工作汇报提纲》的提出

1975 年 1 月第四届全国人民代表大会第一次会议后，邓小平开始组织力量对因"文化大革命"影响而严重受损的经济、科技、教育体制进行全面整顿。中国科学院是科学技术领域整顿的起点，也是整顿的重点。1975 年 7 月，邓小平派胡耀邦、李昌和王光伟到中国科学院工作，并指示胡耀邦等"整顿中国科学院，加强领导"[①]。胡耀邦等在中国科学院开展了调查工作，并形成了《科学院工作汇报提纲》。这份文件为随后科技领域的全面整顿指明了方向和工作重点。

根据邓小平的指示，胡耀邦、李昌和王光伟到中国科学院工作后要完成的三项任务是：一是调查研究中国科学院的基本情况；二是搞一个中国科学院发展规划；三是准备向中央提出中国科学院党的核心小组名单。根据邓小平的指示，胡耀邦等在中国科学院的各研究所进行了深入的调查研究，多次召开座谈会，请科学家们就当时中国科学院存在的问题畅所欲言。同时，胡耀邦等也加紧起草向国务院的汇报，并组成了由胡耀邦牵头，李昌、王光伟、胡克实、吴明瑜等组成的起草小组。1975 年 8 月 11 日，起草小组完成了《关于科技工作的几个问题（讨论稿）》。据李昌回忆，该讨论稿由胡耀邦提出基本思路和写作框架，李昌、王光伟、胡克实等分头组织起草，再由当时的中国科学院政策研究室主任吴明瑜做助手，按胡耀邦的意见，进行文字综合，最后由胡耀邦审定[②]。1975 年 8 月 12 日胡耀邦向邓小平汇报了起草工作，得到了邓小平的肯定。8 月 15 日，

---

* 作者：韩晋芳。

① 樊洪业. 中国科学院编年史：1949～1999. 上海：上海科技教育出版社，1999：229.

② 李昌. 整顿科学院的回忆. 湘潮，1999，（6）：22-27.

起草小组根据邓小平的意见对稿件进行了修改，并在二稿后又向胡乔木、于光远、张爱萍等以及中国科学院机关和直属单位征求意见。根据反馈意见，起草小组在 8 月 17 日完成了第三稿，并将报告名称改为《关于科技工作的几个问题（汇报提纲）》（简称《汇报提纲》）①。

三稿之后的《汇报提纲》共包括 6 个方面的问题，分别是如何看待科技工作的成绩、科技领域的知识分子政策问题、科技领域的具体路线问题、科技工作的组织问题、中国科学院院部和直属单位的整顿、科技十年规划问题。其中，前三个问题是从思想路线上做拨乱反正的尝试，以重新审视和评价知识分子及其业绩，重新审视毛泽东的科技路线。科技工作的组织、中国科学院院部和直属单位的整顿则试图恢复中国科学院对一些划分出去的院所的领导权，恢复中国科学院正常的工作秩序。科技十年规划主要是针对未来十年的科学发展计划。

《汇报提纲》首先肯定了科技战线知识分子的成绩，指出，"科技战线上的绝大多数领导干部、科技人员和广大职工，辛勤努力，成绩是主要的。必须加以肯定"。其次对科技战线的知识分子重新进行了评价，对现有的 400 万科技人员的基本估计是："总的来说，他们的基本政治立场上是拥护党、拥护社会主义、愿意为人民服务的，反党反社会主义分子只是较少数。""绝大多数是好的或比较好的，做了大量的工作，许多人已经成为政治上、业务上的骨干。"最后，力求重新解读毛泽东提出的科技战线的具体路线问题，提出了正确处理 6 对关系：①政治与业务的关系，"没有安定团结的局面，生产、科技都不可能搞好。生产和科技搞不上去，物质基础不牢靠，无产阶级专政也不可能巩固"。②生产斗争与科学实验的关系，"科学技术是生产力。不打这一仗，生产力无法提高。科研要走在前面""没有科学技术现代化，也就不能有工业、农业、国防的现代化"。③专业队伍与群众运动的关系，发展科学技术要靠两支队伍，一支是专业队伍，一支是群众队伍。"决不能否定和取消实验室的研究工作。不能不加区别地要求任何科学研究工作都要实行'以工厂、农村为基地'的三结合。不宜笼统地绝对地、不加具体分析地提'开门办科研，这样的口号'。"④自力更生与学习外国长处的关系，既要反对崇洋媚外、盲目照搬，又要反对排外主义、闭关自守。必须经常地密切注意和调查研究国际上科学技术发展的最新动向，有必要从国外引进一些先进技术先进设备。⑤理论与实际、基础与应用的关系，"从当前的情况来看，自然科学的理论研究还是不够的，要有计划地加强……而不应任意加以贬低、指责甚至污辱"。⑥党的绝对领导与百家争鸣的关系，对于自然科学学术问题上不同意见的争论，"必须实行百花齐放、百家争鸣的方针，通过学术讨论的办法，通过科学实践来解决，不能用行政命令办法，支持一派，压制一派，更不能以多数还是少数，青年还是老年，政治表现如何来作为衡量学术是非的标准"②。

《汇报提纲》从理论、路线、政策上把被"四人帮"颠倒的是非端正过来，名义上是中国科学院工作的汇报，实际上很多内容是面向全国的，全面反映了当时科技界的真实情况。尤其是对 6 对关系的论述阐明了"文化大革命"期间一直没有正视的思想问题，

---

① 吴伟锋. 1975 年中国科学院整顿始末. 党史文汇，2017，（6）：55-62.
② 张化. 中国科学院 1975 年的整顿. 中共党史研究，1996，（1）：54-60；吴伟锋. 1975 年中国科学院整顿始末. 党史文汇，2017，（6）：55-62.

而这恰恰是新中国成立以来造成科技工作波动的主要因素。《汇报提纲》也恢复了 1956 年周恩来代表党中央做的《关于知识分子问题的报告》的正确论断，即"知识分子是工人阶级的一部分"。因此，《汇报提纲》被认为是一个纠正"文化大革命"时期在科技领域"左"倾思潮的重要文件，是对"文化大革命"错误的全面否定。在《汇报提纲》中，也首次提出"科学技术是生产力"，强调了"生产力首先是科学"的论点。这标志着对科学技术工作的认识有所提高，强调了科学技术在生产力中的重要作用和地位[1]。

第三稿呈报邓小平后，邓小平认为"这个文件很重要，要加强思想性，多说道理。但不要太尖锐，道理要站得住，攻不倒"[2]。遂于 1975 年 8 月 26 日约胡乔木谈修改《汇报提纲》的问题，并委托胡乔木"抹掉一些棱角，写得平稳一些"[3]。胡乔木在《汇报提纲》中增加了一些毛泽东语录，并将提纲的原题《关于科技工作的几个问题（汇报提纲）》改名为《科学院工作汇报提纲》，又将原《汇报提纲》的大章节缩为三部分：①中国科学院科研工作的方向任务；②坚决地、全面地贯彻执行毛主席的革命科学技术路线，以毛泽东的有关论述为依据，编为科技路线的十条；③关于中国科学院的整顿问题。胡乔木修改的稿件于 1975 年 9 月 2 日完成，又交给胡耀邦等征求意见。

经过多次反复修改后，1975 年 9 月 26 日在邓小平主持的国务院会议上，胡耀邦向与会人员汇报了对中国科学院的调查情况。邓小平对这个《科学院工作汇报提纲》给予了充分肯定，认为这个文件很重要，不但能管中国科学院，而且对整个科技界、教育界和其他部门也能起作用[4]。其间，邓小平就科技工作中的问题发表了讲话，主要包括几个方面：①强调科学研究工作要走在前面；②要充分发挥科技人员的作用；③提出科技人员也是劳动者；④关于红专问题；⑤要关心科技人员的生活；⑥要办好教育；⑦提出科技机构领导班子要有三套人，即党的、科研的和后勤的[5]。国务院会议原则通过了《科学院工作汇报提纲》。会后，按照邓小平 9 月 26 日的谈话，胡乔木又对《科学院工作汇报提纲》进行了修改，于 9 月 28 日形成第五稿。作为定稿，以胡耀邦、李昌、王光伟的名义报送邓小平，9 月 30 日由邓小平报毛泽东。此后又根据毛泽东的意见进行了修改，并于 10 月底改出第六稿。但随着形势的变化，邓小平的整顿工作很快就被迫中断了，《科学院工作汇报提纲》第六稿也未再报送给毛泽东，《科学院工作汇报提纲》的起草和修改就此结束[6]。

1975 年的整顿虽然为时甚短，干扰甚多，但却取得了明显的效果。正如中共十一届六中全会通过的《关于建国以来党的若干历史问题的决议》中总结的："一九七五年，周恩来同志病重，邓小平同志在毛泽东同志支持下主持中央日常工作，召开了军委扩大

① 姜振寰. 新中国技术观的重大变革——记 20 世纪 80 年代关于"新技术革命"的大讨论. 哈尔滨工业大学学报（社会科学版），2004，(3)：31-35.
② 中共中央文献研究室. 邓小平年谱（1975—1997）. 上册. 北京：中央文献出版社，2004：86.
③ 中共中央文献研究室. 邓小平年谱（1975—1997）. 上册. 北京：中央文献出版社，2004：86；钱江. 一波三折的科学工作《汇报提纲》. 党史文苑，2004，(7)：20-24.
④ 郭曰方，林君. 邓小平与中国科学院. 中国科学院院刊，1998，(2)：90-95.
⑤ 这是邓小平在听取中国科学院负责同志汇报《关于科技工作的几个问题》时的插话，后以《科研工作要走在前面》为题，收入邓小平. 邓小平文选. 第 2 卷. 北京：人民出版社，1994：33。
⑥ 吴伟锋. 1975 年中国科学院整顿始末. 党史文汇，2017，(6)：55-62.

会议和解决工业、农业、交通、科技等方面问题的一系列重要会议，着手对许多方面工作进行整顿，使形势有了明显好转。"①《科学院工作汇报提纲》虽然没有下发，但也在一定范围内产生了影响，鼓舞了科技界的士气，为科技界进一步拨乱反正奠定了思想基础。

第二节　科学和教育工作座谈会的召开

科学和教育工作座谈会一般指的是 1977 年 8 月 4 日召开的邓小平与科学和教育领域专家的座谈会。1977 年 7 月，邓小平重新就任中共中央副主席、国务院第一副总理等要职，主管全国的科技和教育工作。7 月 19 日，邓小平与方毅商定，召开一次科学和教育工作座谈会，倾听科教界的意见，了解科教工作的实际情况，打开科教工作的新局面。邓小平提出，座谈会要找一些敢说话、有见解，不是行政人员，在自然科学方面有才学，与"四人帮"没有牵连的人参加。

1977 年 8 月 4—8 日，科学和教育工作座谈会在人民大会堂江苏厅②举行。参加会议的有吴文俊（中国科学院数学研究所）、张文裕（中国科学院高能物理研究所）、马大猷（中国科学院物理研究所）、郝柏林（中国科学院物理研究所）、汪猷（中国科学院上海有机化学研究所）、钱人元（中国科学院化学研究所）、柳大纲（中国科学院化学研究所）、邹承鲁（中国科学院生物物理研究所）、张文佑（中国科学院地质研究所）、叶笃正（中国科学院大气物理研究所）、黄秉维（中国科学院地理研究所）、王大珩（中国科学院长春光学精密机械与物理研究所）、严东生（中国科学院上海硅酸盐研究所）、王守武（中国科学院半导体研究所）、许孔时（中国科学院计算技术研究所）、高庆狮（中国科学院计算技术研究所）、金善宝（中国农业科学院）、黄家驷（中国医学科学院）、吴恒兴（中国医学科学院）、沈克琦（北京大学）、何东昌（清华大学）、潘际銮（清华大学）、史绍熙（天津大学）、唐敖庆（吉林大学）、杨石先（南开大学）、苗永宽（南开大学）、宗永生（中山医学院）、温元凯（中国科学技术大学）、吴健中（上海交通大学）、苏步青（复旦大学）、查全性（武汉大学）、沈其益（华北农业大学）、程迺晋（西安交通大学）等 33 位。其中年龄最大的是 82 岁的小麦育种专家金善宝，最小的是 31 岁的中国科学技术大学教师温元凯。中国科学院和教育部、国务院政治研究室等的负责同志方毅、李昌、武衡、胡乔木、童大林、刘西尧、李琦、李琦涛、于光远、邓力群、雍文涛也参加了会议③。在历时 4 天的科学和教育工作座谈会上，参会代表放下包袱，对科技和教育领域出现的问题畅所欲言，邓小平全程参加了会议，倾听了科技和教育专家的意见。

座谈会上大家讨论比较热烈的几个问题是：一是关于高等教育的历史评价问题，中华人民共和国成立后 17 年高等教育的路线是"红线"还是"黑线"？二是关于高考问

---

① 中国共产党中央委员会关于建国以来党的若干历史问题的决议//中共中央文献研究室. 三中全会以来重要文献选编. 下. 北京：人民出版社，1982：813-814. 转引自李慧勇. 周恩来与"文革"后期中央行政体制的重新整合. 南开大学博士学位论文，2010：106.
② 罗平汉在文中说科学和教育工作座谈会的地址在北京饭店，《方毅传》中地址在人民大会堂江苏厅，以《方毅传》为准. 罗平汉. 引领科教领域的拨乱反正：1977 年科教工作座谈会. 党史文苑，2015，（1）：14-21.
③ 李昌. 整顿科学院的回忆. 湘潮，1999，（6）：22-27. 参会人员名单据《方毅传》校核。

题。参加座谈会的科学和教育界的人士认为，应该改革高校招生制度，废除高校招生"自愿报名，群众推荐，领导批准，学校复审"的办法，恢复高考制度。三是关于科技工作的领导机构。座谈中反映比较强烈的，是要求有一个统管科学工作的机构。教育由教育部管，科学方面大家提出要恢复国家科委。除上述比较集中的问题外，参会的代表们还揭批了"文化大革命"中对科研机构和教育系统造成的破坏。

在广泛听取科技、教育工作者的意见与建议后，邓小平于 1977 年 8 月 8 日上午作了《关于科学和教育工作的几点意见》的讲话，就中华人民共和国成立以后 17 年的历史评价、调动积极性、体制和机构、教育制度和教育质量、后勤工作、学风等六个方面的问题发表了自己的看法。在讲话中，邓小平充分肯定了这 17 年中科学与教育工作的成绩，肯定了中国绝大多数知识分子自觉为社会主义服务的事实。他强调要爱护科研人员，充分调动他们的工作积极性，为科研和教学人员创造必要的工作条件，保障他们开展科研工作的时间。他还指出，科研机构的干部配备要紧抓三个关键岗位，一是党委书记，二是科研领导人，三是负责后勤的。他还谈了各类研究机构的分工问题，重点高等院校应当是科研的一个重要方面军，生产部门要着重搞应用科学，中国科学院和大学侧重基础研究，但工科院校也要搞应用科学[1]。

邓小平的讲话否定了"文化大革命"时期的极左思想，促进了科研和教育领域的思想解放，对广大知识分子是极大的鼓舞。他就科研和教育工作方面的讲话规划出科研和教育工作调整的方向，为快速扭转"文化大革命"带来的混乱做了思想动员。

第三节 全国科学大会的召开

如果说科学和教育工作座谈会是小范围的拨乱反正的开始，那么全国科学大会就是在全国范围内拨乱反正的起点。1976 年粉碎"四人帮"后，中央开始在各个领域拨乱反正，先后召开了全国第二次农业学大寨会议（1976 年 12 月 10—27 日）和全国工业学大庆会议（1977 年 4 月 20 日至 5 月 13 日），促进了工农业生产的迅速恢复和发展。为进一步调动科技界的积极性，在全社会形成尊重科学、热爱科学的氛围，中央决定召开全国科学大会。

1977 年 9 月 18 日中共中央发出《关于召开全国科学大会的通知》后，各地政府和科技界均被动员起来。该通知向全国发出号召：高举毛泽东思想的伟大旗帜，贯彻执行党的第十一次全国代表大会的路线，深入揭批"四人帮"，交流经验，制定规划，表扬先进，特别要表扬有发明创造的科学技术工作者和工农兵群众，动员全党全军全国各族人民和全体科学技术工作者，向科学技术现代化进军[2]。该通知也对全国科学工作作出部署：各级党委要加强对技术革命的领导，扎实推进向科学技术现代化进军的运动。首先要抓好整顿，重建科技工作的组织和领导体制；其次要落实知识分子政策，保障科研时间；再次要抓紧制定科学技术发展规划，最后要加强对召开全国科学大会和向科学技

---

① 邓小平这次题为《关于科学和教育工作的几点意见》的讲话，收入邓小平. 邓小平文选. 第 2 卷. 北京：人民出版社，1994：48-58.

② 中共中央关于召开全国科学大会的通知（一九七七年九月十八日）. 大连工学院学报，1977，(4)：1-6.

术现代化进军的宣传①。为贯彻落实该通知的精神，各省（自治区、直辖市）和中央各有关部门都积极展开了迎接全国科学大会的筹备工作。部门和地方领导亲自抓科学工作，积极推选参会代表和优秀科技成果，落实知识分子政策，组织制定科学技术发展规划，并开始整顿科研机构。各地科技工作的秩序在陆续恢复，"一个全党动员，全国动员，大办科学的新形势已经到来"②。

1978 年 3 月 18 日全国科学大会在北京隆重召开。全国 29 个省（自治区、直辖市）以及中央直属机关和国家机关、中国人民解放军和国防科研部门共 5586 名代表组成 32 个代表团参加了全国科学大会。据统计，参会代表中领导干部有 1527 人，占代表总人数的 27.34%。而且，各地方代表团的团长大都由各省（自治区、直辖市）的党委书记担任，中央和国家机关代表团团长由中国科学院副院长担任，解放军代表团团长由国防科委政委担任。全国科学大会领导小组的成员大都是各省（自治区、直辖市）的党委书记和各部委、各部门的主要负责人。这充分说明，当时的各级领导干部响应中央"向科学技术现代化进军"的号召，重视科学技术的发展③。

在全国科学大会上，邓小平、方毅和华国锋等分别做了重要讲话。邓小平阐述了关于科学是生产力的认识、建设宏大的又红又专的科技队伍和科技部门中怎样实现党委领导下的分工负责制三个问题，深刻阐明了发展社会主义科学技术事业的一系列重要方针政策。邓小平指出，当代社会生产力的巨大发展，劳动生产率的大幅度提高，最主要的是靠科学的力量、技术的力量；从事科学技术工作的人与体力劳动者的区别仅是社会分工的不同，他们都是社会主义的劳动者；向科学技术现代化进军需要有一支浩浩荡荡的工人阶级的又红又专的科学技术大军，当前我国绝大多数科学技术人员是站在工人阶级立场上的革命知识分子，是我们党的一支依靠的力量；党要善于领导科学技术工作，党委主要从政治上领导科技工作，保证党的路线、方针、政策的贯彻，调动科研人员的积极性，具体的业务工作应当放手让所长、副所长分工去做，对于学术上的不同意见，必须坚持百家争鸣的方针，展开自由的讨论。在科学技术工作中，认真听取专家的意见，充分发挥专家的作用④。方毅对《1978—1985 年全国科学技术发展规划纲要（草案）》作了说明，指出发展科学技术事业的主要举措。华国锋在《提高整个中华民族的科学文化水平》的讲话中提出，要在整个社会营造"提倡勤奋学习政治、学习文化、学习科学技术"的文化氛围，号召社会各界为极大地提高整个中华民族的科学文化水平，胜利地完成建设社会主义的现代化强国的伟大历史使命而奋斗⑤。

全国科学大会的召开在社会各界产生了广泛的影响。参会代表们普遍认为，全国科学大会的召开回答了科技战线上迫切需要解决的关键问题，明确了科技事业在国家现代化建设中的重要地位，肯定了科技工作者是工人阶级的一部分，表达了党对科技工作者的充分信任和鼓励，极大地激发了科技工作者干事创业的信心。特别是在全国科学大会

① 中共中央关于召开全国科学大会的通知（一九七七年九月十八日）. 大连工学院学报, 1977,（4）: 1-6.
② 树雄心，立壮志，向科学技术现代化进军——热烈祝贺全国科学大会开幕. 人民日报, 1978-03-18（1）.
③ 袁振东. 1978 年全国科学大会：中国当代科技史上的里程碑. 科学文化评论, 2008,（2）: 37-57.
④ 全国科学大会在北京隆重开幕. 人民日报, 1978-03-19（1）.
⑤ 华主席在全国科学大会上的讲话. 人民日报, 1978-03-26（1）.

闭幕式上，对科技领域的先进集体和个人进行了表彰，有 826 个先进集体、1192 个先进个人、7657 项优秀科技成果的完成单位和个人在大会上受到了表彰。全国科学大会在社会各界引起了热烈反响，大会共收到来自全国各地和海外侨胞的贺信、贺电 1.5 万余封；接受包括成果实物、学术论文、设计图纸、创新产品、改革建议、书画锦旗在内的各项献礼达 4000 余件①。

全国科学大会不同于科学界的学术会议，也不同于政党或国家的制度化的政治会议，它是在"文化大革命"结束后，中共中央为了尽快恢复和发展经济建设，把中国建设成为四个现代化强国而采取的重大措施。从大会的缘起、筹备和召开的整个过程看，此次全国科学大会已经不是一个简单的事件，而是一场向科学技术现代化进军的全民运动②。全国科学大会的召开，是从"文化大革命"时期仇视知识，摧残人才，到新时期尊重知识，尊重人才，向科学技术进军的一个伟大转折，标志着中国科学技术事业进入了一个崭新的发展时期。我国科技事业在"文化大革命"之后迎来了"科学的春天"。

第四节　落实知识分子政策

科技人才是第一资源。全国科学大会召开以后，中央在开展科技工作者状况普查的基础上，先后出台了一系列政策，合理安排和使用科技工作者。

1978 年 9 月，中共中央与国务院决定责成国家科委会同国家计委、民政部、国家统计局对全国自然科学技术人员情况进行普查，以准确地掌握全国自然科学技术队伍的基本情况，为落实党的知识分子政策、组织实施科学技术规划、加速发展我国科学研究事业，提供更加可靠的依据③。普查结果显示，我国科技人才的数量和质量都与发达国家存在较大差距，在人才的使用上也存在着浪费现象。为此，国家科委及有关部门在给国务院的普查情况报告中提出了加强科技队伍建设的几点建议：①深入揭批林彪、"四人帮"，进一步落实党的知识分子政策；②抓紧科技人员的调整工作，进一步解决用非所学的问题；③加速培养新的科技人才，进一步办好业余教育，加强国际科技交流与合作；④健全科技干部的管理机构，努力做好科技干部的管理工作④。国家科委的这些建议陆续得到落实。

1978 年 10 月 10 日至 11 月 4 日，中共中央组织部分批召开落实知识分子政策座谈会，并于 11 月 3 日发出《关于落实知识分子政策的几点意见》。知识分子政策的基本点包括：中华人民共和国成立初期提出的对知识分子"团结、教育、改造"的方针已不适用于当前情况；要做好复查与平反昭雪知识分子中的冤假错案工作；对知识分子要充分信任，放手使用，做到有职有权有责；调整用非所学，做到人尽其才，才尽其用；努力改善他们的工作条件和生活条件。各地政府纷纷响应中央号召，从各个层面开始逐步落实知识分子政策。在国家科委、中国科学院牵头下，各地政府为一大批"文化大革命"

① 《当代中国》丛书编辑部. 当代中国的科学技术事业. 北京：当代中国出版社，1991：53.
② 袁振东. 1978 年全国科学大会：中国当代科技史上的里程碑. 科学文化评论，2008，(2)：37-57.
③ 国家计委国家科委等部门发出通知 在全国进行自然科技人员基本情况普查. 人民日报，1978-06-25 (2).
④ 《当代中国》丛书编辑部. 当代中国的科学技术事业. 北京：当代中国出版社，1991：54-55.

期间被错划为"右派"的知识分子重新安排工作并落实相应的待遇。在中共中央的领导之下，知识分子政策落实工作取得了全面的进展，"尊重知识，尊重人才"的风气开始逐步形成；科技工作者的工作和生活问题亦得到一些改善。

不少地区和部门结合科技队伍调查工作，分期分批逐步让用非所学的科技人员归队，让他们在工作中能够充分发挥专长，解决科技人员用非所学的问题，这也是解决当时我国科技队伍青黄不接的一条重要的、现实的措施。如仅四川一地，截至 1978 年 10 月初就重新分配了 1.6 万余名科技人员的工作岗位，归队人数相当于当年四川省高等学校理工科毕业生总数的两倍多①。在让科技人员归队的过程中，各地政府注重征求科技人员的意见，重视解决归队人员的具体困难，对分居两地的双职工，尽量一起调动；对他们的住房和子女上学等问题，也给予适当照顾。

为进一步规范科技干部的使用，1981 年 4 月中共中央办公厅、国务院办公厅发布了《科学技术干部管理工作试行条例》，对科技人才的分配使用、培养教育、考核、晋升、奖惩都作了详细规定。对于科技人才的身份定位，该条例明确指出："我国广大的科学技术干部，包括从旧社会过来的科学技术干部……已经成为工人阶级的一部分……他们是党的依靠力量，是党和国家的宝贵财富。"该条例对科技人才管理的原则是"精心培养，知人善任，做到人尽其才，才尽其用"，不再用"团结、教育、改造"作为科技人才的基本政策，而是把最大限度地发挥科技人才的才能作为管理原则。

---

① 领导重视 工作扎实 善始善终 四川十分之九以上用非所学的科技人员归队. 人民日报，1978-12-14（4）.

第十章　恢复与整顿科技工作*

在 1979 年 4 月 5 日的中共中央工作会议上，针对国民经济比例严重失调的问题，中央决定从 1979 年起用 3 年时间对国民经济实施"调整、改革、整顿、提高"，以解决国民经济发展中的问题。随后这一方针被推及到各个领域，以期对"文化大革命"期间被"四人帮"搞乱了的秩序进行清理、整顿和纠正。在科学技术领域，科技管理部门迅速整顿恢复，并恢复和新建了一批科研机构。高等学校恢复正常教学制度，同时重建了各种人才培养制度。全国科协和各专业学会也恢复了活动。经过"文化大革命"十年的沉闷期，科技教育界在科学春风的吹拂下迅速恢复了生机。

第一节　恢复科技领导机构

"文化大革命"之前，我国已形成了由国家科委统一领导科技工作的科技管理体制，国家科委统筹决策、规划、管理全国的科学技术工作。在"文化大革命"中，国家科委被取消，统一归并到中国科学院，并在中国科学院专设"科技办公室"，承担原国家科委的部分工作。"文化大革命"结束之后，恢复科技领导机构以加强对科学技术工作的管理被迅速提上议事日程。这一时期的科技领导机构有两个层次，一是中央层面的科教工作领导小组，另一个是国家科委。同时，为加强对科技干部的管理工作，还建立了由国务院直接领导的科技干部管理局。

一、国务院科技领导小组的建立

"文化大革命"期间，中央层面的科技工作领导机构为 1971 年设立的国务院科教组，负责领导中国科学院和全国的教育工作。"文化大革命"后，为全面领导并快速推进科技工作，于 1979 年 10 月 6 日成立了中央科学研究协调委员会，聂荣臻任协调委员会书记，王震、方毅和国家科委、中国科学院、国防科委及国防工业办公室的负责人参加[①]。1981 年 12 月 10 日，聂荣臻写信给中共中央书记处并报邓小平，建议根据中央关于党政分开和精简机构的精神，撤销中央科学研究协调委员会，由国务院组织实施科研协调工作。邓小平等同意了聂荣臻的建议，并决定组建国务院科技领导小组。1982 年 12 月 20 日，中共中央、国务院下发了《关于成立国务院科技领导小组的通知》。该通知指出，为了加强对科技工作的领导，使全国军民各方面的科技工作在一个有权威、有效率的精干的机构统一筹划和统一指挥下，协调地进行工作，决定成立国务院科技领导小组。由赵紫阳任组长，方毅、宋平任副组长，国家计委、国家经委、国家科委、国防科工委、

---

* 　作者：韩晋芳。
① 　汪学勤. 中华人民共和国科技发展全史. 第一卷. 北京：中国科技出版社，2011：321.

中国科学院、教育部和劳动人事部等部委的负责同志参加①。领导小组的主要任务是：①统一组织和管理全国科技队伍，按需要调动集中使用。②统一领导科学技术长期规划，包括行业和重点企业的技术改造规划，使各个规划之间能互相渗透、互相衔接。③研究重大技术政策的决策。④决定重大技术的引进和消化。⑤协调各部门的科技工作。国家计委、国家科委、国家经委、国防科工委以及各部门之间能够分工明确的，可按分工要求分头办理；一时还不能明确的，可在领导小组统一领导下协调办理。这一时期的国务院科技领导小组是一个实职部门，其办公室有正式的机构等级，属于"国务院直属局级机构"。在科技管理工作中，领导小组一方面扮演着中央谋划决策、指导工作的参谋助手的角色，另一方面可以弥补"小部门结构"产生的职责缝隙。高规格的领导小组能够聚焦主要科技任务，"集中力量干大事"，在中国现代科技事业的发展中发挥着重要的领导作用。

二、国家科委的恢复

在 1977 年 8 月召开的科学和教育工作座谈会上，邓小平指出，我们国家要赶上世界先进水平，须从科学和教育着手。科学和教育目前的状况不行，需要有一个机构，统一规划，统一协调，统一安排，统一指导协作。科学和教育工作座谈会后，邓小平就开始考虑恢复国家科委的问题。1977 年 9 月 6 日邓小平致华国锋、叶剑英、李先念、汪东兴等的信中，已明确要恢复国家科委。邓小平在信中提到："我同不少同志交换过意见，看来恢复国家科委势在必行。""原拟在国务院设科教组的方案，拟取消。""大学科研由科学院统一规划。""国防科研由国家科委统一起来，特别是必须统一规划。"②9 月 18 日，中共中央发出《关于成立国家科学技术委员会的决定》，决定国家科委为统管全国科技工作的机构，由国务院副总理方毅担任国家科委主任。国家科委的主要任务有 8 项：调查研究有关科学技术工作的方针、政策的执行情况；组织编制全国科学技术发展的年度计划和长远规划；组织需要各部门参加的重大科研任务的分工与协调工作；组织重要科研成果、发明创造的鉴定，奖励和推广应用；研究与组织解决科技队伍的培养提高和管理使用问题；研究并组织解决科研工作中的情报图书，仪器、设备、试剂等条件问题；争取在国外的专家回国和安排他们的工作，聘请外籍科学家短期来华工作或讲学；组织协调对外科学技术交流活动。随后，地方科学技术委员会也相继恢复。

三、国务院科技干部管理局的恢复

国务院科技干部管理局是国务院直接领导的科技干部管理机构，早在 1964 年就已经成立，"文化大革命"期间被取消。"文化大革命"结束后，为加强科技干部管理工作，中央批准恢复国务院科技干部管理局，直属于国务院，但由国家科委代管。科技干部管

---

① 国务院科技领导小组名单：组长：赵紫阳，副组长：方毅、宋平，成员：吕东、陈彬、赵守一、何东昌、严东生、赵东宛（兼办公室主任）。参见中共中央、国务院关于成立国务院科技领导小组的通知. 中华人民共和国国务院公报，1983，（2）：60-61.
② 中共中央文献研究室. 邓小平年谱（1975—1997）. 上册. 北京：中央文献出版社，2004：195.

理局的主要任务是：督促检查有关科技干部的方针政策的贯彻实施；合理解决用非所学的问题，充分发挥现有科技干部的专长；制订派遣、分配留学生计划，争取尚在国外的科学家回国并安排他们的工作；协助中共中央组织部统一管理科技干部。科技干部管理局恢复后，组织开展了一系列的科技人才调查和座谈会等工作，并协助有关部门制定了一系列科技人才政策，如《科学技术干部管理工作试行条例》《关于科技人员合理流动的若干规定》等。

第二节　恢复整顿科研组织

"文化大革命"之前，我国已形成了相对完整的科研体系，主要包括中国科学院、高等院校，以及地方、产业部门和国防系统的科研机构等"五路大军"，此外还有由全国学会和地方科协以及基层科协组成的科协体系组织开展群众性的科技活动。"文化大革命"期间，很多科研机构被下放，科研工作的正常秩序被破坏，群众性的科技活动也处于停滞状态。"文化大革命"结束之后，中央提出"四个现代化，科学技术现代化是关键，科学研究要走在经济建设前面"[1]的口号，形成了"全党动员，大办科学"的局面，各系统的科研机构迅速得到恢复，并新建了大量的科研机构。由于缺乏系统规划，一些地方和部门的科研机构存在着分散建设、数量急剧膨胀的情况，随后又根据"调整、改革、整顿、提高"的方针对科研机构进行了整顿，建立了正常的科研体系。

一、中国科学院的恢复

"文化大革命"期间，中国科学院受到严重破坏，院领导班子被"革命委员会"取代，研究人员被批判和下放，研究所也被大量下放或划归到其他部门。1975 年中央派胡耀邦等"整顿科学院，加强领导"，但很快因"批邓、反击右倾翻案风"运动而受到批判。中国科学院的恢复整顿工作再次停顿。"文化大革命"结束后，在中央的支持下，中国科学院的工作秩序很快恢复。

加强院领导班子的配备。1977 年 1 月，中央派方毅到中国科学院主持日常工作，任党的核心小组第一副组长、副院长[2]。9 月 24 日，中共中央通知，将中国科学院党的核心小组改名为中共中国科学院党组，郭沫若为党组书记，方毅为第一副书记，李昌、胡克实、武衡为副书记[3]。1978 年 3 月 7 日，全国人大常委会任命方毅、李昌、周培源、童第周、胡克实、严济慈、华罗庚、钱三强为中国科学院副院长[4]。除已在中国科学院工作的副部级干部秦力生、刘华清、邹瑜、张文松、王屏等外，中央又先后调童大林、刘春、李苏、高登榜、甘重斗、赵北克等一批副部级干部到中国科学院任副秘书长。这样强的干部配备，在中央各部委中是少有的[5]。

① 方毅同志在四届政协全国委员会常委会七次扩大会议上作的关于科学和教育事业情况的报告（摘要）. 人民日报, 1977-12-30（2）.
② 李昌. 整顿科学院的回忆. 湘潮, 1999,（6）：22-27.
③ 《当代中国》丛书编辑部. 中国科学院. 下. 北京：当代中国出版社, 1994：641.
④ 《当代中国》丛书编辑部. 中国科学院. 下. 北京：当代中国出版社, 1994：642.
⑤ 叶如根. 方毅传. 北京：人民出版社, 2008：529.

恢复科研机构。"文化大革命"期间，中国科学院的部分研究机构划归地方或部门领导。1977—1978 年，那些在"文化大革命"中被撤销和下放的研究机构纷纷重新归属中国科学院，如北京力学研究所、上海原子核研究所、西南有机化学研究所等。在此基础上，中国科学院重新调整组织结构，在上海、成都、新疆、兰州、合肥、广州、沈阳、长春、武汉、南京、西安、昆明等地设立 12 个分院。中国科学院还着手启动了一批重大的科学实验工程，如高能加速器等。据统计，到 1979 年底，全院共有包括上海、沈阳等 12 个分院，中国科学技术大学等 4 所大学在内的 159 个独立机构，其中科研机构116 个，职工总数 83 488 人，其中科技人员 35 589 人[①]。

恢复学部活动。中国科学院学部成立于 1955 年 6 月，曾在制定全国科学规划、带动科学研究、开展学术交流方面发挥了重要的作用，"文化大革命"期间学部活动完全停滞。1979 年 1 月经中央同意，中国科学院各学部恢复活动，并向院内外有关单位的科学家发出《关于恢复学部工作的通知》。由于"文化大革命"期间学部委员减员严重而且年龄老化，增补学部委员是学部恢复活动后的一项重要工作。1979 年 5 月中国科学院组织召开各学部的常务委员会联席会议，拟订了《中国科学院学部委员增补办法》。1980年春天在北京召开学部委员会议，讨论了学部的任务、章程与机构等问题，并酝酿评审选出了 376 人为学部委员正式候选人。后经差额选举和无记名投票的方式选出 283 名新学部委员。1980 年 3 月 23 日，国务院批准 283 名增补的学部委员名单，中国科学院学部委员达到 400 人，平均年龄 62.8 岁[②]。1981 年 5 月中国科学院第四次学部委员大会在北京召开，会上通过的《中国科学院试行章程》明确提出，学部委员大会是中国科学院的最高决策机构和学术领导机构[③]。学部具有决定中国科学院发展方向，审定全院科研规划，组织科学家对社会主义现代化建设中的重大科技问题提出意见或建议，负责重大科研项目的组织、协调和调查等职责。

明确办院方向。1977 年方毅等组织制定《1978～1985 年中国科学院科学发展规划纲要（草案）》时就对中国科学院的发展方向有了初步的目标。在 1978 年 3 月的全国科学大会上，方毅在对《1978—1985 年全国科学技术发展规划纲要（草案）》的说明中指出了未来科研体系的分工与布局，"中国科学院作为全国自然科学研究的综合中心，其主要任务是研究和发展自然科学的新理论新技术，配合有关部门解决国民经济建设中综合性的重大的科学技术问题，要侧重基础，侧重提高。高等学校既是教育中心，又是科学研究中心，是科学研究的一个重要方面军，基础科学、应用科学的研究兼而有之。各部门和地方的研究机构以应用科学的研究为主，也要适当开展基础科学的研究。这几个部分连同群众科学实验队伍，它们既有分工，又密切协作"[④]。1981 年 1 月 29 日，中国科学院党组提出《关于中国科学院工作的汇报提纲》，并向中共中央书记处作了汇报。中央于 3 月 6 日批转了这一文件，并在批示中明确规定中国科学院"侧重基础、侧重提

① 《当代中国》丛书编辑部. 中国科学院. 下. 北京：当代中国出版社，1994：641-642.
② 樊洪业. 中国科学院编年史：1949～1999. 上海：上海科技教育出版社，1999：263.
③ 科学事业领导体制的重大改革. 人民日报，1981-05-19（1）.
④ 方毅. 在全国科学大会上的报告（摘要）. 人民日报，1978-03-29（1）.

高，为国民经济和国防建设服务"①的办院方针。《关于中国科学院工作的汇报提纲》是中国科学院在改革初期的一个指导性文件，对后来的改革进程产生了重要影响。此汇报提纲中的内容随后被写入1981年5月通过的《中国科学院试行章程》中，成为这一阶段中国科学院的行动纲领。

二、加强高校的科研工作

高等学校作为科学研究的"一个重要方面军"，在"文化大革命"后也迎来了一个重大的转折期。

建设一批重点大学。1977年7月29日，邓小平在听取教育部工作汇报时指出："要抓一批重点大学。重点大学既是办教育的中心，又是办科研的中心。"②1977年9月17日，邓小平在《教育战线的拨乱反正问题》的讲话中指出："重点大学搞多少，谁管，体制怎么定?我看，重点大学教育部要管起来。教育部直属重点大学，双重领导，以教育部为主。教育部要直接抓好几个学校，搞点示范。"③根据邓小平的指示，教育部开始试办一批重点大学。根据1978年2月17日国务院转发的教育部《关于恢复和办好全国重点高等学校的报告》，当时教育部共确定88所重点大学，其中包括恢复原有的60所、新增加的28所④。之后，中国人民大学、北京政法学院、国际关系学院、南京农学院、首都医科大学成功复校，仍为全国重点高等学校。国务院又将西北农学院、西南农学院、华中农学院、华南农学院、沈阳农学院、山西农业大学等校列为全国重点高等学校。至1979年底，全国共有重点高等学校97所⑤。重点大学的重要任务是培养师资和研究生。如1979年7月10日教育部在《全国重点高等学校接受进修教师工作暂行办法》中指出，全国重点高等学校接受进修教师，是提高高校师资水平的重要措施，是全国重点高等学校应承担的任务。政府也制定了很多针对重点大学的特殊政策，如招生优先、经费优先，并推动重点大学的科研基础设施建设。

高校科研工作得到重视。1979年1月，国家科委、教育部、农林部在北京联合召开全国高等学校科学研究工作会议，会上对如何把高等学校办成教育中心和科研中心进行了广泛的讨论。会议特别强调，要贯彻"百花齐放，百家争鸣"的方针，大力开展科学研究工作。会后，国务院批转了《高等学校科学研究工作会议纪要》，高校的科研工作得到全面加强，主要表现之一是科研经费的增加。1979年科技三项费用达4500万元，比1978年度增长50%。经财政部同意，从1979年起，在高等教育事业费中增列了科学研究费科目，当年拨款1415万元，1981年增加到2000万元⑥。到1985年，在1016所普通高校中，设有理、工、农、医类教学专业，并在该学科领域进行科学研究与技术开发活动的高等学校共756所，从事研究与开发、教育和培训、科技服务的各类人员共47.94

① 《方毅文集》编辑组. 方毅文集. 北京：人民出版社，2008：310.
② 何东昌. 中华人民共和国重要教育文献（1949—1975）. 海口：海南出版社，1998：1055.
③ 教育部. 邓小平教育理论学习纲要. 北京：北京师范大学出版社，1998：65.
④ 国务院转发教育部报告 决定恢复和办好全国重点高等学校. 人民日报，1978-03-02（3）.
⑤ 胡炳仙. 中国重点大学政策：历史演变与未来走向. 华中科技大学博士学位论文，2006：54.
⑥ 张酉水，陈清龙. 20世纪的中国高等教育·科技卷. 北京：高等教育出版社，2003：78.

万人，其中全时研发人员 8.91 万人；在 293 所高校中已建立科学研究与技术开发机构 1254 个，其中研究所 423 个、研究室 831 个；到 1985 年，全国高等学校从各种渠道获得的研究与开发总经费为 59 894.8 万元。高等学校的科技成果受到国家和社会各方面的重视。1979 年以来，国家发明委员会评定发明奖共 1088 项，其中高校获奖 270 项，占 24.8%。1985 年有 337 项成果获国家科学技术进步奖，904 项成果获国务院各部门奖，1437 项成果获省、自治区、直辖市奖①。

三、恢复和发展地方科研机构

"文化大革命"结束后，为弥补这十年间造成的损失，各地出现了"大干快上"的势头，科技领域也出现了"层层建立研究所，遍地盛开科学花"的现象②。这一方面有助于快速建立起地方科研体系，到 1978 年底，各省（自治区、直辖市）基本上建立健全了由省、地（市）、县三级科研机构组成的地方科研体系。例如，陕西省恢复和新建了煤炭、冶金、建材、环保、机械、农机、气象、测绘、物理等 13 个省级专业研究所；河北省建立了由激光、工业自动化、生物、应用数学和能源等 5 个研究所组成的河北省科学院③。另一方面科研机构的急剧膨胀也带来了很多问题，突出表现在有些科研机构名不符实，且重复建设。如据统计，1979 年全国县以上的科研机构增加到 6200 多个，其中省（包括部门）以上研究机构 1700 多个，而县一级研究所却有 3000 多个，约占全国科研机构总数的一半；其中有近 2000 个研究所科技人员不足 5 人，个别的研究所甚至根本没有科技人员，有的连起码的实验手段都没有。由于这些科研机构分属在不同的部门，管理分散，互不通气，不少科研机构出现了重复开题、并行研究的现象。如曾一度有 300 多个单位在同时研制转子发动机，以及有 30 多个研究单位同时研制氦氖激光器，导致力量分散，效率低下④。为此，国家科委提出重点针对地方科研机构的整顿举措：对方向不明确、不出成果、布局不合理的研究所进行整顿、合并；集中有限力量充实加强一批重点研究所以形成一批全国的、地方的或行业的骨干所；县办研究所的主要任务是面向农业、面向农村，主要工作是试验推广农业方面的新技术、新经验。有条件的企业要建立为企业挖潜、革新和技术改造服务的研究机构。从 1979 年到 1981 年，经过为期 3 年的调整和整顿，关、停、并、转了一批不合格的科研机构，让地方科研机构走上规范发展、重点发展的道路。

四、科协组织的恢复

中共中央在《关于召开全国科学大会的通知》中，明确提出"科学技术协会和各种专门学会要积极开展工作"和"必须大力做好科学普及工作"。在全国科学大会上，周

---

① 国家教育委员会科技司. 全国高等学校理、工、农、医学科学研究与技术开发活动情况. 中国高等教育，1986，（11）：32-33.
② 胡维佳. 中国科技规划、计划与政策研究. 济南：山东教育出版社，2007：69.
③ 汪学勤. 中华人民共和国科技发展全史. 第一卷. 北京：中国科技出版社，2011：311-312.
④ 汪学勤. 中华人民共和国科技发展全史. 第一卷. 北京：中国科技出版社，2011：321.

培源代表中国科协及所属学会做了题为《科学技术协会要为实现四个现代化作出贡献》的报告，就科协和学会工作提出了四点意见：①积极开展学术交流，推动和帮助科技工作者学习和运用自然辩证法；②发动科技工作者对实现四个现代化，特别是发展我国科学技术事业提出意见和建议；③积极开展科学普及工作，为提高全民族的科学文化水平作出贡献；④积极开展青少年科技活动，推动广大青少年向科学进军①。周培源的讲话第一次全面阐述了科协及学会在四个现代化中的任务与作用，对科协组织和活动的恢复起到了拨乱反正的作用。1978 年 4 月国务院批准《关于全国科协当前工作和机构编制的请示报告》②，中国科协书记处和机关正式恢复。各地方科协及所属学会也相继得到恢复和发展。据统计，到 1986 年共有全国学会 138 个，比 1965 年增长了 260%，其中新成立的全国学会有 94 个。全国 28 个省（自治区、直辖市）恢复了科协，在全国县及县以上的地市，93%的设有科协，3000 多个厂矿企业和 4.1 万多个乡镇也均有科协组织③。

科协组织恢复后，积极贯彻"百花齐放，百家争鸣"的学术交流方针，广泛开展了学术交流活动，仅 1979 年就召开 500 多次学术会议。科协组织还针对国家经济社会发展提出了很多重要建议，如中国水利学会针对南水北调工程的意见、上海市科学技术协会组织专家对宝钢建设提出的建议都得到了中央领导同志的重视。科协组织还积极推进国际学术交流，先后与 30 多个国家的 100 多个相应团体建立了关系，有 20 多个学会加入了国际学术组织。针对各地和各行各业提出的技术培训需要，科协组织广泛开展科技培训活动，组织学习班和科技进修学院等，全国各省（自治区、直辖市）也都发行了自己的科技报。为培养青少年科技兴趣，科协组织还与相关部门共同组织开展了科技竞赛、科技展览、科学夏令营等活动④。

第三节　制定科技发展规划

十二年科技规划的成功完成给全国人民带来了极大的信心。此后，制定科学技术发展规划，按规划推进科学技术发展工作成为惯例。1962 年在十二年科技规划提前完成的基础上，制定了《1963—1972 年科学技术发展规划纲要》。这一纲要共 77 卷，分 374 个重点研究项目。但是由于"文化大革命"的影响，这一规划未能全面实施。在 1975 年的短暂整顿期间，中国科学院向中央提交的《科学院工作汇报提纲》曾提出"关于科技十年规划轮廓的初步设想问题"。其中包括 5 个方面的发展重点：①组织钢铁和粮食两个科学技术大会战。②各部门、各行业都要集中力量解决本部门、本行业的关键科学技术问题，开展新技术、新装备、新工艺、新设计的研究。③配合国防科技部门，研究提供"两弹"、卫星、核潜艇所需的各项新材料、新装备等，并探索新技术，促进国防现代化。④重点狠抓 4 项新兴技术：计算机与自动化技术、激光技术、遥感技术和仿生技术。⑤加强基础科学的理论研究。为此要解决队伍、投资与经费、试验装备等问

①　何志平，尹恭成，张小梅. 中国科学技术团体. 上海：上海科学普及出版社，1990：982-985.
②　何志平，尹恭成，张小梅. 中国科学技术团体. 上海：上海科学普及出版社，1990：985.
③　何志平，尹恭成，张小梅. 中国科学技术团体. 上海：上海科学普及出版社，1990：960.
④　何志平，尹恭成，张小梅. 中国科学技术团体. 上海：上海科学普及出版社，1990：991-992.

题①。但这一构想在随即而来的"批邓、反击右倾翻案风"中不了了之。1976 年"文化大革命"结束后，制定科学技术发展规划立即被提上日程。国家科委恢复建制后，立即开展科技发展规划的制定工作。因 1977 年即将过去，所以这次的科学技术发展规划是一个八年规划。

一、八年科技规划的制定过程

20 世纪 70 年代后，第三次科技革命进入一个新的发展阶段。面对第三次科技革命的强烈冲击，中共中央在"四人帮"倒台后即着手安排科学规划工作。初期的科学规划工作由中国科学院牵头。1977 年 6 月 20 日至 7 月 7 日中国科学院召开工作会议，各省（自治区、直辖市）科技局及中国科学院在京科研机构负责人 250 多人参会。这次会议也是粉碎"四人帮"后的第一次全国科学技术工作会议。方毅在这次会议的报告中提出，要先把中国科学院的长远规划搞出眉目，在此基础上再进行全国的规划制定工作②。这次会议也向各地传达了制定地方科技规划的通知。随后，各地陆续召开了不同规模的规划工作会议，科学技术规划的编制工作迅速开展起来。中国科学院于 1977 年 9—10 月召开六大基础学科的规划工作会议，参加会议的有中国科学院、高等院校、中央有关部委、各省（自治区、直辖市）科技部门共 220 个单位 1200 多名代表，会议分别制定出六大基础学科和各分支学科以及有关新兴学科的规划；在这个基础上，提出了《全国基础科学规划纲要（草稿）》③。一机部、石化部、教育部、铁道部等 27 个部门也都召开了规划会议，参加人数为 9000 多人，有 29 个省（自治区、直辖市）召开了规划会议或座谈会，参加人数总计 2.2 万多人④。在此基础上，国家科委于 1977 年 12 月 11 日至 1978 年 1 月 16 日在北京组织召开了全国科学技术规划会议。参加会议的有国务院各部委、各省（自治区、直辖市）和军委有关部门的领导、专家和科技管理工作者共 1000 余人。在这次会议上，科学家们普遍认识到中国的科技水平与世界先进水平相比差距在 15—20 年，在最短的时间内赶超世界先进水平，加快建设四个现代化成为科技界的共识。基于这种认识，八年科技规划将高速发展作为目标成为必然。经过反复讨论，多次修改，在这次会议期间最终形成了《1978—1985 年全国科学技术发展规划纲要（草案）》和《1978—1985 年全国技术科学发展规划纲要（草案）》⑤。在 1978 年 3 月召开的全国科学大会上，方毅对《1978—1985 年全国科学技术发展规划纲要（草案）》作了说明。1978 年 10 月 9 日，中共中央批转了《1978—1985 年全国科学技术发展规划纲要（草案）》，随后中共中央和国务院又于 1979 年 1 月和 11 月先后分别批转了《1978—1985 年基础科学发展规划纲要》和《1978—1985 年全国技术科学发展规划纲要（草案）》，指出这两个纲要是八年科技规划的重要组成部分⑥。

① 吴伟锋. 1975 年中国科学院整顿始末. 党史文汇, 2017,（6）: 55-62.
② 《方毅文集》编辑组. 方毅文集. 北京：人民出版社, 2008: 123.
③ 全国自然科学学科规划会议在京举行. 人民日报, 1977-11-08（1）.
④ 武衡. 服务与求索. 北京：科技文献出版社, 1994: 231.
⑤ 《当代中国》丛书编辑部. 当代中国的科学技术事业. 北京：当代中国出版社, 1991: 122.
⑥ 《当代中国》丛书编辑部. 当代中国的科学技术事业. 北京：当代中国出版社, 1991: 123.

二、八年科技规划的目标和特点

《1978—1985 年全国科学技术发展规划纲要》（简称八年科技规划）制定了如下发展目标：①部分重要的科学技术领域接近或达到 20 世纪 70 年代的世界先进水平；②专业科学研究人员达到 80 万人；③拥有一批现代化的科学实验基地；④建成全国科学技术研究体系。

根据"全面安排，突出重点"的原则，八年科技规划对自然资源、农业、工业、国防、交通运输、海洋、环境保护、医药、财贸、文教等各方面的科学技术研究任务做了全面安排，并选取"在四化建设中能够带动全局提高的、重大的、综合的科学技术问题""会引起科学技术重大突破的某些带头学科和领域"，确定了 8 个重点发展领域和 108 个重点研究项目。八大影响全局的领域中包括农业、能源、材料、电子计算机、激光、空间、高能物理、遗传工程等领域。

为实现八年科技规划的目标，必须创造充足的科研基础和条件。其中包括：①在科研机构的建设上，在 8 年内要建成门类齐全、相互配套、布局合理、协调发展、专群结合、军民结合的全国科学技术研究体系。要本着全面安排、加强重点、合理布局和发挥中央和地方两个积极性的方针，加强科学研究机构的整顿和建设。特别要注意加强薄弱的学科、专业，新建、扩建一批急需的基础理论研究和新兴科学技术研究机构。②在科技人才的培养和使用上，既要在青少年中发现人才，也要认真办好各级教育培养人才，尤其要扩大研究生教育以大量培养科研人才，同时建立科学技术人员培养、考核、晋升、奖励的制度。③在科研环境的营造上，要加强学术交流，鼓励学术争鸣。鼓励全国科协、学会以及高校和科研院所积极开展学术活动，加强国际学术交流，及时了解国外科学技术研究的成果、动向、政策措施以及组织管理的经验。积极地、有计划地扩大派遣科学技术人员、留学生、研究生出国学习、进修、考察，参加国际学术会议和其他学术活动。保证科研人员每周至少必须有 5/6 的业务工作时间，建立一批现代化的实验设施和现代化的实验基地，加强科学技术情报体系建设。④在科技成果的使用上，既要加强对科学技术成果的宣传工作，改变不合理的保密制度，又要建立和充实必要的中间试验工厂和新产品试制车间，研究制定相应的技术经济政策以积极鼓励科学技术成果的推广应用。

八年科技规划也十分重视基础科学的发展，其中的《1978—1985 年基础科学发展规划纲要》提出在 8 年内建立学科门类齐全、中央和地方互相配合、拥有一批现代化实验室的基础学科研究体系，并在一些学科的某些领域接近和赶上世界先进科学水平。中共中央和国务院在对此规划的批语中也指出，四个现代化的关键在于科学技术现代化，基础科学是整个科学技术发展的基础，不论从当前还是从长远考虑，不搞基础科学研究是不行的[①]。

八年科技规划的制定体现了以下特点：高起点和高速度。如方毅在 1978 年 1 月 16 日的全国科学技术规划会议上的讲话中特别谈到科技规划的高速度和起点问题。他指出："我们必须打破常规，尽量采用先进技术，在一个不太长的历史时期内，把我国建

---

① 《当代中国》丛书编辑部. 当代中国的科学技术事业. 北京：当代中国出版社，1991：123.

成为一个社会主义的现代化的强国。我们所说的大跃进，就是这个意思。邓副主席最近也指示我们，要以世界先进水平作为我们的起点。这次规划尽量体现了这个精神。"①为使某些领域的科学技术水平尽快向世界先进水平看齐，规划中部署了很多面向世界科技前沿的项目和重大实验设施，如受控热核反应、激光、遗传工程、4000 亿电子伏特的高能加速器、每秒亿次的巨型计算机等。在技术科学领域，则通过大量引进国外先进技术设备，走引进、消化、吸收、再创新的道路以达到赶上世界先进水平的目的。为保证八年科技规划的实现，采用了"全党动员，大办科学"的发展思路。方毅指出："向科学技术现代化进军，是全党全军全国各族人民的共同任务。这场大进军，实质上，就是要对我国的整个物质生产领域进行全面的根本性的技术改造。这是历史赋予我们的一场伟大的技术革命。实现这场革命，要靠党的领导，要靠全国人民。我们党的各级组织，首先是国务院各部委党组和各省市自治区党委，必须三大革命运动一起抓，扎扎实实地做好以下一些工作。"②

三、对八年科技规划的调整

八年科技规划是"文化大革命"结束后全国向科学现代化进军的热潮中形成的，反映出科技界急于挽救因"四人帮"造成的损失，尽快缩小与世界先进水平差距的急切心情，在当时对推动我国科技发展、鼓舞广大科技人员向科学进军起了很大作用。然而，八年科技规划中也制定了不少脱离国内经济和科技实际情况的高指标。为实现这些指标，造成大量不具备条件的科研机构的盲目建设，大量重复引进国外设备却没有全面消化吸收引进技术等问题。十一届三中全会后，随着我国经济建设总目标的调整，国民经济的发展对科技提出了新要求，科技界也逐渐肃清了"左"倾思想的影响，明确了科学技术发展的方针。1982 年，国家计委、国家科委把八年科技规划的 108 个项目调控为 38 项国家级攻关项目，以"六五"科技攻关计划的形式实施，取得了较好的效果③。

第四节 恢复科教工作制度

"文化大革命"和所谓的"教育革命"使新中国诞生后第一个十年出生的一代人失去了接受系统、完整的学校教育的机会，造成了难以弥补的人才断层。对自然科学技术人员的普查数据显示，截至 1978 年 6 月底，全国共有科技人员 595 万人。其中全民所有制单位从事科技工作的人员和工程技术人员 157 万人、农林技术人员 29 万人、医药卫生技术人员 128 万人、科技研究人员 31 万人、教育人员 89 万人、其他 161 万人。科技人员严重不足，每 100 名职工中，工程技术人员不到 4 人，平均每万名农业人口只有 4 名农技人员，平均每万人口中医师还不足 4 人，在每万人中，科研人员只有 3 人。从科技人员队伍的层次上来看，高级科技人员只有 1.9 万人，仅占 0.4%，中级科技人员不足 16 万人，占从事科技工作的科技人员总数的 36%；在仍从事科技工作的现有科技人

① 《方毅文集》编辑组. 方毅文集. 北京：人民出版社，2008：138.

② 《方毅文集》编辑组. 方毅文集. 北京：人民出版社，2008：147.

③ 李丽莉. 改革开放以来我国科技人才政策演进研究. 东北师范大学博士学位论文，2014.

员中，受过高等教育的仅有 43%。从年龄层次来看，中青年人才奇缺，青黄不接问题严重，30 岁以下者仅占 36%。尤其是一些与新技术革命接轨的新兴、边缘学科，基本没有科技人员①。人才队伍现状根本不能适应四个现代化建设的需要。恢复科教工作制度，大力培养新生力量，特别是新兴的科学技术领域的力量，大力提高现有科技人员的水平，为他们创造学习提高的条件是尽快解决"文化大革命"带来的人才断档问题的主要途径。

一、加强青年人才的培养

科学和教育工作座谈会后，教育部于 1977 年 9 月下旬召开全国高等学校招生工作会议，起草了《关于 1977 年高等学校招生工作的意见》。1977 年 10 月 12 日，国务院批转了该文件。文件规定：凡是工人、农民、上山下乡知识青年、复员军人、干部和应届毕业生，不超过 25 周岁，未婚的都可以报考，对实践经验比较丰富并钻研有成绩或确有专长的，年龄可放宽到 30 岁，婚否不限。从应届毕业生中招收的人数占招收总人数的 20%—30%。政治审查主要看本人表现。恢复高考制度在全国引起了热烈反响，当年全国高考报名人数达到 570 多万，由各省（自治区、直辖市）组织考试，录取 1977 届新生 27.3 万人。1978 年，高等学校招生不再限定应届毕业生的比例，采取分段择优录取的办法，从 610 万考生中招收 40.2 万人。高考的恢复，对提高高等教育质量、恢复中小学教育和教学秩序、在广大青少年中提倡尊重和学习科学文化知识的风气，都起到了积极的作用，是教育战线拨乱反正的一个关键②。

1978 年 2 月 26 日，第五届全国人民代表大会第一次会议的政府工作报告中提出："要充分发挥现有高等学校的潜力，积极扩大招生人数，加快建设新的学校。"2 月 28 日，教育部和国家计委决定自 1977 届新生起，在普通高等学校招收走读生，增加高等学校招生名额。10 月，国务院批转了教育部《关于高等学校扩大招生问题的意见》，确定高等学校在完成国家下达的招生计划后，可采用设立分校的办法，再扩大招收一部分新生。当年全国高等学校即发展到 598 所，在校学生为 85.6 万人③。

1983 年 4 月 28 日，国务院批转了教育部和国家计委《关于加速发展高等教育的报告》，提出："必须采取有力措施，促使整个高等教育事业在近期（五年左右）就有计划按比例地有一个较大的发展。并为今后更大的发展打下基础。""要采取多种形式，开辟新的门路，调动各方面的积极性，继续贯彻'两条腿走路'的方针；要在扩大高等教育规模的过程中，根据国家四化建设的需要，调整改革高等教育内部结构，增加专科和短线专业的比重；要分层次规定不同的质量要求，同时抓紧重点学校和重点专业的建设；要把今后四五年的发展，加以统筹规划，全面安排，使招生人数持续上升，防止大起大落，造成困难和浪费。"④在这一精神的推动下，高等教育的规模迅速扩大。1984 年全国普通高等学校达到 902 所，其中增加最多的是短期职业大学，为 82 所；其次为师范

① 汪学勤. 中华人民共和国科技发展全史. 第一卷. 北京：中国科技出版社，2011：313.
② 李国钧，王炳照. 中国教育制度通史. 第 8 卷. 济南：山东教育出版社，1999：64.
③ 何东昌. 当代中国教育. 上. 北京：当代中国出版社，1996：125.
④ 何东昌. 当代中国教育. 上. 北京：当代中国出版社，1996：125，126.

院校，为 56 所；再次是理工院校，为 25 所。①师范院校和短期职业大学均为专科，这样就彻底扭转了专科层次学校短缺的局面。同时，高等学校还采取委托培养办法、举办干部专修科和不包分配的收费走读班等形式，扩大高等教育的培养规模。

二、恢复研究生教育制度

为培养科研人才，中国科学院率先恢复了研究生教育制度。1977 年 9 月 1 日，中国科学院向国务院报送了《关于招收研究生的请示报告》，提出：1977 年暂定招收研究生 300 名左右，并对培养目标、学制和分配、研究生的待遇等，都作了规定。随后，中国科学院委托中国科学技术大学在北京创办研究生院。教育部随后也向国务院提交了《关于高等学校招收研究生的意见》。这两个报告迅速得到了国务院的批准。教育部和中国科学院于 1977 年 11 月联合发布《关于一九七七年招收研究生具体办法的通知》，开始在全国范围内招收研究生。

1977 年 11 月中国科学院成立了招生办公室，1978 年 4 月成立研究生委员会，由副院长严济慈任主任。委员会负责对招生的计划、方法、培养规划、制度以及出国研究生的派遣计划和推荐方法提出建议。1978 年 1 月，教育部发出《关于高等学校 1978 年研究生招生工作安排意见》，决定将 1977 年、1978 年两年招收研究生工作合并进行。1978 年 7 月，教育部召开研究生工作座谈会，就研究生教育的重要地位和作用、研究生的培养目标、学习年限、招生条件、培养要求等进行了广泛的讨论，并修订了《高等学校培养研究生工作暂行条例（草案）》《关于高等学校制订理工农医各专业研究生培养方案的几项规定》《关于高等学校研究生马列主义理论课的规定》《高等学校研究生学籍处理问题的暂行规定》等②。在规范研究生招生制度的同时，教育部于 1978 年组织了"文化大革命"后第一届研究生招生工作。当年 210 所高校、162 个科研机构共录取研究生 10 708 人，1979 年和 1980 年又分别招收 8110 人和 3616 人，三年共招收研究生 22 434 人③。到 1978 年后，中国科学院全院 100 多个研究所绝大多数都有硕士、博士授予点，全国的重点高校也都有授予点④。1981 年，中国科学院有 107 名博士生通过了论文答辩，成为新中国第一批自己培养的博士。

在恢复高考、研究生教育的同时，我国也着手恢复建立学位制度。1980 年 2 月 12 日，第五届全国人民代表大会通过了《中华人民共和国学位条例》，并从 1981 年 1 月 1 日起施行。1981 年在学位委员会中设立学术性的工作组织——学科评议组，并审核通过了首批博士和硕士学位授予名单，1982 年 1 月名单公布。

三、建立留学教育制度

1972 年，尼克松访华并签订了《上海公报》，两国关系出现了缓和趋势，随之出现

---

① 何东昌. 当代中国教育. 上. 北京：当代中国出版社，1996：126.
② 何东昌. 当代中国教育. 上. 北京：当代中国出版社，1996：487.
③ 何东昌. 当代中国教育. 上. 北京：当代中国出版社，1996：487.
④ 《方毅传》编写组. 方毅传. 北京：人民出版社，2008：565.

了华裔美籍学者访华的潮流①。这些学者在访华并与中国高校和科研机构交流期间，都曾提出派中国学生或学者赴国外学习交流的建议。如 1974 年，杨振宁与复旦大学进行合作研究时，就曾邀请与他合作的中国学者赴美讲学并作研究，但受当时环境所限，杨振宁的提议并未实现。此后，随着中美之间的交流增多，派留学生出国的可能性也随之增加。特别是 1977 年 8 月丁肇中二次访华期间得到邓小平的接见，他向邓小平表示：要为国内科学技术的发展做些实实在在的事情，可以派一些留学生去他的实验组去学习。邓小平听后十分高兴，还表示："各行各业都可以派留学生。"1978 年 1 月，中国派出的 10 位物理学家抵达汉堡丁肇中实验组，这 10 人都是中年科学工作者，这也正是这一时期派出人员的特点②。1978 年 6 月 23 日，邓小平听取清华大学校长刘达汇报，当谈到派遣留学生问题时，邓小平指出："我赞成增大派遣留学生的数量，派出去主要学习自然科学。要成千上万地派，不是只派十个八个。请教育部研究一下，在这方面多花些钱是值得的。"③8 月 20 日，邓小平批示同意教育部报送的《关于派遣出国留学生工作的几点请示》。1978 年 9 月，中国政府正式决定选派留学人员出国，从此揭开了我国迄今为止最壮观的留学潮流的序幕。1978 年也被作为改革开放时期中国公派留学生的起点。截至 1985 年 7 月，国家选派留学生 2.9 万余人，自费留学生 7800 余人，总共 3.68 万余人。留学人员分布在世界 63 个国家和地区。国家选派的留学人员中，进修人员约占 78%，研究生约占 17.9%，大学生约占 4.1%。从学科比例看，理科约占 28.5%，工科约占 39.6%，农科约占 7.7%，医科约占 11.1%，文科约占 13.1%④。6 年来，出国留学人员不仅在数量上超过了 1950—1977 年 28 年总和（11 915 人）的 2 倍以上，而且在人员结构、地区分布、学习专业门类、派遣渠道上都有许多新的发展。特别是自 1984 年中央提出"坚决、大胆、放开"的留学政策以来，这股留学潮流呈现出历史上从未有过的势头。

四、建立科技管理制度

科技管理制度是保障科研院所良性运行的保障。随着科研工作的恢复，各研究机构也开始陆续建立相关的管理制度。中国科学院在建立科研院所的管理制度方面起到了很好的示范作用。

建立学术委员会制度。1977 年 6 月中国科学院召开院工作会议，决定在院、所两级建立学术委员会。中国科学院物理研究所率先建立了学术委员会，拟定了《学术委员会试行条例》。该条例规定学术委员会的任务是：对研究所的长远规划和年度计划，对科研成果的评议和鉴定，对开展所内外和国内外学术活动，提出建议和意见；协助制订科技干部和研究生的培养计划、培养措施，协助进行科技干部和研究生的业务考核工作；讨论院、所领导交议的其他有关学术问题。研究所学术委员会的委员由研究所所长聘请、研究所党委批准，报中国科学院备案，任期三年。学术委员会委员的条件是：热心社会

① 姚蜀平. 留学教育对中国科学发展的影响——兼评留学政策. 自然辩证法通讯, 1988,（6）: 24-35, 79-80.
② 姚蜀平. 留学教育对中国科学发展的影响——兼评留学政策. 自然辩证法通讯, 1988,（6）: 24-35, 79-80.
③ 中共中央文献研究室. 邓小平年谱（1975—1997）. 上册. 北京：中央文献出版社, 2004: 331.
④ 李滔. 出国留学是造就人才的重要渠道. 人民日报, 1985-07-07（5）.

主义科学事业，有一定学术水平，有科学研究的实践经验和专长①。1977年9月24日，物理研究所的"试行条例"经院务会议通过后在全院执行。1978年中国科学院成立院一级的学术委员会，钱三强副院长直接领导，顾德欢任办公室主任，1979年1月恢复学部活动后院学术委员会撤销。

实行党委领导下的所长分工负责制。科研机构如何保证党的领导一直是科技管理中的重要问题。"文化大革命"之前，我国的科研院所曾实行所长负责制，"文化大革命"期间被当作"修正主义的产物"而被取消。1978年10月，国家科委党组和中国科学院党组召开座谈会，讨论科研机构中的党的工作问题。会议明确，科研机构的基本任务是出又多又好的科技成果，出又红又专的科技人才，科研机构的党的工作必须围绕这个基本任务进行，必须为实现这个基本任务服务。科研机构中的党的干部，也都应当既懂政治又懂业务，这样才能实现党对科学技术的领导。为了整顿和加强科研机构，在研究所党委一级和研究室党支部的领导成员中，都应当逐步扩大科技人员的比重。这是加强科研机构党的工作的一项重大组织措施②。至此，在科研机构中逐渐建立了党委领导下的所长负责制，一大批科研人员被提拔到科研领导岗位上来。

保证5/6的业务时间。根据中共中央发出的《关于召开全国科学大会的通知》提出的，"要象（像）保证工人农民的生产劳动时间一样，保证科学研究人员每周至少必须有六分之五的业务工作时间"③，很多研究机构将保障科研人员5/6的业务时间作为科研院所整顿的重要内容之一。中国科学院物理研究所、微生物研究所、数学研究所逐步将保障业务时间作为研究所的重要制度。1977年12月中国科学院下发通知，要求全院各所均要尽快做到保障5/6的业务时间，号召各所的后勤机关要为科研服务，改进生活福利措施；对业务主任和主要科研骨干兼职过多的进行调整，减轻他们的非业务活动，并配备秘书；不得随意抽调科研人员搞非业务性的工作或活动。

建立科技人员的职称晋升制度。为充分调动科研人员的积极性，中国科学院于1977年9月率先宣布恢复技术职称，批准助理研究员陈景润破格晋升为研究员，杨乐、张广厚由研究实习员破格晋升为副研究员。1979年国务院陆续颁布了工程技术、农业、编辑、外语、经济、会计等专业技术干部职称的暂行规定，全面恢复了技术职称制度。据23个省（自治区、直辖市）的不完全统计，1979年、1980年两年中，由初级晋升中级的科技人员139 124人，越级晋升中级的有4281人，中级晋升高级的有7175人，越级晋升高级的有71人。到1983年底，全国科技人员获得技术职称的共有5 659 000人，其中获中、高级职称的有4 225 000人，占72.7%④。1977年12月，中国科学院给晋升职称的陈景润、杨乐和张广厚发放科研津贴后，提出在当前工资制度尚未进行改革前，暂时给提升技术职称的科技人员发放科研津贴，以打破"大锅饭"的思想。从1978年10月起，中国科学院开始在院内实行对已经晋升技术职称而工资较低的科技人员给予科研津贴。

---

① 充分发挥科研人员在科学研究工作中的积极作用 中国科学院一些研究所建立学术委员会. 人民日报, 1977-11-18（3）.
② 国家科委和中国科学院召开座谈会讨论党的工作问题 科研机构党的工作要以科研为中心. 人民日报, 1978-10-20（1）.
③ 中共中央关于召开全国科学大会的通知（一九七七年九月十八日）. 大连工学院学报, 1977, （4）: 1-6.
④ 《当代中国》丛书编辑部. 当代中国的科学技术事业. 北京: 当代中国出版社, 1991: 58-59.

第五节 科技工作的转型

1978 年 12 月，中共中央召开十一届三中全会，确定了"解放思想、实事求是、团结一致向前看"的指导方针，做出了把战略重点转移到社会主义现代化建设上来的战略决策。在这一宏观背景下，科学技术研究事业如何适应新的形势需要，满足大规模经济建设的需求，如何正确处理科学技术发展与经济建设二者之间的关系，就成为中央高层和科技界思考的一个重大战略问题。

一、《关于我国科学技术发展方针的汇报提纲》提出的背景

关于科技与经济的关系问题，最初的表现形式是科学技术现代化与其他三个现代化的关系问题。1978 年 3 月，全国科学大会召开，邓小平在开幕式上明确指出，没有现代科学技术，就不可能建设现代农业、现代工业、现代国防。在八年科技规划制定的过程中，也特别强调了科学技术在四个现代化建设中的重要地位。但在八年科技规划的实际实施中，科技界和中央领导也普遍认识到，规划并没有使科技对经济产生期望的推动作用。当时的中央领导人也深刻认识到之前的科技体制还不能很好地促进经济发展。例如，邓小平 1980 年在听取国家科委的工作汇报时，提出必须把经济社会发展计划和科技发展计划结合起来，克服它们之间相互脱节的毛病。方毅在《当前科学技术工作的几个问题》的讲话中也指出："我们应该看到，科学技术作为生产力，对于国民经济的促进作用发挥的还不够。在国民经济的各部门，都有一批生产技术问题长期得不到重视和解决；一些比较成熟的科技成果也未能在生产中及时推广应用。"[1]

这一时期的科技管理界和学术界也对科技与经济的关系讨论热烈。如 1980 年 9 月 27 日，《光明日报》发表国家科委外事局戚德余和中国科学技术情报研究所李勇为《英国为什么科学发达而经济增长慢？》一文。文章主要介绍了英国科学界对本国科学发达但经济增长缓慢现象的检讨："过分夸大科学的作用，这使英国付出了很大代价。"因为"科学不一定都能得到有用的技术；同样，技术和发明也不一定都全产生财富。这里有一个经济性问题，也就是有没有竞争力的问题"。因此，发展经济"不能只依靠科学"，"英国的未来是工程技术"，要"尽可能生产利润高和有竞争力的产品"[2]。与此同时，北京大学力学系盛森芝批评科技、教育界存在一股"理论风"，即"轻技术、轻实验"，"大家都争先恐后地去搞基础理论研究，而不愿搞技术工作和实验工作"。他提出，科学史上通常总是"技术领先，实验开路""科学和技术相比，其基础是技术""理论和实验相比，其基础是实验"[3]。在这种背景下，加强科学技术在经济领域的运用，促进经济社会的全面发展的观点成为当时社会的共识。

---

[1] 方毅. 当前科学技术工作的几个问题. 红旗, 1980,（2）: 2-7.
[2] 李真真, 王超. 科技体制改革的历史背景与战略选择. 自然辩证法通讯, 2015, 37（1）: 24-32.
[3] 李真真, 王超. 科技体制改革的历史背景与战略选择. 自然辩证法通讯, 2015, 37（1）: 24-32.

二、《关于我国科学技术发展方针的汇报提纲》的主要内容

1980年12月25日至1981年1月5日，国家科委召开全国科技工作会议。这次全国科学技术工作会议，着重清理了在科学技术的发展目标、事业规模、发展速度、管理体制上的"左"的影响。比如曾经提出的，在不太长的时间内，赶超世界先进水平；国外有的，我们都要有；建立完整的科研体系；等等。会议明确提出今后一个时期我国科学技术的发展方针，主要内容是科学技术与经济、社会应当协调发展，并把促进经济发展作为首要任务；着重加强生产技术的研究，正确选择技术，形成合理的技术结构；加强厂矿企业的技术开发和推广工作；保证基础研究在稳定的基础上逐步有所发展；把掌握、消化、吸收国外科学技术成就作为发展我国科学技术的重要途径。这一方针的中心思想是科学技术首先要促进国民经济的发展①。

1981年2月23日，国家科委党组向中共中央呈报《关于我国科学技术发展方针的汇报提纲》，提出了发展科学技术的新指导方针，核心内容是科技工作要为经济建设服务。基本内容包括五个方面：第一，科学技术与经济、社会应当协调发展，并把促进经济发展作为首要任务。第二，要着重加强生产技术的研究，正确选择技术，形成合理的技术结构。第三，必须加强厂矿企业的技术开发和推广工作。第四，保证基础研究在稳定的基础上逐步有所发展。第五，学习、消化、吸收国外科学技术成就作为发展我国科学技术的重要途径。4月16日，中共中央、国务院发出《转发国家科委党组〈关于我国科学技术发展方针的汇报提纲〉的通知》，指出：贯彻执行科技工作为经济建设服务的方针，就是要：①大力抓好科学技术成果的推广应用。②尽可能地把军用科研成果转移到民用方面。③善于引进为我国国力所允许、适合我国情况的国外先进技术，并组织力量加以消化吸收、推广应用。④帮助厂矿企业开展技术革新活动，抓好科研成果的推广。⑤对于善于按照科学规律办事、运用科研成果取得成绩的，要给以奖励；对于违反科学常识搞瞎指挥、使生产受到重大损失的，要给以批评甚至处分。

三、两个翻番与"面向、依靠"方针

1982年9月1—11日，中国共产党第十二次全国代表大会在北京召开。会上提出，在20世纪末的20年，力争使全国工农业的年总产值实现两个翻番，即由1980年的7100亿元增加到2000年的28 000亿元左右。这相当于美国1972年的水平，苏联1977年的水平。要实现两个翻番的目标，更有赖于科学技术的进步。为此，在1982年10月24日全国科技奖励大会上，赵紫阳代表国务院作了题为《经济振兴的一个战略问题》的讲话，阐述了"科学技术工作必须面向经济建设，经济建设必须依靠科学技术"的战略指导方针（简称"面向、依靠"方针）。这个方针正确处理了科技与经济、社会协调发展的关系，摆正了基础研究、应用研究与开发研究之间的关系，解决了生产技术的开发与推广、技术结构的确定与选择以及正确对待国外先进技术等一系列原则问题。这是新中

① 进一步明确科学技术的发展方针. 人民日报, 1981-04-07（1）.

国成立以来第一个比较系统、比较完整的科技发展方针。这一方针成为指导之后 20 余年科技工作，尤其是经济与科技协调发展的基本战略导向①。中共中央、国务院对国家科委提出的当前我国科学技术发展方针的肯定，反映了国家今后一段时期对科学技术活动的支持重点将转移到为经济建设服务的科学技术活动上，主要包括：重点支持科研成果的转化，支持对引进的国外先进技术的消化吸收及推广应用，帮助企业革新技术等活动。在科技活动全部依靠国家财政支持的体制下，它意味着国家将把科研活动纳入经济建设的轨道②。而在"面向"和"依靠"的改革背景下，在长期计划体制下建立和发展起来的中国科技体制的弊端显现出来：科技机构和组织由政府直接控制，相应的组织系统按照功能和行政隶属关系严格分工，科研机构缺乏自主性；行政干预过多，不利于科研人员的积极性；科学研究和技术发展是以任务为导向，缺乏经济利益的激励；科学、生产、教育等各组织之间缺乏横向的联系等。这些远远不适应经济建设对科学技术发展的需求，全面的科技体制改革势在必行。

---

① 汪学勤. 中华人民共和国科技发展全史. 第一卷. 北京：中国科技出版社，2011：58-59.
② 李真真，王超. 科技体制改革的历史背景与战略选择. 自然辩证法通讯，2015，37（1）：24-32.

第十一章　科教体制改革*

　　1982 年 9 月在北京召开的中国共产党第十二次全国代表大会,标志着拨乱反正的任务基本完成,改革开放的条件已经成熟①。邓小平十分重视改革开放,他把改革看作是中国的第二次革命②,认为不改革,建设社会主义就没有希望。1984 年 10 月 20 日,中国共产党第十二届中央委员会第三次全体会议通过了《中共中央关于经济体制改革的决定》。该决定开头部分即指出:"正在世界范围兴起的新技术革命,对我国经济的发展是一种新的机遇和挑战。"决定中还强调:"科学技术和教育对国民经济的发展有极其重要的作用。随着经济体制的改革,科技体制和教育体制的改革越来越成为迫切需要解决的战略性任务。"

　　改革必须是全方位的,不但涉及经济、政治、科技、教育等各行各业,而且还深入到每个领域的各个层面。在全面改革当中,科技体制的改革成为重要一环,因为一切改革的目的都是为了解放和发展生产力,而科技进步是推动生产力发展的最重要的力量③。于是在经济体制改革决定通过以后,中共中央成立了以总书记胡耀邦、国务院总理赵紫阳主持的科技、教育体制改革文件起草领导小组④。教育与科技体制改革文件的起草,分别由教育部和国家科委主要负责人牵头。

　　1985 年,在科教领域出台了两个重要文件:一个是 3 月份公布的《中共中央关于科学技术体制改革的决定》,另一个是 5 月份公布的《中共中央关于教育体制改革的决定》。两个文件的出台,标志着科教体制的改革由局部、自发阶段,过渡到全面、有组织落实的阶段,形成了经济建设是中心、科学技术是关键、教育是基础的改革局面。

　　经济、科技和教育是现代国家建设的三大"支柱"。一个国家的发展,经济是基础,科技是关键,教育是后盾,共同保证着国家建设的今天、明天和后天的持续发展⑤。三者相辅相成,是社会改革与进步的基础。科技与教育改革的两个文件与《中共中央关于经济体制改革的决定》一起,构成了中国社会改革的总体框架,并推动了中国现代化的进程。正如邓小平在 1985 年召开的全国教育工作会议上所说:"中央相继作出了三项改革的决定。这些改革的总目标是一致的,都是为了使我国消灭贫穷,走向富强,消灭落后,走向现代化,建设有中国特色的社会主义。"⑥此后的十年间,改革新政策不断出台。围绕着一系列的新政,中国科教体制的改革就此拉开了帷幕。

＊　作者:张九辰。
①　武力. 改革开放 40 年:历程与经验. 北京:当代中国出版社,2020:41.
②　邓小平. 改革是中国的第二次革命//邓小平. 邓小平文选. 第 3 卷. 北京:人民出版社,1993:113.
③　中国科学院《科技纲要》编写组. 邓小平科技思想学习纲要讲解. 北京:中共中央党校出版社,1998:189.
④　何东昌. 中华人民共和国重要教育文献(1949—1975). 海口:海南出版社,1998:2277.
⑤　关西普. 三大挑战 三大支柱 三大改革——《中共中央关于科学技术体制改革的决定》中的理论问题探讨. 天津师范大学学报,1986,(1):1-5.
⑥　何东昌. 中华人民共和国重要教育文献(1949—1975). 海口:海南出版社,1998:2285.

第一节　新时期科技发展战略方针正式出台

中国的科技体制格局形成于 20 世纪 50 年代。到 80 年代中期，由中国科学院、中央部属科研机构、高等院校、国防科研机构和地方科研机构组成的科研体制形式（史称"五路大军"）已经存在了近 30 年。这种科技体制是在特定的历史时期和社会环境中形成的。中华人民共和国成立初期建立起来的经济体制和政治体制是高度集中统一的，这也造成科技体制出现权力过分集中的问题。科技体制依据国家行政系统而定，从而造成人员的调配、计划的制订、经费的管理、成果的推广等方方面面均由国家或各级行政主管部门安排确定的状况。与此同时，"五路大军"又各自形成独立的体系，各谋其政、各行其是。这种按照行政隶属关系设置的科研机构，缺乏合理的分工与协调，人才分布不合理、科技成果很难推广。各体系内的科研机构没有自主权，听命于行政机关。长期的保密制度和部门壁垒，造成"五路大军"之间互相割裂、叠床架屋，形成了大量的、低水平的重复性劳动。

高度集中的计划经济体制、行政式的管理办法，在科技人员缺乏、科技水平落后的特殊时代，对集中力量解决重大科技问题发挥了重要作用，但同时也造成科研机构形成垂直的、只对上负责的生态系统。随着国家政治和经济改革的不断深入，科研与经济的严重脱节问题既束缚着科技的发展，也无法适应世界新技术革命的挑战。世界新技术革命往往要求知识、技术、产业相对密集，并有利于人才流动、智力开发的环境。在国家经济体制改革和世界新技术革命的双重背景影响之下，中国科技体制的改革迫在眉睫。

一、1985 年：《中共中央关于科学技术体制改革的决定》

改革需要制度与政策的保障，进一步的改革也促使新政策不断出台。1984 年《中共中央关于经济体制改革的决定》出台以后，邓小平做出了在科技领域实施改革的决定，提出在方针问题、认识问题解决之后，还要解决体制问题。[①] 在 1985 年《中共中央关于科学技术体制改革的决定》（简称《科技体制改革的决定》）出台以后，负责该项工作的国务院总理赵紫阳进一步强调："情况确实是在一步一步好转。但要根本解决这个问题，方针、规划、政策、体制四个方面必须配套。现在应当着重解决体制问题。"[②]

早在 1985 年之前，部分地方和科研机构已经开始了体制改革的试点。"500 多个进行科技体制改革试点的单位也已积累了不少有益的经验。许多科研单位、高等院校和生产企业建立了联盟，把科研、教学、生产和市场紧密结合起来，组成了跨地区、跨部门的多种形式的联合体，出现了'科研、设计、生产、服务一条龙'、'科研、设计、生产联合体'、农业现代化综合实验基地、科研合同制、技术咨询服务、兼职等多种切实可

①　王冠丽.《科学技术体制改革的决定》出台的前前后后——前国家科委副主任吴明瑜回忆《决定》的制定与内容详释. 科技中国，2005，3 月号：78-81.

②　赵紫阳. 改革科技体制，推动科技和经济、社会协调发展——一九八五年三月六日在全国科技工作会议上的讲话. 中华人民共和国国务院公报，1985，第 9 号.

行的形式，实行科研单位和生产单位的挂钩。"①针对具体科研机构的改革，属于科技体制的微观改革。除此之外，还应该包括科技政策与法规、科研管理等各方面的组织机构和运行体制的宏观改革。可以说，凡是涉及科技领域的一切改革，都属于科技体制改革的范畴。

1984年初，在国务院科技领导小组领导下，组成了17个科技体制改革调查小组②。同年5月，国务院召开了全国科技体制改革座谈会。正在养病的国务委员方毅在给会议的信函中指出，为了适应经济的发展和改革的需要，科技体制改革必须加快步伐。改革的基本方向是，大力加强科技与经济的结合，充分发挥科技人员的积极性和创造性。对于科研单位和科技人员也要"松绑"，也就是要把科技工作搞活。信中强调："中国的改革，已成为举世瞩目、全国关心的大事。中央对改革的决心是坚定不移的。可以预料全国各方面的改革必将会出现新的局面。"③

全国科技体制改革座谈会强调科技体制改革势在必行，不改革就没有出路，并根据中央的部署和过去几年科研单位改革的经验，提出科技体制改革要大大加快步伐。会议确定了科技体制改革的指导思想：①要有利于促进科技与经济的紧密结合。②要有利于充分发挥科技人员的积极性、创造性。在工资、奖励、职称等待遇上打破"大锅饭"，允许一部分科技人员先富起来。③要有利于促进科研单位的社会化，打破部门和地方所有制。④要提倡多样化发展。要加强和发展全民所有制科研单位，同时允许建立和发展集体的或者个人兴建的研究所，并在政策上予以扶植。对不同类型的研究所和研究工作，采取不同的管理办法。

1984年10月下旬，在国家科委的组织下，20多位学者组成了起草小组，《科技体制改革的决定》"虽然八易其稿，但总的来说比较顺利，前后一脉相承，没有大的原则变动……个中原因，一是经济体制改革的决定已经做出，大的方向已经确立，二是对我们的科技工作的方针和基本政策也有了明确的认识，有条件进行体制改革的全面规划和设计"④。该决定在正式出台之前，广泛征求了国内外学者的意见。

国内科技界的学者和海外华裔科学家，纷纷通过召开座谈会和在各种报刊上发表文章的方式积极献言献策。杨振宁等美籍华裔学者在给国家科委的信函中强调："科技体制改革的总方向，包括技术成果商品化，经费管理体制的改革……我们一致认为是必要的改革方向，而且是可以做得到的改革方向。"⑤海内外专家学者从不同角度积极献言献策，提出了多项建议：有人提出在科研管理方法上存在着严重问题，有人针对工资制度、人事制度、科研经费的拨款与管理制度提出建议，有人认为当时的科技体制不利于科学

① 陈民强，王岑. 改革科技体制推动科技与生产紧密结合——学习《中共中央关于科学技术体制改革的决定》的体会. 学习月刊，1985，（6）：6-9.
② 王新，张藜，唐靖. 追求卓越三十年——国家自然科学基金委员会发展历程回顾. 中国科学基金，2016，（5）：386-394.
③ 陈祖甲. 方毅在给全国科技体制改革座谈会的信中提出 对科研单位和科技人员也要松绑. 人民日报，1984-05-23（4）.
④ 王冠丽. 《科学技术体制改革的决定》出台的前前后后——前国家科委副主任吴明瑜回忆《决定》的制定与内容详释. 科技中国，2005，3月号：78-81.
⑤ 古冰. 美籍华人专家谈我国科技体制改革. 中国科技论坛，1985，（1）：40-41，39.

技术面向经济建设，更有人指出决策过程和领导机制不健全、主观主义的倾向造成的政策上大起大落是最根本的弊病。这些弊病使科学研究和技术开发两个方面的工作都无法顺利推进。①

1985 年 3 月召开的全国科学技术工作会议，专门讨论了科技体制改革的问题。邓小平在会上做了《改革科技体制是为了解放生产力》的讲话，指出"在方针问题、认识问题解决之后，还要解决体制问题"。"经济体制，科技体制，这两方面的改革都是为了解放生产力。新的经济体制，应该是有利于技术进步的体制。新的科技体制，应该是有利于经济发展的体制。双管齐下，长期存在的科技与经济脱节的问题，有可能得到比较好的解决。"②国务院总理赵紫阳做了《改革科技体制，推动科技和经济、社会协调发展》的报告③。会后正式公布了《中共中央关于科学技术体制改革的决定》④，使科技体制改革上升到中央层面，从此在全国拉开了科技界全面改革的序幕。

为了推动改革政策的落实，全国各级科研机构和学术团体纷纷组织科研人员学习讨论《科技体制改革的决定》。同时各级领导也通过多种渠道，在国内外宣讲中国的科技体制改革政策。1985 年 4 月，时任国家科委主任宋健在美国国家科学院和美国科学发展协会联合举办的报告会上，做了关于中国的改革与开放的演讲。他强调："现代化需要以科学技术为支柱，而科学技术只有在全世界开放的环境中才能跟上世界前进的步伐，封闭意味着落后……改革与开放，是中国当代政策的核心。要改革必须开放，要开放必须改革。"⑤

《科技体制改革的决定》确定了改革的目标，是建立适应社会主义商品经济和科技自身发展规律的科技体制；提出"经济建设必须依靠科学技术，科学技术工作必须面向经济建设"的战略方针（简称"依靠、面向"方针），以解决科技与经济协调发展的问题。《科技体制改革的决定》把"调整科学技术系统的组织结构，鼓励研究、教育、设计机构与生产单位的联合，强化企业的技术吸收和开发能力"作为一个重要任务提了出来。在教育体制改革方面也明确提出，"高等教育的机构，要根据经济建设，社会发展和科技进步的需要进行调整和改革"，强调了经济、科技和教育的关系及其同新技术革命的联系⑥。

《科技体制改革的决定》从运行机制、组织结构和人事制度三个方面，对原有科技体制提出了具体的改革措施。在运行机制方面，改革拨款制度，开拓技术市场。在对国家重点项目实行计划管理的同时，运用经济杠杆和市场调节，使科研机构具有自我发展的能力和自动为经济建设服务的活力；在组织结构方面，改变科研机构与企业的分离，

---

① 吴京生. 关于中国的科技体制改革问题. 科技导报，1986，4（2）：62-64，38.

② 邓小平. 改革科技体制是为了解放生产力//邓小平. 邓小平文选. 第 3 卷. 北京：人民出版社，1993：108.

③ 赵紫阳. 改革科技体制，推动科技和经济、社会协调发展——一九八五年三月六日在全国科技工作会议上的讲话. 中华人民共和国国务院公报，1985，第 9 号.

④ 中共中央关于科学技术体制改革的决定. 中华人民共和国国务院公报，1985，第 9 号：201-209.

⑤ 宋健. 中国的改革与开放. 中国科技论坛，1985，（1）：4-7.

⑥ 关西普. 三大挑战 三大支柱 三大改革——《中共中央关于科学技术体制改革的决定》中的理论问题探讨. 天津师范大学学报，1986，（1）：1-5.

加强企业的技术吸收与开发能力和技术成果转化为生产能力的中间环节，使各方面的科技力量形成合理的纵深配置；在人事制度方面，改革科技人员管理体制，创造人才辈出、合理流动、人尽其才的局面。[1]

《科技体制改革的决定》的颁布，标志着我国科技体制改革的正式启动，也标志着这场改革从机构和地方的探索和试点阶段，进入到国家层面有组织、有领导的自觉阶段。此后围绕着改革陆续推出了一系列重大举措，包括改革科技拨款制度、科研事业费管理办法、专业技术职务聘任制度、自然科学基金制度、建立技术市场等。改革的核心是改变原有体制中科技与经济脱节的问题，促进科技与经济的结合，进而解放和发展科技生产力。

二、深化科技体制改革的若干规定

1985 年出台的《中共中央关于科学技术体制改革的决定》，从国家政策层面推动着科技体制改革的全面铺开。但是经过一年多的实践，最根本的问题尚未得到解决："科技与生产相脱节的状况并未从根本上扭转。科技系统的组织结构基本未动，封闭的体系依然存在；主要科研机构仍旧是行政机构的附属物，没有与国民经济形成休戚相关的依存关系；人才仍大量积压在国务院部门的主要科研机构和高等学校，而轻纺、商业、地方和农村科技力量非常缺乏；由于缺少推动科研机构与企业结合的有力措施及政策，有相当一部分科研机构还在走自我完善的道路，很少能与企业紧密结合，厂办科研机构力图脱离企业的趋势还在继续发展，特别是部门改组，企业下放后，各部门有进一步对科研机构加强控制的趋势。"[2]此时国家经济体制改革和行政管理体制的改革已经开始，并逐步深入。

为了适应改革新形势，1987 年颁布了《国务院关于进一步推进科技体制改革的若干规定》和《关于推进科研设计单位进入大中型工业企业的规定》，在全国掀起了以"双放"（放活科研机构、放活科技人员政策）为重点的深化科技体制改革的高潮。[3]《国务院关于进一步推进科技体制改革的若干规定》进一步鼓励科研机构引入竞争机制，提出实行政研分开，逐步实行科研机构所有权与经营管理权的分离；科研机构要实行精简缩编，适当加快科研事业费的削减速度，科研机构全部实行所长负责制。改革科技人员管理制度，放宽放活对科技人员的政策，鼓励技术开发型科研机构和人员以多种方式进入经济建设主战场，推动科技与经济的紧密结合[4]。

1987 年 10 月，中国共产党第十三次全国代表大会召开。经过近十年的改革开放的尝试，中国社会已经发生了深刻的变革，国民生产总值、国家财政收入、城乡居民平均收入水平基本上翻了一番。此次会议的中心任务是加快和深化改革，并确定下一步改革的大政方针。大会政治报告《沿着有中国特色的社会主义道路前进》系统阐述了中国社

---

[1] 曹效业，熊卫民，王扬宗. 关于中国现代科技发展历史的反思. 科学文化评论，2014，（1）：5-24.

[2] 国务院关于进一步推进科技体制改革的若干规定. 中华人民共和国国务院公报，1987，第 2 号：51-52.

[3] 柏木. 科技迈向经济的又一步——学习国务院《关于深化科技体制改革若干问题的决定》的体会. 科学管理研究，1988，6（4）：1-4.

[4] 国务院关于进一步推进科技体制改革的若干规定. 中华人民共和国国务院公报，1987，第 2 号：51-52.

会主义社会初级阶段的理论，制定了初级阶段的基本路线。其核心是"一个中心，两个基本点"，即以经济建设为中心，坚持四项基本原则，坚持改革开放。会议根据国际经济和科技发展的情况，提出把发展科学技术放在经济发展战略的首要位置。

1988 年 3 月，召开了全国科技工作会议。国务院代总理李鹏在会上做了《发挥科技优势为经济建设做出更大的贡献》的报告。他指出，这次会议是继 1985 年召开的全国科技工作会议之后的又一次重要会议，对贯彻落实党的十三大精神，加快和深化改革，推动科技与经济结合，实现国民经济的技术进步，必将起到重要的促进作用。李鹏在报告中指出，科技体制改革的中心问题，是如何使科技与经济建设密切结合，只有同经济密切结合，科学技术的价值和作用才能充分显示出来。也只有在密切结合中，科学技术自身才能迅速发展。随着经济体制和科技体制改革的逐步深入，科技同经济发展相互脱节的状况已经有了一定程度的改变。但是，科技同经济密切相结合的机制问题还未解决。我们必须遵循社会主义初级阶段的基本路线，从发展社会生产力这一中心任务出发，加快改革的步伐，逐步建立起与社会主义商品经济相适应的、科技同经济密切结合的新体制[①]。

中共十三大提出建立社会主义有计划商品经济新体制以后，计划和市场的作用范围覆盖了全社会。以推行各种形式的承包经营责任制为重点的新经济运行机制，要求进一步加快和深化科技体制改革。在继续贯彻执行已公布的各项改革措施的同时，1988 年 5 月颁发了《国务院关于深化科技体制改革若干问题的决定》。该决定规定以发展生产力为目标，进一步建立科技与经济紧密结合的机制，并对此做出了具体的安排。主要内容包括：引进竞争机制，积极推行各种形式的承包经营责任制；鼓励科研机构以多种形式长入经济，发展成新型的科研生产经营实体；鼓励科研机构和科技人员通过为社会创造财富和对科技进步做出贡献，来改善自身的工作条件和物质待遇；各级政府部门要简政放权，使科研机构自主地向开放、联合、竞争的方向发展；因地制宜地促进人才的合理流动；等等。对于基础科学研究，该决定指出："为了确保科技和经济长远发展，必须切实保证基础研究持续稳定地发展，国家对基础研究经费的投入要随着财政收入的增长不断增加。"[②]该决定还对基础科学研究的改革措施提出了具体的建议。

第二节　加强人才培养和基础科学研究

十一届三中全会以后，中央政府对教育工作做出了一系列重要决策，中央领导也对教育工作做了很多的论述。1983 年 10 月，邓小平为北京景山学校题词："教育要面向现代化，面向世界，面向未来。"这为中国的教育改革指明了方向。国家对于教育改革的主要精神，体现在历经半年时间，并征求了多方意见后逐步修改、完善的《中共中央关于教育体制改革的决定》当中。

---

① 发挥科技优势为经济建设做出更大的贡献. 中华人民共和国国务院公报，1988，第 6 号：163-166.
② 国务院关于深化科技体制改革若干问题的决定. 中华人民共和国国务院公报，1988，第 14 号：458-462.

一、改革开放以后的第一次教育工作会议

早在 1958 年 9 月，《中国共产党中央委员会、国务院关于教育工作的指示》中就提出："党的教育工作方针，是教育为无产阶级的政治服务，教育与生产劳动相结合。"[1]这个教育方针曾经影响中国教育 20 多年。经过 20 多年的发展，在新的历史时期需要解决的教育问题还有很多。

1985 年 5 月，改革开放以后的第一次全国教育工作会议在北京召开。此时第六届全国人大第二次会议正在举行，万里、胡启立、田纪云等国家领导邀请部分人大代表和政协委员座谈，听取他们对教育和科技体制改革的意见。万里强调："从党的十一届三中全会以来，农村的改革取得了很大成效，城市改革也出现了好的势头。农村和城市的体制改革对教育、科技的要求从来没有象（像）今天这么迫切。为了适应经济建设发展的需要，现行的教育、科技体制必须改革。"[2]与会代表就教育结构、教育质量、毕业生分配等多方面的问题提出了积极的建议。在广泛听取意见的基础之上，国务院副总理万里在全国教育工作会议上做了报告。他论述了发展教育和改革教育体制的重要性和迫切性，提出了必须改变不适应社会主义现代化建设的教育思想、教学方法等问题，论述了教育改革为什么要从体制改革入手等问题。

邓小平出席了全国教育工作会议闭幕式，做了《各级党委和政府要把教育工作认真抓起来》的大会报告。他指出："我们国家，国力的强弱，经济发展后劲的大小，越来越取决于劳动者的素质，取决于知识分子的数量和质量。"他强调忽视教育的领导者是缺乏远见、不成熟的领导者，是领导不了现代化建设的；指出"高等学校，特别是重点大学，应该是科研的一个重要方面军"[3]。

全国教育工作会议重点讨论并通过了《中共中央关于教育体制改革的决定（草案）》。会议结束以后，《人民日报》于 1985 年 5 月 29 日公开发表了《中共中央关于教育体制改革的决定》。该决定指出改革的根本目的是提高民族素质，多出人才，出好人才；提出了"教育必须为社会主义建设服务，社会主义建设必须依靠教育"的论断，把过去教育为政治服务转向教育促进经济和社会发展的新方向，符合新时期以经济建设为中心的发展战略。

教育体制问题是改革的重点，也是《中共中央关于教育体制改革的决定》的中心问题。该决定强调改革的根本目的是提高民族素质，多出人才，出好人才。该决定提出了一系列的改革措施。在高等教育方面，侧重于招生计划和毕业生分配制度改革。在扩大高等学校办学自主权的改革中，强调了高校有权接受委托或与外单位合作，进行科学研究和技术开发，建立教学、科研、生产联合体。加强高等学校同生产、科研和社会其他各方面的联系，使高等学校具有主动适应经济和社会发展需要的积极性和能力。

《中共中央关于教育体制改革的决定》强调要增强高等学校的科学研究能力，指出

[1]　中国共产党中央委员会、国务院关于教育工作的指示. 中华人民共和国国务院公报，1958，第 27 号：583-588.
[2]　徐心华，詹湘. 教育和科技体制怎么改？人民日报，1984-05-23（1）.
[3]　中国高等教育学会组. 中华人民共和国高等教育史. 北京：新世界出版社，2011：423.

要发挥高等学校学科门类比较齐全，拥有众多教师、研究生和高年级学生的优势，使高等学校在发展科学技术方面做出更大贡献。高等学校担负着培养高级专门人才和发展科学技术文化的重大任务，高等学校和中国科学院在基础科学研究和应用研究方面承担着重要任务。因此要"有计划地建设一批重点学科。在重点学科比较集中的学校，将自然形成既是教育中心，又是科学研究中心"①。

为了落实《中共中央关于教育体制改革的决定》，国家随即出台了多项具体措施。例如，为了促进高校科研工作的开展，1985 年国家教育委员会（简称国家教委）颁布了《关于高等学校科学技术工作贯彻中共中央科学技术、教育体制改革决定的意见（试行）》。该意见从九个方面对高等学校的改革工作做出了具体的规定：①积极主动地担负起发展科学技术文化的重大任务；②进一步贯彻面向经济建设的方针；③改革科学技术拨款制度和经费管理办法；④有计划地建设一批重点学科；⑤逐步建立一批开放实验室；⑥改善科学研究的组织结构；⑦建立科学研究工作的评估制度；⑧加强宏观指导和管理；⑨加强科学技术队伍建设②。此后，国家教委通过一系列改革措施，推进高等教育的改革、促进高等学校在人才培养和科学研究方面的工作。

1987 年 10 月，国家教委再次发布了《关于改革高等学校科学技术工作的意见》。该意见要求高等院校的科技工作要从侧重基础科学研究，转向在保持精干队伍稳定持续开展基础科学研究的同时，把大部分力量投入为国民经济服务的主战场；从少数重点大学开展科学研究，发展到几乎所有高校都不同程度地研究开发。

国家领导人也十分重视教育改革工作。1986 年，《中国高等教育》刊登了李鹏的《关于高等教育改革与发展的若干问题》一文③。文章从调整高等教育结构、改革招生计划和毕业生分配制度、改进和加强出国留学人员的选拔和管理、加强和改善高等学校的思想政治工作等四个方面，论述了高等教育改革的意见。为了加快人才的培养，文章提出了"两条腿走路"的办法：在办好普通高等学校全日制教育的同时，大力发展广播电视、函授、业余、夜大以及自学考试等各种形式的高等教育。文章还强调要通过扩大高等院校的管理权限，推动学校内部的各项改革，以调动师生的积极性，提高教育质量、科研水平和办学的社会效益。

二、《中国教育改革和发展纲要》

教育作为培养人才的重要途径，一直为社会各界所重视。《中共中央关于教育体制改革的决定》的颁布推进了教育改革，但是教育体制和运行机制仍然无法适应日益深化的改革需求。在 1988 年 3 月召开的第七届全国人民代表大会第一次会议和中国人民政治协商会议第七届全国委员会第一次会议期间，有 478 件提案和建议涉及教育问题，这是改革开放十年中关于教育问题提案最多的一次④。这些提案引起了中央政府的高度重视。同年 5 月，国务院决定成立教育工作研讨小组，由国务委员兼国家教委主任李铁映

① 中共中央关于教育体制改革的决定. 中华人民共和国国务院公报，1985，第 15 号：467-476.
② 何东昌. 中华人民共和国重要教育文献（1949—1975）. 海口：海南出版社，1998：2358-2360.
③ 李鹏. 关于高等教育改革与发展的若干问题. 中国高等教育，1986，（7）：2-6.
④ 中国高等教育学会组. 中华人民共和国高等教育史. 北京：新世界出版社，2011：509-510.

主持工作。他指出：教育问题不能就教育来谈教育。经费少、教师流失等问题光靠教育部门很难解决，要从国家层面整体思考，制定一个总体性的文件来解决。①

教育工作研讨小组分为教育规划、教育立法、教育体制改革、教育经费、教师工资待遇、教学改革等 12 个专题研讨小组。经过四年多的调查、讨论和论证以后，1993 年 2 月中共中央、国务院正式颁布了《中国教育改革和发展纲要》。该纲要的起草过程是国家最高层次对中国教育未来发展的重大决策过程，也是这个时期中国教育改革和发展的纲领性文献。为此，中央政治局常委讨论过 4 次，政治局全体会议讨论过 2 次，国务院常务会议和办公会议讨论过 5 次。这在中国教育发展史上前所未有②。

《中国教育改革和发展纲要》强调，随着经济体制、政治体制和科技体制改革的深化，教育体制改革要采取综合配套、分步推进的方针，初步建立起与社会主义市场经济体制和政治体制、科技体制改革相适应的教育新体制③。该纲要围绕着建设社会主义市场经济体制，提出了教育体制改革的总体框架，绘制了 20 世纪 90 年代和 21 世纪初中国教育发展的目标、方针、战略和改革的蓝图。

《中国教育改革和发展纲要》提出，教育体制改革要采取综合配套、分步推进的方针，改革包得过多、统得过死的体制；并强调要初步建立起与社会主义市场经济体制和政治体制、科技体制改革相适应的教育新体制。在深化高等教育体制改革方面，该纲要对解决政府与高等院校、中央与地方、国家教委与中央各业务部门之间的关系做了详细的说明，并强调了教育要逐步建立政府宏观管理、学校面向社会自主办学的体制④。

"211 工程"的实施也是在《中国教育改革和发展纲要》中确定的。这是一个面向 21 世纪、重点建设 100 所左右的高等学校和一批重点学科，使其到 2000 年在教育质量、科学研究、管理水平及办学效益等方面有较大提高，在教育改革方面有明显进展的建设工程。"211 工程"的目标是争取有若干所高等学校在 21 世纪初接近或达到国际一流大学的学术水平。该项工程于 1995 年 11 月经国务院批准后正式启动。

《中国教育改革和发展纲要》颁布以后，中央政府对纲要的实施十分重视。"中央领导相继发表讲话或撰写文章，强调学习、贯彻《纲要》的重要性，要求把《纲要》宣传好、落实好，使《纲要》的内容与精神家喻户晓。"⑤国务院总理李鹏在第八届全国人民代表大会第一次会议上所作政府工作报告中指出："提高全民族素质是国家的根本大计，必须认真贯彻《中国教育改革和发展纲要》，把教育摆在优先发展的战略地位。"国家教委和北京市政府联合举办了首都学习、宣传和贯彻《中国教育改革和发展纲要》报告会，会议要求各级党政领导要亲自抓教育，组织好对该纲要的实施。副总理李岚清分管教育后十分重视该纲要的实施，多次在各种教育工作会议上的讲话，要求大力宣传、认真贯

① 谈松华口述，丁杰，万作芳整理.《中国教育改革和发展纲要》的制定及其历史作用. 教育史研究，2019，（2）：4-9.
② 郝克明. 教育重大决策科学化、民主化的范例——参加《中国教育改革和发展纲要》研讨和起草过程的几点体会. 辽宁教育研究，2007，（9）：26-29，47.
③ 中国教育改革和发展纲要. http://old.moe.gov.cn/publicfiles/business/htmlfiles/moe/moe_177/200407/2483.html［2020-02-21］.
④ 中国高等教育学会组. 中华人民共和国高等教育史. 北京：新世界出版社，2011：515-516.
⑤ 李济华.《中国教育改革和发展纲要》的学习与思考. 江苏商业管理干部学院学报，1994，（4）：59-61.

彻该纲要的实施，并强调："组织好《纲要》的实施，不仅直接关系到教育改革和发展目标的实现，也将影响到社会主义现代化建设的全局。"[①]为了落实该纲要和推动教育改革，中央决定召开一次高层次的教育工作会议。

1994 年 6 月，第二次全国教育工作会议召开。江泽民总书记在会上指出：中国要实现社会主义现代化建设的宏伟目标，具有决定意义的一条，就是把经济建设转向依靠科技进步和提高劳动者素质的轨道上来，真正把教育摆在优先发展的战略地位。李鹏总理代表党中央、国务院做了《动员起来，为实施〈中国教育改革和发展纲要〉而努力》的主题报告[②]。这次会议是在中国共产党第十四次全国代表大会提出的加快社会主义建设步伐、建立社会主义市场经济体制的大背景下，为了推动《中国教育改革和发展纲要》的实施而召开的。会议提出了建立与社会主义市场经济体制相适应的教育体制。九年前召开的第一次全国教育会议，虽然提出了改革适应计划经济体制的教育旧体制，但是新体制是什么、如何改等问题并没有明确提出来。这次会议明确了从适应计划经济体制的教育转变为适应社会主义市场经济体制、政治体制和科技体制的新教育体制模式，从而使教育事业走上了快车道，进入迅速发展的新时期。

第二次全国教育会议之后仅一个月，国务院发布了《国务院关于〈中国教育改革和发展纲要〉的实施意见》。如果说 1993 年的《中国教育改革和发展纲要》是一个"设计蓝图"，那么该实施意见则是一个"施工方案"。该实施意见进一步细化、量化了《中国教育改革和发展纲要》规定的目标，政策措施更加具体并具有可操作性。此后的中国高等教育逐步走上改革发展的轨道。第三次全国教育工作会议于 1999 年 6 月召开。此时高等教育的发展目标，开始从迎接 21 世纪挑战的战略高度出发，对深化教育体制和结构改革，全面推进素质教育，实施科教兴国战略，建立适应社会主义市场经济体制和政治、科技体制改革需要的教育体制，进行了总体部署[③]。

三、重点学科建设

《中共中央关于教育体制改革的决定》明确提出：根据同行评议、择优扶持的原则，有计划地建设一批重点学科。重点学科比较集中的学校，将自然形成既是教育中心，又是科学研究中心。此后，重点学科的数量和质量成为评估高等院校学术水平的重要标准之一。该决定出台以后，各高等院校即着手建设重点学科。重点学科建设的基本出发点是满足三个需要：①培养专门高级人才的需要，为此加强了研究生培养基地的建设；②实现国家科研任务的需要；③适应高等学校分层次办学的需要[④]。

重点学科建设以高层次人才的培养为重点，把博士点建设、国家重点实验室、重点科研机构建设和国家重大科研项目的安排结合在一起，承担起教学和科研的双重任务。1987 年 5 月，国家教委发布《关于改革高等学校科学技术工作的意见》；8 月，又发布了《关于评选

---

① 何东昌. 中华人民共和国重要教育文献（1949—1975）. 海口：海南出版社，1998：3655.
② 中国高等教育学会组. 中华人民共和国高等教育史. 北京：新世界出版社，2011：522-523.
③ 范国睿. 教育制度变革的当下史——基于国家视野的教育政策与法律文本分析（1978—2018）. 华东师范大学学报（教育科学版），2018，(5)：1-19.
④ 中国高等教育学会组. 中华人民共和国高等教育史. 北京：新世界出版社，2011：479.

高等学校重点学科的暂行规定》和《关于高等学校重点学科评选工作的几点意见》。这些政策性意见促使以增强科学研究能力和培养高质量专门人才为重点的学科建设进入实施阶段。

1987 年 8 月至 1989 年 3 月，国家教委组织了首次全国高等学校重点学科的评选工作。评选条件是有良好的教学和科研基础，已经形成意义重大且有特色的学科方向，有学术带头人、学术骨干和结构合理的学术梯队，科研成果显著，有实验设备和图书资料基础，有良好的国内外学术合作基础等。通过组织同行评议，国家教委确定了一批重点学科点，并利用世界银行贷款，着手实施第一批重点学科建设计划。这次评定除了军事院校外，全国共有 167 所高校申报了 1184 个重点学科点。经过通讯评选和专家小组审核，最终确定了 107 所高校的 416 个重点学科点，其中文科点 78 个、理科点 86 个、工科点 163 个、农科点 36 个、医科点 53 个（图 11-1）[①]。这些学科点多集中在基础较好、层次较高的学校，而且学科发展方向多集中在与经济建设密切相关的领域，如能源、原材料、交通、通信、机械、电子、新材料、自动控制等。[②]

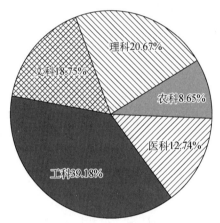

图 11-1　首批重点学科点在各科类的构成比例[③]
注：因四舍五入原因，数据加并非 100%

重点学科必须有先进的实验设备和研究手段，因此实验室建设是办好重点学科的物质基础。教育体制的改革，尤其是重点学科的建设，进一步推动了国家重点实验室的建设。《中共中央关于教育体制改革的决定》公布以后，国家教委利用世界银行贷款，在高等学校部分理工科重点学科点上建设和装备了 57 个重点实验室和 58 个专业实验室[④]。国家教委会同国家计委，继续落实国家重点实验室建设项目。至 1989 年底，高等学校建立了 38 个国家重点实验室[⑤]。

第三节　深化科技体制改革

20 世纪 80 年代连续颁布的三项关于科技体制改革的决定，其中的很多内容来源于

① 中国高等教育学会组. 中华人民共和国高等教育史. 北京：新世界出版社，2011：482.
② 陈清龙. 高校重点学科的现状分析. 研究与发展管理，1990，2（3）：6-8，77.
③ 陈清龙. 高校重点学科的现状分析. 研究与发展管理，1990，2（3）：6-8，77.
④ 方晓东，李玉非，毕诚，等. 中华人民共和国教育史纲. 海口：海南出版社，2002：408.
⑤ 中国高等教育学会组. 中华人民共和国高等教育史. 北京：新世界出版社，2011：483.

此前的科技体制改革的自然探索和试点实践，颁布的文件是对它们的概括、总结和提升①。此后十年中，我国又出台了一系列科技体制改革的政策。这些政策的核心就是促进科技和经济的紧密结合，解放科技生产力，加速科技成果转化。从此，科教兴国成为中国发展的基本战略之一。

科技政策促进了科学技术和经济社会的发展。改革开放以后，受市场经济大潮的冲击，科技投入不足、科技人员下海、人才流失严重。上述原因导致了基础科学研究相对萧条的局面，进而动摇了社会对于科技体制改革的认识。1992 年 1 月，邓小平视察南方并发表重要讲话，再一次强调"科学技术是第一生产力"。在邓小平 1992 年南方谈话的推动下，中共中央、国务院颁布了一系列科技政策。伴随着《科技体制改革的决定》的出台，发展高科技、应用新技术的科技政策措施也相继推出。一大批国家项目、重点工程先后上马，从而催生了中国的知识经济。

一、"科学技术是第一生产力"

1954 年 9 月 15 日，毛泽东主席在第一届全国人民代表大会第一次会议上致开幕词时宣布，准备在几个五年计划之内，将我国建设成为一个工业化的、具有高度现代文化程度的伟大的国家。9 月 23 日，周恩来总理在《政府工作报告》中提出，"如果我们不建设起强大的现代化的工业、现代化的农业、现代化的交通运输业和现代化的国防，我们就不能摆脱落后和贫困，我们的革命就不能达到目的"②。这是新中国领导人第一次对"四个现代化"的最初概括。

"四个现代化"正式确定为国家发展的总体战略目标，是 1964 年 12 月周恩来总理在第三届全国人民代表大会第一次会议上代表国务院作的《政府工作报告》中明确提出的。报告中谈到"在不太长的历史时期内，把我国建设成为一个具有现代农业、现代工业、现代国防和现代科学技术的社会主义强国"③。1975 年 1 月，周恩来在第四届全国人民代表大会第一次会议上重申了实现"四个现代化"的战略目标："在本世纪内，全面实现农业、工业、国防和科学技术的现代化，使我国国民经济走在世界的前列。"④

"文化大革命"期间，实现"四个现代化"目标无法推进。改革开放以后，中央政府重提"四个现代化"的目标。1978 年，邓小平在全国科学大会开幕式上指出："四个现代化，关键是科学技术的现代化。没有现代科学技术，就不可能建设现代农业、现代工业、现代国防。没有科学技术的高速度发展，也就不可能有国民经济的高速度发展。"⑤

为了强调科技发展在国家经济发展中的重要战略地位，"科学技术是生产力"的提法开始出现在 1975 年的科技文献当中。是年，邓小平在听取胡耀邦关于中国科学院工

---

① 刘立. 中国科技政策的三个里程碑：政策革命与政策延续//陈凡, 陈红兵. 文化与创新：第六届东亚科技与社会（STS）国际会议论文集. 沈阳：东北大学出版社, 2007：90-95.

② 周恩来. 政府工作报告. 人民日报, 1954-09-24（1）.

③ 国务院总理周恩来在第三届全国人民代表大会第一次会议上的政府工作报告. 中华人民共和国国务院公报, 1964, 第 18 号：339-358.

④ 周恩来. 政府工作报告. 人民日报, 1975-01-21（1）.

⑤ 邓小平. 在全国科学大会开幕式上的讲话//邓小平. 邓小平文选. 第 2 卷. 北京：人民出版社, 1994：86.

作的汇报时，肯定了《科学院工作汇报提纲》中关于"科学技术也是生产力"的观点。他说："如果我们的科学研究工作不走在前面，就要拖整个国家建设的后腿。"[①]但在不久以后的"批邓、反击右倾翻案风"的运动中，"科学技术是生产力"的提法受到了批判[②]。

邓小平在1978年召开的全国科学大会上，以第二次世界大战以后科技领域的深刻变革和一系列新兴科技产业的发展为例，重申了"科学技术是生产力"的观点，并指出中国的知识分子已经是工人阶级的一部分。他强调："正确认识科学技术是生产力，正确认识为社会主义服务的脑力劳动者是劳动人民的一部分，这对于迅速发展我们的科学事业有极其密切的关系。"[③]七年以后，在全国科技工作会议上，邓小平回顾这个讲话时指出："当时，所以要讲这两条，是因为有争论。"[④]

"科学技术是生产力"，是马克思主义历来的观点。马克思多次提到生产力中也包括科学，科学的力量也是不费资本家分文的另一种生产力，科学是直接的生产力。马克思在《政治经济学批判》中，明确提出科学是生产力的观点："同价值转化为资本时的情形一样，在资本的进一步发展中，我们看到：一方面，资本是以生产力的一定的现有发展为前提——在这些生产力中也包括科学。"[⑤]按照马克思的观点，科学技术在知识形态上，是一般社会生产力，或者说是一种潜在的生产力。一旦科学并入生产过程，这种知识形态的生产力就会转化为现实的、直接的生产力[⑥]。

为了营造尊重知识、尊重人才的社会氛围，推动科学技术的发展，邓小平在20世纪80年代末期，在不同场合多次强调了科学技术的重要作用。在重申"科学技术是生产力"的论点十年之后，邓小平根据当时科学技术发展的新趋势和新经验，从20世纪80年代末期到90年代初期，多次提出了"科学技术是第一生产力"的论断。

1988年9月，邓小平在接见外宾和听取国务院人员汇报工作时，多次提到："马克思说过，科学技术是生产力，事实证明这话讲得很对。依我看，科学技术是第一生产力。""要把'文化大革命'时的'老九'提到第一，科学技术是第一生产力嘛，知识分子是工人阶级一部分嘛。"[⑦]1992年邓小平视察南方，再一次重申"科学技术是第一生产力"的论断，并以世界和中国高科技领域的进步所带动的产业发展为例，强调了科技在经济建设中的重要性[⑧]。他在不同场合多次提到了这一观点，就是要强调科学技术在经济建设中处于第一重要、具有决定性意义的地位。

这里的"第一"主要体现在两个方面。首先，科学技术是生产力诸要素中的第一要素，在生产力处于发展时期起着主要的、决定性的作用。其次，科学技术对其他生产要素发生着深刻的影响[⑨]。邓小平的这一论断，体现了马克思主义的生产力理论和科学观。

① 邓小平. 科研工作要走在前面//邓小平. 邓小平文选. 第2卷. 北京：人民出版社，1994：32.
② 龚育之. 一段历史公案和几点理论思考. 自然辩证法研究，1991，7（11）：1-3.
③ 邓小平. 在全国科学大会开幕式的讲话//邓小平. 邓小平文选. 第2卷. 北京：人民出版社，1994：89.
④ 邓小平. 改革科技体制是为了解放生产力//邓小平. 邓小平文选. 第3卷. 北京：人民出版社，1993：107.
⑤ 杨新年，陈宏愚，等. 当代中国科学史. 北京：知识产权出版社，2014：393.
⑥ 中国科学院. 邓小平科技思想学习纲要. 北京：科学出版社，1997：18.
⑦ 邓小平. 改革科技体制是为了解放生产力//邓小平. 邓小平文选. 第3卷. 北京：人民出版社，1993：274-275.
⑧ 杨新年，陈宏愚，等. 当代中国科学史. 北京：知识产权出版社，2014：410.
⑨ 中国科学院. 邓小平科技思想学习纲要. 北京：科学出版社，1997：22-23.

"科学技术是第一生产力",既是现代科学技术发展的重要特点,也是科学技术发展的必然结果。

1995 年 5 月,中共中央、国务院在北京召开全国科学技术大会。国家主席江泽民在讲话中号召全面落实邓小平"科技是第一生产力"的思想,实施科教兴国战略。

二、科技体制改革进入新阶段

在促进科学技术为经济建设服务的过程中,需要完善的科技体制作为保证。20 世纪 80 年代中后期国家出台了一系列科技体制改革的规定,在开辟技术市场、加强知识产权保护、完善科学奖励体系、建立实验装备支持系统和科学基金制度、鼓励民办科研机构发展等多方面做了大量的工作。这些措施推动了中国科技事业的进步,但是科技与经济脱节的问题却一直没有得到很好的解决。因此,科技体制的改革需要向纵深方向发展。

20 世纪 90 年代以后,科技体制改革进入实质性的推进阶段。1992 年 3 月召开的全国科技工作会议,根据邓小平关于"科学技术是第一生产力"和南方谈话的精神,研究了 20 世纪最后十年的科技改革与发展的重大问题。李鹏总理在代表座谈会上做了《加快科技体制改革,促进科技成果转化》的讲话,强调要进一步加快科技体制改革的步伐。他指出,改革的核心仍然是科技与经济的结合问题,要把是否有利于开拓和解放科技第一生产力,作为实践中判断是非、权衡利弊和决定决策取舍的标准。他在讲话中明确了科技体制改革需要着重解决的三个问题:加速科技成果的转化;人尽其才,才尽其用;增加科技投入。国家科委主任宋健在此次会议的闭幕式上指出,科技与经济结合不够紧密的问题,仍然是最大的弱点。他提出仍然要通过政策引领,实行人才分流,"拿出三分之一到三分之二的人才,投入经济建设的主战场"①。

为了促进科技与经济的结合,20 世纪 90 年代国家又出台了多项政策。1992 年,国务院颁布《国家中长期科学技术发展纲领》。该纲领总结了过去 40 多年中国科技发展的经验与教训,并在展望未来世界科技发展趋势的基础上,从国情出发阐明了中长期科学技术发展的战略、方针、政策和重点,对 2000—2020 年科学技术的发展做出了总体安排,提出"最大限度地发挥科学技术第一生产力的作用,尊重知识,尊重人才,更加自觉地把经济建设转移到依靠科技进步和提高劳动者素质的轨道上"②,建立有利于经济发展和科技进步的新体制。在该纲领中,科技体制改革的核心是建立新的运行机制,把完善计划管理和加强市场调节有机地结合起来,充分发挥两者的协同优势。《国家中长期科学技术发展纲领》的颁布,标志着中国科技、经济、社会发展战略的历史性转变,中国科技体制改革进入了新的阶段。

新时期科技体制的改革,首先针对开发型技术机构在运行机制、组织机构和人事制度等方面陆续出台了更加具体而深入的政策文件。1992 年 5 月,国家科委印发了《1992—1993 年科技体制改革要点》,第一次针对社会公益型技术机构提出了改革的目

---

① 杨兆波. 解放思想 深化改革 大胆实践——全国科技工作会议综述. 中国科技信息,1992,(5):15-16.
② 国务院关于下达《国家中长期科学技术发展纲领》的通知. 中华人民共和国国务院公报,1992,第 7 号:206.

标和任务。①该要点指出，进一步健全知识产权保护体系，完善科技人员管理政策，坚持对外开放以积极推进国际合作和交流；建立以财政拨款、金融贷款和单位自筹为三大支柱的科技投入机制改革②。

为了进一步转变科技系统的运行机制，1992年8月国家科委和国家经济体制改革委员会（简称国家体改委）联合发布《关于分流人才、调整结构、进一步深化科技体制改革的若干意见》，将改革重点逐步转向结构调整和综合配套改革。该意见提出对县以上科研院所，按照"稳住一头，放开一片"的要求，实行科技人才分流和组织结构调整。科技体制改革的主要方向，调整为"面向""依靠""攀高峰"。主要政策走向是按照"稳住一头，放开一片"的要求，优化科技系统，分流科研人才，调整经济结构，推进科技经济一体化的发展③。

1993年7月，全国人大通过了《中华人民共和国科学技术进步法》。这是中国第一部科学技术基本法，该法于同年10月正式实施。它以法律的形式明确了科学技术是第一生产力，确立了科学技术在社会主义现代化建设中优先发展的战略地位，以基本法的形式确立了中国科技事业的重大原则和加速科技进步的主要制度安排，规定国家对科学研究的稳定支持。《中华人民共和国科学技术进步法》明确规定："全国研究开发经费应当占国民生产总值适当的比例，并逐步提高，国家财政中用于科学技术的经费的增长幅度，高于国家财政经常性收入的增长幅度。"④

中共十四大确立了建立社会主义市场经济体制的重大决策之后，经济体制改革开始进入以制度创新为主要内容的新阶段，科技体制改革也随之进入新阶段。1994年2月，国家科委和国家体改委联合发布《适应社会主义市场经济发展，深化科技体制改革实施要点》。该要点明确了新时期科技体制改革的总体目标：建立适应社会主义市场经济发展，符合科技自身发展规律和市场经济运行规律，科技与经济密切结合的新型体制，促进科技进步，实现科技、经济和社会的综合协调发展。这个政策文件以促进科技体制更多地引入市场因素，人员分流和结构调整为改革的突破口。为了更好地推进改革，同年初由国家科委牵头，联合国家体改委、财政部、人事部、国家国有资产管理局、中国科学院、中共中央办公厅调研室、国务院政策研究室等单位，共同成立了科技系统综合配套改革领导小组⑤。

一系列政策规定的陆续出台，进一步明晰了改革拨款制度、技术成果转化制度、技术引进过程、科技人员管理制度和农村科技体制等内容。这些政策指导着改革的具体进程，并通过改革措施的实施得以落实。

第四节　改革中的具体措施

改革开放之前，中国一直采取计划式的科技体制，以便在短期内能够利用有限的人

---

① 嵩城. 浅谈科技机构的改革目标和任务. 中国技术监督, 1994,（1）: 28-29.
② 杨新年, 陈宏愚, 等. 当代中国科技史. 北京: 知识产权出版社, 2014: 452.
③ 杨新年, 陈宏愚, 等. 当代中国科技史. 北京: 知识产权出版社, 2014: 382.
④ 中华人民共和国科学技术进步法. 中华人民共和国国务院公报, 1993, 第12号: 518-527.
⑤ 汪学勤. 中华人民共和国科技发展全史. 第一卷. 北京: 中国科技出版社, 2011: 388.

力、物力资源赶超世界先进科技水平。这种以计划指导、以任务带领的科研工作模式，在国力基础薄弱、国际封锁的大环境下发挥了重大作用。随着"文化大革命"的结束和改革开放的不断深入，计划式科技体制的问题逐渐暴露出来，并且面临着巨大的挑战。

改革落后的科研管理模式，可以避免资源的巨大浪费，提高科研效率、开发科研潜力。"文化大革命"以前形成的由中国科学院、国家计委、国家科委分工管理科研工作的模式，在"文化大革命"期间改为由中国科学院"革命委员会"集中管理。"文化大革命"结束以后，中国的科研管理结构进行了较大的调整。1977年，中国科学院不再承担院国家科学技术委员会的职能。国家科委再度成立，负责管理全国科技事业。1982年，国防科学技术工业委员会成立，原国家科委承担的国防科研管理任务移交给国防科委。分工管理、上下级划分、某些领域设立专门机构、军口民口科技管理工作开始分离等，是这个阶段中国科技管理组织结构的主要特点①。通过改革与调整，中国的科技管理体制逐步形成科技部统筹、20多个平级部门分工管理的格局。

为加强对科技、教育工作的宏观指导和对科技重大事项的协调，实施科教兴国战略，推进科技、教育体制改革，1998年6月国务院决定成立国家科技教育领导小组。小组的主要职责是研究审议国家科技和教育发展战略及重大政策；讨论审议科技和教育重要任务及项目；协调国务院各部门及部门与地方之间涉及科研或教育的重大事项。小组组长由国务院正副总理担任，成员由国家发展计划委员会、国家经济贸易委员会、教育部、科技部、国防科学技术工业委员会、财政部、农业部、中国科学院、中国工程院等机构的负责人组成②。中国科技体制改革，迎来了一个新的时代。

科教体制改革的序幕是随着《中共中央关于科学技术体制改革的决定》《中共中央关于教育体制改革的决定》等政策的陆续出台正式拉开的。随着改革的深入，一系列发展科学技术的政策、管理方法和管理制度纷纷出台。在科研系统，改革拨款制度、改革科技管理体制、开放技术市场、对研究机构进行分类改革等措施逐步落实；在高等教育系统，建设重点学科、扩大高校办学自主权、试行三级办学体制、拓展高等教育投资渠道、建立教学与科研和生产三结合的联合体、推进高校内部管理体制改革、推进高校招生和分配制度改革等一系列改革措施也在逐步落实。

一系列科技体制改革政策的出台和具体措施的实施，带动了科技的发展和教育的进步。1987年，在改革开放的第八个年头，《人民日报》以图文形式刊登了改革开放以来取得的成就（图11-2）。这些成就的取得与科技体制改革密切相关。本节选取改革开放以后至1995年科技体制改革的几项具体措施，通过对这些改革的过程梳理，分析本时段科技体制改革的时代特色，以及改革的进程、成果与存在的问题。

一、科研机构分类改革

国家通过科技拨款制度等改革，对科研机构的管理由直接管理改为间接管理，扩大了研究所的自主权。这个时期的政策，是按照"稳住一头，放开一片"的原则，通过对

---

① 吴卫红，陈高翔，杨婷，等. 中国科技管理组织结构发展研究. 中国科技论坛，2017，（7）：5-13.
② 国务院关于成立国家科技教育领导小组的决定. 中华人民共和国国务院公报，1998，第16号：651.

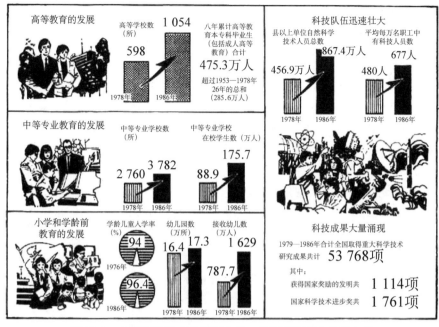

图 11-2　八年来建设成就图表之八·教育科技事业欣欣向荣

资料来源：国家统计局. 八年来建设成就图表之八·教育科技事业欣欣向荣. 人民日报，1987-10-16（1）

科研机构的分类管理推进的。"稳住一头"是国家对基础性科研机构采取稳定支持的办法，即优化基础性科研机构的结构和布局，为其提供现代化科研院所的组织体制模式；"放开一片"是指放开各类能够直接为社会经济建设和社会发展服务的科研开发机构，以市场为导向，开展科技成果商品化、产业化活动，并使之以市场为导向运行，为经济建设和社会发展做出贡献。

依据改革目标的调整，政府的政策供给集中在拨款制度、技术市场、组织结构和人事制度等方面，其中改革拨款制度是重中之重。拨款制度主要是针对不同类型的机构进行改革的：对主要从事技术开发类别的科研机构逐步削减事业费；对从事基础科学研究类别的科研机构实行基金制；对从事社会公益性研究和农业科研的机构实行包干制，全额拨发科研经费；对从事多种类型研究工作的科研机构，其经费来源视具体情况通过多种渠道解决[1]。为了改革拨款制度，科研机构的分类改革首先提上日程。

1986 年 1 月，我国正式发布了《国务院关于科学技术拨款管理的暂行规定》，提出了减拨科研事业费，实行经费分类管理为重点的具体改革方案。即从事技术开发工作和应用研究工作的机构，事业费在"七五"期间将逐年减少，直至完全或基本停拨；从事基础科学研究和基础应用研究的机构，逐步依靠申请基金作为重要经费来源，国家只拨给必要的经常费用和公共设施费用；从事医药卫生、劳动保护、加护生物、灾害防治、环境科学等社会公益性的单位，以及从事情报、标准计量、观测等技术基础工作的单位和农业科研单位，由国家拨款，实行经费包干；从事多种类型科研工作的单位，经费来源根据实际情况通过多种渠道解决[2]。

① 杨新年，陈宏愚，等. 当代中国科技史. 北京：知识产权出版社，2014：381.

② 国务院关于科学技术拨款管理的暂行规定. 中华人民共和国国务院公报，1986，第 4 号：85-87.

根据全国科技普查的结果，到 1986 年全国有科研机构 4935 个，隶属于国务院部门的机构（包括中国科学院）有 989 个，占 20%[1]，其余 80% 的科研机构分布在各省、地、市、县。这些机构隶属部门不同、专业多样、性质不同，科研水平更是参差不齐。为了解决分类中错综复杂的问题，科技部建立了一套七类 23 个指标的评价体系，以划分机构的类别、确定科研的层次。这个评价体系的内容包括：在国民经济和科技发展中的地位、科学家和工程师拥有状况、科研仪器设备拥有状况、年平均承担课题数量、课题成果奖励情况、经济效益与社会效益和知识产权等内容。[2]

为了配合拨款制度的改革，1986 年 3 月，国家科委颁布了《关于科研单位分类的暂行规定》。该规定将研究单位划分为四种类型：技术开发型；基础研究型；多种类型和社会公益事业、技术基础、农业科学研究型。到同年 5 月，除中国科学院外，国务院民口的 52 个部门按时完成了科研机构的分类工作。1986 年国防工业部门和地方科研机构也完成了科研机构的分类工作[3]。

中国科学院作为国家最高学术机构和自然科学综合研究中心，其改革成为全国科技体制改革的重要组成部分。与国内其他科技部门相比，中国科学院是涉及研究机构众多、学科门类齐全的综合性科研机构，科研机构的分类工作更加复杂和艰巨。在中央发布开展机构分类改革之前，中国科学院于 1981 年就开始了分类管理的实践。当时采取两级计划、两部经费制，即适当缩小按照研究所平均下拨事业费的比重，相应扩大按照科研项目择优、择需、择重支持的比重[4]。

根据中央改革科研拨款制度、分类管理的精神，中国科学院于 1986 年初步拟定了全院 122 个研究所的分类情况。经过反复的讨论和调整，1987 年底，中国科学院将研究机构分为三类——技术开发、基础研究和包干类研究所，比例为 4：3：3[5]。以此为依据，中国科学院逐年减少了技术开发类机构的院拨经费。分类改革促使科研经费由一元化向多元化转变，也引入了竞争意识，增加了科研人员的危机感、紧迫感和历史责任感。但是科研经费的实际负增长也导致一些仪器设备难以更新、资料积累等基础性工作难以为继，一些有希望的处于新生长点的课题由于投资强度不足而难以赶上国际同行发展速度的局面[6]。

为了适应新时期的新形势，中国科学院在十年改革实践的基础上再次启动研究所的分类改革，以寻求新的发展。1992 年 6 月，中国科学院向国务院报送了《关于中国科学院进行综合配套改革的汇报提纲》。该提纲强调，中国科学院将其所属的研究机构分为基础研究、社会公益型研究、应用研究与技术开发、高技术企业、第三产业等五类进行综合配套改革。对不同类型的工作建立相应的评价方法，分类管理、择优支持，其目标

① 胡维佳. 中国科技政策资料选辑（下）. 济南：山东教育出版社，2006：1062.
② 周军. 对科研机构实行分类管理的设想（一）. 科学学与科学技术管理，1988，（2）：4-5.
③ 王丽娜. 中国科学院体制改革问题研究（1980—1997）. 中国科学院自然科学史研究所博士后研究工作报告，2011：51.
④ 中国科学院科技体制改革总结//中国科学院办公厅. 中国科学院年报，1991：88.
⑤ 王丽娜. 中国科学院体制改革问题研究（1980—1997）. 中国科学院自然科学史研究所博士后研究工作报告，2011：58.
⑥ 中国科学院科技体制改革总结//中国科学院办公厅. 中国科学院年报，1991：93.

是对学科结构和研究机构布局进行改造和优化，在 20 世纪末期完成向新体制的过渡，以"建设一个符合经济和科学规律，适应国情和下世纪发展需要的新型科学院"①。

1992 年 8 月，国家科委和国家体改委联合发布《关于分流人才、调整结构、进一步深化科技体制改革的若干意见》。该意见提出对独立科研机构按照"稳住一头，放开一片"的原则进行人才分流和结构调整，并对四类机构的工作和改革措施做了具体的阐述。这些措施包括 1992 年开始实施的国家基础性研究重大项目计划（"攀登计划"），支持具有科学前沿性、应用重要性、能够发挥中国资源优势和人才优势的重大基础研究课题，力争取得突破。进一步推进国家高技术研究发展计划（863 计划），完善新型研究机制，组织精锐科技力量，占领科技制高点等内容②。

20 世纪 80 年代至 90 年代初的机构分类改革，对促进科研机构与经济建设的结合产生了重要的影响。与此同时，政策和法规缺乏连续性和稳定性，也增加了科技管理的难度。这个时期的科技体制改革一直在试点中调整，在调整中再次尝试，并最终推动了体制改革的深入。

二、创办科技企业

改革开放以后，科学技术对社会经济发展的作用越来越为国家所重视，因此科技体制改革的目标之一，就是促进科技与经济的结合。这种结合的方式既包括建立技术的有偿转让机制，也包括与企业的科技合作。《中华人民共和国专利法》《中华人民共和国技术合同法》及相应的实施条例的陆续出台，为技术开发、技术转让、技术咨询、技术服务等提供了政策依据。

从 20 世纪 80 年代初期开始，在政策的支持下，各类科研院所开始尝试创办高新技术企业，在计算机、新型材料、生物技术等领域，科研机构依靠自身优势，直接创办科技企业。在加速科技成果转化的同时，也增加了科研人员的经济收入。截至 1989 年，全国各类技术贸易机构已达 2 万多个，技术成交额每年以 60% 的速度递增③。全国有 400 多个技术开发型机构进入企业和企业集团，成为企业和企业集团的技术开发机构；涌现出 10 000 多个科研生产经营联合组织；科研机构、高等学校创办的科技开发企业达 3500 多个。这些企业实行科研、生产、销售一体化经营，推动了传统产业的技术改造，成为高新技术产业的增长点④。

改革开放的十年中，高等院校数量和在校学生人数均出现了快速的增长，但教育经费的增加却十分有限。在这种背景下，高等院校的校办企业应运而生。1980 年，华东师范大学首先提出建立"学校基金"，把校办企业的收入纳入"学校基金"以改善办学条件和教职工待遇。这一做法得到了教育部和财政部的支持，于是在全国高校开始鼓励推广创办工厂、印刷厂、出版社和对外服务行业。⑤经过十年的发展，20 世纪 90 年代高

校科技企业逐渐从校办企业中脱颖而出，出现了北大方正、清华同方等优秀企业。

与高等院校的情况类似，中国科学院为了加快与经济的结合，同时也为了解决改革过程中面临的经费困难问题，要求从事技术开发和一部分以应用研究为主的研究所，要与企业结成科研、生产联合体或股份公司或新技术企业集团，研究所自办或与外资合办高技术公司，还要求有的研究所或其一部分成为企业的研究发展部。20 世纪 90 年代初期，中国科学院一度要求所有的研究所都要自办公司①。

（一）中关村地区科技企业的发展

在国家经济体制改革的推动下，北京市海淀区政府也将依靠科技优势发展经济作为该区域经济发展的重要战略。因此，科研机构和高等院校借助国家与地方的改革环境，依靠自身的专业优势，通过创办科技企业实现科技成果的转化。

科技企业的创办，是一个自下而上的过程。早在 1980 年，中国科学院物理研究所研究员陈春先根据在美国考察硅谷等地技术扩散模式的启发，最早创办了"北京等离子体学会先进技术发展服务部"。虽然在缺乏相应政策支撑且社会观念相对滞后的环境下，这种尝试几经起伏，但是"以经济建设为中心"的国家战略大局已定。在新形势的引领下，中国科学院与高等院校也开始加入创办科技企业的潮流之中。中关村地区 1983 年有科技企业 11 家，1984 年增加到 40 家，1985 年发展到 90 家，1987 年达到 148 家。②这是在新历史时期，中国经济和科技体制改革中科技人员的一大创举③。

此时，《中共中央关于科学技术体制改革的决定》（1985 年）和《国务院关于深化科技体制改革若干问题的决定》（1988 年）相继出台。这些政策都肯定并支持科研机构发展科技经济实体，从而为科技企业的发展提供了政策依据。

在改革形势的推动下，中国科学院的科技开发工作也由技术转让的单一形式向技术入股、联合投资、合资经营等新模式转换。采用研究、开放、生产、销售、服务一体化的模式，参与开拓和发展技术密集型产业④。至 1988 年，中国科学院已经兴办了 200 多家技术开发公司，有 6000 多名科技人员在从事开发工作⑤。

短时间内大量兴办企业的热潮也带来了很多的问题。科技企业数量的快速增长，是因为这时期科研经费不足、科研机构需要通过创办科技企业增加收入，是出于经济利益的考量。20 世纪 80 年代，国家对科研和教育机构投入相对比例不升反降，迫使科研教育机构转变方向，大量兴办企业以解决职工收入的问题，从而造成"脑体倒挂"严重，加重了"文化大革命"期间造成的人才断层问题。在创办企业热潮的引领下，短时间内涌现出了大量的科技企业，一时间造成企业管理的混乱，甚至出现投机倒把、贪污行贿、违法乱纪等社会问题，致使国家和各级科教机构多次出台清理整顿企业的决定⑥。但是

① 王扬宗，曹效业. 中国科学院院属单位简史. 第 1 卷. 上册. 北京：科学出版社，2010：28.
② 于维栋. 希望的火光——中关村电子一条街调查. 北京：中国人民大学出版社，1988：2.
③ 王丽娜. 中国科学院体制改革问题研究（1980—1997）. 中国科学院自然科学史研究所博士后研究工作报告，2011：118.
④ 关于中国科学院进一步改革的请示//中国科学院办公厅. 中国科学院年报，1988：3.
⑤ 周光召. 中国科学院 1988 年工作报告//中国科学院办公厅. 中国科学院年报，1989：3.
⑥ 参见王丽娜. 中国科学院体制改革问题研究（1980—1997）. 中国科学院自然科学史研究所博士后研究工作报告，2011：126-136.

科技产业化的趋势已经形成，规范科技企业的发展、提供有序且更加完善的发展平台提上工作日程。

（二）从中关村电子一条街到高新技术产业开发区

从 20 世纪五六十年代开始，西方国家出现了以提高效率为中心的生产基地，被称为工业园、科学园、技术园或大学研究园。其职能虽有差异，但都以提供基本的生产基础和生产设施以及足够的土地，以技术创新为目标来运作为特色。科技工业园是技术产品化的重要基地，通过引进技术、资金，创办外向型企业提供环境支撑。它从政策环境、发展空间、技术环境和融资环境等方面提供了一个较为完善的平台。大学和科研机构在这里与产业活动密切合作，促进知识集约型企业的建立。与科研机构和高等院校的紧密合作、将科技资源产业化、政府与民间力量以多种形式共同参与，成为科技园发展的重要标志。

中国科技园的出现比较晚，直到 20 世纪 80 年代中期才开始起步。早期的科技园多称为高新技术产业开发区。随着中关村科技企业的增多并在中关村聚集，如何更好地组织、协调、发挥众多科技企业的作用提上了日程。1984 年 3 月，中国科学院 5 位科学家提出了"充分开发中关村地区智力资源，发展高技术密集区"的建议①。这项建议引起了有关领导的重视。

1985 年 3 月出台的《中共中央关于科学技术体制改革的决定》指出："为加快新兴产业的发展，要在全国选择若干智力资源密集的地区，采取特殊政策，逐步形成具有不同特色的新兴产业开发区。"4 月，国家科委向国务院提出试办高新技术产业开发区的报告。7 月，应深圳市政府的请求，中国科学院与深圳市政府合资兴办中国第一个高新技术开发区——深圳科技工业园。这是以扶持高技术、外向型企业为目标的科技工业园。1987 年，在武汉东湖创建了高新技术创业中心。深圳与武汉的努力，推动了全国科技园区的建设。北京中关村电子一条街的园区建设得以推进。

1988 年，为了使科技企业有一个更好的发展平台，经国务院批准成立了北京市新技术产业开发试验区。同时制定了 18 条优惠政策，从而奠定了中国高新技术产业开发区发展的基础②。目前，北京中关村科技园已经成为中国最大的高新科技园区。

此前实施的 863 计划的许多项目，落户于高新技术开发区。1988 年实施的"火炬计划"，明确把创办高新技术产业开发区、高新技术创业服务中心（孵化器）作为"火炬计划"的重要组成部分。在"火炬计划"的推动下，各级地方政府开始结合地方条件创办高新技术产业开发区。

高新技术产业开发区建设及其取得的成就，社会影响广泛。1990 年秋，国家科委在北京展览馆举办了"全国高新技术开发区汇报展览"。1992 年邓小平南方谈话后，开发区建设进入快速发展阶段。到 1998 年，全国建立起 53 个国家级高新技术产业开发区③。此后开发区的形式也开始多样化，科学工业园、科学园、技术园、产业园、软件园、农

---

① 陈汉欣. 中国高新技术产业开发区建设的历史回顾. 科学中国人，1998，（10）：34-36.
② 胡炜. 我国科技园发展浅析. 科技管理研究，2002，（5）：11-14，28.
③ 胡炜. 我国科技园发展浅析. 科技管理研究，2002，（5）：11-14，28.

业科技园、大学科技园等不断涌现。

高等院校和科研机构在开发区建设当中发挥了重要的作用。高等院校通过建立教学、科研与生产联合体的形式，寻找与经济建设的结合点。既推动了经济的发展，也为高校师生提供了实习和实验基地。1988 年 7 月国家教委与浙江省联合，共同在杭州、嘉兴、湖州、绍兴四市及其所属 20 个县的区域内建立杭嘉湖（绍）经济技术开发试验区，探索高校科技与地方经济结合的方式，推动高校的科研成果向现实生产力的转化。

为了具体组织实施这一工作，国家教委与浙江省政府成立了杭嘉湖技术开发公司。浙江省 6 家银行每年为开发工作提供 2000 万元贷款，省财政给予一定的贴息并为开发项目提供优惠政策。同时，国家教委还成立了"高校杭嘉湖科技开发联络协调小组"及办公室，以动员和组织全国高校参加开发区的科技开发，沟通高校与企业之间的信息，并做好联络协调工作①。开发试验区发挥了高校的作用，促进了产学合作，加速了该地区新产品开发和外向型经济的发展。

中国科学院在科技园区建设中一直走在前列。在中关村电子一条街和早期的几个重要的科技园区的创建中，中国科学院都发挥了重要作用。为了更好地推动科技开发工作，更好地管理并推动科技企业的发展，1983 年 3 月，中国科学院成立了科技咨询开发服务部承接各项科技咨询开发服务工作。同时成立科技咨询顾问委员会，聘请院内知名科学家担任委员；1987 年，中国科学院与国家经委联合投资，建立了科技促进经济发展基金会；1988 年建立了中国科学院信息咨询中心，是院内科技开发信息交流、推动研究所与省市地方企业合作的枢纽，又是院新技术、新产品走向国际市场的桥梁与窗口。②1988 年，中国科学院成立了以院长周光召为组长的科技开发领导小组。其职责是制定中国科学院的科技开发宏观发展战略、开发政策和规定，决定和审批重点开发领域、重大项目以及投资方向，决定设立和领导开发工作的支撑机构，审批院管公司等③。

1987 年中国科学院院部机构调整，组建了技术科学与开发局。其职责之一就是负责横向合作及技术开发的全院综合性工作；归口管理院属新技术开发公司及院属工程；归口管理院内外合资企业；对口全国技术市场，进行成果推广和技术咨询④。1989 年改为高技术企业局，统一归口开发体系的行政管理。除了前文提到的深圳科技工业园、北京市新技术产业开发试验区外，中国科学院还积极参与并推进了武汉、海南、浙江等地区科技开发区的建设，与地方政府建立了多种形式的科技联合。

三、科技奖励制度

中华人民共和国成立初期，为了调动科技工作者的积极性和创造力，加快科学事业和经济建设的发展，国家在 1950—1955 年先后发布了三个奖励条例，即《保障发明权

---

① 王诗宗，徐有智，陈浩. 促进高校科技与经济结合的重大试验——对杭嘉湖（绍）科技开发试验区的调查与思考. 中国高等教育，1992，（Z1）：40-43.
② 中国科学院科技开发工作的回顾与 1990 年工作的意见——胡启恒副院长在院工作会议全体会议上的发言//中国科学院办公厅. 中国科学院年报，1991：45.
③ 关于成立科技开发领导小组的通知//中国科学院办公厅. 中国科学院年报，1989：113.
④ 关于院部机构调整的通知//中国科学院办公厅. 中国科学院年报，1988：89.

与专利权暂行条例》《有关生产的发明、技术改进及合理化建议的奖励暂行条例》《中国科学院科学奖金暂行条例》，初步形成了国家奖励体系。中国科学院于 1957 年颁发了第一次"中国科学院科学奖金"。此后该奖项因政治环境的影响一度停顿，直到改革开放以后，"中国科学院科学奖金"改为"中华人民共和国自然科学奖"，改由国家科委领导，并于 1982 年评选出第二次科学奖金。

随着"文化大革命"的结束，中国政府逐步恢复和重建了科技奖励制度。1977 年，邓小平在科学和教育工作座谈会上提到："有的同志提出，应当有奖惩制度，这个意见也对。但是要补充一点，就是重在鼓励，重点在奖。有的人在科学研究上很有成就，为我们国家作出了贡献，这样的人要不要鼓励？我看要。"①同年 9 月，在成立国家科学技术委员会时，下设了科技成果管理局，主管科研成果和发明创造的鉴定、奖励和推广工作②。1978 年 3 月召开的全国科学大会的任务之一就是表彰先进，这次奖励是在特殊历史条件下采取的特殊形式，它也促进了国家科技奖励制度的恢复。此后，中国政府颁布了一系列科技奖励条例，并于 1985 年成立了国家科学技术奖励办公室。

20 世纪 80 年代以后，随着科技体制改革的深化，科学研究出现了蓬勃发展的新形势，科技奖励管理制度逐步完善。1985 年，国务院批准成立了科技奖励工作办公室，此后科技奖励工作系统在各省、市和国务院各部门相继建立起来。③在 1987 年开展第三次国家自然科学奖的申报和评选活动时决定，国家自然科学奖的日常工作改由国家自然科学基金委员会负责，为此国家自然科学基金委员会成立了"国家自然科学奖励委员会"，由武衡担任主任，并于 1988 年公布了获奖项目。

随着科技奖励工作的开展，相应的规章制度也在不断地完善。至 1995 年，国家共颁布了 6 项科技奖励条例并于颁布同年或者次年开始授奖：1978 年颁布的《中华人民共和国发明奖励条例》、1979 年颁布的《中华人民共和国自然科学奖励条例》、1982 年颁布的《合理化建议和技术改进奖条例》、1984 年颁布的《中华人民共和国科学技术进步奖励条例》、1987 年颁布的《国家星火奖励办法》和 1994 年设置的国际科学技术合作奖。其中，国家自然科学奖、国家发明奖和国家科学技术进步奖被称为"国家三大奖"。

国家发明奖是持续时间最久、影响范围最广的国家科技奖。改革开放之前，发明奖共颁发了 296 项。1978 年，国家科委组建了以武衡为组长的科学技术奖励条例修订小组。小组多次到工厂、科研单位和高等院校进行座谈，征求意见。在此基础上重新修订了《中华人民共和国发明奖励条例》和相应的实施细则。④1979 年，国家科委聘请 32 位专家组成了发明评选委员会。进入 20 世纪 80 年代，发明评选委员会每年召开 2—4 次会议，审议请奖项目，讨论在评奖中出现的问题。随着国家经济体制改革的不断深入和知识产权制度的不断完善，《中华人民共和国发明奖励条例》经过多次修订，并于 1999 年将"国际发明奖"改为"国家技术发明奖"。

根据 1955 年颁布的《中国科学院科学奖金暂行条例》，中国科学院于 1956 年颁发

① 邓小平. 关于科学和教育工作的几点意见//邓小平. 邓小平文选. 第 2 卷. 北京：人民出版社，1994：51.
② 曲安京. 中国近现代科技奖励制度. 济南：山东教育出版社，2005：15.
③ 曲安京. 中国近现代科技奖励制度. 济南：山东教育出版社，2005：293.
④ 武衡. 科技战线五十年. 北京：科学技术文献出版社，1992：473.

了第一次"中国科学院科学奖金"。1978 年 5 月成立的科学技术奖励条例修订小组建议，将 1955 年设立的"中国科学院科学奖金"改称"中华人民共和国自然科学奖"。1979 年 11 月国务院正式颁布了《中华人民共和国自然科学奖励条例》，改由国家科委领导。自然科学奖励委员会由 34 位科学家组成，武衡任主任。在第一次科学奖金颁发 25 年以后的 1982 年，自然科学奖第二次颁奖。这次奖励成为过去 25 年自然科学工作的一次总结，人工合成牛胰岛素、哥德巴赫猜想、反西格马负超子、大庆油田发现过程中的地球科学研究、东亚飞蝗生态和生物学研究等成果均获得了奖励。这些成果或是世界领先，或是在国家经济建设中发挥了重要的作用。1987 年开展了第三次国家自然科学奖的申报和评选活动。同时决定，国家自然科学奖的日常工作改由国家自然科学基金委员会负责，成立"国家自然科学奖励委员会"，并于 1987 年公布了获奖项目。1988 年开始，自然科学奖每两年评选一次。从此，自然科学奖的评选步入制度化轨道。

20 世纪 80 年代中期以后，随着科技体制改革的深化，中国的自然科学研究出现了蓬勃发展的新形势。1982 年在北京举行的"全国科学技术奖励大会"上，给 428 项国家发明奖和 124 项国家自然科学奖获奖项目授奖。国务院在会上明确提出了"经济建设必须依靠科学技术，科学技术必须面向经济建设"的科技方针。[1]根据这一指导思想，同年底，由国务院科技领导小组主持，国家科委会同国家经委等多个部门联合组成了科学技术进步奖励条例起草工作小组。

1984 年 3 月，国家科委向国务院呈送《关于报批〈中华人民共和国科学技术进步奖励条例〉的请示》，同年 9 月国务院正式发布了该条例。对于这个条例与国家发明奖和国家自然科学奖的不同之处，国家科委的有关负责人指出：国家发明奖的奖励对象，主要是国际上首创的应用技术成果；国家自然科学奖的奖励对象，是阐明自然的现象、特性或规律性，并在科学技术的发展中有重大意义的科学理论成果；国家科学技术进步奖的奖励对象，是国内首创的应用性科技成果，推广、采用先进的科技成果、科技管理以及标准、计量、科技情报等成果，它们在科学技术创新的程度和水平上比发明和科学理论成果低一些，但对促进"四个现代化"建设提供经济效益或社会效益有十分重大的意义[2]。

对贡献杰出的外国专家给予鼓励，逐渐成为对外国专家管理工作激励的重要举措之一。1994 年设立、1995 年正式颁布的中华人民共和国国际科学技术合作奖，在 1999 年成为国务院设立的五大奖项之一[3]。1990 年底，国家科委设立"中国国际科技合作奖"，并在 1992—1993 年度共向 14 位国外专家颁奖。1993 年，该奖提升为国家级奖，1994 年，国务院正式设立"中华人民共和国国际科学技术合作奖"，授予对中国科学技术事业做出重要贡献的外国公民或者组织。

进入 20 世纪 90 年代后，国家通过一系列政策和法律文件，鼓励并推动科技奖励制度的完善。1993 年 7 月公布《中华人民共和国科学技术进步法》，第八章为"科学技术

---

① 正言. 新中国成立以来科学技术奖励工作大事记. 中国科技奖励，2000，8（3）：46-48.

② 中华人民共和国科学技术进步奖励条例. 中华人民共和国国务院公报，1984，第 22 号：757.

③ 五大奖项分别为国家最高科学技术奖、国家自然科学奖、国家技术发明奖、国家科学技术进步奖、国际科学技术合作奖。

奖励"，该章规定："国家建立科学技术奖励制度，对于在科学技术进步活动中做出重要贡献的公民、组织，给予奖励。"同时对国家科技奖励的奖项、内容等作了规范，肯定了科技奖励的作用和地位，推动了国家科技奖励制度的法治化。1994年2月，国家科委、国家体改委发出《适应社会主义市场经济发展，深化科技体制改革实施要点》的通知，其中第28条提出，要"完善科技奖励制度，进一步激发和调动科技人员的积极性"，要在已有国家最高科学技术奖、国家自然科学奖、国家技术发明奖、国家科学技术进步奖、国际科学技术合作奖的基础上，增设农村科技奖，完善国家科技奖励体系，鼓励国内外组织和个人设置科技奖励基金。随着科技奖励工作的展开和社会影响的增大，至21世纪初，全国较有影响的社会力量设立的科技奖多达100余种①。

① 杨新年，陈宏愚，等. 当代中国科技史. 北京：知识产权出版社，2014：460.

第十二章　科技规划-计划体系的形成*

国家级科技规划，不但在集中力量、配置资源等方面发挥了重要的作用，而且在制定科技基本方针与政策、科技管理体制的建设与改革等方面进行了有益的尝试。20世纪80年代中后期，新中国历史上的第四个国家级的科技规划《1986—2000年科学技术发展规划》（简称十五年科技规划）开始实施。十五年科技规划的出台，还推动了一批科技计划的形成，并最终建立起"科技规划-计划体系"。

十五年科技规划从开始制定到正式执行，仅有三年时间。但是这期间，国家的经济改革形势发生了巨大的变化，科技规划同国民经济发展不协调且缺乏应变能力，进而失去了指导性。于是从1988年开始，国家对十五年科技规划的目标和内容进行调整，历时近五年，先后制定了《国家中长期科学技术发展纲领》（1992年颁布，简称《纲领》）和《中长期科学技术发展纲要》（简称《纲要》）。

经过十多年的探索，至20世纪90年代中后期，国家出台了大量的科技规划和计划。从时间跨度上分类，主要有长期规划，如十五年科技规划；中长期规划，如《纲领》和《纲要》；中期规划为从第八个五年计划开始的各个五年科技发展计划；此外还有大量重大科技项目计划。从1982年开始酝酿"六五"国家科技攻关计划，到20世纪90年代，国家计委、国家科委等陆续推出的国家级科技计划有15个，这些科技计划构成了一个庞大的体系①。这个体系利于同国民经济计划的协调一致，以促进科技的发展同解决经济建设中提出的重大科技任务协调一致。

第一节　改革背景下的科技规划

与"文化大革命"之前制定的两个科技发展长远规划不同，改革开放以后制定的科技发展长远规划在实施的过程中遇到了巨大的困难。这是由于在新的历史时期面临着方方面面的改革，重大的变化和众多的未知因素增加了科技规划制定的难度。本时段制定的两个长远规划，充分考虑了新时期的政治背景与社会需求的变化，因此与此前制定的三个国家科技规划有着明显的不同。已有学者对"文化大革命"前后的科技规划的差异进行了比较研究②，这里重点分析新时期国家第四个和第五个科技规划的内容、特点、作用与命运。

一、《1986—2000年科学技术发展规划》

"文化大革命"结束以后制定的第一个科技规划《1978—1985年全国科学技术发展

---

*　作者：张九辰。

①　崔永华. 当代中国重大科技规划制定与实施研究. 南京农业大学博士学位论文，2008：128.

②　理查德·萨特米尔. 科研与革命——中国科技政策与社会变革. 袁南生，刘戟锋，戴清海，等译. 长沙：国防科技大学出版社，1989：229-233.

规划纲要》从一开始实施，就不断地调整。由于制定规划时对国民经济实力和科技水平估计过于乐观，以及急于弥补"文化大革命"期间造成的损失，规划的任务和目标制定得过高、规模过大。此外，规划中重点发展领域和重点研究项目也比较笼统，执行中偏离了"重点发展"的方针。

为了解决八年科技规划中存在的问题，该规划的 108 个重点项目被调整为最迫切和最有条件实现的 38 个项目，包括农业、食品及轻纺消费品、能源开发及节能技术、地质和原材料、机械及电子设备、交通运输、新兴技术、社会发展等 8 个方面，从中又选出对国民经济全局关系重大的 7 个"重中之重"项目，以"六五"国家科技攻关计划的形式实施。

在"六五"国家科技攻关计划实施的同时，1982 年底至 1983 年初，国家开始着手制定十五年科技规划。

随着科技体制的改革，科技发展的重点转向科学技术必须适应市场经济的发展，为国家经济建设服务。因此，制定规划的指导思想是从经济建设中提出问题，科技为经济服务。科技体制改革也成为十五年科技规划和此后历次规划的重点内容之一[①]。这项计划在制定过程中，先后有上千位各部门和各领域的科技专家参与规划的讨论，同时成立了 19 个专业规划组。规划制定中还邀请欧美、日本等国家和地区的知名人士和工程技术专家座谈，了解国际科技发展趋势及经验教训[②]。

十五年科技规划把"面向、依靠"方针作为科技发展的基本方针。规划的内容涉及体制改革、国际交流、政策措施等，并将科技分为五个领域，前四项均为应用性内容，如依靠科技进步促进工农业等传统产业的发展、开发新型技术领域、配合国家重点建设项目的前期科研工作和建设中的重大技术攻关、重要科技成果特别是军转民重大技术的推广应用等。第五项才是从科技的长期发展着眼，安排了一批基础研究项目。与历史上的三次科技规划相比，十五年科技规划在基础科学研究方面的规划偏弱，"最高国家科技大奖很多授予的是 1986 年科技规划以前取得的科学成果，恐怕可以说明 1986 年科技规划在基础科学方面是个失误"[③]。

十五年科技规划制定完成以后，国家经济体制改革也发生了重大变化。改革重点由农村转移到城市，经济体制改革全面推进。1985 年开始，中国经济进入了连续四年的高速增长阶段。与此同时，新旧体制转换过程中的两种体制的摩擦日渐明显。旧的体制逐步削弱，但仍然发挥着巨大的影响力。新的体制在确立当中，但是很多方面仍然受到了制约。1988 年的通货膨胀，使改革遭受重创。改革方针也由十一届三中全会以后的"调整、改革、整顿、提高"变为 80 年代中后期的"巩固、消化、补充、完善"。在此背景下，从 1990 年开始，国家又组织制定了第五个国家科技规划。

①　陈正洪. 当代中国中长期科技规划：历史与理念研究. 北京：气象出版社，2015：131.
②　杨靖，房琳琳. 共和国七个科技规划回放. 科技日报，2006-01-08（8）.
③　陈正洪. 当代中国中长期科技规划：历史与理念研究. 北京：气象出版社，2015：138.

二、《纲领》与《纲要》

经过近 10 年的改革开放，到了 20 世纪 80 年代末期，国民生产总值、工农业总产值、国家财政收入和城乡居民平均收入水平均大体翻了一番。这 10 年成为中华人民共和国成立后的近 40 年中，经济发展旺盛、国力增长迅速、人民生活水平大幅提高的时期。这个时期的科技水平也取得了重大的进步，与此同时，改革中暴露出的问题也逐渐凸显。1987 年 10 月，中国共产党第十三次全国代表大会上建议国务院制定中长期科学技术发展纲领，合理组织全国科技力量，通力协作，尽快实施。

1988 年 3 月，李鹏总理在第七届全国人民代表大会第一次会议上指出："根据中国共产党第十三次全国代表大会的建议，国务院已责成国家科委和有关部门尽快制定出中长期科学技术发展纲领，明确科学技术发展的战略目标、重点和措施，以便动员和组织全国各方面的力量，切实有效地推进整个国民经济的技术进步。"此后的 1989 年、1990 年召开的两次全国人大会议的政府工作报告中都重申了这项任务。[①]

从 1988 年开始，国家科委组织各部门和各地方的近 5000 名专家学者参与了《纲领》的制定工作。国务院成立了由各部门负责人和专家组成的起草工作组，历时两年多完成了《纲领》的起草工作。《纲领》从形势与抉择、战略与方针、发展重点、科技体制改革、国际科技合作、政策与措施六个方面，阐述了中长期科技发展的战略目标、方针、政策和发展重点。与过去制定的科技发展长远规划相比，《纲领》在确定科技发展重点和重大项目的同时，更加侧重阐明科技发展的战略、目标、方针、政策。过去的长远规划大概覆盖 10 年的时间，而《纲领》覆盖的时间跨度则在 30 年左右，着眼于跨世纪的科技发展的长远部署，以便从全局把握科技发展方向，安排短期内难以见效、需要长期积累的科技工作。

鉴于《纲领》的篇幅有限，无法对科学技术各个领域的情况和前景进行详细描述，1988 年 6 月国家科委又部署有关部门按照产业和科技专业分类编制了《纲要》，作为《纲领》的配套文件。长达 36 万字的《纲要》选择了带有全局性、方向性、紧迫性的 27 个领域，对重大科技任务和关键技术、支撑条件和政策措施进行了详细的论述。

《纲领》及《纲要》确定了新时期的科技方针，为其他科技规划和计划的制定指出了方向。这两个文件提出继续贯彻经济建设必须依靠科学技术，科学技术必须面向经济建设，努力攀登科学技术高峰的指导方针（简称"面向、依靠、攀高峰"方针）。《纲领》规定了中国基础科学研究 10 年的方向，要求紧紧围绕农业、能源、材料、信息等国民经济发展的战略重点及人口、医药、资源、生态环境、自然灾害等重大问题，开展多学科综合性研究，提供解决问题的理论依据和技术基础。

《纲领》和《纲要》作为中国科技发展的中长期纲领性、政策理论性文件，不是面面俱到的规划，而是侧重于科技发展的战略、方针、目标、政策等问题，对到 2000 年的中期和 2020 年的长期科技发展做了宏观性的论述。这两个文件对后来制定具体的科

---

① 汤华，林利. 向科技进军的跨世纪"蓝图"——《国家中长期科学技术发展纲领》出台前后. 瞭望，1992，(16): 22-23.

技发展规划具有宏观指导作用。根据《纲领》和《纲要》，国家科委于 1991 年组织制定了《中华人民共和国科学技术发展十年规划和"八五"计划纲要（1991—2000）》[①]。此计划纲要经国务院审议，于 1992 年向全国正式发布。[②]

《中华人民共和国科学技术发展十年规划和"八五"计划纲要（1991—2000）》进一步明确了十年和五年的科技发展目标、指导方针、重点任务、科技体制改革、对外开放，以及支撑条件和措施等内容。科技计划在新的历史时期以其针对性强、目标明确而具体的特点，发挥了重要的作用。从后来中长期科技规划与五年计划的关系来看，中长期规划的思想和内容均分阶段落实在每个五年科技规划之中[③]。

第二节　三个层次的科技计划

科技计划（专项、基金等）是政府支持科技创新活动的重要方式。改革开放初期，科技创新的模式是计划主导，即设立国家科技计划，在国家科技计划中引入竞争机制。这种模式的形成伴随着中国改革开放进程而出现。国家通过改革拨款制度、培育和发展技术市场等措施，推动科研机构服务于经济建设、科研成果商品化和产业化。这个时期国家科研经费多以国家科技计划的形式出现，政府管理着科研经费的配置。

改革开放以后，中国政府针对不同领域先后设立了一批科技计划（专项、基金等），为增强国家科技实力、提高综合竞争力、支撑引领经济社会发展发挥了重要作用[④]。为了推动十五年科技规划的实施，从 20 世纪 80 年代中期至 90 年代中期，相继出台了 863 计划、推动高技术产业化的"火炬计划"、面向农村的"星火计划"、"攀登计划"等科技计划，以及支持基础科学研究的国家自然科学基金。这些计划在保证科技规划实施的同时，也在国家管理科技活动、配置科技资源等方面进行了有益的探索。

不同的科技计划多是从"面向经济建设主战场""发展高新技术及其产业""加强基础科学研究"三个层次促进科技发展的（表 12-1）。对于前两个层次，本节将选择具有代表性的计划进行分析与解读。基础科学研究方面的内容，将在本章最后两节重点分析。

表 12-1　三个层次的科技计划[⑤]

层次	计划名称
面向经济建设主战场	国家科技攻关计划（1982 年）、国家重点工业性试验项目计划（1984 年）、"星火计划"（1986 年）、国家科技成果重点推广计划（1990 年）
发展高新技术及其产业	863 计划（1986 年）、"火炬计划"（1988 年）
加强基础科学研究	国家自然科学基金、国家基础性研究重大项目计划（"攀登计划"）、国家重点实验室计划

①　中华人民共和国科学技术发展十年规划和"八五"计划纲要（1991—2000）. https://www.most.gov.cn/ztzl/gjzcqgy/zcqgylshg/200508/t20050831_24436.html[2022-11-09].

②　苑广增，高筱苏，向青，等. 中国科学技术发展规划与计划. 北京：国防工业出版社，1992：67. 甚至有学者认为：由于《纲领》"时间跨度太大，又没有落实在具体的五年计划中，所以基本没有发挥什么作用"（陈正洪. 当代中国中长期科技规划：历史与理念研究. 北京：气象出版社，2015：146）。

③　陈正洪. 当代中国中长期科技规划：历史与理念研究. 北京：气象出版社，2015：140.

④　关于深化中央财政科技计划（专项、基金等）管理改革的方案. http://www.gov.cn/zhengce/content/2015-01/12/content_9383.htm[2018-04-20].

⑤　科技部发展计划司. 中华人民共和国科学技术发展规划和计划（内部印刷）. 2008：86-87.

一、第一个国家级指令性科技计划：国家科技攻关计划

国家科技攻关计划（简称攻关计划），是改革开放以后国家设立的第一个国家级指令性科技计划，它在中国科技计划体系发展的历史上具有划时代的意义。攻关计划的出台，标志着中国综合性科技计划从无到有的一个重要里程碑。计划从编制，到立项管理、评估、评审、经费管理、成果管理……成为国家实施大型科技计划的有益尝试[①]，并为其后科技计划的制定起到了示范性的作用。

自 1982 年起，攻关计划经过五个"五年计划"的实施，为社会经济的发展和科技创新能力的提高做出了贡献。1982 年 11 月，经第五届全国人民代表大会第五次会议通过的"六五"国家科技攻关计划，是中国第一个被纳入国民经济和社会发展规划的国家级指令性科技计划。该计划主要是解决国民经济建设中的重大关键和共性的技术，涉及农业、工业和社会发展三大领域，包括农业、消费品工业、能源开发及节能、地质和原材料、机械电子设备、交通运输、新兴技术、社会发展八个方面。多数攻关计划要求有企业参与并投入经费。攻关计划集中攻克了一批对产业技术升级、产业结构调整有重大带动作用，对培育和发展新兴产业、实现社会可持续发展有显著促进作用的关键技术和共性技术，取得了一系列重大成果。特别是杂交水稻、三峡水利枢纽工程、秦山核电站建设工程、大型乙烯工程等关键技术的突破。

"七五"国家科技攻关计划是在十五年科技规划的基础上安排编制的。随着"七五"期间科技体制改革的正式启动，国家发展科学技术三个层次的战略部署逐步确立。这个时期的攻关计划，在为当时的社会经济发展服务的同时，也为 20 世纪的最后十年奠定了坚实的基础。除了涉及经济和社会发展的重大设备、新产品开发和资源环境等内容外，攻关计划还对微电子、信息技术、新材料、生物技术等新兴技术领域给予积极支持。

"八五"国家科技攻关计划以《国家中长期科技发展规划纲要》为依据，在继续支持工农业科技攻关的同时，把发展高科技促进产业化放在重要的位置。"八五"期间还对攻关计划的管理体制进行了改革。通过实施计划的中央地方分级管理和引入评估机制，拓宽资金渠道、调动地方的积极性、发现计划实施过程中的问题并及时改进。

在经历了三个五年国家科技攻关计划的基础上，"九五"国家科技攻关计划强调"集中资源办大事"，科技攻关项目的确定紧密围绕国家"九五"国民经济和社会发展的目标，加强与 863 计划的衔接。在管理方式上进一步改革，建立计划的滚动立项和调整机制，完善评估机制，并简化和规范管理程序。"十五"国家科技攻关计划进一步集中力量，攻克一批对产业技术升级和产业结构有重大带动作用、对社会可持续发展有显著促进作用的关键技术，并加快高新技术成果的应用和产业化。

"十一五"期间，国家科技攻关计划扩展为"国家科技支撑计划"，成为国家科技计划体系的主体和中国国民经济和社会发展计划的重要组成部分。

---

① 刘亭. 国家科技攻关计划研究. 华中科技大学硕士学位论文，2006：4.

二、面向经济建设主战场的"星火计划"

农业是中国经济发展的基础，解决农业、农村和农民问题，是中国经济和社会发展的重要环节。改革开放以后，农村一直是制约中国经济的瓶颈。20 世纪 70 年代末期，中国经济体制改革率先在农村拉开了帷幕，农村经济开始向专业化、商品化和社会化方向发展。进入 80 年代以后，乡镇工业迅速发展，经济十分活跃，农村经济对科学技术的需求日益增加，为科学技术提供了广阔的舞台。

1985 年，在中国农村经济体制改革后的强烈需求，以及科技体制改革启动的相互作用、相互渗透下，科技面向农村经济主战场的计划开始酝酿。5 月，国家科委向国务院提交了《关于抓一批"短平快"科技项目促进地方经济振兴的请示》，提出促进一批科技商品化周期短、与中小企业技术水平相适应、取得经济效益快的技术开发项目，以提高中小企业、乡镇企业和农村建设的科学技术水平，为地方经济的进一步发展植入新的胚胎。同年底，国家科委再次向国务院提交《关于实施"星火计划"的请示》。[1]国务院很快批准实施中国依靠科学技术促进农村经济发展的计划——"星火计划"。这是经中国政府批准实施的第一个依靠科学技术促进农村经济发展的指导性科技计划，是一项依靠科技进步振兴农村经济、普及科学技术、带动农民致富的指导性科学计划。

农村的经济体制改革和科技体制改革，为"星火计划"提供了良好的社会环境。为了更好地落实"星火计划"，1985 年 10 月国家科委在江苏扬州组织召开了第一次全国"星火计划"会议。会议在总结部分试点地区的经验后，确定了"星火计划"发展的宗旨和基本政策，制定了计划管理的基本原则，并对后来两年的具体项目做了安排。1986 年 11 月，第二次全国"星火计划"会议在四川成都召开，会议总结了计划实施中的经验和教训，修订了《关于进一步推进星火计划的若干意见》。通过这两次会议，"星火计划"从规划、实施到管理逐步成熟，为计划的进一步实施奠定了基础。此后召开的多次工作会议，使"星火计划"逐步走向完善并迅速发展。

"星火计划"的实施促进了数以万计的科技成果在农村的开发、应用和推广，也为科技人员提供了实践和发展的平台。至 1995 年底，全国共组织实施"星火计划"66 736 项，投入了各类项目 66 736 个，覆盖了全国 85%以上的县[2]。由于良好的经济效益，"星火计划"形成了以国家少量资金引导、银行贷款、企业自筹资金为主的市场融资机制。1995 年，国家科委提出了"星火西进、东部燎原"的发展战略，促使该计划在缩小东西部经济差距方面发挥了作用。[3]

以推动农村产业结构调整、增加农民收入、全面促进农村经济持续健康发展为目标的"星火计划"，加强了农村先进适用技术的推广，加速了科技成果转化，大力普及了科学知识，营造了有利于农村科技发展的良好环境。计划实施以后，一直围绕解决"三农"问题开拓创新，不但给农民创造了直接的经济效益，而且给农村带来了先进的管理

---

① 陆三育，陈国泰. 中国星火计划的理论与实践. 西安：西安交通大学出版社，2001：59.
② 本报评论员. 为农村经济发展做出新贡献——热烈祝贺"星火计划"实施十周年. 人民日报，1996-09-25（1）.
③ 陆三育，陈国泰. 中国星火计划的理论与实践. 西安：西安交通大学出版社，2001：74.

经验，进而产生了深远的社会影响。

"星火计划"在国际上也产生了广泛的影响。联合国官员指出，20世纪60年代以来，很多发展中国家都开展了类似的计划，但均未成功，唯独中国找到了一条创新的路子。[①]中国与多个国家和联合国开发计划署、世界银行开展合作，并在一些国家举办"星火计划"技术成果展览会。1994年4月，联合国开发计划署南南合作局与国家科委等机构在浙江杭州共同举办了"中国星火计划国际研讨会"，来自21个国家的100多名代表参加了会议。国际组织的负责人高度赞扬中国的"星火计划"为其他发展中国家树立了榜样，称："星火计划不仅仅是中国的，它应该是国际星火计划。"[②]

三、发展高新技术及其产业的863计划

改革开放以后，世界范围已经开始的、以高技术为核心的新一轮科技革命正在如火如荼地展开。这次革命对世界经济、政治、军事、社会、文化等方方面面产生了巨大的影响。20世纪80年代美国的"战略防御倡议"（即"星球大战"计划）、日本的"科技振兴基本国策"、西欧十七国联合签署的"尤里卡"计划、苏联及东欧集团制定的"科技进步综合纲领"、印度的"新技术政策声明"、韩国的"国家长远发展构想"……均是着眼于未来的高技术发展战略计划。这些计划在世界范围内掀起了新的技术竞争浪潮。

为了能够在国际科技竞争中争取主动权，从1983年秋季到1984年春天在全国开展了关于迎接新技术革命与我国对策研究的大讨论。来自科技界、教育界、经济学界、工程界的上千名专家学者通过各种专题会议参加了讨论，并在讨论的基础上完成了多项专题研究报告。1985年3月，有关专家再次集中讨论应对美国"星球大战"计划的策略问题。对于在当时的国情下中国是否需要发展高科技，学者之间存在着很大的分歧。一种意见认为，高科技需要大量的资金支持，在国家财力不足的情况下暂时关注国外发展，甚至考虑坐享其成。更多的学者则认为如果不尽快发展高科技，必将落后于人。意见分歧之下，发展高新技术还停留在设想阶段，在具体行动上远远落后了[③]。

1986年3月，王淦昌、陈芳允、杨嘉墀、王大珩等四位科学家联名上书邓小平，提出《关于跟踪研究外国战略性高技术发展的建议》。3月5日，邓小平做出批示，指出这个建议十分重要，"此事宜速决断，不可拖延"[④]。4—9月，国家科委组织200多位各领域的专家，分成12个小组进行调查论证。论证过程中，科学家们对于选择高技术项目是以发展国民经济为主还是以增强军事实力为主，产生了不同的意见。邓小平指示："我赞成'军民结合，以民为主'的方针。"此后国家科委成立了863计划编制小组，制定了《高科技研究发展计划纲要》。不久，中央政治局扩大会议审议批准了该纲要，并于1987年开始实施。

863计划从世界高技术发展趋势和中国的实际需要与可能出发，采取"有限目标，

[①] 中国星火计划大全编委会. 中国星火计划大全（1985—1995）. 北京：中国科学技术出版社，1996：4.
[②] 中国星火计划大全编委会. 中国星火计划大全（1985—1995）. 北京：中国科学技术出版社，1996：6.
[③] 杨培青. 科技体制改革与"863"计划//欧阳凇，高永中. 改革开放口述史. 北京：中国人民大学出版社，2014：257-267.
[④] 科学技术部，中共中央文献研究室. 邓小平科技思想年谱（1965—1994）. 北京：中央文献出版社，2004：209.

突出重点"的方针。其总体目标是：积极跟踪国际新技术发展动向，有所创新，培养科技人才，实现高技术产品的商业化、产业化，为 21 世纪国家发展储备后劲。这是中国唯一一个由中央政治局召开扩大会议通过的科技计划[①]，也是科技专家在重大决策中发挥重要作用的典范。这项计划从决策到组织实施，充分发挥了科技专家的作用，不但推动了中国高技术事业的发展，而且为组织实施重大科技计划积累了宝贵的经验。

1988 年 8 月，与 863 计划相互关联、相互衔接的高技术产业发展计划，即"火炬计划"开始实施。"火炬计划"设置的目的是促进高新技术研究成果商品化，推动高新技术产业形成和发展。1991 年 4 月，在 863 计划执行五周年之际，邓小平为国家科委召开的全国 863 计划工作会议和高新技术产业开发区工作会议题词："发展高科技，实现产业化。"

863 计划曾经被誉为引领中国高技术发展的一面旗帜[②]，为中国高技术的起步、发展和产业化奠定了坚实的基础。计划最初确定了七个重点支持的领域：生物技术、航天技术、激光技术、自动化技术、信息技术、能源技术、新材料技术等。1996 年又将海洋技术作为第八个支持的领域列入计划当中，并增列了一些专项。至 2005 年，承担计划的科研人员超过了 15 万人，有 500 余家科研机构、300 余所大学、近 1000 家企业参与了 863 计划的研发工作。其间发表论文 12 万多篇，获得国内外专利 8000 多项，制定国家和行业标准 1800 多项[③]。这项计划取得了一批达到或接近国际先进水平的成果，特别是在高性能计算机、高速信息网络、第三代移动通信、天地观测系统、新一代核反应堆、深海机器人与工业机器人、海洋观测与探测、超级杂交水稻、抗虫棉、基因工程等方面已经在世界上占有一席之地。

第三节　基础科学研究规划的制定

基础科学研究是衡量一个国家科学技术总体水平和综合国力的重要标志。"对于基础研究和应用研究，并没有一个被大家普遍认可的概念，但这并不妨碍人们在各种意义上使用它们。并且，人们常常是在成'对子'的意义上使用它们的，也就是说，每一方都是在与对方的比较中而确证自己的属性的。"[④]1985 年，全国科技普查工作给出的"基础研究和基础性应用研究"定义包括三类工作：以探索未知、认识自然为主要目的，无明显应用背景的纯基础研究；有广泛应用背景或应用目的的，但以获取新知识、揭示新规律、发现新原理和新方法为目标的定向性研究；对基本科学数据、资料和信息进行系统的收集、鉴定和评价、积累和综合分析，以探索基本规律的研究[⑤]。

基础研究与应用研究的比例关系，在不同的历史时期一直处于动态调整之中。其比例安排是否得当，在很大程度上影响着国家的科技和经济发展。改革开放以前国家制定

①　杨培青. 科技体制改革与"863"计划//欧阳淞, 高永中. 改革开放口述史. 北京：中国人民大学出版社，2014：257-267.
②　汝鹏. 科技专家与科技决策："863"计划决策中的科技专家影响力. 北京：清华大学出版社，2012：序，3.
③　杨新年，陈宏愚，等. 当代中国科学史. 北京：知识产权出版社，2014：470.
④　文剑英. 基础研究和应用研究划界的社会学分析. 自然辩证法研究，2007，23（7）：79-83.
⑤　中国科学院科技政策局，全国基础性研究状况调查组. 中国自然科学的现状与未来. 重庆：重庆出版社，1990：1.

的三个科技规划中，均有专门的基础科学学科规划。改革开放以后，国家急于恢复和发展经济，科技工作的重心也相应地转移到为经济建设服务上，应用与高新技术研究得到了重视，针对基础科学研究的规划相对薄弱。

20世纪80年代中期开始的科技体制改革的头三年，基础科学研究受到了较大的冲击。从政府到学界都认为，原有的科研体制是造成基础科学研究与应用研究脱节的原因，而本时期的改革重点，就放在了加强应用性研究方面。即便如此，在制定基础科学研究规划时，各级部门仍然做了大量的工作。本节通过对围绕在制定《国家中长期科技发展规划纲要》中，基础科学研究部分的制定过程的梳理，从一个侧面反映出科技规划的制定依据及其影响。

一、开展基础科学研究状况调研

科技体制改革的序幕刚刚拉开两三年，基础科学研究受到冲击的状况就引起了从政府到学术界的广泛重视。当时，世界上许多国家在基础科学研究、应用研究和发展研究三类研究经费的比例一般为1∶2∶5—6，而中国在1985年三类研究的比例大致是1∶4.5∶8.6。20世纪80年代中后期，由于物价上涨过猛，尽管基础科学研究经费总数有所增加，但实际有效经费则呈现出负增长的趋势[1]。于是，中国学术界开始对基础科学研究的作用、地位，以及国家是否需要用计划形式集中组织基础科学研究等问题展开了广泛的讨论。

1987年下半年，为了制定《国家中长期科技发展规划纲要》中基础科学研究部分，国家科委会同有关部门组成联合调查组，对国内基础科学研究的状况做了深入的调查。调查组认为，需要进一步明确基础科学研究的地位和政策，且有必要由国家集中一部分资金资助少数重点项目，促使重要领域的发展[2]。

此时的中国科学院也在国家科委的委托下，于1987年7月开始，邀请全国113位专家组成了数学、物理学、化学、生物学、地球科学、天文学、力学、基础农学、基础医学、信息科学、材料科学、空间科学、能源科学、光电科学、工程科学等15个学科专题调研组和1个综合报告起草小组。小组历时半年，在召开了166次座谈会、听取了近1500位科学家的意见、搜集了大量国内外的有关资料的基础上，完成了15个学科的专题报告和1份综合报告，总计40万字[3]。

综合报告分析了基础科学研究的意义、特点、地位、作用及其发展状况与主要存在的问题，并在此基础上提出了基础科学研究发展的战略设想、重大政策与措施的建议。同年12月，中国科学院成立了由院长周光召任组长的评议组，评审了综合报告的内容，认为"调研报告比较客观和全面地反映了我们自然科学基础研究和应用研究的现状，提出的对策建议是实事求是的，可供国家和有关部门决策参考"[4]，该报告以

---

① 中国科学院科技政策局, 全国基础性研究状况调查组. 中国自然科学的现状与未来. 重庆: 重庆出版社, 1990: 10-11.
② 苑广增, 高筱苏, 向青, 等. 中国科学技术发展规划与计划. 北京: 国防工业出版社, 1992: 251.
③ 樊洪业. 中国科学院编年史: 1949~1999. 上海: 上海科技教育出版社, 1999: 315.
④ 关于全国基础学科状况与对策调研工作的情况报告//中国科学院办公厅. 中国科学院年报, 1989: 246.

《中国自然科学的现状与未来》为题，由重庆出版社于 1990 年正式出版。报告中呼吁："近年来，我国对主战场的科技工作做了安排，对部分高技术的发展也进行了部署。但这些工作都远不能代替基础性研究的功能。为使主战场的工作有坚实的后盾，并拥有持续发展的后劲；为使跟踪的高技术能有所突破，并形成具有特色的高技术产业，对基础性研究做出适当的安排，是当务之急。"报告认为，选择基础科学的战略重点的原则应当依据四个方面，即"对经济建设、社会发展有重要意义；能充分发挥我国地区性特点，形成我国特色；已有较好工作基础，可望参与国际竞争、取得重大突破；国际上活跃的学科前沿、我国也有条件开展工作"[①]，并在此原则下提出了基础科学研究的重点发展领域。

1988 年 7 月，中国科学院成立了基础研究领导小组，由院长周光召担任组长。领导小组的职责是："统一我院对基础研究的思想认识，制定有关方针政策和学科发展建设的全面规划，确定基础研究中各学科领域的比例，部署院开放实验室、重点课题和学科重点发展领域，制定建设科研队伍和培养青年科学家规划，组织协调有关条件保证等。"[②]

在新的政策形势下，基础科学研究到底受到了多大的影响？基础研究领导小组成立以后，首先对中国科学院所属的研究机构进行了抽样调查。调查按照随机抽样的原则，对中国科学院在京的 1/3 的科研单位，总计 13 个研究所的科研处长、研究室主任、中高级专业技术人员和研究生共 575 人进行了无记名问卷调查。统计数据表明，基础科学研究有所削弱。从 1985 年到 1987 年，这些研究所的事业费平均每年递减 9%，而行政开支平均每年递增 6.4%，科研课题经费以 13% 的平均速度逐年减少（未扣除物价上涨的因素）。以研究纯基础理论的古脊椎动物和古人类研究所为例，1985 年，院拨经费为 126 万元，1987 年为 107 万元。1988 年对该所特别照顾，但实际拨款金额还少于 1985 年。1987 年，该所支出的人头费占上级拨款的 60% 以上。1988 年每个科研人员的科研经费仅为 700—1200 元，形成"有钱养兵，无钱打仗"的局面，一些必要的科研活动无法正常进行。中国科学院这次调查最终得出的结论是："广大科技人员普遍拥护该院提出的'把全院的主要科技力量动员和组织到为国民经济服务的主战场，同时保持一支精干力量进行基础研究和高技术跟踪'的方针。同时，大多数人认为科技发展政策的摇摆波动，是发展科技事业最大的不利因素。"[③]

调查发现，基础科学研究的瓶颈是经费有限，进而导致基础科学研究后继乏人的问题日渐突出。一些科研人员转向从事开发研究，从而使科研机构很难保持住一支精干的基础科学研究队伍。据对中国科学院 10 个研究所的统计：1978 年以后，分配到这些研究所的 563 名研究生，1988 年仍然在所内工作的只有 383 人。此段时间，10 个研究所共派出 305 人出国攻读学位，到 1988 年回国的只有 18 人[④]。此外，科研人员年龄老化、青黄不接的趋势仍在继续。科研人员普遍认为，如果环境条件得不到改善，基础科学研

① 中国科学院科技政策局，全国基础性研究状况调查组. 中国自然科学的现状与未来. 重庆：重庆出版社，1990：14.

② 关于成立基础研究领导小组的通知//中国科学院办公厅. 中国科学院年报，1989：114.

③ 王友恭. 中国科学院一项调查表明　基础研究有被忽视的倾向　经费不足　后继乏人　冗员充斥　差距扩大. 人民日报，1988-12-17（3）.

④ 王友恭. 中国科学院一项调查表明　基础研究有被忽视的倾向　经费不足　后继乏人　冗员充斥　差距扩大. 人民日报，1988-12-17（3）.

究将会进一步萎缩。经过改革开放以后多年的发展，在基础科学研究方面，中国与国际先进水平的距离不是在缩小，而是在扩大。

经费的短缺并不是影响基础科学研究的唯一因素。这个时期"从面临的改革任务和已有经费的分配来看，基础研究部分所占的比例最近几年也很难有大的增加"[①]。中国科学院的调查结论将基础科学研究存在的问题归纳为五个方面：①政策不稳定；②投资强度过低；③待遇过低，后继乏人；④宏观管理不力；⑤课题分散，水平不高[②]。如何改善并加强基础科学研究，引起了各级科研管理机构的重视。于是，各级主管部门纷纷召开有关会议，讨论解决问题的办法及相应的措施。

二、基础科学研究工作会议

20 世纪 80 年代中后期，全国从事基础科学研究的科技人员已近 10 万人。这些人大致可以分为四代：①1949 年以前从事基础科学研究的人员当时年事已高。②50 年代初期工作的一代也都 60 岁左右。这两代人在 80 年代中期多已是著名学者。③四五十岁的科研骨干大多是在 50 年代末期至 60 年代初期进入基础科学研究领域的。这代人当时的处境是"担子重、责任大、待遇低"。④"文化大革命"后培养起来的年轻一代知识和外语水平都比第三代强，但是他们禁不住社会分配不合理的冲击，大多不愿意从事基础科学研究。[③]20 世纪 80 年代中后期，基础科学研究领域投资强度低、研究队伍青黄不接和学科发展缺乏宏观调控的问题日益严重。为了解决基础科学研究面临的挑战，各部门机构围绕基础科学研究如何发展召开了多次讨论会或座谈会。其中较有代表性的会议是中国科学院和国家科委分别组织的有关工作会议。

1988 年 11 月 9 日，中国科学院召开基础研究工作会议。院属各单位负责人、开放实验室（站）的主任（站长）、院机关各部门负责人，以及中共中央纪律检查委员会、国家科委、国家自然科学基金委员会和院各方面领导、部分邀请代表三百多人出席了会议。这次会议的主要议题是深化对基础科学研究在中国科学院的改革和发展中的地位和规律的认识；讨论基础科学研究的主要目标和重点领域；探讨深化改革的基本思路和措施；交流工作经验。

与会代表一再呼吁要加强基础科学研究。"老科学家师昌绪今天在此间召开的中国科学院基础研究工作会议上大声疾呼：'我们一直说要把科学技术转化为生产力，但是再不真正重视基础研究，若干年后我们就拿不出什么可转化为生产力的成果了。'这番话，被淹没在一片情不自禁的掌声之中。"[④]

周光召院长做了开幕和总结报告。他认为，基于基础科学研究对社会发展具有革命性影响，因而必须在改革中争取稳定发展。他提出中国科学院基础科学研究工作的主要目标是：以开放、流动、联合和面向全国的精神，通过择优和竞争，理顺基础科学研究

① 中国科学院的基础研究的现状与对策//中国科学院办公厅. 中国科学院年报，1989：25.
② 中国科学院科技政策局，全国基础性研究状况调查组. 中国自然科学的现状与未来. 重庆：重庆出版社，1990：10-13.
③ 顾迈南，汤华. 并非"远水不解近渴"——全国基础研究工作会议侧记. 瞭望，1989，（11）：4-5.
④ 李泓冰，王友恭. 中国科学院部署基础研究改革. 人民日报，1988-11-09（3）.

的管理和研究体制，加强协调、统一规划，逐步形成一支以优秀中青年学术带头人为主的、结构合理的基础科学研究队伍，努力在若干重要前沿领域形成活跃的有国际影响的学派，做出世界水平的成果，为解决中国社会、经济发展中的重大科研问题，为应用开发领域输送高级人才作出贡献。周光召还谈到基础科学研究要项目精选，树立有限的目标。

会议讨论了未来 10 年中国科学院基础科学研究的发展目标，提出应该特别注意发展迅速而投入较少的重要领域和能发挥中国自然条件特色的领域，如凝聚态物理、生命化学、生物大分子结构与功能、神经科学、全球变化、非线性科学和国土学等。

1989 年 2 月，国务院委托国家科委主持召开了全国基础研究和应用基础研究工作会议。会上提出了"基础性研究"的概念①，强调其内容应该包括基础研究和应用基础研究，并确认应用基础研究是应用研究的一个部分。

会议有两个科学界最为关心的问题：①基础科学研究的地位和作用问题；②基础科学研究持续稳定发展的有关政策问题。李鹏总理在讲话中强调："国务院已决定组织力量，制定国家中长期科技发展纲领，力求把技术开发工作、应用研究、基础研究有机地结合起来，统筹兼顾，协调发展，最有效地发挥科学技术的整体作用，推进我国经济、社会的发展，进而为世界科学技术的繁荣做出我们的一份贡献。"②

会议上，宋健提出科技计划可以划分为三个层次：第一个层次是直接为 20 世纪末国民生产总值翻两番的战略目标服务的研究和开发工作，要集中主要力量重点开展；第二个层次是高新技术的研究开发和跟踪，须积极推进；第三个层次是基础科学研究，现阶段的方针是保持持续稳定地发展③。会议明确提出，基础科学研究是中国科技发展战略部署的三个层次之一，必须坚持持续稳定发展的基本方针。"这三个层次的构想被普遍接受，成为对科技计划体系框架的标准解释。"④

会议专门讨论加强基础科学研究和应用基础研究的方针、政策和措施。提出了推动基础科学研究工作持续稳定发展的原则性意见："1. 考虑到当代科技发展特点和国情，基础性研究的重点放在应用基础研究方面；2. 要逐步增加对基础性研究的投入；3. 对基础性研究实行多渠道支持，即以自然科学基金、事业费、专项拨款为主要方式，还要鼓励企业的支持；4. 基础性研究队伍要精干，素质要提高，队伍不扩大；5. 有选择地优化学术环境；6. 积极推动国际合作与交流等。"⑤会议要求研究确定基础科学研究的战略重点和优先领域，以及提高基础科学研究的投资比例，增加投资强度。会议代表还希望制定一个全国性的基础研究和应用基础研究工作规划，以加强国家的宏观指导功能。

会议期间，科学家们畅所欲言。"两弹一星功勋奖章"获得者钱学森提出："对于我们这样一个人口众多的大国来说，一些关系国计民生的重要产业，如果不能尽快地建立

① 在不同历史时期的政策文本中，对于基础科学研究有不同的提法，如基础研究、基础科学、基础性研究、基础科学研究……这些概念的内涵也略有不同。除引用原文和会议名称之外，本书统一使用"基础科学研究"。关于这些概念的形成过程与内涵，参见张九辰. 基础科学研究：基于概念的历史分析. 自然科学史研究，2019，（2）：127-139.
② 李鹏在基础研究和应用基础研究工作会议上讲话. 人民日报，1989-02-17（1）.
③ 宋健. 关于科学技术工作的报告. 求是，1989，（5）：2-4.
④ 崔永华. 当代中国重大科技规划制定与实施研究. 南京农业大学博士学位论文，2008：128.
⑤ 马俊如. 关于推动我国基础性研究持续稳定发展的一些问题. 大自然探索，1991，（1）：33-40.

在自己先进的技术基础上，很多重要领域要靠引进，甚至大量重复引进，这对我国的发展是很不利的。"半导体专家林兰英希望："国家对基础科学和应用基础研究，应当采取稳定的政策，不要大摇大摆，摆来摆去会把队伍摆散，失去时机。"①会议结束以后，国家科委牵头组织安排了一些项目，这些项目强调基础科学研究工作既要充分考虑优先学科的发展和科学家的自由选题，又要充分重视国家对重大基础研究项目的安排和驱动。

进入 20 世纪 90 年代以后，国家出台了一系列基础科学研究规划和计划，力图缓解转型与改革时期对于基础科学研究的冲击。此时不但在国家中长期规划中包含有基础研究和应用基础研究的内容，而且还有"攀登计划"的实施。宋健在"攀登计划"实施大会上指出："我们能够宣布攀登计划的启动和实施，清楚地说明，在科学技术的整体发展中，基础性研究工作受到党和国家高度的重视和关怀。……事实表明，我国基础性研究工作已经进入一个持续稳定发展的新阶段。"他同时也指出基础科学研究面临的问题："首创性不够，经费不足，仪器设备陈旧，课题分散，新秀培养不够等。还要预计到在加快改革开放的过程中，由于社会主义市场经济的发展和各方面的新变化，基础性研究还可能受到一定的冲击。"②

从上述的各种会议和政策规划来看，基础科学研究薄弱的问题已经引起了从政府到各级主管部门的高度重视，进而采取了相应的措施。但在短期内基础科学研究的状况并未得到改善，这一点从新闻媒体的报道中也可以反映出来。直到 20 世纪 90 年代中期，基础科学研究的状况仍然不容乐观："我国科学技术转化为生产力的情况如何？这一直是社会关心的热点。去年是党中央提出建立社会主义市场经济的第一年。社会主义市场经济对第一生产力的科学技术有哪些影响？日前，国家科委发布的 1992 年度全国科技成果统计报告，格外引人关注。"③"在应用技术成果比重急剧上升的同时，基础性研究成果下降幅度过大。去年全国有 33 384 项重大科技成果，其中 32 474 项是应用技术成果，占总数的 97.3%，比上一年的 91.5%增加了 5.8 个百分点；基础性研究成果却只有 910 项，仅占总数的 2.7%，比上一年下降了 5.8 个百分点。基础性研究是新技术、新发明的先导和源泉，其研究经费一般由国家投入。去年基础性研究成果大幅度下降，表明亟待解决的投资强度过低问题，在物价上涨过猛、市场调控机制还不完善的今天，已到了非下决心解决不可的地步。否则，基础性研究这头很难稳住，其日益显露的滞后效应将会给我国科学事业带来严重影响。"④

基础科学研究条件随着改革的不断深入与国家经济的快速发展而逐步得到改善。随着新的研究领域不断出现，大量新兴的交叉学科为学科属性的划分带来了挑战，也让大家意识到基础科学研究的重要性。人们对基础科学研究与应用研究之间关系的认识也更加理性和客观。两者之间由相互对立的简单的线性关系，逐步被学界看作是同一研究过

① 顾迈南，汤华. 并非"远水不解近渴"——全国基础研究工作会议侧记. 瞭望，1989，（11）：4-5.
② 宋健. 加强基础性研究，攀登科学技术高峰（1992 年 7 月 22 日在攀登计划实施大会上的讲话）//胡维佳. 中国科技政策资料选辑（下）. 济南：山东教育出版社，2006：911-916.
③ 谢联辉. 科技成果统计透视应用成果上升可喜 基础研究下降堪忧. 人民日报，1993-05-12（3）.
④ 谢联辉. 科技成果统计透视应用成果上升可喜 基础研究下降堪忧. 人民日报，1993-05-12（3）.

程的两个侧面，而不是两个极端①。与此同时，科技计划的出台在一定程度上缓解了基础科学研究面临的困境。

1993 年 11 月 27 日，中央书记处书记温家宝在中国科学院第三届青年科学家奖颁奖座谈会上指出，党的十四届三中全会通过的《中共中央关于建立社会主义市场经济体制若干问题的决定》，强调了科技事业的重要地位，明确提出要实行"稳住一头，放开一片"的方针，加强基础科学研究，发展高新技术研究，放开技术开发和科技服务机构的研究开发经营活动。根据该决定的要求，必须正确处理基础科学研究与应用开发的关系，全面部署这三个层次的科技工作。1997 年，国家重点基础研究发展计划（973 计划）启动，从而推动了基础科学研究工作。

第四节　科技计划引领下的基础与应用基础研究

新中国成立以后的 30 多年，全国逐步建立起一批以基础性研究为主的科研机构，形成了门类比较齐全的学科体系，拥有了一定规模的基础科学研究队伍。从 20 世纪 80 年代中期开始，基础科学研究的管理和运行机制开始了较大幅度的改革。首先是拨款制度的改革，建立了国家自然科学基金，并在 20 多个部门或地方设立了科学基金；其次是一批国家重点实验室，特别是中国科学院和高等院校的实验室实行了对国内外开放，对于打破单位和部门之间的界限进行了有益的尝试。

在改革过程中，经费问题成了制约基础科学研究发展的瓶颈。以中国科学院为例，20 世纪 80 年代后期每年有 10 亿元经费，但有 6 亿元用在支撑系统上。在经费不足的情况下，中国科学院只能采取科研工作"有取有舍，精选领域"的办法②，而在"精选"的过程中，主要是向短期内具有经济效益的应用性研究倾斜。

为了解决经费不足、资助强度低等问题，基础科学研究的支持重点放在以下几个方面：中国已有一定基础、有可能很快进入世界前沿的领域；国际上正在迅速兴起的科学热点，且有可能有重大应用前景的领域；能充分发挥中国自然条件和资源优势的领域；对于一些一时看不清应用前景，但学术思想新颖、有较高科学价值的课题，也尽力支持。同时，也十分重视基本科学数据和基础资料的积累。支持的方向与原则确定之后，仍然需要依靠各项科技计划来具体落实。

在 1990 年 9 月召开的第七届全国人民代表大会常务委员会第十五次会议上，国务委员兼国家科委主任宋健做了《关于科学技术工作的报告》③。在谈到基础科学研究时他指出："基础性研究是人类认识自然规律的科学探索，是指导人们改造世界的科学原理和哲学基础，也是科技发展的后盾和源泉。如果没有一批在基础科学方面具有深厚造诣的科学家，中国不可能在原子能、航天和其他国防技术方面取得举世瞩目的成就。""历史的经验提示我们，必须把确保基础性研究持续稳定发展作为我国科技工作的一项长期坚持的基本方针。"

---

① 成素梅，孙林叶. 如何理解基础研究和应用研究. 自然辩证法通讯，2000，22（4）：50-56.
② 中国科学院发展战略第二次研讨会纪要//中国科学院办公厅. 中国科学院年报，1989：244.
③ 宋健. 关于科学技术工作的报告（摘要）. 科技进步与对策，1990，6：3-7.

一、国家自然科学基金

自然科学基金制的建立，是科技体制改革的重要内容，也是改革的重要成果。科技体制改革以后，基础科学研究的经费主要来自两个方面：一是自由选题，由国家自然科学基金支持；二是重大基础科学研究项目推动。后者主要是 1991 年国家为进一步稳定和加强基础科学研究，推动基础科学研究持续健康发展，开始实施的"攀登计划"，以支持有重大的、潜在的应用前景的重大问题。这里重点分析国家自然科学基金在基础科学研究中发挥的作用。

为了推动中国科技体制改革，变革科研经费拨款方式，1981 年 5 月 15 日，在参加中国科学院第四次学部委员大会期间，谢希德等 89 名学部委员联名给中央写信："为了保证基础科学研究在稳定的基础上逐步发展，使若干重要课题能受到有关方面的注意，同时也为了最恰当地使用有限的资金，以取得最大的成果，建议国家专门拨出一笔资金，设立中国科学院科学基金。"该建议很快得到了国务院的批准[①]。

1981 年 11 月，中国科学院主席团第二次会议在北京召开。会议讨论了如何加强中国科学院在促进国民经济发展中的作用，通过了《中国科学院科学基金试行条例》。会议决定成立中国科学院科学基金委员会，由卢嘉锡任主任，严东生、谢希德任副主任。这项面向全国的基金由国家拨给专款建立，采取"科技工作者自愿组合，直接申请；基金会组织同行专家评议，择优支持；按项目拨款，专款专用；申请者负责，单位监督保证"的发放办法。

中国科学院设立的科学基金，采取"依靠专家、发扬民主、择优支持、公正合理"的方针。基金制破除了"部门所有制"，其平等竞争的机制使那些在基础科学研究领域有潜力的学者无论其所属单位的大小，均有争取资助的机会。这样避免了科研工作被管得太多、统得过死的弊端。[②]因此，科学基金在推动全国基础科学研究方面发挥了积极的作用。正如当时报刊媒体的评价：

> 中国科学院设立科学基金三年来，已经受理来自二十八个省、自治区、直辖市和中央三十五个部门的科技工作者的四千七百多项申请，其中有二千七百项科研课题获得了资助，批准资助的总金额达一亿二千多万元。三年的实践表明，对基础研究和应用研究中的基础性工作实行科学基金制，比用行政办法管理科研经费有明显的优越性。
>
> 基金来源也仅限于国家拨给的专款，但三年的实践已经可以看出，它改变了依靠行政拨给经费层层分割，研究工作常常处于低水平重复的状况，推动了科研工作的竞争和联合，发挥了科技工作者的积极性和创造性[③]。

基金制的做法得到了从政府到社会的普遍肯定。《中共中央关于科学技术体制改革

---

① 《当代中国》丛书编辑部. 中国科学院. 上. 北京：当代中国出版社，1994：196.

② 李廷栋. 发挥科学基金制优势 繁荣地质科学——纪念我国实施自然科学基金制十周年. 地球科学进展，1992，7（4）：8-10.

③ 中国科学院设立科学基金的实践表明 基础研究基金制优于拨款制. 人民日报，1985-03-15（3）.

的决定》中明确指出："对基础研究和部分应用研究工作，逐步试行科学基金制。"经过几年的实践，1986年2月14日，国务院正式批准成立国家自然科学基金委员会。该委员会是在中国科学院科学基金委员会的基础上建立的，自1986年开始不再隶属于中央或地方的任何部门，而是直接隶属于国务院的独立机构。国家自然科学基金委员会的委员来自全国科学、教育、工业、农业、医药卫生及国防技术等部门，委员实行任期制，具有权威性。[1]委员会成立以后，于同年12月在北京召开了第一次全体委员会议。会议明确了科学基金工作为"四个现代化"服务、促进基础科学研究和应用基础科学研究长期稳定发展、搞活运行机制的战略思想。

国家自然科学基金委员会成立以后，逐步形成了一套适应基础科学研究发展规律、符合中国国情的资助格局。为了体现国家对不同层次的资助政策，国家自然科学基金委员会在不同的历史时期增设了青年科学基金项目、高技术新概念与新构思探索项目、地区科学基金项目、国家基础科学人才培养基金、国家杰出青年科学基金项目、创新研究群体科学基金、优秀青年科学基金项目、海外及港澳学者合作研究基金项目、外国青年学者研究基金项目等，使资助类型多样化。[2]同时为了有效地运用基金，经过多年的探索逐步形成了面上项目、重点项目和重大项目三个层次进行组织管理。

基金制使基础科学研究投入结构得到优化，逐步由项目资助为主向人才、项目、基地并举的资助机制发展；由计划管理和资助模式，向以竞争择优为基础的项目资助和机构资助模式发展。同时突出了以人为本的资助模式。时任国家自然科学基金委员会副主任的师昌绪强调，实践证明：基金制在我国是切实可行、行之有效的。基金制的实质是打破"大锅饭"，在科研中引入竞争机制，在同行民主评议的基础上实行全国择优[3]。

对于科学家来讲，获得国家自然科学基金的资助，不仅仅是得到了经费的支持，它还代表着国家级的标准，意味着科研能力和创新思想得到了认可。自然科学基金资助的学者主要来自中国科学院、高等院校和产业部门。在不同的历史时期，三者之间获得资助的经费比例一直在动态变化之中。其中，高等院校获得的资助比例一直名列前茅，从而提高了高校的师资水平，推动了重点学科的建设和人才的培养。

经过多年的探索实践，国家自然科学基金建立起了以学科体系为框架、同行评议为手段、绩效评估为辅助的经费分配体系。其资助原则是，侧重于资助基础科学研究和应用基础研究；其资助重点是面向经济建设，同时对发展科学前沿也必须予以足够的重视，力争中国尽快跻身于科技发达的强国之林。在处理立足国情和放眼世界的关系上，秉持"人优则学，我优则创，相当则争，无力则缓"的原则[4]。

国家自然科学基金在推动基础科学研究方面发挥了重要的作用。但是从经费分配比例上看，相对于全国科技发展事业，仅仅依靠基金仍然无法彻底改变基础科学研究经费支持不足的问题。例如在"七五"期间，全国基础科学研究课题达2万多项，其中，国

① 路甬祥. 设立国家自然科学基金是我国科技体制改革的一项重大措施. 中国科学基金, 1987, (1): 45-47.
② 唐靖, 张藜, 王新. 基础研究人才成长的沃土——对国家自然科学基金人才类项目的历史回顾. 中国科学基金, 2016, (5): 395-401; 张知非. 地球科学基金资助十年回顾. 地球科学进展, 1992, 7 (4): 4-7.
③ 师昌绪. 要持续加强我国基础研究与应用研究. 中国科技论坛, 1988, (3): 13-15.
④ 师昌绪. 要持续加强我国基础研究与应用研究. 中国科技论坛, 1988, (3): 13-15.

家自然科学基金每年资助不到 3000 项[①]。国家自然科学基金在总的基础研究经费中已经占有相当的比例，但是经费绝对数仍然很小，项目投资强度偏低。此外，国家自然科学基金申请难度大、批准率低，有许多好的选题申请不到基金的资助[②]。要想推动基础科学研究的健康发展，还需要更多的经费支持途径。

二、国家重点实验室

改革开放以后，国家重点实验室计划是继恢复研究生培养与建立学位制度、设立国家自然科学基金之后，中国基础科学研究方面的第三件大事[③]，是科技体制改革中的一种新的组织管理模式。

为了克服中国基础科学研究和应用基础研究实力薄弱且力量分散的局面，改善研究条件、提高研究能力，从 1982 年开始酝酿，到 1983 年形成草案，最终于 1984 年开始，由国家计委牵头，国家科委、教育部和中国科学院等部门依托原有基础、共同组织兴建，正式实施国家重点实验室计划。这项计划的实施，是希望通过建立一批代表着国家水平的研究基地、推动相关学科的发展并赶超世界先进水平。

国家重点实验室创建的早期阶段，主要依靠国家科技经费的投入，学科领域重点布局在基础理论研究方面。第一批主要分布在高等院校（34 个）、中国科学院（28 个）、卫生部（9 个）、农业部（6 个）、国家计划生育委员会（2 个）、产业部门（1 个），共计 80 个；第二批是利用世界银行贷款，在工程领域组建了 75 个（其中有 3 个基础学科）。[④] 两批实验室侧重点略有不同：第一批重点在基础科学研究与新兴科学技术领域，第二批侧重于与国民经济和社会发展需求密切相关的工程技术领域[⑤]。到 20 世纪 90 年代中期，在高等院校、中国科学院、农业部、卫生部的一些研究所共建设了 155 个，国家重点实验室基本框架初步形成。

国家重点实验室建设的目的是在高等学校和中国科学院、卫生部、农业部等部委所属的科研院所中，依托原有的科研基础建设一批国家重点实验室，通过对实验室装备的更新改造，稳定一批优秀科技人才，为他们创造良好的科研环境和实验条件，同时把国家重点实验室的研究工作和国家经济长期发展的需要在战略方向上统一起来，使科学研究在更高层次上面向经济建设。

国家重点实验室实行室主任负责制，由室主任主持日常工作；研究方向的安排由学术委员会决定。通过对外开放、引入竞争机制、鼓励人才流动、开展国际科技交流与合作，打破国内科技体制条块分割、资源分散和低水平重复的弊端，促进了科技体制改革。[⑥]

---

① 马俊如. 关于推动我国基础性研究持续稳定发展的一些问题. 大自然探索，1991，（1）：33-40.
② 中国科学院科技政策局，全国基础性研究状况调查组. 中国自然科学的现状与未来. 重庆：重庆出版社，1990：11.
③ 何黄彪，温红彦. 基础研究的基地技术创新的源泉——国家重点实验室十年成就综述. 人民日报，1994-10-24（3）.
④ 国家计划委员会科学技术司，国家自然科学基金委员会综合计划局. 国家重点实验室十周年文集. 北京：机械工业出版社，1995：82.
⑤ 易高峰. 国家重点实验室建设的回顾与思考（1984—2008）. 科学管理研究，2009，27（4）：36-38.
⑥ 关于国家重点实验室十年基本情况的调研报告//国家计划委员会科学技术司，国家自然科学基金委员会综合计划局. 国家重点实验室十周年文集. 北京：机械工业出版社，1995：51.

　　实验室借鉴国际先进经验，率先实行"开放、流动、联合、竞争"的新型管理制度，从发展初期就努力规范学术委员会制度、开放研究课题制度、定期评估制度等，实现了实验室的科学管理和运行开放；并尝试着在体制上打破部门所有的封闭局面，研究方向、重点以及研究课题的安排均由学术委员会决定。学术委员会成员从全国同行中选聘，本单位专家只占 1/3。这种开放的体系接受国内外有关单位合作研究课题的申请，鼓励人才的流动，经常性地开展国际科技合作和学术交流活动。

　　在 1986—1990 年的"七五"期间，围绕国家重点实验室建设出台了《国家重点实验室建设管理办法》（1987 年颁布，1990 年修订）等一系列文件，同时第一批实验室于1987 年通过验收并对外开放。1987 年中央批准国家计委使用世界银行贷款，安排重点学科发展项目，因此又建立了一批国家重点实验室。这批实验室以立足国内培养高质量人才、承担国家科研任务为主。这些实验室不但产出了高成果，还成为高质量人才的培养基地。

　　"七五"期间，国家对重点实验室累计投资数亿元。[①] 在项目实施 6 年以后，1990年国家自然科学基金委员会受国家计委的委托，聘请了 132 人次的专家组成 15 个专家组，对 15 个国家重点实验室（其中隶属于国家教委的 8 个、中国科学院的 5 个、卫生部的 2 个）进行了第一次评估。

　　这次评估总体上肯定了国家实验室的运行方式，认为"在合理的运行机制下，实验室内知识结构、年龄结构日趋合理，正在跟踪国际学科前沿的'热点'，朝着代表国家学术水平、实验水平、管理水平的科学研究基地、人才培养基地和学术交流中心的目标迈进"[②]。同时也发现了一些问题，如实验室研究方向不明确、研究梯队建设不完善、政出多门且无所适从等。在这次评估中，4 个实验室被评为优秀，9 个实验室被评为良好，2 个实验室被认为问题较多。其中，中国科学院地理研究所资源与环境信息系统国家重点实验室、自动化研究所模式识别国家重点实验室和南京大学固体微结构物理国家重点实验室、山东大学晶体材料国家重点实验室等被评为优秀实验室。[③] 此后，国家重点实验室的建设以提高质量为主，"八五"时期以后，国家重点实验室在数量上基本不再增加。

　　国家重点实验室创建以后，很快成为基础科学研究和应用基础研究的重要平台和基本运行模式之一。以中国科学院为例，该院基础科学研究的基本结构包括：国家重点实验室、青年实验室、多学科综合交叉中心和独立的研究小组[④]。后来，中国科学院又率先实行实验室主任公开聘任制、课题制管理等，为中国科技体制改革提供了宝贵的经验。作为一种全新的科研体制形式，经过多年的努力，国家重点实验室覆盖了基础科学研究的大部分学科，拥有一批先进的仪器设备，侧重于对基础及应用基础研究的支持，重点在一批优先发展的学科领域择优建立和装备一批高水平的科学研究。

　　国家重点实验室在一些主要的新学科领域形成了中国参与国际竞争的基础，特别是

① 刘勤. 国家重点实验室的实践——建立强大的科学与人才基础. 自然科学进展——国家重点实验室通讯, 1991, （1）：78-87.
② 周大民, 孙晓兴. 对国家重点实验室第一次评估的思考. 科学学与科学技术管理, 1991, 12（8）：30-31.
③ 1990 年度国家重点实验室的评估工作. 自然科学进展——国家重点实验室通讯, 1991, （6）：563-565.
④ 刘葳. 攀登世界科学高峰——记中国科学院的基础研究工作. 中国科技信息, 1998, （19/20）：38.

在生物技术、晶体材料、超导、有机地球化学、表面科学、光电子、半导体超晶格等领域已成为中国最重要的研究中心。可以说，它们已经成为中国重要的基础科学研究和应用研究的基地。国家重点实验室承担着半数左右的国家自然科学基金重大项目，承担着众多的 863 计划项目、"攀登计划"项目、国家自然科学基金项目和国家重大科技攻关任务。进入 20 世纪 90 年代，除了国家重点实验室以外，国家计委和国家科委又建立了 100 多个国家工程研究中心、国家工程技术研究中心，国家经委也建立了 100 多个国家工程技术开发中心。①

到 20 世纪 90 年代中期，国家重点实验室已经集聚了一支高水平的科研队伍，从而使中国科技界的国际声誉有了显著的提高。实践证明，国家重点实验室计划的实施已形成了中国基础科学研究骨干体系的雏形，并最终推动了国家实验室建设。②

面对 21 世纪的变革与挑战，2000—2003 年，科技部陆续整合了原有国家重点实验室、大科学工程、科学中心等基础研究基地的精华资源，批准了 5 个国家实验室的试点，以起点高、规模大、学科交叉、人才汇聚、管理创新为特色，开启了国家实验室的建设（表 12-2）。与国家重点实验室不同，国家实验室属于科学与工程研究类国家科技创新基地，代表着国家水平的战略科技力量，是面向国际科技竞争的创新基础平台。

表 12-2　2003 年以前建成的国家实验室名单

序号	国家实验室名称	年份	依托单位	城市
1	国家同步辐射实验室	1983	中国科学技术大学	合肥
2	正负电子对撞机国家实验室	1984	中国科学院高能物理研究所	北京
3	北京串列加速器核物理国家实验室	1988	中国原子能科学研究院	北京
4	兰州重离子加速器国家实验室	1991	中国科学院近代物理研究所	兰州
5	沈阳材料科学国家（联合）实验室（转为沈阳材料科学国家研究中心）	2000	中国科学院金属研究所	沈阳

经过 30 多年的实践，国家重点实验室等研究平台建设积累了丰富的经验，也逐步显露出一些问题。2017 年，科技部、财政部与国家发展改革委等三部委联合发布《国家科技创新基地优化整合方案》，要求对已有的试点国家实验室、国家重点实验室等国家级基地和平台进行考核评估，通过撤、并、转等方式，进行优化整合，符合条件的纳入相关基地序列管理；遵循"少而精"的原则，择优择需部署新建一批高水平国家级基地，严格遴选标准，严控新建规模。

《国家科技创新基地优化整合方案》指出，根据国家战略需求和不同类型科研基地功能定位，对已有国家级基地平台进行分类梳理，归并整合为科学与工程研究（主要包括国家实验室、国家重点实验室）、技术创新与成果转化（主要包括国家工程研究中心、国家技术创新中心和国家临床医学研究中心）和基础支撑与条件保障（主要包括国家科技资源共享服务平台、国家野外科学观测研究站）三类进行布局建设。该方案要求，根

① 国家计划委员会科学技术司，国家自然科学基金委员会综合计划局. 国家重点实验室十周年文集. 北京：机械工业出版社，1995：84.
② 何黄彪，温红彦. 基础研究的基地技术创新的源泉——国家重点实验室十年成就综述. 人民日报，1994-10-24（3）.

据整合重构后各类国家科技创新基地功能定位和建设运行标准，对已有的试点国家实验室、国家重点实验室、国家工程技术研究中心、国家科技基础条件平台、国家工程实验室、国家工程研究中心等国家级基地和平台进行考核评估，通过撤、并、转等方式，进行优化整合，符合条件的纳入相关基地序列管理①。基础科学研究的平台建设，将随着国家实验室的不断完善最终成为推动基础科学研究的重要方式之一。

---

① 三部委联合发文：国家重点实验室要进行"撤、并、转". https://www.cn-healthcare.com/article/20170825/content-495166.html[2018-05-24].

第十三章　市场经济与科教兴国战略的确立[*]

1992 年，我国确立了社会主义市场经济体制目标模式。1995 年，中共中央做出了重大战略部署，即通过实施科教兴国战略，以科技和教育助推经济发展，全面建设适应社会主义市场经济的现代化强国。科教兴国战略的提出体现了全国上下对科技和教育在经济发展中的地位和作用的认识提升到了新的高度。科教兴国战略是实现国民经济跨越式发展、增强国力与国际竞争力的重要举措，是振兴中华民族的必由之路。

第一节　社会主义市场经济体制的建立

新中国成立初期，我国实行计划经济体制，逐步建立起了独立的、相对完整的工业体系，初步改善了旧中国工业基础薄弱、国民经济落后的状况。长期以来，"公有制"和"计划"被看作社会主义制度的本质特征，而"非公有制"和"市场"则被看作权宜之计和必须被消灭的资本主义残余。尽管计划经济具有一定优势，但长期实行计划经济必然导致社会发展活力的下降，难以适应生产力快速发展的要求。因此，进行经济体制改革，打破传统计划经济体制，就成为历史的必然。1978 年我国开始实施改革开放政策。经过十多年的探索，到了 90 年代初，社会主义市场经济体制目标模式最终得以确立。

一、邓小平南方谈话与社会主义市场经济目标体制的确立

改革开放之初，经济体制改革的首要任务在于彻底改变传统计划经济体制缺乏活力、统得过多过死、经济面临崩溃的严峻局面。改革开放之后，我国逐步将市场因素引入经济体系，焕发了经济活力，人民生活水平得到了显著改善。但是，长期以来，人们将计划经济看作社会主义的本质特征，而将市场经济看作资本主义的本质特征，从而将"市场经济"当作洪水猛兽。在这种情况下，只能说"市场"，而不能说"市场经济"，就连"商品经济"的提法也一度是思想禁区。

1989 年之后，西方发达国家对中国进行经济制裁，致使国民经济陷入低谷。紧接着，苏联解体，柏林墙倒塌，社会主义阵营分崩离析，持续几十年的东西方冷战宣告结束。在国内国际形势异常严峻的情况下，中国究竟向何处去的问题，再一次摆在全国人民的面前。一些人对改革开放产生怀疑，还有一些人对社会主义产生怀疑。究竟是退回到计划经济体制，还是进一步深化改革，全面走向开放，就成了必须加以抉择的紧迫问题。

在这个关键时刻，1992 年 1 月，邓小平视察我国南方多个城市并发表了一系列谈话，

---

[*]　作者：王大洲、梁庆华。

就中国发展道路问题给予了振聋发聩的回答。他说："计划多一点还是市场多一点，不是社会主义与资本主义的本质区别。计划经济不等于社会主义，资本主义也有计划；市场经济不等于资本主义，社会主义也有市场。计划和市场都是经济手段。""不要以为，一说计划经济就是社会主义，一说市场经济就是资本主义，不是那么回事，两者都是手段，市场也可以为社会主义服务。"①这些精辟论断彻底打破了长久以来束缚人们的陈旧观念。邓小平南方谈话奠定了我国全面实施社会主义市场经济体制的理论基础，在历史关键时刻再次解放了人们的思想，为我国社会主义市场经济体制的确立做出了里程碑式的贡献，推动了我国改革开放和经济建设大踏步迈入全新阶段。

1992年6月9日，在中共中央党校省部级干部进修班上，江泽民总书记发表题为《深刻领会和全面落实邓小平同志的重要谈话精神，把经济建设和改革开放搞得更快更好》的讲话。他指出："党的十一届三中全会以来我们对计划和市场问题及其相互关系的认识，有一个过程。经过十多年的探索和总结国内外经验，我们对建立社会主义的新经济体制在理论上、实践上的认识，已经比较成熟了。我个人的看法，比较倾向于使用'社会主义市场经济体制'这个提法。"②

1992年10月，社会主义市场经济的改革目标在党的十四大决议中被确定下来："实践表明，市场作用发挥比较充分的地方，经济活力就比较强，发展态势也比较好。……我国经济体制改革的目标是建立社会主义市场经济体制。""我们要建立的社会主义市场经济体制，就是要使市场在社会主义国家宏观调控下对资源配置起基础性作用。"③至此，我国社会主义经济建设的全局性、方向性问题得以解决。

1993年3月，八届全国人大一次会议审议通过了《中华人民共和国宪法修正案》，将原版中的"国家在社会主义公有制基础上实行计划经济。国家通过经济计划的综合平衡和市场调节的辅助作用，保证国民经济按比例地协调发展"修改为"国家实行社会主义市场经济"，"国家加强经济立法，完善宏观调控"。这标志着我国社会主义市场经济体制有了法律保障。

二、社会主义市场经济体制建设的基本任务

以邓小平南方谈话和党的十四大为标志，我国进入建立社会主义市场经济体制的新发展阶段。建立社会主义市场经济体制是一项开创性且极其复杂、任务繁重的事业，面临一系列难题：如何让市场在国家宏观调控下对资源配置起基础性作用？如何转换国有企业经营机制以适应社会主义市场经济体制？如何建立全国统一开放的市场体系，实现城乡市场紧密结合，国内市场与国际市场相互衔接，促进资源的优化配置？如何转变政府管理经济的职能，建立以间接手段为主的完善的宏观调控体系，保证国民经济的健康运行？如何建立以按劳分配为主体，效率优先、兼顾公平的收入分配制度？这些问题既相互联系又相互制约。要建立社会主义市场经济体制，就必须直面这些问题，采取有效

---

① 邓小平. 邓小平文选. 第3卷. 北京：人民出版社，1993：289，367.
② 江泽民. 江泽民文选. 第1卷. 北京：人民出版社，2006：201-202.
③ 江泽民. 江泽民文选. 第1卷. 北京：人民出版社，2006：226.

措施，积极而有步骤地全面推进改革。

1993 年 11 月，党的十四届三中全会做出了《中共中央关于建立社会主义市场经济体制若干问题的决定》，明确了我国建设社会主义市场经济体制的总体规划，提出将在 20 世纪末初步建立起社会主义市场经济体制。这项决定勾画了我国社会主义市场经济体制的基本框架，确立了社会主义市场经济体制改革的各项任务①。

（1）必须坚持以公有制为主体、多种经济成分共同发展的方针，进一步转换国有企业经营机制，建立适应市场经济要求，产权清晰、权责明确、政企分开、管理科学的现代企业制度；

（2）建立全国统一开放的市场体系，实现城乡市场紧密结合，国内市场与国际市场相互衔接，促进资源的优化配置；

（3）转变政府管理经济的职能，建立以间接手段为主的完善的宏观调控体系，保证国民经济的健康运行；

（4）建立以按劳分配为主体、多种分配方式并存，体现效率优先、兼顾公平的个人收入分配制度，坚持让一部分地区、一部分人先富起来，逐步实现共同富裕；

（5）建立多层次的社会保障制度，为城乡居民提供同我国国情相适应的社会保障制度，促进经济发展和社会稳定。

建立社会主义市场经济体制的具体方略是"整体推进和重点突破相结合"，这也是深化经济体制改革的必然趋势和迫切要求。我国之前一直实行全面的计划经济体制，市场化改革必然要求全方位改革，既涉及农村和城市，也涉及微观经济和宏观经济，还涉及国内市场和国外市场。由于各方面相互关联，如果不能整体推进，很多单项改革就难以完成。但是，经济体制改革涉及的行业广泛，加上国土辽阔、各地经济发展水平不同，改革起点不一，不可能"一刀切""齐步走"。因此，对于重大的改革举措，允许根据不同情况进行灵活处理，逐步配套展开；特别是要先在局部试验，取得经验后再加以推广。

第二节　科教兴国战略的确立

科教兴国战略是对我国改革开放 15 年历史经验的总结，是我国主动参与新一轮国际科技经济竞争的宣言书。科教兴国战略绘制了我国解决科技–经济脱节问题、实现经济增长方式根本性转变的蓝图。

一、科教兴国战略提出的背景

科教兴国战略的提出并上升为国家战略有一个历史过程。1977 年，邓小平重新走上领导岗位，自告奋勇地提出抓科技和教育工作。他指出："我们要实现现代化，关键是科学技术要能上去。发展科学技术，不抓教育不行。靠空讲不能实现现代化，必须有知识，有人才。""不抓科学、教育，四个现代化就没有希望。"②1988 年，邓小平提出

---

① 李安增，李先明. 中华人民共和国史纲. 济南：山东人民出版社，2011：231.
② 邓小平. 尊重知识，尊重人才（一九七七年五月二十四日）//邓小平. 邓小平文选. 第 2 卷. 北京：人民出版社，1994：41.

了"科学技术是第一生产力"的论断。1992 年初，邓小平南方谈话指出："经济发展得快一点，必须依靠科技和教育。"这些思想是科教兴国战略的理论基础。

改革开放后的十多年里，虽然中国经济保持了年均增长 9.4% 的高速发展态势，但经济建设一直停留在大量消耗资源、扩大投资和廉价劳动力密集的外延式、粗放式经济发展模式，还没有切实建立在科技进步与教育发展的基础之上。尽管在经济特区、东部沿海城市等一些较为发达的地区，科技进步对于经济增长的贡献率可达 60% 左右，但在广大经济落后地区，科技进步贡献率不足 15%，使得全国平均水平维持在 30% 以下。[①] 关键原因在于，体制、机制以及思想观念等方面还存在阻碍科技与经济结合的不利因素；旧体制下形成的科技系统结构不合理、机构重复设置、力量分散的状况依然存在[②]。相比之下，科技进步对于发达国家经济增长的贡献率已经达到 60%—80%。1994 年，联合国教育、科学及文化组织首次发表《世界科学报告》，指出科技人员在一个国家人口中所占的比例与国家的经济实力成正比。美、英、法、德、日 5 个发达国家每万人平均科技人员数分别为 75.6 人、40 人、51.6 人、59.2 人和 94.1 人，而中国仅为 4 人。[③] 可以说，教育落后造成的科技人才匮乏，直接制约着我国科技进步和经济发展。

20 世纪 90 年代，以信息技术为主要标志的新科技革命继续在全球扩展，世界各国竞相制定面向 21 世纪的新发展战略，争抢科技和产业发展的制高点。美国出台了高性能与计算机通信、新材料技术研究、生物技术研究等重大科技计划；欧盟实施了第四个科技发展与研究框架计划；日本制定了第五代计算机、先进技术探索性研究等计划；加拿大推行了关键技术支持计划、绿色计划。许多国家还纷纷成立了专门的科技领导机构，强化政府对科技工作的指导与协调作用。[④] 面对这种形势，加速发展科技教育，就成为必然选择。事实上，随着高科技的发展，世界经济正在向知识密集型和智力密集型转变，只有解决产业结构不合理、劳动生产率低、经济增长质量不高的问题，中国才能在未来的世界格局中占据有利位置。对于这些问题的解决，从根本上说都有赖于科技进步，而科技进步的基础又在于教育发展。

二、科教兴国战略的提出

1992 年 3 月 8 日，国务院颁布了《国家中长期科学技术发展纲领》。同年 10 月 12—18 日，江泽民在党的第十四次全国代表大会上强调指出："科技进步、经济繁荣和社会发展，从根本上说取决于提高劳动者的素质，培养大批人才。我们必须把教育摆在优先发展的战略地位，努力提高全民族的思想道德和科学文化水平，这是实现我国现代化的根本大计。"[⑤] 会议要求大力发展教育，加速科技进步，促进经济发展与繁荣，以实现中国的现代化。

---

① 周绍森，陈东有. 科教兴国论. 济南：山东人民出版社，1999：211.
② 中共中央、国务院关于加速科学技术进步的决定. 中华人民共和国国务院公报，1995-06-05（13）.
③ 联合国教育、科学及文化组织，中国科学技术信息研究所. 1993 年世界科学报告（中文版）. 北京：科学技术文献出版社，1995.
④ 赵玉林，夏劲，李振溅. 科教兴国论. 武汉：湖北教育出版社，1998：43.
⑤ 江泽民. 江泽民文选. 第 1 卷. 北京：人民出版社，2006：233.

1993 年 5 月 12—14 日，国务院在北京召开全国科技工作会议，要求进一步动员和组织国家科技力量，抓住历史发展机遇，加快改革开放的步伐，大力解放和发展科技生产力。1994 年 2 月 17 日，国家科学技术委员会、国家经济体制改革委员会联合发布《适应社会主义市场经济发展，深化科技体制改革实施要点》，要求科技体制改革应坚持"稳住一头，放开一片"的方针。所谓"稳住一头"，是指稳定支持基础性研究、高技术研究、事关经济建设、社会发展和国防事业长远发展的重大研究开发，形成优势力量，力争重大突破，提高我国整体科技实力、科技水平和发展后劲。所谓"放开一片"，是指放开放活各类直接为经济建设和社会发展服务的研究、开发、创新机构，放开放活科技成果商品化、产业化活动，使之以市场为导向运行，对经济建设和社会发展做出新贡献。1995 年 5 月 6 日，《中共中央、国务院关于加速科学技术进步的决定》发布，首次正式提出科教兴国战略：所谓科教兴国，是指全面落实"科学技术是第一生产力"的理念，坚持教育为本，增强国家的科技实力以及将科学技术向现实生产力转化的能力，提高全民族的科技文化水平，把经济建设转移到依靠科技进步和提高劳动者素质的轨道上来，加速实现国家的繁荣富强[1]。

科教兴国战略提出后不久，中共中央、国务院于 1995 年 5 月 26—30 日在北京召开了全国科学大会，此次会议对新中国成立以来我国科技发展的实践经验进行了全面总结。江泽民强调，社会主义现代化建设离不开强大的科技力量，科教兴国战略的实施是必不可少的，它是中国共产党在全面总结历史经验的基础上根据我国实际情况做出的重大部署。同年 9 月 25—28 日，中共十四届五中全会将科教兴国战略列为中国未来 15 年甚至是整个 21 世纪加速社会主义现代化建设的重要方针之一。1996 年 3 月，第八届全国人民代表大会第四次会议通过《中华人民共和国国民经济和社会发展"九五"计划和 2010 年远景目标纲要》，将科教兴国战略上升为基本国策。

1997 年 9 月，党的第十五次全国代表大会将科教兴国确定为跨世纪的国家发展战略。1998 年 6 月，国家科技教育领导小组成立，旨在加强对整个国家的科技与教育工作的组织协调。2002 年 11 月，党的十六大再次强调，要大力实施科教兴国战略，走新型工业化道路，改善经济增长质量和效益。[2]

三、科教兴国战略的目标及主要内容

科教兴国战略有两个阶段性目标[3]：第一个阶段性目标是，到 2000 年，初步建立适应社会主义市场经济体制和科技自身发展规律的科技体制；在工农业科学研究与技术开发、基础性研究、高技术研究等方面取得重大进展；科技进步对经济发展的贡献率有显著提高；经济建设、社会发展基本转向依靠科技进步和提高劳动者素质的轨道。第二个阶段性目标是，到 2010 年，使基本建立的新型科技体制更加巩固和完善，实现科技与经济的有机结合；繁荣科技事业，培养、造就一支高水平的科学技术队伍；全民族科技

① 中共中央、国务院关于加速科学技术进步的决定. 中华人民共和国国务院公报，1995-06-05（13）.
② 江泽民. 江泽民文选. 第 3 卷. 北京：人民出版社，2006：528-575.
③ 中共中央、国务院关于加速科学技术进步的决定. 中华人民共和国国务院公报，1995-06-05（13）.

文化素质有显著提高；重大学科和高技术的一些领域的科技实力接近或达到国际先进水平；大幅度提高自主创新能力，掌握重要产业的关键技术和系统设计技术；主要领域的生产技术接近或达到发达国家下世纪初的水平，一些新兴产业的生产技术达到国际先进水平，为建成社会主义现代化强国奠定坚实的基础。

科教兴国战略的主要内容包括四个方面①：①全面落实"科学技术是第一生产力"的理念。科教兴国战略把邓小平提出的这一论断上升到国家战略高度，并号召全党全国人民把这一思想落到实处。②科技工作必须自觉地面向经济建设。科教兴国战略要求将经济建设作为科技工作的主战场，科技工作的主要任务是攻克国民经济发展中迫切需要解决的关键问题。加快发展高新技术产业，提高自主创新能力，掌握知识产权，实现高科技产业化，增强经济核心竞争力。要大力促进农业科技的进步，突出农业科技在农村经济发展中的地位，实现传统农业向高产优质的现代化农业转变。要通过促进工业科技进步，大幅提高工业的增长质量和效益，实现国家工业的现代化。积极推进产学研一体化，促进企业科技进步，推动企业逐步成为技术创新的重要主体。③把教育摆在优先发展的战略地位。教育事业的发展不仅是中国提升国民素养、将人口重负转化为人力资源优势的重要措施，更是事关国家经济增长、科技持续创新、社会全面进步的重要保障，必须坚持把教育摆在优先发展的战略地位，充分发挥高等教育及其他各类教育在培养科技人才方面的主渠道作用，造就大批德才兼备的科技后备力量。④深化科技和教育体制改革，促进科技、教育同经济的结合。科教兴国战略把正确处理经济、科技、教育的促进与协调关系，实现科技、教育与经济的有机结合作为其重要的内容之一，目的是解决科技教育与经济发展长期相脱节的问题，使经济建设走上依靠科技进步、提高劳动者素质的轨道，推动我国科技和教育事业进入新的发展时期。

第三节　科教兴国战略的法律保障

20世纪90年代中期之后，我国先后出台了《中华人民共和国促进科技成果转化法》、修订了《中华人民共和国专利法》、制定了《中华人民共和国科学技术普及法》、修订了《中华人民共和国科学技术进步法》，从法律上为科教兴国战略的全面实施提供了根本保障。

一、《中华人民共和国促进科技成果转化法》的出台与修订

科技成果转化难是我国长期以来面临的突出问题，因此促进科技成果转化是科教兴国战略的重要内容之一。为了加速科技成果转化，1996年5月15日，第八届全国人民代表大会常委会通过《中华人民共和国促进科技成果转化法》，并于1996年10月1日起正式实施。该法对国家促进科技成果转换的基本原则、组织机构、管理体制、实施方式、技术权益、法律责任以及激励机制和保障措施等做出明确规定，既规范了科技创新

---

① 中国教育改革和发展纲要. 中华人民共和国国务院公报, 1993-04-06（4）；中共中央、国务院关于加速科学技术进步的决定. 中华人民共和国国务院公报, 1995-06-05（13）.

主体成果转化的行为，也强调了政府在科技成果转化中的职责①。其立法宗旨和相关规定与科教兴国战略高度契合，有助于推动各类科技成果运用于生产实践中，促进经济社会的快速发展。

21 世纪以来，随着我国经济社会发展和科技体制改革的深入推进，科技成果转化手续烦琐、科技成果转化服务薄弱、科技成果转化的供需双方信息交流不畅通、成果转化中企业的主体作用不突出等问题日益突出，这部法律已经难以适应现实需要。为此，我国对《中华人民共和国促进科技成果转化法》进行了修订，并于 2015 年 8 月 31 日颁布实行。整部法律从 37 条扩充到 52 条，修改达 44 处之多，为科技成果转化清除了法律障碍。此次修订主要包括以下三个要点。

（1）重新界定了科技成果的使用权、处置权和收益权。改革开放前，我国科研事业单位拥有科技成果的所有权，但是对科技成果的所有权是不完整的，科技成果的处置和取得收益需要国有资产管理部门审批。此次修订明确规定：国家设立的研发机构、高等院校对其所创造的科技成果，可以自主决定转让、许可或者作价投资；国家设立的研发机构、高等院校转化科技成果所获得的收入全部留归本单位，在对完成和转化职务科技成果做出重要贡献的人员给予奖励和报酬后，主要用于科学技术研究开发与成果转化等相关工作。

（2）提高了科技人员的奖励标准，奖励和报酬的最低标准由原来不低于职务科技成果转让或许可净收入，或作价投资形成的股份、出资比例的 20%提高到 50%；并从收益处置权上明确了单位有权自主处置收入，不需要再上缴国库，同时进一步明确了国有企业、事业单位给予科技人员奖励和报酬的支出不受当年本单位工资总额的限制。

（3）明确了科技成果转化的六种方式：自行投资实施转化、向他人转让该科技成果、许可他人使用该科技成果、以该科技成果作为合作条件与他人共同实施转化、以该科技成果作价投资并折算股份或者出资比例、其他协商确定的方式②。与此同时，还进一步明确了科技成果转化的义务规定。

二、《中华人民共和国专利法》的修订

1984 年 3 月，第六届全国人民代表大会常务委员会第四次会议通过并颁布了《中华人民共和国专利法》。1992 年 9 月，第七届全国人民代表大会常务委员会第二十七次会议通过《关于修改〈中华人民共和国专利法〉的决定》，对《中华人民共和国专利法》进行了第一次修订。《中华人民共和国专利法》的出台和第一次修订，对鼓励发明创造、保护发明人的创新成果和权益、促进科技创新发挥了重要作用。

2000 年，我国《中华人民共和国专利法》进行了第二次修订。此次修订，一方面是为了适应我国加入 WTO 的需要；另一方面是为了解决专利法实施过程中出现的新问题。此次修订对专利法的立法宗旨、发明创造的归属制度等进行了更新，增加了"促进科技

---

① 中华人民共和国促进科技成果转化法. 中华人民共和国国务院公报，1996-06-13（16）.

② 中华人民共和国促进科技成果转化法. 中华人民共和国主席令，2015-08-29（32）.

进步与创新"的内容；对发明创造归属制度进行了完善①；强化了对专利权的保护力度，不仅增加了诉前临时禁令和财产保全措施，还对侵权赔偿的计算方式做出了明确规定；规定了在专利侵权纠纷的处理中，行政机关对赔偿问题的处理改为调解等。

2008年，我国完成《中华人民共和国专利法》第三次修订工作。此次修订的目的是切实推动我国提高自主创新能力，加快建设创新型国家，因此更加注重全面保护专利人的权益和激发专利人的创新热情。此次修改的亮点主要包括以下几个方面。

（1）为了进一步鼓励创新并强化专利权人的利益保护，此次修订提高了专利权的授权条件，将授予专利权的新颖性条件由混合新颖性标准改为绝对新颖性标准，并规定"授予专利权的外观设计与现有设计或者现有设计特征的组合相比，应当具有明显区别"。

（2）明确侵犯专利权的赔偿应当包括权利人维权的成本，加大对违法行为的处罚力度，并增加了法定赔偿的规定。将假冒他人专利的罚款数额从违法所得的3倍提高到4倍；没有违法所得的，将罚款数额从5万元提高到20万元。在诉讼活动中，权利人的损失、侵权人获得的利益和专利许可使用费均难以确定的，可根据专利权的类型、侵权行为的性质和情节等因素，确定给予1万—100万元的赔偿。

（3）为了防范滥用专利权侵害公共利益，维护正常的市场竞争秩序，此次修订通过强制许可的制裁手段，对不实施或者不充分实施其专利的行为以及因行使专利权构成垄断行为进行了规制；通过公知技术抗辩的条款，对凭借其形式上存在的专利权滥诉他人侵权的行为进行了规制；同时规定，不将专利权授予非法获取或利用遗传资源并在此基础上完成的发明创造。

（4）对共有专利申请权和共有专利权进行了规定，进一步明确了强制许可的条件。

《中华人民共和国专利法》第二次修订和第三次修订都是在科教兴国战略的大背景下进行的，为科教兴国战略的全面贯彻落实提供了法律保障，对提高我国技术创新能力、促进经济发展和社会进步具有重要意义。

三、《中华人民共和国科学技术普及法》的出台

2002年6月29日，第九届全国人民代表大会常务委员会第二十八次会议审议通过了《中华人民共和国科学技术普及法》，对立法宗旨、适用范围、科普的性质、组织管理、科普的责任划分以及相关保障措施等主要内容做出了明确规定。

《中华人民共和国科学技术普及法》明确将科普界定为"公益事业，是社会主义物质文明和精神文明建设的重要内容"，其立法宗旨是"为了实施科教兴国战略，加强科学技术普及工作，提高公民的科学文化素质，推动经济发展和社会进步"，适用范围包括"国家和社会普及科学技术知识、倡导科学方法、传播科学思想、弘扬科学精神的活动"②。《中华人民共和国科学技术普及法》明确了国家机关、武装力量、社会团体、企业事业单位、农村基层组织及其他组织的科普责任，同时明确将科普工作纳入国民经济和

---

① 开始允许发明人或者设计人与所在单位对利用本单位物质技术条件完成的发明创造约定权利归属，取消全民所有制单位对专利权持有的规定，使全民所有制单位与其他经济主体一样作为专利权人享有权利。

② 中华人民共和国科学技术普及法. 中华人民共和国国务院公报，2002-08-10（22）.

社会发展计划，规定农村基层组织应当根据当地经济与社会发展的需要开展科普工作。

《中华人民共和国科学技术普及法》作为世界上第一部关于科学技术普及的法规，标志着中国科学技术的推广和普及进入了一个新的发展阶段。《中华人民共和国科学技术普及法》与科教兴国战略高度契合，有助于加强科技传播，提升公民的科学文化素质，为科教兴国战略的实施提供法律支撑。

四、《中华人民共和国科学技术进步法》的出台与修订

1993 年 7 月 2 日，第八届全国人民代表大会常务委员会第二次会议通过《中华人民共和国科学技术进步法》，并于 1993 年 10 月 1 日起正式实施。作为中国第一部关于科技进步的法律，该法的制定旨在"促进科学技术进步，在社会主义现代化建设中优先发展科学技术，发挥科学技术第一生产力的作用，促进科学技术成果向现实生产力转化，推动科学技术为经济建设服务"①。《中华人民共和国科学技术进步法》对我国科技事业的基本方针、布局、保障措施，对科学技术与经济社会发展、高技术研究和高科技产业的发展、基础研究和应用基础研究，对科研机构和科技人员的权利义务以及科学技术经费投入等，都进行了明确规定。随着《中华人民共和国科学技术进步法》的实施，我国科技事业有了更加明确的法律依据。

在肯定《中华人民共和国科学技术进步法》发挥积极作用的前提下，也必须看到在司法实践中暴露出来的问题，如科技管理宏观协调机制不健全、相关主体的法律地位及权利义务不明确、法律责任和执法部门不明确等。为此，2007 年 12 月 29 日，第十届全国人民代表大会常务委员会通过了新修订的《中华人民共和国科学技术进步法》，主要涉及如下内容。

（1）在总则部分增加了关于促进自主创新、构建国家创新体系、建设创新型国家的内容，并在第二十二条、第二十五条和第五十六条明确了"对引进技术的优选与消化、吸收和再创新制度"、"对自主创新产品的政府优先采购制度"和"对已尽勤勉义务创新人员的失败宽容制度"。

（2）强调了国家知识产权战略与企业知识产权战略对自主创新的重要促进作用，并规定财政性科技项目承担者可依法取得知识产权。

（3）将"企业技术进步"单列一章，将"建立以企业为主体，以市场为导向，企业同科学技术研究开发机构、高等学校紧密合作的技术创新体系"用法律形式确定下来，并完善企业内部研发机构的设立、企业研发的横向联合与产学研合作、研发与创新课题的自主确立、新产品与新技术的税收优惠、创新与产业化贷款专项基金、创投企业与创投引导基金等相关配套制度。

（4）将财政性科技投入的使用主要限于六类事项，并就科技资源共享使用制度进行规定，以减少财政浪费、提高财政性科技投入使用效益。

（5）明确要求推动建立现代院所制度、科学技术委员会咨询制度和职工代表大会监督制度等，以确保科技决策的科学化、民主化与法治化；同时对科技人员的单位选择

---

① 中华人民共和国科学技术进步法. 全国人民代表大会常务委员会公报，1993-07-02（4）.

与岗位聘任、继续教育、民间研发机构设立、科技社团权益保障等也进行了明确规定。

《中华人民共和国科学技术进步法》是促进我国科学技术发展的基本法律。1993 年版的《中华人民共和国科学技术进步法》构筑了我国科学技术法律体系的基本框架，确立了加快科技进步的重要原则和主要制度。2007 年修订后的《中华人民共和国科学技术进步法》则将依法治国的基本方略和科教兴国的发展战略进行了有效结合，为科教兴国战略的深化实施提供了更为完善的法律保障。

第十四章　面向市场经济的科技体制改革*

随着 1992 年我国开始建立社会主义市场经济体制，科技体制改革加速推进，突出表现在技术创新工程的实施、中国科学院知识创新工程的实施和中央部委所属科研机构的管理体制改革。通过这些改革举措，我国科技体制得到了快速优化，特别是企业技术创新的主体地位得以确立，从而为我国经济社会发展提供了坚实的科技支撑。

第一节　科技体制改革的新探索

为了适应社会主义市场经济体制，我国于 1992 年提出"稳住一头，放开一片"的科技体制改革思路，并将企业创新主体地位的塑造作为突破口。从 1998 年开始，我国科技体制改革的重点转向国家创新体系建设，并逐步确立了建设创新型国家的奋斗目标。

一、"稳住一头，放开一片"的改革方针

1985—1992 年可以看作我国科技体制改革的第一阶段，改革的主旋律是"经济建设必须依靠科学技术，科学技术工作必须面向经济建设"，改革的焦点是独立科研院所。从 1988 年开始，由国家计委主导，我国逐步开展了国家工程研究中心建设，以攻坚企业所需要的共性技术、关键技术，有针对性地提供工程化研究的试验环境和手段，以开创科技成果向现实生产力转化的新局面。[①] 从 1992 年开始，国家科委又主导建设了一批国家工程技术研究中心，以进一步提高各类实验室成果的工程化水平。随着我国走向社会主义市场经济新阶段，科技体制改革也迎来了新的历史时期，强化企业的技术创新主体地位和重构国家创新体系逐步成为科技体制改革的重心。

1992 年 8 月，国家科委、国家体改委出台了《关于分流人才、调整结构、进一步深化科技体制改革的若干意见》[（92）国科发改字 567 号]，将结构调整、人才分流等作为科技体制改革的重点，并将"稳住一头，放开一片"作为分流和调整的基本方针。其基本点是：稳定支持基础性研究和基础性技术工作；放开放活技术开发机构、社会公益机构、科技服务机构；按照政策引导、市场牵引、典型示范、舆论推动的原则，并辅之以必要的行政措施，优化科技系统的组织结构，吸引和推动科技机构、高等院校分流出相当力量投入经济建设主战场，兴办科技企业，发展高新技术产业，开拓与科技进步有关的新兴第三产业。为了响应这一方针，国家经贸委、国家教委和中国科学院共同实施"产

---

* 　作者：王大洲、田雪瑞、程慕园、王璞凡。
① 　姜均露，马德秀，杜澄. 建设国家工程研究中心，促进科技成果转化. 宏观经济管理，1995，（6）：25-28.

学研联合研发工程"，以强化科研、教育和产业的关联性。次年 6 月，国家科委和国家体改委联合发布《关于大力发展民营科技型企业若干问题的决定》，不仅鼓励科技人员创办民营科技型企业，还允许国有科研机构、高等院校、大中型企业按照国有民营方式创办科技型企业。

1994 年，国家科委和国家体改委发布《适应社会主义市场经济发展，深化科技体制改革实施要点》，进一步阐释了"稳住一头，放开一片"方针。同年，国家科委、国家体改委联合发布《适应社会主义市场经济发展，深化科技体制改革实施要点》，进一步明确了深化科技体制改革的方向。

1995 年颁布的《中共中央、国务院关于加速科学技术进步的决定》则将"稳住一头，放开一片"的方针上升为国家意志[①]。其中提出，要大力推进企业科技进步，促进企业逐步成为技术开发的主体；鼓励科研院所、高等学校的科技力量以多种形式进入企业或企业集团，参与企业的技术改造和技术开发，以及合作建立中试基地、工程技术开发中心等，加快先进技术在企业中的推广应用；要主动按照市场需求进行研究开发、技术服务、技术承包和科技成果商品化产业化活动，要制定鼓励和引导措施，逐步将绝大多数技术开发和技术服务机构从事业法人转变为企业法人。该决定的出台，标志着我国科技体制改革重点开始从国立科研机构逐步转移到多元主体的研发组织体系上。1996 年 8 月，我国正式推出技术创新工程，由国家经贸委组织实施，以加速形成有利于自主创新的技术进步机制。同年 9 月发布的《中共中央关于制定国民经济和社会发展"九五"计划和 2010 年远景目标的建议》，则对基础研究的国家目标和布局进行了前瞻性部署，以确保"稳住一头"的落实。

"稳住一头，放开一片"是对 1985 年确立的"经济建设必须依靠科学技术，科学技术工作必须面向经济建设"方针的深化，改革重点逐步从国立科研机构转移到多元主体的研发组织体系上，开始强调企业的技术创新主体地位。[②]在科技要为经济建设服务的改革氛围中，应用研究理所应当地得到了充分重视。但是，如何"稳住一头"，强化基础研究，为原创新性创新提供支撑，为国家长远发展提供后劲，逐步成为科技体制改革的焦点问题。

二、重构国家创新体系

从 1997 年开始的关于知识经济和国家创新体系的大讨论，使得国家创新体系建设逐步成为科技体制改革的焦点问题。人们普遍认识到，创新离不开各类行动者的相互作用；国家创新体系包括政府、大学、独立科研机构和企业等关键行动者，也包括规制这些行动者及其相互关系的各种规则；国家创新体系的运行影响着企业以及整个国家的创新成效。然而，此前的科技体制改革重在政府部门所属科研院所的微观科技运行机制的重构，虽然已经开始强调企业的技术创新主体地位，但是还缺乏宏观层次的系统设计并据此抓住事关全局的根本问题加以解决。[③]

① 中共中央、国务院关于加速科学技术进步的决定. 中华人民共和国国务院公报，1995-06-05（13）.
② 马名杰，张鑫. 中国科技体制改革 70 年：历程、经验与展望. 中国科技论坛，2019，（6）：1-8.
③ 连燕华. 试探科技体制改革的新问题、新焦点. 科技导报，1997，（1）：8-9，23.

自 1998 年开始，这种局面发生了根本变化，中央政府开始大刀阔斧地进行科技体制改革。这一年，中央批准中国科学院的知识创新工程试点工作。与此同时，国务院启动了国家经贸委管理的 10 个国家局所属的 242 个科研院所整体转制工作①。1999 年，中共中央、国务院发布《关于加强技术创新、发展高科技、实现产业化的决定》，正式开始了政府所属科研机构的分类改革，特别是应用型科研机构和设计单位的企业化转制。紧接着，全国 2000 多家县以上应用开发类科研机构（包括国务院各产业部门所属 376 家应用开发类科研机构）陆续通过转成企业、进入企业和转为中介等方式全部实行了企业运行机制。到 2003 年底，我国共有 1149 个研究机构转制和实行分类管理②。到 2005 年，全国已有超过 1200 家技术开发类科研机构转制为科技型企业。

向着优化国家创新体系的目标，2001 年 5 月国家计委、科技部印发《国民经济和社会发展第十个五年计划科技教育发展专项规划（科技发展规划）》，特别关注产业技术升级、科技持续创新能力、技术跨越式发展、区域科技协调发展、军民融合等问题。2001 年 12 月，我国正式加入世界贸易组织（WTO）。加入 WTO 不仅会加速我国融入世界经济的进程，而且将扩大国内技术研发部门和企业引进国外先进技术的可选择范围，从而为促进国家创新体系的建设与完善提供了新机遇。③面对需要全面对接国际规则的新形势，如何进一步强化企业的自主创新能力，迅速成为社会各界关注的紧迫课题。2002 年 6 月，科技部、教育部等部门联合发布《关于进一步增强原始性创新能力的意见》，提出了把增强原始性创新能力作为我国科技发展战略的指导思想，要求进一步强化基础研究领域和高技术前沿领域的原始性创新能力。2006 年之后，我国的科技体制改革正式步入创新型国家建设阶段。这一阶段以《国家中长期科学和技术发展规划纲要（2006—2020 年）》的出台为标志，旨在全面推进科技体制改革，推进和完善国家创新体系建设，提升自主创新能力，建设创新型国家。

科技工作面向经济主战场本身没有问题，但在实施过程中科研单位成了经济单位，同时具有了多种发展目标和体制，以至于高校有了"教育、研究和产业"三条腿走路的口号，科研单位出现了事业、企业、公益部门等多种体制并存的局面。这样一来，科研目标与市场紧密相连了，但国家目标在一些单位却被淡化了。④这些问题需要在今后的科技体制改革中解决。

第二节 技术创新工程和企业技术中心建设

我国科技体制的突出特点是科技-经济"两张皮"现象。这种现象困扰了中国科技与经济发展几十年。改革开放前，我国没有真正的企业。当时的工厂没有自主权，生产什么、为谁生产以及如何生产，都由上级主管部门决定。改革开放之后，通过经济体制改革，我国才逐步有了真正的企业。到了 20 世纪 90 年代，随着我国社会主义市场经济

① 牛文健. 科研院所的改革发展之路. 中国改革, 1999, (8): 46-47.
② 陈宝明, 文丰安. 全面深化科技体制改革的路径找寻. 改革, 2018, (7): 5-16.
③ 路甬祥. WTO 背景下中国技术发展的机遇与挑战. 中国软科学, 2002, (1): 2-5.
④ 方新, 柳卸林. 我国科技体制改革的回顾与展望. 求是, 2004, (5): 43-45.

体制的建立和不断完善，企业的创新职能日益受到重视，我国通过技术创新工程和企业技术中心建设，大大提升了企业内部的研究开发能力，由此逐步确立了企业在国家创新体系中的主体地位。

一、促进企业成为技术创新的主体

20 世纪 90 年代初，由于西方国家对中国的经济制裁，我国经济面临巨大挑战，不少企业经营绩效欠佳。尽管许多企业进行过技术创新的尝试，但从总体上看，技术创新能力还不强，水平还较低，特别是大部分企业还没有形成技术创新机制。

有几项调查研究结果可以表明这一点。首先是针对一般企业开展的调查，结果表明[1]：①企业技术创新活动比较普遍，进行过创新的企业占比达 84.1%。通过技术创新，大部分企业明显地改善了生产要素的使用状况，提高了经营业绩，增强了市场竞争力。②企业技术创新的层次不高。我国企业技术创新的新颖性主要限于企业水平，只有 30% 的企业能够达到国内同行领先，能达到国际水平的企业仅为 3.4%。就专利指标而言，样本企业 1990—1993 年年均专利申请数为 0.12 件，批准数为 0.04 件，相当于每 100 家企业年均拥有专利 4 件。③企业 R&D 经费占销售收入比重平均仅为 0.5%，远低于市场经济发达国家水平。尽管样本企业中 87.1% 的企业设立了 R&D 部门，但其中只有 44.4% 的企业具有独立 R&D 能力。

其次是针对全国大中型企业开展的调查。1994 年有学者对全国大中型企业进行了 10% 的抽样问卷调查，从收回的 1910 家大中型企业的调查数据（问卷应答率为 71.4%）看，77% 的企业不同程度地开展了创新活动，67% 的企业连续开展了 R&D 活动，60.7% 的企业有正式的 R&D 机构。就创新水平而言，渐进创新占 80% 以上。调查还表明，我国企业技术创新的主导部分，虽然在企业或地区市场范围内也是创新，但在全国范围内则属既无市场风险亦无技术风险的技术扩散。由于该项调查抽取的样本，是以 R&D 密集型产业为对象的，且样本中省部级以上重点企业的比例高达 70%，因而这一结果更加“令人担忧”。[2]

再次是针对汽车行业开展的调查。调查表明，我国汽车制造业中创新企业的比例达 92.4%。但在事实上，我国汽车工业无论是技术水平还是创新的新颖性都还相当低，与发达国家相比尚有很大差距。我国汽车工业技术的主要来源仍是购买硬件设备、生产线，其结果必然难以摆脱引进、落后、再引进的“怪圈”。[3]

最后是针对国有企业的调查。调查表明，88% 的企业设置了专门的 R&D 机构，58% 的企业设置了专门的中试基地或中试车间，77% 的企业自认已经基本形成了“生产一代、设计一代、研制一代、构思一代”的新产品开发机制，77% 的企业认为技术创新在企业发展中起了重要或关键作用。但是，在绝大多数企业都自认开展了技术创新的同时，60% 的企业正处在亏损状态，而这与国有企业创新的层次较低不无关系。[4]

---

① 高建，傅家骥. 中国企业技术创新的关键问题——1051 家企业技术创新调查分析. 中外科技政策与管理，1996，（1）：24-33.
② 方新. 过渡经济条件下的中国企业技术创新研究. 中国科技论坛，1998，（2）：37-40.
③ 高昌林，马驰. 我国汽车制造业的技术创新活动透析. 中国科技论坛，1998，（2）：41-44.
④ 王大洲，关士续. 我国国有大中型企业技术创新与制度创新现状分析. 中国软科学，2000，（4）：32-37.

上述调查结果表明，面对市场经济大潮，我国企业开展创新的能力不强、档次不高、持续性差，这意味着我国企业尤其是国有企业尚未成为技术创新的主体。企业要成为技术创新的主体，就必须满足三个条件：其一，企业是经济活动的主体；其二，企业是 R&D 资源的投入主体和 R&D 活动的承担主体；其三，企业或者说产业界在国家创新体系中居于核心地位。①随着经济体制改革的不断深化，到 20 世纪 90 年代中期，国有企业逐步成为自负盈亏的市场主体，政企之间的权利界定也由行政方式逐步向契约方式转变，从而逐步解决了企业成为技术创新主体的第一个条件。但是，企业还没有成为 R&D 的主体，企业在国家创新体系中还处在边缘位置。1995 年，中国全部工业企业 R&D 经费投入强度（即 R&D 经费支出占销售收入的比重）仅为 0.18%，其中大中型企业为 0.30%，小型企业为 0.02%，与西方发达国家相距甚远。②

因此，强化企业技术创新主体地位，是 20 世纪 90 年代以来我国经济体制改革与科技体制改革的重中之重。1995 年，《中共中央、国务院关于加速科学技术进步的决定》中首次提出"促进企业逐步成为技术开发的主体"，随之出台了一系列政策措施，以强化企业在技术创新中的主体地位。1996 年，国家经贸委组织实施的技术创新工程，对于企业内部技术进步机制建设发挥了至关重要的作用。③1996 年 9 月颁布的《关于"九五"期间深化科学技术体制改革的决定》，再次强调"企业要成为技术开发的主体"，推动建立"以企业为主体、产学研相结合"的技术开发体系，与此同时还推出了一系列有助于增强企业研发能力的措施，例如，具备条件的科研机构可直接进入企业，成为企业的技术开发机构；科研机构如具有研究开发上的优势，并已形成自我发展能力或具备产业开发实力，可以兴办企业或直接转变成企业；鼓励大中型企业和企业集团通过与科研机构、高等学校联合等多种形式建立技术开发机构。1999 年 8 月，党中央、国务院召开全国技术创新大会，提出要"促进企业成为技术创新的主体，全面提高企业技术创新能力"，再次强调"建立健全技术创新机制"应成为国有企业建立现代企业制度的重要内容，强调大中型企业要加强与高等学校、科研机构的联合协作，以建立健全企业技术中心，促使企业真正成为技术创新的主体。

二、技术创新工程的提出

"八五"期间，我国企业技术进步工作取得了显著成效，企业技术水平大幅提高，产品在国内外市场上的竞争力有所增强。但是，面对激烈的市场竞争，技术创新工作的思想观念、运行机制、配套措施，特别是企业技术创新能力、企业生产技术和装备水平、产品市场竞争力等还不能适应社会主义市场经济体制的要求。④为了加速形成有利于自主创新的技术进步机制，我国于 1996 年正式出台技术创新工程。⑤

在这之前的两年间，国家经贸委和国家科委都进行了大量准备工作。国家经贸委

---

① 王大洲. 技术创新与制度结构. 沈阳：东北大学出版社，2001.
② 国家科学技术委员会. 中国科学技术政策指南（科学技术白皮书第 7 号）. 北京：科学技术文献出版社，1997：220.
③ 王建曾. 技术创新工程：回顾与展望. 科学学与科学技术管理，2000，（1）：19-21.
④ 国家经贸委关于印发《"九五"全国技术创新纲要》的通知. 国经贸技〔1996〕795 号，1996-11-25.
⑤ 印发《关于大力开展技术创新工作的意见》的通知. 国经贸技〔1996〕536 号，1996-08-16.

1994 年初提出了"九五"技术创新工作思路，1995 年提出了实施企业技术创新工程的设想，认为开展技术创新工作的出发点和落脚点是企业，应重点加速科技与经济的紧密结合，促进科技成果在生产中的应用，增强企业的市场竞争和发展能力。通过实施企业技术创新工程，建立以企业为主体，以市场为导向，以产品为龙头，以效益为中心，以管理为基础的自主创新的技术进步机制，提高企业的技术装备水平，产品的技术含量、附加值和市场竞争能力，以及企业的管理水平，从而增加企业的经济效益。"九五"期间的工作重点是加强政府的宏观调控措施，引导企业开展有效的技术创新活动，推动社会中介服务组织建设。①与此同时，国家科委组织力量深入调研和选择一批企业进行了技术创新试点工作，提出技术创新工作要以提高产业整体技术水平和市场竞争力为宗旨，以改革为动力，以需求为导向，立足于产业特别是支柱产业技术创新体系、机制和能力的建设，促进科研、开发与生产和市场的结合。"九五"期间，要努力提高产业技术创新能力，加强科研成果的转化，使我国一些产业关键技术以自主开发为主，产业总体技术水平与国外先进水平的差距缩短，同时促进科研院所以多种形式进入企业，使企业逐步成为技术开发主体，形成与市场经济体制相适应的产业技术创新体系和机制。国家科委于 1996 年 1 月将自己主导制定的《技术创新工程纲要》上报国务院。

1996 年 3 月 20 日，国务院召开会议，听取国家经贸委和国家科委相关领导分别就各自开展技术创新工作思路和今后工作重点进行的汇报。会议认为，技术创新是落实科教兴国战略、推进"两个根本性转变"的重要举措；国家经贸委和国家科委开展技术创新工作的目的是一致的，思路和做法是可行的，要注意加强联合并通过实施，进一步促进科技为经济建设服务，增强企业自身发展能力，逐步建立以企业为主体的技术创新体系，为建立现代企业制度和搞好国有大中型企业做出贡献。②按照国务院指示，国家经贸委负责组织实施技术创新工程，并于 1996 年 8 月提出了从政府、企业、社会三方面系统地推进技术创新的工作思路。③紧接着，推出技术创新工程方案，具体从指导思想、工作原则、主要目标、"九五"期间的重点任务和措施、实施步骤几个方面进行了详细安排。

技术创新工程的目标是：①发挥技术创新工程的强有力支撑作用，使其成为加快转变经济发展方式、提升企业自主创新能力和产业核心竞争力、建设国家创新体系的有效载体和强有力抓手；②通过开展技术创新工程地方试点、示范工作，促进技术创新工程在全国范围内开展，为增强区域创新发展活力和培育新兴产业提供有效支撑；③深入推进产业技术创新战略联盟、企业技术创新服务平台、创新型企业等三大载体建设，深入研究当前各个载体建设中面临的问题，及时采取有针对性的政策措施，取得技术创新体系建设的新突破；④经过 15 年建设，基本形成适应社会主义市场经济体制和现代企业自身发展规律的技术创新体系和运行机制，技术进步成为提高我国经济增长质量和效益的主要途径，为我国实现第三步战略目标奠定了坚实的基础。④

---

① 听取技术创新工作汇报的会议纪要. 国阅［1996］64 号，1996-04-14.
② 听取技术创新工作汇报的会议纪要. 国阅［1996］64 号，1996-04-14.
③ 王建曾. 技术创新工程：回顾与展望. 科学学与科学技术管理，2000，（1）：19-21.
④ 技术创新工程方案. 中国投资，1996，（9）：6-8.

三、技术创新工程的实施

技术创新工程自 1996 年开始实施。实施工作以国家经贸委为主，国家科委配合，同时依靠国家教委、中国科学院等多方力量，共同努力，提高企业技术创新能力。

（一）"九五"期间相关安排

1996 年 11 月 25 日，国家经贸委配套编制发布《"九五"全国技术创新纲要》。纲要要求"九五"期间，以企业为主体、以市场为导向、以 1000 户大中型企业为重点，从政府、企业、社会三方面推进技术创新工作，把研究开发、生产以及实现商业利益作为一项系统工程，加速形成有利于自主创新的技术进步机制，推动经济增长方式的转变，促使国民经济持续、快速、健康地发展。[①]

"九五"期间，围绕 1000 户重点国有企业，进行 2 个城市和 20 户企业的试点工作，推动 300 家企业建立技术中心，组织实施 500 个重大技术创新项目，开发 5000 项重点新产品，形成一批具有自主知识产权、高附加值、高技术含量的品牌产品和专利技术，使大型企业拥有自主知识产权的主导产品、名牌产品和较长远的技术储备。[②]

重点任务和主要措施包括[③]：①加强企业技术开发机构建设，力争使 2/3 的国有大中型企业建立技术开发机构，优势企业建立技术中心，拥有开发 5—10 年自主知识产权的技术和产品的能力，具备相关先进技术的消化吸收和创新能力；②积极开展产学研联合，使 1000 户企业各自与 1 个（优势企业与 3 个）以上的高等院校或研究院所建立长期稳定的合作关系或共同组建技术开发机构；③逐步建立以企业为主体，多渠道、全方位的资金支持、投入保障体系，使企业技术开发资金占销售收入的比例显著提升，其中，国有大中型企业达到 1%以上，1000 户企业达到 2%以上，优势企业达到 3%以上，高技术企业达到 5%以上；④加速培养和造就一大批跨世纪的技术开发带头人和骨干，培养一批具有技术知识和市场开拓能力的营销人才，培养一支熟悉专业技术知识的技术工人队伍，特别是努力培养和造就一批具有较强创新意识、懂技术、会管理、善经营的企业经营管理者；⑤推动社会技术创新服务组织机构建设，逐步建立和加强面向企业的技术创新社会化服务体系和中介机构，包括咨询、招标、信息服务、投资担保等机构，建立市场信息反馈系统，提高企业的市场预测和快速反应能力。

（二）"十五"期间相关安排

"九五"时期，通过实施技术创新工程，我国的技术创新体系框架初步形成，企业技术创新环境得到改善，企业技术创新意识和技术创新能力得到了增强。[④]面对加入WTO 所带来的全新挑战，国家经贸委于 2002 年发布《"十五"全国技术创新纲要》[⑤]，

① 技术创新工程方案. 中国投资，1996，（9）：6-8.
② 技术创新工程方案. 中国投资，1996，（9）：6-8.
③ 技术创新工程方案. 中国投资，1996，（9）：6-8.
④ "十五"全国技术创新纲要. 国经贸技术[2002]388 号，2002-06-05.
⑤ 曹宝奎. "十五"期间国家将继续深入实施全国技术创新工程. 有色金属工业，2001，（7）：72.

继续实施技术创新工程。[1]

　　这一时期开展技术创新工程的基本原则包括[2]：①坚持市场导向，遵循市场规律的原则。按照加入 WTO 的要求，逐步形成开放、竞争有序的要素市场，努力建立和形成与国际接轨的技术创新市场环境。②坚持企业是技术创新主体的原则。引导和促进企业技术创新体系的建设。增强企业的技术创新动力和技术创新决策的自主性。促进企业之间和以企业为主体的产学研联合，引导企业面向国际市场开展技术创新，进行国际合作。③坚持技术创新与管理创新、制度创新系统推进的原则。把建设技术创新体系与建立现代企业制度结合起来，推动企业在技术进步、质量管理、市场开拓、售后服务等各方面的整体进步。将技术创新与技术引进、消化、吸收及技术改造相结合，提高企业的技术创新能力，增强企业的国际竞争力。④坚持"有所为，有所不为"，突出重点的原则。从国情出发，发挥比较优势，采用系统设计、突出重点、分步推进、综合协调的方式，推进企业技术创新。

　　"十五"期间技术创新工程的主要目标是：①基本形成以企业为主体的技术创新体系，构建有利于技术创新的环境，政府、企业和社会初步建立适应 WTO 规则的技术创新工作机制，促使企业成为技术创新的主体，促进建立以企业技术中心为主要方式的企业技术创新体系。②围绕产业技术升级和结构调整，推进建立可持续发展的共性技术、关键技术、前瞻性技术的开发机制。促进我国建立和完善与国际接轨的技术标准体系，研究技术壁垒，促使我国企业参与国际竞争，拓展我国经济结构调整和产业技术升级的技术支撑空间。促进企业新产品产值率和专利数量大幅提高，技术进步对工业经济增长的贡献率达到 45% 以上。突出重点，促进一批企业提高技术创新能力和核心竞争力，培育一批具有自主知识产权、具有国际水准技术创新能力的大公司和企业集团。促进一批科技成果转化和高新技术产业化，培育一批新的经济增长点，高技术产业增加值占国内生产总值比重由目前的 4% 提高到 6% 左右。[3]

　　通过技术创新工程建设，我国企业技术创新的主体地位基本形成，企业技术创新能力有了很大提升。例如，作为试点企业之一的海尔集团，1999 年平均每一天半开发一个新产品，每个工作日申请 2 项专利，新产品产值率高达 70%，这在当时是难得的成就。[4]与此同时，产学研合作也取得新进展。1998 年，参加产学研合作的单位 34 万个（次），参加人数 360 万人（次），合作开发项目 12 万个，加快了科技成果转化的进程，推进了一批高技术项目的产业化。[5]

四、企业技术中心建设

　　企业技术中心建设曾经是技术创新工程的先声，后来逐渐成为技术创新工程的有机组成部分。早在 1991 年，朱镕基副总理就明确提出，要鼓励我国大型企业构建技术中

① "十五"全国技术创新纲要. 国经贸技术[2002]388 号，2002-06-05.
② "十五"全国技术创新纲要. 国经贸技术[2002]388 号，2002-06-05.
③ "十五"全国技术创新纲要. 国经贸技术[2002]388 号，2002-06-05.
④ 王建曾. 技术创新工程：回顾与展望. 科学学与科学技术管理，2000，(1)：19-21.
⑤ 王建曾. 技术创新工程：回顾与展望. 科学学与科学技术管理，2000，(1)：19-21.

心。随后，国家经贸委联合国家税务总局和海关总署制定了国家认定企业技术中心的相关政策，各地方对口政府部门也陆续开展了省市级企业技术中心认定工作。[①]

1993 年 8 月，国家经贸委制定了《鼓励和支持大型企业和企业集团建立技术中心暂行办法》，鼓励和支持大型企业和企业集团建立技术中心。[②]技术中心的主要任务是，开展有市场前景的高技术研究以及新产品、新技术、新工艺的开发；开展将科技成果转化为生产技术和商品的中间试验；对引进的国内外新技术进行消化吸收和创新；参与制定和执行企业技术进步发展规划；积极进行国内和国际的技术合作与交流。[③]

1999 年中共中央、国务院出台的《关于加强技术创新、发展高技术、实现产业化的决定》再次要求大中型企业建立健全技术中心，加速形成有利于技术创新和科技成果迅速转化的有效机制。随后，各级党委、政府和相关部门相继出台了配套政策，企业技术中心建设步伐明显加快，取得了显著成效，发挥了重要作用。

2000 年，国家经贸委出台《关于加强国家重点企业技术中心建设工作的意见》，进一步明确了企业技术中心的建设要求：突出重点，加快企业技术中心建设步伐；要加速形成以提高企业市场竞争能力为主攻方向，不断提供技术支撑的组织体系和运行机制；加强领导，强化措施，大力促进企业加快技术中心建设工作。[④]

2005 年，国家发展和改革委员会、财政部、海关总署、国家税务总局联合发布了《国家认定企业技术中心管理办法》，制定了详细的评价规则。2007 年，国家发展和改革委员会会同科技部、财政部、海关总署、国家税务总局联合下发了新的《国家认定企业技术中心管理办法》，对新申报企业提出了基本要求：①有较强的经济技术实力和较好的经济效益，在国民经济各主要行业中具有显著的规模优势和竞争优势；②领导层重视技术创新工作，具有较强的市场和创新意识，能为技术中心建设创造良好条件；③具有较完善的研究、开发、试验条件，有较强的技术创新能力和较高的研究开发投入，拥有自主知识产权的核心技术、知名品牌，并具有国际竞争力，研究开发与创新水平在同行业中处于领先地位；④拥有技术水平高、实践经验丰富的技术带头人，拥有一定规模的技术人才队伍，在同行业中具有较强的创新人才优势；⑤技术中心组织体系健全，发展规划和目标明确，具有稳定的产学研合作机制，建立了知识产权管理体系，技术创新绩效显著。[⑤]

从 1993 年开始到 1999 年底，共分 7 批认定了宝钢集团、华北制药集团等 298 家企业技术中心，明确了技术中心建设的组织结构、管理模式和运行机制。截至 2012 年底，企业技术中心建设取得了显著成效，共有 887 家企业技术中心获得了国家认定，超过 7000 家企业技术中心获得了省级地方政府认定。这些技术中心分布于各个行业，对企业技术创新能力提升发挥了重要推动作用。[⑥]

通过一系列改革措施，企业研发能力有了大幅提升。1994 年，企业执行的 R&D 经

① 余雄军，连燕华. 高效型企业技术中心建设路径研究. 科技进步与对策，2014，(9)：107-112.
② 鼓励和支持大型企业和企业集团建立技术中心暂行办法. 国经贸[1993]261 号，1993-08-03.
③ 鼓励和支持大型企业和企业集团建立技术中心暂行办法. 国经贸[1993]261 号，1993-08-03.
④ 关于加强国家重点企业技术中心建设工作的意见. 国经贸技术[2000]847 号，2000-09-01.
⑤ 余雄军，连燕华. 高效型企业技术中心建设路径研究. 科技进步与对策，2014，(9)：107-112.
⑥ 余雄军，连燕华. 高效型企业技术中心建设路径研究. 科技进步与对策，2014，(9)：107-112.

费在全国总量中的占比达到 43.1%，首次超过研究机构（42.1%）和大学（12.6%）。1999年，企业执行的 R&D 经费占比达到 49.6%，首次超过研究机构和大学执行的 R&D 经费之和，标志着企业在我国 R&D 活动中的主体地位得到确立。2006年，企业执行的 R&D 经费占比达到了 71.1%，来自企业的 R&D 经费在全国总量中的占比也已经达到 69.1%；企业 R&D 人员占全国 R&D 人员总量的比例则达到了 65.7%。可以说，企业已经同时成为我国 R&D 经费的执行主体、R&D 经费的投入主体和 R&D 人员的投入主体，因而已经无可争辩地成为技术创新的主体。[①]

第三节　强化战略性基础研究：973计划的制定与实施

如果说技术创新工程主要面向企业进行体制改革，以图将企业塑造成技术创新主体，那么制定和实施 973 计划，强化战略性基础研究，则是面向科研机构进行的体制改革，以图在"稳住一头"方面下足功夫。自 20 世纪末开始，作为知识经济的主要支撑，基础研究日益成为交通、动力、通信基础设施之外的第四种基础设施——知识基础设施。[②]我国作为世界主要发展中国家，面临日益激烈的国际市场竞争，加强知识基础设施建设就成为一项紧迫任务。

一、973计划的任务与目标

早在 1991 年，我国就制定了"攀登计划"，其目的是加强对基础研究和应用基础研究的支持，推动基础性研究持续稳定发展，但支持力度相对有限。面对社会主义市场经济体制建设的新形势，国家有必要在战略性基础研究层面持续发力，以服务于科教兴国战略目标的实现。

1997 年 3 月 2 日，在全国政协八届五次会议科技和科协组联席会议上，当时兼任国家科技领导小组组长的国务院总理李鹏在听取了各位代表的发言之后，提出制定国家重点基础研究发展规划的设想。之后，国家科委分别于 3 月 19 日和 4 月 23 日召开两次大型研讨会，深入研讨"国家重点基础研究发展规划纲要"框架。同年 6 月 4 日，在听取国家科委《关于加强我国重点基础研究的汇报》和国家计委《关于实施国家重大科学工程情况的汇报》之后，国家科技领导小组决定组织制定"国家重点基础研究发展规划"并组织实施"基础研究重大项目计划"（简称 973 计划），提出要按照"大集中、小自由"的原则部署基础研究，自由探索的基础研究主要依靠国家自然科学基金进行支持，而面向国家经济和社会发展重大问题的基础研究，则主要通过规划、计划的实施来推动。[③]1997年 8 月 26 日，江泽民对此次会议纪要作了重要批示："基础研究很重要……建国以后特别是改革开放以来，我国基础研究取得了举世瞩目的重大成就。但是，由于国家财力毕竟有限，我们不可能一时在各个领域都投入更多的力量。必须从社会和经济的长远发

---

① 国家统计局. 中国科技统计年鉴（2007）. 北京：中国统计出版社，2008；中国科协创新战略研究院. 中国科学技术与工程指标（2020）. 北京：清华大学出版社，2020.
② 朱丽兰. 高度重视发展知识经济. 求是，1998，（14）：10-15.
③ 刘延东. 在 973 计划十周年纪念大会上的讲话. 中国基础科学，2008，（5）：2-4.

展需要出发，统观全局，突出重点，实行'有所为有所不为'的方针，继续加强基础科学研究……要面向二十一世纪，选准对我国经济和社会发展具有战略意义的一些高新技术项目，集中必要的人力、财力、物力，建立重点基地，组织精干队伍，加强统一领导，齐心协力攻关。"①

1998年12月29日，《国家重点基础研究发展规划项目管理暂行办法》正式发布，其中明确提出，重点基础研究发展规划的目的是：按照"统观全局、突出重点，有所为有所不为"的指导思想，鼓励优秀的科学家和研究集体面向我国未来经济建设和科学技术发展的需要，围绕农业、能源、信息、资源环境、人口与健康及材料等领域国民经济和社会发展中的重大科学问题，开展多学科综合性研究，提出解决重大关键问题的理论依据和形成未来重大新技术的科学基础，并借以做出高水平的成果，培养有创新能力的高素质人才，推动我国基础研究乃至科学技术事业的全面发展。② 其主要任务和战略目标是解决我国经济建设、社会可持续发展、国家公共安全和科技发展中的重大基础科学问题，在世界科学发展的主流方向上取得一批具有重大影响的原始性创新成果；为国民经济和社会可持续发展提供科学基础，为未来高新技术的形成提供源头创新，提升我国基础研究自主创新能力。③

基于国家重点基础研究发展规划实施的973计划是在国家经济和社会可持续发展对基础研究提出迫切需求的背景下制定的，它以国家重大战略需求为导向，是落实科教兴国战略的重要举措。973计划的实施，加强了国家需求导向的基础研究部署，建立了自由探索和战略导向"双力驱动"的基础研究资助体系，从而完善了基础研究布局。

二、973计划的组织架构与实施成效

科技部负责973计划的组织实施，并设立了973计划联合办公室，以加强973计划与国家自然科学基金、863计划等国家科技计划的协调与衔接。973计划专项经费来源于中央财政专项拨款，主要用于支持中国（不包括港澳台地区）具有法人资格的科研机构和高等院校开展面向国家重大战略需求的基础研究和承担相关重大科学研究计划，其中优先支持国家重点研究基地及优秀团队依托单位。④

973计划坚持"择需、择重、择优"和"公平、公开、公正"的原则，在实践中逐渐形成了符合科学规划的运行机制。⑤ 973计划采取专家咨询与政府决策相结合的管理机制，成立专家顾问组和领域专家咨询组，以充分发挥专家在战略研究、指南制定以及项目评审评估和过程管理中的作用。专家顾问组对973计划进行学术咨询，每三年换届一次，可以连任。其主要职责是：①开展973计划发展战略研究，对973计划组织实施中的重大问题提出咨询意见和建议；②对973计划年度申报指南提出咨询意见和建议；

① 江泽民. 形成和发展我国自身的科技优势（一九九七年七月二十二日）//江泽民. 论科学技术. 北京：中央文献出版社，2001：90-91.
② 国家重点基础研究发展规划项目管理暂行办法. 国科发计字[1998]543号，1998-12-29.
③ 国家重点基础研究发展计划管理办法. 国科发计字[2006]300号，2006-07-31.
④ 国家重点基础研究发展计划专项经费管理办法. 财教[2006]159号，2006-10-12.
⑤ 刘延东. 在973计划十周年纪念大会上的讲话. 中国基础科学，2008，（5）：2-3.

③受科技部委托主持立项综合评审和咨询工作；④承担科技部委托的其他相关工作。领域专家咨询组参与 973 计划项目组织实施的过程管理。其主要职责是：①跟踪了解项目执行情况，定期向科技部提出咨询工作报告；②对项目实施中存在的问题向科技部提出咨询意见和建议；③受科技部委托主持项目中期评估工作；④承担科技部委托的其他相关工作。

973 计划在经费管理方面实行课题制。借助全额预算、过程控制和全成本核算，将预算管理、过程控制、成本核算与决算有机结合起来，形成了科学的专项经费管理模式。专项经费由科技部归口管理，科技部根据确定的项目经费预算、用款计划、本年度工作进度及往年专项经费余额情况核定本年度专项经费拨款额，及时拨给依托单位。科技部会同财政部或委托其他机构对专项经费的使用和管理进行定期监督检查和跟踪了解。建立项目反馈制度，及时了解项目合同执行情况及专项经费使用情况，以保证专项经费按核定的预算合理使用。依托单位对项目的一切经费开支行使监督权，确保资金的安全和合理使用，并自觉接受上级有关部门组织的监督检查。

973 计划项目实行首席科学家领导下的项目专家组负责制。由项目首席科学家组建项目专家组，采取民主决策方式组织实施项目，以充分调动科研人员的积极性和创造性。项目首席科学家每年年底前应对年度计划执行情况进行检查和总结，并按规定要求向科技部提交年度总结报告。项目实施两年左右进行一次中期评估，由科技部委托领域专家咨询组主持进行，重点评估项目的工作状态和研究前景，再确定后三年的研究计划。项目验收由科技部负责，委托项目验收专家组分领域对项目研究计划完成情况、实施效果和优秀人才培养情况等方面进行验收。项目验收的重点是研究计划完成情况、实施效果、研究成果的创新性、项目首席科学家的作用、研究队伍创新能力、优秀人才培养情况以及项目组织管理等。

973 计划与国家自然科学基金、国家重点实验室建设计划共同构成了自由探索和国家需求导向"双力驱动"的基础研究资助体系。973 计划的组织实施，不仅为科学家服务于经济社会建设搭建了平台，而且促进了科技领军人才培养、创新团队建设和重点研究基地的形成，对我国基础研究起到了巨大推动作用，显著提升了我国基础研究水平。[①]在科研布局上，973 计划围绕农业、能源、信息、资源环境、人口与健康、材料等领域以及交叉科学领域、基础前沿领域中与国家重大需求相关的重大科学问题部署相关项目。在科研基地建设方面，973 计划重点支持建设一批能够承担国家重点科技任务的科研基地，形成了若干优势领先科学和跨学科的综合科学研究中心。在管理机制方面，973 计划探索出具有中国特色的基础研究重大项目的组织实施和管理模式，完善了重大基础研究项目的评价模式。在人才培养方面，973 计划强化对高层次人才和优秀科学家群体的支持，完善项目首席科学家负责制，造就了科技领军人才。根据 973 计划实施 15 周年的统计数据，在承担 973 计划 30 000 余人的队伍中，有两院院士 500 余名，有国家杰出青年科学基金获得者、长江学者奖励计划特聘教授 1000 余名，45 岁以下科学家占 75%。[②]

① 刘延东. 在 973 计划十周年纪念大会上的讲话. 中国基础科学，2008，（5）：3.
② 饶子和. 从"973 计划"到国家新型基础研究支持体系. 科技导报，2017，19（4）：17-18.

973 计划取得的重要科研成果包括如下四个方面：[①]

第一，973 计划在科学前沿领域催生了一批原创成果，产生了重要国际影响。非线性光学晶体研究保持国际领先地位，在紫外和深紫外非线性光学晶体的设计、生长和原型激光器的研制等方面取得了创新成果；在量子信息和通信研究方面，在国际上首次实现了五粒子纠缠态的制备与操纵，并利用五光子纠缠源在实验上演示了"终端开放"的量子态隐形传输；在新一代超强超短激光原理、方法的开拓及小型化超强超短激光系统的集成创新方面取得重大进展，研制成功具有高光束质量和国际一流水平整体性能的超强超短激光装置；在纳米科技方面，用同位素标记方法探明了碳纳米管生长过程，采用二次放电法制备出超细碳纳米管，利用超顺碳纳米管阵列拉制出碳纳米管线，发展了浮动催化法制备双壁纳米管、醇热还原法宏量制备碳纳米管等制备方法；在蛋白质结构与功能研究方面，成功解析了线粒体呼吸链膜蛋白复合物Ⅱ及其与抑制剂复合体的晶体结构，填补了线粒体呼吸链研究的一个空白；在脑科学研究方面，开创了果蝇面对两难线索的抉择研究，发现果蝇可以学习视觉模式的多个线索来指导飞行定向行为，并证明果蝇脑的蘑菇体参与抉择过程，为理解脑的这一智能行为提供了更为简单的模型生物和新的抉择范式；在认知科学研究方面，提出了拓扑性质初期知觉理论，对半个世纪以来占统治地位的特征分析理论提出了挑战；在古生物研究方面，"澄江动物群与寒武纪大爆发研究"获重大突破，湖南花垣排碧剖面被确立为寒武系内部第一个全球界线层型剖面；在青藏高原演化及环境效应方面，对印度大陆碰撞时限、过程和高原南北边缘碰撞模式等提出了新的看法；基于大陆科学钻探工程，揭示了板块会聚边界深部连续的物质组成、三维结构、壳幔物质交换及地球物理状态，证明地质历史上曾发生板块携带了巨量物质深俯冲到 100 千米以下地幔深处的重要地质事件；在海洋科学研究方面，建立了我国近海生态系统动力学理论体系框架，首次从生态系统水平上建立了以鱼为例的配额捕捞评估与管理模型，发现中华哲水蚤在温带陆架浅海度夏策略；在数学机械化方法研究方面，证明了某类代数系统全局优化的"有限核"定理，给出了这类系统完整的全局优化方法；在大规模科学计算研究中，发展了适合求解大型偏微方程组的自适应算法、辛算法、多尺度算法等。

第二，973 计划推动了关键技术创新，形成了自主知识产权，提升了产业的国际竞争力。通过对钢铁凝固和结晶控制等基础理论研究，系统集成高洁净钢生产技术、高均质凝固组织技术和形变诱导相变组织细化技术，使新一代钢铁材料强度提升一倍；针对高性能聚烯烃材料工业生产中的关键问题，从高分子链结构与加工性能的关系出发，提出了分析双轴拉伸流动稳定性理论，设计出适合高速拉伸的 BOPP 薄膜专用料的链结构；在国际上首次建立了"一水硬铝石型铝土矿反浮选理论和技术"，可使我国可利用的铝土矿资源扩大 2～5 倍；在光电子器件、光存储及信息功能材料研究等方面取得若干突破性进展，取得了系列有自主知识产权的成果，研究水平稳步迈向世界先进水平；在微纳电子材料与器件及微机电系统研究方面也取得了一系列突出进展。

第三，973 计划促进了基础研究与国家目标的紧密结合，在能源、资源、环境等国

① 科萱. 面向国家重大需求 立足科学前沿："十五" 973 计划取得重大成果. 中国科技产业，2006（3）：29-34.

家重大战略需求方面解决了一批关键科学问题。在石油勘探开发和提高采收率方面,建立了碳酸盐岩油、气源岩分级评价方法和指标体系,提出了中国叠合盆地海相烃源岩的四种分布预测模式和两种非烃源岩的发育模式;从分子尺度上掌握了驱油用表面活性剂结构与性能关系,首次提出了驱油用表面活性剂分子设计的准则,设计并生产出具有自主知识产权的廉价、高效、无污染的驱油用烷基苯磺酸盐表面活性剂产品;围绕东部环太平洋成矿域,初步建立了中新生代和晚古生代大陆成矿理论,发展了多项找矿预测的新技术、新方法,提出了一系列大矿和大型矿集区的靶区;揭示了中国大陆强震活动受控于活动地块运动而集中分布于活动地块边界的基本事实,对大陆强震孕育发生的过程获得了初步认识,发展了中长期强震预测的方法,并给出了未来 10 年中国大陆地区强震危险区预测。

第四,973 计划显著提升了农业、人口与健康领域基础研究水平,推动解决了一批重大关键科学问题。首次克隆了与水稻分蘖形成有关的重要基因 MOC1,对提高水稻等禾本科作物产量具有重要意义;成功克隆猪 FSH-β 基因,在国际上率先发现该基因是影响猪产仔数的主效基因,大大加速了优良猪种选育速度;在国际上首次构建了水稻、小麦、大豆核心种质,为深化我国种质资源研究和作物育种奠定了重要基础;成功开发大豆疫霉快速分子检测技术,系统开展小麦矮腥黑粉菌种(TCK)入侵风险研究,为农业安全防护提供了科学依据;辨明了急性早幼粒细胞性白血病(APL)发病机制,联合运用全反式维甲酸和三氧化二砷进行靶向治疗使之成为第一个可治愈的白血病;在国际上率先解析了 SARS 冠状病毒的主要蛋白酶(3CLpro)的三维结构,揭示了 3CLpro 与底物结合的精确模式;探讨了男性不育症和女性不育症的分子机理,为治疗不育症提供了线索。

第四节　中国科学院知识创新工程

随着知识经济的来临,国家创新体系概念的深入人心,1998 年 6 月,党中央、国务院正式批准中国科学院开展知识创新工程试点,这开启了完善我国国家创新体系的新篇章。

一、知识创新工程的出台

20 世纪 90 年代初,在突如其来的市场经济大潮中,在"稳住一头,放开一片"的改革进程中,中国科学院经历了一个困难时期。这个困难首先导源于国家核拨的科研经费严重不足,大量科研经费需要管理者和科研人员共同努力从外部争取。在这种情况下,员工薪资水平不高,科研条件也比较艰苦。不仅如此,中国科学院自身还面临着生存压力。面对苏联解体、冷战结束,有人认为中国科学院的体制是沿袭苏联计划经济的产物,难以适应市场经济发展的要求。与此同时,随着科教兴国战略特别是"211 工程"的实施,国内各大高校快速发展,在一定程度上对中国科学院作为国家科技发展"火车头"和"国家队"地位构成了挑战。尽管如此,这一时期中国科学院依然取得了很多创新成果。在 1996 年举行的 863 计划十周年成果展上,"曙光"系列高性能计算机、水下机器人以及机器翻译等惹眼产品，都出自中国科学院。

无论如何，此时的中国科学院，急需为自己谋划全新的战略定位。1997年，中国科学院组织专门力量，从国家整体发展出发，撰写了题为《迎接知识经济时代，建设国家创新体系》的报告。该报告认为，国家创新体系是国民经济可持续发展的基石；知识经济时代的国家创新能力包括知识创新能力和技术创新能力；国家创新体系可以分为知识创新系统、技术创新系统、知识传播系统和知识应用系统，其中，知识创新系统是其他三个系统的核心与基础。①该报告明确提出，实施知识创新工程，建设国家创新体系，提高国家创新能力，是实施我国"三步走"发展战略的必然选择，是实施科教兴国和可持续发展战略的重大举措。

中共中央总书记、国家主席江泽民看到中国科学院呈送的这份报告后，迅速于1998年2月4日作出批示："知识经济、创新意识对于我们21世纪的发展至关重要。东南亚的金融风波使传统产业的发展会有所减慢，但对产业结构的调整则提供了机遇。科学院提了一些设想，又有一支队伍，我认为可以支持他们搞些试点，先走一步。真正搞出我们自己的创新体系。"②同年6月9日，国家科技领导小组第一次会议审议并原则上批准了《中国科学院开展〈知识创新工程〉试点的汇报提纲》。

该汇报提纲明确了中国科学院知识创新工程试点的总体目标：到2010年前后，把中国科学院建设成为瞄准国家战略目标和国际科技前沿、具有强大和持续创新能力的国家自然科学和高技术的知识创新中心；成为具有国际先进水平的科学研究基地、培养造就高科技人才的基地和促进我国高技术产业发展的基地；成为有国际影响的国家科技知识库、科学思想库和科技人才库。③

知识创新工程试点的主要内容包括：明确中国科学院战略定位，调整中国科学院的办院方针；建立战略研究体系与机制，明确科技目标；重构以规划为核心的中国科学院宏观管理组织体系；深入推进人事管理制度与机制、资源配置和预算制度、科技评价和激励制度等改革；调整科技布局与组织机构，发挥中国科学院在中国科技发展和体制机制改革方面的引领作用和示范带头作用等。④为此，明确了六项基本任务：形成和保持强大的国家知识创新能力；加速最新科技知识的传播；全面推进知识和技术转移；为国家宏观决策提供科技咨询；建设和保持一支具有国际水平的队伍；不断加强国家知识创新基地建设等⑤。

二、知识创新工程的主要举措

知识创新工程分三个阶段实施：启动阶段，即知识创新工程一期（1998—2000年）；

---

① 中国科学院"国家创新体系"课题组. 迎接知识经济时代，建设国家创新体系. 世界科技研究与发展，1998，（3）：81-85.

② 江泽民在中国科学院"迎接知识经济时代，建设国家创新体系"研究报告上的批示. 中国科学院院刊，1998，（5）：325.

③ 中国科学院. 关于开展"知识创新工程"试点的汇报提纲. 中国科学院院刊，1998，（5）：330-335.

④ 穆荣平. 知识创新工程试点对科技体制机制改革的探索及影响//薛澜，等. 中国科技发展与政策（1978～2018）. 北京：社会科学文献出版社，2018.

⑤ 中国科学院. 关于开展"知识创新工程"试点的汇报提纲. 中国科学院院刊，1998，（5）：330-335.

推进阶段，即知识创新工程二期（2001—2005 年）；优化完善阶段，即知识创新工程三期，也称创新跨越、持续发展阶段（2006—2010 年）。

（一）知识创新工程一期

知识创新工程一期既是知识创新工程的启动阶段，也是围绕基础研究、战略性研究、国家重大科技任务、科技咨询与服务进行前瞻性规划的阶段，旨在就科技体制改革中"稳住一头"这个方面进行探索。与普通高校相比，中国科学院的人才培养机制问题亟须解决，因此知识创新工程一期也特别就人才培养出台了一系列举措。

在基础研究领域，主要开展以下几个方面的工作：①立足国家战略需求，凝练、提升科技创新目标，以最终达到国际一流水平为目标，更加重视原始创新；②以体制改革、运行机制转变为突破口，深化以研究所为单元的体制改革，将相关与相近的研究机构进行整合调整；③进一步优化、改革人事制度，实行按需设岗、按岗招聘、公开竞争、择优上岗等基本人事制度；④健全和强化评价、奖励机制。[1]

在人才培养领域，注重提升中国科学院在培养科技人才方面的功能发挥，强化科学研究与人才培养在中国科学院内部的有机结合。[2]①加大力度，吸引更多优秀青年人才；②设立流动人才专项基金，知识创新工程试点单位为该基金大多数名额的分配对象；③调整研究生培养政策，逐步按计划过渡到硕博连读，并以培养博士生、博士后为主；④建立和完善向社会、企业输送科技人才的机制，而对于掌握有市场前景科研成果的人才，鼓励连人带技术一齐走向市场；⑤调动科研人员的积极性和创造性，使得人尽其才，各得其所。[3]

（二）知识创新工程二期

中国科学院于 2000 年 12 月圆满完成了知识创新工程启动阶段的任务，并于 2001 年 1 月进入全面推进阶段。知识创新工程二期的主要举措包括以下几个方面。

（1）凝练科技目标，调整科技布局和优化组织结构。重点发展信息科技、生命科学与生物技术、物质科学和先进材料、能源科学与技术、资源环境科学与技术、海洋科学与技术、天文与空间科技、数学与系统科学等学科，加强科学技术史、科技政策与发展战略、大科学工程和重大交叉学科前沿研究，形成至少能在未来 20 年内保持相对稳定的学科布局。根据新的学科布局，形成 20 个左右开放的、跨学科或跨地域的知识创新基地，并对相关研究所进行结构调整，最终形成 80 个左右具有强大科技创新和国际竞争实力、特色鲜明的研究所，其中 30 个研究所成为世界公认的高水平研究机构，3—5 个研究所达到国际一流水平。

（2）强化创新队伍建设与教育工作。主要包括：①实行以队伍结构优化为核心的人员总量控制，知识创新工程试点单位实行岗位聘任、项目聘用和流动人员相结合的队伍结构；②建立与国际接轨的新型用人制度；③全面实行以绩效为主的"基本工资、岗位

---

① 白春礼. 面向未来，开拓创新，攀登世界科学高峰. 中国基础科学，2000，（Z1）：19-22.
② 路甬祥. 学习理论，认清形势，把知识创新工程试点工作抓实抓好. 中国科学院院刊，1998，（6）：405-412.
③ 中国科学院. 关于开展"知识创新工程"试点的汇报提纲. 中国科学院院刊，1998，（5）：330-335.

津贴、绩效奖励"三元结构分配制度；④加强优秀人才的引进工作，把工作重点转移到吸引、培养和造就新一代科技帅才上来，加大吸引海外杰出科技人才回国和为国服务的力度；⑤完善现有人才培养体系；⑥建立领导干部队伍建设的新机制；⑦加速人员的转岗分流；⑧全面推进研究生教育，大力发展以博士生教育为主体的研究生教育，重构中国科学院研究生院，逐步实现中国科学院研究生教育的统一招生、统一管理、统一学位授予。

（3）继续推进体制改革与机制创新。用 3—5 年时间，实现从计划经济体制下形成的行政机构管理模式向适应市场经济环境的科研团体管理模式转变。

（4）全面推进创新文化建设。围绕知识创新工程试点总体目标，为推动全院改革与发展，促进出成果、出效益、出人才提供良好的政策环境、学术环境、管理环境、园区环境，营造科学民主、锐意创新、协同高效、廉洁公正的文化氛围。①

（三）知识创新工程三期

在知识创新工程第二阶段的后期，国家科技教育领导小组批准了中国科学院实施知识创新工程三期，这也是知识创新工程的创新跨越、持续发展阶段。

这一时期的主要举措有：①进一步发挥综合集成优势，建设科技创新基地；②按照"职责明确、评价科学、开放有序、管理规范"的原则，扩大研究所自主权，加快建设现代科研院所制度；③重点凝聚培育和组织好一批一流的科技、管理、支撑、服务骨干队伍，造就一批战略科技专家与科技尖子人才，同时建设好院所两级领导班子；④深化教育体系改革，努力办好中国科学技术大学和中国科学院研究生院；⑤进一步革新体制、创新管理，使总部机关能够更加善于谋划整体发展，遵循"导向明确、分类管理、鼓励竞争、注重绩效"的原则，探索新型研究所管理体制机制；⑥继续加强开放与联合，广泛而密切地与社会建立联系，形成既有核心又遍布全国的网格化组织形式，实现知识的有效传播与技术成果的高效转化等。

三、知识创新工程取得的成就

2010 年 3 月 31 日召开的国务院第 105 次常务会议，听取了中国科学院关于实施知识创新工程进展情况的汇报，充分肯定了知识创新工程实施 13 年来取得的进展和成绩，决定 2011—2020 年继续深入实施知识创新工程（即"创新 2020"），以解决关系国家全局和长远发展的基础性、战略性、前瞻性的重大科技问题为着力点，重点突破带动技术革命、促进产业振兴的前沿科学问题，突破提高人民群众健康水平、保障和改善民生以及生态和环境保护等重大公益性科技问题，突破增强国际竞争力、维护国家安全的战略高技术问题。按照"一流的成果、一流的效益、一流的管理、一流的人才"的要求，经过 10 年努力，大幅提升创新能力，实现科技创新整体跨越。同时，要求中国科学院做好知识创新工程的评估工作，总结经验，深化改革，科学定位，为中国科学院"创新2020"的实施奠定基础。

---

① 郭曰方，郑培明. 加强创新文化建设，推动知识创新工程. 科学新闻，2000，（10）：16.

中国科学院于 2010 年 4—10 月对知识创新工程进行了评估工作。评估认为，中国科学院完成了知识创新工程建设的总目标，主要表现在如下方面[①]。

其一，重大创新成果不断涌现。面向国家战略需求和科技前沿，充分发挥学科齐全的综合优势，做出了基础性、战略性、前瞻性的创新贡献。主要包括：在信息领域，取得宽带无线多媒体技术与高性能通用中央处理器（CPU）"龙芯"系列的突破；在空间领域，主导了探月工程和载人航天工程的空间应用系统研究并取得成功；在先进能源领域，取得了以首创煤制乙二醇等工业技术为代表的系列成果；在纳米、先进制造与新材料领域，取得了国际先进水平的研究成果；在人口健康与医药领域，干细胞研究取得原创成果，神经科学研究取得国际一流成果；在现代农业领域，取得了重大基础研究成果，培育出了高产优质农作物新品种；在生态与环境领域，取得了青藏铁路冻土路基筑路关键技术研发、大气环境监测技术、重点污染物防控机理等成果；在资源与海洋领域，取得了许多应用示范的成功与关键技术的突破；在交叉和重大科学前沿，诞生了世界首个量子电话，取得了纳米催化等方向的重大科研成果；在生物资源领域，取得了具有国际影响的成果并推动了生物资源的持续利用和产业化；在大科学装置领域，建成了北京正负电子对撞机重大改造工程、上海同步辐射光源、兰州重离子加速器冷却储存环、郭守敬望远镜等。

其二，科技创新能力大幅提升。优秀科技人才数量不断增加，承担重大任务能力持续增强，科技论文、知识产权与科技成果的质量持续提高，科技基础平台与装备支撑能力显著提升，国际合作与交流的层次和水平也不断提升。同 1998 年相比，2008 年中国科学院各学科在世界 86 个国际科研机构中的排名稳步提升，21 个学科均位列前 30 名，其中 14 个学科居于前 10，8 个学科居于前 5。

其三，已经成为培养造就高级科技人才的基地。形成了一支高水平的科技创新队伍，培养和输送了一大批创新型人才，突出表现为博士后规模不断壮大，并为科教战线和企业输送大批高层次人才，成为中国未来优秀科技人才的培养基地；基于科教融合办学理念，中国科学院研究生院研究生培养的规模和水平都有显著提升。

其四，已经成为促进科技成果转移转化与高技术产业发展的基地。专利、软件著作权等知识产权的数量逐年攀升，质量不断提高，涌现了一批原始性技术成果。在促进企业、区域创新能力提升和产业结构调整中取得了诸多成绩，如在"东北振兴科技行动计划""科技援藏"中，均取得了预期效果。在孵化和孕育高技术企业、提升科技成果转移转化能力等方面也取得了重要成就。

其五，已经成为有重要影响的国家科学思想库。中国科学院自始至终着眼全局，围绕关系国家发展的重大问题，提供科学建议。其中，"中国到 2050 年的科技发展路线图"研究工作就是战略研究的代表。同时，中国科学院也以国家、地方经济社会发展需求存在的问题为导向，有针对性地加强了决策咨询的能力。

通过知识创新工程试点工作的实施，中国科学院初步探索出一条建设国家知识创新体系的路子，带动了国家创新体系的整体建设和发展，大幅提升了我国在国际科技界的

---

① 中国科学院. 中国特色国家创新体系建设的成功实践——知识创新工程（1998~2010 年）评估报告. 北京：科学出版社，2012.

地位和影响力。当然，也要清醒地看到，中国科学院在诸多新兴的交叉前沿方向和对培育战略性新兴产业发展意义重大的高技术前沿探索布局仍显薄弱；每年培养的人才数量同中国科学院科教人员的数量之比仍不及国内一流大学的一半，科研工作者作为教育培养者的潜在力量还没有充分发挥出来；真正有活力、适用性较广的科研成果、人才供给与利润分配等的良性循环机制还有待形成；建成世界一流的国家智库的目标仍然需要不断探索与改革。[①]

第五节　中央部委科研机构转制改革

中央部委科研机构在国家创新体系中占据特殊地位，如何发挥它们的重要作用，是一个长期困扰我国创新发展的重大问题。1999 年开始进行的中央部委科研机构转制改革，在中国国家创新体系建设中具有特殊的重要性。

一、中央部委科研机构转制改革的提出

1985 年，我国科技体制改革全面启动。经过 10 多年的探索和实践，我国科研机构面向市场的活力和自我发展能力大幅提高，市场机制开始在科技运行和管理中开始发挥主导作用，技术市场和民营科技企业得到长足发展。但是，我国技术创新能力和科技成果产业化的总体水平比较低，重大技术成果还不能满足产业技术升级的要求，科技与经济相脱节的问题还没有从根本上得到解决，科技力量宏观布局还不适应社会主义市场经济发展的要求，独立于企业之外运行的科研机构过多，条块分割导致机构和专业重复、力量分散的状况仍未得到根本改变。[②]因此，仍然需要深化科技体制改革工作。

1995 年，我国提出"稳住一头，放开一片"的改革方针，推动科研院所分类改革。1996 年，《国务院关于"九五"期间深化科技体制改革的决定》提出，"九五"期间初步建立起适应社会主义市场经济体制和科技自身发展规律的科技体制。[③]1998 年，为建立适应社会主义市场经济体制要求的政府行政管理体系，国务院机构进行了重大改革，部分专业经济管理部门改组为国家局并划归国家经贸委管理，具体包括国家国内贸易局（简称内贸局）、国家煤炭工业局（简称煤炭局）、国家机械工业局（简称机械局）、国家冶金工业局（简称冶金局）、国家石油和化学工业局（简称石化局）、国家轻工业局（简称轻工局）、国家纺织工业局（简称纺织局）、国家建筑材料工业局（简称建材局）、国家烟草专卖局（简称烟草局）、国家有色金属工业局（简称有色金属局）等 10 个局。1999 年，中共中央、国务院决定推动应用型科研机构和设计单位向企业化转制，对社会公益类科研机构实行分类改革，以适应国务院机构改革和社会主义市场经济体制的要求。[④]同年，科技部、国家经贸委、国家计委、财政部、国家税务总局和中央机构编制委员会办

---

① 中国科学院. 中国特色国家创新体系建设的成功实践——知识创新工程（1998～2010 年）评估报告. 北京：科学出版社，2012.

② 朱丽兰. 加快国家创新体系建设. 科学学与科学技术管理，2000，21（1）：6-9.

③ 国务院关于"九五"期间深化科技体制改革的决定. 国发[1996]39 号，1996-09-15.

④ 经典中国·辉煌 60 年：科技体制改革助推科技发展. http://www.gov.cn/jrzg/2009-09/06/content_1410351.htm [2009-09-06].

公室（简称中编办）联合出台《关于国家经贸委管理的 10 个国家局所属科研机构管理体制改革的实施意见》，正式开始了国家部委所属科研院所的改制转制工作。

这次改革涉及国家经贸委管理的 10 个国家局所属的 242 个科研机构。这些科研机构经过多年发展，在科研开发、成果转化等方面都取得了很大成绩，为国民经济发展做出了重要贡献，但也存在一些亟待解决的共性问题。诸如，独立于企业外运行的科研机构过多；条块分割导致机构和专业重复，力量分散；尚未建立起"开放、流动、竞争、协作"的机制，内部缺乏活力；投入强度低且分散，共性技术、关键技术创新少；与企业技术开发结合少、成果转化难。[①]因此，对这些机构进行改革，既是国务院机构改革的重要内容，也是科研体制改革的重大步骤。

二、改革目标、实施方案和配套政策

（一）改革目标

这次改革的指导思想是，以邓小平理论为指导，贯彻党的十五大精神，以推进科技与经济紧密结合为目标，加速以企业为主体的技术创新体系的建设。通过改革，推动科研院所转制并进入市场，增强科研院所活力，促进科技成果的产业化，为国家和当地经济建设、社会发展服务。

具体改革工作由科技部牵头，会同国家经贸委、国家计委、财政部、外经贸部、中编办、国家税务总局、工商局等部门，研究提出具体实施方案，报国务院批准后组织实施。这些科研机构可以从实际情况出发，自主选择改革方式，包括转变成企业、整体或部分进入企业、转为中介机构等。鼓励科研机构转制为科技型企业，经国家批准继续保留事业单位性质的少数科研机构，也要引进企业运行机制。按照属地化原则，这些科研机构管理体制改革后原则上由地方管理。科研机构转制后，要按照有关规定办理法人注册登记。在转制的过渡期内，日常管理工作以国家经贸委的 10 个国家局为主。同时要求，科研机构在转制过程中，要加快内部管理体制改革，减人增效，优化资源配置，提高管理效益，建立"开放、流动、竞争、协作"的新机制，增强技术创新能力，多出人才，多出成果。[②]

（二）实施方案

1999 年 5 月 26 日，科学技术部和国家经贸委在京联合召开 10 个国家局所属 242 个科研机构改革座谈会。根据要求，这些科研机构应于 1999 年 6 月 30 日前完成转制工作，7 月 1 日起按新的管理体制运行。

经科技部、国家经贸委、中编办、财政部共同审核，242 个科研机构的转制方案为：有 131 个院所进入企业（集团）（表 14-1）；40 个院所转为科技型企业，实行属地化管

---

① 科技部，国家经贸委，国家计委，等. 关于国家经贸委管理的 10 个国家局所属科研机构管理体制改革的实施意见. 国科发政字[1999]143 号，1999-03-24.

② 科技部，国家经贸委，国家计委，等. 关于国家经贸委管理的 10 个国家局所属科研机构管理体制改革的实施意见. 国科发政字[1999]143 号，1999-03-24.

理（表 14-2）；18 个院所保留事业单位性质，转制为中介机构（表 14-3）；24 个院所并入学校、划转其他部门或撤并（表 14-4）；12 个（涉及 29 个院所）转为中央直属大型科技企业（表 14-5）。①

具体方案是：①科研机构转制时，按照有关法律、法规的要求，其现有全部国有资产（包括土地使用权）转为国有资本金。②科研机构转制为科技型企业时，要在工商行政管理部门登记注册为企业法人；有条件的可以依照《中华人民共和国公司法》改制为有限责任公司或股份有限公司；注册名称可用原科研机构名称（去掉原主管部门）或用符合登记规定的其他名称。科研机构转制为科技型企业并实行属地化管理的，要到所在省、自治区、直辖市工商行政管理部门登记注册，其国有资产、人员编制、劳动工资等均划归地方政府管理。对少数转制为中央直属的大型科技型企业，由原主管国家局推荐，经科技部、国家经贸委、人事部审核并报国务院批准后，到国家工商行政管理部门登记注册；其子公司或子企业以及直属分支机构到所在省、自治区、直辖市工商行政管理部门登记注册。③科研机构进入企业后，可作为企业的技术开发机构、子公司或其他分支机构。进入国有独资企业的，其国有资产划转给所进企业；进入其他企业的，其资产经评估后作为国有资产投资，由地方政府对投入的国有资产进行监管。④少数科研机构转为技术服务与中介机构的，经国家批准，可保留事业单位性质，实行企业化运营；按照属地化原则，这类机构原则上交由所在省、自治区、直辖市政府管理，其资产、人员编制和经费同时划转。在转制期间，要求 242 个科研机构的现有领导班子要保持相对稳定，确保国有资产不流失，日常工作仍以国家局管理为主。同时要求科研机构不得违反国家有关规定办理职工退休手续。科研机构转制后，国家确认的技术认证和质量监督检验中心、进出口商检中心，要保持相关机构和人员的稳定，经国务院有关部门审核认定后，继续承担国家交给的任务，接受国务院有关部门的监督和业务指导。对这类中心，国家财政继续给予必要的经费支持。科研机构转制后，原具有学位授予权的，继续列入国家招生计划招收研究生，报国务院学位委员会备案。研究生的培养要加强与高校的联合，基础课的授课任务可委托相关高校承担。②

表 14-1　进入企业（集团）的 131 个科研机构名单

国家局	科研机构名称	转制方案
内贸局	商用电子技术应用推广中心	进入中商企业集团公司
	科学技术信息研究所	进入中商企业集团公司
	商业经济研究所	进入中商企业集团公司
	国内贸易工程设计研究院	进入中国华孚集团
	食品检测科学研究所	进入中国华孚集团
	物资再生利用研究所	进入华星物产集团有限公司
	中国物资经济研究所	进入华星物产集团有限公司

---

① 科学技术部、国家经济贸易委员会关于印发国家经贸委管理的 10 个国家局所属科研机构转制方案的通知. 国科发政字〔1999〕197 号，1999-05-20.

② 科技部，国家经贸委，国家计委，等. 关于国家经贸委管理的 10 个国家局所属科研机构管理体制改革的实施意见. 国科发政字〔1999〕143 号，1999-03-24.

续表

国家局	科研机构名称	转制方案
机械局	北京印刷机械研究所	进入北人集团公司
	洛阳矿山机械研究所	进入中信重机公司
	洛阳拖拉机研究所	进入中国一拖集团有限公司
	无锡油泵油嘴研究所	进入中国第一汽车集团有限公司
	桂林电器科学研究所	进入上海西派埃实业有限责任公司
	天津电气传动设计研究所	进入上海浦东新区新华控制技术（集团）有限公司
	北京起重运输机械研究所	进入国机集团中国工程与农业机械进出口总公司
	长春试验机研究所	进入国机集团中国机械设备成套工程公司
	成都工具研究所	进入国机集团中国机床总公司
	广州电器科学研究所	进入国机集团中国机械设备进出口总公司
	广州机床研究所	进入国机集团中工机电发展总公司
	规划研究院	进入国机集团
	哈尔滨电工仪表研究所	进入许继集团有限公司
	哈尔滨电站设备成套设计研究所	进入国机集团中国机械设备进出口总公司
	合肥通用机械研究所	进入国机集团中国通用机械工程总公司
	汽车工业发展研究所	进入国机集团中国汽车工业咨询发展公司
	济南铸造锻压机械研究所	进入国机集团中国机械设备进出口总公司
	兰州电源车辆研究所	进入国机集团中国电工设备总公司
	兰州石油机械研究所	进入国机集团中国机械对外经济技术合作总公司
	洛阳轴承研究所	进入国机集团中国基础件成套技术公司
	秦皇岛视听机械研究所	进入国机集团中国机电广告公司
	沈阳仪器仪表工艺研究所	进入国机集团中国自动化控制系统总公司
	沈阳真空技术研究所	进入国机集团中国北方专用设备开发公司
	苏州电加工机床研究所	进入国机集团中国机床总公司
	天津复印技术研究所	进入中国纺织机械集团
	天津工程机械研究所	进入国机集团中国工程机械成套总公司
	武汉计算机外部设备研究所	进入国机集团中国机械设备进出口总公司
	西安重型机械研究所	进入国机集团中国重型机械总公司
	郑州磨料磨具磨削研究所	进入国机集团中国磨料磨具工业公司
	重庆仪表材料研究所	进入国机集团中国自动化控制系统总公司
	杭州照相机械研究所	进入中国浦发机械工业股份有限公司
	中国汽车技术研究中心	进入中国汽车工业总公司
冶金局	包头稀土研究院	进入包头钢铁（集团）公司
	北京冶金设备研究院	进入中国钢铁工贸集团公司
	攀枝花钢铁研究院	进入攀枝花钢铁集团公司
	安全环保研究院	进入中国钢铁工贸集团公司
	鞍山热能研究院	进入中国钢铁工贸集团公司
	包头冶金建筑研究所	进入包头钢铁（集团）公司
	建筑研究总院	进入中国冶金建设集团公司
	金属制品研究院	进入中国钢铁工贸集团公司

续表

国家局	科研机构名称	转制方案
冶金局	洛阳耐火材料研究院	进入中国钢铁工贸集团公司
	天津地质研究院	进入中国钢铁工贸集团公司
	武汉冶金建筑研究所	进入中国冶金建设集团公司
石化局	西南化工研究设计院	进入中国昊华化工（集团）公司
	北京化工研究院	进入中国石油化工集团公司
	感光化工研究院	进入中国乐凯胶片集团公司
	光明化工研究设计院	进入中国化工新材料总公司
	海洋化工研究院	进入中国化工新材料总公司
	化工机械及自动化研究设计院	进入中国化工装备总公司
	化学矿产地质研究院	进入明达化工地质有限责任公司
	连云港设计研究院	进入中国蓝星化学清洗总公司
	沈阳橡胶研究设计院	进入中联橡胶（集团）总公司
	曙光橡胶工业研究所	进入中联橡胶（集团）总公司
	西北橡胶塑料研究设计院	进入中联橡胶（集团）总公司
	株洲橡胶塑料工业研究设计院	进入中联橡胶（集团）总公司
	北京橡胶工业研究设计院	进入中联橡胶（集团）总公司
	长沙设计研究院	进入中国蓝星化学清洗总公司
	标准化研究所	进入中国昊华化工（集团）公司
	晨光化工研究院（自贡）	进入中国化工新材料总公司
	晨光化工研究院（成都）	进入中国蓝星化学清洗总公司
	大连化工研究设计院	进入中昊碱业有限责任公司
	合成材料研究院	进入中国蓝星化学清洗总公司
	锦西化工研究院	进入中国化工新材料总公司
	黎明化工研究院	进入中国化工新材料总公司
	炭黑工业研究设计院	进入中联橡胶（集团）总公司
	天津化工研究设计院	进入中国化工建设总公司
	涂料工业研究设计院	进入中国化工新材料总公司
	西北化工研究院	进入中国蓝星化学清洗总公司
	职业安全卫生研究院	进入中国石油化工集团公司
	科学技术研究总院	进入中国昊华化工（集团）公司
	中国化工信息中心	进入中国昊华化工（集团）公司
轻工局	中国日用化学工业研究所	进入中国轻工物资供销（集团）总公司
	沈阳机械设计研究所	进入中国蓝星化学清洗总公司
	制盐研究所	进入中国盐业总公司
	中国制浆造纸工业研究所	进入中国轻工物资供销（集团）总公司
	杭州机械设计研究所	进入中国轻工业机械总公司
	西安机械设计研究所	进入中国轻工业机械总公司
	制鞋研究所	进入中国轻工物资供销（集团）总公司
	中国皮革工业研究所	进入中国轻工物资供销（集团）总公司
	钟表研究所	进入中国轻工业机械总公司
	自动化研究所	进入中国轻工业机械总公司

续表

国家局	科研机构名称	转制方案
纺织局	科学技术发展中心	进入中国恒天集团公司
	纺织机电研究所	进入中纺物产集团
	中国服装研究设计中心	已转制为中国服装集团公司，进入中纺物产集团
	深圳纺织服装研究所	进入中国华联发展集团
建材局	玻璃钢研究设计院	进入中国非金属矿工业（集团）总公司
	常州建筑材料研究设计所	进入中国新型建筑材料（集团）公司
	地质研究所	进入中国非金属矿工业（集团）总公司
	砌块技术开发研究中心	进入中国新型建筑材料（集团）公司
	哈尔滨玻璃钢研究所	进入中国新型建筑材料（集团）公司
	合肥水泥研究设计院	进入中国新型建筑材料（集团）公司
	科学技术开发中心	进入中国非金属矿工业（集团）总公司
	南京玻璃纤维研究设计院	进入中国非金属矿工业（集团）总公司
	秦皇岛玻璃工业研究设计院	进入中国新型建筑材料（集团）公司
	人工晶体研究所	进入中国非金属矿工业（集团）总公司
	山东工业陶瓷研究设计院	进入中国非金属矿工业（集团）总公司
	苏州防水材料研究设计所	进入中国新型建筑材料（集团）公司
	苏州混凝土水泥制品研究院	进入中国非金属矿工业（集团）总公司
	无锡自动控制设备研究设计院	进入中国建材技术装备总公司
	西安墙体材料研究设计院	进入中国新型建筑材料（集团）公司
	咸阳非金属矿研究设计院	进入中国非金属矿工业（集团）总公司
	咸阳陶瓷研究设计院	进入中国新型建筑材料（集团）公司
烟草局	中国烟草总公司郑州烟草研究院	已进入中国烟草总公司
	国家烟草专卖局烟草经济信息中心	进入中国烟草总公司
	国家烟草专卖局烟草经济研究所	进入中国烟草总公司
有色金属局	郑州轻金属研究院	进入中国铝业集团
	长沙矿山研究院	进入中国铜铅锌集团
	峨嵋半导体材料研究所	进入中国稀有稀土集团
	赣州有色冶金研究所	进入中国稀有稀土集团
	湖南稀土金属材料研究所	进入中国稀有稀土集团
	湖南有色金属研究所	进入中国铜铅锌集团
	湖南有色冶金劳动保护研究所	进入中国铜铅锌集团
	昆明贵金属研究所	已进入中国铜铅锌集团
	兰州有色金属建筑研究院	进入中国铜铅锌集团
	沈阳矿冶研究所	进入中国铜铅锌集团
	四川省冶金研究所	进入中国铜铅锌集团
	西北矿冶研究院	进入中国铜铅锌集团
	西北稀有金属材料研究院	进入中国稀有稀土集团
	新疆有色金属研究所	进入中国稀有稀土集团
	技术经济研究院	进入中国稀有稀土集团
	技术开发交流中心	进入中国稀有稀土集团

续表

国家局	科研机构名称	转制方案
有色金属局	北京矿产地质研究所	进入中国铜铅锌集团
	矿产地质研究院	进入中国铜铅锌集团
	人才研究与开发交流中心	进入中国稀有稀土集团

表 14-2　转为科技企业实行属地化管理的 40 个科研机构名单

国家局	科研机构名称	转制方案
煤炭局	长春煤炭科学研究所	转为科技企业，已划归吉林省
	哈尔滨煤矿机械研究所	转为科技企业，已划归黑龙江省
	河南省煤矿科学研究所洛阳分所	转为科技企业，已划归河南省
	河南省煤矿科学研究所	转为科技企业，已划归河南省
	湖南省煤炭科学研究所	转为科技企业，已划归湖南省
	江西省煤炭工业科学研究所	转为科技企业，已划归江西省
	煤科总院合肥研究所	转为科技企业，已划归安徽省
	陕西省煤炭科学研究所	转为科技企业，已划归陕西省
	沈阳煤炭科学研究所	转为科技企业，已划归辽宁省
	昆明煤炭科学研究所	转为科技企业，已划归云南省
机械局	北京机床研究所	转为科技企业，划归北京市
	长春气象仪器研究所	转为科技企业，划归吉林省
	大连组合机床研究所	转为科技企业，划归辽宁省
	呼和浩特畜牧机械研究所	转为科技企业，划归内蒙古自治区
	昆明电器科学研究所	转为科技企业，划归云南省
	上海材料研究所	转为科技企业，划归上海市
	上海电动工具研究所	转为科技企业，划归上海市
	上海电缆研究所	转为科技企业，划归上海市
	上海电器科学研究所	转为科技企业，划归上海市
	上海发电设备成套设计研究所	转为科技企业，划归上海市
	上海工业锅炉研究所	转为科技企业，划归上海市
	上海工业自动化仪表研究所	转为科技企业，划归上海市
	上海内燃机研究所	转为科技企业，划归上海市
	西安电力电子技术研究所	转为科技企业，划归陕西省
	西安电炉研究所	转为科技企业，划归陕西省
	西安微电机研究所	转为科技企业，划归陕西省
	西宁高原工程机械研究所	转为科技企业，划归青海省
	重庆工业自动化仪表研究所	转为科技企业，划归重庆市
	成都电焊机研究所	转为科技企业，划归四川省
石化局	常州涂料化工研究院	转为科技企业，划归江苏省
	上海化工研究院	转为科技企业，划归上海市
轻工局	包装研究所	转为科技企业，划归上海市
	甘蔗糖业研究所	转为科技企业，划归广东省
	香料研究所	转为科技企业，划归上海市
	广州机械设计研究所	转为科技企业，划归广东省

续表

国家局	科研机构名称	转制方案
纺织局	印染技术开发中心	转为科技企业，划归上海市
	服装技术开发中心	转为科技企业，划归浙江省
	新型纺纱技术开发中心	转为科技企业，划归上海市
建材局	上海玻璃钢研究所	转为科技企业，划归上海市
有色金属局	广州有色金属研究院	转为科技企业，划归广东省

表 14-3　转为中介机构的 18 个科研机构名单

国家局	科研机构名称	转制方案
内贸局	技术开发中心	转为中介机构，划归北京市
	物资流通技术研究所	转为中介机构，划归湖北省
煤炭局	职业医学研究所	转为中介机构，挂靠中国煤炭工业协会
	煤炭科学技术信息研究所	转为中介机构，挂靠中国煤炭工业协会
机械局	北京电工综合技术经济研究所	转为中介机构，挂靠中国电器工业协会
	经济管理研究院	转为中介机构，挂靠中国机械工业管理协会
	科技信息研究院	转为中介机构，挂靠中国机械工业管理协会
	仪器仪表综合技术经济研究所	转为中介机构，划归北京市
冶金局	信息标准研究院	转为中介机构，挂靠中国钢铁工业协会
	冶金经济发展研究中心	转为中介机构，挂靠中国钢铁工业协会
	中南冶金地质研究所	转为中介机构，划归湖北省
轻工局	中国家用电器研究所	转为中介机构，挂靠中国轻工行业协会联合会
	环境保护研究所	转为中介机构，划归北京市
	科技情报研究所	转为中介机构，划归北京市
纺织局	中国纺织科学技术信息研究所	转为中介机构，挂靠中国纺织工业协会
	信息中心	转为中介机构，划归北京市
建材局	标准化研究所	转为中介机构，挂靠中国建材工业协会
	技术情报研究所	转为中介机构，挂靠中国建材工业协会

表 14-4　并入高校、划转其他部门及撤并的 24 个科研机构名单

国家局	科研机构名称	转制方案
内贸局	成都粮食储藏研究所	已划转国家粮食储备局
	谷物化学研究所	已划转国家粮食储备局
	无锡科学研究设计院	已划转国家粮食储备局
	武汉科学研究设计院	已划转国家粮食储备局
	西安油脂科学研究设计院	已划转国家粮食储备局
	郑州科学研究设计院	已划转国家粮食储备局
	科学研究设计院	已划转国家粮食储备局
机械局	机械标准化研究所	撤销（为机械院内设机构）
	工程机械军用改装车试验场	撤销（为机械院内设机构）
	北京农业机械化研究所	撤销（为中国农机院内设机构）

续表

国家局	科研机构名称	转制方案
机械局	科技开发中心	撤销，人员并入机械工业技术发展基金会
	石化通用机械发展研究中心	撤销，人员并入机械科技信息研究院
冶金局	马鞍山矿山研究院	并入长沙矿冶研究院，为分支机构
	长春黄金研究院	划转国家黄金局
轻工局	标准化研究所	撤销，人员并入中国家用电器研究所
	中国轻工业新技术组织研究开发中心（科学研究院）	撤销，人员并入中国家用电器研究所
	玻璃搪瓷研究所	并入中国纺织大学
	电光源材料研究所	并入无锡轻工大学
	化学电源研究所	并入无锡轻工大学
	陶瓷研究所	并入景德镇陶瓷学院
	甜菜糖业研究所	并入哈尔滨工业大学
	塑料加工应用研究所	并入北京轻工业学院
有色金属局	钛技术开发中心	撤销（为有色总院内设机构）
	稀土农用技术开发中心	撤销（为有色总院内设机构）

表 14-5　转为中央直属大型科技企业的 12 个（涉及 29 个院所）科研机构名单

国家局	科研机构名称
煤炭局	煤炭科学研究总院（包括煤科总院重庆分院、煤科总院唐山分院、煤科总院西安分院、煤科总院太原分院、煤科总院抚顺分院、煤科总院常州自动化研究所、煤科总院上海分院、煤科总院爆破技术研究所、煤科总院南京研究所、煤科总院杭州环境保护研究所）
机械局	机械科学研究院（包括北京机电研究所、北京机械工业自动化研究所、郑州机械研究所、沈阳铸造研究所、哈尔滨焊接研究所、武汉材料保护研究所）
	中国农业机械化科学研究院
冶金局	钢铁研究总院
	长沙矿冶研究院
	自动化研究院
石化局	沈阳化工研究院
轻工局	中国食品发酵工业研究所
纺织局	中国纺织科学研究院
建材局	中国建筑材料科学研究院
有色金属局	北京有色金属研究总院
	北京矿冶研究总院（包括西北有色金属研究院）

（三）配套政策

为确保 242 家科研机构顺利转制，国务院还出台了一系列配套政策。具体包括：①原有的事业费继续拨付，主要用于解决转制前的离退休人员的社会保障问题，其他人员的社会保障参照国家对企业职工的社会保障政策执行。②享受国家支持科技型企业的待遇。③五年内，免征企业所得税，免征技术转让收入的营业税，免征科研开发自用土地的城镇土地使用税。④基本建设项目经费，由国家经贸委及有关国家局会商国家计委确定投资基数，给予适当支持。⑤赋予外贸进出口权。⑥参加国家科研课题和项目的申请、竞标享有与其他科研机构同等的权利。⑦已经批准的科研课题和项目继续按原计划实施。

针对转制过程遇到的各种问题，包括转制"过渡期"退休人员的养老金问题、转制科研机构的医疗保障问题、转制科研机构住房补贴政策问题、转制科研机构土地出让金问题、转制科研机构科技创新加大支持的问题等，国务院责成有关部门进行了深入研究并提出了解决方案。①

三、中央部委科研机构转制改革的成效

1999 年之前，我国政府直管技术开发类科研机构共有 2000 多家，其中国务院部门所属机构有 376 家。1999 年，以原国家经贸委所属的 242 家科研院所为突破口，技术开发类科研机构企业化转制全面展开。2002 年，转制工作基本完成。2005 年，国务院部门所属 376 家技术开发类科研机构全部完成转制，管理体制和运行机制发生了根本转变，在行业技术进步中继续发挥着骨干作用。根据对 263 家转制院所进行的调查，2004 年全年科技投入 35.8 亿元，比 2000 年增加了 21%，获得来自政府的科技经费 11 亿元，比 2000 年增长 30%；来自企业的科技收入 71 亿元，比 2000 年增长 60.5%；科技产业规模和效益大幅度提高，形成了一批具有市场竞争力的科技企业或企业集团。2004 年263 家院所实现总收入 450 亿元，比 2000 年增长 95%，实现利润 31.5 亿元，是 2000 年的 2.3 倍。②

院所转制成效主要表现在以下几个方面：一是完善了科研院所的管理机制和运行方式，基本建立了现代科研院所制度或者现代企业制度；二是科研院所的科研及技术创新能力进一步增强，特别是应用性研究及成果转化优势突出；三是形成了一批具有发展潜力的具有带动作用的科技企业；四是人才队伍建设稳步推进，科技人员待遇明显提高。

中央部委所属 242 个科研机构转制改革有力地增强了我国大型科研院所的发展活力，加速了以企业为主体的技术创新体系的建设，促进了科技与经济的有机结合，提升了整个国家的科技创新能力。当然，中央部委科研院所转制也带来了一些问题，特别是行业共性技术的研究与开发工作有所弱化，在一定程度上制约了行业的可持续发展。③

---

① 财政部、科技部、劳动保障部、国土资源部关于转制科研机构有关问题的通知. 财教〔2003〕68 号，2003-07-05.
② 中华人民共和国科学技术部. 中国科学技术发展报告（2005）. 北京：科学技术文献出版社，2006.
③ 李丛笑. 转制科研院所"十二五"期间的重新定位与发展模式探析. 科学管理研究，2011，29（1）：53-57.

第十五章　面向市场经济的高等教育改革[*]

20世纪90年代，伴随着科教兴国战略的实施，我国高等教育迎来了前所未有的发展机遇，一大批高等院校开始在国际上崭露头角，高等教育普及率飞速上升，高校院校在国家创新体系中的地位和作用日益凸显。

第一节　面向市场经济的高等教育改革方向

没有发达的教育事业，就没有国家的现代化。1992年，我国确立了社会主义市场经济体制目标模式，教育领域上也迫切需要做出相应变革。1993年，中共中央、国务院颁发《中国教育改革和发展纲要》，明确提出"教育是社会主义现代化建设的基础，必须坚持把教育摆在优先发展的战略地位，努力提高全民族的思想道德和科学文化水平，这是实现我国现代化的根本大计"[①]。

这份纲要明确了我国教育事业发展的总目标：到20世纪末，全民受教育水平有明显提高；城乡劳动者的职前、职后教育有较大发展；各类专门人才拥有量基本满足现代化建设的需要；形成具有中国特色的、面向21世纪的社会主义教育体系基本框架。而各级各类教育发展的具体目标是：①全国基本普及九年义务教育（包括初中阶段的职业技术教育），大城市市区和沿海经济发达地区积极普及高中阶段教育，大中城市基本满足幼儿接受教育的要求，广大农村积极发展学前一年教育。②高中阶段职业技术学校在校学生人数有较大幅度增加，未升学的初中和高中毕业生普遍接受不同年限的职业技术培训，使城乡新增劳动力上岗前都能得到必需的职业技术训练。③高等学校培养的专门人才适应经济、科技和社会发展的需求，集中力量办好一批重点大学和重点学科，高层次专门人才的培养基本上立足于国内，教育质量、科学技术水平和办学效益有明显提高。④全国基本扫除青壮年文盲，使青壮年中的文盲率降到百分之五以下；通过岗位培训、继续教育和在职学历教育，提高广大从业人员的思想文化素质和职业技能。[②]

这份纲要开启了我国高等教育改革与发展的新时代。[③]为了落实纲要精神，国家计划委员会、国家教育委员会、财政部联合制定《"211工程"总体建设规划》，就"211工

---

* 作者：王大洲、荣文杰。

① 中国教育改革和发展纲要. 中华人民共和国国务院公报，1993-04-06（4）.

② 中华人民共和国教育部. 国务院关于《中国教育改革和发展纲要》的实施意见. http://old.moe.gov.cn//publicfiles/business/htmlfiles/moe/moe_177/200407/2483.html [2020-01-08].

③ 中华人民共和国教育部. 夯实千秋基业 聚力学有所教——新中国70年基础教育改革发展历程. http://www.moe.gov.cn/jyb_xwfb/s5147/201909/t20190926_401046.html [2020-01-08].

程"的总体目标与近期目标、实施方式、管理模式、资金安排等做出具体安排。1998年，在"211工程"基础上，我国又实施了"985工程"，对于入选高校的支持力度进一步加大。[①]同年，中国政府出台了《面向21世纪教育振兴行动计划》，提出"到2010年，高等教育规模有较大扩展，入学率接近15%"的目标。鉴于全国高等教育快速发展的态势以及广大人民群众不断增长的对高等教育的强烈需求，2001年初制定的《全国教育事业发展第十个五年计划》明确要求，2005年实现高等教育入学率15%，提前五年实现原定2010年实现的高等教育目标。

经过十多年的努力，我国高等教育就发生了天翻地覆的变化。"211工程"高校人才培养质量不断提高，学科建设取得明显成效，创新能力得到提升，一些学科接近国际先进水平，产生了一大批有影响的成果。[②]"985工程"从根本上提高了我国高等学校的整体水平和国际竞争力，缩小了与世界一流大学的差距，有力地推动了科教兴国和人才强国战略的实施。[③]通过高校扩招举措，我国高等教育普及率大大提升，为我国经济社会发展提供了强有力的人才支持。

第二节　"211工程"的出台与实施

一、"211工程"的出台

改革开放后，我国高等教育取得了巨大发展。1995年，全国共有普通高等学校1075所，普通高等学校在校教师40.1万人；普通本专科在校生290.6万人，普通本专科招生人数达到92.6万人，当年普通本专科毕业人数达到80.5万人；研究生在校人数达到14.5万人，当年研究生招生数5.1万人，研究生毕业人数3.2万人；当年出国留学人员2万人，学成回国人员5750人；高中毕业生升学率为49.9%。[④]

但是横向比较，我国高等教育发展水平仍然很低。1995年高等教育入学人数占全国适龄人口的比例，中国只有4%，而印度为6%，英国为48%，日本为39%，澳大利亚为70%，美国为79%，加拿大为90%；政府教育开支占GDP的比例，中国只有2.3%，而英国为4.8%，日本为3.5%，澳大利亚为5.1%，加拿大为6.3%。[⑤]同年，全国高校发表的SCI收录论文总数为10 832篇，还赶不上美国哈佛大学和麻省理工学院两所大学被SCI收录的论文数（11 750篇）。由此可见，我国高等教育已经难以适应全球化和知识经济时代的严峻挑战。

1991年，第七届全国人民代表大会第四次会议批准《中华人民共和国国民经济和社会发展十年规划和第八个五年计划纲要》，提出要"有重点地办好一批大学。加强一批

---

① 李硕豪，陶威. 我国高等教育改革历程回顾与建议. 现代教育管理，2017，（3）：1-9.
② "211工程"简介. http://www.moe.gov.cn/s78/A22/xwb_left/moe_843/tnull_33122.html[2019-11-10].
③ "985"工程简介. http://www.moe.gov.cn/s78/A22/xwb_left/moe_843/201112/t20111230_128828.html [2019-11-10].
④ 新中国65年数据表. http://www.stats.gov.cn/ztjc/ztsj/index.html[2019-11-10].
⑤ Human Development Data（1990—2017）. UNDatabases. http://hdr.undp.org/en/data[2019-11-10].

重点学科点的建设，使其在科学技术水平上达到或接近发达国家同类学科的水平"。同年，国家教委向国务院正式上报《关于重点建设好一批重点大学和重点学科的报告》，建议设置重点大学和重点学科建设项目，简称"211工程"。1992年，国务院常务会议原则同意"211工程"规划意见。1993年，国家教委印发《关于重点建设一批高等学校和重点学科点的若干意见》的通知，对"211工程"的建设目标、实施办法、立项程序等做了明确阐述。1995年，经国务院批准，国家计委、国家教委、财政部联合发布《关于印发〈"211工程"总体建设规划〉的通知》（计社会[1995]2081号），"211工程"正式启动。

作为中国政府实施科教兴国战略的重大举措，"211工程"的总体目标是，面向21世纪，经过若干年的努力，使100所左右的高等学校以及一批重点学科在教育质量、科学研究、管理水平和办学效益等方面有较大提高，在高等教育改革特别是管理体制改革方面有明显进展，成为立足国内培养高层次人才、解决经济建设和社会发展重大问题的基地。其中，一部分重点高等学校和一部分重点学科接近或达到国际同类学校和学科的先进水平，大部分学校的办学条件得到明显改善，在人才培养、科学研究上取得较大成绩，适应地区和行业发展需要，总体处于国内先进水平，起到骨干和示范作用。[1]

二、"211工程"实施情况

"211工程"是分阶段实施的。"211工程"一期在"九五"期间实施，共批复立项建设学校99所，建设任务包括两个方面：一是重点建设若干所高等学校，使其在教学、科研和人才培养的整体水平上，接近和达到国际先进水平，并在国际上确立较高的声誉和地位；二是着重提高和改善一批与我国社会主义建设密切相关、重点学科比较集中、承担较多公共服务体系建设任务的高等学校的教学和科研基础设施条件，使其在人才培养质量上有显著提高，一些重点学科接近或达到国际水平，并在高等学校中起到骨干和示范作用，特别要注重支持与基础产业、支柱产业密切相关院校和重点学科点的建设，加大国家急需的高级专门人才和应用技术人才的培养力度。

在完成一期建设任务的基础上，"十五"期间进行了二期建设，共有107所高校得到支持（表15-1），824个学科进入全国重点学科行列，建设资金为187.5亿元。如果说通过"211工程"一期建设，做到了把有限的人力、物力、财力资源投入到经济社会发展最急需的学科和领域，那么，"211工程"二期就是在此基础上，继续以重点学科建设为核心，加大投入力度，增强高等教育为经济建设和社会发展服务的综合实力。[2]

"211工程"二期包括三方面任务：①重点学科的建设。着力建设和发展800个左右"211工程"重点学科建设项目。其中，对一期已建设且需要加强的重点学科建设项

---

① "211工程"简介. http://www.moe.gov.cn/s78/A22/xwb_left/moe_843/tnull_33122.html [2019-11-10].
② 唐景莉，杨晨光，毛帽. "211工程"建设回眸：迈向世界前列的坚实步伐. 中国教育报，2008-03-26（2）.

目继续进行支持；另遴选一批新的学科项目作为重点建设项目；充实和改善重点学科的
教学和科研条件，提高高层次创新人才培养、高水平科研成果产出基地的现代化装备水
平。②公共服务体系建设。主要包括中国教育和科研计算机网高速地区主干网升级、高
等教育文献保障体系建设二期、仪器设备和优质资源共享体系建设。③高校整体建设。
加强"211工程"学校的整体条件建设，推进和深化教育改革，较大幅度提高师资队伍
水平、教育质量、科研水平、管理水平和办学效益，更好地发挥"211工程"高校的示
范带动作用。①

表 15-1 "211 工程"学校名单

序号	学校名称	所在地（数量/所）	序号	学校名称	所在地（数量/所）
1	北京大学		28	太原理工大学	山西（1）
2	中国人民大学		29	内蒙古大学	内蒙古（1）
3	清华大学		30	哈尔滨工业大学	
4	北京交通大学		31	哈尔滨工程大学	黑龙江（4）
5	北京工业大学		32	东北农业大学	
6	北京航空航天大学		33	东北林业大学（二期）	
7	北京理工大学		34	复旦大学	
8	北京科技大学		35	同济大学	
9	北京化工大学		36	上海交通大学	
10	北京邮电大学		37	华东理工大学	
11	中国农业大学		38	东华大学	
12	北京林业大学	北京（23）	39	华东师范大学	上海（10）
13	北京中医药大学		40	上海外国语大学	
14	北京师范大学		41	上海财经大学	
15	北京外国语大学		42	上海大学	
16	中国传媒大学		43	第二军医大学	
17	对外经济贸易大学		44	南京大学	
18	中央音乐学院		45	苏州大学	
19	中央民族大学		46	东南大学	
20	中央财经大学（二期）		47	南京航空航天大学	
21	北京体育大学（二期）		48	南京理工大学	
22	中国政法大学（二期）		49	中国矿业大学	江苏（11）
23	华北电力大学（二期）		50	河海大学	
24	南开大学		51	江南大学	
25	天津大学	天津（3）	52	南京农业大学	
26	天津医科大学		53	中国药科大学	
27	河北工业大学	河北（1）	54	南京师范大学	

---

① "211工程"部际协调小组办公室. "211工程"发展报告（1995—2005）. 北京：高等教育出版社，2007：5-8.

续表

序号	学校名称	所在地（数量/所）	序号	学校名称	所在地（数量/所）
55	浙江大学	浙江（1）	82	四川大学	
56	安徽大学		83	电子科技大学	
57	中国科学技术大学	安徽（3）	84	西南交通大学	四川（5）
58	合肥工业大学（二期）		85	四川农业大学	
59	厦门大学		86	西南财经大学	
60	福州大学	福建（2）	87	重庆大学	
61	南昌大学	江西（1）	88	西南大学（二期）	重庆（2）
62	山东大学		89	云南大学	云南（1）
63	中国海洋大学	山东（3）	90	贵州大学（二期）	贵州（1）
64	中国石油大学		91	西北大学	
65	郑州大学	河南（1）	92	西安电子科技大学	
66	武汉大学		93	西北工业大学	
67	华中科技大学		94	西安交通大学	陕西（8）
68	中国地质大学		95	长安大学	
69	武汉理工大学	湖北（7）	96	第四军医大学	
70	华中农业大学（二期）		97	西北农林科技大学（二期）	
71	华中师范大学（二期）		98	陕西师范大学（二期）	
72	中南财经政法大学（二期）		99	兰州大学	甘肃（1）
73	湖南大学		100	新疆大学	新疆（1）
74	中南大学		101	辽宁大学	
75	湖南师范大学	湖南（4）	102	大连理工大学	辽宁（4）
76	国防科学技术大学		103	东北大学	
77	中山大学		104	大连海事大学	
78	暨南大学		105	吉林大学	
79	华南师范大学	广东（4）	106	延边大学	吉林（3）
80	华南理工大学		107	东北师范大学	
81	广西大学	广西（1）			

资料来源："211 工程"学校名单. http://old.moe.gov.cn/publicfiles/business/htmlfiles/moe/s238/201002/xxgk_82762.html [2019-11-10].

为继续贯彻落实科教兴国和人才强国战略，根据建设创新型国家和《中华人民共和国国民经济和社会发展第十一个五年规划纲要》的要求，紧密结合《国家中长期科学和技术发展规划纲要（2006—2020 年）》，2007 年开始实施"211 工程"三期，2011 年完成。建设资金采取国家、部门、地方和高等学校共同筹集的方式解决，中央安排专项资金 100 亿元，其中国家发展和改革委员会、财政部各安排 50 亿元，有关部门、地方政府及高等学校相应增加投入，负责落实各自应承担的资金，同时积极鼓励和引导社会资金投入。[①]三

---

① 国家发展和改革委员会，教育部，财政部. 关于印发"211 工程"三期建设总体方案的通知. 发改社会 [2008]462 号，2008-02-19.

期建设的特点是：在指导思想上，从过去的整体提高学科基础能力转变为实现高等教育创新能力和国际竞争能力的重点突破；在立项审批上，从高校根据国家分配的建设资金进行整体申报转变为通过领域专家评审获得立项资助；在人才培养和队伍建设上，更加强调高层次、创新性以及与国家和区域经济社会发展的紧密结合；在管理体制上，强调建立有利于人才创造性发挥的绩效考核和评价机制，营造优秀人才和重大成果脱颖而出的文化氛围。[①]根据党的十七大关于"优先发展教育，建设人力资源强国"的战略部署，我国于 2010 年 2 月出台《国家中长期教育改革和发展规划纲要（2010—2020 年）》，明确要求继续实施"211 工程"并启动特色重点学科项目。

三、"211 工程"建设的成效

"211 工程"确立了学科建设的核心地位，改善了高校的办学条件，增加了科研设备总量，奠定了高校的科研基础，提升了高校的总体实力。

（1）师资力量得到了大幅提升。据统计，1995—2005 年 10 年间"211 工程"学校具有博士学位教师增加到 51 211 人，是 1995 年的 5.8 倍；45 岁以下具有高级职称的教师 54 750 人，是 1995 年的 2.8 倍；764 位高校教师获得国家自然科学杰出青年基金资助，占全国的 56%；有 63 个团队入选国家自然科学基金委员会创新研究群体，占全国的 54%；871 人入选教育部"长江学者奖励计划"特聘教授或讲座教授；112 个团队入选教育部"长江学者和创新团队发展计划"。

（2）科研平台条件得到大幅改善。2005 年，"211 工程"高校总计教学科研用房为 3111 万平方米，是 1995 年的 2.6 倍；仪器设备总值增加到近 500 亿元，是 1995 年的 5.4 倍；"十五"期间，"211 工程"学校的科研经费为 1019 亿元，是"九五"期间的 3 倍，是"八五"期间的 8.3 倍。通过"211 工程"专项经费投入以及结合其他重大建设计划，"211 工程"学校单价 10 万元以上的仪器设备数量由 1995 年的 10 386 台件增加到 2005 年的 60 078 台件，其中 20 万美元以上的仪器设备数量由 1995 年的 293 台件增加到 2005 年的 2125 台件；2005 年的仪器设备总值为 497 亿元，是 1995 年的 5.3 倍。与此同时，134 个国家重点实验室、82 个国家工程中心、127 个教育部人文社会科学重点研究基地、281 个教育部重点实验室、54 个教育部工程中心得到充实、改善和提升，基本形成了由国家重点实验室、省（直辖市）部级重点实验室或工程技术中心，以及校级重点实验室组成的三级实验室体系。

（3）学校的科研能力有了大幅提高。"211 工程"学校结合自身优势，承担了一大批 973 计划项目、863 计划项目、国家自然科学基金重大项目等（表 15-2），产出了一大批高水平成果（表 15-3）。"211 工程"学校发表的被 SCI、EI、ISTP、SSCI 检索系统收录的高水平论文数量和论文的被引用次数都在快速增长。[②]

① 张晓玲. 加强"211 工程"三期重点学科建设的几点思考. 中国高教研究，2008，（9）：28-30.
② "211 工程"部际协调小组办公室. "211 工程"发展报告（1995—2005）. 北京：高等教育出版社，2007：14-15.

表 15-2　"211工程"学校承担国家级项目统计表（1995—2005 年）

项目名称	全国项目总数/项	高校项目总数/项	"211 工程"学校		
			项目总数/项	占全国百分比/%	占高校百分比/%
国家自然科学基金面上项目	50 921	39 164	29 197	57	75
国家自然科学基金重点项目	1 762	1 082	942	53	87
国家自然科学基金重大项目	86	59	35	42	59
国家自然科学基金国家杰出青年科学基金项目	1 359	845	764	56	90
863 计划项目	9 936	3 753	—	—	80 以上
973 计划项目	242	127	114	47	90
国家自然科学基金创新研究群体项目	117	65	63	54	97

资料来源："211 工程"部际协调小组办公室."211 工程"发展报告（1995—2005）. 北京：高等教育出版社，2007.

表 15-3　"211工程"学校获国家级奖统计表

列项	全国奖项/项	高校奖项/项	"211 工程"学校		
			奖项数量/项	占全国比/%	占高校比/%
合计	1586	770	565	36	73
国家自然科学奖一等奖	3	1	1	33	100
国家自然科学奖二等奖	143	81	70	49	86
国家技术发明奖一等奖	3	2	1	33	50
国家技术发明奖二等奖	123	73	55	45	75
国家科技进步奖一等奖	95	33	26	27	79
国家科技进步奖二等奖	1219	580	412	34	71

资料来源："211 工程"部际协调小组办公室."211 工程"发展报告（1995—2005）. 北京：高等教育出版社，2007.

　　"211 工程"是贯彻落实科教兴国战略的重大举措。通过"211 工程"建设，我国基本形成了结构和布局较为合理的高等教育重点学科体系，部分学科水平已经接近或达到国际先进水平。"211 工程"高校的整体实力、管理水平和办学效益与"九五"前相比，都有了明显提高，已经成为立足国内培养高层次人才、承担国家重大科研任务、解决经济建设和社会发展重大问题的基地。[①]

第三节　"985工程"的出台与实施

一、"985工程"的出台

　　20 世纪末期，世界范围内的科学技术发展迅速，推动人类社会进入知识社会，国家实力和竞争力愈益取决于知识的创造和应用能力，这就对高等院校的知识生产和人才培养提出了更高的要求。"211 工程"实施之后，我国高等学校日新月异，在校生人数与毕业人数已经较之前翻了几倍，但是在教学、科研和为社会服务的总体水平上，仍明显

[①] "211 工程"部际协调小组办公室."211 工程"发展报告（1995—2005）. 北京：高等教育出版社，2007：15-16.

落后于发达国家，我国还没有一所大学进入世界一流大学行列。

　　早在 1985 年，清华大学就提出"要逐步把学校建成世界一流的具有中国特色的社会主义大学"。1986 年，北京大学提出，要把"创办世界一流大学"作为学校的发展目标。1993 年，清华大学把建设综合性、研究型、开放式的世界一流大学作为办学方针。1994 年 7 月，北京大学首次确定了"创建一流大学"目标。1995 年，江泽民总书记在为复旦大学 90 周年校庆题词中号召，"面向新世纪，把复旦大学建设成为具有世界一流水平的社会主义综合大学"，这是"创建世界一流大学"首次出现在国家领导人的讲话中。

　　1997 年 12 月 9 日，中国科学院在向中央提出建设国家创新体系及实施知识创新工程的建议中，明确提出要"建设一批国际知名的国家知识创新基地（国立科研机构和教学科研型大学）"。1998 年底，财政部批准在 1998—2000 年中央财政专项中，安排中国科学院知识创新工程试点经费、标本馆建设经费和队伍建设经费共计 48.02 亿元。与"211 工程"相比，知识创新工程的资助对象更加集中，建设目标更高，拨款数额也更大，这对"985 工程"的出台产生了推动作用。[①]

　　1998 年 5 月 4 日是北京大学建校 100 周年纪念日，在校庆筹备期间，国家教委及全国教育科学规划领导小组负责人先后到北京大学，建议北京大学在国家实施科教兴国战略的大好时机下，参照中国科学院的经验，向中央提出"创建世界一流大学"的建设目标，以争取更大支持。北京大学、清华大学与教育界有关人士协商，共同制订计划，以期"能够影响到中央最高决策者"。1998 年 5 月 4 日，北京大学在人民大会堂隆重举行庆祝建校 100 周年大会，中共中央总书记、国家主席江泽民在会上郑重宣布："为了实现现代化，我国要有若干所具有世界先进水平的一流大学。这样的大学，应该是培养和造就高素质的创造人才的摇篮，应该是认识未知世界、探索客观真理、为人类解决面临的重大课题提供科学依据的前沿，应该是知识创新、推动科学技术成果向现实生产力转化的重要力量，应该是民族优秀文化与世界先进文明成果交流借鉴的桥梁。"

　　1998 年 12 月 24 日，教育部发布《面向 21 世纪教育振兴行动计划》，决定在推行"面向 21 世纪教育振兴行动计划"中，重点支持部分高等学校创建具有世界先进水平的一流大学和一流学科。该计划指出：要相对集中国家有限财力，调动多方面积极性，从重点学科建设入手，加大投入力度，对于若干所高等学校和已经接近并有条件达到国际先进水平的学科进行重点建设；今后 10~20 年，争取若干所大学和一批重点学科进入世界一流水平。[②]1999 年 1 月 13 日，国务院批准了该项计划。至此，"985 工程"正式启动。[③]

　　"985 工程"的指导思想是，集中资源，突出重点，体现特色，发挥优势，坚持跨越式发展，走有中国特色的建设世界一流大学之路。"985 工程"的总体目标是，经过若干年努力，建成若干所世界一流大学和一批国际知名的高水平研究型大学；通过管理体制创新、运行机制创新，积极探索世界一流大学建设的新机制；造就和引进一批具有

① 许涛. 中国"985 工程"研究及政策建议. 北京：高等教育出版社，2008：27-42.
② 国务院批转教育部面向 21 世纪教育振兴行动计划的通知. 国发〔1999〕4 号，1999-01-13.
③ 启动"985 工程"建设. http://www.moe.gov.cn/jyb_xwfb/xw_zt/moe_357/jyzt_2019n/2019_zt24/ jyfzdsj/ggkf/201909/t20190927_401418.html［2019-11-10］.

世界一流水平的学术带头人和学术团队；重点建设一批科技创新平台和哲学社会科学创新基地，促进一批世界一流学科的形成。①

"985 工程"建设的基本原则是，坚持以国家目标为导向，瞄准世界先进水平和国家重大需求，增强国家核心竞争力，解决国家建设的重大问题，为全面建设小康社会做出重大贡献；坚持改革和创新，深化高等学校内部管理体制和运行机制改革，为"985 工程"建设的各项任务提供体制和机制保障；坚持重点建设与整体统筹相结合；遵循科学发展观，统筹和协调长远目标与近期任务、人才培养与科学研究、学科建设与平台构筑等关系，综合集成推进建设世界一流大学和国际知名高水平研究型大学进程。②

二、"985 工程"高校建设情况

"985 工程"出台后，旋即展开了院校遴选工作。首批"985 工程"学校包括北京大学、清华大学、复旦大学、上海交通大学、中国科学技术大学、南京大学、西安交通大学、浙江大学、哈尔滨工业大学，这 9 所院校后来成立了"C9 联盟"。随后，建设名单扩大到 35 所，被称为"985"一期建设高校。第二期工程又入选院校 4 所。这样到 2005 年，"985 工程"建设学校共 39 所，分布在全国 18 个省（直辖市）（表 15-4）。

表 15-4 "985 工程"高校名单

序号	学校名称	所在地（数量/所）	序号	学校名称	所在地（数量/所）
1	北京大学	北京（8）	21	浙江大学	浙江（1）
2	中国人民大学		22	中国科学技术大学	安徽（1）
3	清华大学		23	厦门大学	福建（1）
4	北京航空航天大学		24	山东大学	山东（2）
5	北京理工大学		25	中国海洋大学	
6	中国农业大学		26	武汉大学	湖北（2）
7	北京师范大学		27	华中科技大学	
8	中央民族大学		28	湖南大学	湖南（3）
9	南开大学	天津（2）	29	中南大学	
10	天津大学		30	国防科学技术大学	
11	大连理工大学	辽宁（2 所）	31	中山大学	广东（2）
12	东北大学		32	华南理工大学	
13	吉林大学	吉林（1）	33	四川大学	四川（2）
14	哈尔滨工业大学	黑龙江（1）	34	电子科技大学	
15	复旦大学	上海（4）	35	重庆大学	重庆（1）
16	同济大学		36	西安交通大学	陕西（3）
17	上海交通大学		37	西北工业大学	
18	华东师范大学		38	西北农林科技大学	
19	南京大学	江苏（2）	39	兰州大学	甘肃（1）
20	东南大学				

资料来源："985 工程"学校名单. http://www.moe.gov.cn/srcsite/A22/s7065/200612/t20061206_128833.html [2019-11-10].

① "985"工程简介. http://www.moe.gov.cn/s78/A22/xwb_left/moe_843/201112/t20111230_128828.html [2019-11-10].
② "985 工程"建设报告编研组. "985 工程"建设报告. 北京：高等教育出版社，2011：12.

"985 工程"入选高校的建设工作，从机制创新、队伍建设、平台建设、条件支撑、国际交流与合作等五个方面展开：

（1）机制创新。按照世界一流大学建设要求，改革现行管理体制和运行机制；建立以竞争、流动为核心的人事管理机制、人才评价机制和科学合理的分配激励机制；建立有利于创新、交叉、开放和共享的运行机制；建立以投资效益为核心的公开、公平、公正的绩效考核和评价机制。

（2）队伍建设。提供优越的研究条件和配套保障条件，面向国内外招聘具有国际先进水平的学术带头人、优秀学术骨干和大学高级管理人才，重视有潜力的中青年骨干的培养和深造，通过提高水平、营造氛围、严格培养等多种途径吸引优秀青年人才，形成一支以博士生和博士后为生力军的创新力量，加快建设具有世界一流大学水平的教师队伍、管理队伍和技术支撑队伍。

（3）平台建设。整合、建设一批高水平的"985 工程"创新平台，建设和改善教学科研条件和基础设施，提高所建高校解决国民经济建设中的重大科技问题的能力；推动人文社会科学与自然科学、工程技术等的交叉、融合，培育出新的学科研究领域和研究方向，形成一批能够解决具有全局性、战略性、前瞻性的重大理论及现实问题的国家级哲学社会科学中心。

（4）条件支撑。加快建设公共资源与仪器设备共享平台，建设配置合理、设施完备的教学科研用房，加强教学科研信息化、数字化环境建设，构建基于现代教育理论和教育技术的教学科研环境，使所建高校的图书馆、电子资源库和自动化程度在整体上接近或达到国际先进水平。

（5）国际交流与合作。建设有利于国际学术交流与合作研究所需的环境，聘请世界知名学者来高校讲学、合作研究，与世界一流水平的大学或学术机构开展实质性合作，建立高层次人才联合培养和研究基地，开展高水平国际合作科研项目，加大吸引外国留学生来华留学的力度，推动我国高等教育国际化进程。[①]

三、"985 工程"取得的成效

"985 工程"建设成效显著，主要表现在如下几个方面。[②]

（1）获得大量资金投入。"985 工程"建设资金由多方共同筹集，积极鼓励有条件的部门、地方和企业筹集资金共建"985 工程"学校。其中中央专项资金重点用于"985 工程"创新平台、哲学社会科学创新基地和队伍建设等，其他资金根据学校"985 工程"建设规划进行安排。"985 工程"一期（1999—2003 年）中央专项资金为 140 亿元，"985 工程"二期（2004—2007 年）中央专项资金为 189 亿元。"985 工程"二期中央专项资金主要用于平台基地建设和队伍建设，其中用于平台基地建设的资金为 129 亿元，用于队伍建设的资金为 37 亿元。

（2）师生水平得到了大幅提升。在 2001 年和 2005 年开展的国家级教学成果评选中，

---

① "985 工程"建设报告编研组. "985 工程"建设报告. 北京：高等教育出版社，2011：13.

② "985 工程"建设报告编研组. "985 工程"建设报告. 北京：高等教育出版社，2011：14.

5 项特等奖中第一完成单位是"985 工程"学校的有 5 项,118 项一等奖中第一完成单位是"985 工程"学校的有 71 项, 971 项二等奖中第一完成单位是"985 工程"学校的占44%。1999 年以来,我国研究生培养规模快速扩大,其中博士招生数从 1999 年的 19 930人增加到 2005 年的 54 794 人,是 1999 年的 2.7 倍,其中"985 工程"学校授予的博士学位数一直占全国总数的一半以上;"985 工程"学校的校均专任教师数由 1999 年的1500 余人增加到 2005 年的 2200 余人, 专任教师中具有博士学位的比例从 1999 年的18%增加到 2005 年的 38%;"985 工程"学校海外博士学位教师数由 1999 年的 1679 人增加到 2005 年的 4067 人, 占专任教师总数的比例也由 1999 年的 2.7%上升到 2005 年的 4.7%;新当选的中国科学院院士中"985 工程"学校所占的比例由 1999 年的 20%上升到 2005 年的 43%;1998—2008 年的 10 年间,"985 工程"学校教师获得的"国家杰出青年科学基金"占全国总数的 50%以上,聘任的"长江学者"特聘教授和讲座教授占全国的比例都在 80%以上。

（3）打造了科技创新平台,增强了国际竞争力。通过平台与基地建设,提高了重点建设高校的创新能力和解决国民经济建设中重大科技问题的能力,增强了承担国家重大任务、开展高水平国际合作的能力,促进了学科优化和交叉,产出了一批重大科技成果,在国家创新体系中的地位得到进一步加强。我国大学进入世界大学排名前 500 的数量越来越多（表 15-5）。特别是北京大学、清华大学等高校,作为我国大学的精锐部队,办学水平和总体实力快速增强,与世界一流大学的差距明显缩小。2000 年,北京大学和清华大学在世界大学学术排名（ARWU）中的位次都在 351—400 之间,而到了 2015 年,两校首次挺进世界百强,具有标志性意义。

表 15-5　世界大学排名前 500 中我国大学数量表　　　（单位：所）

年份	2004	2005	2006	2007	2008	2009	2010	2011
数量	16	18	19	25	30	30	34	35
年份	2012	2013	2014	2015	2016	2017	2018	
数量	42	42	44	44	54	57	62	

资料来源：历年软科世界大学学术排名. http://www.zuihaodaxue.com/ARWU2019.html[2019-11-10].

（4）形成了一批接近世界一流水平的学科。"985 工程"学校进入 ESI 数据库前 1%的学科数由 2001 年的 40 个,增加到 2008 年的 140 个学科,主要集中在工程学、化学、材料科学、物理、临床医学等学科。其中按被引总次数统计,进入世界高校百强的有 10所学校的 26 个学科。这些学科表现了强劲的发展势头,已经具备了冲击世界一流学科的实力。从 1998 年到 2008 年,"985 工程"首批高校发表的国际论文增长了近 4 倍,而论文被引次数增长了 10 倍,意味着质量的提升速度明显高于数量的增长速度。

（5）高校承担国家高水平科学研究的能力大大增强。"985 工程"学校做出了一批代表国家最高水平的重大科研成果,获得国家级科技奖励的数量和层次都显著提升。1999—2008 年颁发的 5 项国家技术发明奖一等奖（通用项目）中有 4 项由"985 工程"学校获得。1999—2008 年授予的国家科学技术进步奖一等奖中,"985 工程"学校作为第一完成单位的占 20%;教育部自 2003 年启动哲学社会科学研究重大公关课题以来,重大课题公关项目每年评审立项 40 个左右，2003—2008 年共计立项 240 项，其中"985 工程"学校获得 171 项，占该项目的 71%；中南大学和西北工业大学分别获得了 2004 年度国家技术发明奖一等奖，打破了该奖项连续 6 年空缺的局面。2006 年，南京大学获得国家自然科学奖一等奖，彰显了高等院校的基础研究实力。[①]

总之，"211 工程"和"985 工程"在高校基础设施建设、人才培养、科学研究、师资队伍建设、学科专业建设等各个领域都取得了显著成绩，为我国经济社会的快速发展、文化科学技术的进步和高层次人才的培养做出了重要贡献。但是，随着我国高等教育发展进入大众化阶段，高等院校数量急剧增加，而有限的财政资金使得高校间办学经费差距不断拉大，高等教育公平问题愈来愈突出。[②]面对"211 工程"和"985 工程"建设中凸显的身份固化、竞争缺失、发展趋同的问题，2015 年 10 月国务院出台了《统筹推进世界一流大学和一流学科建设总体方案》，为我国建设世界一流大学绘制了新的蓝图。2017 年，"双一流"建设替代了"985 工程"、"211 工程"，开启了我国建设世界一流大学和世界一流学科的新局面。[③]

第四节　世纪之交的大学合并潮

20 世纪末至 21 世纪初，我国掀起了一场大学合并潮，产生了不少"巨型大学"（表 15-6）。有些已经成为"985 工程"高校的大学，希望通过合并实现综合化发展，快速提升办学实力，尽快建设世界一流大学。例如，北京大学、清华大学、浙江大学、哈尔滨工业大学、西安交通大学、上海交通大学、复旦大学、中国科学技术大学等首批"985 工程"高校都进行过规模不等的合并。其中，最典型的是浙江大学，通过合并"同城同源"的杭州大学、浙江农业大学和浙江医科大学，一下子就从纯粹的工科院校转变为学科门类齐全的综合性大学。还有一些高校是希望通过合并，确保入选"985 工程"高校，进而创办世界高水平大学。最典型的是吉林大学，2000 年 6 月几乎将位于长春市的高校"一网打尽"，合并了白求恩医科大学、长春科技大学（原东北地质学院）、吉林工业大学、长春邮电学院、解放军军需大学等五所大学，一下子成为当时中国规模最大的"巨无霸"，并于次年入选"985 工程"高校行列。类似地，武汉大学、华中科技大学、中南大学、四川大学、山东大学、中山大学等也都是进行了不同规模的合并后入选"985 工程"高校的。特别是四川大学合并了华西医科大学、华中科技大学合并了同济医科大学、中南大学合并了湘雅医学院，一夜间建起了强大的医科，让许多大学"羡慕"不已。西北农林科技大学则由西北农业大学、西北林学院、中国科学院水利部水土保持研究所、水利部西北水利科学研究所、陕西省农业科学院、陕西省林业科学院、中国科学院西北植物研究所合并而成，开启了大学合并研究机构的先河。

① "985 工程"十年建设成效. http://www.moe.gov.cn/s78/A22/Xwb_left/moe_843/201112/t20111230_128827.html
[2019-11-10].
② 刘强. 关于"211 工程""985 工程"存废之争的思考. 高校教育管理，2015，（9）：90-93，119.
③ 赵沁平. 走出中国建设世界一流大学的路子. http://theory.people.com.cn/n1/2017/0307/c40531-29129083.html
[2019-11-11].

表 15-6 "985 工程"高校合并情况（以行政区划为序）

序号	合并后高校	合并前的高校及研究机构
1	北京大学	原北京大学、北京医科大学
2	清华大学	原清华大学、中央工艺美术学院、中国人民银行研究生院（划归管理）
3	中国农业大学	原北京农业大学、北京农业工程大学
4	南开大学	原南开大学、天津对外贸易学院、中国旅游管理干部学院
5	哈尔滨工业大学	原哈尔滨工业大学、哈尔滨建筑大学
6	吉林大学	原吉林大学、白求恩医科大学、长春科技大学（东北地质学院）、吉林工业大学、长春邮电学院、中国人民解放军军需大学
7	东北大学	原东北大学、沈阳黄金学院
8	复旦大学	原复旦大学、上海医科大学
9	上海交通大学	原上海交通大学、上海第二医科大学、上海农学院、中欧商学院（划归管理）
10	同济大学	原同济大学、上海铁道大学、上海城建学院、上海建材学院、上海航空工业学校（划归管理）
11	华东师范大学	原华东师范大学、上海幼儿师范高等专科学校、上海教育学院、上海第二教育学院、上海市南林师范学院（划归管理）
12	东南大学	原东南大学、南京铁道医学院、南京交通高等专科学校、南京地质学校（划归管理）
13	浙江大学	原浙江大学、浙江农业大学、浙江医科大学、杭州大学
14	中国科学技术大学	原中国科学技术大学、合肥经济技术学院
15	山东大学	原山东大学、山东医科大学、山东工业大学
16	武汉大学	原武汉大学、湖北医科大学、武汉测绘科技学院、武汉水利电力学院
17	华中科技大学	华中理工大学、武汉城市建设学院、同济医科大学、科技部干部管理学院
18	湖南大学	原湖南大学、湖南财经学院、湖南省计算机高等专科学校
19	中南大学	中南工业大学、湖南医科大学、长沙铁道学院、长沙工业高等专科学校
20	中山大学	原中山大学、中山医科大学
21	重庆大学	原重庆大学、重庆建筑大学、重庆建筑高等专科学校
22	四川大学	原四川大学、华西医科大学、成都科技大学
23	西安交通大学	原西安交通大学、陕西财经学院、西安医科大学
24	西北农林科技大学	西北农业大学、西北林学院、中国科学院水利部水土保持研究所、水利部西北水利科学研究所、陕西省农业科学院、陕西省林业科学院、中国科学院西北植物研究所
25	兰州大学	原兰州大学、兰州医学院、甘肃草原研究所

　　高校合并当然不限于"985 工程"高校的规模扩张，可以说是席卷全国各类高校的风潮。当时，也有不少"211 工程"高校谋求合并其他高校，快速提升办学实力、扩展办学空间。典型的例子包括：郑州大学合并同城的河南医科大学和郑州工业大学；武汉工业大学合并武汉汽车工业大学、武汉交通科技大学，更名为武汉理工大学，但当时它们的办学实力与"985 工程"的要求还有一定的距离。还有一些所谓"双非"高校，通过合并实现了平台跃升。典型的例子是，西南师范大学和西南农业大学两所高校合并成为西南大学，并于 2005 年成为"211 工程"高校。当然，也有一些高校拒绝被合并，而坚守自己的特色发展之路。典型的例子是西南政法大学，当时拒绝并入重庆大学，至今仍然是法学领域一支不可忽视的重要力量。

　　从总体上看，高校合并彻底打破了我国过去几十年来单科性大学占主导地位的办学格局，发展出了一批综合性程度高、办学实力强的大学，为我国创办世界一流大学奠定了比较好的基础。但是，在合并过程中，由于各种原因，也有一些高校合并不算很成功，盲目贪大求全提升了办学成本，也在一定程度上失去了办学特色。这也是为什么我国从2015年开始谋划"双一流"建设的一个动因。

第五节　大学扩招与高等教育的普及

高校扩招在这里特指1999年开始的那场声势浩大的大扩招。这是迄今为止对我国高等教育发展影响最深刻、最持久的一项政策，成为我国高等教育发展的分水岭、里程碑。从此，我国高等教育走上了快速普及之路。

一、高校扩招的起点

从新中国成立初期到20世纪60年代，我国高等教育呈现出波动性强、随意性大等特点。1956年全国高等学校招生18.5万人，同比增长88.8%，1957年则锐减到10.6万人，同比下降42.7%，1960年再次增长到32.3万人，1961年又骤降至16.9万人，1962年进一步下降为10.7万人。1966年"文化大革命"爆发，全国高等学校招生大幅减少。十年"文化大革命"对我国高等教育的发展造成了难以挽回的损失。

1977年，我国高考制度恢复，全国普通高校共招收27.3万人，1978年增至40.2万人。因"文化大革命"造成教育中断的大量高中毕业生纷纷在这两年通过高考进入大学。紧接着，普通高校报考人数出现了下降趋势，招生人数也随之下降，1979年全国普通高校共招收27.9万人。在随后若干年中，全国普通高校招生规模虽时有波动，但总体上呈稳步增加趋势。1984年普通高校本专科招生人数为47.5万人，1990年达到60.9万人（表15-7）。[①]

从1994年开始，高校招生平均每年增幅为3%—4%，1998年招生计划也只比上年提高8%。当时主要是考虑到财政压力，遵循国际惯例对高校规模扩张做出限制，要求原则上比GDP增长率低2个百分点。根据这个基准，1994年之后高等教育发展仍然一直保持"规模适度"，实际上限制了高等教育的发展。[②]

表 15-7　1952—2000 年我国高等教育招生规模 （单位：万人）

年份	招生数	年份	招生数
1952	7.9	1975	19.1
1957	10.6	1978	40.2
1960	32.3	1979	27.9
1962	10.7	1980	28.1
1965	16.4	1981	27.9
1970	4.2	1982	31.5

① 梁军. 高等教育推动中国跨越中等收入陷阱研究. 北京: 科学出版社, 2016: 61-64.
② 改革开放以来的教育发展历史性成就和基本经验研究课题组. 改革开放30年中国教育重大历史事件. 北京: 教育科学出版社, 2008: 180.

续表

年份	招生数	年份	招生数
1983	39.1	1992	75.4
1984	47.5	1993	92.4
1985	61.9	1994	90.0
1986	57.2	1995	92.6
1987	61.7	1996	96.6
1988	67.0	1997	100.0
1989	59.7	1998	108.4
1990	60.9	1999	159.7
1991	62.0	2000	220.6

资料来源:《中国统计年鉴 1999》《中国统计年鉴 2001》,见网址:http://www.stats.gov.cn/tjsj/ndsj.

二、高校扩招的原因

20 世纪末,我国人力资源及高等教育发展整体上依然处于较低水平。1998 年,高等教育毛入学率为 9.8%,在校生人数 780 万人。[1]然而,根据联合国教育、科学及文化组织统计,1998 年全世界适龄青年的高等教育毛入学率平均为 18.2%,其中发达国家为 40.1%,发展中国家为 14.1%。我国高等教育毛入学率世界排名在 100 位之后[2],与发达国家差距巨大。从另一个指标看,1998 年我国大学生在校人数 780 万人,仅占适龄人口的 9.8%,不但远低于发达国家水平,也低于国际高等教育大众化的最低标准(15%)。就平均每万人中大学生的比例而言,我国比印度都低了许多。[3]如果根据联合国的统计数据,扩招前我国 18—22 岁的适龄青年上大学的比例仅为 4%,而当时人均 GDP 和我国不相上下的菲律宾,这个数字是 20%;人均 GDP 略高于我国的泰国,这个数字是 31%—37%。[4]

20 世纪 90 年代以来,我国社会的教育经济回报率不断提高,"脑体倒挂"现象逐步消除。我国教育经济回报率在 1981 年和 1987 年仅为 0.025 和 0.027,1996 年增加到 0.04。[5]受教育成为一种特殊投资,人民群众渴望接受高等教育,而社会经济发展也要求高校培养更多高级专门人才。我国每年有 1400 多万名初中毕业生,其中一半上不了高中;每年有 350 万名高中毕业生,其中 70%上不了大学。对此,社会各界特别是独生子女家长强烈不满。[6]这说明对高等教育的需求大于供给,高等教育远远不能满足人们的需要。

1999 年我国高校招生政策改变的直接原因,则是亚洲金融危机的影响。从改革开放到 1997 年上半年,我国经济总体上处于迅猛发展时期,保持了 GDP 总量 9.6%、

---

① 别敦荣,杨德广. 中国高等教育发展改革与发展 30 年. 上海:上海教育出版社,2009:4.
② 谢作栩. 中国高等教育大众化发展道路的研究. 福州:福建教育出版社,2001:252.
③ 李岚清. 李岚清教育访谈录. 北京:人民教育出版社,2003:119.
④ 夏斐. 理性客观看待大学扩招. http://news.cctv.com/china/20081210/103618_2.shtml[2020-01-01].
⑤ 祁型雨. 利益表达与整合——教育政策的决策模式研究. 北京:人民出版社,2006:8.
⑥ 朱镕基. 在第三次全国教育工作会议上的讲话. http://www.moe.gov.cn/srcsite/A05/s7052/199910/t19991015_162908.html[2020-01-01].

人均 GDP 8.2% 的年均增长速度。但是，1997 年下半年受亚洲金融危机影响，我国经济增速开始下滑，1998 年降至 7.8%。特别是 1999 年 3 月以后，亚洲金融危机对我国的负面影响全面显现，加上国有企业改革带来大量下岗员工，而每年因不能升学的学生特别是 300 多万名高中毕业生还将形成新的就业压力。在这种情况下，若不采取得力措施，势必造成严重后果。面对种种不利因素，政府决定实施积极的财政政策，寻找新的消费热点，拉动内需，缓解就业压力，高等教育扩大招生已是众望所归。

三、高校扩招的启动

事实上，1998 年中央政府已经做出了扩大普通高等教育规模的战略决策，出台的《面向 21 世纪教育振兴行动计划》明确提出了 2010 年实现高等教育毛入学率 15% 的目标。1999 年我国第三次"全国教育工作会议"召开，招生政策开始从教育政策提升到了国家政策。年初确定的 1999 年招生规模已经比上一年增加 21%，到了 6 月，国家计委和教育部联合发布再次扩招的消息[①]，决定在年初调整的基础上，再增加 23 万多人。1999 年全国普通高校招生 159.7 万人，较 1998 年增长 47.3%。与此同时，成人高校扩招 10 万人，达到 110 万人；高职教育扩招 10 万人。这样，各类高教机构招生总规模超过 270 万人[②]。我国高等教育事业就此进入全新的发展时期。

从 1999 年开始，全国普通高校、成人高校每年都扩大了招生计划。各地普通高校相继到外地或校外举办独立学院，以吸纳更多学生。到 2005 年底，全国经教育部批准的独立学院（本科）已近 300 所。中央将设置高等职业技术学院和制定高校专科招生计划的审批权下放到省级政府，使一批高等职业技术学院和民办高等学校应运而生。从中央到地方，都出台了若干优惠政策推进高校后勤社会化，由此吸纳了企业、社会的大量资金，改善了高校后勤保障的条件。不少省高校 7 年新建的学生宿舍超过了新中国成立 50 年所建的学生宿舍总面积。在国务院领导下，教育部、财政部、中国人民银行、中国银行业监督管理委员会制定了若干为普通高校学生提供助学贷款的政策措施，到 2006 年 4 月全国已有 230 万大学生获得助学贷款 190.9 亿元。[③]

四、高校扩招的成果

（一）我国高等教育总规模大幅增长

经过扩招，我国高等学校在校生总规模从 1998 年的 360 万人，增加到 2005 年的 1659 万人，7 年时间高校在校生人数增长了 3.6 倍（表 15-8）。其中，研究生总规模净增 78 万人，7 年增长了 390%；本科生规模净增 625 人，增长了 280%；专科（高职）生规模净增 596 万人，增长了 509%。

① 卢晓梅. 我国高等教育决策模式的现状与突破. 北京：科学教育出版社，2016：111-112.
② 袁振国. 中国教育政策评论. 北京：教育科学出版社，2000：19-20.
③ 杨崇龙. 我国高校扩招政策的提出和终止. 云南民族大学学报（哲学社会科学版），2017，（2）：151-152.

表 15-8　1998—2005 年高等学校在校生规模发展情况　（单位：万人）

项目	1998	1999	2000	2001	2002	2003	2004	2005
在校生数	360	431	471	610	770	1173	1425	1659
研究生	20	23	30	39	50	65	82	98
本科生	223	272	340	424	527	629	748	848
专科（高职）生	117	136	101	147	193	479	595	713

资料来源：1998—2005 年度各级各类教育在校学生数. http://data.stats.gov.cn/easyquery.htm?cn= C01[2020-01-07].

（二）高中毕业生升学机会大幅提升

经过连续扩招，到 2002 年末，我国高等教育毛入学率已经达到 15%，高等教育大众化目标的实现比"十五"计划又提前了 3 年。到 2005 年，我国高等教育毛入学率达到了 21%。[1]与 1998 年相比，1999—2005 年累计净增加本专科招生数 396 万人，为数百万原本无望上大学的学生提供了接受高等教育的机会。高校扩招使高中阶段毕业生的升学率从 1998 年的 63.8%提高到 2005 年的 76.3%。高等学校的扩招和入学机会的增加，带动了普通高中招生规模的大幅度增长，2005 年全国普通高中的招生数由 1998 年的 360 万人增加到 877 万人，增幅高达 144%。同时，初中毕业生的升学率相应也有了明显提高，由 1998 年的 50%增加到 2005 年的 70%。[2]

（三）高层次人才及紧缺学科、专业人才的供给量大幅增加

"十五"期间，我国有 1700 多万名高等学校毕业生进入就业市场，从业人口中大专及以上文化程度人数由 2000 年的 2800 多万增加到 2005 年的 4500 万人左右，使就业人口中大专及以上文化程度人数的比例由 2000 年的 4%提高到 6%。高校扩招优先考虑发展经济、社会急需的专业，适应了我国人力资源需求结构的变化。例如，以信息技术为代表的高新技术专业招生数年均增长率超过 100%，为所有专业平均年增长率的 3 倍；法学、金融、贸易与工商管理等专业的招生数年均增长率超过 70%，为平均年增长率的 2 倍。[3]

五、高校扩招存在的问题及调整

高校扩招使我国快速迈入高等教育大众化时代，带来了教育事业的全方位变革，为素质教育理念的确立创造了机会。但是，高校扩招也带来了新的问题和挑战。高校扩招有显著成就，也存在一些问题，主要表现在：一是我国高等教育质量还不能够很好地适应经济社会发展的需要；二是教育教学方面的改革还面临着深层次的艰巨任务；三是高校教学工作面临着精力投入不足、经费投入不足的问题[4]。

---

① 2011 年全国高等学校教育毛入学率达到 26.9%. http://news.ifeng.com/mainland/detail_2012_08/31/17255914_0.shtml[2020-01-07].

② 1998—2005 学龄儿童入学率和各级普通学校毕业生升学率. http://data.stats.gov. cn/easyquery.htm?cn=C01[2020-01-07].

③ 上海市教科院发展研究中心. 中国高校扩招三年大盘点. 教育发展研究，2002，（9）：7.

④ 周济. 以素质教育为主题 着力完成"普及、发展、提高"三大任务. 求是，2005，（23）：8-10.

2006 年 5 月 10 日，国务院常务会议决定"适当控制招生增长幅度，相对稳定招生规模"，以利于集中财力，改善办学条件，优化育人环境；集中精力，加快学科专业结构调整，深化人才培养方式改革；逐步解决当前高校存在的矛盾和问题，实现高等教育的可持续发展。[①]

根据该决定，教育部将 2006 年高校招生计划增长幅度控制在 5%并严格执行国家下达的招生计划。与此同时，加强宏观调控的力度，对超计划招生、违规招生的，在博士点、硕士点新增高校备案审批、基建投资等方面予以限制，超招学生不予电子注册；严格规范办学行为，对专升本学校严格审批，加强独立学院的管理，经评估未达要求的学校要亮黄牌、红牌。至此，中国世纪之交的高校大幅扩招戛然而止。中央原计划扩招 3 年，但控制不了，一扩 7 年，直到 2006 年才下决心停止大幅扩招。高等教育高速发展的 7 年，成就当然是主要的，所暴露的问题也是发展中的问题，为今后提供了经验教训。

---

① 温家宝主持国务院常务会听取高等教育工作汇报等. http://www.gov.cn/ldhd/2006-05/10/content_277511.htm [2020-01-07].

第十六章　建设创新型国家*

通过实施科教兴国战略和不断深化的科技体制改革，企业技术创新主体地位得到确立，中国科学院和高等院校的知识创新能力和创新人才培养能力都得到了大幅提升，从而使得我国国家创新体系得到了根本改善，我国也就顺理成章地开始了创新型国家建设的新征程。

第一节　国家创新体系的优化

科教兴国的基本内涵就是将经济建设转移到依靠科技进步和提高劳动者素质的轨道上，彻底解决"科技与经济"脱节、"科技与教育"脱节乃至"军-民"脱节的体制难题。为此，改革科研机构和高等院校并推动企业成为技术创新的主体，是重构国家创新体系的必然环节。从20世纪90年代开始，通过一系列经济体制改革和科技体制改革，我国的国家创新体系得到不断优化，我国企业技术创新产出大幅提升。

一、产学研关系结构的优化

我国产学研关系结构的优化包括两个方面：一是研究开发人力资源在大学、研究机构和企业之间的配置结构的优化；二是科技活动经费筹集来源结构以及研究开发经费支出在大学、研究机构和企业之间的配置结构的优化。

我国R&D人力资源在大学、研究机构和企业这三大部门的配置结构得到了优化。与大学和科研机构相比，企业内部研发人员数量稳步快速增加，尤其是在1999年之后更是增长迅猛。如图16-1所示，从1999年开始，企业R&D人员占R&D人员全时当量的比重开始大幅上升，而研发机构所占比重开始下降，高等学校R&D人员所占比重变化不明显。具体而言，研发机构、企业、高等学校的R&D人员全时当量占总量之比1995年分别为32.54%、37.49%、19.18%，到2006年则分别变为15.43%、65.74%、16.14%。可见，1995—2006年这一时间段，研发机构R&D人员占比稳步下降，高等学校R&D人员占比略有下降，而企业R&D人员的占比则是大幅上升，而且后期的占比开始逐渐超过了60%。

我国科技活动经费来源结构以及R&D经费支出在高等学校、研发机构和企业这三大部门的配置结构得到了优化。在1999年之后，科技活动经费筹集的部门分布发生了显著变化，企业资金占比显著增加，而政府资金和金融机构贷款的占比开始下降。具体而言，政府资金、企业资金、金融机构贷款和其他资金占全国科技活动经费筹集

＊　作者：王大洲、梁庆华、程慕园。

总额的比重 1995 年分别为 25.80%、31.70%、13.2%、29.2%，2006 年则分别变为 22.07%、66.28%、6.04%、5.61%（图 16-2）。与此同时，自 1999 年开始，企业的 R&D 经费支出占全国总额的比重处于上升趋势，而研发机构和高等学校所占比重则开始下降。研发机构、企业、高等学校的 R&D 经费支出占全国总额之比 1995 年分别为 41.98%、40.64%、12.13%，2006 年则分别变为 18.89%、71.08%、9.22%（图 16-3）。上述两方面的结构变化表明，企业在国家创新体系中的相对地位明显上升。从图 16-4 可以看出，我国政府投入 R&D 经费的部门分布多年维持着相对稳定的比例，即研发机构大体上占 62%左右，高等学校占 20%左右，企业占 14%左右。这佐证了我国国家创新体系的结构性变化，主要导源于企业研发能力的迅速提升，由此也大大增加了中国国家创新体系的活力。

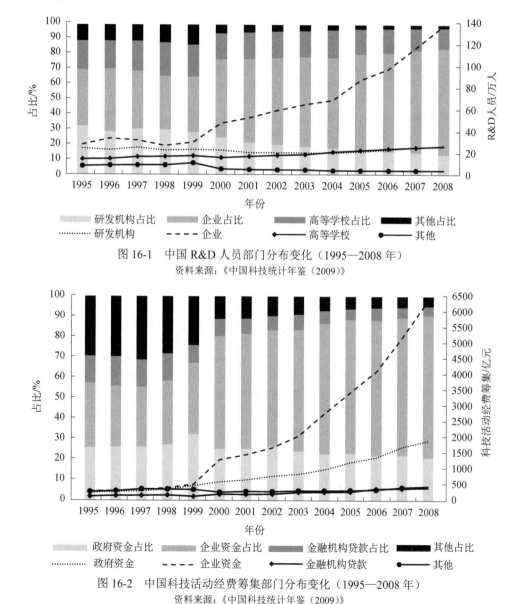

图 16-1　中国 R&D 人员部门分布变化（1995—2008 年）

资料来源：《中国科技统计年鉴（2009）》

图 16-2　中国科技活动经费筹集部门分布变化（1995—2008 年）

资料来源：《中国科技统计年鉴（2009）》

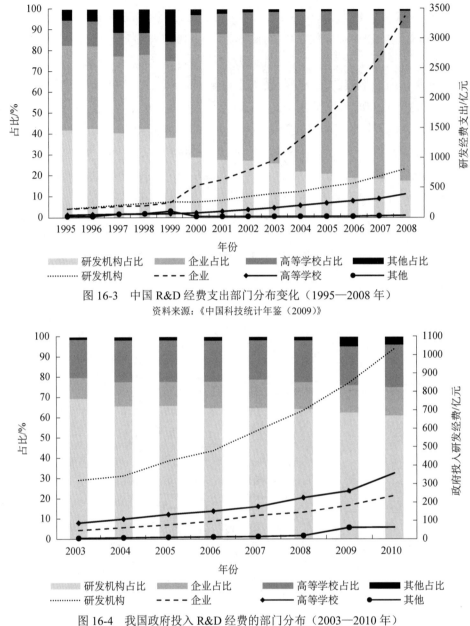

图 16-3　中国 R&D 经费支出部门分布变化（1995—2008 年）
资料来源：《中国科技统计年鉴（2009）》

图 16-4　我国政府投入 R&D 经费的部门分布（2003—2010 年）
资料来源：《中国科技统计年鉴（2011）》

二、市场结构的优化

国家创新体系的全面优化，当然也包括市场结构的优化。就我国而言，最大的市场结构问题，主要不是发达国家关心的大企业和小企业的关系问题，而是国有企业和民营企业的关系问题。如果没有民营企业的崛起，就很难有国家创新体系的结构性优化。

企业是创新的主体，但我国民营企业在国家创新体系的地位长期处于弱势状态，民营企业的创新作用长期得不到重视。改革开放以来，我国民营企业从无到有，从小到大，从弱到强，从国内到国际，实现了快速发展，竞争地位不断提高。图 16-5 显示，民营企业就业总人数占各类企业就业总人数的比例从 1998 年的 3.43%持续增长至 2006 年的 33.45%，而国有企业就业总人数占各类企业就业总人数的比例则从 1998 年的 80.02%持续降至 2006 年的 30.61%，表明我国经济市场化程度不断加深。图 16-6 显示，民营企业总资产占各类企业总资产的比例从 1998 年的 1.52%增长至 2006 年的 16.03%，国有企业总资产占各类企业总资产的比例则从 1998 年的 76.66%降至 2006 年的 53.47%，说明民营经济已经成为我国社会经济发展的重要支撑力量，民营企业在国家创新体系中的地位显著提升。总体上看，20 世纪 90 年代以来，我国民营企业的创新活力的增强带来了市场结构的优化。

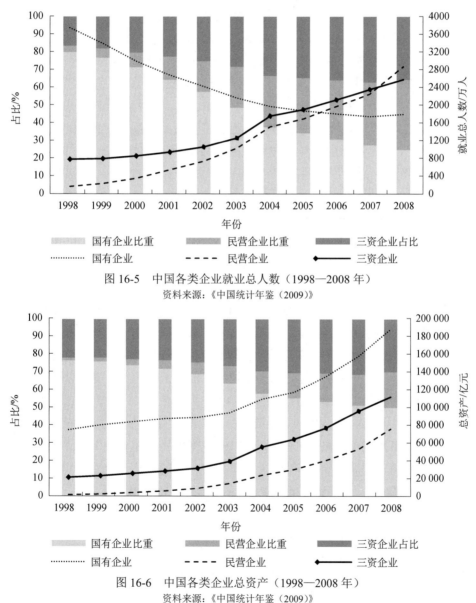

图 16-5　中国各类企业就业总人数（1998—2008 年）
资料来源：《中国统计年鉴（2009）》

图 16-6　中国各类企业总资产（1998—2008 年）
资料来源：《中国统计年鉴（2009）》

三、"军–民"互动关系的优化

军用技术开发与民用技术发展之间的互动关系，是国家创新体系中的一个关键环节。计划经济时期，我国国防科技创新体系与民用科技创新体系基本处于分离状态，占有国家大量创新资源的国防科技企业一直从事单一军品生产。改革开放之后一直到 20 世纪 90 年代，我国实行"军民结合、平战结合、军品优先、以民养军"的方针，将军工领域从长期临战状态转变到和平建设轨道上来，在这个过程中，"军转民"一直是社会各界关注的焦点。

从 20 世纪 90 年代中期开始，为了全面走向社会主义市场经济，提升国家创新体系的整体效率，我国开始着力建设"军民结合、寓军于民"的国防科技创新体系，在这个过程中如何实现"军民融合"就成为改革的焦点。从 1992 年开始，随着社会主义市场经济体制的逐步确立，我国开始进入军民融合发展阶段。1996 年，我国改革军工融资渠道，由过去主要依靠国家投入的融资模式，改变为多渠道融资方式。1998 年，国防科学技术工业委员会（简称国防科工委）从军队系统正式划归国务院政府系统。2003 年 10 月，党的十六届三中全会提出，要"建立军民结合、寓军于民的创新机制，实现国防科技和民用科技相互促进和协调发展"。2004 年，"军民结合、寓军于民"成为编制国家科学技术中长期发展规划的指导原则。通过军民关系变革，我国已经在一定程度上消除了"军-民"二元分离的格局，促成了国家创新体系的整体优化。

军民融合主要从"军转民"和"民参军"两个维度实现。在"军转民"方面，从 1982 年到 1989 年，航空、电子、兵器和核工业的民品产值占总产值的比重从 20% 提高到 70%，而从 1993 年到 2007 年，国防军工企业民品产值占国防工业总产值的比重从 75%[1]进一步提高到 80%[2]。在"民参军"方面，1997 年 3 月出台的《中华人民共和国国防法》首次确立了"承担国防科研生产任务的企业事业单位"这个概念，为后续"民参军"工作奠定了法理基础[3]。从 2007 年开始，随着国防科工委《关于非公有制经济参与国防科技工业建设的指导意见》和《关于深化国防科技工业投资体制改革的若干意见》的相继颁布，国防科技创新体系开始由"军工科研单位组成的单一结构"转变为"以军工科研单位为主导力量、中国科学院和地方研究型大学为主要力量、其它地方教育科研机构和民营企业为补充的小核心、大协作的武器装备科研生产能力结构"[4]。2006 年 8 月，《中国人民解放军装备承制单位名录》首次颁布，69 家装备承制单位进入名录，入选目录的民营企业开始获得承担军工装备研制、生产、修理任务的资格。通过"军转民"和"民参军"，1992—2006 年，我国军民融合度从 1992 年的约 80% 增长至 2006 年的约 90%[5]，国防科技与民用科技不断深度融合、协调发展。

① 于宗林. 军转民——中国国防科技工业的第二次创业. 现代军事，1995，（1）：22-24.
② 陈昭君，石宝江，刘义昌. 民品产值在国防科技工业总产值中比重已达到 80%. https://www.chinanews.com.cn/gn/news/2008/11-10/1443527.shtml［2022-05-14］.
③ 国防大学国防经济研究中心. 军民融合中的"民参军". 中国军转民，2015，（1）：14-21.
④ 游光荣，赵林榜，闫宏，等. 中国军民融合发展历程与经验//薛澜，等. 中国科技发展与政策（1978～2018）. 北京：社会科学文献出版社，2018：300-329.
⑤ 孟斌斌，戚刚，曾立. 中国军民融合度测算：理论与实证. 北京理工大学学报（社会科学版），2019，21（1）：128-135.

四、"央–地"关系逐步走向协调

建设好区域创新系统，形成中央与地方在创新治理中的良性协调关系，是国家创新体系建设的内在环节。20 世纪 90 年代以来，随着科技体制改革的深化，随着分税制改革的实施，地方科技创新的活力不断增强。通过区域之间的科技创新竞争，国家创新体系的整体活力充分显现。

尽管中央财政科技支出在整个国家创新体系中占有相当大的比例，但地方财政科技支出的增速比中央财政支出要快，地方财政科技支出占全国财政科技总支出的比例逐渐增大。1992—2006 年，中央财政科技支出由 133.6 亿元增长至 1009.7 亿元，增长了 6.56 倍，年均增长将近 15.54%；而地方财政科技支出由 55.7 亿元增长至 678.8 亿元，增长了 11.19 倍，年均增长约 19.55%。图 16-7 表明，1992—2006 年中央财政科技支出在全国财政科技支出中的占比呈下降趋势，由 1992 年的 70.58% 降至 2006 年的 59.80%；而地方财政科技支出在全国财政科技支出中的占比呈上升趋势，由 1992 年的 29.42% 增长至 2006 年的 40.20%。可见，深化科技体制改革的过程，也是我国区域创新体系地位不断提升的过程。正是靠着这个过程，我国实现了区域创新体系和国家创新体系的良性互动和双重优化。

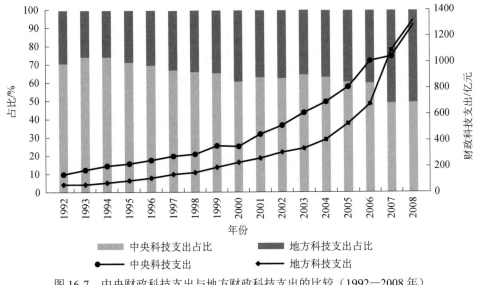

图 16-7　中央财政科技支出与地方财政科技支出的比较（1992—2008 年）
资料来源：《中国科技统计年鉴（2009）》

第二节　《国家中长期科学和技术发展规划纲要（2006—2020 年）》与创新型国家建设目标

20 世纪 90 年代初期，我国企业研发投入经费占全国总量的比例维持在 30% 左右，而到了 21 世纪初，这一比例迅速提升到 60% 以上。我国企业研发人员占全国研发人员的比例也发生了同样的变化。我国开始涌现出具有自主创新能力的企业，如联想、海尔、华为、中兴等。然而，这样的企业毕竟是少数，我国企业技术创新的总体水平还很低，与国外先进企业的差距非常大。面对我国加入 WTO 后形成的全方位开放的新格局，如何进一步强化自主创新能力，就成为国家创新体系建设的重中之重。

自主创新是一个企业或一个国家坚持技术学习主导权，并把发展技术能力作为经济增长动力主要源泉的行为倾向、战略原则和政策方针。中国走向自主创新的实质在于，要使科技进步成为经济增长和社会发展的主要动力源，同时把本土技术能力的发展看作提高国际竞争力的主要途径。实现这个转折意味着要在保持开放的条件下摆脱对引进技术的依赖，把经济发展动力明确置于内生技术能力基础之上，从政策上鼓励、支持和保护中国企业的自主开发和知识生产基础结构的健康发展。因此，走向自主创新要求重构国家发展战略，重新定位中国与国际经济体系的关系，其政策目标是使中国的经济体系能够从事越来越高端的生产活动和创新活动，在产业结构上实现快速爬升，在全球价值链的收入分配中获得不断增长的份额，从而使中国获得保持经济增长、捍卫国家安全和保证政治独立的力量源泉。①

在关于自主创新的政策讨论中，我国逐步明确了科技体制改革和国家发展的新定位，这就是建设创新型国家，实现发展方式的彻底转型。从 1992 年到 2006 年我国国家创新体系的结构性优化，客观上也为创新型国家建设奠定了比较坚实的基础。2005 年12 月，国务院印发《国家中长期科学和技术发展规划纲要（2006—2020 年）》，标志着我国进入自主创新和全面建设国家创新体系的新阶段。纲要重点安排了 8 个技术领域的27 项前沿技术、18 个基础科学问题，提出实施 4 个重大科学研究计划，并且从重点领域中确定一批优先主题，围绕国家目标筛选出若干重大战略产品、关键共性技术或重大工程作为重大专项。这些专项关乎重大战略产品制造、关键共性技术突破和重大工程建设，是我国科技发展的重中之重。该纲要还特别提出，要加强大科学工程建设，建设若干大型科学工程和基础设施，包括高性能计算、大型空气动力研究试验、极端条件下进行科学实验等方面；加强科学仪器设备及检测技术的自主研究开发，推进大型科学仪器、设备、设施的共享与建设，逐步形成全国性的共享网络。另外，还强调要积极参与国际大科学工程和国际学术组织，支持我国科学家和科研机构参与或牵头组织国际和区域性大科学工程。

2006 年 1 月，中共中央、国务院进一步做出《关于实施科技规划纲要增强自主创新能力的决定》，努力推进创新型国家的建设，增强自主创新能力。2006 年 2 月 7 日，国务院颁发了《国家中长期科学和技术发展规划纲要（2006—2020 年）》若干配套政策，旨在营造激励自主创新的环境，加快推进创新型国家建设。其中明确提出，要重点建设一批科研基础设施和大型科学仪器设备共享平台、自然科技资源共享平台、科学数据共享平台、科技文献共享平台、成果转化公共服务平台、网络科技环境平台，以全面加强对自主创新的支撑。

纲要的颁布与实施，为我国创新型国家建设指明了方向，具有里程碑意义。从 2006年开始，我国创新型国家建设不断取得新进展。与此同时，世界新科技革命和产业变革

---

① 路风. 理解"自主创新". 中国科技产业，2006，（10）：42-45.

步伐进一步加快，为我国科技发展提供了重要战略机遇，也带来了严峻挑战。面对新形势，2012 年 7 月，中共中央、国务院召开全国科技创新大会，出台了《关于深化科技体制改革，加快国家创新体系建设的意见》，要求以提高自主创新能力为核心，加快推进中国特色国家创新体系建设，使中国到 2020 年跻身创新型国家行列，并为新中国在其成立 100 周年时成为世界科技强国奠定基础。

第三节　国家科技支撑计划与国家科技重大专项

制定和实施国家科技计划，是落实《国家中长期科学和技术发展规划纲要（2006—2020 年）》和建设创新型国家的重要抓手。在这方面，国家科技支撑计划和国家科技重大专项的出台和实施发挥了重要作用。

一、国家科技支撑计划

20 世纪 80 年代，为加速科技成果向现实生产力转化，充分发挥科技对我国经济和社会发展的支撑和引领作用，党中央、国务院先后启动了国家科技攻关计划、星火计划、火炬计划等。[1]21 世纪之初，为了落实《国家中长期科学和技术发展规划纲要（2006—2020 年）》，我国将国家科技攻关计划扩展为国家科技支撑计划，进一步优化了政府指导与社会参与、统一计划与专项指导相结合的科技创业支持环境。

2006 年开始实施的国家科技支撑计划突破了适用人群和产业类型方面的局限性，目的是解决涉及全局性、跨行业、跨地区的重大科技问题，为我国经济社会协调发展提供科技支撑。[2]国家科技支撑计划以重大公益技术及产业共性技术研究开发与应用示范为重点，结合重大工程建设和重大装备开发，加强集成创新和引进消化吸收再创新，重点解决涉及全局性、跨行业、跨地区的重大技术问题，着力攻克一批关键技术，突破瓶颈制约，提升产业竞争力，为我国经济社会协调发展提供支撑。国家科技支撑计划重点支持能源、资源、环境、农业、材料、制造业、交通运输、信息产业与现代服务业、人口与健康、城镇化与城市发展、公共安全及其他社会事业等领域的研发与应用示范。

国家科技支撑计划的管理包括需求征集、项目凝练、综合咨询、立项决策、可行性论证、项目批复、实施与过程管理、验收与绩效考评等环节。项目采取有限目标、分类指导、滚动立项、分年度实施的管理方式，实施周期为 3—5 年，由中央财政专项拨款支持，主要用于中国（不包括港澳台地区）具有独立法人资格的科研院所、高等院校、内资或内资控股企业等，围绕《国家中长期科学和技术发展规划纲要（2006—2020 年）》重点领域及其优先主题开展重大公益技术、产业共性技术、关键技术的研究开发与应用示范。[3]

国家科技支撑计划鼓励和支持技术的转化和转让，并把形成技术标准作为重要目标之一，优先支持对国民经济与社会发展、国家安全具有重要影响和保障作用的，对能够

---

① 李哲. 从"大胆吸收"到"创新驱动"——中国科技政策的演化. 北京：科学技术文献出版社，2017：178.
② 中华人民共和国科学技术部. 中国科学技术发展报告（2016）. 北京：科学技术文献出版社，2017：34-36.
③ 财政部、科技部关于印发《国家科技支撑计划专项经费管理办法》的通知. 财教[2006]160 号，2006-09-30.

形成跨行业、跨领域的综合性公益性技术标准、产业共性技术标准、前沿交叉领域的技术标准等重要技术标准提供技术支撑的项目。国家科技支撑计划也把人才培养和基地建设作为项目论证和考核的重要指标，优先支持国家研究实验基地、国家工程技术研究中心，以及科技成果转化和产业化基地等国家科技创新基地承担支撑计划任务；优先支持形成面向企业开放和共享的公共科技资源有效利用的机制；鼓励通过支撑计划项目的实施带动国家科技创新及产业化基地的形成和发展。①

在国家科技支撑计划的引领下，重点解决了一批重大科技问题，培养了一批高水平科技创新人才和团队，扶植起了一批技术创新基地，从而为加快经济结构调整和转变发展方式提供了有力的科技支撑。

二、国家科技重大专项

国家科技重大专项是为了实现国家目标，通过核心技术突破和资源集成，在一定时限内完成的重大战略产品、关键共性技术和重大工程。国家科技重大专项是我国科技发展的重中之重，对我国掌握核心技术知识产权、解决关键共性技术和突破瓶颈、提升我国自主创新能力具有至关重要的作用。

（一）国家科技重大专项的确定

历史上，我国以"两弹一星"、载人航天、杂交水稻等为代表的若干重大项目的实施，对提升我国综合国力起到了至关重要的作用。2006年，国务院发布《国家中长期科学和技术发展规划纲要（2006—2020年）》，在重点领域中确定一批优先主题，同时面向国家战略目标，筛选出一批重大战略产品、关键共性技术或重大工程作为重大专项，力求将社会主义制度集中力量办大事的优势和市场机制的作用结合起来，实现以科技发展的局部跃升带动生产力的跨越式发展。特别是对于以战略产品为目标的重大专项，更加注重发挥企业在研发和投入中的主体作用，把重大装备的研究开发作为企业技术创新的突破口，有效利用市场机制配置科技资源，而国家的引导性投入主要用于关键核心技术攻关。

国家科技重大专项的遴选有五条基本原则：一是紧密结合经济社会发展的重大需求，培育能形成具有核心自主知识产权、对企业自主创新能力的提高具有重大推动作用的战略性产业；二是突出对产业竞争力整体提升具有全局性影响、带动性强的关键共性技术；三是解决制约经济社会发展的重大瓶颈问题；四是体现军民结合、寓军于民，对保障国家安全和增强综合国力具有重大战略意义；五是切合我国国情，国力能够承受。②根据国家发展需要和实施条件，国家科技重大专项是逐一启动实施的，同时将根据有关情况的变化进行动态调整。

《国家中长期科学和技术发展规划纲要（2006—2020年）》确定了16个重大专项，其中10个为民口专项，6个为军口专项，它们是我国到2020年科技发展的重中之重。主要包括：核高基（核心电子器件、高端通用芯片及基础软件）、极大规模集成电路制

---

① 科学技术部、财政部关于印发《国家科技支撑计划管理暂行办法》的通知. 国科发计字〔2006〕331号，2006-07-31.
② 国家中长期科学和技术发展规划纲要（2006—2020年）. 中华人民共和国国务院公报，2006-03-30（9）.

造技术及成套工艺、新一代宽带无线移动通信、高档数控机床与基础制造技术、大型油气田及煤层气开发、大型先进压水堆及高温气冷堆核电站、水体污染控制与治理、转基因生物新品种培育、重大新药创制、艾滋病和病毒性肝炎等重大传染病防治、大型飞机、高分辨率对地观测系统、载人航天与探月工程、北斗工程、激光聚变工程、新型超高音速火箭技术，分别涉及信息、生物等战略产业领域，能源资源环境和人民健康等重大紧迫问题，以及军民两用技术和国防技术的开发等。

2016 年，国务院印发了《"十三五"国家科技创新规划》，提出"面向 2030 年，再选择一批体现国家战略意图的重大科技项目"①，确定了以 2030 年为任务完成时间节点的 16 个国家科技重大专项。具体包括：先进制造技术领域的航空发动机及燃气轮机、智能制造和机器人、重点新材料研发及应用 3 个专项；太空海洋开发利用技术领域的深海空间站、深空探测及空间飞行器在轨服务与维护系统等 2 个专项；生物健康技术领域的脑科学与类脑研究、健康保障 2 个专项；电子信息技术领域的量子通信与量子计算机、国家网络空间安全、天地一体化信息网络、大数据、新一代人工智能 5 个专项；能源环境技术领域的煤炭清洁高效利用、智能电网、京津冀环境综合治理 3 个专项；农业技术领域的种业自主创新 1 个专项。这些专项同样按照"成熟一项、启动一项"原则，分批启动。

（二）国家科技重大专项管理机制

国家科技重大专项的组织实施由国务院统一领导，国家科技教育领导小组统筹、协调和指导。科技部作为国家主管科技工作的部门，其主要职责是会同国家发展和改革委员会、财政部等有关部门，建立三部门工作机制。三部门各司其职，协同做好科技重大专项实施中的有关方案论证、综合平衡、评估验收，研究制定相关配套政策等工作。专项牵头单位负责组织专项的实施工作，下设专项实施管理办公室和专项总体组。其中，专项总体组主要配合专项实施管理办公室做好专项组织实施的具体工作，也是专项实施的技术责任主体。

国家科技重大专项实施周期为 15 年，每个专项平均获得数百亿元投资，中央财政资金、地方财政资金、单位自筹资金等是主要的投资来源渠道。牵头组织单位是各个重大专项实施的责任主体，主要由各专业领域的管理部门担任。例如，工业和信息化部是核高基、新一代宽带无线移动通信等重大专项的牵头组织单位。每个重大专项下设若干项目（课题），是重大专项实施推进的具体抓手。牵头组织单位每年组织编制和发布项目指南，具体项目数量、经费和周期不等。重大专项项目（课题）的具体管理工作原则上由部际联席会议办公室与牵头组织单位共同委托专业机构承担。

专项内各具体课题承担单位是课题级管理责任主体。具体课题的承担单位由各专项领导小组根据专项需要，采取择优、定向或竞争等方式予以选定，并签订课题研究合同，承担单位按合同完成研究工作。通过实施重大专项，重点扶持某个领域，可以实现局部的跨越式发展，最终带动战略产业的发展。从阶段性成效来看，"十二五"期间，中央财政、企业加上地方分别向民口的 10 个重大专项投入 769 亿元、1080 亿元，直接带动

---

① 国务院关于印发《"十三五"国家科技创新规划》的通知. 中华人民共和国国务院公报，2016-07-28（24）.

了 1.42 万亿元的新增产值，缴纳了 1300 亿元的税金；将近 24 万名科技人员参与项目实施，而承担项目的高校院所、企业获得 11 000 多项授权专利、8478 个技术标准。①

第四节　科技人才计划：从"百人计划"到"万人计划"

从 20 世纪 90 年代开始，我国组织实施了多项科技人才计划，主要包括中国科学院的"百人计划"、国家自然科学基金委员会的"国家杰出青年科学基金"、人事部的"百千万人才工程"、教育部的"长江学者奖励计划"、中组部主抓的高层次人才引进计划和"万人计划"等。这些计划在我国科技人才培养、引进、激励等方面发挥了重要作用，有力地夯实了国家科技发展的人才基础，特别是高层次人才引进计划和"万人计划"的实施，标志着我国已经可以为高端科技创新人才配备足以与发达国家媲美的科研条件，为高端人才提供足以与发达国家竞争的薪资待遇。在这种情况下，长期以来我国难以从全球吸纳高端人才的"魔障"被打破，高端人才回流乃至其他科技人才回流就逐步成为新趋势。

一、"百人计划"

20 世纪 90 年代，随着市场经济大潮的来临，我国科技创新开始步入快车道。但是由于历史原因，我国高层次人才已经老龄化，出现了人才断层现象。1994 年，中国科学院研究人员平均年龄为 55 岁，亟待补充青年人才②。从 20 世纪 80 年代开始的新一轮留学潮中，我国大量留学生毕业后留在了海外工作，能否将他们吸引回国，已成为中国高层次科技人才队伍建设的关键。

1994 年，中国科学院从有限经费中拨专款设立"百人计划"，以期到 20 世纪末，从国内外吸引超过 100 名优秀青年人才，培养一批跨世纪的学术带头人。作为我国最早启动的高目标、高标准和高强度支持的人才引进与培养计划③，"百人计划"经历了起步探索、全面发展以及深化完善三个发展阶段。

1994—1997 年是起步探索阶段。当时资金紧张、资源有限，中国科学院从事业费中挤出专款，为每位入选科研人员提供 100 万—200 万元的科研启动经费，同时设立了特殊津贴，以提高人才待遇。在遴选人才的过程中，坚持公开招聘、按需引进、择优选拔的原则，面向海内外引进优秀青年人才。"百人计划"一经推出，就引起了国内外学者密切关注和积极响应，前四批申报者就达 800 多人，最终有 146 位海内外学者入选。

1998—2010 年是全面发展阶段。1998 年，中国科学院开始实施和推进知识创新工程，"百人计划"得到财政部专项资金支持，人才引进力度和规模进一步加大。为了适应改革和发展的新形势，中国科学院调整了"百人计划"的定位，新设立几个子计划：一是"引进国外杰出人才计划"，以引进能够回国进行全职工作的海外优秀人才；二是"海外知名学者"计划，以吸引海外高层次人才来华进行短期工作；三是国内"百人计

① 朱巍，陈慧慧，安然. 科技重大专项的内涵、实践及启示. 科技中国，2019，（6）：41.
② 白春礼. "百人计划"：二十年回顾与思考. 光明日报，2014-11-20（16）.
③ 白春礼. 精心打造品牌 凝聚培养优秀创新人才——中国科学院"百人计划"十年历程的回顾与思考. 中国科学院院刊，2004，（5）：323-327.

划"、项目"百人计划"、自筹"百人计划"等，以适应不同科研活动的人才需求。这样，涵括"国外杰出人才"、"海外知名学者"和"国外百人计划"的新"百人计划"模式就此确立下来，逐步形成了引才引智相结合的人才计划体系。

2011 年之后是深化完善阶段。为了贯彻落实《国家中长期人才发展规划纲要（2010—2020 年）》，有效推进"创新 2020"，中国科学院进一步优化了"百人计划"政策内容和机制设计。例如，取消了参选者的民族和国籍限制，致力于建设国际化人才队伍；取消了"百人计划"的地域限制，强化区域优秀人才的培养能力；将人才评审权下放到研究所，以确保人才引进与研究所的发展需要相吻合。

"百人计划"为我国引进和培育了一大批高水平科技领军人才，取得了丰硕成果。一批优秀人才成长为 21 世纪我国科学技术领军人物和学科带头人。从 1994 年到 2014 年，入选"百人计划"的学者中有 28 位当选中国科学院院士或中国工程院院士，有 524 位成为"国家杰出青年科学基金"获得者，还有一大批优秀人才担任了 973 计划、863 计划等国家重大科技任务的首席科学家。他们带领科研团队取得了一大批原创性成果并突破了一些关键核心技术。2005—2013 年，两院院士共评选出 92 项年度科技成果，其中"百人计划"学者研究成果有 13 项，占全国入选成果总数的 14.1%。[①]例如，2013 年荣获国家自然科学奖一等奖的是铁基高温超导体项目，该项目的研究团队的 5 个主要负责人中有两个是"百人计划"入选者；由"百人计划"入选者领衔完成的 iPS 细胞全能性证明、量子反常霍尔效应发现和中微子第三种振荡模式发现等原创性成果都在国际上产生了重大影响。

"百人计划"的实施还优化了科研队伍结构，推进了新兴研究领域的前瞻性布局。2004 年是"百人计划"实施十周年，此时中国科学院研究员的平均年龄已经降至 50 岁以下，基本实现了高层次科研人才队伍的"代际转移"。在这期间，中国科学院面向国际科技前沿和重大战略需求进行前瞻性布局，通过"百人计划"的实施，形成了超级计算、量子通信、脑科学、干细胞等一大批优势学科。

二、"百千万人才工程"

1994 年 7 月，人事部为培养优秀的中青年学术技术带头人，出台了"百千万人才工程"。1995 年底，"百千万人才工程"开始由七个部门（人事部、科技部、财政部、教育部、中国科协、国家自然科学基金委员会、国家计委）联合在全国范围内组织实施。

"百千万人才工程"的宗旨是，到 21 世纪末，在对国民经济和社会发展有重大影响的自然科学和社会科学领域，造就一批不同层次的跨世纪学术和技术带头人及后备人选。"百""千""万"分别指代不同层次的培养对象。"百"指的是第一层次人才的培养，即在科技领域培养上百名 45 岁左右、有较大影响的、能进入世界科技前沿的学术和技术带头人；"千"是第二层次的人才培养，即着力培育 45 岁以下具有国内先进水平、保持学术优势的学术和技术带头人数千名；最后，"万"是第三个层次的人才，即在各学科领域培养数万名有较高学术造诣和成果、起骨干或核心作用且年龄在 30—45

---

① 白春礼. "百人计划"：二十年回顾与思考. 光明日报，2014-11-20（16）.

岁的学术和技术带头人。①第一、第二层次属于国家级人选，第三层次则是省级人选。

"百千万人才工程"的实施成效显著。1996年，首批入选"百千万人才工程"的科研人员共683人；1999年，共有1077人入选"百千万人才工程"②。到2002年，入选"百千万人才工程"的各领域的科研人员万余人，优秀青年和后备人才多渠道、多层次的培养体系基本形成。到2010年底，入选"百千万人才工程"的优秀青年人才有4100多人③，其中涌现了一批涵盖各行业的杰出科学家、学术领军人物以及专业技术人才。以"百千万人才工程"为龙头，各地区、各部门组织实施了一系列高层次人才培养工程，初步形成了分层次、多渠道、自下而上的中青年学术技术领军人才培养工作体系，逐步健全了创新型高层次人才选拔培养机制。"百千万人才工程"的实施对我国科技人才队伍的建设具有重要意义：一是形成了汇聚国内外高层次青年科技人才的战略高地，促进了青年科研人员的加速成长，学术带头人和技术专家"青黄不接"的困境在一定程度上获得了缓解；二是形成了公平竞争的青年人才选拔和培养机制，优秀的青年学者纷纷脱颖而出；三是逐步推动形成多层次的、结构合理的学术、技术梯队。鉴于"百千万人才工程"的成功实施，2012年该工程被纳入"国家高层次人才特殊支持计划"（简称"万人计划"）统筹实施。

三、国家杰出青年科学基金

20世纪90年代初，面对国内高层次人才缺口和国际人才竞争激烈的双重压力，我国科技人才队伍却表现出结构老龄化、中青年学科带头人缺乏、人才断层等突出问题。当时中国科学院研究员的平均年龄约为53岁，全国高等学校教授的平均年龄约为56岁；而在1994年的国家自然科学基金自由申请项目负责人中，46岁以上的学者所占比例高达73%。④跨世纪优秀青年科技人才尤其是一流学科带头人后继乏人的局面，引起了科技界的广泛关注。

1994年2月18日，国务院总理李鹏主持座谈会，召集科技界专家讨论和修改《政府工作报告》。在这次座谈会上，北京大学陈章良教授建议拨专款设立"总理青年科学基金"，支持归国留学生在国内开展科研工作。2月21日，张存浩院士就设立"总理青年科学基金"一事致函李鹏总理。3月7日，张存浩院士又就基金名称致函总理，除了"总理青年科学基金"，"国家杰出青年科学基金"也被提出作为一个备选方案。3月14日，李鹏总理确定了"国家杰出青年科学基金"的名称，并批准拨付专项资金支持。当年，国家杰出青年科学基金正式设立，49名青年学者成为该基金的首批资助对象。

国家杰出青年科学基金由国家自然科学基金委员会负责管理，每年资助在基础研究领域已取得突出科研成绩的45岁以下青年学者，激励他们自主选择研究方向并开展创新性科学研究。国家杰出青年科学基金旨在促进青年科学技术人才的成长，吸引海外优

① "百千万人才工程"实施方案. 人专发[1995]147号，1995-11-30.
② 李丽莉. 我国科技人才政策演进研究. 长春：吉林人民出版社，2016：159.
③ 人力资源和社会保障部. 国家百千万人才工程实施方案. http://www.mohrss.gov.cn/zyjsrygls/ZYJSRYGLS zhengcewenjian/201301/t20130115_82418.htm[2020-01-20].
④ 赵学文，韩宇，张香平，等. 国家杰出青年科学基金实施10周年调研报告. 中国科学基金，2004，(6)：34-41.

秀学者回国开展科研工作，加速培育与造就一批优秀的学术带头人。

自成立以来，国家先后三次增加国家杰出青年科学基金专项资金，资金规模大幅度提高，1994—2003 年累计投入 11.7 亿元。1994—2003 年，共有 5489 人次的中青年学者申请了国家杰出青年科学基金，1174 人获得了资助[①]。经过多年发展，国家杰出青年科学基金多次调整与完善申报条件、资助模式，在重视国内学者培养的同时，采取多种措施吸引优秀留学生回国发展。

国家杰出青年科学基金的资助人数从成立之初的每年资助 49 人到 2010 年后每年资助 200 人左右，资助标准也由最初 60 万元增加至 100 万元。截至 2013 年，国家杰出青年科学基金共受 23 063 人次的申请，经同行评审、专业评审小组评审、评审委员会评审及基金委员会批准，共有 3004 名申请人获资助，占申请总数的 13.03%[②]。

国家杰出青年科学基金吸引了一群新生力量致力于基础研究、冲击世界科学技术前沿。在获得国家杰出青年科学基金资助的学者中，很多人已经成长为专业领域的学术大家、科研团队的学术带头人。截至 2013 年，国家杰出青年科学基金获资助者当选为中国科学院院士的共有 142 人，当选为中国工程院院士的有 54 人[③]。在国家杰出青年科学基金的资助下，一些薄弱学科开始迎头赶上，一批新兴交叉学科快速崛起，许多优势学科也开始逐渐国际化。我国在结构生物学、分子反应动力学、粒子物理学、量子信息学等方面取得的巨大进展与国家杰出青年科学基金的资助密切相关。

四、长江学者奖励计划

1998 年 8 月，为了贯彻落实科教兴国战略，招揽海内外中青年学术精英，培养和造就高层次学科带头人，带动中国高校重点学科赶超或保持国际先进水平，教育部和李嘉诚基金会合作发起了"长江学者奖励计划"。

作为我国高等院校高层次人才队伍建设的引领性项目，"长江学者奖励计划"的原则是坚持创新导向、服务国家战略、强化政治引领、突出立德树人、公平公开公正[④]；理念是实施更加开放、积极、有效的人才资助政策，以期充分发挥引才、育才的标杆作用，为促进我国高等教育的内涵式发展和教育强国建设提供强有力的人才保障。

为了全面贯彻党的十六大精神以及中央人才工作会议精神，教育部于 2004 年调整和完善了"长江学者奖励计划"。调整后，每年聘任讲座教授的人数有所增加，每年聘任 100 名特聘教授和 100 名讲座教授，聘期 3 年；实施范围也不再限于自然科学领域，而是延伸到了人文社会科学领域。新的"长江学者奖励计划"在长江学者岗位设置、遴选聘任和提供科研配套条件等方面都更加强调高等院校的主体作用，将长江学者岗位与科技创新平台、重点研究基地紧密结合起来，使岗位设置、遴选聘任与科学研究实现有机统一。同时，新计划开始探索"学科带头人+创新团队"的人才组织新模

---

① 赵学文，韩宇，张香平，等. 国家杰出青年科学基金实施 10 周年调研报告. 中国科学基金，2004，（6）：34-41.
② 国家自然科学基金委员会. 国家杰出青年科学基金 20 周年巡礼（1994—2013）. 北京：科学出版社，2014.
③ 国家自然科学基金委员会. 国家杰出青年科学基金 20 周年巡礼（1994—2013）. 北京：科学出版社，2014.
④ 中共教育部党组关于印发《"长江学者奖励计划"管理办法》的通知. http://www.moe.gov.cn/srcsite/A04/s8132/201809/t20180921_349638.html[2020-01-20].

式，为优秀科技人才提供更多的发展机会、更大的发展空间。2005年6月，教育部和李嘉诚基金会对"长江学者奖励计划"的实施办法做出进一步调整，将港澳高校和中国科学院的科研院所也纳入奖励范围。

2012年3月，教育部再次对"长江学者奖励计划"特聘教授、讲座教授的聘任数量进行了调整，每年支持高等院校聘任150名特聘教授、50名讲座教授；特聘教授聘期5年，讲座教授聘期3年；特聘教授每年奖金为20万元，讲座教授的奖金按工作时间计算，每月支付3万元。同时，新增了长江学者创新团队、长江学者论坛、长江学者文集、长江学者精品课程等专项，以便更有效地发挥长江学者在创新人才培养、科研团队建设、协同创新等方面的带头作用。调整后的"长江学者奖励计划"还向中西部高校以及人文社科领域适当倾斜，并加大了支持力度。此外，教育部还改革了"长江学者奖励计划"的遴选方式，取消了申报限额，通过专家推荐、个人自荐、驻外使（领）馆举荐等多种方式和渠道遴选特聘教授和讲座教授，最后决定是否聘任。

2013年12月，《教育部办公厅关于进一步加强和规范高校人才引进工作的若干意见》印发。为缓解西部人才流失问题，该意见规定，东部地区的高校不能前往中西部地区的高校招聘长江学者。为了规范长江学者的管理，还规定长江学者特聘教授在聘期内不得兼职，应只有一个全职工作岗位，且在聘期内不得担任学校领导职务或是调离原来的岗位[1]。

2015年，"长江学者奖励计划"新增了青年学者项目[2]，以完善激励青年学者进行科研创新的机制。2018年9月，中共教育部党组印发了新的《"长江学者奖励计划"管理办法》，标志着"长江学者奖励计划"走向成熟和完善。

"长江学者奖励计划"实施之后，各高校依托重点科研基地、创新平台和优势特色学科，围绕重大科研建设项目和国际学术交流合作项目，吸引和汇聚了一大批具有国际先进水平的学科带头人和科技领军人物，培养了大批具有创新能力和发展潜力的中青年学术后备人才。在"长江学者奖励计划"的入选者当中，10人当选中国科学院院士，8人当选中国工程院院士，14人入选第三世界科学院院士[3]。一批长江学者担任了973计划项目、863计划项目、国家科技攻关计划项目、重大工程项目、国家自然科学基金项目、社会科学基金项目等多个重大项目的首席科学家。一批由长江学者主持或作为主要负责人完成的科研成果获得了国家重大科技奖励。一些长江学者获得了国际学术奖项，如"第三世界科学院数学奖"和"国际量子分子科学院奖"。这些长江学者已成为国家高新技术基础研究和创新的主力军，在基础前沿领域和战略性高新技术领域取得了一批世界级的标志性成就。

五、从海外高层次人才引进计划到国家高层次人才特殊支持计划

高层次人才是建设创新型国家的主体力量，是推动我国人才发展、增强自主创新能

---

[1] 教育部办公厅关于进一步加强和规范高校人才引进工作的若干意见. 教人厅〔2013〕7号，2013-12-23.
[2] 关于做好2015年度"长江学者奖励计划"人选推荐工作的通知. 教人司〔2015〕216号，2015-06-12.
[3] 中国教育部人事司. 出人才、出成果、出机制——教育部实施"长江学者奖励计划"成效显著. http://www.moe.gov.cn/s78/A04/rss_left/moe_931/s8133/201406/t20140606_169992.html[2020-01-20].

力的根本举措。面向国际引进高层次人才计划和立足国内培养支持高层次人才的"万人计划"是我国各类人才工程计划中层次最高的国家级人才工程，也是中央人才工作协调小组统一领导、中组部牵头、各有关部门共同实施的两项重大工程。引进高层次人才也是科技体制改革的一个有机组成部分。这些高层次人才通过参与科技体制和教育体制改革，有助于重塑我国科研文化、改善创新环境。

（一）海外高层次人才引进计划

2008 年 4 月 25 日，中组部向中央上报《关于引进海外高层次人才的建议》。5 月 2 日，胡锦涛、温家宝等批示，同意实施该计划。7 月 2 日，中组部办公厅印发《引进海外高层次人才工作实施方案》，组建"引进海外高层次人才工作小组"，成立"引进海外高层次人才工作专项办公室"。2008 年 12 月，中共中央办公厅转发《中央人才工作协调小组关于实施海外高层次人才引进计划的意见》，决定围绕国家发展战略目标，从 2008 年开始，用 5—10 年，在国家重点创新项目、重点学科和重点实验室、中央企业和国有商业金融机构、以高新技术产业开发区为主的各类园区等，引进并有重点地支持一批能够突破关键技术、发展高新产业、带动新兴学科的战略科学家和领军人才回国创新创业。

以往的人才引进与培养计划几乎都是由国家或省级某具体职能部门领导及实施的，如中国科学院的"百人计划"、教育部的"长江学者奖励计划"和国家自然科学基金委员会的"国家杰出青年科学基金"等，而高层次人才引进计划由中央人才工作协调小组统筹实施，着眼高端人才，是真正意义上的国家级人才计划。2009 年 4 月 6 日，中央人才工作协调小组批准首批引进 122 人。在高层次人才引进计划实施过程中，根据中央要求和工作实际需要，不断调整完善引才制度和办法，逐步拓展出创新人才长期项目、创业人才项目、创新人才短期项目、青年人才项目、外专人才项目、顶尖人才与创新团队项目等六大项目，基本形成了覆盖各领域、各年龄段海外高层次人才的引才体系。除这些引才项目外，对诺贝尔奖、图灵奖、菲尔兹奖等国际大奖获得者，美国、英国、加拿大、澳大利亚等发达国家科学院院士、工程院院士，在世界一流大学、科研机构任职的国际著名学者，以及国家急需紧缺的其他顶尖人才，采取一事一议、特事特办的方式进行引进。

通过实施高层次人才引进计划，不仅引进了大批高层次、高素质创新创业人才，还带动了地方的引才计划，全国各省（自治区、直辖市）出台了一系列地方引才、用才政策，形成了人才引进的"乘数效应"。无论是引才层次、引才效能，还是对地方引才的示范带动作用，高层次人才引进计划都是其他人才计划难以企及的，因而可以称为中国人才战略的龙头计划。高层次人才的大量引进不仅促进了国内高校和科研院所科学研究、人才培养水平的提升，而且还推动了国内高新技术产业和新兴行业的发展。

（二）国家高层次人才特殊支持计划

国家高层次人才特殊支持计划是面向国内高层次人才的支持计划。这项对国内高层次人才给予特殊支持的计划于 2012 年 8 月正式出台，目标是用 10 年时间，遴选 1 万名左右自然科学、工程技术和哲学社会科学领域的杰出人才、领军人才和青年拔尖人才，给予特殊支持，以激活国内人才的巨大创新力量。

"万人计划"按照高端引领、梯次配置的思路，重点支持三个层次、七类人才。第一个层次为杰出人才，计划支持处于世界科技前沿、科研上取得重大成果、具有成长为世界级科学家潜力的人才；第二个层次是领军人才，包括科技创新领军人才、科技创业领军人才、哲学社会科学领军人才、教学名师、百千万工程领军人才；第三个层次是青年拔尖人才，计划支持在自然科学、工程技术、哲学社会科学和文化艺术重点领域崭露头角、获得较高学术成就、具有创新发展潜力、有一定社会影响的青年人才。根据国家经济社会发展和人才队伍建设需要，经中央人才工作协调小组批准，可调整计划项目设置。

"万人计划"是我国统筹国际国内两种人才资源、造就宏大高层次创新创业人才队伍、为创新型国家建设提供人才支撑的一项重大举措。各有关部门按照边设计、边实施、边完善的原则，开展各类人才评选工作。2012 年 7 月，首批杰出人才、科技创新领军人才和青年拔尖人才入选名单面向社会公布。其中，杰出人才 6 名，科技创新领军人才 72 名，青年拔尖人才 199 名。同年 9 月，首批其他各类人选产生。546 名人选中，科技创新领军人才人选 201 名，科技创业领军人才人选 52 名，哲学社会科学领军人才人选 94 名，教学名师人选 101 名，百千万工程领军人才人选 98 名。[①]2016 年公布的第二批国家"万人计划"领军人才主要从 2013 年、2014 年入选创新人才推进计划的中青年科技创新领军人才、重点领域创新团队负责人和科技创新创业人才中推荐产生，共有 620 名科技创新领军人才和 336 名科技创业领军人才入选。

"万人计划"强调重点人才重点支持、特殊人才特殊培养，是一项含金量很高的人才支持计划。在有关部门原有支持的基础上，国家对入选计划的重点对象提供重点支持经费，并授予"国家特殊支持人才"称号。重点支持经费主要用于入选者开展自主选题研究、人才培养和团队建设等方面。"万人计划"的实施进一步激活了本土人才，使我国高层次人才队伍建设机制趋于完备，对我国建成创新人才高地发挥着不可或缺的作用。

第五节 迈向创新型国家的阶段性科技成就

通过实施科教兴国战略，深化科技体制改革，执行各个科技规划，我国国家创新体系得到了根本改善，国家创新能力持续增强。从 20 世纪 90 年代到 2012 年，我国取得了一系列重要科技成就，而这些科技成就为我国经济社会发展提供了有力支撑。

一、重大科技基础设施建设走上快车道

20 世纪 80 年代末北京正负电子对撞机和兰州重离子加速器的建成和运行，彰显了重大科技基础设施对科技发展的支撑作用，使得我国在高科技领域真正占有一席之地。有了这样的示范之后，国家重大科技基础设施建设逐步从高能物理扩展到各个学科领域，地方政府和高校参与建设国家重大科技基础设施的积极性越来越高。

在这一背景下，从 20 世纪 90 年代到 2012 年，合肥同步辐射光源、中国地壳运动

---

① 蔡秀萍. 让"万人计划"扬帆起航. 中国人才，2013，（12）：13.

观测网络、全超导托卡马克核聚变实验装置（EAST）、中国大陆科学钻探工程、中国西南野生生物种质资源库、郭守敬望远镜（LAMOST）、上海同步辐射光源、北京正负电子对撞机重大改造工程（BEPCⅡ）、"实验1"号新型综合科学考察船、东半球空间环境地基综合监测子午链（简称子午工程）、"科学"号海洋科学综合考察船等一系列重大科技基础设施的陆续建成或开工建设，为我国建成创新型国家提供了科技平台支撑。合肥同步辐射光源1984年开建，1989年建成，本属第二代同步辐射装置，后经过二期工程建设和重大维修改造工程，达到第三代同步辐射装置水平，可以为众多学科领域提供研究平台，特别是支撑能量转换材料、化石燃料的清洁燃烧、大气环境、关联电子材料、多尺度生物成像等前沿学科领域的课题研究。中国地壳运动观测网络1998年开工建设，2000年建成，是世界上高精度、连续观测、覆盖面积最大的地壳运动观测网络，标志着我国在大陆地震研究领域进入了世界领先水平。全超导托卡马克核聚变实验装置1999年开工建设，2007年竣工验收，其芯部可产生上亿摄氏度的高温，而强磁体线圈中的温度则可低至零下269摄氏度，该装置的建成标志着我国磁约束核聚变研究进入世界前沿领域。中国大陆科学钻探工程2001年开工，2005年竣工，我国由此建成了大陆科学钻探与地球物理遥测数据信息库及深部地质观测实验基地，成为世界上少数能施工5000米以上科学深钻的国家之一，无论是科学钻探还是超高压变质带研究，都达到了世界先进水平。作为我国生命科学领域的第一个大科学工程，中国西南野生生物种质资源库2004年开工建设，2007年竣工，其保藏能力达到国际领先水平，可以为我国经济社会可持续发展提供生物资源战略储备，对我国生物多样性保护和研究工作具有重要推动作用。郭守敬望远镜是我国自主设计、自主建造的大型光谱巡天望远镜，也是世界上天体光谱获取率最高的天文望远镜，2001年开工建设，2008年落成，突破了天文大视场与大口径难以兼得的难题，开创了我国高水平大型天文光学精密装置研制的先河。上海同步辐射光源是我国（不包括台湾地区）第一台第三代中能同步辐射光源，其设计性能位居国际前列，2004年开工，2009年建成，是支撑众多学科前沿基础研究、高新技术研发的大型综合性实验研究平台。北京正负电子对撞机重大改造工程于2004年初动工，2008年7月完成建设任务，其良好性能迫使美国康奈尔大学同类装置退役，之后又经过不断改进，到2016年其性能达到改造前的100倍。"实验1"号新型综合科学考察船是我国首艘2500吨级的大型小水线面双体船，2007年开工，2009年下水交付，作为我国高性能水声研究平台及先进的海洋多学科实验平台，可承担大范围、大尺度观测网络的布设、观测、调控和监视等任务，进行海洋环境实时立体检测体系和综合信息系统研究，为我国水声学和海洋相关学科的研究提供了有力支撑。子午工程2008年开工建设，2012年竣工，其成功运行为我国建设独立自主的空间环境监测体系奠定了地基监测基础，助力我国成为世界空间天气领域研究的先进国家。"科学"号海洋科学综合考察船是我国第一艘用于深海探测和研究的新一代综合科学考察船，2010年开建，2012年交付，它的建成为我国海洋科学考察提供了世界级水平的强大平台，使我国海洋科学研究从近海迈向远海，从浅海迈向深海，从而为我国远洋综合科学考察研究的开展乃至我国海洋战略的实施提供了不可替代的、强有力的能力支撑。与此同时，得益于航天领域的科技进步，我国发射了一系列科学实验卫星，深空探测和太空实验室的建设也正在紧锣密鼓地进行之中，可望为我国科学技术发展开辟全新的发展空间。

二、基础研究领域不断取得新突破

20世纪90年代之后，随着我国综合国力的日益强盛，我国基础研究特别是战略性基础研究日益受到重视。中国科学院知识创新工程取得了丰硕成果。"211工程"和"985工程"也大幅提升了我国高等院校的基础研究水平。加之国家自然科学基金资助规模的不断提升和973计划的大力支持，我国基础研究投入大幅度增长，科研条件大幅改善，从事基础研究的高水平队伍快速壮大，在国际上有影响的原始创新成果开始出现。

代表性研究成果包括：北京谱仪（BES）国际合作组利用北京正负电子对撞机可以在 τ 轻子产生阈附近运行的优势，以近阈能量扫描方式进行 τ 轻子质量的测量，给出了自1975年 τ 轻子发现以来的最精确测量值，为检验轻子普适性做出了重大贡献。山东大学数学家在非线性数学期望理论及其在金融中应用研究领域取得了突破性进展，初步建立了以 G-期望、非线性布朗运动、非线性大数定律、非线性中心极限定理为核心的一系列重要定理，为概率分布的不确定性下情况稳健分析和计算提供了重要的理论基础。香港大学科研人员开创了关于 d8 和 d10 金属复合物的化学，率先发展了具有反应活性的金属-配体多重键复合物，并应用于原子、基团的转移/插入反应，实现了选择性C—H键官能团化，在有机合成方面有着重要的应用价值。香港科技大学科研人员于2001年首次发现"聚集诱导发光"现象，即化合物在稀溶液中几乎不发光，但在聚集态或者固态时呈现很强的荧光发射，引起了科学界的极大关注。2001年，中国科学院理化技术研究所科研团队研制出全球独一无二的氟代硼铍酸钾晶体（KBBF）。KBBF是可直接倍频产生深紫外激光的非线性光学晶体，用途广泛，打破了长期困扰国际激光界的"200纳米壁垒"，由此成为建造高能激光器和超高分辨率光电子能谱仪的基础。1998—2002年中国参与完成"国际水稻基因组测序计划"并做出独创贡献，有关成果将给水稻育种带来革命性的影响。由中国科学院植物研究所科研团队历时45年合作完成的《中国植物志》于2004年出版，该书是目前世界上最大型、种类最丰富的一部巨著，全书80卷126册，5000多万字，9000多幅图，记载了我国301科3408属31142种植物的科学名称、形态特征、生态环境、地理分布、经济用途和物候期等。南京大学科研团队在介电体超晶格材料的设计、制备、性能和应用方面取得了突破，拓展了人们对微结构材料的认识，展示了介电体超晶格在光电子领域诱人的应用前景。中国科学院物理研究所科研团队早在20世纪80年代就在高温超导研究领域走在世界前列，此后经过多年实验，又于2008年发现了高温超导新家族——铁基高温超导体"镨铁砷氧氟"，将临界温度从26开提升到52开，突破了40开的麦克米兰极限。中国科学院高能物理研究所主导的大亚湾反应堆中微子实验精确测量了中微子振荡参数 θ_{13}，对基本粒子物理的标准模型、寻找与鉴别新物理等具有重要科学意义。

三、工程技术领域开疆拓土，在多个领域引领全球

20世纪90年代之后，我国工程技术领域取得了一系列重大创新突破，为我国经济

社会发展提供了强大支撑，我国正在从工程技术大国稳步迈向工程技术强国。

航空航天与军工领域一直是我国工程技术创新的领头羊和重中之重。21 世纪头十年共获得了 8 项国家科学技术进步奖特等奖：中国载人航天工程（2003 年）；歼-10 飞机工程（2006 年）；红旗 9 号地空导弹武器系统工程（9409 工程）（2007 年）；长剑系列陆基、空射巡航导弹武器系统（2008 年）；导弹反卫系统（2008 年）；绕月探测工程（2009 年）；第三代常规动力潜艇项目（2009 年）；"1110 工程"（歼-11 改系列工程代号）（2009 年），都关乎大国重器，战略意义不言自明。

互联网基础设施的建立推动我国迈向信息社会。1986 年中国科学院高能物理研究所成功与欧洲核子研究中心远程网络连接，发出国内首封电子邮件。1994 年该所正式接入互联网并建立了中国第一个万维网服务器。之后，我国互联网基础设施建设步入快车道，催生了互联网经济浪潮，一批互联网公司应运而生。互联网迅速成为我国经济转型、社会发展、技术进步、国际交流乃至国家治理的基础支撑。

高性能计算机是信息社会最为关键的基础设施之一，我国先后发展起来银河、曙光和神威系列高性能计算机，不仅快速实现了追赶，还一度超越了西方发达国家。"神威"巨型机在十亿次的基础上，跨过百亿次的台阶，被直接研制成 3000 亿次以上的计算机，使中国巨型计算机实现了跨越式的发展。2010 年 11 月 14 日，中国首台千万亿次超级计算机系统"天河一号"在全球超级计算机前 500 强排行榜中位居第一。

能源化工是国民经济的支柱，在这个领域的工程技术创新具有强大辐射作用。20世纪 90 年代以来，这方面取得了一系列重大突破：大庆油田高含水后期 4000 万吨以上持续稳产高效勘探开发技术；青藏高原地质理论创新与找矿重大突破；特高压交流输电关键技术、成套设备及工程应用；特大型超深高含硫气田安全高效开发技术及工业化应用；超深水半潜式钻井平台"海洋石油 981"的研发与应用；高效环保芳烃成套技术开发及应用等，都具有重要的里程碑意义。

水利水电工程是国民经济的基础，对我国经济社会发展至关重要。在这方面，作为世界上同类工程中难以逾越的丰碑，三峡工程是世界上规模最大和功能最多的水利水电工程，具有防洪、发电、航运、水资源配置、节能减排与生态环保等多方面的综合效益，同时也解决了水库诱发地震、库岸稳定、水库淹没和移民安置等多项重大问题。在水利工程机械方面，2006 年我国首次成功建造出自主设计的现代化大型绞吸挖泥船"天狮"号，彻底打破了国外挖泥船的技术垄断。2010 年 1 月，当时疏浚能力位居亚洲第一、世界第三的"天鲸"号建成交船，标志着我国大型绞吸装备设计建造从此迈入世界先进行列。

交通运输是国民经济体系中的"大动脉"，事关国家发展全局。青藏铁路的建成标志着中国在高原冻土地区铁路修建能力达到顶尖水平，而京沪高铁集成运用了全世界最先进的高铁技术，并在消化吸收的基础上进行了再创新，它的建成意味着中国全面掌握了高速铁路工程技术，并在若干领域达到世界顶尖水平。自此以后，中国铁路工程技术特别是高速铁路工程技术走在世界前列，并逐步引领了世界潮流。此外，我国在桥梁建设、隧道挖掘工程领域也积累了强大的工程能力，开始走在世界最前列。

在农业与健康领域，袁隆平主导的"两系法杂交水稻技术研究与应用"是国际首创的拥有自主知识产权的科技成果，为农作物遗传改良提供了新的理论和技术方法，确保了我国杂交水稻研究与应用的世界领先地位。

第十七章 走向科技强国[*]

　　2012年是一个特殊年头。这一年，党的十八大召开，新一届党中央走上历史舞台，从此开启了中国特色社会主义新时代。这一年，"神舟九号"和"天宫一号"手控交会对接成功，"蛟龙"号创载人深潜7062米新纪录，我国首艘航母"辽宁舰"正式交付海军。站在全新的历史起点上，我国科技发展步入了新的发展轨道。党的十八大以来，在以习近平同志为核心的党中央英明领导下，我国确立了世界科技强国建设目标，强力推进创新驱动发展战略，全面深化科技体制改革，取得了一系列原创性科技成果，特别是在若干国家科技重大专项上实现了重大突破，为我国实现第二个百年奋斗目标奠定了坚实基础。

第一节 创新驱动发展战略与世界科技强国目标

　　改革开放40多年来，我国经济快速发展主要源于廉价劳动力、资源消耗和环境保护力度较弱所带来的低成本优势。进入发展新阶段，这种低成本优势已经逐渐消失。与低成本优势相比，技术创新特别是突破性技术创新具有不易模仿、附加值高的突出特点，由此建立的竞争优势具有更高的壁垒和更强的可持续性。之所以要实施创新驱动发展战略，就是要加快实现由低成本优势向创新优势的转换，从而为我国经济社会的可持续发展注入强大动能。只有推动新型工业化、信息化、城镇化、农业现代化同步发展，及早转入创新驱动发展轨道，才能把科技创新潜力更好地释放出来，充分发挥科技进步和创新的引领作用。

一、创新驱动发展战略

　　2012年，党的十八大提出实施创新驱动发展战略，强调科技创新是提高社会生产力和综合国力的战略支撑，必须摆在国家发展全局的核心位置。这是中共中央在新发展阶段确立的立足全局、面向全球、聚焦关键、带动整体的国家重大发展战略。2016年5月19日，中共中央、国务院正式印发《国家创新驱动发展战略纲要》，要求各地区各部门结合实际认真贯彻执行。

　　所谓创新驱动，就是将创新作为引领发展的第一动力，推动发展方式向依靠持续的知识积累、技术进步和劳动力素质提升转变，促进经济向形态更高级、分工更精细、结构更合理的阶段演进。可以说，创新驱动是国家命运所系，创新驱动是世界大势所趋，创新驱动是发展形势所迫。在我国加快推进社会主义现代化、实现"两个一百年"奋斗目标和中华民族伟大复兴中国梦的关键阶段，必须让创新成为国家意志和全社会的共同

行动，走出一条从人才强、科技强到产业强、经济强、国家强的发展新路径，为我国未来十几年乃至更长时间创造一个新的增长周期。

实施创新驱动发展战略的基本原则有四个：一是紧扣发展。坚持问题导向，面向世界科技前沿、面向国家重大需求、面向国民经济主战场，明确我国创新发展的主攻方向，在关键领域尽快实现突破，力争形成更多竞争优势。二是深化改革。坚持科技体制改革和经济社会领域改革同步发力，强化科技与经济对接，破除一切制约创新的思想障碍和制度藩篱，构建支撑创新驱动发展的良好环境。三是强化激励。坚持创新驱动实质是人才驱动，落实以人为本，激发各类人才的积极性和创造性，加快汇聚一支规模宏大、结构合理、素质优良的创新型人才队伍。四是扩大开放。坚持以全球视野谋划和推动创新，最大限度用好全球创新资源，全面提升我国在全球创新格局中的位势，力争成为若干重要领域的引领者和重要规则制定的参与者。

创新驱动发展战略确立了三个阶段的奋斗目标。

第一步，到 2020 年进入创新型国家行列，基本建成中国特色国家创新体系，有力支撑全面建成小康社会目标的实现。①创新型经济格局初步形成。若干重点产业进入全球价值链中高端，成长起一批具有国际竞争力的创新型企业和产业集群。科技进步贡献率提高到 60% 以上，知识密集型服务业增加值占国内生产总值的 20%。②自主创新能力大幅提升。形成面向未来发展、迎接科技革命、促进产业变革的创新布局，突破制约经济社会发展和国家安全的一系列重大瓶颈问题，初步扭转关键核心技术长期受制于人的被动局面，在若干战略必争领域形成独特优势，为国家繁荣发展提供战略储备、拓展战略空间。R&D 经费支出占国内生产总值比重达到 2.5%。③创新体系协同高效。科技与经济融合更加顺畅，创新主体充满活力，创新链条有机衔接，创新治理更加科学，创新效率大幅提高。④创新环境更加优化。激励创新的政策法规更加健全，知识产权保护更加严格，形成崇尚创新创业、勇于创新创业、激励创新创业的价值导向和文化氛围。

第二步，到 2030 年跻身创新型国家前列，发展驱动力实现根本转换，经济社会发展水平和国际竞争力大幅提升，为建成经济强国和共同富裕社会奠定坚实基础。①主要产业进入全球价值链中高端。不断创造新技术和新产品、新模式和新业态、新需求和新市场，实现更可持续的发展、更高质量的就业、更高水平的收入、更高品质的生活。②总体上扭转科技创新以跟踪为主的局面。在若干战略领域由"并行"走向"领跑"，形成引领全球学术发展的中国学派，产出对世界科技发展和人类文明进步有重要影响的原创成果。攻克制约国防科技的主要瓶颈问题。R&D 经费支出占国内生产总值比重达到 2.8%。③国家创新体系更加完备。实现科技与经济深度融合、相互促进。④创新文化氛围浓厚，法治保障有力，全社会形成创新活力竞相迸发、创新源泉不断涌流的生动局面。

第三步，到 2050 年建成世界科技强国，成为世界主要科学中心和创新高地，为我国建成富强民主文明和谐美丽的社会主义现代化国家、实现中华民族伟大复兴的中国梦提供强大支撑。①科技和人才成为国力强盛最重要的战略资源，创新成为政策制定和制度安排的核心因素。②劳动生产率、社会生产力提高主要依靠科技进步和全面创新，经济发展质量高、能源资源消耗低、产业核心竞争力强，国防科技达到世界领先水平。

③拥有一批世界一流的科研机构、研究型大学和创新型企业，涌现出一批重大原创性科学成果和国际顶尖水平的科学大师，成为全球高端人才创新创业的重要聚集地。④创新的制度环境、市场环境和文化环境更加优化，尊重知识、崇尚创新、保护产权、包容多元成为全社会的共同理念和价值导向。

实现创新驱动的基本方略是"坚持双轮驱动，构建一个体系，推动六大转变"。所谓"坚持双轮驱动"，是指科技创新和体制机制创新两个车轮相互协调、共同发挥作用。所谓"构建一个体系"，是指构建国家创新体系，让各创新主体在这种体系内合作，同时使各种创新要素在这种体系中自由流动、合理组合。所谓"推动六大转变"，是指发展方式从粗放型增长向可持续发展转变；发展要素从传统要素主导向创新要素主导转变；产业从价值链低端向高端转变；创新能力从以"跟踪"为主向"并行""领跑"为主转变；资源配置从研发转向产业链、创新链、资金链整合布局；创新群体从以科技人员为主向大众创业创新转变。

二、世界科技强国建设目标及其实现方略

近代以来，几乎所有的科技革命都不同程度地改变了世界经济版图和政治格局。尖端技术出现在哪里，高素质人才流向哪里，发展的制高点和经济竞争就会转向哪里。一些欧美国家抓住机遇，顺应时代潮流，大力创新，成为创新要素的集聚地，并因此成为世界科技强国。近几十年来，中国科技发展取得了巨大成就，举世瞩目。但是，与建设世界科技强国的目标相比，我国的科技发展还存在许多制约因素。我国研发经费投入强度还落后于美国、日本、韩国、德国等西方发达国家，研发经费的分配还不尽合理，基础研究投入明显不足。只有改变这种状况，我国才能真正迈向世界科技前沿。

2016年5月30日，习近平总书记在"科技三会"上进一步明确了建设"世界科技强国"建设目标，深入阐述了"三步走"战略：到2020年，以"人才强、科技强"为重点，将中国建成创新型国家；从2020年到2030年，以"产业强、经济强"为阶段目标，使中国走在创新型国家前列；从2035年到2050年，全面建成世界科技强国。[①]这一时期是我国从创新型国家前列向世界科技强国迈进的决胜阶段。这一阶段要构建开放高效的创新网络，大幅提升原始创新能力，使我国成为世界领先的科学中心和创新高地，为解决重大基础科学问题、开辟新的科学领域做出中国贡献。

建设世界科技强国是建设社会主义现代化强国的内在要求。要建设世界科技强国，就要坚定不移走中国特色自主创新道路，树立创新自信，加强原始创新供给，实施"非对称"赶超战略，营造创新环境，培养战略性科技人才。实现科技强国目标的基本方略包括五个方面：①树立创新自信。这种创新自信源于我们的道路自信、理论自信、制度自信和文化自信。我国科技界要坚定世界第一的雄心，在独创性和独特性上下功夫，敢于挑战前沿科学问题，提出更多原创理论，努力实现重要科技领域的跨越式发展，紧跟甚至引领世界科技发展新方向，把握新一轮全球科技竞争的战略主动权。②加强原始创

---

① 习近平. 为建设世界科技强国而奋斗——在全国科技创新大会、两院院士大会、中国科协第九次全国代表大会上的讲话. 科协论坛, 2016, (6): 4-9.

新供给。建成一批世界一流的科研机构、研究型大学和创新型企业；加强基础研究，加强原始创新，突破关键共性技术、前沿技术、重大工程技术并开展颠覆性创新；推动中国成为世界科学中心和重大科技创新中心。③科技创新和制度创新的双轮驱动。要通过改革和完善国家创新体系和科技治理体系，使科学家把时间和精力集中到真正有价值的工作上；主要科技专家必须有任职权，有较大的技术路线决策权，有较大的资金支配权，有较大的资源调动权，从而让蕴藏在亿万人中的创新智慧得到充分释放，使创新的力量得到充分发挥。④营造创新环境。尊重科学研究中的瞬时灵感、方法的随机性和路径的不确定性，形成鼓励探索、宽容失败的氛围，培育尊重知识、捍卫创造、追求卓越的创新文化。⑤培养战略科技人才。要培养一大批国际科技人才、科技领军人才，培育高水平的创新团队，要在创新实践中发现人才，在创新活动中培养人才，在创新事业中集聚人才，在世界各地集聚人才。

第二节　新时代的科技体制改革

面对百年未有之大变局，科技创新必将成为我国发展的新引擎，而改革就是引燃这一新引擎不可或缺的点火器。要推进自主创新，就必须破除体制机制带来的阻碍，以体制机制改革促进科技领域的跨越式发展，激发科技的巨大潜力。

一、新时代科技体制改革历程

2012年，国际金融危机深层次影响仍在持续，国际科技竞争与合作不断加强，新科技革命和全球产业变革步伐加快，我国科技发展既面临重要战略机遇，也面临严峻挑战。面对新形势新要求，我国自主创新能力还不够强，科技体制机制与经济社会发展和国际竞争的要求不相适应。在这种情况下，要大幅提升自主创新能力，真正实现创新驱动发展，就必须进一步深化科技体制改革。2012年9月，中共中央、国务院印发《关于深化科技体制改革加快国家创新体系建设的意见》，开启了新时代科技体制改革的征程。

2013年11月，党的十八届三中全会通过《中共中央关于全面深化改革若干重大问题的决定》，从国家创新体系、知识产权保护体系、科研资源管理和项目评价机制等方面规划了改革方向，宣告中国进入全面深化改革新时期。2015年3月，中共中央、国务院印发《关于深化体制机制改革加快实施创新驱动发展战略的若干意见》。同年8月，中共中央办公厅、国务院办公厅印发《深化科技体制改革实施方案》，吹响了全面深化科技体制改革的号角。

2017年10月，召开的党的十九大报告对我国科技创新体制机制改革进行了战略布局。特别是面对基础科学研究短板明显、关键核心技术受制于人以及大国博弈给科技创新带来的不确定性，如何为高水平科技自立自强提供科技创新体制机制保障，就成了科技体制改革的中心议题。

2019年10月，党的十九届四中全会对我国科技创新体制机制改革完成了顶层设计。在人才层面，完成了科技人才发现、培养、激励、管理、政策、评价、伦理的顶层设计；

在国家战略层面，完成了创新型国家、科技力量、国家实验室、关键核心技术攻关的顶层设计；在基础科学层面，完成了基础研究投入、支持、原始创新的顶层设计；在科技创新层面，完成了成果转化、新动能、技术标准、产业链的顶层设计。①

2020 年 9 月 11 日，习近平总书记在科学家座谈会上发表讲话，要求广大科技工作者肩负起国家使命和历史责任，"面向世界科技前沿、面向经济主战场、面向国家重大需求、面向人民生命健康"开展科技工作，不断向科学技术广度和深度进军，这就为深化科技体制改革指明了方向。②随后，党的十九届五中全会通过了《中共中央关于制定国民经济和社会发展第十四个五年规划和二〇三五年远景目标的建议》，对科技创新体制机制改革做了进一步阐述：深入推进科技体制改革，完善国家科技治理体系，优化国家科技规划体系和运行机制，推动重点领域项目、基地、人才、资金一体化配置；改进科技项目组织管理方式，实行"揭榜挂帅"等制度；完善科技评价机制，优化科技奖励项目；加快科研院所改革，扩大科研自主权；加强知识产权保护，大幅提高科技成果转移转化成效；加大研发投入，健全政府投入为主、社会多渠道投入机制，加大对基础前沿研究支持；完善金融支持创新体系，促进新技术产业化规模化应用；促进科技开放合作，研究设立面向全球的科学研究基金。2021 年底，中央深改委通过《科技体制改革三年攻坚方案（2021—2023 年）》，标志着深化科技体制改革进入改革攻坚期。

二、新时代科技体制改革的关键举措

党的十八大以来，科技体制机制改革的关键举措主要包括如下几个方面。

（1）进一步强化了企业技术创新主体地位。深化科技体制改革的核心任务之一，就是强化企业技术创新主体地位，调动企业创新积极性，使企业转化成为促进科研成果向市场价值转化的直接推动者。2015 年发布的《中共中央 国务院关于深化体制机制改革加快实施创新驱动发展战略的若干意见》从创新决策机制高度给出了切实可行的方案，包括建立高层次、常态化的企业技术创新对话、咨询制度，使企业和企业家在国家创新决策中发挥重要作用；吸收更多企业参与研究制定国家技术创新规划、计划、政策和标准，而产业专家和企业家在相关专家咨询组中应占较大比例。

（2）推进科研组织体系改革，强化国家战略科技力量。深化科研院所改革要做到遵循规律、强化激励、合理分工、分类改革。承担国家基础研究、前沿技术研究与社会公益技术研究的科研院所，应当以提高原始创新能力为动力与目标，尊重科学、技术和工程的客观运行规律，院所自主权与个人科研选题选择权要予以放松③。2012 年出台的《关于深化科技体制改革加快国家创新体系建设的意见》明确提出"建立健全现代科研院所制度，制定科研院所章程"等要求。2015 年出台的《深化科技体制改革实施方案》中要求"完善科研院所法人治理结构，推动科研机构制定章程，探索理事会制度，推进科研事业单位取消行政级别"。 2015 年《中共中央关于制定国民经济和社会发展第十三个

① 朱秋. 面向 2035 年中国科技创新体制机制变迁. 中国科技论坛，2020，（12）：4-6.
② 习近平. 在科学家座谈会上的讲话. http://www.gov.cn/xinwen/2020-09/11/content_5542862.htm[2020-09-11].
③ 贺德方，汤富强，刘辉. 科技改革十年回顾与未来走向. 中国科学院院刊，2022，（5）：578-588.

五年规划的建议》首次提出要以国家目标和战略需求为导向，瞄准国际科技前沿，布局一批体量更大、学科交叉融合、综合集成的国家实验室。2016 年修订的《中华人民共和国促进科技成果转化法》将科技成果转化的使用权、处置权和收益权下放给科研院所和高校。2019 年中央全面深化改革委员会第七次会议审议通过的《关于扩大高校和科研院所科研相关自主权的若干意见》，要求给予高校和科研院所更多自主权，包括自主聘用工作人员、自主设置岗位、下放职称评审权限、完善人员编制管理方式等事项。2020 年出台的《关于新时代加快完善社会主义市场经济体制的意见》明确提出推进高校、科研院所薪酬制度改革，扩大工资分配自主权。要实现国家科技治理体系的整体优化，关键在于使科技创新各个主体、各个环节、各个方面形成相互支撑、高效互动的格局，为此采取的一个关键举措，就是整合全国创新资源，组建一批国家实验室，对现有国家重点实验室进行重组，形成国家实验室体系，同其他各类科研机构、大学、企业研发机构形成功能互补、良性互动的协同创新格局，形成拳头效应，真正能够帮助解决"卡脖子"难题[①]。

（3）推进科技项目管理改革。建立健全科技项目决策、执行、评价相对分开、互相监督的运行机制。完善科技项目管理组织流程，按照经济社会发展需求确定应用型重大科技任务，拓宽科技项目需求征集渠道，建立科学合理的项目形成机制和储备制度。建立健全科技项目公平竞争和信息公开公示制度，探索完善网络申报和视频评审办法，保证科技项目管理的公开公平公正。完善国家科技项目管理的法人责任制，加强实施督导、过程管理和项目验收，建立健全对科技项目和科研基础设施建设的第三方评估机制。完善科技项目评审评价机制，避免频繁考核，保证科研人员的科研时间。完善相关管理制度，避免科技项目和经费过度集中于少数科研人员。

（4）完善科研经费分配和使用机制。建立新的科研经费分配体制，完善竞争性经费和稳定支持经费相协调的投入机制，优化基础研究、应用研究、试验发展和成果转化的经费投入结构，建立健全符合科研规律的科研项目经费管理机制和审计方式，增加项目承担单位预算调整权限，提高经费使用自主权[②]。健全竞争性经费和稳定支持经费相协调的投入机制，优化基础研究、应用研究、试验发展和成果转化的经费投入结构。完善科研课题间接成本补偿机制。建立健全符合科研规律的科技项目经费管理机制和审计方式，增加项目承担单位预算调整权限，提高经费使用自主权。建立健全科研经费监督管理机制，完善科技相关部门预算和科研经费信息公开公示制度，通过实施国库集中支付、公务卡等办法，严格科技财务制度，强化对科技经费使用过程的监管，依法查处违法违规行为。加强对各类科技计划、专项、基金、工程等经费管理使用的综合绩效评价，健全科技项目管理问责机制，依法公开问责情况，提高资金使用效益。

（5）改进科研评价体制。2017 年出台的《中央级科研事业单位绩效评价暂行办法》明确要求国务院各部门、直属机构、直属事业单位等所属自然科学和技术领域科研事业单位，建立科学合理的绩效评价制度。2018 年 10 月 23 日，科技部、教育部、人力资源

---

① 薛澜，等. 中国科技发展与政策（1978～2018）. 北京：社会科学文献出版社，2018.

② 中共中央、国务院印发《关于深化科技体制改革加快国家创新体系建设的意见》. http://www.gov.cn/jrzg/ 2012-09/23/content_2231413.htm[2012-09-23].

社会保障部、中国科学院和中国工程院联合发布通知，开展清理"唯论文、唯职称、唯学历、唯奖项"（"四唯"）专项行动，提倡代表作制度，鼓励科研人员承担大项目，"将论文写在祖国大地上"。2020年10月13日出台的《深化新时代教育评价改革总体方案》要求"坚决克服唯分数、唯升学、唯文凭、唯论文、唯帽子的顽瘴痼疾"，从而将"破四唯"升级为"破五唯"。科研评价的总体方向是破除了不合理的科研评价数量、频次、指标等问题；淡化短期评价，注重中长期评价；淡化科研投入评价，强化产出评价；淡化论文评价，强化实质成果评价。与此同时，改革国家科技奖励制度，优化了奖励评审标准、缩减了科技奖励数量，建立公开提名、科学评议、实践检验、公信度高的科技奖励机制。基础研究以同行评价为主，特别要加强国际同行评价，着重评价成果的科学价值；应用研究由用户和专家等相关第三方评价，着重评价目标完成情况、成果转化情况以及技术成果的突破性和带动性；产业化开发由市场和用户评价，着重评价对产业发展的实质贡献。

（6）完善人才培养和激励政策。针对处于不同职业发展阶段的科研人员给予针对性的支持政策，改革了科技人才识别、培养、使用、引进、晋升等机制，构建了具有高度竞争力和吸引力的科技人才制度环境。改进和完善院士制度，培养造就世界水平的科学家、科技领军人才、卓越工程师和高水平创新团队。加强科研生产一线高层次专业技术人才和高技能人才培养，支持35岁以下的优秀青年科技人才主持科研项目。深化教育改革，推进素质教育，创新教育方法，提高人才培养质量，努力形成有利于创新人才成长的育人环境，使青少年从年少时期就开始培养创新意识，提高创新能力。同时，更加积极主动地将国外人才特别是高层次人才引进国内，欢迎外国专家和优秀人才以各种方式参与中国式现代化建设。规范和完善专业技术职务聘任和岗位聘用制度，扩大用人单位自主权，探索实施科研关键岗位和重大科研项目负责人公开招聘制度，探索有利于创新人才发挥作用的多种分配方式，健全与岗位职责、工作业绩、实际贡献紧密联系和鼓励创新创造的分配激励机制[①]。

（7）大力支持基础研究。近年来支持基础研究发展已经成为国家科技创新工作的重要内容，并在政策文件多次强调。2018年1月出台的《国务院关于全面加强基础科学研究的若干意见》，明确了基础研究"三步走"发展目标，即到2020年，我国基础科学研究整体水平和国际影响力显著提升，在若干重要领域跻身世界先进行列；到2035年，我国基础科学研究整体水平和国际影响力大幅跃升；到21世纪中叶，把我国建设成为世界主要科学中心和创新高地。2020年5月科技部印发《新形势下加强基础研究若干重点举措》，从优化基础研究总体布局、激发科研人员和企业以及科研机构等创新主体活力、深化项目管理改革、营造有利于基础研究发展的创新环境、加大对基础研究的稳定支持、完善基础研究多元化投入体系等六个方面大力推进基础研究。

（8）加强国际科技合作。积极开展全方位、多层次、高水平的科技国际合作，加强内地（大陆）与港澳台地区的科技交流合作。加大引进国际科技资源的力度，围绕国

---

① 陈凯华，郭锐，裴瑞敏. 我国科技人才政策十年发展与面向高水平科技自立自强的优化思路. 中国科学院院刊，2022，（5）：613-621.

家战略需求参与国际大科学计划和大科学工程。鼓励我国科学家发起和组织国际科技合作计划，主动提出或参与国际标准制定。加强技术引进和合作，鼓励企业开展参股并购、联合研发、专利交叉许可等方面的国际合作，支持企业和科研机构到海外建立研发机构。加大国家科技计划开放合作力度，支持国际学术机构、跨国公司等来华设立研发机构，搭建国内外大学、科研机构联合研究平台，吸引全球优秀科技人才来华创新创业。加强民间科技交流合作。

（9）注重科研伦理制度建设。建立健全科研活动行为准则和规范，加强科研诚信和科学伦理教育，将其纳入国民教育体系和科技人员职业培训体系，与理想信念、职业道德和法制教育相结合，强化科技人员的诚信意识和社会责任。发挥科研机构和学术团体的自律功能，引导科技人员加强自我约束、自我管理。加强科研诚信和科学伦理的社会监督，扩大公众对科研活动的知情权和监督权。加强国家科研诚信制度建设，加快相关立法进程，建立科技项目诚信档案，完善监督机制，加大对学术不端行为的惩处力度，切实净化学术风气。为了加强科技活动的伦理治理，2019年7月中央全面深化改革委员会第九次会议审议通过《国家科技伦理委员会组建方案》。2020年10月，我国成立了国家科技伦理委员会，以推动构建覆盖全面、导向明确、规范有序、协调一致的科技伦理治理体系。2022年3月发布《关于加强科技伦理治理的意见》，从总体愿景、伦理原则、伦理治理制度与体制建设、教育与宣传、审查与监管等角度对中国特色科技伦理体系建设进行了系统设计，从而为科技界守住伦理底线提供了制度保证。

（10）强化法律保障。《中华人民共和国科学技术进步法》于2021年12月完成修订并于次年1月正式实施，从而为在法治轨道上推进国家科技治理体系和治理能力现代化、加快建设世界科技强国提供了法律保障。在2007年版《中华人民共和国科学技术进步法》第八章第七十五条的基础上，此次修法新增了"基础研究"（第二章）、"区域科技创新"（第七章）、"国际科学技术合作"（第八章）和"监督管理"（第十章），共计十二章一百一十七条。2021年版《中华人民共和国科学技术进步法》将"基础研究"单列作为第二章共七条，强调了支持基础研究发展是国家法定职责，明确了基础研究的价值目标和发展总体思路，要求国家财政建立稳定支持基础研究的投入机制，从而为进一步提升我国基础研究能力提供了方向和法律保障。此次修法还以专章形式进一步强化了区域科技创新的地位，要求各区域加强促进科技创新的主动性，通过科技计划布局、科技园区建设、创新功能完善、创新环境优化等多元途径，不断提升区域科技创新能力，加快向创新链上游攀升。关于国际科技合作，2021年版《中华人民共和国科学技术进步法》进一步鼓励参与和建立国际科学技术组织、创新合作平台，特别强调了高校、科研院所、企业、社会组织、科技人员等民间主体深入开展国际科技交流合作的重要性。

三、国家科技计划管理改革

国家科技计划是落实国家发展战略和科技政策的有力抓手。经过长期摸索，我国的国家科技计划体系初步形成。国家科技攻关计划、星火计划、国家自然科学基金、863计划、火炬计划、973计划等，都是影响深远的科技计划，它们设立于不同时期，取得了一大批举世瞩目的重大成果，提升了我国科技创新的整体实力。然而，在科技投入的总量和强度都大幅提高的情况下，科研项目和资金管理还不能完全适应科技创新活动的特点和规律。主要表现在：一是国家科技计划越设越多，已达近百个，由几十个部门分别管理，造成科技资源配置分散、重复交叉严重，资源配置效率有待提高；二是管理不够科学透明，资金使用存在违规违纪现象，鼓励科技创新的政策激励措施还没有落实到位，科研人员的创新热情和创造活力还没有得到充分发挥。国家科技计划管理改革就是要着力解决这些问题，发挥科技人员的积极性和创造性，提高财政资金使用效率，更好地推动以科技创新为核心的全面创新[①]。

国家科技计划管理改革的总体思路有两条：一是在保持"十一五"科技计划体系基本稳定的基础上，根据经济社会发展的新要求，创新管理体制机制，充分释放创新活力，切实提高创新资源的利用效率；二是落实中央科技管理体制改革要求，顺应科技界的期待与诉求，着力解决当前科技计划管理中存在的薄弱环节和突出问题，调动和激发广大科研人员的积极性和创造性。改革的主要目标是进一步聚焦战略目标、加强系统布局；进一步优化资源配置、鼓励开放共享；进一步加快技术转移、促进成果转化；进一步加强科学管理、完善监督评估；进一步重视人才培养、营造良好环境。

根据以上考虑，科技计划管理改革的举措主要集中在三个方面：调整科技计划资源的配置方式，调整完善计划管理制度，调整优化国家科技计划管理方式和程序。在国家科技计划的经费管理方面，科技部确立了"简化审批流程、优化过程服务"的工作思路，提升预算管理水平。经费预算管理改革的主要措施包括：简化优化预算编制要求、规范预算评估评审、加强经费管理与项目管理的衔接、建立专项经费预拨机制。在国家科技计划经费支出方面，完善课题间接成本补偿机制，明确补偿渠道，并对预算调整实行分级分类管理。在国家科技计划经费监督检查方面，构建多层次的监管体系，加大对违法违规行为的处罚力度，加强信用管理，建立信用体系，探索推进经费支出绩效评价工作，并积极推进信息公开透明，接受社会监督[②]。

2014年3月印发的《国务院关于改进加强中央财政科研项目和资金管理的若干意见》，要求优化整合中央各部门管理的科技计划（专项、基金等），对定位不清、重复交叉、实施效果不好的，要通过撤、并、转等方式进行必要的调整[③]。随后，科技部、财政部建立了联合工作机制，全面梳理分析当前我国科技计划布局和管理现状，总结成功的经验，分析面临的问题，学习借鉴发达国家有关调整科技创新战略和加强科研资源集成的政策，研究提出了改革思路和举措。在上述工作的基础上，两部门组织召开了多次座谈会，并书面征求了50个部门（单位）的意见，经反复协商，各有关部门对改革方向、目标任务、实施路径和具体措施达成共识。经过国家科技体制改革和创新体系建设领导小组会议、国务院常务会议、中央全面深化改革领导小组会议和中央政治局常委会

① 徐芳，李晓轩. 科技评价改革十年评述. 中国科学院院刊，2022，（5）：603-612.
② 赵路，程瑜，张琦. 发挥财政职能作用 支持科技创新发展——财政科技事业10年回顾与展望. 中国科学院院刊，2022，（5）：596-602.
③ 国务院关于改进加强中央财政科研项目和资金管理的若干意见. http://www.gov.cn/zhengce/content/2014-03/12/content_8711.htm[2014-03-12].

议审议，最终形成改革方案。

2014 年 12 月 3 日国务院印发《关于深化中央财政科技计划（专项、基金等）管理改革方案的通知》，明确要求将中央各部门管理的 100 多个科技计划（专项、基金等），通过撤、并、转等方式，整合成五大类科技计划（专项、基金等）——国家自然科学基金、国家科技重大专项、国家重点研发计划、技术创新引导专项（基金）、基地和人才专项。具体情况是：①国家自然科学基金仍然重点资助基础研究和科学前沿探索。②国家科技重大专项仍然聚焦于国家重大战略产品和产业化目标，解决重大技术突破问题。③国家重点研发计划整合了原有的 973 计划、863 计划、国家科技支撑计划、国际科技合作与交流专项，国家发展和改革委员会、工业和信息化部管理的产业技术研究与开发资金，以及有关部门管理的公益性行业科研专项等，主要针对事关国计民生的重大社会公益性研究以及事关产业核心竞争力、整体自主创新能力和国家安全的重大科学技术问题进行攻关。④技术创新引导专项（基金）对国家发展和改革委员会、财政部管理的新兴产业创投基金，科技部管理的政策引导类计划、科技成果转化引导基金，财政部、科技部等四部委共同管理的中小企业发展专项资金中支持科技创新的部分，以及其他引导支持企业技术创新的专项资金（基金）进行分类整合，以支持不同阶段的企业技术创新活动。⑤基地和人才专项则对科技部管理的国家（重点）实验室、国家工程技术研究中心、科技基础条件平台、创新人才推进计划，以及国家发展和改革委员会管理的国家工程实验室、国家工程研究中心、国家认定企业技术中心等进行合理归并，进一步优化布局，致力于推进科研基地建设和人才队伍建设。整合之后，它们被纳入统一的国家科技管理平台管理。经过三年改革过渡期，2017 年已经全面按照优化整合后的五类科技计划（专项、基金等）运行。

科技计划管理体制改革的一个重要组成部分，就是将政府从项目日常管理和资金具体分配中解放出来，委托专业机构开展项目管理。具体操作方式是，对现有具备条件的科研管理类事业单位进行改造，形成若干符合要求的规范化项目管理专业机构，并鼓励具备条件的社会化科技服务机构参与竞争，推进专业机构的市场化和社会化。改革方案明确要求，要通过统一的国家科技管理信息系统，对中央财政科技计划（专项、基金等）的需求征集、指南发布、项目申报、立项和预算安排、监督检查、结题验收等全过程进行信息管理，并按相关规定主动向社会公开信息，接受公众监督，让资金在阳光下运行。在简政放权的同时，政府部门进一步加强对科技计划实施绩效进行评估评价和监督检查，具体包括完善科研信用体系建设和"黑名单"制度，建立对主管部门和专业机构工作人员的责任倒查机制，加强对科技计划（专项、基金等）财政资金管理使用的审计监督，对发现的违规违法行为严肃查处，并将查处结果向社会公开。

第三节　重构国家战略科技力量

国家实验室、国家科研机构、高水平研究型大学、科技领军企业是国家战略科技力量的重要组成部分。创新驱动发展战略的实施，必然要求进一步改革中国科学院和高等院校，重构战略科技力量，以求得更加强大的创新发展动力。2014 年实施的中国科学院

"四个率先"行动、2016 年启动的综合性国家科学中心的建设、2017 年实施的"双一流"大学建设、2020 年启动的国家实验室建设等，都是为此采取的关键举措。

一、中国科学院"四个率先"行动

早在改革开放初期，以中国科学院为代表的科技界就积极响应中央指示，在时代浪潮中发挥了中流砥柱作用。例如，中国科学院是全国第一个响应"真理标准大讨论""抵制'两个凡是'"的单位；坚决遵照执行邓小平做出的"研究所的党委要有三分之一的科技工作者，让知识分子参与党的领导工作"的指示；率先恢复了评定职称的制度等。可以说，中国科学院始终扮演着支撑和保障国家重大科技任务和需求的角色，在前沿科学技术探索以及国家创新体系的建设等方面做出了突出贡献，发挥了国家战略科技力量的重要作用。

2013 年 7 月 17 日，习近平总书记在视察中国科学院时，明确提出了"四个率先"要求，即要求中国科学院率先实现科学技术跨越发展，率先建成国家创新人才高地，率先建成国家高水平科技智库，率先建设国际一流科研机构。同时，他还要求中国科学院的工作要做到"三个面向"，即面向世界科技前沿、面向国家重大需求、面向国民经济主战场。在新时代全面深化改革科技创新体制机制进程中，中国科学院遵照习近平总书记的指示精神，再次化身为科技体制改革的先行者，其主导的"率先行动"计划也被称作全面深化改革以来科技领域最大胆的"改革纲领"。

在学习贯彻习近平总书记系列重要讲话精神和治国理政新理念新思想新战略的基础上，中国科学院于 2014 年提出并实施"率先行动"计划。2014 年，中国科学院正式启动实施《中国科学院"率先行动"计划暨全面深化改革纲要》（简称《"率先行动"计划》），对所属的 100 多个研究机构进行全面改革，力求到 2030 年实现"四个率先"：率先实现科学技术跨越发展，率先建成国家创新人才高地，率先建成国家高水平科技智库，率先建设国际一流科研机构。此举是继 1998 年实施知识创新工程之后，"科技国家队"在科技体制改革方面的又一次"率先行动"①。

该计划分两步：第一步是从 2014 年至 2020 年底，目标是基本实现"四个率先"；第二步是从 2020 年至 2030 年，目标是全面实现"四个率先"。为此，主要制定了五个方面的战略举措：一是按创新研究院、卓越创新中心、大科学研究中心、特色研究所等四种类型对现有科研机构进行分类改革，构建适应国家发展要求、有利于重大成果产出的现代科研院所治理体系；二是调整优化科研布局，进一步把重点科研力量集中到国家战略需求和世界科技前沿；三是深化人才人事制度改革，建设国家创新人才高地；四是探索高端智库建设的新体制，强化产出导向，建设国家高水平科技智库；五是深入实施开放兴院战略，全面扩大开放合作，提升科技服务和支撑能力。

2020 年，中国科学院完成"率先行动"计划第一阶段目标任务。在全面深化改革的过程中，一批重大创新成果产出，同时中国科学院在快速响应国家重大创新需求、体系

---

① 中国科学院"率先行动"计划暨全面深化改革纲要. 国家科技体制改革和创新体系建设领导小组第七次会议审议通过，2014 年 7 月。

化应对重大科技风险挑战等方面做出积极贡献，引领带动了我国创新型国家和科技强国建设。主要包括如下几个方面：在重大创新成果产出方面，中国科学院在铁基高温超导、量子通信、中微子振荡、先进核能、干细胞与基因编辑等前沿领域，跻身国际先进或领先行列；在深空、深海、网络空间安全和人工智能、超级计算等重大战略领域，突破了一批关键核心技术；在新药创制、煤炭清洁高效利用等方面，一批重大科技成果和转化示范工程落地生根；全球首颗量子科学实验卫星"墨子"、我国首颗 X 射线天文卫星"慧眼"与暗物质卫星"悟空"等成功发射在社会上引起广泛讨论。在应对"卡脖子"关键核心技术方面，中国科学院对组织实施 A 类和 B 类先导专项的经验做法进行了总结，从已有研究积累出发，将相关研究力量整合在一起，剑指"卡脖子"技术，迅速组织部署 C 类先导专项，仅用一年多时间就实施了先期的 3 个 C 类专项实施，在国产安全可控先进计算系统研制方面也取得积极进步与长足发展。在新冠疫情防控科研攻关方面，中国科学院组织全院 400 个团队、近 3000 名科研人员参与防疫研发，在快速检测技术、药物、疫苗与抗体研发及病毒溯源等方面取得了一批创新成果，在应对重大公共卫生事件中积累了宝贵经验[①]。

二、综合性国家科学中心和国家科创中心建设

借鉴国外基于大科学装置集群而形成的综合研究中心发展经验，我国近年来也开始了建设综合性国家科学中心的建设。所谓综合性国家科学中心，就是依托先进的大科学设施群建设，支撑多学科、多领域、多主体、交叉型、前沿性研究，代表着世界先进水平的基础科学研究和重大技术研发的大型开放式研究基地。

2016 年 2 月，国家发展和改革委员会、科技部批复同意以上海张江地区为核心承载区建设综合性国家科学中心，作为上海加快建设具有全球影响力的科技创新中心的关键举措和核心任务，该中心已经拥有上海同步辐射光源、蛋白质科学研究（上海）设施、上海超强超短激光实验装置、软 X 射线自由电子激光装置等大科学设施集群，形成了生命及生物制药和激光技术等优势领域。2017 年 1 月，国家发展和改革委员会、科技部联合批复了合肥综合性国家科学中心建设方案。合肥综合性国家科学中心将聚焦信息、能源、健康、环境四大领域，开展多学科交叉和变革性技术研究主要依托国家同步辐射装置、全超导托卡马克装置、稳态强磁场实验装置等进行建设，未来还会有量子信息国家实验室、聚变工程实验堆、先进 X 射线自由电子激光装置、大气环境综合探测与实验模拟设施、超导质子医学加速器等国家重大科技基础设施入列。2017 年 6 月，国家发展和改革委员会、科技部联合批复同意建设北京怀柔综合性国家科学中心，致力于打造世界级原始创新承载区。北京怀柔科学城将建设先进光源、综合极端条件设施、脑科学成像设施、重离子治癌装置、数据平台、纳米平台、能源平台及分子育种平台等十多个大型科研设施，以期在纳米技术、新能源、新材料、健康、生物医药、激光、生物育种等领域发挥突出优势。根据国家"十四五"规划，依托分布在广州、深圳和东莞的重大科技基础设施，正在建设粤港澳大湾区综合性国家科学中心。这个区域已经集聚了中国散裂

① 中国科学院. 中国科学院"率先行动"计划第一阶段实施情况总结报告（内部资料），2021.

中子源（CSNS）、江门中微子实验、国家基因库、广州超级计算中心等设施，正在建设鹏城实验室、冷泉生态系统研究装置、智能化动态宽域高超声速风洞、极端海洋动态过程多尺度自主观测科考设施等一系列科技基础设施。广州南沙科学城是广州市和中国科学院共同谋划、共同建设的科创资源集聚高地，将建设成为粤港澳大湾区综合性国家科学中心主要承载区。未来，不排除在武汉、西安、成都等中西部地区城市建设综合性国家科学中心。与此相适应，截至 2022 年 4 月，我国已经在北京、上海、粤港澳大湾区、成渝和武汉布局了 5 个国家科技创新中心，以不断塑造区域发展新动能、新优势，从而带动国家整体科技创新能力的升级。

三、"双一流"大学建设

建设世界一流大学和一流学科（简称"双一流"）是党中央、国务院作出的重大战略决策，是新时代高等教育强国建设的引领性和标志性工程，也是中国高等教育领域继"211 工程""985 工程"之后的又一国家战略，有利于提升中国高等教育综合实力和国际竞争力，为实现"两个一百年"奋斗目标和实现中华民族伟大复兴的中国梦提供有力支撑。

"211 工程"和"985 工程"历经十多年的建设，在高校基础设施建设、人才培养、科学研究、师资队伍建设、学科专业建设等各个领域都取得了显著成绩。但是，随着我国高等教育发展进入大众化阶段，高等院校数量急剧增加，而有限的财政资金使得高校间办学经费差距不断拉大，高等教育公平问题愈来愈突出。面对"211 工程"和"985 工程"建设中凸显的身份固化、竞争缺失、发展趋同的问题，2015 年 8 月 18 日，中央全面深化改革领导小组会议审议通过《统筹推进世界一流大学和一流学科建设总体方案》[①]，对新时期高等教育重点建设做出新部署，将"211 工程""985 工程""优势学科创新平台"等重点建设项目，统筹推进世界一流大学和一流学科建设。2017 年，在该方案的基础上，进一步提出建立动态开放竞争，以绩效评价为主的调整机制，打破身份固化，不搞终身制。

"双一流"建设的指导思想是，以习近平新时代中国特色社会主义思想为指导，立足新发展阶段、贯彻新发展理念、构建新发展格局，全面贯彻党的教育方针，落实立德树人根本任务，对标 2035 年建成教育强国、人才强国的目标，突出培养一流人才、服务国家战略需求、争创世界一流的导向，深化体制机制改革，统筹推进、分类建设一流大学和一流学科，在关键核心领域加快培养战略科技人才、一流科技领军人才和创新团队，为全面建成社会主义现代化强国提供有力支撑。

"双一流"建设的总体目标是，推动一批高水平大学和学科进入世界一流行列或前列，加快高等教育治理体系和治理能力现代化，提高高等学校人才培养、科学研究、社会服务和文化传承创新水平，使之成为知识发现和科技创新的重要力量、先进思想和优秀文化的重要源泉、培养各类高素质优秀人才的重要基地，在支撑国家创新驱动发展战

---

① 统筹推进世界一流大学和一流学科建设总体方案. http://www.moe.gov.cn/jyb_xxgk/moe_1777/moe_1778/201511/t20151105_217823.html[2015-11-05].

略、服务经济社会发展、弘扬中华优秀传统文化、培育和践行社会主义核心价值观、促进高等教育内涵发展等方面发挥重大作用。到 2020 年，若干所大学和一批学科进入世界一流行列，若干学科进入世界一流学科前列。到 2030 年，更多的大学和学科进入世界一流行列，若干所大学进入世界一流大学前列，一批学科进入世界一流学科前列，高等教育整体实力显著提升。到 21 世纪中叶，一流大学和一流学科的数量和实力进入世界前列，基本建成高等教育强国。

"双一流"高校的遴选突出了四个重点：一是坚持中国特色、世界一流。落实"四个服务"要求，加强党的领导，贯彻党的教育方针，坚持社会主义办学方向，落实立德树人根本任务，坚持内涵发展，扎根中国大地办大学，积极探索世界一流大学建设的中国道路中国模式。二是鼓励和支持高水平建设。"双一流"建设的目标是进入世界一流大学和一流学科前列或行列，是突破性工程，重在扶优扶强、引领示范，必须坚持高水平、鼓励高水平、支持高水平。三是服务国家重大战略布局。把国家重大战略布局作为遴选"双一流"建设高校的重要因素，把"211 工程""985 工程"等作为重要基础，发挥"双一流"建设对区域、行业发展的支撑带动作用。四是扶持特殊需求。对于经过长期建设、具备鲜明特色且无可替代的学科或领域，国家经济社会发展迫切需求，但在第三方评价中难以体现的高校予以扶持。

2017 年 9 月 21 日，世界一流大学和一流学科建设高校及建设学科名单正式确认公布，其中有 42 所世界一流大学建设高校（其中 A 类 36 所，B 类 6 所），95 所世界一流学科建设高校。首轮"双一流"建设至 2020 年结束，各建设高校积极落实主体责任，不断深化认识，稳步推进人才培养、成效评价、科研管理等关键领域和关键环节改革创新。经过努力，到 2020 年底，建设和引进了一批一流师资队伍，培养了一批拔尖创新型人才，高水平科学研究能力得到有效提升，一批重大科学创新、关键技术突破转变为先进生产力，若干所高校逐步跻身世界一流大学行列，材料科学与工程等一批学科逐步进入世界一流行列，量子科学等一些关键领域取得重要进展，高质量的一流大学和一流学科建设体系正在形成，为建设高等教育强国奠定了坚实基础。

根据首轮监测数据和成效评价，按照"总体稳定，优化调整"的原则，经过"双一流"建设专家委员会研究，以需求为导向、以学科为基础、以比选为手段，确定了新一轮建设高校及学科范围，共有建设高校 147 所，数学、物理、化学、生物学等基础学科布局 59 个、工程类学科 180 个、哲学社会科学学科 92 个。第二轮建设名单不再区分一流大学建设高校和一流学科建设高校，将探索建立分类发展、分类支持、分类评价建设体系作为重点之一，引导建设高校切实把精力和重心聚焦有关领域、方向的创新与实质突破上，创造真正意义上的世界一流。同时，为增强建设动力，完善约束机制，对首轮建设成效并未完全达到预期、相比同类学科在整体发展水平、可持续发展能力和成长提升程度方面相对偏后的部分学科给予警示，相关学科应加强整改，2023 年接受再评价，届时未通过的，将调出建设范围①。

---

① 教育部 财政部 国家发展改革委关于深入推进世界一流大学和一流学科建设的若干意见. 教研〔2022〕1 号，2022-01-26.

从 20 世纪 90 年代至今，经过"211 工程"、"985 工程"和"双一流"建设，我国高等院校发生了脱胎换骨的变化，科研实力和办学实力都有了质的提升，若干高校已经进入世界一流大学行列，一批学科已经成为世界一流学科。在不远的将来，会有更多高校和更多学科成为世界一流，从而构成我国战略科技力量不可或缺的有机组成部分。

四、国家实验室体系建设

20 世纪 80 年代，我国围绕以基础研究为主的大科学装置，相继成立了国家同步辐射实验室（1983 年）、北京串列加速器核物理国家实验室（1984 年）、北京正负电子对撞机国家实验室（1991 年）和兰州重离子加速器国家实验室（1991 年）。迈入 21 世纪，在科技部主导下，我国又分三批启动了 16 个国家实验室试点建设：2000 年 10 月，沈阳材料科学国家（联合）实验室完成组建；2003 年 11 月，科技部批准了包括北京凝聚态物理国家实验室在内的 5 个国家实验室筹建；2006 年 12 月，科技部通报 10 个试点国家实验室拟启动筹建，涵盖海洋、航空、人口健康、核能、新能源、先进制造、量子调控、蛋白质研究及农业、轨道交通等领域，主要由教育部、国防科工委、卫生部和中国科学院牵头。但从总体上看，这些国家实验室建设还处在探索阶段。

党的十八大以来，以习近平同志为核心的党中央对我国科技创新事业进行了战略性、全局性谋划，国家实验室建设重新提上议事日程，中国特色国家实验室体系建设迈出实质性步伐。2016 年 3 月发布的《中华人民共和国国民经济和社会发展第十三个五年规划纲要》中提出要"瞄准国际科技前沿，以国家目标和战略需求为导向，布局一批高水平国家实验室"。2016 年 5 月印发的《国家创新驱动发展战略纲要》提出，"针对国家重大战略需求，建设一批具有国际水平、突出学科交叉和协同创新的国家实验室"。2016 年 7 月国务院印发的《"十三五"国家科技创新规划》提出，"大力推进以国家实验室为引领的科技创新基地建设"。[①]2017 年 10 月，科技部、国家发展和改革委员会、财政部印发《"十三五"国家科技创新基地与条件保障能力建设专项规划》（国科发基[2017]322号）通知，界定了国家实验室的性质："国家实验室是体现国家意志、实现国家使命、代表国家水平的战略科技力量，是面向世界科技竞争的创新基础平台，是保障国家安全的核心支撑，是突破型、引领型、平台型一体化的大型综合性研究基地"，明确提出要布局建设若干国家实验室，同时面向前沿科学、基础科学、工程科学部署建设一批国家重点实验室，统筹推进学科、省部共建、企业、军民共建和港澳伙伴国家重点实验室建设发展。党的十九届四中全会决定明确提出，明确提出要"强化国家战略科技力量，健全国家实验室体系"。《中华人民共和国国民经济和社会发展第十四个五年规划和 2035年远景目标纲要》进一步强调，要加快构建以国家实验室为引领的战略科技力量，聚焦重大创新领域组建一批国家实验室。可以说，加快推动国家实验室建设，构建国家实验室体系是"十四五"期间我国推动科技自立自强目标工作的重点之一。

聚焦国家战略需求，凝心聚力打好打赢关键核心技术攻坚战，体系化支撑现代化强国建设，是国家实验室体系建设的使命担当。优化配置优势科技资源，组建一批体量更

---

① 国务院关于印发《"十三五"国家科技创新规划》的通知. 中华人民共和国国务院公报，2016-07-28（24）.

大、学科交叉融合、综合集成的国家实验室，进而打造国家实验室体系，是全面提升国家创新体系整体效能的必由之路。为此，就必须做到"四个面向"：面向世界科技前沿，加强原始创新，努力实现更多"从0到1"的突破；面向经济主战场，推进科技创新和产业发展特别是实体经济发展深度融合；面向国家重大需求，在关键核心技术领域解决"卡脖子"问题；面向人民生命健康，大幅增加公共科技供给，不断满足人民日益增长的美好生活需要。目前，我国已经启动多个国家实验室建设，位于北京的中关村、昌平、怀柔三个国家实验室正在加速推进，位于广东的鹏城实验室和位于安徽的量子信息实验室也在筹划建设之中。

国家实验室体系不仅包括多层次、多类型、多领域的国家实验室，也包括多层次、多类型、多领域的全国重点实验室。如果说国家实验室立足大科研领域，那么国家重点实验室则专注分支学科。这两类实验室共同构成以国家实验室为引领，以全国重点实验室为支撑的国家实验室体系。这个体系又与其他各类科研机构、大学、企业研发机构形成功能互补、良性互动的协同创新格局。特别是国家实验室体系建设注重企业的参与，一些国家重点实验室还建在企业并得到强化。这样，国家实验室体系也就更有可能发挥国家战略科技力量的作用。2018年12月，中央经济工作会议提出"抓紧布局国家实验室，重组国家重点实验室体系"。2021年12月中央经济工作会议指出要"发挥好国家实验室作用，重组全国重点实验室，推进科研院所改革"。同一时期，《中华人民共和国科学技术进步法》（2021年修订）发布，明确"健全以国家实验室为引领、全国重点实验室为支撑的实验室体系"。自2021年12月起，中央经济工作会议、《中华人民共和国科学技术进步法》、全国科技工作会议都明确提出，重组后的国家重点实验室，改称"全国重点实验室"，目前重组工作正在推进之中。可以预期，"十四五"时期，我国国家实验室体系将会建成并逐步发挥国家战略科技力量的巨大作用。

五、学位制度改革

1978年，党的十一届三中全会开辟了改革开放和社会主义现代化建设的新时期。1980年2月12日，第五届全国人大常委会第十三次会议出台《中华人民共和国学位条例》，于1981年1月1日起施行，标志着我国学位制度正式建立。依据《中华人民共和国学位条例》，我国成立了国务院学位委员会，主持、领导全国的学位工作。国务院学位委员会领导下的学科评议组，是我国学位制度建立和实施的主要学术组织。1981年7月，国务院学位委员会学科评议组召开了第一次会议，评选出第一批学位授予单位。

我国学位制度建立伊始，由国务院学位委员会直接批准和公布学位授权审核乃至博士生导师资格。1993年，国务院下发《中国教育改革和发展纲要》，这是新时期建设有中国特色社会主义教育体系的纲领性文件。之后，我国学位制度改革的基本趋势就是权力逐步下放。从1995年开始，新增博士、硕士学位授予单位和博士点仍由国务院学位委员会组织审核和批准；学士学位授予单位和学科、专业以及硕士点的审核，国家授权由地方、部门或学位授予单位根据统一规定的办法组织审核、批准；博士生指导教师的确定由国家审核改为由学位授予单位审核，学位授予单位在自行审核招收培养博士生计划的同时，遴选确定博士生指导教师。1997 年，全面落实省级政府对学位与研究生教育的统筹管理权。2005 年，国务院学位委员会委托北京大学、清华大学开展自行审核一级学科博士学位授权试点，两校在若干学科范围内可自行增设本单位的博士学位一级学科点，而设有研究生院的 56 所高校则拥有了一级学科硕士学位审核权。2017 年，国务院学位委员会批准北京大学、清华大学、中国科学院大学等 20 所高校可以自主审核新增博士、硕士学位授权，自主撤销已有博士、硕士学位授权点，还可自主设置交叉学科并按一级学科管理。学位授权审核办法的改革，发挥了有关部门、省市在学位授权审核中的作用，扩大了高等学校的办学自主权，为高校立足学术前沿开展科学研究和培养创新人才提供了更大空间。这也是适应"双一流"建设需求的一项重要举措。

与此同时，为了加快培养社会急需的复合型、应用型高层次专门人才，从 1991 年开始，国务院学位委员会陆续批准设置了工商管理硕士学位（MBA）、建筑学专业学位（建筑学学士学位和建筑学硕士学位）、法律硕士专业学位、教育硕士专业学位、工程硕士专业学位、临床医学专业学位（临床医学博士和硕士学位）、公共管理硕士学位（MPA）、兽医专业学位（兽医博士和硕士学位）等专业学位。经过多年试点和发展，专业学位研究生教育已成为我国学位与研究生教育的重要组成部分。2009 年，高校开始招收应届本科生攻读全日制专业学位硕士研究生。国家开始逐步调整学术型学位和专业型学位的比例，并给予专业学位研究生较大的政策倾斜，专业学位迎来大发展。2012 年，我国研究生招生人数为 589 673 人，专业学位招生人数为 198 883 人，所占比例扩大到了 34%。2017 年，我国专业硕士招生比达到 56.9%，超过学术学位招生规模，硕士层次专业类别达到 40 种，博士层次专业学位有 6 种。

为适应学科交叉、向纵深发展的趋势，从 1983 年国务院学位委员会公布、试行第一份《学位授予和人才培养学科目录》至今，国务院学位委员会还先后于 1990 年、1997 年、2011 年、2018 年、2022 年进行了五次学科专业目录修订工作。最新一次修订的突出特点是将交叉学科设置为十四学科门类之一，以适应高水平创新人才培养需求。新设一级交叉学科集成电路科学与工程、国家安全学、设计学、遥感科学与技术、智能科学与技术、纳米科学与工程、区域国别学，可根据自身情况，选择授予理学、工学、法学、管理学、军事学、艺术学、经济学、文学、历史学等学位。

截至 2019 年，我国研究生培养机构达 828 个，其中普通高等学校 593 个、科研机构 235 个。截至 2020 年，我国已累计授予博士学位近 100 万人次、硕士学位近 900 万人次、学士学位 6000 多万人次。

六、迈向科教融合和军民融合

（一）科教融合

科研与教育的脱节是长期困扰我国科技发展的一大难题。我国科技发展和教育发展面临的许多问题都源于这种"科教分离"。在科教分离的状态下，优质丰富的科学研究资源始终无法转化为人才培养优势，很难培养出高素质的创新型人才。改革开放以来，特别是从 20 世纪 90 年代以来，经过科技体制改革和教育体制改革，这个问题得到了极大缓解。随着"211 工程"和"985 工程"的实施，我国高等院校经历了从单纯教学转向科教并重发展历史性转变，而中国科学院通过实施知识创新工程，将人才培养作为自己的重要使命之一，强化了科研与研究生教育的融合发展。

党的十八大以来，特别是随着中国科学院"率先行动"计划的推进、"双一流"建设的实施和国家实验室体系的建设，科教融合理念在我国引起了越来越多的关注。中国科学院大学就是科教融合的典型产物，也是中国科学院体制改革的重要成果之一。中国科学院大学是在中国科学院研究生院的基础上于 2012 年更名成立的新型大学，该校确立了"科教融合、育人为本、协同创新、服务国家"的办学方针，与中国科学院直属研究机构在管理体制、师资队伍、培养体系、科研工作等方面高度融合、资源共享，特别是建立了与中国科学院人事制度相衔接的"双聘"制度，完善了科研人员在研究所与高校间顺畅流动的机制，凝聚了一批教学和科研经验丰富的优秀科研人员充实师资队伍。2016 年 3 月，《中华人民共和国国民经济和社会发展第十三个五年规划纲要》对外公布，其中明确提出"推进科教融合发展"，并"支持一批高水平大学和科研院所组建跨学科、综合交叉的科研团队"。在这种情况下，许多大学为了建成"双一流"高校，开始按照科教融合理念进行改革和人才培养，一方面积极强化自身科研实力，另一方面强化与中国科学院的合作，并取得了显著成效。中国科学院所属研究所与高校共同实施"联合培养本科生计划"，设立"菁英班/科技英才班"，积极探索科教协同创新人才培养模式。截至 2019 年，参与研究所 69 家，参与高校 73 家，开设菁英班 190 个；研究所每年支持 300 所高校 2000 余名大学生到研究所开展超过半年的科技创新实践。国家实验室建设也秉承了科教融合的理念，将人才培养作为重要抓手。

这样，我国高等院校相对于独立科研机构的科研地位继续稳步上升，加之中国科学院自身对科教融合的探索以及国家实验室体系建设，在很大程度上解决了长期困扰我国经济社会发展的科研与教育的脱节现象，并由此为我国创新驱动发展战略的实施奠定了基础。

（二）军民融合

军民融合是高效能国家创新体系的题中应有之义。改革开放以来特别是自 20 世纪 90 年代以来，我国在军民融合方面进行了很多改革，使得军民科技创新脱节问题得到很大缓解。党的十八大以来，在以习近平同志为核心的党中央坚强领导下，我国军民融合作为国家战略，其发展水平已经迈上了新的台阶。

2016 年 7 月，中共中央、国务院、中央军委印发《关于经济建设和国防建设融合发展的意见》，明确提出到 2020 年基本形成军民融合发展六大体系：基础领域资源共享体系、中国特色先进国防科技工业体系、军民科技协同创新体系、军事人才培养体系、军队保障社会化体系、国防动员体系。同时，该意见还提出了基础领域、产业领域、科技领域、教育资源、社会服务、应急和公共安全、海洋开发和海上维权、国家海外利益等八个方面的总体要求。其中，对科技方面的要求是：加强科技领域统筹，着力提高军民协同创新能力；加快军民融合式创新，整合运用军民科研力量和资源，充分发挥高等院校、科研院所的优势和潜力，广泛吸纳专家，强化顶层规划设计，开展联合攻关，加强基础技术、前沿技术、关键技术研究，推进军民技术双向转移和转化应用；完善军民协同创新机制，加大国防科研平台向民口单位开放力度，推动建立一批军民结合、产学研一体的科技协同创新平台。2017 年 4 月，科技部、中央军委科学技术委员会联合印发《"十三五"科技军民融合发展专项规划》，明确了到 2020 年的发展目标：基本形成军民科技协同创新体系，推动形成全要素、多领域、高效益的军民科技深度融合发展格局。同时，提出了七个方面的重点任务：强化科技军民融合宏观统筹、加强军民科技协同创新能力建设、推动科技创新资源统筹共享、促进军民科技成果双向转化、开展先行试点示范、加强创新队伍建设、完善政策制度体系。

基于上述规划，我国军民融合不断取得新进展。在立法上，修订《中华人民共和国促进科技成果转化法》，为军民融合科技创新提供法律保障。在体制机制建设上，国家发展和改革委员会设立了经济与国防协调发展司，中央军委战略规划办公室设立了军民融合局，武器装备科研生产体系部际协调组的作用也越来越大；实施了军工科研院所改革，优化了装备采购制度，"民参军"的限制逐步放宽，全面推行武器装备科研生产许可与装备承制单位联合审查工作机制；在全国范围推广军民大型国防科研仪器设备共享、以股权为纽带的军民两用技术联盟创新合作、民口企业配套核心军品的认定和准入标准等。为了促进军民科技创新融合，依托国家自主创新示范区、国家高新区等开展军民融合的综合示范，以辐射带动全国：在中关村、中国（绵阳）科技城等示范区已经建设了一批军民融合协同创新科研机构、农民融合两用技术创新基地、军民融合科技园区等载体和平台，一批军民融合国家重点实验室应运而生，一批军民融合重大项目和工程落地实施。目前，我国"军转民"稳中求进，各军工集团民品产值占比基本稳定在 70%—80%；"民参军"已经取得显著进展，获得武器装备科研生产许可证的民口企业占比已经达到 2/3；军民结合产业基地建设稳中提质。[1]

第四节　新时代的科技体制改革成效与科技创新突破

党的十八大以来，通过不断深化科技体制改革，我国国家科技治理体系和治理能力得到进一步加强，国家创新体系整体效能显著提升。2012—2020 年，我国全社会 R&D 费用支出从 1.03 万亿元增长到 2.44 万亿元，占 GDP 比重从 1.98%上升到 2.41%，已经接近经济合作与发展组织国家平均水平；我国国家创新能力全球排名从第 34 位上升到第 14 位，已经迈进创新型国家行列。2022 年，我国全社会 R&D 经费支出首破 3 万亿元大关，研发强度达 2.55%，国家创新能力全球排名上升到第 11 位。我国科技整体水平正在从量的增长向质的提升加速转变，步入了以"跟跑"为主向"跟跑"和"并跑"、"领跑"并存的新阶段，重点科技前沿取得了一批具有全球影响力的原创成果[2]。

---

[1]　白春礼. 中国科技的创造与进步. 北京：外文出版社，2018：222-228.

[2]　樊春良. 对外开放和国际合作是如何帮助中国科学进步的. 科学学与科学技术管理，2018，（9）：3-20.

一、新时代科技体制改革总体成效

党的十八大以来，在以习近平同志为核心的党中央高度重视下，我国科技体制历经十余年的改革，在重点领域、关键环节上实现全面发力、多点突破、纵深发展，国家创新体系的效率得到显著提高，具体成效主要包括以下六个方面。

第一，国家科技治理体制更加健全，国家科技宏观统筹能力增强。科技改革强化了政府的宏观调控功能，建立了重大科技共建和应急体制机制，建设了一批重大科技创新平台，国家战略科技力量显著增强。我国科研基础平台取得了跨越式发展，无论是国家重大科技基础设施还是野外台站、科学数据资源平台等，都迈上了新台阶，其科学观测水平、制造工艺水平、数据获取水平、开放共享水平、科学管理水平、开发利用水平等都得到了大幅提升，有效地保障了我国科技事业高速发展的需求。与此同时，经多年努力，中央财政科技投入中稳定性经费与竞争性经费的比例由 2∶8 提高到 4.8∶5.2[①]，基本解决了竞争性科研经费与稳定支持性经费比例的长期失衡问题。

第二，国家创新体系进一步优化，国家创新体系整体效能显著提升。通过科技体制改革，打通了科技成果转化的管理堵点，促进了科技与经济的结合，激发了科研人员成果转化的积极性，提高了财政科技资金的使用效益。在系列政策的推动下，大学和科研机构过分商业化的问题基本得到解决，大学的教育职能不断强化，中国科学院作为国家战略科技力量的定位更加明确，新型科研机构如雨后春笋，国家实验室体系初步形成，大学、科研机构和企业各司其职并相得益彰。与此同时，建设了若干综合性国家科学中心和区域性科技创新中心，培育了具有全球影响力的创新策源地和创新增长极，为国家创新能力的全面升级奠定了坚实基础。

第三，科技投入大幅提升，基础研究受到前所未有的关注，基础研究水平显著提升。党的十八大以来，科研活动的财政支持大幅增加，且财政投入结构不断优化，重点支持基础研究和国家战略科技任务的实施。在改革措施的推进下，我国 R&D 经费投入特别是基础研究投入实现了快速增长。全社会 R&D 经费总支出从 2012 年的 10 298.41 亿元增长到 2020 年的 24 393.11 亿元，年均增长 13.1%（图 17-1）。我国研究开发强度（即 R&D 经费支出占 GDP 比例）2010 年首次超过法国，2019 年首次超过英国，达到 2.24%，已经稳居创新型国家行列（图 17-2）。特别是，基础研究经费支出从 2012 年的 498.81 亿元增长到 2020 年的 1467 亿元，年均增长 16.7%。基础研究经费占 R&D 总经费的比例从 2012 年的 4.8% 提高到 2020 年的 6.01%。在科技投入大幅提升的背景下，我国基础研究产出水平显著提升。根据《2021 年中国科技论文统计报告》，中国各学科论文在 2011—2020 年 10 年段累计被引用次数进入世界前 1% 的高被引国际论文为 42 920 篇，占世界份额为 24.8%，排在世界第 2 位。2020 年我国在化学、工程技术、环境与生态学、计算机科学、材料科学、数学、农业科学、地学、物理学和药学等 10 个领域的高水平国际期刊论文发表数排名世界首位。

第四，企业创新主体地位显著加强，产学研合作日益顺畅，科技创新能力显著增强。

---

① 赵路，程瑜，张琦. 发挥财政职能作用 支持科技创新发展——财政科技事业 10 年回顾与展望. 中国科学院院刊，2022，（5）：596-602.

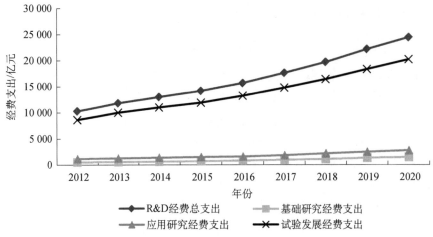

图 17-1 我国 2012—2020 年全社会 R&D 经费投入情况

资料来源:《中国科技统计年鉴（2013—2021）》

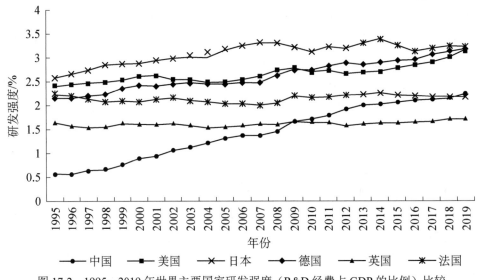

图 17-2 1995—2019 年世界主要国家研发强度（R&D 经费占 GDP 的比例）比较

资料来源:《中国科技统计年鉴（2020）》

从 2012 年到 2020 年，我国专利合作条约（PCT）专利申请量从 18 616 件大幅增长到 68 764 件，位居世界第一，年均增长率 20.52%（图 17-3）。据经济合作与发展组织的统计数据，2019 年中国发明人拥有的三方专利数为 5597 项，占世界的 9.8%，排在世界第 3 位，仅落后于日本和美国。根据 2020 年美国专利商标局的国外专利授权统计，中国申请人获得的专利授权共 25 159 件，占美国国外专利授权总数的 13.1%，排在第 2 位，位次较 2019 年提升一位，仅落后于日本。由波士顿咨询公司（BCG）评选的 2022 年全球最具创新性的 50 强企业中，我国企业有 6 家，分别是华为（第 8 位）、阿里巴巴（第 22 位）、联想（第 24 位）、京东（第 30 位）、小米（第 31 位）、腾讯（第 41 位），占总量的 12%。2022 年 Brand Finance 全球最具价值品牌 500 强中，中国占 84 个，比 2012 年增加 52 个，总价值达 1.6 万亿美元。我国在世界知识产权组织最新发布的《全球创新指数报告》中的排名由 2012 年的第 34 位上升到 2022 年的第 11 位，连续 10 年稳步提升，位居中高收入经济体之首。我国科技进步贡献率已经从 2010—2015 年的 55.3%提升到 2015—2020 年的 60.2%。[①]

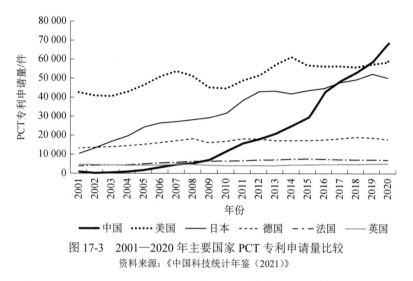

图 17-3　2001—2020 年主要国家 PCT 专利申请量比较
资料来源：《中国科技统计年鉴（2021）》

第五，科研人员队伍规模快速扩张。党的十八大以来，我国研发人员数量逐年递增，科研人才队伍迅速壮大。2020 年底我国科技人力资源总量达 11 234 万人，较 2012 年增加 4434 万人，年均增长 6.48%。2021 年我国 R&D 人员全时当量为 571.63 万人，较 2012 年增加 246.93 万人，年均增长 6.49%（图 17-4）[②]。无论是科技人力资源总量，还是 R&D 人员全时当量数，我国都是连续多年位居世界第一。

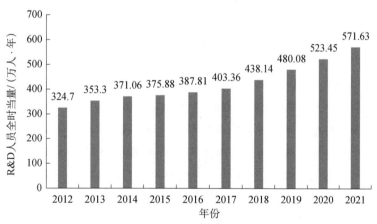

图 17-4　2012—2021 年我国 R&D 人员全时当量
资料来源：《中国科技统计年鉴（2022）》

第六，扩大了科技对外开放合作，更加积极地融入了全球创新网络。据 SCI 数据库统计，2020 年收录的中国论文中，国际合作产生的论文为 14.45 万篇，占中国发表论文

① 国家统计局社会科技和文化产业统计司，科学技术部战略规划司. 中国科技统计年鉴（2021）. 北京：中国统计出版社，2021：14.
② 中国科协调研宣传部，中国科协创新战略研究院. 中国科技人力资源发展研究报告（2020）——科技人力资源发展的回顾与展望. 北京：清华大学出版社，2021.

总数的 26.2%。中国作者作为第一作者的合著论文 100 155 篇，涉及的国家（地区）数为 169 个，合作伙伴排前 6 位的分别是：美国、英国、澳大利亚、加拿大、德国和日本。中国作者为第一作者的国际合著论文数较多的 6 个学科为：化学、生物学、电子通信与自动控制、临床医学、物理学与材料科学。[①]在开放与合作的时代背景下，我国积极促进政府间科技合作，与多个国家建立了创新对话机制，促成"一带一路"科技创新行动计划，深度参与和牵头组织国家间合作的大科学工程项目。对外开放和国际合作不仅帮助了中国科学取得进步，而且为我国科技发展带来了新的思想和视野，同时也促进了中国科技体制改革、制度建设和政策进展。

二、新时代的科技创新突破

（一）重大科技基础设施建设取得新突破

党的十八大以来，我国重大科技基础设施建设走上快车道，建成了国家蛋白质科学研究（上海）设施、武汉国家生物安全实验室、强磁场实验装置、500 米口径球面射电望远镜（FAST）、神光Ⅲ激光聚变实验装置、"科学"号海洋科学综合考察船、中国散裂中子源、硬 X 射线调制望远镜、大连相干光源等一批标志性大科学研究设施，为科学研究和技术研发打造了基础平台。

国家蛋白质科学研究（上海）设施是全球生命科学领域首个以各种大型科学仪器和创新技术集成为核心的综合性大科学装置，显著提升了我国蛋白质科学研究的综合能力和水平。武汉国家生物安全实验室帮助完善了我国公共卫生应急反应体系，提升了我国对突发新生传染病的防控能力，同时也使我国有力量抵御生物恐怖主义的威胁。稳态强磁场实验装置于 2022 年 8 月实现重大突破，创造出场强 45.22 万高斯的稳态强磁场，超越已保持了 23 年之久的 45 万高斯稳态强磁场世界纪录；脉冲强磁场实验装置于 2021 年实现了 94.8 特斯拉脉冲磁场强度，位居世界第三。中国散裂中子源填补了我国脉冲中子源及应用领域的空白，为我国物质科学、生命科学、资源环境、新能源等方面的基础研究和高新技术研发提供了强有力的研究平台。500 米口径球面射电望远镜于 2020 年 1 月通过国家验收并正式开放运行，其综合性能达到国际领先水平，灵敏度为世界第二大射电望远镜 25 倍以上，实现了我国射电天文装置由"追赶"到"领先"的跨越；硬 X 射线调制望远镜的成功发射和在轨稳定运行，结束了我国空间 X 射线科学研究使用外国卫星数据的历史，填补了我国空间 X 射线天文卫星领域的空白。大连相干光源是我国第一台自由电子激光大型用户装置，是世界上唯一工作在极紫外波段的自由电子激光装置，也是世界上最亮的极紫外光源。基于这些大科学装置，我国科学家已经取得了一系列原创性基础研究成果和技术创新成就。

与此同时，这一时期还上马了一系列新的大科学装置，形成了以北京、上海、合肥、广东为中心的大科学装置集群发展新局面。一些大科学装置还局部在中西部地区并与当地大学紧密结合，从而提升了这些大学的科研水平和区域创新活力。

---

① 中国科学技术信息研究所. 2021 年中国科技论文统计报告. 2021.

（二）原创性基础科学研究成果不断涌现

基础研究和原始创新是建成世界科技强国、实现中华民族伟大复兴的必然要求。基础研究是原始创新的原动力，基础研究的进步能够促进原始创新能力的提升。党的十八大以来，我国基础研究整体实力显著加强，数学、物理学、化学、材料科学、空间科学、计算机科学、工程科学、生命科学等学科整体水平明显提升。

（1）数学领域。中国科学院数学与系统科学研究院数学家在朗兰兹纲领及相关重大问题研究中取得重要突破，证明了 20 世纪 70 年代提出的高阶 L 函数的 Kazhdan-Mazur 非零假设，在千禧年问题 BSD 猜想上取得突破，证明了秩为 1 的 BSD 公式并给出了 Selmer 群的下界，是近年来关于 Gross-Zagier-Kolyvagin 逆定理、BSD 猜想、模形式 Iwasawa 理论等一系列重要突破的基础。发现并证明了多复变全纯凸流形上的消没定理，建立了最优 L2 延拓定理，解决了 Berndtsson-Paun 猜想[①]。北京大学数学家将经典的复数域上的几何学理论拓展至 p 进数域，对 p 进簇的黎曼-希尔伯特问题取得突破性进展。复旦大学数学家解决了实一维双曲系统的斯梅尔猜想，并在整频条件下解决了曼德布罗关于魏尔斯特拉斯函数图像的维数猜想。

（2）物理学领域。中国科学院物理研究所科研团队首次从理论上预言 TAs 家族材料是外尔半金属，随后又实验证实了外尔费米子的存在，预言并实验发现了三重简并费米子，开辟了探索新型费米子的新途径；中国科学院合肥物质科学研究院科研团队基于射频波驱动的托卡马克高约束稳态运行研究，发展出多种可用于未来聚变堆的高约束稳态运行模式，使等离子体约束性能稳步提升，多次刷新高约束稳态运行时间世界纪录；清华大学与中国科学院物理研究所科研团队于 2013 年完成的"量子反常霍尔效应的实验发现"被诺贝尔物理学奖获得者杨振宁称赞为诺贝尔奖级的成就，该发现有望克服目前计算机发热耗能等问题，为半导体工业带来又一次革命，为国家争夺信息革命的战略制高点。中国科学技术大学科研团队利用"墨子号"卫星先后在国际上首次成功实现千公里级卫星和地面之间的量子纠缠分发、量子密钥分发和量子隐形传态，初步构建了我国广域量子通信体系；该团队还联合浙江大学科研团队成功研制了世界首台超越早期经典计算机的光量子计算机，实现了十个超导量子比特纠缠，突破了千万核算法软件关键技术，为最终实现超越经典计算能力的量子计算这一国际学术界称之为"量子称霸"目标奠定了坚实的基础；百度研究院旗下百度量子平台，以量脉、量桨、量易伏为主体，搭建了国内首个接入量子计算机真机的云原生量子计算平台[②]。

（3）化学领域。中国科学院化学研究所科研团队在新型功能 pi-体系分子工程领域取得了系列重大突破，建立了石墨炔精准合成方法学，发现了石墨炔本征半导体性能以及锚定零价活性金属原子的新性质，开辟了设计合成低维碳材料的先例。南开大学科研团队发现一类全新的手性螺环配体骨架结构，在此基础上，开发出一系列手性螺环催化剂，它们在许多不对称催化反应中都表现出优于其他手性催化剂的催化活性和对映选择

———————————

① 中国科学院. 中国科学院"率先行动"计划第一阶段实施情况总结报告（内部资料），2021.
② "墨子号"量子卫星取得重大突破. http://employment.ustc.edu.cn/cn/indexnews.aspx?sign=636332434015972036 [2020-08-02].

性，从而将手性分子的合成效率提高到一个新高度。中国科学院大连化学物理研究所科研团队的原创成果"纳米限域催化"，通过纳米界面限域，实现催化剂氧化物组分表面配位不饱和活性中心的稳定，提高了合成气催化转化为中间体的活性；再利用纳米孔道限域，调控中间体在分子筛孔道中偶联形成产物的选择性，从而实现了活性和选择性的解耦，此项成果为认识催化作用机理和实现精准调控化学反应奠定了重要基础。

（4）空间科学与天文学领域。自 2010 年以来我国发射了包括暗物质粒子探测卫星"悟空"号、"实践十号"返回式科学实验卫星、量子科学实验卫星"墨子号"等在内的系列科学实验卫星，标志着我国空间科学事业正在逐步走近世界舞台的中央。中国科学院载人航天和探月工程重大科技专项攻关取得系列成果，圆满完成了历次科学实验和探测任务，取得系列科学成果：利用"天宫二号"空间实验室在轨开展了微重力基础物理、空间生命科学等 14 项面向国际前沿的科学应用任务；在"天舟一号"货运飞船上正在开展微重力对细胞增殖和分化影响研究等 4 项科学实验研究及技术验证试验；在"嫦娥三号"探测器上的 8 种探测设备在轨开展"测月、观天、看地"，在国际上首次解译了着陆区月壤和月壳浅层结构特性，发现了一种新型玄武岩等[1]。FAST 开启了批量发现脉冲量新时代，并在快速射电暴领域取得了一系列重要科学发现。依托 LAMOST 开展巡天项目，获取了千万量级光谱，引领了银河系和近邻宇宙结构和演化研究。

（5）地学领域。2017 年启动第二次青藏科考，围绕青藏高原圈层相互作用与环境变化及应对关键问题，揭示了大陆碰撞时限与方式和高原差异隆生过程，发现了西风季风作用的空间分布及现代地表过程链式响应，得出了青藏高原"气候变暖变湿、生态总体趋好、灾害风险增加"的结论，支撑服务了国家生态文明建设重大战略。此外，我国地学科研人员在华北克拉通破坏理论、冰冻圈科学、亚洲季风变迁学说等方面也取得了一批重要研究成果。

（6）生命科学领域。中国科学院分子细胞科学卓越创新中心揭示了 RNA 全新功能与 DNA 全新修饰，发现了细胞新类群并实现功能建系，绘制出全景式胚胎发育和细胞谱系图谱，阐明了肿瘤免疫新调控并创建了治疗新策略。中国科学院遗传与发育生物学研究所科研团队从分子层面解决了水稻产量与品质相统一的难题，弄清楚了水稻高产优质性状形成的分子机理，并据此培育出高产优质的水稻新品种。2018 年 1 月，中国科学院脑科学与智能技术卓越创新中心首次利用体细胞成功创建克隆猕猴，在国际上产生了重要影响。面对突发的新冠疫情，广州医科大学科研团队系统阐明新型冠状病毒的传播特点及进化变异规律，率先揭示了德尔塔（Delta）变异株在国内的传播特征和动力学特点，提出了大规模核酸检测及重点人群追踪的关键策略，构建了全球首个非转基因 COVID-19 小鼠模型，系统阐释了免疫机制在 COVID-19 的作用；在临床防治上，研发了新冠病毒快速采样和检测技术，提出了系列的治疗方法，为疫情阻击战及常态化防控提供了关键性理论依据及技术支持。

（7）计算机科学领域。清华大学科研团队针对经典贝叶斯学习的困难，提出了正则

---

[1] 中国科学院. "十八大"以来中国科学院创新成果展. http://cxcj.cas.cn/ccg/mxgjzdxq/sk/201705/t20170510_4528075.html[2017-05-10].

化贝叶斯理论，为贝叶斯推理提供了第三维自由度，据此发展出分布式和在线快速学习算法，研发的珠算概率编程库受到学术界、产业界以及政府部门的广泛关注。中国科学院科研团队完成了全球首个深度学习处理器芯片——"寒武纪"人工智能芯片，达到了传统四核通用 CPU 25 倍以上的性能和 50 倍以上的能效，形成了全面覆盖云端、边缘端和终端场景的系列化智能芯片产品布局。上海交通大学科研团队研发出我国首套系列化射频集成电路电子设计自动化（EDA）商用软件工具，功能涵盖射频电路电磁和多物理特性建模仿真、自动化综合设计、多性能多功能协同设计等，打破了美国在成套射频EDA 工具方面的垄断。国防科技大学团队研发出"天河二号"超级计算机系统，具备峰值计算速度每秒 5.49×10^{16} 次、持续计算速度每秒 3.39×10^{16} 次双精度浮点运算的优异性能，2019 年 11 月 18 日，全球超级计算机 500 强榜单发布，中国超算"天河二号"排名第四位。由我国自主研制具有完全知识产权的 8 英寸绝缘栅双极晶体管（IGBT）芯片在株洲中车时代电气股份有限公司成功下线，预示着高铁拥有了第一颗"中国心"，第一片 8 英寸晶圆被中国科学技术馆永久收藏。北京航空航天大学科研团队针对复杂机场存在的飞行窗口受限、可飞空域受限和异常气象扰动、多电磁干扰等问题，发明了飞行校验异质信号的精细探测方法与装置，解决了校验信号特征畸变、采集受扰条件下精细探测难题；发明了空管设施性能的可信准确验证方法与装置，解决了校验数据缺、测量参数偏条件下性能准确评估的难题；发明了新型高精度飞行校验系统，实现了校验设备的优化集成，主要指标达国际领先水平[①]。

（8）材料科学领域。中国科学院理化技术研究所科研团队围绕液态金属这一重大新兴前沿学科领域，在基础探索及其综合利用方面取得一系列开创性基础发现和底层技术突破，先后开辟出诸多崭新领域和前沿方向，如液态金属印刷电子学与 3D 打印、液态金属芯片冷却与能量捕获、液态金属生物材料学以及液态金属柔性机器学等，率先在国际上构建了液态金属物质科学与应用技术体系，实验室发明的一系列技术已推向规模化市场应用，研究成果被誉为"人类利用金属的第二次革命"[②]。中国科学院金属研究所科研团队在国际上率先提出金属材料表面纳米化概念，取得一系列原创性科研成果，引领纳米结构金属材料发展，开发出多种表面纳米化技术，可显著提高金属材料性能。中国科学院北京纳米能源与系统研究所科研团队开发了一种可以响应小于 1% 的微小拉伸应变的自供电螺旋纤维应变传感器（HFSS），并据此开发了一种自供电智能穿戴式实时呼吸监测系统，在个人呼吸健康监测和智能可穿戴医疗电子设备方面显示出巨大潜力。

（9）工程科学领域。中国科学院力学研究所攻关 JF-22 超高速风洞，致力于在天地往返飞行技术领域进行研究，解决了高超音速飞行器的试验问题。该超高速风洞的核心技术是，在正向爆轰驱动器的支持下，提供平稳的驱动气流，其试验能力比 JF-12 激波风洞提高 10 倍，复现 40—100 千米高空、时速最高达 10 千米/秒，相当于约 30 倍声速的飞行条件，JF-22 超高速风洞建成后，将与现有的 JF-12 风洞构成能够覆盖全部高超声速飞行走廊的、具有国际领先水平的地面气动实验平台，将进一步增强我国在高超声

① 中科院发布寒武纪云端人工智能芯片. https://www.cas.cn/cm/201805/t20180504_4644391.shtml[2018-05-04].
② 中国科学院理化技术研究所. 液体金属与低温生物医学中心. http://www.ipc.ac.cn/jgsz/jbyjdy/dwswyyxyjz/201812/t20181214_5212506.html[2018-12-14].

速飞行器研究领域的技术实力，为我国航空航天重大任务提供关键支撑①。中国科学院力学研究所高速列车研究团队建立了最高速度 500 千米/时、缩比 1：8、双向运行的大型动模型实验平台，经过头型和整车气动优化设计、减阻降噪、提高稳定性，和谐号 CRH380A 型电力动车组总阻力减小 6.1%，CRH380B 型电力动车组总阻力减小 8%。西南交通大学科研团队历经 15 年协同攻关，突破了复杂艰险山区高速公路大规模隧道群的建设与营运安全关键技术瓶颈，取得了复杂地形地质环境隧道失稳灾变综合防控技术、高速公路大规模隧道群通风照明安全提升技术、高速公路大规模隧道群防灾救援联动控制技术等三大重要创新成果。

（三）若干关键工程技术领域取得突破性进展

党的十八大以来，我国在工程技术领域开疆拓土，高速铁路、桥梁、隧道、5G 通信、超高压输变电技术、海洋装备等多个工程领域开始引领全球，特别是在航天领域实施了嫦娥工程、火星探测、空间站建设、北斗导航系统等标志性工程，振奋了民族精神，增强了民族自信。

（1）国防科技工程。2017 年，东风-17 弹道导弹研制成功，该导弹具备全天候、无依托、强突防的特点，可对中近程目标实施精确打击，高超声速飞行器是当今航空航天领域的前沿技术，其高速度和高机动性可以突破任何导弹防御系统，标志着我国在高超音速武器方面走在世界最前列。2019 年我国首艘国产航母"山东舰"在海南三亚某军港交付海军，其成功研制体现了我国军工企业、研制人员努力奋斗、自强不息的精神，为我国未来航母的发展奠定了坚实基础。同年，第五代战机歼-20 正式列装中国人民解放军空军王牌部队。歼-20 是中航工业成都飞机设计研究所研制的一款具备高隐身性、高态势感知、高机动性等能力的隐形第五代制空战斗机，用于接替歼-10、歼-11 等第三代空中优势/多用途歼击机的未来重型歼击机型号，该机将担负中国空军未来对空、对海的主权维护任务②。

（2）载人航天和探月工程。载人航天工程领域，2013 年 6 月航天员聂海胜、张晓光、王亚平驾乘"神舟十号"载人飞船成功进入太空；2016 年，空间实验室飞行任务拉开大幕，6 月，我国新一代中型运载火箭"长征七号"发射成功，9 月，"神舟十一号"与"天宫二号"实现交会对接；2017 年 4 月，我国首艘货运飞船起飞，此后成功实施首次"太空加油"，我国成为世界上第三个掌握推进剂在轨补加技术的国家；2021 年 10 月"神舟十三号"载人飞船升空，中国朝着建设空间站迈出了重要一步，再次表明中国航天技术达到国际领先水平。探月工程方面，2013 年 12 月 2 日，"嫦娥三号"卫星在西昌卫星发射中心成功发射，并顺利抵达月球轨道；2014 年 10 月，探月工程三期再入返回飞行试验器发射升空，同年 11 月精确再入，安全着陆，成功回收；2018 年 5 月"嫦娥四号"中继星发射升空并于 6 月被成功实施轨道捕获控制，成为世界首颗运行在地月 L2 点 Halo 轨道的卫星；2020 年 12 月，"嫦娥五号"返回器携带月球土壤样品在内蒙古四子王旗着

① JF-22 超高速激波风洞. http://www.kepu.net.cn/scifair/scifair2021/main/mainexpo/202110/t20211018_495468.html [2021-10-18].
② 东风-17：高超声速让反导系统形同虚设. http://scitech.people.com.cn/n1/2018/0115/c1007-29764333.html [2018-01-25].

陆场安全着陆，中国首次月球采样返回任务获得圆满成功。探月工程成为继人造地球卫星上天、载人航天飞行之后，中国航天事业迎来的第三个里程碑事件[①]。

（3）北斗卫星导航系统。2006 年底，我国政府决定建立自主的"北斗"全球卫星导航系统（简称"北斗"系统）。《2011 中国的航天》白皮书正式确认中国卫星导航系统发展的"三步走"战略，即第一步建设"北斗一号"试验卫星导航系统；第二步建设"北斗"卫星导航系统，2012 年形成区域覆盖能力；第三步建设"北斗"系统，2020 年左右形成全球覆盖能力，全球系统包括 5 颗地球静止轨道卫星和 30 颗非静止轨道卫星。2019 年 11 月 5 日，第 49 颗北斗导航卫星的成功发射，标志着"北斗三号"系统 3 颗倾斜地球同步轨道卫星全部发射完毕。2019 年 12 月 16 日，我国成功发射两颗"北斗星"，这标志着"北斗三号"全球系统核心星座部署完成，"北斗三号"全球系统 24 颗中圆地球轨道卫星全部成功升空。2020 年 6 月 23 日，我国成功发射北斗系统第 55 颗导航卫星，暨"北斗三号"最后一颗全球组网卫星。至此，"北斗三号"全球卫星导航系统星座部署比原计划提前半年全面完成，并正式具备全球全覆盖的定位和导航能力，并能提供星基增强、精密定位服务以及短报文通信服务。在建设过程中，研发团队国际上首次提出高中轨道星间链路混合型新体制，形成了具有自主知识产权的星间链路网络协议、自主定轨、时间同步等系统方案，彻底打破了核心器部件长期依赖进口、受制于人的局面，对于保障北斗区域系统向全球系统平稳过渡，进一步提升北斗全球系统在我国及周边地区的服务性能发挥了重要作用[②]。

（4）大飞机研制。2008 年，国务院常务会议原则批准大型飞机研制重大科技专项正式立项，同意组建大型客机股份公司，尽快开展工作。2009 年 1 月 6 日，中国商用飞机有限责任公司正式发布首个单通道常规布局 150 座级大型客机机型代号"COMAC919"，简称"C919"。2012 年 7 月 31 日，《C919 飞机专项合格审定计划（PSCP）》在上海签署。2017 年 5 月 5 日，C919 成功首飞。C919 是中国按照国际民航规章自主研制的大型喷气式民用飞机，重点满足国内外大运量和中运量市场需求，航程可达 4075—5555 千米。大飞机工程的成功实施，打破了欧美在大飞机制造业的长期垄断，标志着我国高端制造能力的重大突破，是我国走向世界科技强国的具有里程碑意义的重大成就。不仅如此，与 C919 配套的国产发动机"长江-1000A"（CJ-1000A）的研发也已经实现重大突破。2017 年，首台 CJ-1000A 整机完成装配；2018 年，验证机首台整机点火成功；2019 年，开始全面地面航发测试。目前，装机试飞和认证工作正在紧锣密鼓进行。

（5）深海深地探测装备研制。需要特别指出的是，我国在深海和深地探测领域的装置建设有了质的飞跃。由中国船舶重工集团公司研制的"蛟龙"号载人深潜器载人深潜最大深度成功达到了 7062 米，使我国成为世界上同类载人潜水器下潜深度最大的国家，同时涌现出"潜龙"号系列自治式潜水器（AUV）、"海龙"号遥控潜水器（ROV）、"海马"号 ROV 等一大批深海探测装备。中国科学院深渊科考队使用我国自主研发的系列深渊高技术装备，成功执行两次综合性万米深渊科学考察，创下了多个国内纪录，"海

---

① 我国"一箭双星"再发两颗"北斗星"完成北斗三号全球系统核心星座部署. http://www.nmp.gov.cn/gzxgz/bdwx/201912/t20191219_6486.htm[2019-12-19].

② 中国北斗 服务全球——写在我国完成北斗全球卫星导航系统星座部署之际. http://www.gov.cn/xinwen/2020-06/23/content_5521303.htm[2020-06-23].

斗"号无人潜水器成功进行了一次 8000 米级、两次 9000 米级和两次万米级下潜应用，最大潜深 10 767 米，取得系列国际领先的科考成果，表明我国具有在万米海斗深渊这一世界前沿科学领域进行开创性工作的能力和潜力。中国科学院深海科学与工程研究所等自主研制的"深海勇士"号 4500 米载人潜水器于 2017 年 11 月正式交付，国产化率高达 90%以上，标志着我国海洋大深度技术领域全面自主研发能力时代的到来。作为中国科学院"海斗深渊前沿科技问题研究与攻关"先导专项（B 类）项目成果，"奋斗者"号全海深载人潜水器于 2021 年 3 月 16 日交付使用。"奋斗者"号是人类历史上第 4 艘全海深载人潜水器，其核心部件国产化率超过 96.5%，可以进行万米海底作业。"奋斗者"号研制及海试的成功，显著提升了我国载人深潜的技术装备能力和自主创新水平，推动了潜水器向全海深谱系化、功能化发展。吉林大学科研团队联合四川宏华石油设备有限公司等单位研发了我国首台"地壳一号"深部大陆科学钻探装备，先后攻克了高转速全液压顶部驱动钻井技术、高难度自动化摆排管技术、高速度钻杆柱自动拧卸和输送技术、高精度自动送进技术等四大关键技术，解决了我国科学钻探装备能力小、自动化程度低和钻探效率低等技术难题，填补了我国深部大陆科学钻探专用装备的空白①。

（6）高速铁路与复杂地形铁路建设。党的十八大以来，我国高铁发展进入快车道，年均投产 3500 千米，"四纵四横"高速铁路主骨架全面建成。2017 年 6 月，中国标准动车组被命名为"复兴号"并在京沪高铁上线运营，迈出从"追赶"到"领跑"的关键一步。2019 年 12 月，"复兴号"智能动车组在京张高铁上线运营，首次实现时速 350 千米自动驾驶。2021 年 6 月，"复兴号"高原内电双源动车组开进西藏，实现了全国 31 个省（自治区、直辖市）全覆盖。以"复兴号"为代表的中国高铁，不仅运营里程占全球近 70%，350 千米的时速更是位居全球高铁商业运营速度榜首。我国智能高铁技术已经全面实现自主化，形成涵盖时速 160—350 千米速度等级的"复兴号"系列化动车组。随着"一带一路"倡议的深入实施，中国高铁正在"跑出国门"，可望为全球用户提供技术、产品、服务。与此同时，我国复杂地形铁路建设技术突飞猛进，走在了世界最前列。2018 年 12 月 28 日川藏铁路成雅段开通运营，2021 年 6 月 25 日川藏铁路拉林段开通运营。川藏铁路是中国境内一条连接四川省与西藏自治区的快速铁路，呈东西走向，东起四川省成都市，西至西藏自治区拉萨市，是中国国内第二条进藏铁路，也是世界铁路建设史上地形地质条件最为复杂的工程。

（7）5G 通信技术。依托"新一代宽带无线移动通信"重大专项，我国 5G 通信技术研发试验于 2016 年全面启动，分为关键技术验证、技术方案验证和系统方案验证三个阶段。2018 年底，中国电信、中国移动、中国联通得到工业和信息化部发放的 5G 系统中低频段试验频率使用许可，各基础电信运营企业开展 5G 系统试验所必须使用的频率资源得到了保障，我国 5G 产业链进一步趋向成熟与发展。同年，工业和信息化部印发了《3000—5000MHz 频段第五代移动通信基站与卫星地球站等无线电台（站）干扰协调管理办法》，以保障我国 5G 健康发展，以协调解决 5G 基站与卫星地球站等其他无线电台（站）的干扰问题。在国际电信联盟"WP 5D"第 32 次会议上，中国代表团向国

---

① 为南海而生——你所不知道的"海洋石油 981". http://energy.people.cn/n/2014/0812/c71661-25451633.html [2014-08-12].

际电信联盟负责无线通信的部门 WP 5D 提交了 5G 无线空口技术方案①。2020 年 7 月 9 日，"WP 5D"第 35 次会议宣布我国基于第三代合作伙伴计划（3GPP）技术的无线空口技术方案顺利成为国际电信联盟（ITU）认可的 5G 方案。目前我国已经建成世界上规模最大、技术最先进的 5G 网络，而 6G 研发工作也已经走在了世界最前列。

（8）先进核能系统。高温气冷堆是我国自主研发的具有固有安全性的第四代先进核能技术。原中国核工业建设集团有限公司与清华大学在 2003 年联合组建了产学研结合的科技成果转化平台——中核能源科技有限公司，并以它作为主体和基点，搭建以项目为驱动、以产权为纽带的创新网络。2008 年 2 月 15 日国务院正式批准高温气冷堆核电站重大专项总体实施方案。2012 年 12 月 9 日，全球首座 20 万千瓦高温气冷堆示范工程正式开工建设，2021 年 4 月完成装料。作为 20 万千瓦高温气冷堆核电站示范工程的后续项目，60 万千瓦高温气冷堆改进版项目已完成方案设计，超临界版高温气冷堆技术研发预计将于 2023 年完成，这标志着我国高温气冷堆技术正式跨入可以转化为先进生产力的商用阶段，该项目建成后将成为国际首个商用高温气冷堆核电站②。在中国科学院近代物理研究所、高能物理研究和中国原子能科学院的共同努力下，加速器驱动次临界核能系统（ADS）加速器前端示范样机 2017 年建成验收，2019 年取得连续质子束流超过 2 毫安、32 千瓦运行 100 小时的重大进展，处于国际领先水平。

（9）能源清洁高效利用。中国科学院大连化学物理研究所科研团队、山西煤炭化学研究所科研团队、福建物质结构研究所科研团队等联合突破了煤炭清洁高效利用的全链条关键核心技术，突破煤炭间接液化系列工程技术难题，成功应用于全球单套规模最大的 400 万吨/年煤制油工程，标志着我国已完全自主掌握了国际领先的百万吨级煤炭间接液化工程核心技术。中国石油大学（北京）科研团队研发了复合离子液体碳四烷基化生产高品质清洁汽油新技术，设计合成了兼具高活性和高选择性的复合离子液体催化剂，研制开发了新型离子液体烷基化专用反应器和分离设备，形成了具有完全自主知识产权的复合离子液体碳四烷基化工艺技术，打破了国外公司清洁汽油生产的技术垄断，攻克了困扰炼油行业几十年的世界性难题。

（10）新能源开发。经过多年努力，我国风电和光伏发电技术与产业发展已经走在全球最前列，而在新能源汽车方面也已经形成了百花齐放、奋勇争先的喜人格局。汽车制造公司比亚迪拥有电池、电机、电控和芯片等电动车核心技术的优势，先后研发出刀片电池、高性能碳化硅芯片等，极大地提升了国产新能源汽车在全球的竞争力。宁德时代新能源科技股份有限公司作为全球领先的电池研发制造公司，在新能源汽车电池设计与制造方面取得了重要突破，通过不断技术迭代，推出了运用第三代无模组动力电池包（CTP）技术的"麒麟电池"，其系统重量、能量密度、体积能量密度和充电速度继续引领行业最高水平，可轻松实现整车 1000 千米续航，并支持 5 分钟快速热启动及 10 分钟快充。③

① 中国代表团向国际电信联盟提交 5G 技术方案. http://www.nmp.gov.cn/gzxgz/tx/201907/t20190725_6350.htm [2019-07-25].
② 我国第四代核能技术 60 万千瓦高温气冷堆核电站技术方案发布. 水泵技术，2017，（1）：51.
③ 集成度全球新高，宁德时代发布麒麟电池. https://www.catl.com/news/6467.html [2022-06-23].

（11）医疗与制药工程。河北以岭医药研究院有限公司系统构建了指导微血管病变防治的脉络学说，利用循证医学研究方法开展大量临床试验，研发出通心络胶囊等系列通络药物，在心脑血管病、糖尿病微血管并发症等防治中取得成效，为解决国际临床难题提供了新思路。中国人民解放军陆军军医大学科研团队历时 15 年研制出口服重组幽门螺杆菌疫苗，2013 年获国家食品药品监督管理局批准颁发的国家一类新药证书，标志着我国在预防幽门螺杆菌感染及相关胃病研究领域跃居国际领先水平[①]。面对新冠疫情，我国有关科研机构与企业从多个技术路线研制新冠疫苗并取得成功。其中，科兴疫苗和北京生物疫苗属于灭活疫苗，在国内得到最广泛使用并出口海外，而康希诺生物与军事科学院科研团队合作研制 COVID-19 腺病毒载体疫苗，是全球最早进行人体试验的 COVID-19 疫苗。郑州大学教授发明并由河南真实生物科技有限公司生产的阿兹夫定片是全球首个艾滋病毒逆转录酶与辅助蛋白 Vif 双靶点抑制剂药物，也是中国第一个拥有完全自主知识产权并具有全球专利的 1.1 类治疗新冠小分子口服药物，2022 年 8 月被正式被纳入《新型冠状病毒肺炎诊疗方案（第九版）》。

总之，在科学技术发展的全面支撑下，我国开始走向经济社会的高质量发展之路，人民的生活水平有了飞速提高，人民的精神气质有了质的变化，中华民族伟大复兴的中国梦正在逐步变为现实。当然，对标科技强国建设目标要求，我国在不少工程技术领域，仍然存在一系列"卡脖子"技术有待突破，特别是高端芯片制造、基础软件、飞机发动机、关键材料及元器件等长期受制于人；我国国家创新体系仍然存在一些不完善的地方，特别是如何更好地发挥中央各个部委（如科技部、国家发展和改革委员会、工业和信息化部、农业农村部、国家卫生健康委员会等）在重大科技创新中的领导力并负起可考核的重大责任，还需要深入探索。只有继续深化改革，持续加大投入，坚持不懈重点攻关，才能全面实现关键核心技术的自主可控和高水平的科技自立自强。面向未来，需要进一步加强党对科技工作的全面领导，发挥政府作为重大科技创新组织者的作用，聚焦制约科技自立自强最紧迫的痛点、难点发力；进一步加强科技领域的宏观统筹，从实践载体、制度安排、政策保障、环境营造上深化改革，完善新型举国体制，提升国家创新体系整体效能，为建设世界科技强国提供更有力的支撑。

---

① 张立红. 传承精华 守正创新——记 2019 年度国家科学技术进步奖一等奖项目"中医脉络学说构建及其指导微血管病变防治". 中国科技奖励，2020，（7）：47-49.

第十八章　国际科技交流与合作

国际科技交流与合作,是中国整体外交战略的重要组成部分。它在推进中国科技与经济发展、维护国家利益、促进与大国关系的发展和"南-南合作"、促进国家整体外交战略的顺利实施等方面发挥着重要的作用。例如,科技合作与商务和经济合作一起,被称为中美关系的三大支柱,在稳定和推动中美关系的发展过程中发挥了重要的作用。中华人民共和国成立以后,政府十分重视并努力推动国际科技交流与合作,但是由于国内外政治环境的影响,中华人民共和国成立初期的国际科技交流与合作主要是与苏联等社会主义国家以及第三世界国家开展的。大规模、全方位的国际科技交流与合作始于改革开放以后,也有学者认为:"中国真正意义上的国际科技合作应从'文化大革命'结束以后算起。"[1]

第一节　国际科技交流的恢复*

1971 年春天,西方学者尤其是在美的华裔科学家,已经感觉到了"自 1949 年以来冻结了的中美关系正在显出融解迹象"[2]。是年 10 月,中华人民共和国在联合国的合法权利得到恢复。1972 年 2 月,尼克松访华,中美在上海签署了《中华人民共和国和美利坚合众国联合公报》(简称《上海公报》),从此结束了两国 20 多年的隔绝状态,开启了中美关系正常化的进程。随后,英国、日本、联邦德国、澳大利亚等资本主义国家纷纷与中国建交。1979 年 1 月 1 日,中美两国也正式建立了外交关系,并开启了中美政府间的国际科技合作,而在此之前,中美民间科技交流以及中国与其他西方国家的科技交流与合作已经先行展开。

一、"文化大革命"后期的科技互访

随着中国在联合国合法地位的恢复,中国与西方世界的学术交往开始增多。此前与中国保持交往的少数西方国家,如英国、法国等,与中国的交往进一步扩大。

首先感觉到政治气候松动的是商人。借着西方厂商纷纷要求来华开展贸易活动的契机,中国科学院等机构邀请部分外国技术人员自费来华进行技术座谈。1970—1977 年,日本、英国、法国、联邦德国、瑞士、瑞典、丹麦、奥地利、芬兰、加拿大、美国等 13个国家的 2250 余名厂商技术人员自费来华同中国科技人员进行了 1061 项技术座谈。

为了推动相关工作,1974 年国务院批准成立了由中国科学院牵头的对外技术座谈领

---

[1] 陈强教授课题组. 主要发达国家的国际科技合作研究. 北京:清华大学出版社,2015:135. 转引自程如烟. 30 年来中国国际科技合作战略和政策演变. 中国科技论坛,2008,(7):7-11.

* 作者:张九辰、张井飞。

[2] 杨振宁. 读书教学四十年. 北京:生活·读书·新知三联书店,1987:13.

导小组。经领导小组安排的技术座谈活动每年至少有 100 多项。1973—1974 年,有 11 个国家分别在北京、天津、上海举办了 13 场展览会,进行了 662 项技术座谈,展团来华人员 3000 多人。1973 年英国在华举办的工业技术展览会,1974 年法国在华举办的工业和科学技术展览与座谈会是其中规模最大的。1978 年,随着国际科技交流活动归口国家科委管理,对外技术座谈领导小组撤销。①

1971 年 4 月美国乒乓球队访华,打开了中美交往的大门。5 月,美国耶鲁大学植物生理学家亚瑟·高尔斯顿(Arthur Galston,1920—2008)教授和麻省理工学院微生物学家伊桑·西格纳(Ethan Signer,1937—)教授在访问越南后顺访中国,周恩来总理和人大常委会副委员长、中国科学院院长郭沫若会见了他们。两位教授的成功访华,受到了美国新闻界的广泛报道②,被称为"打开了第二轮的乒乓外交"③。两位教授是美国科学家联合会(The Federation of American Scientists,FAS)的会员,返美以后,高尔斯顿教授致函郭沫若院长,推荐美国科学家联合会代表团访华。

1972 年 2 月《上海公报》的签署,开启了中美甚至中外交流的新时代。以中国科学院植物研究所为例,1972—1977 年的 6 年中,美国学者有 225 人次访问该所,比 1949—1971 年的 21 年中来访人数的 2 倍还多④。1972 年 5 月应中国科学院邀请,由美国科学家联合会会长马文·戈德伯格(Marvin Goldberger,1922—2014)教授率领的 6 人代表团访华三周。美国科学家联合会代表团在访华和返美期间,多次邀请中国派科学家代表团访美。1972 年 11 月中国科学家代表团成功访问了美国⑤。中国科学家代表团回国后,美国科学家代表团应邀于 1973 年 5 月 15 日回访,受到了周恩来总理的接见,并确定了今后两年的中美科技交流计划⑥。在中美正式建交前的 5 年中,美方通过美中学术交流委员会向中国派遣了 36 个学术代表团,中方以全国科协名义向美方派遣了 43 个代表团⑦。双方代表团专业涉及广泛,除自然科学、工程科学、社会科学和人文科学外,还涉及与工农业生产有关的领域。仅以 1974 年为例,美国先后有高能物理、地震科学、植物生理、气象科学、宾夕法尼亚州立大学等 9 个科学家代表团访华。同年,中国科学院激光、地震、植物光合作用等科学代表团也出访美国⑧。此时的中美科技交流以民间科技代表团互访为主,是中美两国开展广泛科技合作与交流的先声。此外,尚有零星的美国科学家,尤其是美籍华裔科学家访华。

国际学术会议也是科技交流的重要平台,并在一定程度上促进了国际科技合作。改

---

① 吴贻康,王绍祺. 当代中国国际科技合作史. 北京:中国科技部国际科技合作司,1999:30.
② Topping S. U.S. biologists in China tell of scientific gains. The New York Times,1971-05-24(P. 1);Sullivan W. 2 U. S. scientists will visit China. The New York Times,1971-05-11(P. 1).
③ 李明德. 中美科技交流与合作的历史回顾. 美国研究,1997,2:144-147.
④ 《中国科学院植物研究所志》编辑委员会. 中国科学院植物研究所志. 北京:高等教育出版社,2008:478.
⑤ 李明德. 中国科学家代表团 1972 年访美背景和简况. 海外南开人,2016,104:24-38.
⑥ Brown H. Scholarly exchanges with the People's Republic of China. Science,New Series,1974,183(4120):52-54.
⑦ 双方互派代表团的数量,不同文献提供的数据略有差异。据曾经为美国政府撰写中美关系报告的萨特米尔统计,自 1972 年《上海公报》发表到 1978 年底,有 37 个中国代表团访问美国,30 个美国代表团到访中国(理查德·P. 萨特米尔. 科研与革命——中国科技政策与社会变革. 袁南生,刘戟锋,戴青海,等译. 长沙:国防科技大学出版社,1989:303)。
⑧ 薛士蓥,张松龄,蒋桂玲,等. 中国科学院国际科技合作五十年(1949—1999). 院史资料与研究,1999,5:1-51.

革开放以后,中国各级学术机构通过组织国际学术会议邀请西方学者来华访问。1978 年,中澳植物组织培养学术讨论会在北京举办,邀请了 7 个国家的科学家,是自"文化大革命"以来在中国举办的第一次国际学术讨论会。1979 年在北京举办了中美双边高分子化学和物理讨论会,在上海举办了中国-联邦德国核酸、蛋白质学术讨论会。1980 年在广州召开了粒子物理理论讨论会,在北京举办了青藏高原科学讨论会。1982 年在北京举办了大陆地震活动和地震预报国际学术讨论会。同时,中国也派出了高层次的科学代表团参加国际学术会议,如 1979 年由 50 位科学家组成的中国代表团赴澳大利亚参加国际大地测量和地球物理学联合会(IUGG)大会。20 世纪 80 年代中期以后,在中国举办的国际学术会议更是不胜枚举。仅 1986 年一年,在中国举办的国际学术会议就有 100 多个[1]。

二、民间科技交流

民间学术组织是各国科技界开展交流、促进科技发展的重要组织形式,也是展示各国在国际科技界影响和地位的重要舞台。这里以美中学术交流委员会为例,分析在官方科技交往开始之前,民间交流的特点与作用。

在中美正式建交之前的这段时间,美中学术交流委员会在促进中美学术交流方面发挥了重要的作用。早在 1966 年,美国国家科学院、美国社会科学研究理事会和美国学术团体理事会等机构就共同发起成立了学术交流委员会,其宗旨是为美国学术界和中国学术界间的直接交往给予指导;并帮助促进美国和其他地区对中国科技、学术机构及科技成就的研究;宣传并促进中美学术交流,为两国间的交流提供信息和渠道[2]。1969 年,该委员会创办了《中国科学评论》(*China Science Notes*),向读者介绍中国科技发展的最新消息和中国学术出版信息。1973 年,《中国科学评论》更名为《美中交流通讯》(*China Exchange Newsletter*),在原有内容的基础上增加了中美学术交流信息。1980 年,该刊英文名更改为 *China Exchange News*,1996 年停刊。

美中学术交流委员会是旨在促进对华交流的非政府机构。1966 年成立以后,委员会先后给中国科学院等学术机构发函,多次表示同中国学术界建立联系的愿望[3]。此时中国已经处在"文化大革命"之中,中国科学院等科研教育机构在政治运动的冲击下无法工作,因此没有响应该委员会的倡议。1966—1971 年,委员会的工作主要是在美国出版发行介绍中国状况的刊物及录音带,举办中国问题讨论会和研讨会,邀请驻华外国记者和美国国内的中国问题专家向新闻界介绍中国情况,帮助研究院、大学及中学开办中国学课程等[4]。

1971 年,随着中美关系日趋缓和,该学术交流委员会更名为"美中学术交流委员会",同时委托第三方向中国科学院传递建立双边学术联系的意向。1972 年 10 月中华医学会医学代表团访美,1972 年 11 月由贝时璋率领的中国科学家代表团访英、美等国,均是

① 吴贻康. 对外开放 走向世界——八年来我国的国际科技合作与交流蓬勃发展. 中国科技论坛,1987,6:8-11.
② 任震. 美中学术交流委员会与中美学术交流(1966—1996). 中国社会科学院研究生院硕士学位论文,2012:11.
③ 顾宁. 1972 至 1992 年的中美文化交流:回顾与思考. 世界历史,1995,3:57-66.
④ 顾宁. 1972 至 1992 年的中美文化交流:回顾与思考. 世界历史,1995,3:57-66.

应美中学术交流委员会邀请①。

1973 年，该委员会组织的美国科学家代表团第一次访华。代表团提出 12 项合作研究建议，中方积极落实合作单位，最后接受了植物研究、地震预测的研究和地震危险的减少、药物学、血吸虫和其他寄生虫传染病的研究、针刺麻醉生理学的研究、考古学研究、人类学和早期人类的研究、幼儿教育及智力发展、语言研究等 9 项合作建议。而中国发展事业中的科学技术、城市研究和中国问题的研究等 3 项议题②，因为找不到合作单位，最后以涉及内容复杂，暂时无法合作研究为由没有接受③。

此后，在美中学术交流委员会的努力下，每年都有考察团互访。1972—1996 年，它通过组织代表团访问、资助两国学者赴对方国家进行学术交流以及与中国学术机构开展专业性领域的合作项目等形式开展对华学术交流活动。1977 年开始，美中学术交流委员会开始与中国科研机构进行项目合作。

1972—1976 年，大约有 12 000 名美国人访问了中国，有 700 多名中国科学界、教育界的人士访问了美国。来华的美国人大多数是科技界人士，其中有一大批是对美国科技做出过重大贡献的美籍华裔科学家。赴美的中国科学家，多数也受过西方教育。美国来华人员中，95%是通过美中学术交流委员会的渠道实现对华访问的④。

中美建交之前，美中学术交流委员会在中美科技交流方面发挥了重要的作用。但是在"文化大革命"末期的交往之中，由于双方相互之间缺乏了解以及政治关系的不稳定性，学术交流多以短期的考察访问这种浅层次的交流为主，缺少实质性的合作，交流内容也多集中于自然科学和工程技术，人文社会科学的比重很小。

美中学术交流委员会曾经试图扩大合作形式和规模，提出开展两国间互换留学生、进行讲学访问和在对方机构工作一个月等内容，但是中国外交部指示中方机构：在中美关系没有正常化之前，他们提出的这些要求我们是不可能考虑的⑤。两国没有建立正式的外交关系阻碍了该委员会扩大合作的努力。后来随着中美建交，官方学术交往增加，具有民间色彩的美中学术交流委员会的作用也随之减弱。

尽管如此，该委员会一直活跃于中美科技交流的舞台上，只是其关注的领域与合作的方式随着中美关系的变化在不断调整。中美建交、开始官方交流与合作之后，美中学术交流委员会把工作重点放在了人文社会科学领域。由于官方交流多侧重于与国计民生密切相关的农业、能源、空间、卫生、环境等科技领域，对于人文社会科学的支持较弱，这就为该委员会发挥作用提供了空间。该委员会与中国社会科学院和高等院校加强了联系，双方召开了多次人文社会科学领域的学术会议。

随着两国科技交流的深入，短期的考察、访学等形式已经无法满足科技交流的需求。于是美中学术交流委员会开始组织美国学者来华开设培训班等项目以加强沟通。1972

① 樊洪业. 中国科学院编年史：1949~1999. 上海：上海科技教育出版社，1999：218.
② 顾宁. 1972 至 1992 年的中美文化交流：回顾与思考. 世界历史，1995，3：57-66.
③ 竺可桢. 竺可桢全集. 第 21 卷. 上海：上海科技教育出版社，2011：409.
④ 顾宁. 1972 至 1992 年的中美文化交流：回顾与思考. 世界历史，1995，3：57-66；Keatley A. Reflections on Scholarly Exchanges with the People's Republic of China，1972-1976. Committee on Scholarly Communication with the People's Republic of China，1976：51-52.
⑤ 美中学术交流委员会提出交流项目建议的电话记录. 北京：中国科学院档案处，1977-04-0027-0011.

年，该委员会与中国科协建立了联系。1972—1978 年，中国科学技术协会与美中学术交流委员会共交换 67 个代表团（750 余人次）[1]。进入 80 年代后期，双方加强了合作。除了在华开设培训班外，双方还在清洁煤炭资源的利用、传统工业的技术变革以及工业废水处理等领域开展合作[2]。

民间科技组织是对官方交流的很好补充。除了美中学术交流委员会以外，其他学术团体也发挥了重要的作用。例如，1974 年，美国气象学会代表团访华，1975 年中国气象学会代表团访问美国。1978 年 10 月，中央气象局派团参加了在美国华盛顿召开的世界气象组织基本系统委员会会议，并与美国国家海洋和大气管理局的有关人员商讨中美气象合作事宜，并形成了初步框架。双方于 1979 年 5 月签署了《中华人民共和国中央气象局和美利坚合众国国家海洋大气局科学技术合作议定书》。为了确保协议的实施，中美两国设立了联合工作组，工作组每一到两年召开一次工作会议，检查合作项目执行情况，商讨下一两个年度工作计划、合作研究领域、人员培训、资料交换等事宜[3]。

为了促进与西方民间学术团体的交往，中国也通过国内学术团体或者建立民间交流机构加强交流。成立于 1958 年的中国科协，在民间国际科技交流与合作中一直扮演着重要的角色。1975 年 9 月 23 日，以中国科协副主席周培源为团长的中国科协代表团出访美国[4]。美国总统福特于 27 日在白宫接见了代表团的成员[5]。美媒称这是当时访问美国的最高规格的中国科学代表团[6]。代表团访美的一个月中，走访了美国主要科研机构，并与美国学术界建立了联系。

从 1979 年到 1992 年的 14 年间，中国科协同许多国家的科技团体恢复和建立了交流合作关系，新加入了包括国际科学理事会、世界工程组织联合会在内的 220 多个国际科技组织，是中华人民共和国成立至 1979 年的 10 多倍，差不多覆盖了自然科学和工程技术领域所有重要的国际组织，并在其中发挥了日益重要的作用[7]。除了参加非政府性国际科技组织外，中国科协还邀请西方学者来华讲学和进行技术指导，聘请顾问，举办培训班、讨论会和展览会，派遣进修和实习人员，组织技术引进和出口，开展合作研究和合资经营等多种形式的科技交流[8]。

进入 20 世纪 80 年代，科技交流与合作进入官方主导的时期。由于西方许多科技研发机构和学术团体属于非官方机构，在与这些机构的交往中，不宜由政府部门与之签订合作协议，而由民间组织与这些机构沟通更为合理和便利。1982 年成立的中国科学技术交流中心，以及在此前后成立的地区性对外科学技术交流中心，形成了对外科技交流

① 关于 1979 年全国科协与美中学术交流委员会间科技往来的请示. 北京：中国科学院档案处，1979-04-0113-0001.
② 任震. 美中学术交流委员会与中美学术交流（1966—1996）. 中国社会科学院研究生院硕士学位论文，2012：23.
③ 施欣宏. 中美气象科技交流与合作研究（1974—2011）. 南京信息工程大学硕士学位论文，2015：17，23-25.
④ 我国科协代表团去美国访问. 人民日报，1975-09-25（4）；我科技协会代表团离旧金山回国. 人民日报，1975-10-28（5）.
⑤ Presidential Meeting with the Scientific and Technical Association Delegation from the People's Republic of China. National Security Adviser's Memoranda of Conversation Collection at the Gerald R. Ford Presidential Library.
⑥ Ford meets Chinese Group of Scientists at White House. The New York Times，1975-09-28（P. 7）.
⑦ 朱进宁. 我国民间科技组织在国际科技合作中的作用. 学会，2006，6：26-30.
⑧ 《当代中国的科学技术事业》编辑委员会. 当代中国的科学技术事业. 北京：当代中国出版社，2009：347.

网络。1992年，又成立中国国际科学技术合作协会，以便于更好地开展多层次的国际合作。

随着与中国建交的西方国家不断增加，改革开放以后官方科技交流成为国际交流与合作的主体，但是民间科技组织并未因此退出历史舞台。由于民间科技组织具有形式灵活、受国际政治形势的制约相对较小等优势，在国际科技交流中一直发挥着重要作用。

第二节　华裔科学家的作用[*]

"文化大革命"后期到改革开放初期，美国访华科学家中有一个显著特点，即大批美籍华裔科学家来华访问。此时去国多年的华裔科学家，盼望着能够来华参观并推动中美两国的科技合作。正如华裔物理学家杨振宁所说："作为一名中国血统的美国科学家，我有责任帮助这两个与我休戚相关的国家建立一座了解和友谊的桥梁。我也感觉到，在中国向科技发展的道途中，我应该贡献一些力量。"[①]从20世纪70年代初期开始，中国政府也开始鼓励他们回国访问。毛泽东主席提出："要做好在美国的中国人的工作。"1972年7月，周恩来总理传达了毛泽东主席的指示："不准拒绝，来去自由，愿来者来，愿去者去，两年准备。"[②]

随着中美关系的缓和，华裔科学家以访问、讲学、座谈、合作研究、参观、探亲等不同形式回国访问，尤其是在1972—1973年达到高潮，平均每年达30人次以上[③]。他们在美国具有较高的学术地位，又没有语言和文化上的障碍，所以华裔科学家的来访推动了中外学术交流。

"文化大革命"结束以后，为了了解国外科技发展动态，中国开始派遣代表团赴国外考察，这些代表团在国外与华裔科学家建立了联系，并搭建起他们与国内相关机构交流的桥梁。1977年冬，中国高等教育代表团访问美国，这是1949年以后中国教育界第一个访美代表团。代表团由十余名成员组成，团长为南京工学院院长、建筑学家杨廷宝（1901—1982）。代表团在美期间得到了美籍华裔科学家的大力帮助。他们帮助代表团成员安排参观美国学术机构、安排学术演讲、帮助中国了解世界学术界的动态。同时，他们也向代表团表达了回国的愿望。美籍华裔学者还专门拟定了建议书，由代表团带回国内，以便有的放矢地安排他们到国内各高等院校讲学、交流。

20世纪70年代初期，以物理学家杨振宁、李政道为先导，丁肇中、吴健雄、陈省身、任之恭、林家翘、沈元壤、牛满江、王浩等美籍华裔科学家纷纷回国。对此现象，中国政府十分重视并加以鼓励。毛泽东、周恩来等国家领导人多次接见杨振宁、李政道等华裔学者。

----

* 　作者：张九辰、张井飞。

①　杨振宁. 读书教学四十年. 北京：生活·读书·新知三联书店，1987：14.

②　吴贻康，王绍祺. 当代中国国际科技合作史. 北京：中国科技部国际科技合作司，1999：31.

③　薛士鋆，张松龄，蒋桂玲，等. 中国科学院国际科技合作五十年（1949—1999）. 院史资料与研究，1999，5：1-51.

1971 年 8 月，杨振宁受到周恩来总理的接见[①]，1973 年 7 月 17 日，毛泽东会见杨振宁的消息及照片首先刊登在《人民日报》的头版上[②]，并引起了国外媒体的广泛注意[③]。国外媒体认为：毛泽东接见杨振宁"是'一个重大的迹象'，表明北京希望具有他这样的声望的人能回来帮助中国的新的建设运动……也是为了在全世界二千万海外华人中争取支持的新努力的一部分。今年夏天，由于成千上万国外的华人回国来探亲——有许多人是自从共产党人一九四九年执政以来第一次，中国大多数城市内专门为海外华人开设的一些饭店都住满了"[④]。

华裔科学家回国后，纷纷向有关领导建言献策。杨振宁建议中国政府"采取一个多注意基础科学的政策"[⑤]。周恩来对陪同会见的中国科协副主席、北京大学革委会副主任周培源提出，应研究如何实施加强基础研究的政策。随后，周培源向周总理提交了《关于理科加速培养科学研究人材和加强理论研究工作的报告》[⑥]。可惜在"文化大革命"时期，这样的建议无法落到实处。

继杨振宁的"破冰之旅"后，1972 年 7 月，林家翘、任之恭率领的美籍华人学者访问团来到北京，并受到周恩来总理的接见。代表团的访华，进一步带动了华裔科学家的回国热潮。即便在"文化大革命"结束以后，尤其是在中国与西方国家尚未开始官方科技交往的阶段，华裔科学家仍然发挥着重要作用。

1977 年随着中美交往的增多，全美华人协会（National Association of Chinese-Americans，NACA）成立[⑦]，杨振宁担任首任会长。邓小平从 1977 年 7 月恢复职务到 1979 年 1 月签订《中华人民共和国政府和美利坚合众国政府科学技术合作协定》（简称《中美科技合作协定》）的一年半的时间里，多次会见美籍华裔科学家，如李政道、杨振宁、丁肇中、吴健雄、袁家骝、牛满江、陈省身、邓昌黎、王浩、周以苍、李振翔、林家翘等，恳请他们帮助中国引进、发展先进科学技术，培养科技人才[⑧]。

华裔科学家不但对中外科技交流的发展做出了重要的贡献，而且他们通过不同的方式促进了中国科学的进步。下面通过几位代表性人物，反映他们在具体工作中是如何推动中国科学进步的。

一、李政道与 CUSPEA[⑨]

自 1972 年 9 月回国开始，李政道通过考察、报告、讲学等形式，把国际高能物理

---

① Yang, Nobel winner, was guest of Chou. The New York Times，1971-08-20（P. 4）.

② 毛主席会见杨振宁博士. 人民日报，1973-07-18（1）.

③ van Gelder L. Notes on people Chiang called "cured". 1973-07-19（P. 41）；Meeting with Mao. The Washington Post，1973-07-19（P. C-17）.

④ 黄仁国. 政治、经济与教育的三向互动——1949—1978 年的中美教育交流. 湖南师范大学博士学位论文，2010：156.

⑤ 杨振宁. 读书教学四十年. 北京：生活·读书·新知三联书店，1987：14.

⑥ 周培源."四人帮"破坏基础理论研究用心何在. 人民日报，1977-01-13（2）.

⑦ An early history of NACA（1978-1980）. https://m.sites.google.com/site/yellowriverbackupsite/chinese/other/naca/naca1a［1981-01-01］.

⑧ 张静. 邓小平与中美科技合作的开展. 当代中国史研究，2014，21（3）：14-23.

⑨ 柳怀祖. 李政道的 CUSPEA：他改变了中国一代精英的命运. 科技中国，2017，1：90-98.

研究的最新进展带给国内同行。1974 年 5 月 30 日，毛泽东会见李政道[1]，肯定了李政道提出的从少年中选拔培养基础科学人才的建议，为中国政府采纳实施这项建议注入了强大的动力。

1979 年，李政道应中国科学技术大学研究生院的邀请，开设了"统计物理"和"场论与粒子物理"两门课程。全国一共有 33 家科研单位、78 所高校、1000 多人听课。无论其规模还是持续时间在当时都是空前的[2]。李政道提出的许多建议也推动了中国物理学的进步。1981 年底，他向邓小平建议建造北京正负电子对撞机（BEPC）便是其中的一例[3]。

李政道对中国科学贡献与影响最大的是中美联合培养物理类研究生计划（China-U.S. Physics Examination and Application，CUSPEA）。1979 年，他提出从中国选拔派遣学生，到美国攻读物理专业研究生。他的提议得到了中国政府的支持，并在试点招收了两批学员之后，于 1981 年开始正式实施。在李政道的努力下，美国有 76 所大学参与了这个项目[4]。

在教育部和中国科学院的组织下，1979—1988 年，全国共选拔了 917 名学生，赴美国顶尖名校学习。赴美学生在美国各校成绩优异，引起了美国高校的注意[5]，促进了中国赴美留学工作。"该计划开创了我国改革开放以来第一次较大规模地向国外派遣留学生的先河，为我国后来的大规模国际人才的交流和科学文化交流起到了开拓性作用。"[6] 正如李政道的预见："CUSPEA 作为一团体，不仅将领导中国物理学的未来，而且将是领导世界物理学未来的重要组成部分。"[7]

除了促进赴美留学工作，CUSPEA 对国内高校物理学教学内容的更新和改革，对提高教育质量的作用，"是绝不可以低估的。鉴于物理学在自然科学中的主导地位和作用，它的提高对打好学生的基础起着巨大的影响。CUSPEA 考生的刻苦攻读的精神，促进了全校浓厚的勤奋学习风气的形成，这也是一种无形的力量"[8]。

CUSPEA 取得成功后，美国的华人化学和生物学家分别在化学和生物学领域尝试实施类似于 CUSPEA 的项目。仿照 CUSPEA，1981 年威廉·多林发起了中美化学研究生计划，1982 年丁肇中发起了实验物理研究生培养计划，陈省身倡议并组织实施了赴美数学研究生项目，吴瑞发起了中美生物化学联合招生项目（CUSBEA）。这些计划均有力地推动了中国政府的公派留学计划。

二、"陈省身模式"

改革开放以后，越来越多的海外华裔科学家参与到中外科技交流与合作之中。随着

① 毛主席会见李政道. 人民日报，1974-05-31（1）.
② 柳怀祖. 李政道的 CUSPEA：他改变了中国一代精英的命运. 科技中国，2017，1，90-98.
③ 金炬. 中美科技合作的经验研究——以高能物理合作为例. 全球科技经济瞭望，2010，25（7）：55-59.
④ 冯支越. 从 CUSPEA 项目到中国博士后制度. 北京大学学报（哲学社会科学版），2004，41（4）：148-153.
⑤ Sweet W. Future of Chinese students in US at issue; CUSPEA program nears its end. Physics Today，1988，41（6）：67-71.
⑥ 冯支越. 从 CUSPEA 项目到中国博士后制度. 北京大学学报（哲学社会科学版），2004，41（4）：148-153.
⑦ 教务处，师资处. CUSPEA 十年. 教育与现代化，1988，4：11-13.
⑧ 教务处，师资处. CUSPEA 十年. 教育与现代化，1988，4：11-13.

出国留学潮的开启和中外学术交流的增多，一些华裔科学家开始尝试在中国本土培养人才，把世界一流的学者请到中国进行学术交流。

自 1972 年重返中国，在加州大学伯克利分校任教的陈省身（1911—2004）一直在考虑如何帮助中国提高数学教育水平。早期他也同多数华裔学者一样，通过回国讲学、倡导在国内举办大型国际会议、开设"数学研究生讲习班"和设立陈省身留学项目等形式促进中外数学交流。陈省身在接受法国《数学人杂志》记者采访时说过："中国数学家和外国数学家之间的交往对于中国数学的发展是非常重要的。"[①]但是他认为，要想把中国的科学技术搞上去，"一个必须采取的步骤是帮助中国在本土建立培养高级人才的机制"[②]，要在中国本土建立起"世界性的学术活动基地"[③]。在陈省身和南开大学数学系的共同推动下，1985 年南开数学研究所成立。陈省身向南开数学研究所捐赠了 10 000美元和 6000 本书籍[④]，并以一位外籍人士的身份，由国家教委直接聘任，担任第一任所长直至 1992 年。2005 年 12 月 3 日，在纪念陈省身逝世一周年的纪念大会上，南开数学研究所正式更名为陈省身数学研究所。

数学研究所的创建与管理，被李政道称为"陈省身模式"[⑤]。建所伊始，陈省身就强调其开放性，提出要把南开数学研究所办成世界数学活动的中心之一。该所的办所方针后来被归纳为"立足南开，面向全国，放眼世界"[⑥]。研究所每年选择一个主题组织学术活动年。活动期间，聘请国内一流专家担任学术委员会成员，邀请国内外著名学者授课。学术活动年期间举行为时三个月到半年的学习班，通过系统的学术演讲以训练新人和提高学术研究水平。同时举办一般的演讲和学术讨论，以推动学术研究和开展学术交流。

陈省身以他的国际声望，为学术活动年邀请到众多国际著名学者，促进了中国数学水平快速达到国际研究的前沿。陈省身创立的南开数学研究所，是国内第一个以世界一流的数学研究所为蓝本，以建成世界一流的数学研究所为目标的学术机构。

三、林家翘的"星系讨论班"

林家翘是国际公认的力学和应用数学权威。从 20 世纪 40 年代开始，他在流体力学的流动稳定性和湍流理论方面进行了深入的研究。从 60 年代起，他进入天体物理的研究领域，创立了星系螺旋结构的密度波理论，克服了困扰天文界数十年的"缠卷疑难"，并进而发展了星系旋臂长期维持的动力学理论。

林家翘曾多次回国访问。1972 年 6 月，由任之恭、林家翘率领的 12 名美籍华裔科学家代表团来华，进行了为时约半月的访问。当时国内与外界长期隔绝的状态，让双方彼此都很陌生。代表团到达上海，上海市政府和中国科学院派出 5 名工作人员到机场迎

① 丘成桐，刘克峰，季理真. 数学与数学人：纪念陈省身先生文集. 杭州：浙江大学出版社，2005：132.
② 张奠宙，王善平. 陈省身传. 天津：南开大学出版社，2011：215.
③ 丘成桐，刘克峰，季理真. 数学与数学人：纪念陈省身先生文集. 杭州：浙江大学出版社，2005：34.
④ Peirce P. American appointed director of Nankai Mathematics Institute. China Exchange News，1986，14（1）：29.
⑤ 张奠宙，王善平. 陈省身传. 天津：南开大学出版社，2011：403.
⑥ 数学所简介. http://www.nim.nankai.edu.cn/6692/list.htm[2021-03-01].

接，接机人员还带去了翻译。林家翘夫妇开口说的普通话和上海话"把他们吓了一跳"[1]。

相互之间缺乏了解的问题，可以在不断接触中很快弥补，但是学术上的差距则需要更加深入的交流。当时国内学者大多不熟悉"秒差距"这个天文学概念，更没有学者能够与林家翘讨论密度波的问题。但是四年以后，当林家翘在 1976 年 4—6 月再次回国时，中国学者不但熟知他的理论，还可以与他共同讨论相关学术问题，这给他留下了深刻的印象。

为了促进交流、推动国内学术研究的进步，开设培训班成为改革开放初期较为普遍的中外交流方式。这种方式灵活、直接，可以在短期内收到明显的效果，因此被普遍采纳。例如，1989 年 5 月，由美中学术交流委员会发起，在中国科学院微生物研究所举办了第四次分子遗传学小型讲习班，对来自全国的中国科学院研究所、大学的 20 名学生和 15 名旁听生进行了培训[2]。林家翘在北京也开设了"星系漩涡结构密度波理论"的讲学班。由中国科学院北京天文台、力学研究所、紫金山天文台、云南天文台，以及南京大学、北京师范大学、中国舰船研究设计中心（701 所）等机构的 15 名研究人员组成的"星系讨论班"，共同进行了密度波幅度理论的研究[3]。

讨论班有效的交流方式给林家翘留下了深刻的印象，此后他邀请众多美国知名专家来华讲学，其中包括密歇根大学教授易家训、麻省理工学院教授梅强中、加州理工学院教授吴耀祖、纽约哥伦比亚大学教授朱家鲲和康奈尔大学教授沈申甫等。他们分别在1982 年和 1983 年在北京举办了 5 期讲习班，推动了水波动力学与计算流体力学的许多新领域在中国的发展[4]。

林家翘还通过接受多位中国学者去美国麻省理工学院深造，为国内培养了一批有造诣的学者。林家翘 2002 年回到清华大学，主持建立了周培源应用数学研究中心，成为继杨振宁之后第二位受邀回国的国际著名学者。

随着"文化大革命"的结束，华裔科学家的贡献也开始趋向多样化。1977—1979 年间，仅中国科学院就聘请了 23 位华裔学者担任研究所和中国科技大学的名誉教授、顾问[5]。进入 80 年代，回国工作的华裔学者开始增多。

第三节 政府间科技合作的开启[*]

"文化大革命"结束之后的中国，出现了两个流行词语——改革、开放，两者相互联系，相互推进。开放促进了改革，改革也推动着进一步的开放。1978 年召开的全国科学大会成为科技界改革开放的里程碑。邓小平在大会开幕式上做的报告指出："提高我国的科学技术水平，当然必须依靠我们自己努力，必须发展我们自己的创造，必须坚持独立自主、自力更生的方针。但是，独立自主不是闭关自守，自力更生不是盲目排外。

① 孙卫涛，刘俊丽. 林家翘传. 南京：江苏人民出版社，2013：78-79.
② Leach B. Biotechnology program update. China Exchange News，1989，3：14-15.
③ 外事工作会议材料：组织"星系讨论班"的一点体会. 北京：中国科学院档案处，1978-04-0082-0013.
④ 孙卫涛，刘俊丽. 林家翘传. 南京：江苏人民出版社，2013：85.
⑤ 薛世鎏，张松龄，蒋桂玲，等. 中国科学院国际科技合作五十年（1949—1999）. 院史资料与研究，1999，5：24.
＊ 作者：张九辰、张井飞。

科学技术是人类共同创造的财富。任何一个民族、一个国家，都需要学习别的民族、别的国家的长处，学习人家的先进科学技术。"[1]

改革开放以后，随着中国在国际事务中的作用和影响不断扩大，官方科技交流与合作的规模日益扩大。1978 年 7 月邓小平在会见美国科技代表团时，明确表示，中美两国进行科学技术交流具有重要的意义，还说，我们要学习包括美国在内的各国的先进科学技术[2]。此时，中国开始了与美、英、法、日、德、加等发达国家的大规模科技交往，中国国际科技交流与合作进入了新的历史时期。

一、国际学术活动中政治障碍的化解

改革开放以后，关闭多年的国门打开了，但国际交往是双向的，不是一方打开国门那样简单。中美、中苏等国家之间政治关系和制度与文化的差异，影响着科技交流的进展。除此之外，台湾问题也是改革开放以后国际科技交流中需要面对的问题。它虽然是中国的内政，但对中国参与国际科技交流与合作有着重要影响。

台湾问题是一个历史遗留问题。1958 年 2 月 11 日，周恩来总理在第一届全国人民代表大会第五次会议上做了《目前国际形势和我国外交政策》的报告。在谈到中美关系时，他指出："自从一九五五年八月中美大使级会谈开始以来，已经两年半了。尽管中国在和缓台湾地区紧张局势的问题上提出了一系列的积极建议，美国却始终坚持要中国承认美国占领台湾的现状，保持台湾地区的紧张局势。这就使得会谈在中美关系中的主要问题上不能取得任何进展。"为此，美国"先在一些国际会议和国际组织中尽可能地制造'两个中国'的局面，以便在国际上逐渐形成'两个中国'的既成事实"。最后，周恩来总理强调："中国政府和中国人民坚决反对制造'两个中国'的阴谋。不管这个阴谋在什么场合，以什么方式出现，我们绝不容许这个阴谋得逞。"[3]

在这种国际政治背景下，如何积极开展国际学术交流与合作，并同时维护国家的主权和尊严，是 20 世纪五六十年代中国学者面临的问题。当时中国政府的原则是：凡有台湾为会员的国际组织召开的会议，不管有无台湾人员出席，我均不参加；凡是邀请台湾人员参加或已有台湾人员报名参加的会议，我也不参加。中国大陆学术界因此退出了众多的国际组织和国际合作，从而影响了中国的国际科技交流。

改革开放以后，台湾问题仍然是国际交流与合作中面临的重要问题之一。对于没有台湾会员的国际组织问题比较好解决。例如 1928 年成立的国际第四纪研究联合会，在 20 世纪 70 年代末期的 32 个会员国、500 多名会员中没有台湾学者，于是他们盛情邀请中国大陆学者加入[4]。中国早在 1957 年就成立了中国科学院第四纪研究委员会，并在第四纪古气候变迁、冰川、黄土成因、新构造运动与地震的关系等方面做了大量工作，所以

① 邓小平. 在全国科学大会开幕式上的讲话（一九七八年三月十八日）//邓小平. 邓小平文选. 第 2 卷. 北京：人民出版社，1993：85-100.
② 邓小平副总理会见美国科技代表团. 人民日报，1978-07-11（4）.
③ 周恩来. 目前国际形势和我国外交政策. 人民日报，1958-02-11（1）.
④ 关于参加国际第四纪研究联合会及中、澳、新三国共同进行黄土研究的请示报告//中国科学院办公厅. 中国科学院年报，1982：272-273.

很快加入了该组织。还有一些国际学术组织虽然没有台湾学者参与，但中国大陆也因缺少相应的研究基础而无法参加，如国际营养科学联合会、国际免疫学会联合会等。国际上重要的、大型的学术团体多有台湾学者参与，这成为加入国际组织首先需要解决的问题。

中国加入联合国之后，学术界也尝试着用加入联合国的模式开展学术交往。1976年中国刚刚进入"科学的春天"，此时正值国际地质科学联合会（IUGS）第25届国际地质大会在澳大利亚悉尼召开。经过多方努力，此次会议决定取消"中华民国"的会员资格，接纳中华人民共和国为该组织正式会员。在国际地质科学联合会通过上述决议以后，中国地质学会代表团于8月22日乘飞机到达悉尼，参加国际地质科学联合会理事会会议和第25届国际地质大会[1]。

现代地质学传入中国之后，中国学者一直积极参与国际地质学界的学术活动。从1906年国际地质科学联合会的第10届大会到1948年的第18届大会，中国都有代表参加。但此后的第19—24届大会，"由于'中华人民共和国是唯一合法席位'的尊严，没有得到尊重，我国都毅然拒绝派出政府代表团参加大会活动"[2]。20年间中国大陆代表一直缺席。1976年的国际地质科学联合会大会，因国际组织排除了台湾，中方派出了以地质部副部长许杰（1901—1989）为团长的中国地质学会代表团参会。这种联合国模式的处理形式，在70年代末期为中国政府所支持。

稍后中国也以同样的方式，加入了国际大地测量和地球物理学联合会。中方以中华人民共和国大地测量和地球物理学全国委员会名义申请加入该联合会，实际上由中国科学院归口管理[3]。1977年8月国际大地测量和地球物理学联合会理事会在英国举行，会议以47票赞成、7票反对通过了取消"中华民国"、接纳中华人民共和国为正式会员的决议，于是中国正式派出代表团参加了稍后的学术会议。经过多年的谈判，中国大陆方面也做了一些让步，允许中国台湾和来自其他地区的中国学者以个人身份参与学术活动，但是不接受台湾代表以地方组织的形式参会[4]。

采取联合国的模式在国际学术界的推行难度较大。一些西方科学家，尤其是美国科学家反对学术组织介入政治问题，他们担心科学被用作政治斗争的工具，这给中国加入更多的国际学术组织带来了困难。中国学者后来参与国际组织的方法开始改变。1979年7月，中国生物化学会采取由中华人民共和国的组织代表中国，而原"中华民国"的相关组织变为位于台北的地方组织的模式，参加国际学术组织和学术会议[5]。同年中国化学会等多个学术组织也采取同样的方式加入了国际学术团体。这种模式曾经被外交部以过"右"一度叫停[6]。随着改革开放的不断深入，中国在国际学术交往方面采取了灵活、

① 国际地质科学联合会通过决议 接纳我国为正式成员. 人民日报, 1976-08-23（6）.
② 夏湘蓉, 王根元. 中国地质学会史. 北京：地质出版社, 1982：199.
③ 关于拟申请参加国际大地测量和地球物理联合会的请示报告//中国科学院办公厅. 中国科学院年报, 1984：421-423.
④ Cisternas A. President's page：international science in a politicized world. Eos Trans. AGU, 1975, 56（12）：931.
⑤ 熊卫民. 中西科学社团的交流（1949—1982）：以中国生物化学（委员）会为例. 科学文化评论, 2013, 10（2）：50-72.
⑥ 熊卫民. 中外科学交流的恢复——胡亚东研究员访谈录. 科学文化评论, 2012, 9（5）：106-115.

务实的做法："只要会议不出现'两个中国'、'一中一台'问题，而台湾科学家又仅以个人身份参加，则我都可以赴会。"①

1972 年，中国开始参加联合国教育、科学及文化组织的活动，出席该组织召开的各类会议。1978 年，中国同该组织就合作问题签订了备忘录②。此后开始接受资助、派人出国考察和技术培训、邀请高级专家来华讲学和举办培训班、接受联合国教育、科学及文化组织的委托在中国召开国际学术讨论会。③1982 年以后，中国科协也以中华人民共和国的组织代表中国，原"中华民国"的组织变为位于台北地方组织的模式，加入了国际科学理事会（ICSU），从根本上解决了两岸科学家共同参加国际学术活动的问题④。此后，中国加快了参加国际学术组织的步伐。1949 年以前中国参加的国际学术组织有 10 个，1950—1977 年累计 70 个，1978—1993 年达 850 个⑤。

1986 年 4 月，国家科学技术委员会正式颁布了《关于参加国际科技组织的若干规定》，对参加国际科技组织的条件、申请手续、审批程序、组织管理、会费等方面作了具体规定。20 世纪 80 年代中后期，尤其是进入 90 年代以后，国际交流与合作逐步走向规范化，政府通过政策引导，促进国际交流与合作的健康发展。

二、官方合作协议的签订

中国恢复联合国合法席位后的第二年，日本就与中国正式建交，并开始与中国进行大规模的科技交流。以 1973 年为例，日本先后有金属材料科学代表团、地震科学代表团、应用生物学代表团、高分子代表团等来华。平均每年有近 10 个各类学科的科学家代表团来访⑥。当然，这个时期发展最快、规模最大的是中美学界的交往。同时，中国也扩大了与其他西方国家的科技交往，加拿大、澳大利亚以及众多的欧洲国家都开始了与中国科学界的"破冰之旅"。

为了促进官方科技合作的稳步发展，在改革开放初期，中国政府就陆续与 20 多个国家签订了政府间双边科技合作协定或建立了科技合作关系。1978 年 1 月签订的《中华人民共和国政府和法兰西共和国政府科学技术协定》，是改革开放以后中国同西方国家签订的第一个科技合作协定。为了促进合作，双方成立了科技合作联委会。

由于社会制度不同，中法在签订合作协定时，中方对于与西方国家政府签订的协定文本中提"合作"一词还有顾虑，因此最后达成的协定名称中没有"合作"二字。这种情况很快发生了变化。同年稍晚签订的协定，如中国政府与意大利、德国、英国、瑞典等国签订的政府间科技合作协定，均出现了"合作"一词。与各国政府签订的协定中所规定的合作形式，基本上都包括了交换科技情报和资料，互派科技代表团、科学家、考

① 本院、国家计委、外交部关于对台工作策略问题的报告. 北京：中国科学院档案处，81-4-1.
② 《当代中国的科学技术事业》编辑委员会. 当代中国的科学技术事业. 北京：当代中国出版社，2009：340.
③ 《当代中国的地质事业》编辑委员会. 当代中国的地质事业. 北京：当代中国出版社，2009：409.
④ 熊卫民. 中外科学交流的恢复——胡亚东研究员访谈录. 科学文化评论，2012，9（5）：106-115.
⑤ 汪学勤. 中华人民共和国科技发展全史. 第三卷. 北京：中国科技出版社，2011：1197.
⑥ 薛世銮，张松龄，蒋桂玲，等. 中国科学院国际科技合作五十年（1949—1999）. 院史资料与研究，1999，5：1-51.

察专家、进修生、实习生，组织双边科技讨论会和共同研究等。

至 20 世纪 80 年代中期，中外政府间的科技合作全面铺开。1978—1985 年，中国派遣 14 770 人出国参加了 5122 次学术会议，在中国也举办了 210 次国际性科技会议。至 1985 年底，中国同 106 个国家建立了科技交流关系，同其中的 53 个国家签订了政府间双边科技合作协定或经济、工业、科技合作协定①。1986 年，官方和民间对外科技交流项目达 1 万多项，比 1978 年增加了 8.5 倍；人员往来 4 万多次，比 1978 年增加了 6 倍。到 1986 年，与中国有科技交流的国家和地区已达 106 个，与中国签订政府间科技合作协定或经济、贸易和科技合作协定的国家有 50 个，其中一半协定是在 1978 年以后签订的②。

进入 20 世纪 90 年代以后，中外合作开始由数量的增长转为质量的提升，形成了多层次、多渠道、多形式的全方位国际科技合作局面。至 2000 年，中国已经与世界上 150 多个国家和地区建立了科技合作和交流关系，并同其中 95 个国家签订了政府间科技合作协定或经贸与科技合作协定。中国与美国、俄罗斯、欧共体等国家或地区就双边科技合作的知识产权归属与分享达成谅解，也为顺利推进科技合作与交流创造了良好条件。

（一）中美科技合作的快速发展

《中美科技合作协定》签署于 1979 年。美国虽然不是最早与中国签署协定的国家，但是在整个 20 世纪 80 年代，是与中国科技交流发展快、合作规模大、合作层次多的国家。在中国科学院的国际交往中，美国占到了交流总量的 1/3③。受国际政治环境的影响，中美科技合作对中国国际交流与合作的影响最大，中美之间的合作进程也深深地影响着中国与西方国家整体的科技合作。这里以美国为例探讨改革开放初期的十多年中，在中美科技合作发展最平稳时期，中外官方科技合作的状况。

1979 年 1 月中美正式建交，邓小平访问美国。他的此次出访，科技内容占了很大的比重。邓小平与卡特总统签署了《中美科技合作协定》，打开了中国同西方国家之间的全面国际合作局面。为了协调两国的科技合作，双方于 1979 年成立了中美科技合作联合委员会。至 1985 年，中美之间签订的政府间科技合作项目已达到 400 个，在 25 个领域签订了对口部门之间的合作议定书④。此后中美关系虽然一直有起伏，但双方领导人均高度重视和肯定科技领域的交流与合作。

此时的中美科技合作关系的建立，不仅仅是单纯的科技交流需求，特别是对美方而言，此时的中国科研实力大多不具备显著的合作价值。美国的根本动机还是在政治与经济利益方面，因为与中国的科技合作蕴藏着巨大的贸易机会。另外，在某些科学领域，中国丰富的科研资源、科学数据，为美国科学研究提供了不可或缺的智力支持和原始资料。同时由于美苏对抗的影响，这个时期的美国放松了对中国的技术转让和科学交流的限制。

---

① 《当代中国的科学技术事业》编辑委员会. 当代中国的科学技术事业. 北京：当代中国出版社，2009：273.
② 吴贻康. 对外开放 走向世界——八年来我国的国际科技合作与交流蓬勃发展. 中国科技论坛，1987，6：8-11.
③ 1980 年科技外事工作总结和 1981 年的几项主要工作//中国科学院办公厅. 中国科学院年报，1982：463-280.
④ 中华人民共和国科学技术部. 中国科技发展 60 年. 北京：科学技术文献出版社，2009：134.

从 20 世纪 80 年代开始，中美科技交流与合作以官方为主体，形式上主要包括联合委员会和工作组会议、项目发展会议、代表团互访、合作研究、联合勘测、观察和考察、各种形式的学术会议等；就规模而言，每年都有超过上百项合作项目，人员往来每年也在几百乃至上千人次。美国白宫科技政策办公室前主任 John Gibbons 曾经对新闻界宣称，中美科技合作取得了很大成绩，尤其是"电子对撞机"和"中国数字地震台网"项目是双方合作的成功范例①。

1979 年邓小平访美期间，中国国家科委主任方毅和美国能源部部长施莱辛格在美国首都华盛顿签订了《中华人民共和国国家科学技术委员会和美利坚合众国能源部在高能物理领域进行合作的执行协议》②，这是中美政府间第一个学科领域内的合作议定书。该执行议定书签订后成立的中美高能物理联合委员会每年都召开会议，讨论合作计划，中美科学家每年也都组织学术研讨会。中美科学家之间的深度合作，更是推进了中美高能物理联合委员会的发展。其中，主要合作是围绕北京正负电子对撞机、北京谱仪、北京同步辐射装置的建造、运行、改进和物理实验等进行。

以中国数字地震台网项目为例，这是《中美地震科技合作议定书》下的成功项目。该网由中美双方联合投资、设计、研制、组装、测试和安装，并于 1987 年 10 月在北京通过国际地震专家的技术验收③。从 1983 年 5 月中国地震局与美国地质调查局开始规划设计中美合作的中国数字地震台网（CDSN），到 1986 年建成了由北京、佘山、牡丹江、海拉尔、乌鲁木齐、琼中、恩施、兰州、昆明等 9 个数字化地震台站，以及 CDSN 维修中心、数据管理中心组成的中国第一个国家级数字地震台网，再到 1991 年和 1995 年分别增设的拉萨和西安两个数字地震台站，都是在中美合作的推动下快速发展的。建成并安装在 11 个地震台上的设备投入运转后，产生了高质量的地震数据，为中美双方合作研究地震发生原因、形成机制和提高预报水平提供了科学依据。1993—2001 年中美双方对 CDSN 进行了二期改造，使台网的硬件、软件系统符合美国地震学研究联合会（IRIS）建立的全球数字地震台网（GSN）的技术规范。目前，CDSN 是 GSN 的重要组成部分，中美地震学家一致认为项目取得了巨大成功。

（二）中苏/俄科技合作的恢复与兴起

1989 年之后，中美科技合作遇到了巨大的阻力。美国政府对中国采取了一系列制裁措施，暂停了中美官方的科技交流与合作，半官方和民间的科技交流与合作也几乎停滞。美国采取暂停政府间高层接触、限制技术转让、不设立新的合作项目、终止接待中方科技代表团和撤回在华的科技专家的手段，阻碍了中美科技合作的正常进展。

经过十余年的平稳发展之后，20 世纪 90 年代以后的中美科技合作呈现出时而紧张、时而缓和的发展态势。尽管美国的制裁在中国巨大的市场潜力的吸引和全球化的大背景下得以改善，但是美国的所谓国家安全问题、知识产权问题等，一直影响甚至阻碍着中

① 周公威. 中美 CDSN 合作项目回顾. 地震研究，2015，5：31.
② 金炬. 中美科技合作的经验研究——以高能物理合作为例. 全球科技经济瞭望，2010，25（7）：55-59.
③ 中国数字地震台网. 中国数字地震台网文集. 北京：学术书刊出版社，1990.

美科技合作的顺利推进①。1999 年美国公布的《考克斯报告：关于美国国家安全以及对华军事及商业关系的报告》、"李文和事件"和轰炸中国驻南斯拉夫大使馆等一系列事件，对中美科技交流与合作产生了负面的影响。而在此时期，中苏/俄科技交流与合作却进入快速且平稳的发展阶段。

进入 20 世纪 90 年代，中美科技合作虽然因两国的关系影响而有波折，但此时的中国已经与世界多数国家建立了良好的科技合作关系。中央提出"科技外交要作为打破西方制裁的突破口之一"②，中国努力发展与其他国家的科技交流，其中与苏联/俄罗斯的科技合作发展最快。

中华人民共和国成立以后，中苏之间有着长达 10 年的友好交往，苏联派出大批专家来华，因此苏联的科技发展模式对中国产生了深远的影响。即便在 20 世纪 60 年代中苏交恶之后，这种影响依然存在。改革开放以后双方学者都希望恢复科技交往，中国学者认为："苏联的科学技术发展较快，特别是力学、自动化等方面仍居世界前列，而中苏的科技管理体制又有相似之处，如果能与苏联开展一些科学技术交流和合作，对我科学研究和科学管理会有借鉴作用。"③中苏的科技交流从 70 年代中期开始恢复，尽管规模不大，但合作项目在逐年增加，合作内容也不断深入。1986 年，中苏两国签署了中苏科技合作常设分委会章程及交换合作项目备忘录，正式恢复了中断 20 年的中苏科技合作④。

1989 年 5 月中苏两国关系实现正常化，进一步促进了中苏科技合作与交流。1991 年苏联解体，分裂为 15 个国家。国际政治环境开始由政治冷战转向以科技为基础推动经济发展方面。中国与苏联的继承国俄罗斯联邦的科技交流与合作进一步加强。1992 年 12 月，中俄双方签订了《中华人民共和国政府和俄罗斯联邦政府科学技术合作协定》。此后中俄在和平利用与研究宇宙空间、超导托卡马克合作项目、实用型水下机器人、合成孔径雷达、微重力试验研究等方面都进行了深入的合作，并取得了丰硕的成果。

20 世纪 90 年代以来，中俄在两国总理定期会晤机制框架内，建立了中俄科技合作分委员会，形成了国家、政府部门、地区之间，以及科研院所之间的多渠道、多层次、全方位的对口科技合作格局⑤。同时，强化中俄两国高层定期会晤机制，充分发挥中俄科技合作对两国战略协作伙伴关系的强化作用，研究制定和实施中俄全面科技合作战略⑥。

三、方针政策与具体措施的出台

进入 20 世纪 90 年代，国际合作范围、内容、领域、形式等都发生了重大的变化，

① 关于中美知识产权对中美科技交流与合作的影响，参见曾经参与知识产权谈判的段瑞春的回忆：段瑞春. 合作与交锋:《中国科技合作协定》知识产权谈判回眸. 科技与法律，2003，2：15-22.
② 吴贻康，王绍祺. 当代中国国际科技合作史. 北京：中国科技部国际科技合作司，1999；58.
③ 中苏两国科学院科学合作历史简况及今后的设想//中国科学院办公厅. 中国科学院年报，1982：277-280.
④ 吴贻康. 对外开放 走向世界——八年来我国的国际科技合作与交流蓬勃发展. 中国科技论坛，1987，6：8-11.
⑤ 姜春林，张帆. 改革开放 30 年我国科技合作研究热点分析——基于词频分析视角. 科技进步与对策，2012，29（6）：1-4.
⑥ 国际科技合作"十二五"专项规划. http://www.cistc.gov.cn/InterCooperationBase/details.asp?column=743&id=78516[2019-08-06].

形成了对外合作的新格局。合作范围从初期的以发展中国家为主，到包括与西方发达国家在内的世界主要国家；合作内容在最初比较单一的科学研究、技术引进的基础上，开始了更广泛的产业研究开发等；合作领域从最初的传统领域发展到生物技术、空间技术、信息技术、自动化技术、激光技术以及新材料、新能源等高新技术领域；合作形式从最初的人员往来和技术引进发展到联合开展研究项目、中外联合在华或在外合办科研机构。一个多层次、多渠道、多形式的全方位国际科技合作新局面基本形成。[①]

经过改革开放以后十多年的国际交流与合作的实践，开放的国际交流需求与以往的科技政策与管理体制之间的不协调问题日益突出。这种不协调与国内外不同的科技管理体制、不同的意识形态、不同的文化和思维方式，甚至不同的科技水平密切相关，但是国门已经打开，十多年的国际交流局面呼唤着改革和新政策的出台。

开放的环境推动着相应的改革，促使在20世纪80年代中期前后出台了一系列的国际科技合作新的方针和政策。与此同时，改革也推动着中国科技体制的转型和思维方式的变化，从而进一步推动了国际合作的深入。

中国刚刚开放，封闭多年的中国学术界迫切希望与国际交流与合作，国际合作项目在短短的两三年时间里快速增长。以中国科学院为例，1977年以前，平均每年只派出二三十人参加五六个国际会议，到1979年就有274人参加涉及25个学科领域的100多个国际会议。1977年以前参加的国际学术组织只有1个，此后的2年时间内就增加到17个[②]。各种形式的交流与合作在数量上迅速增长，不但对外交流的人数剧增，合作国家也迅速增多。此外，民间渠道的交往越来越广，合作与交流形式逐渐多样化。与国际交流快速发展的局面相反，在政策与思想上的开放，还是需要一个过程。推动思想的解放，需要政策的支撑。随着新问题的不断出现，新的国际合作政策与方针应运而生。

1978年3月，全国科学大会审议通过的《1978—1985年全国科学技术发展规划纲要（草案）》中，明确提出要加强国际科学技术合作和交流。具体措施包括：邀请外国科学家、工程技术专家来华讲学；聘请中国血统的外籍专家和对我友好的外国专家，来我国进行科研工作和开设课程；对于为我国科技、教育事业作出重要贡献的外国专家，可以授予中国科学院名誉学部委员、研究所名誉学术委员、高等学校名誉教授或学会名誉会员的称号；加强我驻外机构的科技调研工作，发展同驻在国外科技界的友好交往，了解国外科技成果、科研动向、发展科技教育事业的政策措施，以及组织管理的经验；要培养和选拔一批科技情报人员到驻外机构工作；积极参加国际学术组织和国际学术会议等学术活动；发展国际的科学技术联系；国家科委根据科学技术发展和国民经济建设的需要，积极地、有计划地派遣科学技术人员、实习生、留学生、研究生出国学习、进修、考察，在国内组织交流和推广科技考察的成果；经有关领导部门批准，科研机构、高等学校和有引进项目的工厂，可以与国外的相应单位建立直接联系，进行资料交换、学术交流，以及开展合作研究。同时，发展科学家之间的学术交往；建立合理的保密制度，既要保守国家机密，又要有利于开展对外技术交流[③]。

① 程如烟. 30年来中国国际科技合作战略和政策演变. 中国科技论坛，2008，（7）：7-11.
② 薛世銮，张松龄，蒋桂玲，等. 中国科学院国际科技合作五十年（1949—1999）. 院史资料与研究，1999，5：25.
③ 1978—1985年全国科学技术发展规划纲要（草案）. http://www.most.gov.cn/ztzl/gjzcqgy/zcqgylshg/200508/t20050831_24438.htm[2021-03-01].

（一）科技外事工作会议

科技外事政策与方针的演变，可以从历次科技外事工作会议的精神窥见一斑。1978年8月，为了统一思想认识，首次全国科技外事工作会议召开。会议提出了外事工作的方针是："解放思想，全面开展对外科技活动，争时间，抢速度，尽快地把外国一切先进的科学技术拿来为我所用，加速我国四个现代化的进程。"[①]

1981年8月召开的第二次全国科技外事工作会议，修订了对外科技合作与交流的方针，即："在独立自主、自力更生的前提下从国内实际情况出发，讲求实效，认真学习各国对我国适用的先进科学技术和科技管理经验，积极、稳妥、深入、扎实地开展国际科技合作与交流活动，为发展我国国民经济和科学技术服务。在合作与交流中，注意配合我国的外交工作，促进我国同各国科学技术界、各国人民之间的友谊，为发展反霸统一战线服务。"[②]此后，为了配合国际科技交流，当时的国家科委在一些中国驻外使领馆设立了科技参赞处或科技组。会议制定了新时期的国际科技合作与交流方针。

1983年12月，第三次全国科技外事工作会议召开。这次会议首先配合中共中央、国务院于1983年8月发出的《关于引进国外智力以利四化建设的决定》，讨论贯彻的措施。会议期间举办了对外科技合作与交流成果展览会，展出成果580项。会议讨论了中央关于引进国外人才的决定等文件，认为引进国外人才工作是关系到我国经济发展的战略目标能否顺利实现的一个大问题，中央的决定是一项重要的战略决策，是我国实行对外开放政策的一个重要方面[③]。

1986年，第四次全国科技外事工作会议召开。这次会议把国际科技合作提高到"是经济合作的先导，是发展对外贸易的桥梁"的地位[④]。这次会议把国际科技合作为发展地方经济服务、为推动技术出口服务作为科技外事工作的主要任务之一。这一决定对其后的国际科技合作产生了很大的影响。

与此同时，中国科学院也分别于1978年、1980年、1983年、1989年召开了全院外事工作会议。早期两次会议重点在解放思想、打开国际交流局面和提高国际合作质量。从1983年的外事工作会议之后，中国科学院进行了简政放权的重大改革，扩大了研究所外事自主权[⑤]。

进入20世纪90年代以后的历次外事工作会议，如1990年召开的第五次全国科技外事工作会议、1995年召开的第六次全国科技外事工作会议，都根据当时的国际形势调整了国际科技合作的方针和国别政策，确定了新的战略目标和工作方针[⑥]。

（二）引智工作

1977年8月，刚刚复出不久并自告奋勇分管科教工作的邓小平，主持召开了载入史

---

① 吴贻康，王绍祺. 当代中国国际科技合作史. 北京：中国科技部国际科技合作司，1999：41.
② 孙永福，王粤. 中国南南合作发展战略. 北京：中国对外经济贸易出版社，2002：31.
③ 吴贻康，王绍祺. 当代中国国际科技合作史. 北京：中国科技部国际科技合作司，1999：47.
④ 吴贻康，王绍祺. 当代中国国际科技合作史. 北京：中国科技部国际科技合作司，1999：48.
⑤ 薛世鎏，张松龄，蒋桂玲，等. 中国科学院国际科技合作五十年（1949—1999）. 院史资料与研究，1999，5：28.
⑥ 吴贻康，王绍祺. 当代中国国际科技合作史. 北京：中国科技部国际科技合作司，1999：47，57，58，64.

册的科学和教育工作座谈会。他在谈到接受华裔学者回国和派遣留学生时说："有一批华裔学者要求回国，我们要创造条件，盖些房子，做好安置他们回国的准备工作。接受华裔学者回国是我们发展科学技术的一项具体措施，派人出国留学也是一项具体措施。我们还要请外国著名学者来我国讲学。"①由此可见，"请进来、派出去"是邓小平"科教新政"的重要内容。

"引进人才"在刚刚提出的时候，主要是指聘请和邀请尚在国外的华裔科学家回国进行长期或者短期的工作、讲学。1978 年 11 月，国家科委和外交部联合向国务院提交《关于加强引进人才工作的请示报告》，提出了引进人才的方针、方式和组织措施。次月，国务院批准了这个报告，并决定成立国务院引进人才领导小组。1979 年 1 月，国务院批准回复国务院科技干部局，其任务之一是争取尚在国外的中国科技人员回国工作。在实际工作中，国务院引进人才领导小组、国务院科技干部局和国家科委外事局的工作经常发生交叉。为此，1980 年 6 月，撤销了国务院引进人才领导小组。

1982 年 10 月，国务院批准了国家科委《关于进一步发挥外籍华人科技人员作用的报告》。1983 年 7 月，邓小平在听取万里、姚依林、方毅、宋平等汇报后发表重要谈话，指出："要利用外国智力，请一些外国人来参加我们的重点建设以及各方面的建设。对这个问题，我们认识不足，决心不大。搞现代化建设，我们既缺少经验，又缺少知识。不要怕请外国人多花了几个钱。他们长期来也好，短期来也好，专门为一个题目来也好。请来之后，应该很好地发挥他们的作用。过去我们是宴会多，客气多，向人家请教少，让他们帮助工作少，他们是愿意帮助我们工作的。"②同年 8 月，中共中央、国务院联合发出《关于引进国外智力以利四化建设的决定》，并决定成立中央引进国外智力领导小组。该领导小组是引进国外智力工作的高层议事协调机构，小组成员由姚依林、方毅、张劲夫、宋平组成。姚依林任组长，张劲夫负责小组的日常工作③。以此为标志，我国引智事业进入新的历史时期。

1983 年 9 月，中央引进国外智力领导小组成立的第三天，在国务院全体会议上，就明确了国务院各部门引进国外智力工作的分工。会议要求尽快搜集国外人才资料，建立引进人才资源库，鼓励在实践中积累经验，既不要一哄而起，也不要坐而论道。会议邀请 30 多位知名科学家和部分高校领导列席。会后，南开大学提出拟聘美籍华人专家陈省身到该校数学研究所任所长。这也是第一个向中央引进国外智力领导小组申报的聘请海外专家的引智项目。陈省身教授受聘担任南开数学研究所所长，首创外国人担当中国研究机构主管领导的先例。

引进国外人才工作面临的最大问题是政策和思想认识。当时社会普遍重视引进国外资金和先进设备，忽视人才和软件的引进。改革开放初期，曾经有 100 多位海外华人专家回到中国（不包括台湾地区）。由于回来后遇到一连串的不愉快事情，大部分人很快

---

① 刘向东. 邓小平对外开放理论的实践. 北京：中国对外经济贸易出版社，2001：385.

② 邓小平. 利用外国智力和扩大对外开放（一九八三年七月八日）//邓小平. 邓小平文选. 第 3 卷. 北京：人民出版社，1993：32.

③ 宋多经. 邓小平"七·八"谈话的前前后后. 国际人才交流，2003，7：12-13.

又走了①。因此，中央引进国外智力领导小组办公室成立初期，工作重点就是组织制定出台政策，为来华专家创造必要的工作和生活条件②。1983 年 9 月，中央引进国外智力领导小组办公室会同国务院办公厅等部门制定了《关于引进国外人才工作的暂行规定》等 8 个重要文件，相继于 1984 年底前出台，为来华工作的外国专家所遇到的经费开支、工资待遇、海关检查、保密、居住、旅游等问题提供政策依据。

为了提供多渠道的支撑，在中央引进国外智力领导小组的推动下，1985 年 11 月成立了中国国际人才交流协会和中国国际人才交流基金会，作为中央引进国外智力领导小组的对外窗口。1988 年，中央国家机关进一步实行机构改革，撤销中央引进国外智力领导小组，成立国务院引进国外智力工作领导小组，办公室设在国家外国专家局。1993 年，国务院精简直属机构，取消国务院引进国外智力工作领导小组及其办公室，其工作任务由国家外国专家局负责，受人事部领导。中国国际人才交流协会成立以后，在海外建立了不同形式的办事机构，以作为民间渠道与驻外使领馆的官方引智渠道配合，形成了多层次、多渠道的引智网络③。

（三）派出留学生

进入 21 世纪后，中国各类出国留学人员总数突破了 140 万。学生留学目的地国家也从早期的苏联、东欧等社会主义国家为主，扩展为遍布世界五大洲的 100 多个国家和地区，留学方式也从公派为主转变为以自费为主。

1973 年 7 月，国务院批准科技组《关于 1973 年接受来华留学生若干问题的请示报告》，恢复了自 1966 年开始停止接受留学生的工作；同年，经周恩来批准，也开始恢复向国外派遣留学生的工作，但"文化大革命"期间，留学生派遣工作进展缓慢。

1978 年 6 月 23 日，邓小平在听取清华大学校长刘达关于该校情况的汇报时再次明确指出："我赞成增大派遣留学生的数量，派出去主要学习自然科学。要成千上万地派，不是只派十个八个。请教育部研究一下，在这方面多花些钱是值得的。这是五年内快见成效、提高我国科教水平的重要方法之一。现在我们迈的步子太小，要千方百计加快步伐，路子要越走越宽。"④正是在邓小平的一再指示下，教育部于 1978 年 8 月 4 日发布了《关于增选留学生（进修生和研究生）出国的通知》，加大派遣留学生工作的力度。

1978 年 7 月，美国总统科学顾问弗兰克·普雷斯（Frank Press，1924—2020）率团访华，与方毅进行科技合作谈判，并受到邓小平的接见，讨论了两国互派留学生和访问学者事宜⑤。10 月，周培源率队访美，两国达成《中华人民共和国和美利坚合众国互派学生和学者的谅解备忘录》⑥。这项计划后来纳入了《中美科技合作协定》之中，中美

① 梁伯枢. 难以忘怀的岁月——访国家外国专家局前局长王逎、前副局长武永兴. 国际人才交流，2003，8：25-27.
② 梁伯枢. 难以忘怀的岁月——访国家外国专家局前局长王逎、前副局长武永兴. 国际人才交流，2003，8：25-27.
③ 张东明. 中央引进国外智力领导小组始末. 党史博览，2018，9：6.
④ 中共中央文献研究室. 邓小平论教育. 3 版. 北京：人民教育出版社，2004：75.
⑤ Press F. Science and technology in the White House，1977 to 1980：part 2. Science，1981，211（4497）：249-256.
⑥ Bonner A. U.S. and China soon begin exchanging university scholars. https://www.washingtonpost.com/archive/politics/1978/10/24/us-and-china-soon-begin-exchanging-university-scholars/3e7d12f3-6a30-49e9-8b22-d72a7cfe170b/［1978-10-24］.

两国正式宣布互派留学生和访问学者。这是自 1949 年以后中美两国第一次以官方形式进行教育交流。

1978 年 12 月，改革开放后首批 52 名公派留学生赴美留学。中国大规模派遣留学人员的序幕就此拉开。次年，美中学术交流委员会与中国科协和中国社会科学院达成学者交流合作协议，约定双方每年在科学技术领域交换 20 名学者，在人文社会科学领域交换 14—16 位学者。[①]

公派留学生往往根据国家科技发展长远规划和工作方针的需要，侧重于新理论、新技术领域。例如，中国科学院就强调派遣的重点要放在农业、能源、材料、计算机、激光、遗传工程和分子生物学、空间、海洋、高能物理等方面的若干影响全局的综合性科技领域、重大新兴技术领域和带头学科[②]，派出人员 60% 以上属于应用型专业领域[③]。为了能够兼顾其他学术领域，尤其是基础科学领域，仅仅依靠公派留学生是不够的。

改革开放初期的公派出国留学困难重重。由于西方国家较少派遣留学和进修人员来华，通过国际交流项目派遣留学生出国留学受到了较大的名额限制。而且在国家经济困难的情况下，外汇缺乏，难以支付太多留学和进修人员的费用。同时，保守思想依然很重，对扩大派出的方针批评和反对的人也很多[④]。拓展民间渠道，成为派遣留学生的途径。

1981 年，中国开放自费出国留学。1984 年底国家放宽了自费留学政策，并于第二年正式取消自费出国留学资格审核，进一步推动了留学潮。1980—1985 年，有近万人选择自费出国留学。之后的 1986—1990 年，中国（不包括港澳台地区）自费出国留学人数达 13 万人，是上一个 5 年的 13 倍，其中仅 1990 年一年即有 5.6 万人。到 1991 年，在外中国留学人员总数已增至 17 万人。[⑤]

1992 年，根据邓小平南方谈话精神，国家出台了"支持留学，鼓励回国，来去自由"的留学工作方针。1993 年，党的十四届三中全会把这十二字方针正式定为出国留学方针。自此，出国留学工作走上正轨。

随着科技的发展与进步，科学研究面临的问题越发复杂，很多都是全球性问题。其范围、规模、成本和复杂性远远超出一个国家的能力，开展国际合作成为研究开发的内在要求。[⑥]正如宋健所说："当代科学技术已经超越国界，把整个世界编织成一个紧密的大系统，任何一个国家都不能置身于这个大系统以外，在封闭的、自足的、孤立的环境中不能享受现代文明的全部赐予。"[⑦]

---

① 任震. 美中学术交流委员会与中美学术交流（1966—1996）. 中国社会科学院研究生院硕士学位论文，2012：24.

② 关于向国外派遣访问学者、进修人员和研究生的几点意见//中国科学院办公厅. 中国科学院年报，1982：293-299.

③ 关于贯彻中央调整派遣留学人员政策的决定的请示//中国科学院办公厅. 中国科学院年报，1984：485-487.

④ 熊卫民. 中国科学院与留学大潮的开启. 民主与科学，2009，6：29-33.

⑤ 刘海燕. 60 年留学记忆：从万人到百万人的跨越. http://edu.sina.com.cn/l/2009-09-05/1352176992.shtml [2019-04-06].

⑥ 程如烟. 30 年来中国国际科技合作战略和政策演变. 中国科技论坛，2008，（7）：7-11.

⑦ 吴贻康，王绍祺. 当代中国国际科技合作史. 北京：中国科技部国际科技合作司，1999：58.

第四节 国际科技合作的拓展和深化*

国际科技合作是国家总体外交的组成部分，也是经济建设、社会发展、科技进步的重要支撑。改革开放以来，随着经济全球化的不断扩展，我国国际科技合作开始稳步推进。从 20 世纪 90 年代初开始，随着我国社会主义市场经济体制的逐步建立，国家科技合作的广度和深度都在不断增加，经历了一个全面拓展和深化的过程。大体可以分成三个阶段：1992—2000 年是全方位国际科技合作格局的形成阶段；2001—2011 年是国际科技合作战略调整阶段；从 2012 年开始国际科技合作进入新时代。1995—2020 年我国出国科技合作项目和来华科技合作项目的数量变化反映了我国国际科技合作的总体发展趋势（图 18-1）。

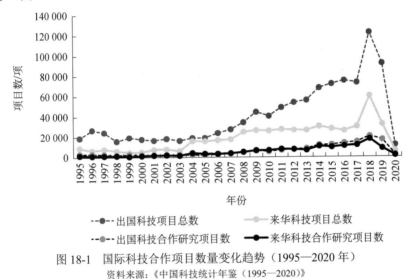

图 18-1 国际科技合作项目数量变化趋势（1995—2020 年）
资料来源：《中国科技统计年鉴（1995—2020）》

一、20 世纪 90 年代的国际科技合作

1992 年，随着市场经济体制的逐步确立，我国国际科技合作进入一个新的发展时期。1993 年通过的《中华人民共和国科学技术进步法》为国际科技合作确立了法律框架，规范了我国政府和外国政府及国际组织的科技合作与交流，鼓励研发机构、高等院校、社会团体和科技工作者与国外科学技术界建立多种形式的合作关系。在高技术领域，鼓励参与国际市场竞争和产业国际化；在基础研究与应用基础研究领域，鼓励国家重点实验室向国内外开放；允许研发机构依法在国外投资、设立分支机构。同时，允许国外的组织和个人在中国境内依法设立科学技术研究开发机构。这部法律还规定，在国务院设立的科学技术奖项中包括国际科学技术合作奖，这个奖项授予对中国科学技术事业做出重要贡献的外国公民或组织。

1995 年 5 月发布的《中共中央、国务院关于加速科学技术进步的决定》明确提出要坚持自主研发与引进国外先进技术相结合，鼓励引进海外人才和资金；强调国际科

---

* 作者：王大洲、王璞凡。

技合作交流是我国对外开放政策的重要组成部分，应当根据科技和经济发展的需要，积极开展多渠道、多层次、全方位的国际合作与交流；强调国际科技合作与交流要为经济建设服务。从 1994 年到 1998 年，江泽民主席四次在亚太经济合作组织领导人非正式会议上先后提出了召开亚太经合组织成员国科技部长会议、加强亚太经济合作组织科技工业园区合作、制定《走向 21 世纪的 APEC 科技产业合作议程》、建立中国亚太经济合作组织科技产业合作基金的建议。1997 年我国发布的《关于设立中外合资研究开发机构、中外合作研究开发机构的暂行办法》，开创了国外企业在华设立研究机构的新局面。1998 年 12 月，《中华人民共和国政府与欧洲共同体科学技术合作协定》正式签署并得到批准实施，从此欧洲的研究开发计划和中国的国家科技计划彼此向对方开放。

我国国际科技合作的根本目的是服务于经济建设。国际科技合作和经济发展的密切关系集中体现在改革开放之初就提出的"以市场换技术"这个基本方针上。所谓"以市场换技术"，就是中方让出一部分国内市场，让外商从中方让出的市场中赚得一定利润，而中方希望通过这种让步促使外方转让其先进技术。尽管这一方针对于技术引进发挥了重要作用，但是在"要先搞那些投资少、见效快、创汇多的项目"思想指导下[1]，引进项目的质量总体上难以令人满意。到了 20 世纪 90 年代中期，质疑和反思的声音日渐强烈。当时，外资企业占领了我国国内多个行业的市场，如移动电话、传呼机、轮胎等市场，甚至饮料、洗涤用品、化妆品和机械市场也都如此。无论是国有企业还是民营企业，关键技术和设备都是大量依赖进口，而合资企业的技术溢出效应则非常有限。虽然"以市场换技术"没有完全达到预期目标，但是这个方针仍然在一定程度上促进了我国企业技术改造和经济发展，并为我国自力更生、自主创新提供了基础条件。

国际科技合作不仅需要在国民经济直接相关的各种生产活动中广泛开展，而且也需要在着眼长远和全局的基础性研究、应用基础研究和高科技研究领域中广泛开展。这一时期，为了"稳住一头"，确保我国科研机构能够在世界舞台上同世界领先的科研机构进行交流和学习，在上述领域开展的国际科技合作主要基于以下几点共识[2]：全球科学共同体追求共同的科技前沿；全球学术共同体面临着共同的需要加以解决的问题；大科学项目和设施需要进行成本分摊；部分科研项目需要外国独特的专业人才和专门资源。在这种情况下，我国与国外科研机构或企业共建了一些科研基地，在基础性研究领域广泛开展国际学术交流，拓宽了与世界各国及国际学术组织的交流渠道。此类国际科技合作提升了我国的科研实力。例如，HT-7 超导托卡马克装置加速了我国的核聚变与高温等离子体物理领域与世界水平接轨；中美合作团队利用北京正负电子对撞机于 1992 年完成了 τ 轻子质量的精确测量，被公认为国际高能物理最重要的实验成果之一；我国深度参与了国际人类基因组计划，显示了中国的科研组织能力，提升了我国分子生物学研究水平。

这一时期，国际科技合作经费相对短缺，还没有专项财政拨款支持。尽管国家自然

---

[1] 余秋里. 关于一九七九年国民经济计划草案的报告. 人民日报，1979-06-29（1）.
[2] 樊春良. 对外开放和国际合作是如何帮助中国科学进步的. 科学学与科学技术管理，2018，（9）：3-20.

科学基金资助项目经费可以列支国际合作经费，但占比很小，总量也微不足道。从 1996年到 2000 年，国家自然科学基金委员会国际合作与交流经费所占比例平均只有 3.66%。由于缺乏经费，我国在较大规模的国际科技合作研究计划中的参与度很低，即使参与也主要以个人或者机构名义参与，而且大多处在配角位置。我国科学家个体或科研机构参与发达国家的科技合作项目，基本上是发达国家利用我国智力资源和自然资源，而我国并未分享到应有的知识产权。与此同时，受各方面环境条件制约，我国对海外人才的吸引力不足。在这种情况下，就连我国留学人员都不大愿意回国。1990—1999 年，我国留学生在美国大学获得博士学位后，打算留在美国的高达 80%—90%，非常坚定地要留在美国的也有 44%—60%[①]。

二、21 世纪国际科技合作的转型

2001 年，我国正式加入了世界贸易组织。"入世"意味着中国国内法与世界贸易组织的规则及国际惯例的接轨，意味着我国的外交环境、法律遵循都发生了重要变化。从2001 年到 2012 年，中国参与国际科技合作的主动性和能力明显增强，国际科技合作有了大幅扩展和深化。

加入世界贸易组织，就可以基于相对公平的贸易原则与各国打交道。这些原则包括非歧视性贸易原则、公平贸易原则、关税减让原则、透明度原则、取消数量限制原则等，它们都与后来的诸多国际合作机制的形成有着密切联系。因此，加入世界贸易组织为中国国际科技合作机制的丰富和完善提供了有利契机。为了实现"入世"承诺，进一步与国际接轨，我国参照世界贸易组织的有关协议，进一步强化了知识产权领域的立法，调整了包括《中华人民共和国专利法》在内的诸多法律条文，使我国从法律上完成"入世"，从而为科技与经济的腾飞打下基础。在外商投资领域，我国也对诸多不符合国际惯例和世界贸易组织规则的相关条款进行了修正，其中包括外商投资企业的准入问题、外商投资以及外资企业的国民待遇问题等。这些都使得"以市场换技术"不再具有法理依据。在这种情况下，强调自主创新就成为必然选择，推出新的国际交流策略就是当务之急。

2001 年 2 月，科技部正式发布《"十五"期间国际科技合作发展纲要》。这是我国第一个国际科技合作发展规划，意味着我国国际科技合作上升到了国家战略层面[②]。这份纲要指出了各国开展国际科技合作争夺科技资源的必然性，同时还对 21 世纪国际科技合作目标进行了明确定位，就是要为国家重大科技计划的实施创造条件。纲要明确提出"走出去"战略，意味着我国国际科技合作战略思路开始从"引进来"为主向"引进来"和"走出去"并重的转变。原来的"引进来"，大部分都是引进国外"封装"的技术，一味依靠引进，只能亦步亦趋，永远落后，显然是不可持续的。因此，不仅要"引进来"，还要努力尝试"走出去"，主动迎接挑战，提升国际科技合作的层次和水平，为我国自主创新搭桥铺路。紧接着，科技部颁发了《国际科技合作重点项目计划》，这

① 国际科技合作政策与战略研究课题组. 国际科技合作政策与战略. 北京：科学出版社，2009：299.
② 程如烟. 30 年来中国国际科技合作战略和政策演变. 中国科技论坛，2008，（7）：8-12.

就为深化国际科技合作提供了基本遵循。2002 年 11 月，党的十六大报告强调，要在更大范围、更广领域和更高层次上参与国际经济技术合作和竞争，充分利用国际国内两个市场，以开放促改革促发展。2003 年通过的《中共中央关于完善社会主义市场经济体制若干问题的决定》明确提出，按照市场经济和世界贸易组织规则的要求，加快内外贸一体化进程，形成稳定、透明的涉外经济管理体制，创造公平的、可预见的法治环境，以确保各类企业在对外经济贸易活动中的自主权和平等地位。

根据《"十五"期间国际科技合作发展纲要》，科技部又制定和推出了"十五"期间国家"重大国际科技合作计划"，旨在围绕国家科技发展战略，瞄准国际科技前沿，组织和参与高层次、高水平的重大的国际科技合作，增强我国科技创新能力，加速发展高科技，实现产业化，为提高我国综合国力服务。这份计划意味着我国改变了过去单纯购买技术和引进硬件的国际科技合作方式，在注重消化、吸收和创新的同时，积极扶持以企业为主体的经济活动尽快与国际规则和惯例接轨，进而提高企业的国际竞争力，拓展中国企业的国际化发展空间。在《"十五"期间国际科技合作发展纲要》实施的基础上，2006 年科技部发布《"十一五"国际科技合作实施纲要》；2011 年科技部又以规划的形式发布《国际科技合作"十二五"专项规划》。这些表明，我国国际科技合作通过战略调整，已经走上了全方位开放的体制化发展道路。

这一时期，我国坚持"自主创新、重点跨越、支持发展、引领未来"的方针，不断加强统筹协调，拓宽合作渠道，创新合作方式，提升合作层次，实现了从一般性、被动式科技合作向全方位、主动利用全球科技资源的战略转变。我国与主要国家和地区建立并发展了科技合作关系，初步形成了较为完整的政府间科技合作框架，一个全方位、多层次、广领域的国际科技合作局面已初步形成。截至 2010 年，我国与 152 个国家和地区建立了科技合作关系，同其中 97 个国家和地区签订了 104 个政府间科技合作协定，在 46 个国家的 69 个驻外机构派驻 141 名科技外交官，加入 200 多个政府间国际科技合作组织，初步形成较为完整的以政府间科技合作框架为主体的多元化合作格局。通过引进关键技术和人才，为解决国家经济发展的重大技术瓶颈以及民生科技问题提供了有力支撑，为建设创新型国家做出了积极贡献。

在全新的国际科技合作战略引导下，这一时期我国积极参与乃至牵头组织国际大科学工程，成为国际科技合作向高水平、高层次发展的突破口（表 18-1）。具体包括伽利略卫星导航系统、国际热核聚变实验堆计划、国际大陆科学钻探计划、全球对地观测系统、人类基因组计划、人类脑计划、国际综合大洋钻探计划、地球空间双星探测计划等，为我国科学家参与到世界科学研究前沿，及时分享世界先进科研成果提供了重要条件。2006 年，中医药国际科技合作计划正式启动，这是第一个由中国政府倡议制定的中医药国际大科学工程研究计划，得到了许多国家的普遍关注和积极响应。这些大科学计划和工程的实施，对提升我国基础研究、前沿技术研究水平，提高我国在国际科技界的影响力，促进我国的优势领域走向世界，产生了重要而深远的影响。通过参与这些大科学计划，我国的国际科技合作经验不断积累，能力不断提升。

表 18-1　1995—2006 年我国参与或牵头组织的国际大科学计划

项目名称	牵头国家/地区	主要成员国家/地区	成立时间	加入时间
国际大陆科学钻探计划	德国	中国、美国、德国	1996 年 2 月	1996 年 2 月
人类基因组计划	美国	美国、英国、日本、法国、德国、中国	1990 年 10 月	1999 年 7 月
地球空间双星探测计划	中国	中国、欧洲各国	2001 年 2 月	2001 年 2 月
人类脑计划	美国	美国、中国等	1992 年	2001 年 10 月
伽利略卫星导航系统	欧盟 15 国	欧盟、中国等	2002 年 3 月	2003 年 10 月
国际综合大洋钻探计划	美国、日本、欧洲联合体	美国、日本、欧洲联合体、中国等	2003 年 10 月	2004 年
全球地震监测网计划	美国	美国、法国、日本、英国、墨西哥、加拿大、意大利、中国等	1984 年	1993 年
国际热核聚变实验堆计划	美国、俄罗斯、欧盟、日本	中国、欧盟、日本、美国、俄罗斯、韩国、印度	1992 年	2006 年（2001 年开始谈判）
全球对地观测系统	美国、日本、加拿大	中国、欧盟、日本、美国、加拿大、俄罗斯、韩国、印度等 114 个成员国	20 世纪 80 年代中期	2004 年
中医药国际科技合作计划	中国	中国等	2006 年	2006 年

　　随着国际科技合作的深入开展，创新性成果不断涌现。2004 年 4 月，中美科学家开始了为期 5 年的北京正负电子对撞机及其探测谱仪的改造工程，改造后的对撞机亮度提高了 100 倍，成为国际上最先进的双环对撞机之一。2006 年，"龙芯 2E"处理器在中国科学院计算技术研究所问世，这是世界上除美国、日本生产的处理器之外性能最好的通用处理器，性能达到了中档奔腾Ⅳ处理器的水平。中国科学院计算技术研究所通过国际合作研制出我国（不包括港澳台地区）第一个采用 90 纳米设计技术的处理器，大大节省了研发成本，提高了我国芯片的技术水平。继中俄双方合作开发 6000 米水下机器人之后，双方继续共同研制"7000 米载人潜水器"，这缩小了我国与世界海洋强国之间的技术差距，为我国深海科学的发展和深海矿产资源的勘探提供了技术保障。在风能、太阳能、氢能和燃料电池等新能源方面，我国与美国、意大利、加拿大等国开展了广泛合作，为我国可持续发展奠定了技术基础。通过国际科技合作，还解决了一批在航空航天、核电、石油化工、交通、船舶制造等重大产业技术发展的瓶颈问题。

　　2011 年 7 月，科技部印发《国家国际科技合作基地管理办法》，进一步规范了国家国际科技合作基地的认定和管理，为后续国际科技合作的蓬勃发展奠定了基础。"国家国际科技合作基地"是指由科学技术部及其职能机构认定，在承担国家国际科技合作任务中取得显著成绩、具有进一步发展潜力和引导示范作用的国内科技园区、科研院所、高等学校、创新型企业和科技中介组织等机构载体，包括国际创新园、国际联合研究中心、国际技术转移中心和示范型国际科技合作基地等不同类型。建立国家国际科技合作基地的目的在于更为有效地发挥国际科技合作在扩大科技开放与合作中的促进和推动作用，提升我国国际科技合作的质量和水平，发展"项目-人才-基地"相结合的国际科技合作模式，对领域或地区国际科技合作的发展产生引领和示范效果。其中，国际创新园是根据国家创新体系或区域创新体系建设目标，为有效利用全球创新资源，依托大型科技产业基地或园区，由科技部与省级人民政府共建的国际科技合作基地；国际联合研究中心是面向国际科技前沿，为促进与国外一流科研机构开展长期合作，依托具有高水平科学研究与技术开发能力的国内机构建立的国际科技合作基地；国际技术转移中心是专门面向国际技术转移和科技合作中介服务，依托国家高新区建立的国际科技合作基地；示范型国际科技合作基地是积极开展国际科技合作，并取得显著合作成效及示范影响力，依托国内各类机构建立的国际科技合作基地。国家国际科技合作基地的建设及运行管理采取部省二级分层指导、共同管理的管理机制，即由科技部与推荐部门根据各自职能对国合基地的建设与发展进行指导和管理。科技部在能源资源开发利用、新材料与先进制造、信息网络、现代农业、生物与健康、生态环境保护、空间和海洋、公共安全等国际科技合作重点领域专门对国家国际科技合作基地建设进行部署。国家国际科技合作专项对国家国际科技合作基地开展的国际科技合作项目给予重点支持，并通过进一步加大相关项目资金的投入力度和强度，满足做大项目、攻关键技术和出高水平成果的要求。

三、新时代的国际科技合作

党的十八大之后，我国国际科技合作也随之步入新时代。"十三五"初期，"国际科技合作"引入"创新"要素，逐步演化成"国际科技创新合作"，并在《"十三五"国际科技创新合作专项规划》中得以体现。从 2016 年以来，随着中美关系的历史性变化，国际科技合作面临着越来越大的挑战。如何突破壁垒，进一步向"一带一路"国家拓展，主动服务于人类命运共同体的构建，就成了国际科技合作的主题。通过持续不断的努力，我国已经建立了全方位、多层次、多渠道的国际科技合作体系，国际科技合作投入显著增长，合作能力和影响力显著提高。通过政府推动引导和民间合作相结合的方式，比较完整的国际科技合作网络已逐步形成。

新时代的国际科技合作受到"一带一路"倡议的决定性推动。"一带一路"是"丝绸之路经济带"和"21 世纪海上丝绸之路"的简称。2013 年 9 月和 10 月由中国国家主席习近平分别提出建设"新丝绸之路经济带"和"21 世纪海上丝绸之路"的合作倡议。依靠中国与有关国家既有的双多边机制，借助既有的、行之有效的区域合作平台，"一带一路"旨在借用古代丝绸之路的历史符号，高举和平发展的旗帜，积极发展与"一带一路"国家的经济合作伙伴关系，共同打造政治互信、经济融合、文化包容的利益共同体、命运共同体和责任共同体。2015 年 3 月 28 日，国家发展和改革委员会、外交部、商务部联合发布了《推动共建丝绸之路经济带和 21 世纪海上丝绸之路的愿景与行动》。随着"一带一路"倡议的实施，我国国际科技合作迈上了新台阶。

在"一带一路"倡议的推动下，我国致力于通过国际科技合作，打造发展理念相通、要素流动畅通、科技设施联通、创新链条融通、人员交流顺通的"创新共同体"，与"一带一路"合作伙伴共建一批国家联合实验室（联合研究中心）、技术转移中心、技术示范与推广基地等国际科技创新合作平台。与此同时，引导和鼓励我国高新技术产业开发区和自主创新示范区与"一带一路"合作伙伴主动对接，协助"一带一路"合作伙伴建设一批符合本国特色的高技术产业园区；聚焦沿线国家在经济社会发展中所面临的问题，充分利用部分"一带一路"合作伙伴的优势科技资源，积极开展重大科学问题、共性关键技术和应对共同挑战的合作研究；加强技术合作，支持"一带一路"合作伙伴的铁路、公路、电网等重大基础设施和工程建设，推动在相关领域的产业、产能、标准国际合作；促进科研仪器与设施、科研数据、科技文献、生物种质等科技资源互联互通。

国际科技合作离不开人才的流动，党的十八大以来我国特别注重从海外引进人才，完善了外国人来华工作许可和外国人人才签证制度。按照"鼓励高端，控制一般，限制低端"原则，综合运用计点积分制、外国人在中国工作指导名录、劳动市场测试和配额管理等，对来华工作外国人实施分类管理，统筹指导全国各地受理机构对许可事项依法受理、审查和决定。同时，加大部门业务协同，逐步建立统一、权威、高效、规范、便捷的外国人来华工作管理服务体系，进一步形成外国人工作许可、工作居留、人才签证和永久居留有机衔接的机制，以吸引外国人来华创新创业。截至 2019 年底，共下放外国人来华工作许可审批职能至 120 个市区机构，设立 98 个许可证受理窗口办理相关业务；累计发放外国人来华工作许可证 75 万份，审批近 5000 张人才签证①。作为海外引智行动的重要组成部分，我国于 2003 年启动了"国际杰青计划"。这也是我国"科技伙伴计划"的重要内容，旨在落实"一带一路"科技创新行动计划，促进中国同其他发展中国家的科技人文交流与合作。该计划由科技部划拨专项经费，资助发展中国家杰出青年科学家、学者和研究人员来中国开展合作研究。近年来，科技部加强与联合国科技促进发展委员会等国际组织的沟通与合作，全方位提升了"国际杰青计划"的国际影响力，将其打造成了"一带一路"科技人文交流旗舰项目。例如，2019 年受理项目申请 300 余份，发放接收函 218 份，为 196 名国际杰青拨付了专项经费，为 182 名国际杰青颁发了国际杰青专家证书。

国际科技合作离不开合作基地建设。截至 2019 年底，我国已经认定 721 个国家国际科技合作基地，其中包括 31 个国际创新园、210 个国际联合研究中心、45 个国际技术转移中心和 435 个示范型国际科技合作基地。自 2007 年正式启动认定工作至今，国家国际科技合作基地已经在 31 个省级行政区布局，合作伙伴遍及全球 101 个国家和地区，合作领域基本覆盖关系国家经济和科技发展的重点战略领域，已经初步形成了较为完整的国际合作与创新的平台网络。在新冠疫情防控中，我国还积极搭建了面向全球的开放科学共享服务平台，为 175 个国家和地区用户提供服务，累计数据下载量超过 1.6 亿次，向国际社会分享了中国的抗疫经验，加强了疫苗、药物、检测等方面的国际联合研发合作，助力全球抗疫。

国际科技合作的一个重要途径是参与或牵头组织国际大科学计划、大科学工程。这一时期，我国继续参与国际热核聚变实验堆计划、国际地球观测组织、平方公里阵列射电望远镜、国际大洋发现计划等大科学计划和大科学工程，提升了参与的广度和深度。与此同时，在我国有优势的重点领域，围绕全球性重大科学问题，研究提出了我国可能组织发起的国际大科学计划和大科学工程的方向，力争发起和组织新的国际大科学计划和大科学工程。为此，2018 年 3 月国务院印发《积极牵头组织国际大科学计划和大科学

① 中华人民共和国科学技术部. 中国科学技术发展报告（2019）. 北京：科学技术文献出版社，2021：71-72.

工程方案》，提出了牵头组织国际大科学计划要坚持的四条原则：一是国际尖端、科学前沿；二是战略导向，提升能力；三是中方主导，合作共赢；四是创新机制，分步推进。

随着海外创新合作空间的不断拓展，我国企业科技合作"走出去"步伐日益加快。我国自 2018 年 3 月开始实施的《企业境外投资管理办法》，为企业境外投资做了宏观指导，优化了境外投资综合服务，为企业开展境外高新技术和先进制造业投资合作提供了便利。截至 2018 年，28 家中央企业拥有境外研发机构 223 个，海外研发人员 5900 多名。与此同时，我国支持企业和科研院所打造国家级引才引智基地，2018 年科技部命名了40 家国家引才引智基地，包括中国商飞、国家核电等一批重点企业入选[①]。

国际科技合作的成效集中体现在论文发表上。2019 年，中国发表 SCI 论文 49.6 万篇，连续第 11 年排在世界第 2 位，占世界总量的 21.5%。化学、计算机科学、工程技术、地学、材料科学、数学、分子生物学与遗传学和物理学领域的 SCI 论文占世界份额均超过 20%。中国科研人员通过国际合作产生的论文数为 13.0 万篇，比上年增长 17.4%，占到中国发表论文总数的 26.2%；其中中国作者为第一作者的国际合作论文共计 9.6 万篇，占全部国际合作论文的 73.9%。这些国际合作论文的主要合作国家为美国、英国、澳大利亚、加拿大、德国、日本。合作论文主要分布在化学、生物学、电子通信与自动控制、临床医学、物理学及材料科学领域[②]。

然而，随着中美经贸摩擦、科技竞争加剧以及"逆全球化浪潮"的蔓延，我国国际科技合作的思路和方式正在被迫进行相应调整。自 2017 年特朗普政府执政开始，美国陆续出台了一系列对华科技脱钩的策略，如 2018 年通过的《出口管制改革法案》针对商业与贸易脱钩，2018 年底推出的"中国行动计划"阻碍科技人才交流。拜登政府执政后出台的《美国创新与竞争法案》，强调提升自身科技实力和保障所谓"研究安全"，继续对中美科技合作设置重重障碍。面对纷繁复杂的外部环境，党的十九大报告明确提出"推动形成全面开放新格局"。2019 年 5 月中央全面深化改革委员会审议通过的《关于加强创新能力开放合作的若干意见》，对新时期国际科技创新合作提出了新要求。在2020 年科学家座谈会上，习近平总书记指出："国际科技合作是大趋势。我们要更加主动地融入全球创新网络，在开放合作中提升自身科技创新能力。越是面临封锁打压，越不能搞自我封闭、自我隔绝，而是要实施更加开放包容、互惠共享的国际科技合作战略。"[③]

展望未来，我国的国际科技合作更加重视并积极主动构建全球合作伙伴关系，将更加鼓励全球科技人才"引进来"，将更加重视民间团体在国际科技合作和交流中发挥的作用。2021 年版《中华人民共和国科学技术进步法》专章对"国际科学技术合作"进行了规定，凸显了"国际科学技术合作"已经成为我国科技创新工作的重要组成部分，是应对当前国际政治环境、更加主动融入全球创新网络的关键举措。第一，针对政府间与政府主导的科技交流与合作，明确提出要"促进国际科学技术资源开放流动，形成高水平的科技开放合作格局，推动世界科学技术进步"。其中特别强调促进"开放流动"，实际上是对某些国家保护主义的一种回应；"高水平的科技开放合作格局"，意味着进

① 中华人民共和国科学技术部. 中国科学技术发展报告（2019）. 北京：科学技术文献出版社，2021：18.
② 中华人民共和国科学技术部. 中国科学技术发展报告（2019）. 北京：科学技术文献出版社，2021：238-239.
③ 习近平在科学家座谈会上的讲话. 人民日报，2020-09-11（1）.

一步提升对我国科技对外交流合作的要求；"推动世界科学技术进步"则是我国作为负责任大国应有的担当。第二，针对民间国际科技创新合作，强调要促进建设以企事业单位为主体的民间国际科技创新合作平台，发起成立国际科学技术组织，将国际合作的范围从"研发机构"扩大至"合作平台"与"国际组织"。第三，针对国际大科学计划的设立，此次修订增加了第八十二条"国家支持科学技术研究开发机构、高等学校、企业和科学技术人员积极参与和发起组织实施国际大科学计划和大科学工程"。第四，针对科学技术计划项目对外开放的机制，此次修订新增了第八十三条"鼓励在华外资企业、外籍科学技术人员等承担和参与科学技术计划项目，完善境外科学技术人员参与国家科学技术计划项目的机制"，从而扩大了科学技术计划对外开放合作范围。第五，针对境外科技人才的引进，此次修订强调国家将大力完善相关社会服务和保障措施作为支撑，吸引外籍科学技术人员到中国从事科学技术研究开发工作，规定外籍杰出科学技术人员可以优先获得在华永久居留权或者取得中国国籍。

结　　语[*]

中华人民共和国的科学技术事业在发展中不断创新，在为经济发展、社会进步、国家安全提供强有力支撑的过程中不断实现历史性跨越。七十余年的漫漫征程中，新中国的科技事业虽然有起有落，但每个阶段都有属于该时代的重大科技成就和特殊历史使命，具有鲜明的时代特色。本卷通过对新中国科教事业不同历史阶段的政策法规、科教体制特点，以及运行机制、国际交流与合作等内容的梳理与分析，反映出七十余年中国科技发展的重大成就和历史性变化，并为中国科教事业实现新的跨越提供历史借鉴。

一

中华人民共和国科技事业的初步奠基历程始自 1949—1950 年科代会的筹备与举行。科代会的筹备与举行不仅促进了中国科学界的团结，而且还贯彻理论联系实际、科学为人民服务等科技方针，促进自然科学工作者积极投身于国家工业、农业和文化等方面的建设，为推行"计划科学"打下了思想基础。同时，"科联"和"科普"的成立，使中国正式有了专门致力于"推动学术研究"和"普及自然科学知识"的全国性联合组织。这是中华人民共和国成立后对科学社团的一次重大变革，具有划时代的意义。

在科代会筹备过程中，中国共产党积极领导创建了中国科学院。这是中国共产党发展科学事业的重大举措之一。1949 年 11 月 1 日中国科学院成立后，顺应国家建设的需要，通过调整和充实科学研究机构、建立学部和学部委员制度、建立和实施学术奖励制度，开创了新中国正规的研究生培养制度，并制定了该院 15 年发展远景计划。这些举措使中国科技事业在学术体制建设上得以快速发展。

作为中国高等教育的重大变革，20 世纪 50 年代高等学校的院系调整使中华人民共和国高等学校学科建设走上模仿苏联教育模式的道路。当时全国高等学校所设专业基本与国家建设需要结合，不仅能使学生学有所用，更有利于国家各项建设的进行。这在相当程度上解决了高等学校培养的科技人才不能满足国家建设需求的问题，对提升中华人民共和国的高等教育水平具有重要意义。但由于全国高等学校院系调整存在明显的弊端，对国家的高等教育和科技事业亦产生了一定程度的负面影响。

中华人民共和国成立后，中共中央不仅通过高等学校院系调整，在本土培养国家建设需要的高等科技人才，而且积极努力争取海外科学家与留学生归国服务于国家建设工作。1949 年后中国从海外归国的科学家与留学生中，许多是理、工、农、医学科方面的人才。他们归国后在科学教育、科学研究方面做出了贡献，推动了国家科技事业的发展。

中华人民共和国成立后与苏联开展了大量科技交流和合作活动。1951—1965 年，中央人民政府向苏联派出留学生 8414 人。据苏联方面的统计，这 15 年在苏联学习的中国

* 作者：郭金海、方一兵、张九辰、王大洲。

各类留学生达 11 000 人，他们在苏联接受的专业训练对他们的学术成长发挥了积极作用。同时，大量中国专家到苏联进行科技交流活动。其中，1953 年中国科学院访苏代表团将学到的苏联先进经验结合中国实际用于本土科学事业，促进了中华人民共和国科技事业的发展。不仅如此，苏联大规模派遣专家来华开展科技活动。苏联专家来华后指导和参与政府教育部门、学校、科研机构，以及工业企业、交通等部门的工作，并帮助中国培养科技人才，对中国科技事业发展与国家建设做出了重要贡献。尤其是 1960 年中苏关系破裂以致苏联从中国撤退专家前，苏联的援助对"156 项"工程的建设起到不可替代的作用。这些深刻影响了中华人民共和国科学技术发展的历史进程，反映了苏联对中华人民共和国科技事业初步奠基产生了重要影响。

二

从 20 世纪 50 年代中期开始，为适应大规模社会主义建设的新形势，中国科技事业进入了"规划科学"的全新时期。

以 1956 年 1 月中共中央召开知识分子问题会议为起点，党中央向全国科技界发出了"向科学进军"的号召，"百花齐放，百家争鸣"指导方针的出台，标志着中国社会主义科技事业的指导思想开始形成，为随之而来的科技事业的规划发展提供了理论支撑。然而，50 年代后期思想领域的"左"倾运动使得中国科技事业在思想和做法上产生了严重偏差和问题。其对科技事业造成的负面影响，随着 1961 年"科研十四条"的出台而得到纠正，新中国的科技事业正是在不断自我纠错的探索中得以发展的。

两个重要的科技规划——十二年科技规划和十年科技规划于 1956 年和 1963 年相继出台，是中国制定科学技术长期发展规划的开始。与之后我国制定的科技发展规划相比，它们具有更特殊的历史意义。首先，十二年科技规划以"任务带学科"的形式，首次对我国科学技术各主要学科发展进行了全面布局，这也成为长期以来我国各学科得以发展的重要模式。其次，两个规划从研究机构的建设、人才培养、标准化、科技奖励、国际合作与交流、科学技术组织等方面，直接为我国科技体制和科研系统的建设提供了指导。换而言之，新中国科技体制是在这两个规划的框架下建设和形成的。

随着规划的制定和实施，以国家科学技术委员会和国防科学技术委员会为领导机构的科研管理体制在 1956 年之后得以形成，为这一时期中国在急需发展的新兴学科和国防尖端技术领域取得突破提供了强有力的组织管理保证。与此同时，形成了以"五路大军"为主体的全国科研系统，在这一系统中，"科学院是学术领导核心，产业部门研究机构和高等学校是两支主要力量，地方研究机构则是不可或缺的助手"，各主体在重大科技任务中实现分工合作，加之国防部第五研究院等国防科研机构的发展，一个统一的全国科研体系得以形成，为这一时期重大科技成果的完成提供了支撑。

这一时期的科研系统是与社会主义计划经济相配合的。在举国体制下，科研资源的配置单纯地依靠政府的行政命令来进行，通过各科研单位的攻关协作，完成了"两弹一星"等重要的科技成果。另外，这种完全依靠行政指令和国家任务来进行科技攻关的发展模式，也因其资源配置的强刚性而在一定程度上限制了国民经济发展所需的科技创新性和前瞻性，其所带来的负面影响，在"文化大革命"以后得到重视，导致了改革开放之后国家实施一系列重要的科技体制改革。

三

1978 年全国科学大会召开，随着"科学技术是生产力""知识分子是工人阶级的一部分""四个现代化的关键是科学技术现代化"的提出，新时期科技工作的方向逐步明确。同年 12 月召开的十一届三中全会，标志着中国开始了对内改革、对外开放的新时期，"改革"与"开放"成为这个历史时段的关键词。

1977 年恢复全国统一招生考试，成为科教体制改革的第一个突破口。同年国家科委正式恢复，并随即开始组织制定八年科技规划，1982 年又研究制定了《1986—2000 年科学技术发展规划》。1979 年，中央成立科学研究协调委员会，负责组织、协调全国的科技工作。1981 年科学研究协调委员会取消后，又成立了国务院科技领导小组，负责统筹安排全国科技规划，组织管理全国科技队伍。此后，各地、各部门开始恢复和重建科研机构和科技管理机构，形成了新时期科技组织工作的新格局。

科教领域在 1985 年出台了两个重要文件：3 月公布的《中共中央关于科学技术体制改革的决定》，以及 5 月公布的《中共中央关于教育体制改革的决定》。两个文件的出台，标志着科教体制改革由局部、自发阶段，过渡到全面、有组织落实的阶段。两个文件与前一年出台的《中共中央关于经济体制改革的决定》一起，构成了中国社会改革的总体框架。

随着国家陆续出台的改革科技拨款制度、科研事业费管理办法、专业技术职务聘任制度、自然科学基金制度、建立技术市场等多项措施，中国逐步建立起一批以基础性研究为主的科研机构，形成了门类比较齐全的学科体系，拥有了一定规模的基础研究队伍。从 20 世纪 80 年代中期开始，基础研究的管理和运行机制开始了较大的改革。首先是拨款制度的改革，建立了国家自然科学基金，并在 20 多个部门或地方设立了科学基金。中国科学院和高等院校也变革了按人头分配事业费的办法。其次从 20 世纪 80 年代开始，建立起一批国家重点实验室。经过多年的努力，国家重点实验室覆盖了基础研究的大部分学科领域，拥有了一批先进的仪器设备，打破了国内科技体制条块分割、资源分散和低水平重复的弊端，推动了基础科学研究水平的提高，促成了一些科研成果达到或接近世界先进水平。

自 1979 年正式恢复学部活动、增补学部委员之后，1993 年国务院决定学部委员改称院士。1994 年，中国工程技术界最高荣誉性、咨询性学术机构——中国工程院正式成立。20 世纪 90 年代以后，科技体制改革进入了实质性推进阶段。1992 年 3 月，国务院颁布《国家中长期科学技术发展纲领》，提出了建立有利于经济发展和科技进步的新体制。科技体制改革的核心是建立新的运行机制，把完善计划管理和加强市场调节有机地结合起来，充分发挥两者的协同优势。

随着科技体制改革的深入，发展高科技、应用新技术的科技政策措施也相继出台。改革措施涉及开辟技术市场、加强知识产权保护、完善科学奖励体系、建立实验装备支持系统和科学基金制度、鼓励民办科研机构发展等方面。重点学科的建设、国家重点实验室的建设、一大批国家项目和重点工程的先后上马，催生了中国的知识经济。

经过近 20 年的探索，至 20 世纪 90 年代中后期国家出台了大量的科技规划和计划，初步形成了科技规划-计划体系。国家科技计划从三个层次促进科技发展：面向经济建设主战场、发展高新技术及其产业和加强基础科学研究。与此同时，一系列重大国家计划的启动与实施，大多面向国民经济和社会发展重大需求，解决事关国家长远发展和国家安全的战略性、前沿性和前瞻性高新技术问题，发展具有自主知识产权的高新技术，统筹高新技术的集成和应用，引领未来新兴产业发展。

大规模、全方位的国际科技交流与合作始于改革开放以后。合作范围从初期的以发展中国家为主，到包括与西方发达国家在内的世界主要国家；合作内容在最初比较单一的科学研究、技术引进的基础上，开始了更广泛的产业研究开发；合作领域从最初的传统科技领域，发展到生物技术、空间技术、信息技术、自动化技术、激光技术以及新材料、新能源等高新技术领域；合作形式从最初的人员往来和技术引进，发展到联合开展研究项目、中外联合在华或在外合办科研机构。经过多年的努力，一个多层次、多渠道、多形式、全方位国际科技合作新局面基本形成。

四

1992 年我国确立社会主义市场经济体制，标志着我国科技发展和经济社会发展迈入了崭新阶段。1995 年，我国正式发布科教兴国战略，旨在将国家经济社会发展奠定在科技和教育的基础之上。通过实施"211 工程"和"985 工程"，我国高等学校的科研能力和教学水平有了长足进步；通过实施知识创新工程，中国科学院的科研工作走上了快车道，无论是在基础科研还是战略先导科研领域，都继续发挥着中国科技发展"火车头"的作用。与此同时，通过 1996 年实施的技术创新工程以及 1999 年实施的国家经贸委管理的 10 个国家局所属科研机构管理体制改革，我国企业内部研究与开发机构快速成长起来。从此，企业在技术创新中的主体地位得以确立，国家创新系统得到根本优化，长期以来困扰我国科技健康发展的科研与教育脱节以及科技与经济脱节的现象基本得到解决。

2001 年 12 月，我国正式加入了世界贸易组织，开始与国际市场经济规则接轨，由此为中国未来的科学技术以及经济社会发展打开了全新的上升通道。从此之后，我国才全面融入国际经济大循环，融入全球科技发展大格局，无论是国有企业还是民营企业，无论是科研机构还是高等院校，都有了更加广阔的创新发展空间。在全球化纵深发展、全球科技竞争加剧的背景下，我国于 2006 年出台《国家中长期科学和技术发展规划纲要（2006—2020 年）》，确立了建设创新型国家的目标模式，规划了明确的科技发展路线图。随后，我国围绕原始创新能力提升、创新型国家建设等出台了一系列政策措施，努力走上自主创新之路。通过一系列重大举措，我国各项科技事业蒸蒸日上，经济社会发展在快车道上飞奔向前，国际地位日益提高。2010 年，我国 GDP 总量超越日本，在世界上位居第二，仅次于美国，成为名副其实的经济大国。在若干科技发展领域，已经开始形成中国与西方发达国家的"并跑"甚至"领跑"格局。

党的十八大以来，面对百年未有之大变局，在习近平总书记的带领下，我国明确了科技强国建设目标，制定并强力实施创新驱动发展战略，在中国科学院实施"四个率先"行动计划，并对我国科研经费分配体制进行了结构性改革，以推动我国迈向高水平的科技自立自强。在这个大背景下，我国在工程技术领域进一步开疆拓土，高速铁路、桥梁、隧道、5G 通信、超高压输变电技术、海洋装备、新能源汽车等多个工程领域开始引领全球，大飞机制造实现了历史性突破，高温气冷堆核电站示范工程首次并网发电，特别是在航天领域实施了嫦娥工程、火星探测、空间站建设、北斗导航系统等标志性工程，振奋了民族精神，增强了民族自信。与此同时，重大科技基础设施建设也走上快车道，建成了 500 米口径球面射电望远镜、武汉国家生物安全实验室、中国散裂中子源等一批大科学研究设施，为科学研究和技术研发打造了不可多得的基础平台。我国基础研究开始实现从点的突破迈向综合能力的快速提升，中微子混合角 θ_{13} 的精确测量、量子通信实验研究、量子反常霍尔效应的发现、水稻高产优质性状形成的分子机理及品种设计、新发传染病防治体系的建立等一系列原创性成果的取得，预示着我国基础研究事业正在发生着质的飞跃。

在科技发展的全面支撑下，我国开始走向经济社会的高质量发展之路，人民的生活水平有了飞速提高，人民的精神气质有了质的变化，中华民族伟大复兴的中国梦开始逐步变为现实。当然，我国在若干工程技术领域，仍然存在一系列"卡脖子"技术有待突破，特别是高端芯片制造、基础软件、飞机发动机、关键材料及元器件等长期受制于人，只有持续加大投入，坚持不懈重点攻关，才能实现梦寐以求的重大技术突破。2020 年，我国已经如期全面建成小康社会，实现了第一个百年奋斗目标。展望未来，面向第二个百年奋斗目标——到 21 世纪中叶，建成富强民主文明和谐美丽的社会主义现代化强国，我国科技工作者必将不辱使命，我国的科技发展必将迎来更加灿烂的明天。